2주 완성
전기기능사
[필기]
CBT 완벽대비

**Stand by
Strategy
Satisfaction**

새로운 출제경향에 맞춘 수험서의 완벽서

머리말

　현대 생활을 하는 데 있어 젊은이들의 최대의 화두는 당연히 취업입니다. 그리고 그 취업의 최상위를 차지하고 있는 기술자격증 시험이 당연히 이슈가 되고 있음을 알고 있습니다.

　특히 전기기능사 자격증은 전기공사산업기사, 전기공사기사, 전기산업기사, 전기기사 자격증 취득의 첫 단계로 한국전력공사 및 일반사업체나 공장의 전기부서, 가정용 및 산업용 전기 생산업체 등에 취업하여 전기와 관련된 제반시설의 관리 및 검사업무 보조 등을 담당할 수 있습니다.

　필자는 20년 넘게 전기기능사를 강의해 왔으며 강의와 연구를 통한 합격의 노하우를 이 책에 담고자 노력했습니다.

　이 책은 전기기능사 자격증을 준비하는 수험생들을 위한 교재로써 초보자들은 물론 모든 수험생들이 쉽게 접근할 수 있도록 구성하였고 꼭 필요한 부분만을 서술하여 간략하고 정답에 아주 편안하게 찾아갈 수 있도록 이루어져 있습니다.

　또한 전면 CBT 시행에 따른 시험을 철저히 대비할 수 있도록 CBT 방식으로 출제된 기출문제를 복원, 구성하여 수록하였습니다.

　여러분 모두의 합격을 바라는 마음으로 다음과 같은 특징으로 내용을 꽉 채웠습니다.

〈이 책의 특징〉
1. 매 단원마다 요점정리를 통해 꼭 외워야 할 key-point를 다시 한 번 더 강조하여 반복 학습을 통한 최고의 기억력을 배가할 수 있도록 하였고,
2. 단원별로 깊이 있는 이해를 도울 수 있는 다양한 기출문제를 분석, 중요도를 표시하여 출제 가능한 문제들을 폭넓게 경험할 수 있도록 구성하였고,
3. 매 문항마다 꼭 필요한 해설과 출제 포인트를 통해 여러분 스스로 문제를 풀 수 있도록 하여 응용된 문제들도 해결할 수 있도록 점진적 실력 향상을 증진하고자 하였고,
4. 가장 중요한 현장 강의를 통해 알게 된 선배들의 질문과 고민들을 해결하고자 정리하였고,
5. 시험 직전에 중요사항을 확인할 수 있도록 "수험장에서 보는 핵심 Point"를 수록하였고,
6. 수험장에서 당황하지 않도록 CBT 응시요령 안내를 첨부하였습니다.

　아울러 본 수험서가 수험생 여러분들의 기둥과 불빛이 되어 이루고자 하는 소망이 모두 이루어지길 기원합니다.

　끝으로 이 수험서가 출간될 수 있도록 많은 배려를 아낌없이 해주신 김용관 회장님과 김용성 사장님께 먼저 감사드리며 또한 마지막까지 편집하느라 고생하신 편집부 직원 여러분께 감사를 드립니다.

편저자 씀

 전기기능사 시험안내

※ 2021년도 시험의 정확한 일정 및 안내사항은 큐넷 홈페이지(http://www.q-net.or.kr)에서 확인하시기 바랍니다.

1 개요
전기로 인한 재해를 방지하기 위하여 일정한 자격을 갖춘 사람으로 하여금 전기기기를 제작, 제조 조작, 운전, 보수 등을 하도록 하기 위해 자격제도 제정

2 수행직무
전기에 필요한 장비 및 공구를 사용하여 회전기, 정지기, 제어장치 또는 빌딩, 공장, 주택, 및 전력시설물의 전선, 케이블, 전기기계 및 기구를 설치, 보수, 검사, 시험 및 관리하는 일

3 관련부처 및 시행기관
① 관련부처 : 산업통상자원부
② 시행기관 : 한국산업인력공단
 ※ 실시기관 홈페이지 : http://www.q-net.or.kr(큐넷)

4 진로 및 전망
① 전기공사산업기사, 전기공사기사, 전기산업기사, 전기기사 자격증 취득의 첫 단계
② 발전소, 변전소, 전기공작물시설업체, 건설업체, 한국전력공사 및 일반사업체나 공장의 전기부서, 가정용 및 산업용 전기 생산업체, 부품제조업체 등에 취업하여 전기와 관련된 제반시설의 관리 및 검사업무 보조 등을 담당
③ 설치된 전기시설을 유지·보수하는 인력과 전기제품을 제작하는 인력수요는 계속될 전망이며, 새롭게 등장하는 신기술의 개발로 상위의 기술수준 습득이 요구되므로 꾸준한 자기개발을 하는 노력이 필요

5 취득방법
① **관련학과** : 전문계 고등학교의 전기과, 전기제어과, 전기설비과, 전기기계과, 디지탈전기과 등 관련학과
② **시험과목** - 필기 : ㉠ 전기이론, ㉡ 전기기기, ㉢ 전기설비
  - 실기 : 전기설비작업
③ **검정방법** - 필기 : 객관식 4지택일형(60문항)
  - 실기 : 작업형(5시간 정도, 전기설비작업)
④ **합격기준** - 필기 : 100점 만점에 60점 이상
  - 실기 : 100점 만점에 60점 이상

6 **시험수수료**

① 필기 : 14,500원
② 실기 : 106,200원

7 **시험일정**

구분	필기원서접수 (인터넷) (휴일제외)	필기시험	필기합격 (예정자) 발표	실기원서접수 (휴일제외)	실기시험	최종합격자 발표일
2021년 정기 기능사 1회	2021.01.12. ~ 2021.01.15.	2021.01.31. ~ 2021.02.06.	2021.02.26.	2021.03.02. ~ 2021.03.05.	2021.04.03. ~ 2021.04.23.	2021.04.30.
2021년 정기 기능사 2회	2021.03.30. ~ 2021.04.02.	2021.04.18. ~ 2021.04.24.	2021.05.07.	2021.05.10. ~ 2021.05.13.	2021.06.12. ~ 2021.06.30.	2021.07.09.
2021년 정기 기능사 3회	2021.06.08. ~ 2021.06.11.	2021.06.27. ~ 2021.07.03.	2021.07.16.	2021.07.19. ~ 2021.07.22.	2021.08.21. ~ 2021.09.08.	2021.09.17.
2021년 정기 기능사 4회	2021.09.07. ~ 2021.09.10.	2021.10.03. ~ 2021.10.09.	2021.10.22.	2021.10.25. ~ 2021.10.28.	2021.11.27. ~ 2021.12.15.	2021.12.24.

① 원서접수시간은 원서접수 첫날 09 : 00부터 마지막 날 18 : 00까지임
② 필기시험 합격예정자 및 최종합격자 발표시간은 해당 발표일 09 : 00임
③ 주말 및 공휴일, 공단창립기념일(3.18)에는 실기시험 원서 접수 불가

8 **출제경향**

① 2021년 1월 1일부터 국가기술자격 종목의 검정 및 출제는 한국전기설비규정(KEC)에 따르며 필기시험의 내용은 출제기준을 참고바랍니다.
② 작업형 실기시험은 전설비의 배관 및 배선공사, 시퀀스 제어회로를 완성합니다.

전기기능사 출제기준(필기)

직무분야	전기·전자	중직무분야	전기	자격종목	전기기능사	적용기간	2021.1.1.~ 2023.12.31.
○ 직무내용 : 전기에 필요한 장비 및 공구를 사용하여 회전기, 정지기, 제어장치 또는 빌딩, 공장, 주택 및 전력시설물의 전선, 케이블, 전기기계 및 기구를 설치, 보수, 검사, 시험 및 관리하는 직무이다.							
필기검정방법	객관식		문제수	60		시험시간	1시간

필기과목명	문제수	주요항목	세부항목	세세항목
전기이론 전기기기 전기설비	60	1. 정전기와 콘덴서	(1) 전기의 본질	① 원자와 분자 ② 도체와 부도체 ③ 단위계 등
			(2) 정전기의 성질 및 특수현상	① 정전기현상 ② 정전기의 특성 ③ 정전기의 특수현상 등
			(3) 콘덴서	① 콘덴서의 구조와 원리 ② 콘덴서의 종류 ③ 콘덴서의 연결방법과 용량계산법 ④ 정전에너지 등
			(4) 전기장과 전위	① 전기장 ② 전기장의 방향과 세기 ③ 전위와 등전위면 ④ 평행극판사이의 전기장 등
		2. 자기의 성질과 전류에 의한 자기장	(1) 자석에 의한 자기현상	① 영구자석과 전자석 ② 자석의 성질 ③ 자석의 용도와 기능 ④ 자기에 관한 쿨롱의 법칙 ⑤ 자기장의 성질 등
			(2) 전류에 의한 자기현상	① 전류에 의한 자기장 ② 자기력선의 방향 ③ 도체가 자기장에서 받는 힘 등
			(3) 자기회로	① 자기저항 ② 자속밀도 등
		3. 전자력과 전자유도	(1) 전자력	① 전자력의 방향과 크기 등
			(2) 전자유도	① 전자유도작용 ② 자기유도 ③ 상호유도작용 ④ 코일의 접속 ⑤ 전자에너지 등
		4. 직류회로	(1) 전압과 전류	① 전기회로의 전류 ② 전기회로의 전압 등

필기과목명	문제수	주요항목	세부항목	세세항목
			(2) 전기저항	① 고유저항 ② 옴의 법칙과 전압강하 ③ 저항의 접속 ④ 전위의 평형 등
		5. 교류회로	(1) 정현파 교류회로	① 교류 발생원의 특성 ② RLC직병렬접속 ③ 교류전력 등
			(2) 3상 교류회로	① 3상교류의 발생과 표시법 ② 3상교류의 결선법 ③ 평형3상회로 ④ 3상전력 등
			(3) 비정현파 교류회로	① 비정현파의 의미 ② 비정현파의 구성 ③ 비선형 회로 ④ 비정현파 교류의 성분 등
		6. 전류의 열작용과 화학작용	(1) 전류의 열작용	① 전류의 발열 작용 ② 전력량과 전력 등
			(2) 전류의 화학작용	① 전류의 화학작용 ② 전지 등
		7. 변압기	(1) 변압기의 구조와 원리	① 변압기의 원리 ② 변압기의 전압과 전류와의 관계 ③ 변압기의 등가회로 ④ 변압기의 종류, 극성, 구조 등
			(2) 변압기 이론 및 특성	① 변압기의 정격, 손실, 효율 등
			(3) 변압기 결선	① 3상 결선 등
			(4) 변압기 병렬운전	① 병렬운전 등
			(5) 변압기 시험 및 보수	① 변압기의 시험 ② 변압기의 점검 및 보수 등
		8. 직류기	(1) 직류기의 원리와 구조	① 직류기의 개요 ② 직류발전기의 동작 원리 등
			(2) 직류발전기의 이론 및 특성	① 직류발전기의 원리 ② 타여자 발전기, 자여자 발전기 ③ 복권발전기 등
			(3) 직류전동기의 이론 및 특성	① 직류전동기의 종류 ② 직류전동기의 특성 등
			(4) 직류전동기의 특성 및 용도	① 직류전동기의 유도기전력 ② 속도 및 토크특성 ③ 속도변동률 등
			(5) 직류기의 시험법	① 접지시험 ② 단선 여부에 대한 시험 ③ 권선저항과 절연 저항값 등
		9. 유도전동기	(1) 유도전동기의 원리와 구조	① 회전원리 ② 회전자기장 ③ 단상유도전동기의 원리 및 구조 등
			(2) 유도전동기의 속도제어 및 용도	① 3상유도전동기 속도제어 원리와 특성 ② 유도전동기의 출력과 토크 특성 등

필기과목명	문제수	주요항목	세부항목	세세항목
		10. 동기기	(1) 동기기의 원리와 구조	① 동기발전기의 원리 및 구조 ② 동기전동기의 원리 등
			(2) 동기발전기의 이론 및 특성	① 동기발전기이론 및 특성에 관한 사항 등
			(3) 동기발전기의 병렬운전	① 병렬운전에 필요한 조건 ② 동기발전기의 병렬운전법 등
			(4) 동기발전기의 운전	① 동기전동기의 운전에 관한 사항 ② 특수전동기에 관한 사항 등
		11. 정류기 및 제어기기	(1) 정류용 반도체 소자	① 정류용반도체소자의 종류
			(2) 각종 정류회로 및 특성	① 다이오드를 이용한 정류회로와 특성 등
			(3) 제어 정류기	① 제어정류기에 대한 원리 및 특성 등
			(4) 사이리스터의 응용회로	① 사이리스터의 원리 및 특성 등
			(5) 제어기 및 제어장치	① 제어기 및 제어장치의 종류와 특성 등
		12. 보호계전기	(1) 보호계전기의 종류 및 특성	① 보호계전기의 종류 ② 보호계전기의 구조 및 원리 ③ 보호계전기 특성 등
		13. 배선재료 및 공구	(1) 전선 및 케이블	① 나선 ② 절연전선 ③ 기타절연전선 ④ 코드 ⑤ 케이블 등
			(2) 배선재료	① 개폐기의 종류 ② 점멸스위치 ③ 콘센트 및 플러그 ④ 소켓류 ⑤ 과전류차단기 ⑥ 누전차단기 등
			(3) 전기설비에 관련된 공구	① 게이지의 종류 ② 공구 및 기구 등
		14. 전선접속	(1) 전선의 피복 벗기기	① 전선 피복 벗기는 방법 등
			(2) 전선의 각종 접속방법	① 단선접속 ② 연선접속 ③ 와이어 커넥터를 이용한 접속 ④ 슬리브를 이용한 접속 등
			(3) 전선과 기구단자와의 접속	① 직선단자와 기구접속 ② 고리형 단자와 기구접속 등
		15. 배선설비공사 및 전선허용전류 계산	(1) 전선관시스템	① 합성수지관공사 방법 등 ② 금속관공사 방법 등 ③ 금속제 가용전전관공사 방법 등
			(2) 케이블트렁킹시스템	① 합성수지몰드공사 방법 등 ② 금속몰드공사 방법 등 ③ 금속트렁킹공사 방법 등 ④ 케이블트렌치공사 방법 등
			(3) 케이블턱팅시스템	① 금속덕트공사 방법 등 ② 플로어덕트공사 방법 등 ③ 셀룰러덕트공사 방법 등

필기과목명	문제수	주요항목	세부항목	세세항목
			(4) 케이블트레이시스템	① 케이블트레이공사 방법 등
			(5) 케이블공사	① 케이블공사 방법 등
			(6) 저압 옥내배선 공사	① 전등배선 및 배선기구 ② 접지 및 누전차단기 시설 등
			(7) 특고압 옥내배선 공사	① 고압 및 특고압 옥내배선 등
			(8) 전선 허용전류	① 전선 허용전류 및 단면적 산정 ② 복수 회로 등 전선 허용전류 및 단면적 산정
		16. 전선 및 기계기구의 보안공사	(1) 전선 및 전선로의 보안	① 전선 및 전선로의 보안공사 등
			(2) 과전류 차단기 설치공사	① 과전류 차단기 설치공사 등
			(3) 각종 전기기기 설치 및 보안공사	① 각종 전기기기 설치 및 보안공사 등
			(4) 접지공사	① 접지공사의 규정 등
			(5) 피뢰기 설치공사	① 피뢰기 설치공사 등
		17. 가공인입선 및 배전선 공사	(1) 가공인입선 공사	① 가공인입선의 굵기 및 높이 등
			(2) 배전선로용 재료와 기구	① 지지물, 완금, 완목, 애자 및 배선용 기구 등
			(3) 장주, 건주 및 가선	① 배전선로의 시설 ② 장주 및 건주 ③ 가선공사 등
			(4) 주상기기의 설치	① 주상기기 설치공사 등
		18. 고압 및 저압 배전반 공사	(1) 배전반 공사	① 배전반의 종류 ② 배전반설치 및 접지공사 ③ 수・변전설비 등
			(2) 분전반 공사	① 분전반의 종류와 공사 등
		19. 특수장소 공사	(1) 먼지가 많은 장소의 공사	① 폭연성 분진 또는 화약류 분말이 존재하는 곳의 공사 ② 가연성분진이 존재하는 곳의 공사 ③ 기타공사 등
			(2) 위험물이 있는 곳의 공사	① 위험물이 있는 곳의 공사 등
			(3) 가연성 가스가 있는 곳의 공사	① 가연성 가스가 있는 곳의 공사 등
			(4) 부식성 가스가 있는 곳의 공사	① 부식성 가스가 있는 곳의 공사 등
			(5) 흥행장, 광산, 기타 위험 장소의 공사	① 흥행장, 광산, 기타 위험 장소의 공사 등
		20. 전기응용시설 공사	(1) 조명배선	① 각종 조명공사 등
			(2) 동력배선	① 각종 동력배선공사 등
			(3) 제어배선	① 각종 제어배선공사 등
			(4) 신호배선	① 각종 신호배선공사 등
			(5) 전기응용기기 설치공사	① 전기응용기기 설치공사 등

CBT 응시요령 안내

※ 큐넷(http://www.q-net.or.kr) 홈페이지 "CBT 체험하기"에서 더욱 자세한 내용을 확인하실 수 있습니다.

① 수험자 정보 확인(수험자 정보와 신분증이 일치하는지 확인하는 단계)

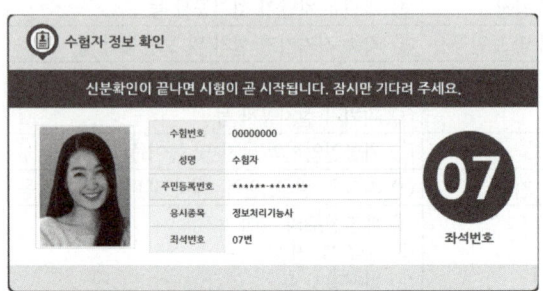

② 시험 안내 및 유의사항 확인

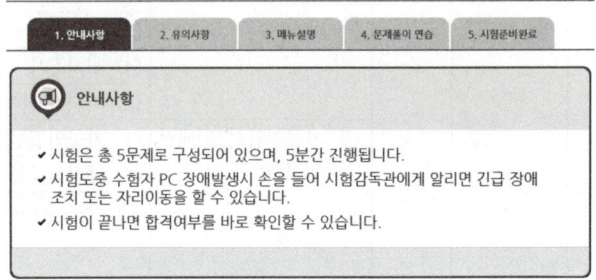

③ 문제풀이 연습(글자 크기 및 화면 배치의 변경 가능)

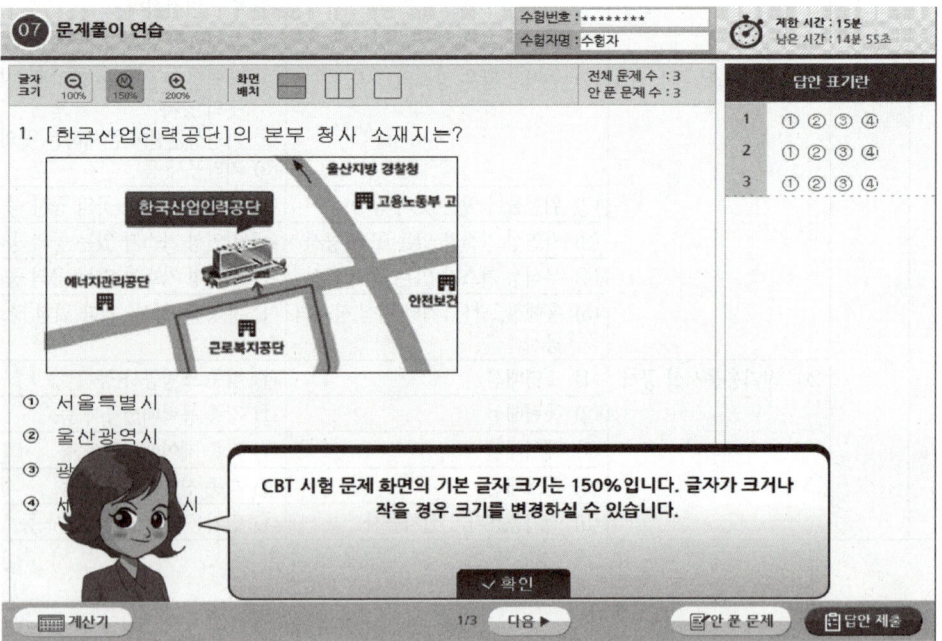

④ 답안 입력 및 수정 연습(문제화면 또는 답안 표기란의 보기 번호 클릭)

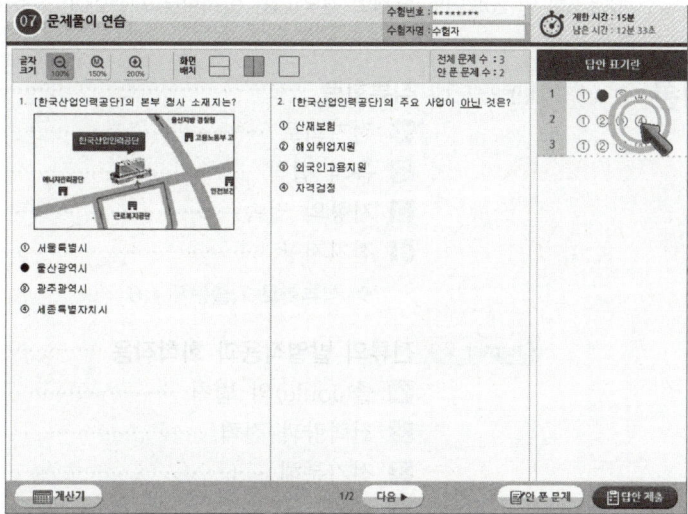

⑤ 답안 제출 연습

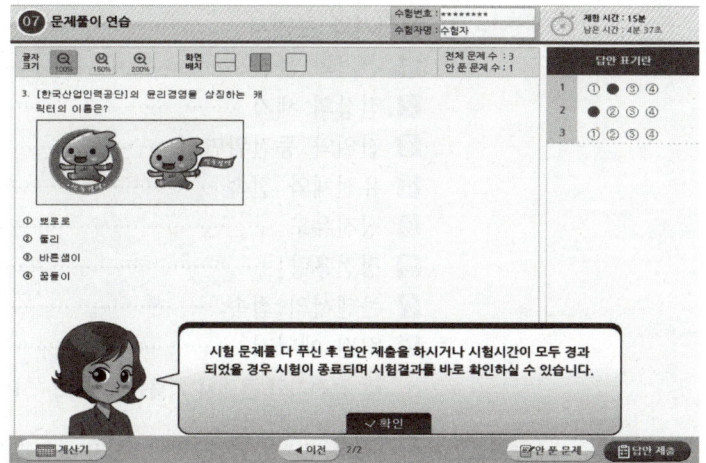

⑥ 시험 준비 완료(시험 준비 완료 버튼 클릭)

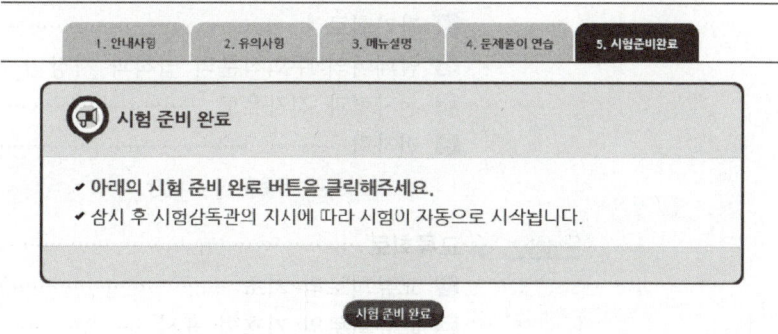

Contents

※ 2016년 5회 및 2017년도 문제의 경우 CBT 방식으로 시행되어, 기출복원문제를 수록하였습니다.

1 전기이론

Chapter 1 직류회로 ·········· 2
1. 전기회로 ·········· 2
2. 옴의 법칙 ·········· 2
3. 저항의 접속 ·········· 3
4. 전기저항 ·········· 5
   ❖ 직류회로 기출문제 / 6

Chapter 2 전류의 발열작용과 화학작용 ·········· 34
1. 줄(Joule)의 법칙 ·········· 34
2. 전력량과 전력 ·········· 34
3. 전기분해 ·········· 35
4. 전지 ·········· 36
   ❖ 전류의 발열작용과 화학작용 기출문제 / 39

Chapter 3 정전기와 콘덴서 ·········· 60
1. 전기와 물질 ·········· 60
2. 전장의 세기 ·········· 60
3. 전위와 등전위면 ·········· 62
4. 유전체와 전속 ·········· 62
5. 정전유도 ·········· 64
6. 정전용량 ·········· 64
7. 콘덴서의 접속 ·········· 65
8. 정전 에너지 ·········· 67
   ❖ 정전기와 콘덴서 기출문제 / 68

Chapter 4 자기회로 ·········· 94
1. 자장의 세기 ·········· 94
2. 전류에 의한 자장 ·········· 97
3. 자기회로 ·········· 99
4. 암페어의 주회적분의 법칙과 자장의 계산 ·········· 99
5. 전자력과 전자유도 ·········· 100
6. 전자력 ·········· 106
   ❖ 자기회로 기출문제 / 108

Chapter 5 교류회로 ·········· 154
1. 교류회로의 기초 ·········· 154
2. 교류회로의 기호법 표시 ·········· 156
3. R, L, C 소자의 특징 ·········· 158

- 4 R, L, C 직병렬회로 ·················· 161
- 5 교류전력 ································ 168
  - ❖ 교류회로 기출문제 / 171

Chapter 6 3상회로 ·································· 206
- 1 3상교류의 발생 ························ 206
- 2 기호법에 의한 대칭 3상교류의 표시 ··· 207
- 3 Y부하와 △부하의 변환 ············· 208
- 4 3상전력 ································ 210
- 5 대칭 좌표법 ···························· 210
  - ❖ 3상회로 기출문제 / 212

Chapter 7 회로망 ·································· 230
- 1 2단자망 ································ 230
- 2 4단자망 ································ 231
- 3 비정현파 ······························· 233
- 4 과도현상 ······························· 234
- 5 회로망 정리 ··························· 236
  - ❖ 회로망 기출문제 / 239

2 전기기기

Chapter 1 직류기 ·································· 250
- 1 직류 발전기의 원리와 구조 ········· 250
- 2 전기자 권선법 ························· 251
- 3 유기기전력(E) ························ 251
- 4 전기자 반작용 ························· 251
- 5 정류 ···································· 252
- 6 직류 발전기의 종류 ··················· 252
- 7 전압변동률 ···························· 255
- 8 직류 발전기의 특성 곡선 ············ 255
- 9 병렬 운전 ······························ 256
- 10 직류 전동기의 원리 ·················· 256
- 11 회전속도(N)와 회전력(T : 토크) ···· 256
- 12 직류 전동기의 종류와 특성 ········· 257
- 13 전동기의 속도 제어 ··················· 259
- 14 전동기의 제동법 ······················ 259
- 15 절연물의 최고 허용 온도[℃] ······· 260
- 16 직류기의 손실 및 효율 ··············· 260
  - ❖ 직류기 기출문제 / 262

Contents

Chapter 2 동기기 ·· 294
1. 동기 발전기의 원리와 구조 ························· 294
2. 전기자 권선법 ··· 296
3. 동기 발전기의 유기기전력 ·························· 297
4. 전기자 반작용 ··· 297
5. 동기 임피던스 ··· 297
6. 전압변동률 ··· 298
7. 동기 발전기의 출력 ······································ 298
8. 단락비(K_s) ··· 299
9. 동기 발전기의 병렬운전 ······························ 299
10. 자기 여자 현상 ·· 300
11. 안정도 ·· 301
12. 동기 전동기의 원리와 특징 ······················· 301
❖ 동기기 기출문제 / 303

Chapter 3 변압기 ·· 328
1. 변압기의 원리와 분류 ·································· 328
2. 변압기의 구조 ··· 328
3. 변압기의 절연유와 열화 ······························ 329
4. 변압기의 등가회로 ······································· 329
5. 전압변동률([$\varepsilon\%$]) ·· 330
6. 퍼센트 강하율 ··· 331
7. 손실과 효율 ··· 331
8. 변압기 결선 방식 ··· 333
9. 변압기의 병렬운전 ······································· 334
10. 상(相, Phase) 수 변환 ································ 334
11. 특수 변압기 ··· 335
12. 변압기 내부고장 보호 계전기 및 시험 ········ 336
❖ 변압기 기출문제 / 337

Chapter 4 유도기 ·· 364
1. 유도기의 원리와 종류 ·································· 364
2. 유도기의 속도 ··· 364
3. 유도기전력 ··· 365
4. 권선형 유도 전동기의 비례추이 ················· 367
5. 하일랜드(Heyland) 원선도 ·························· 367
6. 유도 전동기의 기동법 ·································· 368
7. 속도 제어 ··· 369
8. 단상 유도 전동기 ··· 369
❖ 유도기 기출문제 / 371

Chapter 5 정류기 · 398
1. 반도체와 정류회로 · 398
2. 정류회로 · 399
3. 사이리스터(Thyrister) · 401
   ❖ 정류기 기출문제 / 404

3 전기설비

Chapter 1 배선재료와 공구 · 422
1. 가공전선 · 422
2. 전선의 종류 및 용도 · 423
3. 코드 · 425
4. 배선재료 · 425
5. 전기 공사용 공구 및 측정기구 · 427
   ❖ 배선재료와 공구 기출문제 / 430

Chapter 2 전선의 접속 · 444
1. 전선 접속 시 유의사항 · 444
2. 전선의 접속방법 · 444
3. 절연 테이프 · 445
   ❖ 전선의 접속 기출문제 / 446

Chapter 3 가공 인입선/배전선 공사 · 452
1. 가공 인입선 · 452
2. 연접 인입선 · 452
3. 지지물(전주) · 453
4. 지선 · 453
5. 장주와 건주 · 454
6. 근가 · 454
7. 완금(완철) · 455
8. 주상 변압기 · 455
9. 이도(Dip) · 456
10. 지중전선로 · 456
    ❖ 가공 인입선/배전선 공사 기출문제 / 458

Chapter 4 배선반 공사 · 478
1. 전압의 종별 · 478
2. 전원 공급 방식 · 478
3. 배전 선로의 손실(전력) · 480

Contents

4 수전 설비 용량 ··· 480
5 간선 ··· 481
6 표준부하밀도 ··· 481
7 차단기 ··· 481
8 보호 계전기 ··· 482
9 전로의 절연 ··· 483
10 접지공사 ·· 483
❖ 배선반 공사 기출문제 / 486

Chapter 5 옥내 배선공사 ·· 508
1 전기 사용 장소의 시설 ························· 508
2 저압 애자사용 공사 ······························ 508
3 금속관 공사 ··· 509
4 몰드사용 공사 ······································· 510
5 가요전선관 공사 ··································· 511
6 합성수지관 공사 ··································· 511
7 덕트 공사 ·· 512
8 케이블 공사 ··· 513
❖ 옥내 배선공사 기출문제 / 514

Chapter 6 특수 장소 공사 ·· 538
1 먼지가 많은 곳의 공사 ························· 538
2 위험물이 있는 곳의 공사 ····················· 538
3 가연성 가스가 있는 곳의 공사 ············· 538
4 화약류가 있는 곳의 공사 ····················· 539
❖ 특수 장소 공사 기출문제 / 540

Chapter 7 조명 시설 공사 ·· 548
1 조명 ··· 548
2 조명 방식 ·· 549
3 실지수 K ··· 550
4 조명 설계 ·· 550
❖ 조명 시설 공사 기출문제 / 551

부록 연습문제 ·· 557
• 제1회 연습문제 ·· 558
• 제2회 연습문제 ·· 579

[제 **1** 과목]

전기이론

Chapter ❶ 직류회로
Chapter ❷ 전류의 발열작용과 화학작용
Chapter ❸ 정전기와 콘덴서
Chapter ❹ 자기회로
Chapter ❺ 교류회로
Chapter ❻ 3상회로
Chapter ❼ 회로망

CHAPTER 01 직류회로

 스스로 중요내용 정리하기

1 전기회로

(1) 전류

단위는 암페어(A)를 사용하며 크기는 1[sec] 동안에 얼마만큼의 전기량이 이동했는가로 정한다. 즉, 어떤 도체에 t[sec] 동안에 Q[C]의 전기량이 이동했을 때 전류 I[A]는 다음과 같이 표시된다.

$$I = \frac{Q}{t}[\text{A}][\text{c/s}], \quad i = \frac{dQ}{dt}[\text{A}][\text{c/s}]$$

1초 동안에 1[C]의 전기량이 이동했을 때는 1[A]의 전류가 흐른 것이다.

(2) 전압

$$V = \frac{W[\text{J}]}{Q[\text{C}]}[\text{V}]$$

즉, 1[C]의 전기량이 이동하여 1[J]의 일을 했을 때 전위차, 즉 전압은 1[V]라고 한다. 그리고 계속하여 전위차를 만들어 줄 수 있는 힘을 '기전력'이라고 한다.

2 옴의 법칙

(1) 전기저항

전자의 흐름을 방해하는 성질을 '전기저항'이라고 하며, 단위는 옴[Ω]으로 표시하며 1[Ω]은 1[A]를 흘리기 위하여 1[V]의 전압을 요할 때의 저항이다.

(2) 콘덕턴스

전자의 이동(전류)이 쉬운 정도를 나타내기 위해서는 저항의 역수인 콘덕턴스(conductance)를 쓰는데 이것을 G라고 하며 다음의 관계식으로 표시된다.

$$G = \frac{1}{R}[\mho]$$

단위는 모[℧], 지멘스[S]를 쓴다.

(3) 옴의 법칙(Ohm's law)

$I = \dfrac{V}{R}$[A], $V = IR$[V], $R = \dfrac{V}{I}$[Ω]이 성립한다.

또한, $I = \dfrac{V}{R} = \dfrac{1}{R}V = G \cdot V$[A]로 나타낼 수 있다.

그러므로 도체에 전압이 가해졌을 때, 흐르는 전류의 크기는 도체의 저항에 반비례하고, 가해진 전압의 크기에는 비례한다.

3 저항의 접속

(1) 직렬접속

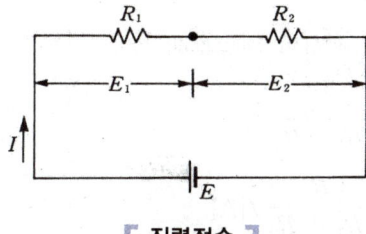

[직렬접속]

① 합성저항 R은
  $R = R_1 + R_2$[Ω]

② 전압분배
  각 저항 R_1, R_2에서의 전압분배
  $E_1 = R_1 I = \dfrac{R_1}{R_1 + R_2} E$
  $E_2 = R_2 I = \dfrac{R_2}{R_1 + R_2} E$

③ 배율기(R_m)
  전압계의 측정범위를 넓히기 위해 전압계에 직렬로 연결하는 저항

(r_v : 전압계 내부저항)

$R_m = (m-1)r_v$, $m(배율) = 1 + \dfrac{R_m}{r_v}$

(2) 병렬접속

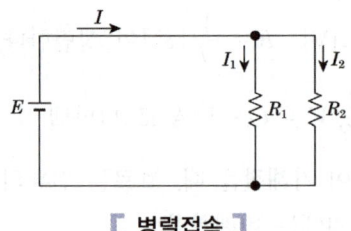

[병렬접속]

① 합성저항 R

$$R = \frac{1}{\frac{1}{R_1} + \frac{1}{R_2}} = \frac{R_1 R_2}{R_1 + R_2} [\Omega]$$

② 전류분배

각 저항 R_1, R_2에서의 전류분배

$$- I_1 = \frac{E}{R_1} = \frac{R_2}{R_1 + R_2} I [A]$$

$$- I_2 = \frac{E}{R_2} = \frac{R_1}{R_1 + R_2} I [A]$$

③ 분류기(R_s)

전류계의 측정범위를 넓히기 위해 전류계에 병렬로 연결하는 저항

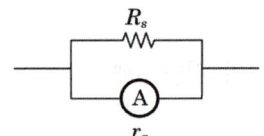

(r_a : 전류계 내부저항)

$$R_s = \frac{r_a}{m-1} \quad m(\text{배율}) = 1 + \frac{r_a}{R_s}$$

(3) 브리지 회로

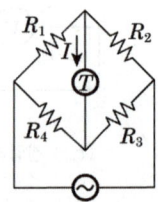

평형조건은 $R_1 \times R_3 = R_2 \times R_4$이며, 이 조건을 만족하면 전류 $I = 0$이 된다.

4 전기저항

(1) 전기저항(R)

도체의 전기저항은 그 재료의 종류, 온도, 길이, 단면적 등에 의해 결정된다. 저항은 길이에 비례하고, 단면적에 반비례한다.

$$R = \rho \frac{l}{A}, \quad R \propto \frac{l}{A}$$

(A : 단면적, l : 길이, ρ : 고유저항)

(2) 도전율(conductivity)

도전율이란 물체가 얼마나 전자이동이 잘되는가를 나타낸 것인데 고유저항의 역수와 같으며 전도율이라고도 한다. 단위는 $[\Omega^{-1}/m] = [\mho/m]$를 사용하며 기호는 σ 또는 K이다.

$$\sigma = \frac{1}{\rho} = \frac{l}{RA} = [\mho/m]$$

CHAPTER 01 직류회로 기출문제

출제 POINT

01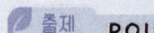
- $R = \rho\dfrac{l}{S} = \rho\dfrac{l}{\pi r^2}[\Omega]$
- [2010년 1회 기출]

01 길이 1[m]인 도선의 저항값이 20[Ω]이었다. 이 도선을 고르게 2[m]로 늘렸을 때 저항값은?

① 10[Ω] ② 40[Ω]
③ 80[Ω] ④ 140[Ω]

해설 [도선의 저항]
- $R = \rho\dfrac{l}{S}$ 에서
- $R' = \rho\dfrac{2l}{S} = \rho\dfrac{l}{S}2 = 2R = 40[\Omega]$ 이 된다.

02
- $Q = I \cdot t$ [C]
- [2010년 2회 기출]

02 어떤 전지에서 5[A]의 전류가 10분간 흘렀다면 이 전지에서 나온 전기량은?

① 0.83[C] ② 50[C]
③ 250[C] ④ 3,000[C]

해설 [전기량 Q]
- $Q = I \cdot t$ [A·S][C]
  $= 5 \times 10 \times 60 = 3{,}000$[C]

03
- [2010년 4회 기출]

03 1.5[V]의 전위차로 3[A]의 전류가 3분 동안 흘렀을 때 한 일은?

① 1.5[J] ② 13.5[J]
③ 810[J] ④ 2,430[J]

해설 $V = \dfrac{W}{Q}$[V], $W = V \cdot Q$[J]
∴ $W = V \cdot Q = VIt = 1.5 \times 3 \times 3 \times 60 = 810$[J]

04
- [2010년 4회 기출]

04 저항 2[Ω]과 2[Ω]을 직렬로 접속했을 때의 합성 컨덕턴스는?

① 0.25[℧] ② 1.5[℧]
③ 5[℧] ④ 6[℧]

정답 01.② 02.④ 03.③ 04.①

해설 저항접속

합성저항 $R = 2+2+4[\Omega]$

∴ 합성 컨덕턴스 $G = \dfrac{1}{R} = \dfrac{1}{4} = 0.25[℧]$

05 동선의 길이를 2배로 늘리면 저항은 처음의 몇 배가 되는가? (단, 동선의 체적은 일정함)

① 2배
② 4배
③ 8배
④ 16배

해설 [도체의 저항 R]

$R = \rho \dfrac{l}{A}$ (l : 길이, A : 단면적)

$R' = \rho \dfrac{2l}{\frac{1}{2}A} = \rho \dfrac{l}{A} \cdot 4 = 4R$ (4배가 된다)

(단, 체적이 일정하기 때문에 길이가 2배가 되면 단면적은 $\dfrac{1}{2}$배가 된다)

05 중요도
■ [2010년 4회 기출]

06 전도도(Conductivity)의 단위는?

① $\Omega \cdot m$
② $℧ \cdot m$
③ Ω/m
④ $℧/m$

해설 [도선의 저항 R]

$R = \rho \dfrac{l}{S}$에서 $\rho = \dfrac{R \cdot S}{l}[\Omega \cdot m]$이다.

그러므로 전도도(도전율) $\sigma = \dfrac{1}{\rho} [\dfrac{1}{\Omega \cdot m}][℧/m]$

06 중요도
■ [2010년 4회 기출]

07 어떤 도체에 1[A]의 전류가 1분간 흐를 때 도체를 통과하는 전기량은?

① 1[C]
② 60[C]
③ 1,000[C]
④ 3,600[C]

해설 전기량 $Q = I \cdot t = 1 \times 1 \times 60 = 60[C]$

07 중요도 ★
■ $Q = I \cdot t[C]$
■ [2010년 5회 기출]

정답 05.② 06.④ 07.②

출제 POINT

08
- $R = \dfrac{V}{I}$
- [2010년 5회 기출]

09
- [2010년 5회 기출]

10
- [2011년 1회 기출]

---

08 100[V]에서 5[A]가 흐르는 전열기에 120[V]를 가하면 흐르는 전류는?

① 4.1[A] ② 6.0[A]
③ 7.2[A] ④ 8.4[A]

해설 전열기는 저항(R)의 부하이므로
$$R = \frac{V}{I} = \frac{100}{5} = 20[\Omega]$$
$$I' = \frac{V'}{R} = \frac{120}{20} = 6.0[A]$$

09 도체의 전기저항에 대한 설명으로 옳은 것은?

① 길이와 단면적에 비례한다.
② 길이와 단면적에 반비례한다.
③ 길이에 비례하고 단면적에 반비례한다.
④ 길이에 반비례하고 단면적에 비례한다.

해설 [도체의 전기저항 R]
$R = \rho \dfrac{l}{A}$ (A : 단면적, l : 길이)

∴ 전기저항 R은 길이에 비례, 단면적에 반비례한다.

10 부하의 전압과 전류를 측정하기 위한 전압계와 전류계의 접속방법으로 옳은 것은?

① 전압계 : 직렬, 전류계 : 병렬
② 전압계 : 직렬, 전류계 : 직렬
③ 전압계 : 병렬, 전류계 : 직렬
④ 전압계 : 병렬, 전류계 : 병렬

해설
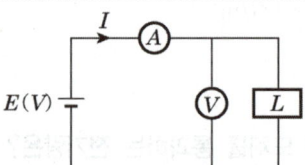

(전류계 : Ⓐ, 전압계 : Ⓥ, 부하 : L)
→ 전압계는 병렬, 전류계는 직렬로 연결하여 측정한다.

정답 08.② 09.③ 10.③

11 다음 회로에서 a, b 간의 합성저항은?

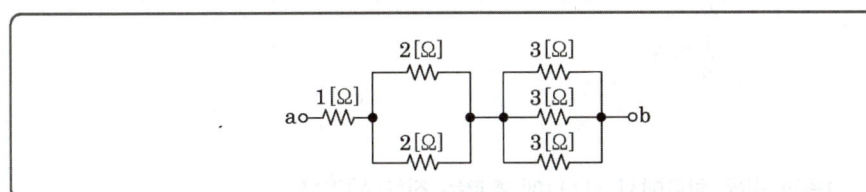

① 1[Ω]
② 2[Ω]
③ 3[Ω]
④ 4[Ω]

해설 합성저항 $R_{ab} = 1 + \dfrac{2}{2} + \dfrac{3}{3} = 3[\Omega]$

11 중요도
- [2011년 1회 기출]

12 1[Ω·m]와 같은 것은?

① 1[μΩ·cm]
② $10^6[\Omega \cdot mm^2]$
③ $10^2[\Omega \cdot mm]$
④ $10^4[\Omega \cdot cm]$

해설
- $1[\mu\Omega \cdot cm] = 1 \times 10^{-6} \times 10^{-2}[\Omega \cdot m] = 10^{-8}[\Omega \cdot m]$
- $10^6[\Omega \cdot mm^2] = 10^6 \times 10^{-6}[\Omega \cdot m] = 1[\Omega \cdot m]$
- $10^2[\Omega \cdot mm] = 10^2 \times 10^{-3}[\Omega \cdot m] = 0.1[\Omega \cdot m]$
- $10^4[\Omega \cdot cm] = 10^4 \times 10^{-2}[\Omega \cdot m] = 100[\Omega \cdot m]$

12 중요도
- $1[mm^2] = 1 \times 10^{-6}[m]$
- [2011년 1회 기출]

13 10[Ω]의 저항 5개를 가지고 얻을 수 있는 가장 작은 합성저항값은?

① 1[Ω]
② 2[Ω]
③ 4[Ω]
④ 5[Ω]

해설 저항 R은 직렬연결 시 커지며, 병렬연결하면 작아지므로 같은 크기의 저항 R을 n개 병렬하면 합성저항 R'은

$R' = \dfrac{R}{n} = \dfrac{10}{5} = 2[\Omega]$

13 중요도
- $R' = \dfrac{R}{n}$
- [2011년 2회 기출]

14 컨덕턴스 $G[\mho]$, 저항 $R[\Omega]$, 전압 $V[V]$, 전류를 $I[A]$라 할 때 G와의 관계가 옳은 것은?

① $G = \dfrac{R}{V}$
② $G = \dfrac{I}{V}$
③ $G = \dfrac{V}{R}$
④ $G = \dfrac{V}{I}$

14 중요도
- [2011년 2회 기출]

정답 11.③ 12.② 13.② 14.②

해설 $I = \dfrac{V}{R} = G \cdot V$에서 $G = \dfrac{I}{V}$[℧]

$G = \dfrac{1}{R}$[℧]

15 그림과 같은 회로에서 4[Ω]에 흐르는 전류[A]값은?

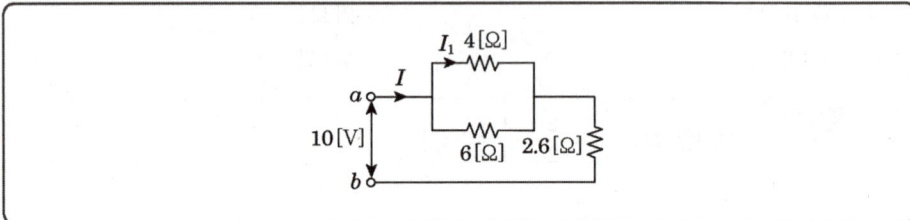

① 0.6 ② 0.8
③ 1.0 ④ 1.2

해설 4[Ω]에 흐르는 전류 I_1을 구하려면 먼저 전체저항 R을 구하여 전류 I를 구하여야 한다.

$R = 2.6 + \dfrac{4 \times 6}{4+6} = 5$[Ω]

전류 $I = \dfrac{V}{R} = \dfrac{10}{5} = 2$[A]

$\therefore I_1 = \dfrac{6}{4+6} \times 2 = 1.2$[A]

16 그림과 같은 회로에서 a, b 간에 V[V]의 전압을 가하여 일정하게 하고, 스위치 S를 닫았을 때의 전전류 I[A]가 닫기 전 전류의 3배가 되었다면 저항 R_x의 값은 약 몇 [Ω]인가?

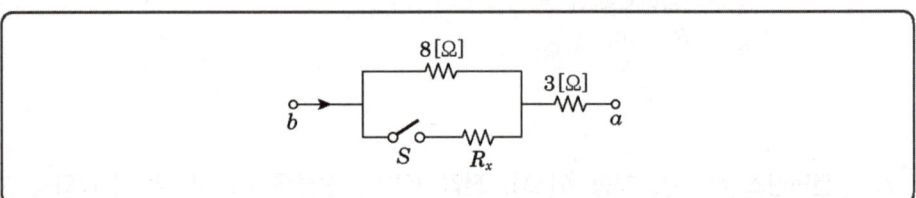

① 727[Ω] ② 27[Ω]
③ 0.73[Ω] ④ 0.27[Ω]

---

15 중요도 ★★
- $I_1 = \dfrac{R_2}{R_1 + R_2} \times I$
- [2011년 4회 기출]

16 중요도
- [2011년 5회 기출]

정답 15.④ 16.③

해설
- 스위치 닫았을 때의 전류 I_1
$$I_1 = \frac{V}{\frac{8 \times R_x}{8+R_x}+3}$$
- 스위치 닫기 전의 전류 I_2
$$I_2 = \frac{V}{8+3}$$
- 조건에서 $I_1 = 3I_2$ 이므로
$$\frac{V}{\frac{8 \times R_x}{8+R_x}+3} = \frac{3V}{8+3} \text{에서 } R_x ≒ 0.73[\Omega]$$

17 1[AH]는 몇 [C]인가?

① 7,200　　　　② 3,600
③ 1,200　　　　④ 60

해설 전하량 Q[C]
$Q = I \cdot t$[A·s]이므로 1[AH]=1×3,600=3,600[C]

17.
- $Q = I \cdot t$ [A·s]
- [2011년 5회 기출]

18 전압계 및 전류계의 측정 범위를 넓히기 위하여 사용하는 배율기와 분류기의 접속방법은?

① 배율기는 전압계와 병렬접속, 분류기는 전류계와 직렬접속
② 배율기는 전압계와 직렬접속, 분류기는 전류계와 병렬접속
③ 배율기 및 분류기 모두 전압계와 전류계에 직렬접속
④ 배율기 및 분류기 모두 전압계와 전류계에 병렬접속

해설
- 배율기(R_m)
  - 전압계의 측정범위를 확대하기 위해 전압계와 직렬로 연결한 저항
  - $R_m = (m-1)r_v$ (m : 배율, r_v : 전압계 내부저항)
- 분류기(R_s)
  - 전류계의 측정범위를 확대하기 위해 전류계와 병렬로 연결한 저항
  - $R_s = \dfrac{r_a}{m-1}$ (r_a : 전류계 내부저항, m : 배율)

18.
- [2011년 5회 기출]

정답 17.② 18.②

19 1[Ω], 2[Ω], 3[Ω]의 저항 3개를 이용하여 합성저항을 2.2[Ω]으로 만들고자 할 때 접속방법을 옳게 설명한 것은?

① 저항 3개를 직렬로 접속한다.
② 저항 3개를 병렬로 접속한다.
③ 2[Ω]과 3[Ω]의 저항을 병렬로 연결한 다음 1[Ω]의 저항을 직렬로 접속을 한다.
④ 1[Ω]과 2[Ω]의 저항을 병렬로 연결한 다음 3[Ω]의 저항을 직렬로 접속을 한다.

해설
- 저항 3개 직렬 : R_1
  $R_1 = 1+2+3 = 6[\Omega]$
- 저항 3개 병렬 : R_2
  $R_2 = \dfrac{1}{1+\dfrac{1}{2}+\dfrac{1}{3}} = \dfrac{6}{11}[\Omega]$
- 2[Ω]-3[Ω] 병렬, 그리고 1[Ω] 직렬연결 : R_3
  $R_3 = 1+\dfrac{2\times3}{2+3} = 1+\dfrac{6}{5} = \dfrac{11}{5}[\Omega] = 2.2[\Omega]$
- 1[Ω]-2[Ω] 병렬, 그리고 3[Ω] 직렬연결 : R_4
  $R_4 = 3+\dfrac{1\times2}{1+2} = 3+\dfrac{2}{3} = \dfrac{11}{3}[\Omega]$

20 1.5[kW]의 전열기를 정격 상태에서 30분간 사용할 때의 발열량은 몇 [kcal]인가?

① 648
② 1,290
③ 1,500
④ 2,700

해설 [줄의 법칙 H]
$H = 0.24I^2 \cdot Rt = 0.24VIt = 0.24P \cdot t[\text{cal}]$
$= 0.24 \times 1.5 \times 10^3 \times 30 \times 60[\text{cal}]$
$= 648[\text{kcal}]$

21 R_1, R_2, R_3의 저항 3개를 직렬접속 했을 때의 합성저항값은?

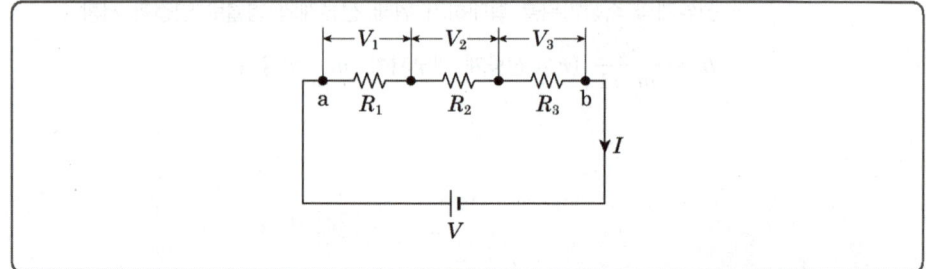

① $R = R_1 + R_2 \cdot R_3$　　　　② $R = R_1 \cdot R_2 + R_3$
③ $R = R_1 \cdot R_2 \cdot R_3$　　　　④ $R = R_1 + R_2 + R_3$

해설
- 직렬 합성저항 : $R = R_1 + R_2 + R_3$
- 병렬 합성저항 : $\dfrac{1}{R} = \dfrac{1}{R_1} + \dfrac{1}{R_2} + \dfrac{1}{R_3}$

그러므로 $R = \dfrac{1}{\dfrac{1}{R_1} + \dfrac{1}{R_2} + \dfrac{1}{R_3}}$

22 2[C]의 전기량이 이동을 하여 10[J]의 일을 하였다면 두 점 사이의 전위차는 몇 [V]인가?

① 0.2[V]　　　　② 0.5[V]
③ 5[V]　　　　④ 20[V]

해설 [전위차 V]
$V = \dfrac{W}{Q} = \dfrac{10}{2} = 5[V][J/C]$

22.
- $V = \dfrac{W}{Q}$
- [2012년 1회 기출]

23 "회로에 흐르는 전류의 크기는 저항에 (㉠)하고, 가해진 전압에 (㉡)한다." (　)에 알맞은 내용을 바르게 나열한 것은?

① ㉠ 비례, ㉡ 비례　　　　② ㉠ 비례, ㉡ 반비례
③ ㉠ 반비례, ㉡ 비례　　　　④ ㉠ 반비례, ㉡ 반비례

해설 [옴의 법칙]
- $V = IR[V]$
- $R = \dfrac{V}{I}[\Omega]$
- $I = \dfrac{V}{R} = G \cdot V[A]$

∴ 전류는 저항에 반비례하고, 전압에 비례한다.

23. 중요도 ★
- $V = IR[V]$
- $I = \dfrac{V}{R}[A]$
- [2012년 1회 기출]

24 220[V]용 100[W] 전구와 200[W] 전구를 직렬로 연결하여 220[V]의 전원에 연결하면?

① 두 전구의 밝기가 같다.　　　　② 100[W]의 전구가 더 밝다.
③ 200[W]의 전구가 더 밝다.　　　　④ 두 전구 모두 안 켜진다.

24. ★★★
- [2012년 2회 기출]

정답 22.③　23.③　24.②

해설
- 저항이 큰 쪽의 전구가 더 밝다.
- $P = \dfrac{V^2}{R}$ 이므로 $R \propto \dfrac{1}{P}$ 가 된다.
- ∴ 100[W] 전구가 더 밝다($R_{100} > R_{200}$).

25 어떤 전지에서 5[A]의 전류가 10분간 흘렀다면 이 전지에서 나온 전기량은?

① 0.83[C] ② 50[C]
③ 250[C] ④ 3,000[C]

해설 [전기량 Q]
$Q = I \cdot t = 5 \times 10 \times 60 = 3,000[C]$

26 직류 250[V]의 전압에 두 개의 150[V]용 전압계를 직렬로 접속하여 측정하면 각 계기의 지시값 V_1, V_2는 각 몇 [V]인가? (단, 전압계의 내부저항은 $V_1 = 15[k\Omega]$, $V_2 = 10[k\Omega]$이다.)

① $V_1 = 250$, $V_2 = 150$ ② $V_1 = 150$, $V_2 = 100$
③ $V_1 = 100$, $V_2 = 150$ ④ $V_1 = 150$, $V_2 = 250$

해설 전압계 지시값 V_1, V_2
$V_1 = \dfrac{15}{15+10} \times 250 = 150[V]$
$V_2 = \dfrac{10}{15+10} \times 250 = 100[V]$

27 전압계의 측정 범위를 넓히는 데 사용되는 기기는?

① 배율기 ② 분류기
③ 정압기 ④ 정류기

해설 [배율기, 분류기]
- 배율기 : 전압계의 측정범위를 확대하기 위해 전압계와 직렬로 연결되는 저항을 말한다.
- 분류기 : 전류계의 측정범위를 확대하기 위해 전류계와 병렬로 연결되는 저항을 말한다.

28 5[Ω], 10[Ω], 15[Ω]의 저항을 직렬로 접속하고 전압을 가하였더니 10[Ω]의 저항 양단에 30[V]의 전압이 측정되었다. 이 회로에 공급되는 전전압은 몇 [V]인가?

① 30[V] ② 60[V]
③ 90[V] ④ 120[V]

정답 25.④ 26.② 27.① 28.③

해설 회로도

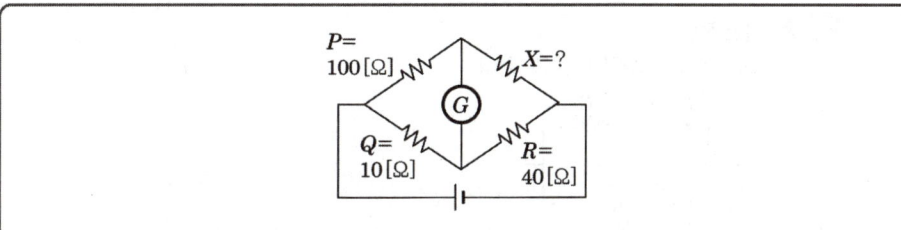

10[Ω] 흐르는 전류를 먼저 구하면 $I = \dfrac{V'}{R} = \dfrac{30}{10} = 3[A]$가 된다.

그러므로 전체전압 $V = I \cdot R = 3 \times (5 + 10 + 15) = 90[V]$이다.

29 회로에서 검류계의 지시가 0일 때 저항 X는 몇 [Ω]인가?

① 10[Ω] ② 40[Ω]
③ 100[Ω] ④ 400[Ω]

해설 [브리지 회로의 평형상태]
- 검류계의 지시값이 "0" 의미는 평형상태를 나타낸다.
- 평형조건은 $P \times R = Q \times X$
∴ $100 \times 40 = 10 \times X$이므로 $X = 400[Ω]$

29 중요도 ★
- 브리지 평형조건
- $R_1 \times R_2 = R_3 \times R_4$
- [2012년 4회 기출]

30 어떤 도체의 길이를 n배로 하고 단면적을 $\dfrac{1}{n}$로 하였을 때의 저항은 원래 저항보다 어떻게 되는가?

① n배로 된다. ② n^2배로 된다.
③ $\sqrt{n}$배로 된다. ④ $\dfrac{1}{n}$배로 된다.

해설 [도선의 저항 R]
$R = \rho \dfrac{l}{S} [Ω/m]$

$R' = \rho \dfrac{nl}{\frac{1}{n}S} = \rho \dfrac{l}{S} n^2 = n^2 \cdot R$이 되므로 n^2배가 된다.

30 중요도
- [2012년 4회 기출]

정답 29.④ 30.②

출제 POINT

31 [2012년 5회 기출]

31 그림의 회로에서 모든 저항값은 2[Ω]이고, 전체 전류 I는 6[A]이다. I_1에 흐르는 전류는?

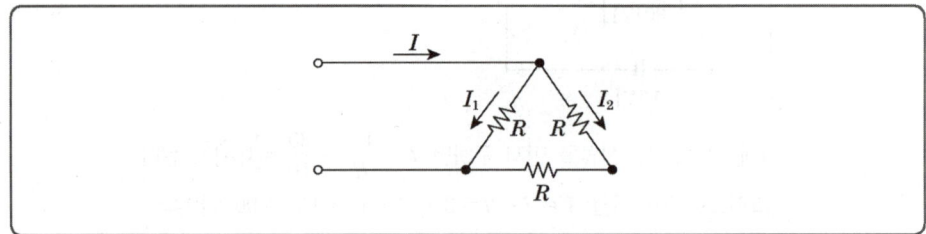

① 1[A] ② 2[A]
③ 3[A] ④ 4[A]

해설 분로전류
회로를 변형하면 다음과 같다.

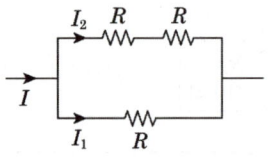

$I_1 = \dfrac{2R}{2R+R} \times I = \dfrac{2 \times 2}{3 \times 2} \times 6 = 4[A]$

$I_2 = \dfrac{R}{3R} \times 6 = 2[A]$

32 [2012년 5회 기출]

32 그림과 같은 회로에서 a, b 간에 $V[V]$의 전압을 가하여 일정하게 하고, 스위치 S를 닫았을 때의 전전류 $I[A]$가 닫기 전 전류의 3배가 되었다면 저항 R_x의 값은 약 몇 [Ω]인가?

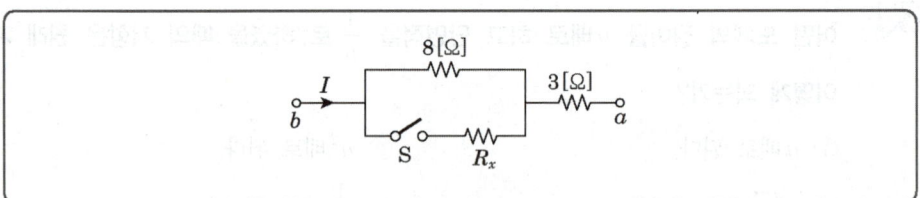

① 0.73 ② 1.44
③ 2.16 ④ 2.88

해설 • 스위치 닫았을 때의 전류 I_1

$I_1 = \dfrac{V}{\dfrac{8 \times R_x}{8 + R_x} + 3}$

정답 31.④ 32.①

- 스위치 닫기 전의 전류 I_2

  $I_2 = \dfrac{V}{8+3}$

- 조건에서 $I_1 = 3I_2$이므로

  $\dfrac{V}{\dfrac{8 \times R_x}{8+R_x}+3} = \dfrac{3V}{8+3}$ 에서 $R_x \fallingdotseq 0.73[\Omega]$

33 저항 R_1, R_2의 병렬회로에서 R_2에 흐르는 전류가 I일 때 전전류는?

① $\dfrac{R_1+R_2}{R_1} I$ ② $\dfrac{R_1+R_2}{R_2} I$

③ $\dfrac{R_1}{R_1+R_2} I$ ④ $\dfrac{R_2}{R_1+R_2} I$

[해설] 병렬회로의 전류

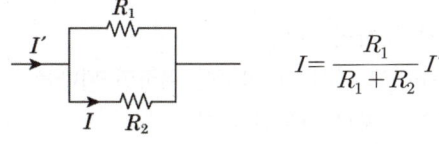

그러므로 전전류 $I' = \dfrac{R_1+R_2}{R_1} I$

33 중요도
- 병렬회로의 전류
- [2012년 5회 기출]

34 어떤 도체에 5초간 4[C]의 전하가 이동했다면 이 도체에 흐르는 전류는?

① 0.12×10^3[mA] ② 0.8×10^3[mA]
③ 1.25×10^3[mA] ④ 8×10^3[mA]

[해설] 전하 $Q[C]$
$Q = I \cdot t$[C]이므로
$I = \dfrac{Q}{t}$[C/s][A]

그러므로 $I = \dfrac{4}{5} = 0.8[A] = 0.8 \times 10^3$[mA]

34 중요도 ★
- $I = \dfrac{Q}{t}$ [A][C/s]
- [2012년 5회 기출]

35 14[C]의 전기량이 이동해서 560[J]의 일을 했을 때 기전력은 얼마인가?

① 40[V] ② 140[V]
③ 200[V] ④ 240[V]

35 중요도
- [2013년 1회 기출]

정답 33.① 34.② 35.①

해설 전위차, 기전력 V
$$V = \frac{W}{Q} = \frac{560}{14} = 40[\text{V}][\text{J/C}]$$

36 1[Ah]는 몇 [C]인가?

① 1,200　　　② 2,400
③ 3,600　　　④ 4,800

해설 전하량 $Q[\text{C}][\text{A}\cdot\text{s}]$
$Q = I \cdot t[\text{A}\cdot\text{s}]$이므로
$Q = 1[\text{Ah}] = 1 \times 3,600[\text{A}\cdot\text{s}] = 3,600[\text{C}]$

출제 POINT 36
- $Q = I \cdot t[\text{A}\cdot\text{s}]$
- [2013년 2회 기출]

37 저항의 병렬접속에서 합성저항을 구하는 설명으로 옳은 것은?

① 연결된 저항을 모두 합하면 된다.
② 각 저항값의 역수에 대한 합을 구하면 된다.
③ 저항값의 역수에 대한 합을 구하고 다시 그 역수를 취하면 된다.
④ 각 저항값을 모두 합하고 저항 숫자로 나누면 된다.

해설 직·병렬저항
- 직렬연결 시 합성저항 $R_s = R_1 + R_2 + R_3 + \cdots$
- 병렬연결 시 합성저항 $\frac{1}{R_p} = \frac{1}{R_1} + \frac{1}{R_2} + \frac{1}{R_3} + \cdots$

$$R_p = \frac{1}{\frac{1}{R_1} + \frac{1}{R_2} + \frac{1}{R_3} + \cdots}$$

출제 POINT 37
- [2013년 4회 기출]

38 20[Ω], 30[Ω], 60[Ω]의 저항 3개를 병렬로 접속하고 여기에 60[V]의 전압을 가했을 때, 이 회로에 흐르는 전체 전류는 몇 [A]인가?

① 3[A]　　　② 6[A]
③ 30[A]　　　④ 60[A]

해설 병렬연결 시 합성저항 R_p
$$R_p = \frac{1}{\frac{1}{20} + \frac{1}{30} + \frac{1}{60}} = 10[\Omega]$$
$$\therefore I = \frac{V}{R_p} = \frac{60}{10} = 6[\text{A}]$$

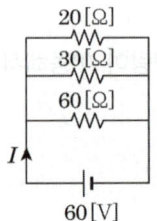

출제 POINT 38
- [2013년 4회 기출]

정답 36.③　37.③　38.②

39 100[V]의 전압계가 있다. 이 전압계를 써서 200[V]의 전압을 측정하려면 최소 몇 [Ω]의 저항을 외부에 접속해야 하는가? (단, 전압계의 내부저항은 5,000[Ω]이다.)

① 10,000 ② 5,000
③ 2,500 ④ 1,000

해설 배율저항 R_m

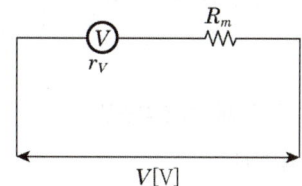

r_V : 전압계 내부저항
m : 배율

$$R_m = (m-1)r_V = \left(\frac{200}{100} - 1\right) \times 5,000 = 5,000[\Omega]$$

39. 중요도 ★
- 배율기 $R_m = (m-1) \cdot r_V$
- [2013년 4회 기출]

40 전류계의 측정범위를 확대시키기 위하여 전류계와 병렬로 접속하는 것은?

① 분류기 ② 배율기
③ 검류계 ④ 전위차계

해설 배율기, 분류기
- **배율기**(R_m) : 전압계의 측정범위를 확대하기 위해 전압계와 직렬로 연결하는 저항을 뜻한다.
- **분류기**(R_s) : 전류계의 측정범위를 확대하기 위해 전류계와 병렬로 연결하는 저항을 뜻한다.

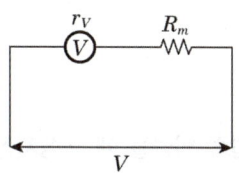
(r_V : 전압계 내부저항)

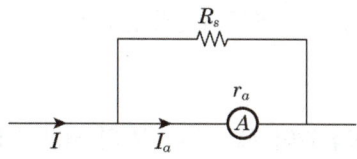
(r_a : 전류계 내부저항)

40. 중요도
- [2013년 5회 기출]

41 전선의 길이를 4배로 늘렸을 때, 처음의 저항값을 유지하기 위해서는 도선의 반지름을 어떻게 해야 하는가?

① 1/4로 줄인다.
② 1/2로 줄인다.
③ 2배로 늘린다.
④ 4배로 늘린다.

41. 중요도 ★★
- $R = \rho \dfrac{l}{S} = \rho \dfrac{l}{\pi r^2}$
- [2013년 5회 기출]

정답 39.② 40.① 41.③

출제 POINT

해설 도선의 저항 R

ρ : 고유저항
A : 단면적
l : 길이

$R = \rho\dfrac{l}{A} = \rho\dfrac{l}{\pi r^2}$ 이므로 $R' = \rho\dfrac{4l}{\pi(2r)^2} = \rho\dfrac{l}{\pi r^2}$ 이 된다.

즉, $R = R'$ 되려면 길이가 $4l$이 되면 반지름은 $2r$이면 된다.

---

42 중요도 ★
- $V = \dfrac{W}{Q}$
- [2014년 1회 기출]

42 24[C]의 전기량이 이동해서 144[J]의 일을 했을 때 기전력은?

① 2[V]   ② 4[V]
③ 6[V]   ④ 8[V]

해설 전위차, 기전력 V

$V = \dfrac{W}{Q}[\text{J/C}][\text{V}] = \dfrac{144}{24} = 6[\text{V}]$

---

43 중요도 ★★
- $V = IR$
- $I = \dfrac{V}{R}$
- [2014년 1회 기출]

43 어떤 저항(R)에 전압(V)을 가하니 전류(I)가 흘렀다. 이 회로의 저항(R)을 20[%] 줄이면 전류(I)는 처음의 몇 배가 되는가?

① 0.8   ② 0.88
③ 1.25   ④ 2.04

해설 $I = \dfrac{V}{R}$ 에서 $I' = \dfrac{V}{0.8R} = 1.25I$

즉, 저항은 20[%] 감소하면 전류는 25[%] 증가한다.

---

44 중요도
- [2014년 1회 기출]

44 그림과 같이 R_1, R_2, R_3의 저항 3개가 직병렬접속 되었을 때 합성저항은?

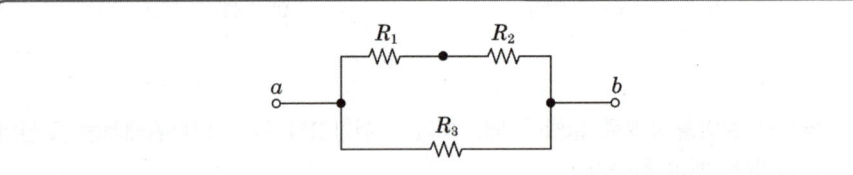

① $R = \dfrac{(R_1 + R_2)R_3}{R_1 + R_2 + R_3}$ ② $R = \dfrac{(R_2 + R_3)R_1}{R_1 + R_2 + R_3}$

③ $R = \dfrac{(R_1 + R_3)R_2}{R_1 + R_2 + R_3}$ ④ $R = \dfrac{R_1 R_2 R_3}{R_1 + R_2 + R_3}$

정답 42.③ 43.③ 44.①

해설 직·병렬 합성저항 R

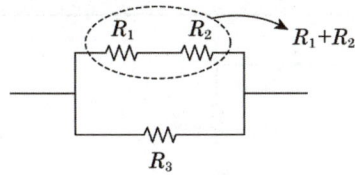

∴ 합성저항 $R = \dfrac{(R_1 + R_2) \cdot R_3}{(R_1 + R_2) + R_3}$

45 회로에서 a-b 단자 간의 합성저항[Ω] 값은?

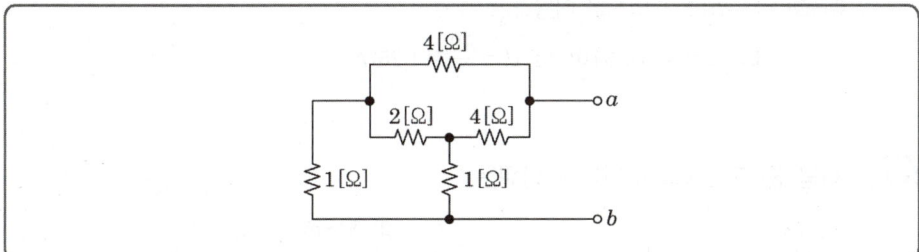

① 1.5　　　　② 2
③ 2.5　　　　④ 4

해설 [브리지 회로의 평형상태]
- 위의 회로를 변형하면 다음과 같다.

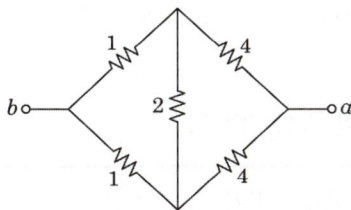

- 평형조건을 만족하므로 2[Ω]을 생략할 수 있다.

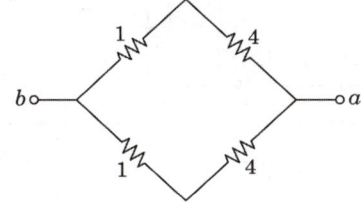

그러므로 합성저항 $R_{ab} = \dfrac{5}{2} = 2.5[Ω]$이다.

POINT

45 중요도 ★★
- 브리지 회로의 평형조건
  $R_1 \times R_3 = R_2 \times R_4$
- [2014년 2회 기출]

정답 45.③

46

그림에서 폐회로에 흐르는 전류는 몇 [A]인가?

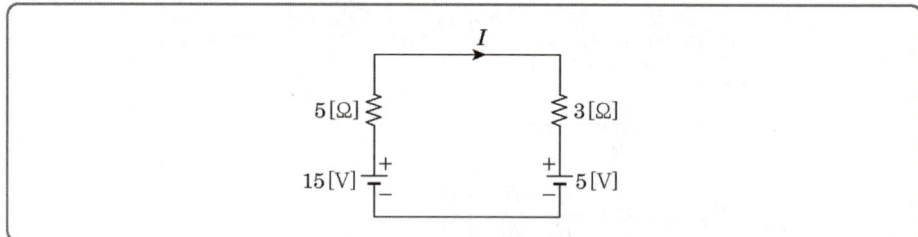

① 1
② 1.25
③ 2
④ 2.5

해설 키르히호프 법칙을 이용하면
$15 - 5 = I(5+3)$ 이므로 $I = \dfrac{10}{8} = 1.25$ [A]

47

다음 중 도전율을 나타내는 단위는?

① Ω
② $\Omega \cdot m$
③ $\mho \cdot m$
④ $\mho / m$

해설 도전율 σ
$R = \rho \dfrac{l}{S}$ 에서 $\rho = \dfrac{R \cdot S}{l} \left[\dfrac{\Omega \cdot m^2}{m} \right] = [\Omega \cdot m]$

$\therefore \sigma = \dfrac{1}{\rho} \left[\dfrac{1}{\Omega \cdot m} \right]$ 이므로 $\left[\dfrac{1}{\Omega \cdot m} \right] = [\mho / m]$

48

그림에서 단자 A-B 사이의 전압은 몇 [V]인가?

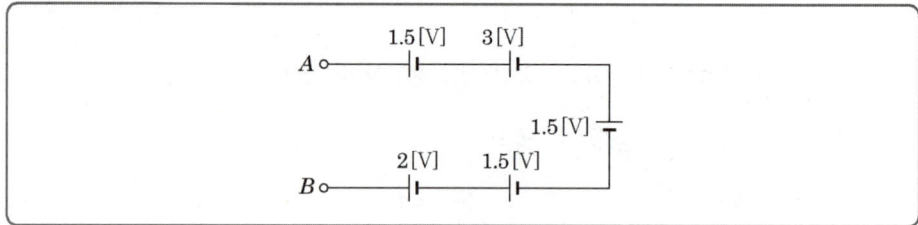

① 1.5
② 2.5
③ 6.5
④ 9.5

해설
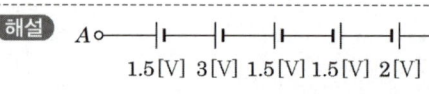
1.5[V] 3[V] 1.5[V] 1.5[V] 2[V]
$V_{AB} = 1.5 + 3 + 1.5 - 1.5 - 2 = 2.5$ [V]

POINT

46 중요도
- 키르히호프의 법칙
- [2014년 2회 기출]

47 중요도
- 도전율 σ
- [2014년 4회 기출]

48 중요도
- [2014년 5회 기출]

정답 46.② 47.④ 48.②

49 2개의 저항 R_1, R_2를 병렬접속하면 합성저항은?

① $\dfrac{1}{R_1+R_2}$ ② $\dfrac{R_1}{R_1+R_2}$

③ $\dfrac{R_1 R_2}{R_1+R_2}$ ④ $\dfrac{R_2}{R_1+R_2}$

해설 병렬 합성저항 R

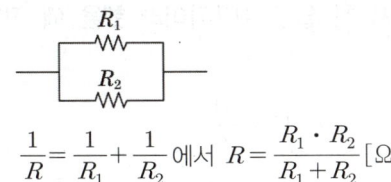

$\dfrac{1}{R} = \dfrac{1}{R_1} + \dfrac{1}{R_2}$에서 $R = \dfrac{R_1 \cdot R_2}{R_1+R_2}\,[\Omega]$

출제 POINT

49. 중요도 ★★
- 직렬접속 합성저항 $R = R_1 + R_2$
- 병렬접속 합성저항 $R' = \dfrac{R_1 \cdot R_2}{R_1 + R_2}$
- [2014년 5회 기출]

50 전구를 점등하기 전의 저항과 점등한 후의 저항을 비교하면 어떻게 되는가?

① 점등 후의 저항이 크다. ② 점등 전의 저항이 크다.
③ 변동 없다. ④ 경우에 따라 다르다.

해설 점등하면 온도가 상승하므로 저항값도 커진다.

50. 중요도
- [2014년 5회 기출]

51 전기 전도도가 좋은 순서대로 도체를 나열한 것은?

① 은 → 구리 → 금 → 알루미늄
② 구리 → 금 → 은 → 알루미늄
③ 금 → 구리 → 알루미늄 → 은
④ 알루미늄 → 금 → 은 → 구리

해설 도전율(전도율)
- 알루미늄 : 63[%]
- 금 : 72[%]
- 구리 : 100[%]
∴ 은 > 구리 > 금 > 알루미늄의 순이다.

51. 중요도
- 도전율(전도율)
- [2015년 1회 기출]

52 어떤 도체의 길이를 2배로 하고 단면적을 $\dfrac{1}{3}$로 했을 때의 저항은 원래 저항의 몇 배가 되는가?

① 3배 ② 4배
③ 6배 ④ 9배

52. 중요도
- [2015년 1회 기출]

정답 49.③ 50.① 51.① 52.③

해설 도체의 저항 R

- $R = \rho \dfrac{l}{S}$
- $R' = \rho \dfrac{2l}{\dfrac{1}{3}S} = \rho \dfrac{l}{S} 6 = 6R$ (그러므로 6배가 된다.)

53 $Q[C]$의 전기량이 도체를 이동하면서 한 일을 $W[J]$이라 했을 때 전위차 $V[V]$를 나타내는 관계식으로 옳은 것은?

① $V = QW$
② $V = \dfrac{W}{Q}$
③ $V = \dfrac{Q}{W}$
④ $V = \dfrac{1}{QW}$

해설 전위차 $V = \dfrac{W}{Q}[J/C][V]$

54 그림과 같이 회로의 저항값이 $R_1 > R_2 > R_3 > R_4$일 때 전류가 최소로 흐르는 저항은?

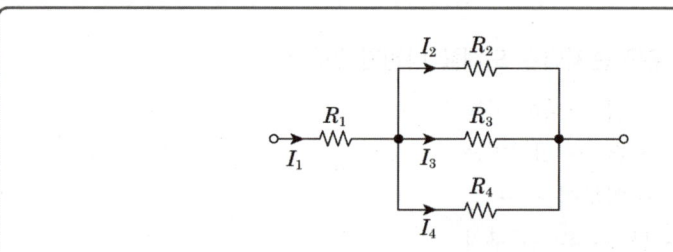

① R_1
② R_2
③ R_3
④ R_4

해설 $I_1 = I_2 + I_3 + I_4$이므로 R_1에는 가장 큰 전류가 흐른다.
전류는 저항에 반비례하므로 $I_2 < I_3 < I_4$이다.

정답 53.② 54.②

55 그림에서 a-b간의 합성저항은 c-d간의 합성저항보다 몇 배인가?

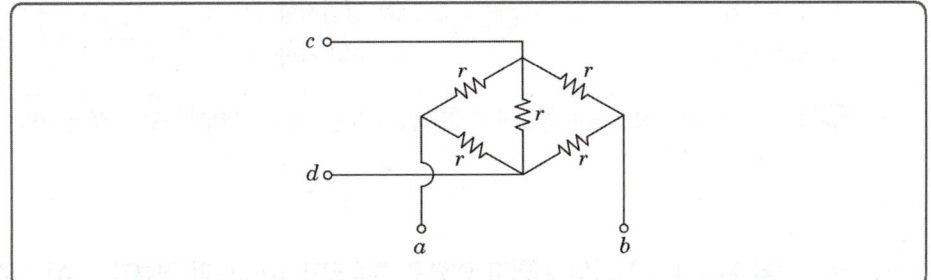

① 1배 ② 2배
③ 3배 ④ 4배

해설
- 합성저항 R_{ab}

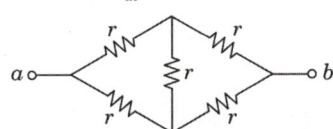

브리지의 평형조건을 만족하므로 다음과 같이 회로를 고칠 수 있다.

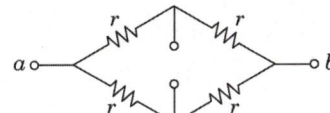   ∴ $R_{ab} = \dfrac{2r}{2} = r[\Omega]$

- 합성저항 R_{cd}

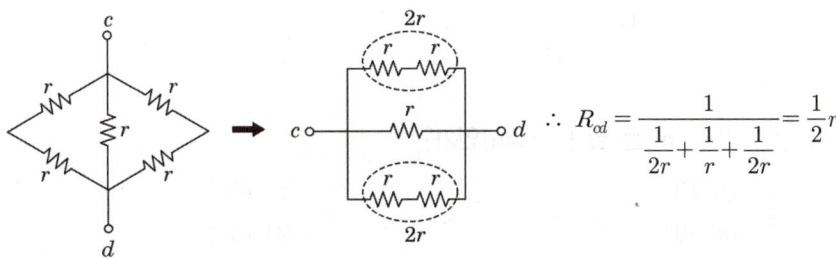   ∴ $R_{cd} = \dfrac{1}{\dfrac{1}{2r}+\dfrac{1}{r}+\dfrac{1}{2r}} = \dfrac{1}{2}r$

∴ R_{ab}는 R_{cd}의 2배가 된다.

56 다음 중 1[V]와 같은 값을 갖는 것은?
① 1[J/C] ② 1[Wb/m]
③ 1[Ω/m] ④ 1[A·sec]

해설 전위 $V = \dfrac{W}{Q}[\text{J/C}][\text{V}]$

출제 POINT

55
- [2015년 4회 기출]

56
- $V = \dfrac{W}{Q}$
- [2015년 4회 기출]

정답 55.② 56.①

출제 POINT

57 중요도
- 저항의 종류
- [2015년 5회 기출]

57 다음 중 큰 값일수록 좋은 것은?

① 접지저항　　② 절연저항
③ 도체저항　　④ 접촉저항

해설 누설전류는 작을수록 좋으며 절연저항과 누설전류는 반비례하므로 절연저항은 클수록 좋다.

58 중요도
- [2015년 5회 기출]

58 10[Ω]의 저항과 R[Ω]의 저항이 병렬로 접속되고 10[Ω]의 전류가 5[A], R[Ω]의 전류가 2[A]이면, 저항 R[Ω]은?

① 10　　② 20
③ 25　　④ 30

해설 병렬저항에서

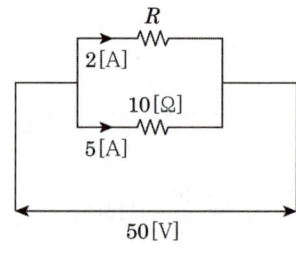

- 10[Ω] 양단전압 $V_{10} = 10 \times 5 = 50$[V]
- R[Ω] 양단전압 $V_R = R \times 2$에서 $V_{10} = V_R$이므로 $50 = 2 \times R \rightarrow R = 25$[Ω]이 된다.

59 중요도
- [2016년 1회 기출]

59 1[Ω·m]는 몇 [Ω·cm]인가?

① 10^2　　② 10^{-2}
③ 10^6　　④ 10^{-6}

해설 1[Ω·m] = 100[Ω·cm]
1[Ω·cm] = 0.01[Ω·m]

정답 57.② 58.③ 59.①

60 그림과 같은 회로에서 저항 R_1에 흐르는 전류는?

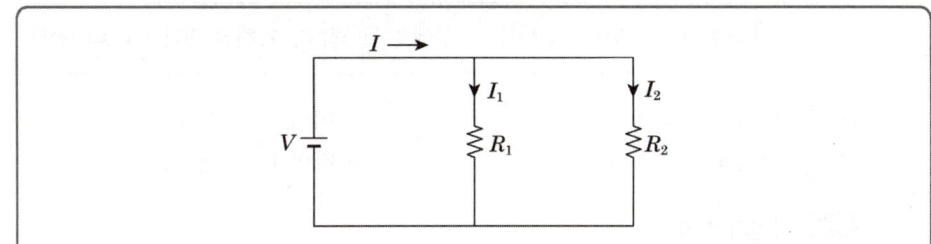

① $(R_1+R_2)I$
② $\dfrac{R_2}{R_1+R_2}I$
③ $\dfrac{R_1}{R_1+R_2}I$
④ $\dfrac{R_1R_2}{R_1+R_2}I$

해설 분로전류 I_1, I_2
- $I_1 = \dfrac{R_2}{R_1+R_2}I[A]$
- $I_2 = \dfrac{R_1}{R_1+R_2}I[A]$

60- 중요도 ★
- $I_1 = \dfrac{R_2}{R_1+R_2}I[A]$
- $I_2 = \dfrac{R_1}{R_1+R_2}I[A]$
- [2016년 1회 기출]

61 동일한 저항 4개를 접속하여 얻을 수 있는 최대 저항값은 최소 저항값의 몇 배인가?
① 2
② 4
③ 8
④ 16

해설 [합성저항]
- 최대 합성저항은 직렬로 4개 연결 : $R_s = 4R$
- 최소 합성저항은 병렬로 4개 연결 : $R_p = \dfrac{R}{4}$

∴ $\dfrac{R_s}{R_p} = \dfrac{4R}{\dfrac{R}{4}} = 16[배]$

61- 중요도
- [2016년 1회 기출]

62 3[V]의 기전력으로 300[C]의 전기량이 이동할 때 몇 [J]의 일을 하게 되는가?
① 1,200
② 900
③ 600
④ 100

해설 전위차 $V = \dfrac{W}{Q}[J/C][V]$에서
$W = V \cdot Q = 3 \times 300 = 900[J]$

62- 중요도 ★
- $V = \dfrac{W}{Q}[J/C][V]$
- [2016년 2회 기출]

정답 60.② 61.④ 62.②

출제 POINT

63 ★★
- 옴의 법칙
  - $V = IR$ [V]
  - $I = \dfrac{V}{R}$ [A]
  - $R = \dfrac{V}{I}$ [Ω]
- [2016년 2회 기출]

64 ★★
- 분류저항 R_s
  $R_s = \dfrac{r_a}{m-1}$
- [2016년 2회 기출]

65 ★★
- 브리지 회로의 평형조건
  $A \times C = B \times D$
- [2016년 5회 CBT]

정답 63.③ 64.④ 65.①

---

63 다음 ( ) 안의 알맞은 내용으로 옳은 것은?

> 회로에 흐르는 전류의 크기는 저항에 (㉠)하고, 가해진 전압에 (㉡)한다.

① ㉠ 비례, ㉡ 비례
② ㉠ 비례, ㉡ 반비례
③ ㉠ 반비례, ㉡ 비례
④ ㉠ 반비례, ㉡ 반비례

해설 [옴의 법칙]

$V = IR$, $I = \dfrac{V}{R}$, $R = \dfrac{V}{I}$ 이므로

전류 $I = \dfrac{V}{R}$에서 R에 반비례, V에 비례한다.

---

64 최대눈금 1[A], 내부저항 10[Ω]의 전류계로 최대 101[A]까지 측정하려면 몇 [Ω]의 분류기가 필요한가?

① 0.01
② 0.02
③ 0.05
④ 0.1

해설 분류기(R_s)

$R_s = \dfrac{r_a}{m-1} = \dfrac{10}{\dfrac{101}{1} - 1} = 0.1 \, [\Omega]$

---

65 그림에서 평형조건으로 옳은 식은?

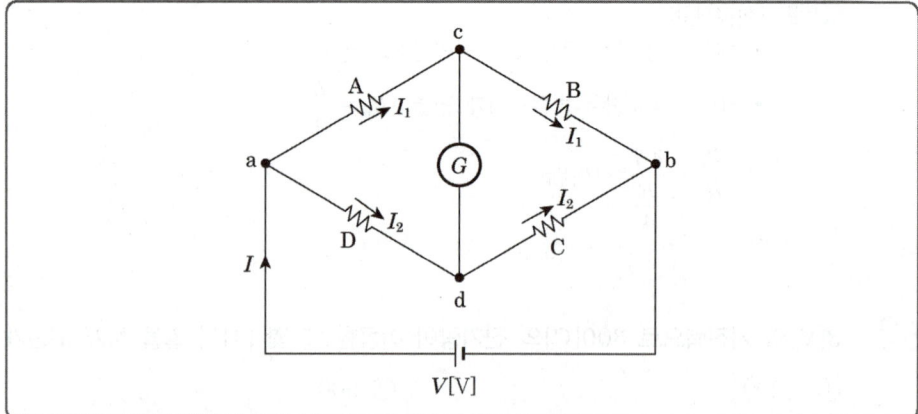

① $AC = BD$
② $AD = BC$
③ $AB = CD$
④ $A = \dfrac{DC}{B}$

해설 브리지 회로의 평형조건
A×C=B×D이면 검류계 ⓖ에 흐르는 전류가 "0" 상태가 되어 평형상태가 된다.

66 그림과 같이 R_1, R_2, R_3의 저항 3개가 직병렬접속 되었을 때 합성저항은?

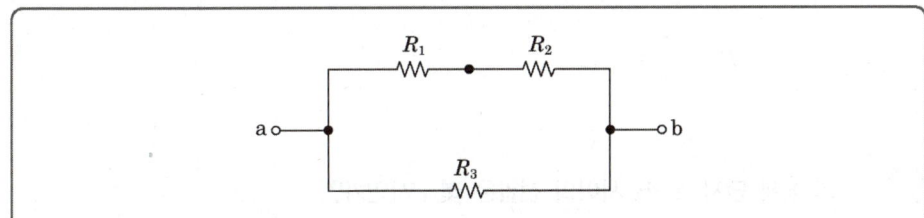

① $R = \dfrac{(R_1 + R_2)R_3}{R_1 + R_2 + R_3}$

② $R = \dfrac{(R_2 + R_3)R_1}{R_1 + R_2 + R_3}$

③ $R = \dfrac{(R_1 + R_3)R_2}{R_1 + R_2 + R_3}$

④ $R = \dfrac{R_1 R_2 R_3}{R_1 + R_2 + R_3}$

해설 직·병렬 합성저항 R
$\dfrac{1}{R} = \dfrac{1}{R_1 + R_2} + \dfrac{1}{R_3}$ 이므로
∴ $R = \dfrac{(R_1 + R_2) \cdot R_3}{(R_1 + R_2) + R_3}$

66. [2016년 5회 CBT]

67 회로에서 a-b 단자 간 합성저항[Ω]값은?

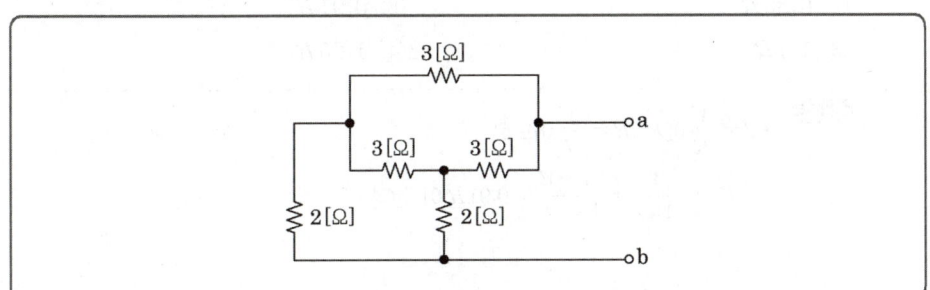

① 1.5 ② 2.0
③ 2.5 ④ 4.5

67. [2016년 5회 CBT]

정답 66.① 67.③

해설 브리지 회로의 평형상태
주어진 회로를 변형하면 다음과 같고 평형조건을 만족한다.

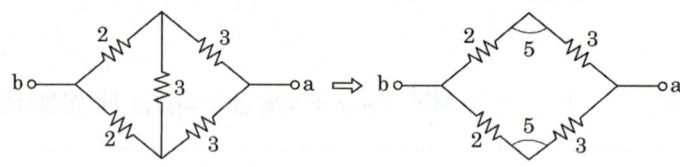

$$\therefore R_{ab} = \frac{5}{2} = 2.5[\Omega]$$

68 그림에서 단자 A-B 사이의 전압은 몇 [V]인가?

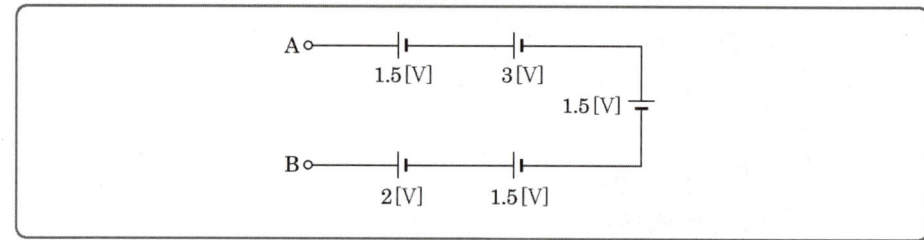

① 1.5　　　　　　　　② 2.5
③ 6.5　　　　　　　　④ 9.5

해설 AB 사이 전압 V_{AB}
그림을 약간 변형을 하면

A○─┤├─┤├─┤├─┤├─┤├─○B
　1.5[V]　3[V]　1.5[V]　1.5[V]　2[V]

$$\therefore V_{AB} = 1.5 + 3 + 1.5 - 1.5 - 2 = 2.5[V]$$

69 전기회로에서 전류(I)를 10[%] 증가시키면 저항(R)은 어떻게 되겠는가?

① $0.83R$　　　　　　② $0.91R$
③ $1.1R$　　　　　　　④ $1.25R$

해설
- $I = \dfrac{V}{R}$ 에서 $R = \dfrac{V}{I}$ 이므로

$$\therefore R' = \frac{V}{1.1I} = \frac{1}{1.1} \frac{V}{I} \fallingdotseq 0.91R \text{이 된다.}$$

70 그림과 같은 회로 AB에서 본 합성저항은 몇 [Ω]인가?

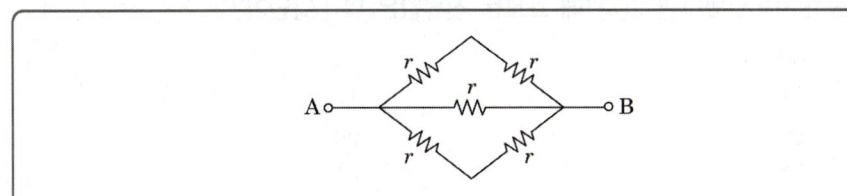

① $\dfrac{r}{2}$ ② r

③ $\dfrac{3}{2}r$ ④ $2r$

해설 [합성저항 R_{AB}]

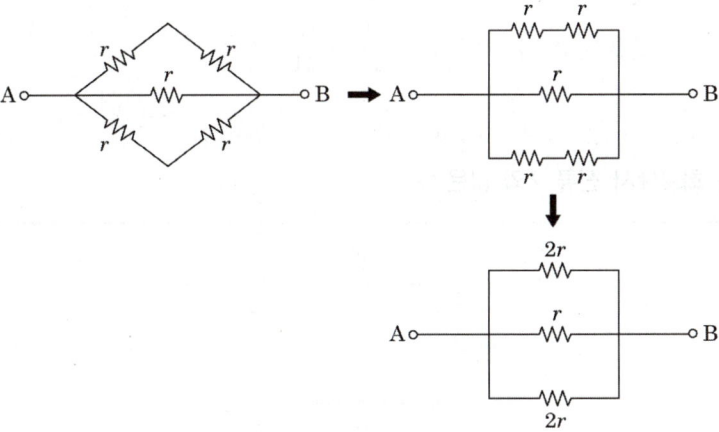

∴ $\dfrac{1}{R_{AB}} = \dfrac{1}{2r} + \dfrac{1}{2r} + \dfrac{1}{r} = \dfrac{2}{r}$ 이므로

$R_{AB} = \dfrac{r}{2}\,[\Omega]$

71 10[Ω]의 저항 5개를 가지고 얻을 수 있는 가장 작은 합성저항값은?

① 1 ② 2
③ 3 ④ 4

해설 [합성저항]
R은 병렬연결 시 작아지므로
∴ $R' = \dfrac{R}{m} = \dfrac{10}{5} = 2\,[\Omega]$ 된다.

[2017년 1회 CBT]

[2017년 2회 CBT]

정답 70.① 71.②

72 2[Ω], 4[Ω], 6[Ω]의 저항 3개가 있다. 이 저항들을 병렬연결 했을 때 회로의 전전류가 10[A]였다면 2[Ω]에 흐르는 전류값은 몇 [A]인가?

① $\dfrac{60}{11}$ ② $\dfrac{70}{11}$

③ $\dfrac{80}{11}$ ④ $\dfrac{90}{11}$

해설 [병렬연결 시 합성저항 R]
$\dfrac{1}{R} = \dfrac{1}{2} + \dfrac{1}{4} + \dfrac{1}{6} = \dfrac{6+3+2}{12} = \dfrac{11}{12}$ 이므로
$R = \dfrac{12}{11}[\Omega]$
$V = I \cdot R = 10 \times \dfrac{12}{11} = \dfrac{120}{11}[V]$
∴ 2[Ω]에 흐르는 전류 $I = \dfrac{\frac{120}{11}}{2} = \dfrac{60}{11}[A]$

73 다음 회로에서 전류 I의 값은?

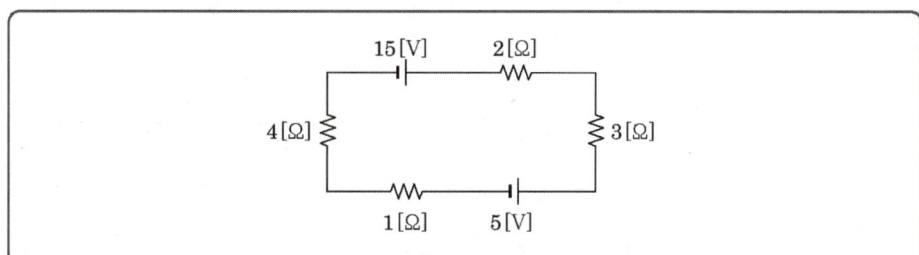

① 0.5 ② 1
③ 1.5 ④ 2

해설 KVL을 적용하면
$15 - 5 = I(2+3+1+4)$
∴ $I = \dfrac{10}{10} = 1[A]$

74 4[Ω], 6[Ω], 8[Ω]의 3개 저항을 병렬접속할 때 합성저항은 약 몇 [Ω]인가?

① 1.8[Ω] ② 2.5[Ω]
③ 3.6[Ω] ④ 4.5[Ω]

해설 [병렬시 합성저항 R]

- $\dfrac{1}{R} = \dfrac{1}{4} + \dfrac{1}{6} + \dfrac{1}{8} = \dfrac{6+4+3}{24} = \dfrac{13}{24}$

$\therefore R = \dfrac{24}{13} \fallingdotseq 1.84[\Omega]$

75 어떤 전압계의 측정범위를 10배로 하자면 배율기의 저항을 전압계 내부저항의 몇 배로 하여야 하는가?

① 10 ② 1/10
③ 9   ④ 1/9

해설 [배율기 R_m]
$R_m = (m-1) \cdot r_V = (10-1)r_V = 9r_V$

76 전류 50[A]로 2시간 동안 흘렀다면 전기량[Ah]은?

① 25   ② 50
③ 100 ④ 200

해설 [전기량 Q]
$Q = I \cdot t = 50 \times 2 \times 3{,}600[\text{A}\cdot\text{s}]$
$= 50 \times 2 = 100[\text{A}\cdot\text{h}]$

77 2분 동안에 전류를 흘려 72,000[C]의 전하가 이동했을 때 이 도선의 전류는?

① 10[A]   ② 20[A]
③ 600[A]   ④ 1,200[A]

해설 [전류 I]
$Q = I \cdot t [\text{A}\cdot\text{s}]$이므로
$I = \dfrac{Q}{t} = \dfrac{72{,}000}{2 \times 60} = 600[\text{A}][\text{C/s}]$

출제 POINT

75 — 중요도
- [2017년 3회 CBT]

76 — 중요도
- $Q = I \cdot t$
- [2017년 4회 CBT]

77 — 중요도
- [2017년 4회 CBT]

정답 75.③ 76.③ 77.③

Chapter ❶ 직류회로

CHAPTER 02 전류의 발열작용과 화학작용

1 줄(Joule)의 법칙

① 어떤 저항에 $I[A]$의 전류를 어느 시간 동안 흘릴 때, 저항 중에서 소비되는 전력량, 즉 전기에너지는 다음 식과 같다.

$$W = Pt = I^2 Rt = \frac{V^2}{R}t \,[J]$$

이것은 저항에서 소비되는 에너지는 전부 열에너지로 바뀐다는 것으로서, '줄의 법칙'이라고 한다. 이때 발생한 열을 '줄열' 또는 '저항열'이라고 한다.

② 열량[H]

$$H = 0.24 I^2 Rt \,[cal]$$

2 전력량과 전력

(1) 전력량(W)

$R[\Omega]$의 저항에 $I[A]$의 전류가 $t[s]$ 동안 흐를 때의 전기에너지는

$$W = I^2 Rt \,[J]$$

지금 저항 R에 가한 전압을 $V[V]$라고 하면 옴의 법칙 $V = IR$로부터

$$W = I^2 Rt = VIt = \frac{V^2}{R}t = Pt \,[J][W \cdot S]\text{이다.}$$

이 전기적 에너지 $W[J]$는 $t[s]$ 동안에 전기가 한 일 또는 $t[s]$ 동안의 '전력량'이라 한다.

(2) 전력(P)

단위시간에 얼마만큼의 비율로 전력량을 소비하는가 또는 일을 하는가의 척도를 '전력'을 이용하여 표시한다. 전력은 1[s] 동안에 공급 또는 소비된 전력량으로 나타낸다. 전력의 단위는 와트(W)를 사용하며 1[W]=1[J/s]이다.

$$P = \frac{W}{t} = \frac{VIt}{t} = VI \,[W], \quad P = VI = I^2 R = \frac{V^2}{R} \,[W]$$

3 전기분해

(1) 전기분해

전해액에 전류가 흘러 화학변화를 일으키는 현상을 '전기분해'라고 한다.

$H_2O \rightarrow 2H^+ + O^-$

$NaCl \rightarrow Na^+ + Cl^-$

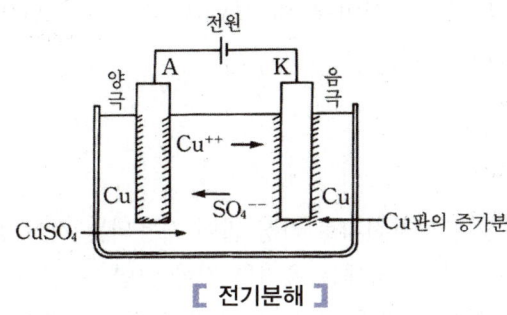

[전기분해]

① 음극측 : $CuSO_4^{++} \rightarrow$ 음극판에서 전자를 받아들여 Cu로 된다.

② 양극측

㉠ $SO_4^{--} \rightarrow$ 양극판에 전자를 내주고 SO_4로 된다.

㉡ SO_4가 양극판에서 Cu를 취하면 다음과 같이 된다.

$SO_4 + Cu$(양극판)$= CuSO_4$

㉢ $CuSO_4 \rightarrow Cu^{++}$(음극으로)$+ SO_4^{--}$(양극으로)

(2) 패러데이의 법칙

전기분해에 관한 패러데이의 법칙(Faraday's law)

① 전기분해에 의해서 석출되는 물질의 양은 전해액을 통과한 총전기량에 비례한다.

② 전기분해에 의해서 석출되는 물질의 양은 전해액을 통과한 총전기량이 같으면, 그 물질의 화학당량에 비례한다.

$w = kQ[g] = kIt[g]$

여기서, w : 석출된 물질의 양

Q : 전기분해에서 통과한 전기량

k : 1[C]의 전기량에 의해 분해되는 물질의 양으로 그 물질의 '전기화학당량(electrochemical equivalent)'이라 함.

4 전지

(1) 전지의 원리

① 묽은 황산용액에 구리(Cu)와 아연(Zn)판을 넣으면 아연은 구리보다 이온이 되는 성질이 강하므로 전해액 중에 용해되어 양이온이 되며 아연판은 음전기를 띠게 된다.

② 이 결과 구리판은 양전기를 띠게 되고, 따라서 아연판과 구리판은 각각 음극과 양극으로 되어 그 사이에 약 1[V]의 기전력이 발생한다. 이것이 '볼타전지(Voltaic cell)'이다.

(2) 전지의 종류

① 1차전지

㉠ 망간건전지 : 1차전지로 가장 많이 사용되는 것이 망간건전지이다. 양극으로 탄소 막대를, 음극에는 용기를 겸한 아연원통을 사용한다. 전해액은 염화암모늄 용액을 녹말과 섞어 반죽상태로 하거나 종이에 적셔 사용한다. 감극제로는 이산화망간(MnO_2)을 사용한다.

㉡ 수은건전지
  ⓐ 감극제 : 산화수은(HgO)
  ⓑ 전해액 : 수산화칼륨(KOH)
  ⓒ 기전력 : 1.3[V]

㉢ 표준전지
  ⓐ 감극제 : 황산수은(Hg_2SO_4)
  ⓑ 양극 : 수은(Hg)
  ⓒ 음극 : 카드뮴(Cd)

② 2차전지

㉠ 납축전지

ⓐ 2차전지의 대표적인 것으로는 납축전지가 사용된다. 양극으로는 이산화납(PbO_2)을, 음극에는 납(Pb)을, 전해액으로는 묽은 황산(비중 1.23~1.26)을 사용한다.

$$\underset{\text{양극}}{PbO_2} + \underset{\text{전해액}}{2H_2SO_4} + \underset{\text{음극}}{Pb} \underset{\text{충전}}{\overset{\text{방전}}{\rightleftharpoons}} \underset{\text{양극}}{PbSO_4} + \underset{\text{물}}{2H_2O} + \underset{\text{음극}}{PbSO_4}$$

ⓑ 일정 전류 I[A]로 t[H] 동안 방전시켜 방전한계전압에 도달했다고 하면, 전지의 용량은 다음과 같은 식으로 표시된다.

전지의 용량 = $I \cdot t$[Ah] = 10[Ah]

ⓒ 공칭전압 : 2.0[V/cell]
ⓒ 알칼리 축전지
　ⓐ 가볍고 견고하며 수명이 길다. 그러나 값이 비싼 단점이 있다.
　ⓑ 충·방전식

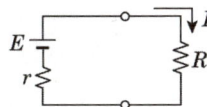

$$2Ni(OH)_2 + Cd(OH)_2 \underset{충전}{\overset{방전}{\rightleftarrows}} 2NiOOH + 2H_2O + Cd$$

　ⓒ 충전용량 : 5[Ah]
　ⓓ 공칭전압 : 1.2[V/cell]
　ⓔ 에디슨 방식과 융그너 방식이 있다.

(3) 전지의 접속
① 전지의 기본 회로

부하전류 $I = \dfrac{E}{r+R}$[A]

② 전지의 접속
㉠ 직렬접속

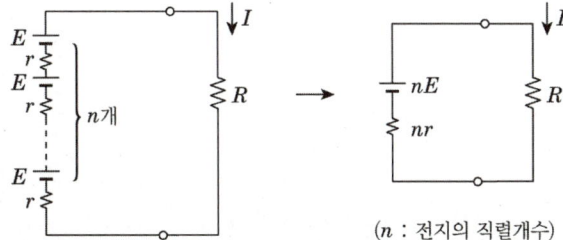

(n : 전지의 직렬개수)

$$I = \dfrac{nE}{nr+R} = \dfrac{E}{r+\dfrac{R}{n}}$$

㉡ 병렬접속

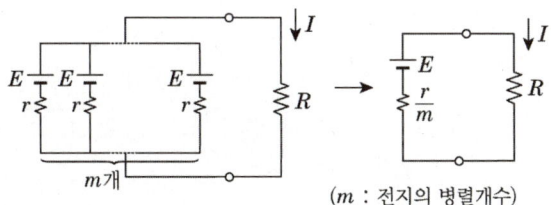

(m : 전지의 병렬개수)

$$I = \frac{E}{\frac{r}{m} + R}$$

ⓒ 직·병렬접속

$$I = \frac{nE}{\frac{n}{m}r + R}[A] = \frac{E}{\frac{r}{m} + \frac{R}{n}}[A]$$

(단, n : 직렬개수, m : 병렬개수, r : 내부저항, E : 기전력)

CHAPTER 02 전류의 발열작용과 화학작용 기출문제

01 내부저항이 0.1[Ω]인 전지 10개를 병렬연결하면, 전체 내부저항은?

① 0.01[Ω]   ② 0.05[Ω]
③ 0.1[Ω]   ④ 1[Ω]

해설
- 전지의 직렬접속($r=0.1[Ω]$)

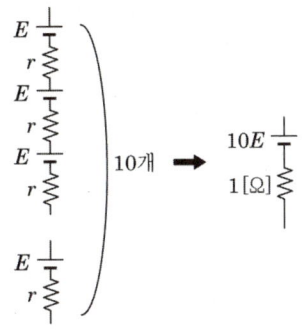

- 전지의 병렬접속($r=0.1$)

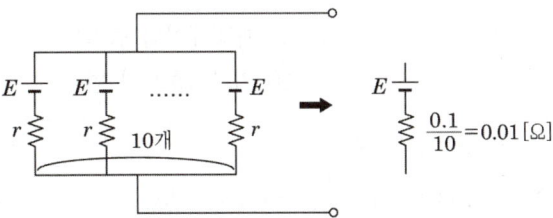

02 5마력을 와트[W] 단위로 환산하면?

① 4,300[W]   ② 3,730[W]
③ 1,317[W]   ④ 17[W]

해설
- 1[HP]=746[W]
∴ 5[HP]=746×5=3730[W]

03 전력량의 단위는?

① [C]   ② [W]
③ [W·s]   ④ [Ah]

POINT

01. ■ [2010년 1회 기출]

02. ■ 단위의 환산
■ [2010년 2회 기출]

03. ■ [2010년 2회 기출]

정답 01.① 02.② 03.③

해설 전력량 $W[\text{W·s}]$

$$W = I^2 Rt = VIt = \frac{V^2}{R}t = P \cdot t [\text{W·s}]$$

04 [2010년 2회 기출]

04 기전력 50[V], 내부저항 5[Ω]인 전원이 있다. 이 전원에 부하를 연결하여 얻을 수 있는 최대전력은?

① 125[W]   ② 250[W]
③ 500[W]   ④ 1,000[W]

해설 [최대전력 $P_{\max}$]

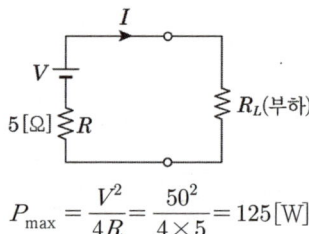

$$P_{\max} = \frac{V^2}{4R} = \frac{50^2}{4 \times 5} = 125[\text{W}]$$

05
- 줄의 법칙
- [2010년 4회 기출]

05 전류의 발열작용에 관한 법칙으로 가장 알맞은 것은?

① 옴의 법칙   ② 패러데이의 법칙
③ 줄의 법칙   ④ 키르히호프의 법칙

해설 열량에 관한 법칙(줄의 법칙) H

$$H = 0.24 I^2 Rt = 0.24 VIt = 0.24 \frac{V^2}{R} t = 0.24 P \cdot t [\text{cal}]$$

$(1[\text{J}] = 0.24[\text{cal}], \ 1[\text{cal}] = 4.2[\text{J}])$

06
- $P = I^2 \cdot R$
- [2010년 4회 기출]

06 저항 300[Ω]의 부하에서 90[kW]의 전력이 소비되었다면 이때 흐른 전류는?

① 약 3.3[A]   ② 약 17.3[A]
③ 약 30[A]   ④ 약 300[A]

해설 [부하의 전력 P]

$$P = I^2 \cdot R = VI = \frac{V^2}{R}[\text{W}]$$

$\therefore P = I^2 \cdot R$에서 $I^2 = \frac{P}{R} \rightarrow I = \sqrt{\frac{P}{R}} = \sqrt{\frac{90 \times 10^3}{300}} \fallingdotseq 17.3[\text{A}]$

정답 04.① 05.③ 06.②

07 황산구리 용액에 10[A]의 전류를 60분간 흘린 경우 이때 석출되는 구리의 양은? (단, 구리의 전기화학당량은 0.3293×10^{-3}[g/C]임)

① 약 1.97[g] ② 약 5.93[g]
③ 약 7.82[g] ④ 약 11.86[g]

해설 [석출되는 물질의 양 W]
$W = kQ = kI \cdot t$[g]
$= 0.3293 \times 10^{-3} \times 10 \times 60 \times 60$
$\fallingdotseq 11.86$[g]

출제 POINT
07. 중요도
■ [2010년 4회 기출]

08 니켈의 원자가는 2.0이고, 원자량은 58.70이다. 이때 화학당량의 값은?

① 117.4 ② 60.70
③ 56.70 ④ 29.35

해설 화학당량 $= \dfrac{원자량}{원자가} = \dfrac{58.7}{2} = 29.35$

08. 중요도
■ 화학당량 $= \dfrac{원자량}{원자가}$
■ [2011년 1회 기출]

09 3분 동안에 180,000[J]의 일을 하였다면 전력은?

① 1[kW] ② 30[kW]
③ 1,000[kW] ④ 3,240[kW]

해설
• 전력 $P = I^2R = VI = \dfrac{V^2}{R}$[W]
• 전력량 $W = I^2Rt = P \cdot t$[J]
∴ $P = \dfrac{W}{t} = \dfrac{180,000}{3 \times 60} = 1,000$[W] $= 1$[kW]

09. 중요도 ★★
■ $P = I^2 \cdot R = V \cdot I$
$= \dfrac{V^2}{R}$[W]
■ [2011년 1회 기출]

10 20[A]의 전류를 흘렸을 때 전력이 60[W]인 저항에 30[A]를 흘리면 전력은 몇 [W]가 되겠는가?

① 80 ② 90
③ 120 ④ 135

해설 전력 $P = I^2R = VI = \dfrac{V^2}{R}$[W]에서
저항 $R = \dfrac{P}{I^2} = \dfrac{60}{20^2} = 0.15$[Ω] 되며
∴ 30[A]에서의 전력 $P' = (I')^2 \cdot R = (30)^2 \times 0.15 = 135$[W]

10. 중요도 ★
■ $P = I^2 \cdot R = VI = \dfrac{V^2}{R}$[W]
■ [2011년 2회 기출]

정답 07.④ 08.④ 09.① 10.④

출제 POINT

11 ★ 중요도
- 줄의 법칙 $H = 0.24I^2Rt$ [cal]
- [2011년 2회 기출]

11 전류의 열작용과 관계가 있는 법칙은 어느 것인가?

① 옴의 법칙
② 키르히호프의 법칙
③ 줄의 법칙
④ 플레밍의 오른손 법칙

해설 줄(Joule)의 법칙
$H = 0.24I^2Rt$ [cal]
(단, 1[J] = 0.24[cal]이다.)

12 중요도
- 패러데이의 법칙
- [2011년 2회 기출]

12 패러데이 법칙과 관계없는 것은?

① 전극에서 석출되는 물질의 양은 통과한 전기량에 비례한다.
② 전해질이나 전극이 어떤 것이라도 같은 전기량이면 항상 같은 화학당량의 물질을 석출한다.
③ 화학당량이란 $\dfrac{원자량}{원자가}$ 을 말한다.
④ 석출되는 물질의 양은 전류의 세기와 전기량의 곱으로 나타낸다.

해설 [패러데이의 법칙]
전기분해에 관한 패러데이의 법칙(Faraday's Law)
① 전기분해에 의해서 석출되는 물질의 양은 전해액을 통과한 총전기량에 비례한다.
② 전기분해에 의해서 석출되는 물질의 양은 전해액을 통과한 총전기량이 같으면, 그 물질의 화학당량에 비례한다.
$w = kQ$ [g] $= kIt$ [g]
여기서, w : 석출된 물질의 양
Q : 전기분해에서 통과한 전기량
k : 1[C]의 전기량에 의해 분해되는 물질의 양으로 그 물질의 '전기화학당량(electrochemical equivalent)'이라 함.
㉠ 전기화학당량(k)
$k = \dfrac{화학당량}{96,500}$ [g/c]
㉡ 화학당량 $= \dfrac{원자량}{원자가}$

정답 11.③ 12.④

13 '같은 전기량에 의해서 여러 가지 화합물이 전해될 때 석출되는 물질의 양은 그 물질의 화학당량에 비례한다' 이 법칙은?

① 렌츠의 법칙
② 패러데이의 법칙
③ 앙페르의 법칙
④ 줄의 법칙

해설 [전기분해에 관한 패러데이의 법칙(Faraday's Law)]
① 전기분해에 의해서 석출되는 물질의 양은 전해액을 통과한 총전기량에 비례한다.
② 전기분해에 의해서 석출되는 물질의 양은 전해액을 통과한 총전기량이 같으면, 그 물질의 화학당량에 비례한다.
$w = kQ[g] = kIt[g]$
여기서, w : 석출된 물질의 양
Q : 전기분해에서 통과한 전기량
k : 1[C]의 전기량에 의해 분해되는 물질의 양으로 그 물질의 '전기화학당량(electrochemical equivalent)'이라 함.

13. 중요도
- [2011년 4회 기출]

14 다음 중 저항의 온도계수가 부(-)의 특성을 가지는 것은?

① 경동선
② 백금선
③ 텅스텐
④ 서미스터

해설 [서미스터]
- 부(-)의 온도계수를 갖는다.
- 온도가 증가하면 저항은 감소하고, 온도가 감소하면 저항은 증가하는 특성이 있다.

14. 중요도
- 서미스터의 특성
- [2011년 4회 기출]

15 접지저항이나 전해액저항 측정에 쓰이는 것은?

① 휘스톤 브리지
② 전위차계
③ 콜라우시 브리지
④ 메거

해설
- 메거 : 절연저항 측정
- 콜라우시 브리지 : 접지저항, 전해액의 저항 측정에 이용

15. 중요도
- [2011년 4회 기출]

16 기전력 1.5[V], 내부저항 0.2[Ω]인 전지 5개를 직렬로 접속하여 단락시켰을 때의 전류[A]는?

① 1.5[A]
② 2.5[A]
③ 6.5[A]
④ 7.5[A]

16. 중요도
- [2012년 1회 기출]

정답 13.② 14.④ 15.③ 16.④

해설 [전지 직렬연결]

그러므로 $I = \dfrac{7.5}{1} = 7.5[A]$

---

17 다음 중 1[J]과 같은 것은?

① 1[cal]
② 1[W·s]
③ 1[kg·m]
④ 1[N·m]

해설 전력량 $W[J]$

$$W = I^2Rt = VIt = \dfrac{V^2}{R}t = P \cdot t [W \cdot s][J]$$

---

18 10[A]의 전류로 6시간 방전할 수 있는 축전지의 용량은?

① 2[Ah]
② 15[Ah]
③ 30[Ah]
④ 60[Ah]

해설 축전지 용량 $Q[Ah]$
$Q = I \cdot h = 10 \times 6 = 60[Ah]$

---

19 기전력이 V_0, 내부저항이 $r[\Omega]$인 n개의 전지를 직렬연결 하였다. 전체 내부저항은 얼마인가?

① $\dfrac{r}{n}$
② nr
③ $\dfrac{r}{n^2}$
④ nr^2

17.② 18.④ 19.②

- $W = I^2Rt$
- [2012년 1회 기출]

- [2012년 1회 기출]

- 전지의 n개 직렬연결 시 $r' = nr[\Omega]$
- 전지의 n개 병렬연결 시 $r' = \dfrac{r}{n}[\Omega]$
- [2012년 2회 기출]

해설 전지의 직렬연결

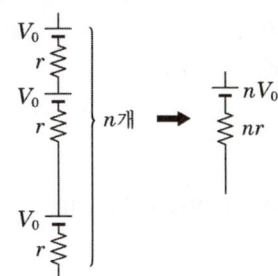

20 줄의 법칙에서 발열량 계산식을 옳게 표시한 것은?

① $H = I^2R$ [J] ② $H = I^2R^2t$ [J]
③ $H = I^2R^2$ [J] ④ $H = I^2Rt$ [J]

해설 줄의 법칙 H

$$H = 0.24I^2Rt = 0.24VIt = 0.24\frac{V^2}{R}t = 0.24Pt \text{[cal]}$$

또는 $H = I^2 \cdot Rt = VIt = \frac{V^2}{R} = Pt$ [J]

21 2[Ω]의 저항에 3[A]의 전류가 1분간 흐를 때 이 저항에서 발생하는 열량은?

① 약 4[cal] ② 약 86[cal]
③ 약 259[cal] ④ 약 1080[cal]

해설 줄의 법칙 H

$$H = 0.24I^2Rt = 0.24VIt = 0.24\frac{V^2}{R}t \text{[cal]}$$

∴ $H = 0.24 \times 3^2 \times 2 \times 1 \times 60 ≒ 259$ [cal]

22 다음 중 1차전지에 해당하는 것은?

① 망간건전지 ② 납축전지
③ 니켈·카드뮴전지 ④ 리튬이온전지

해설
- **1차전지** : 한번 사용하면 다시 사용할 수 없는 전지(망간전지, 수은전지, 표준전지 등)
- **2차전지** : 한번 사용하고 나서 다시 재충전하여 사용하는 전지(납축전지, 알칼리전지, 리튬전지 등)

20.
- 줄의 법칙
- [2012년 2회 기출]

21.
- 줄의 법칙
- [2012년 4회 기출]

22.
- 전지의 종류
- [2012년 4회 기출]

정답 20.④ 21.③ 22.①

출제 POINT

23 — 중요도
- [2012년 5회 기출]

24 — 중요도
- 열의 전달
- [2012년 5회 기출]

25 — 중요도
- [2012년 5회 기출]

26 — 중요도
- 전지의 종류
- [2013년 1회 기출]

---

23 1[kWh]는 몇 [J]인가?

① 3.6×10^6 ② 860
③ 10^3 ④ 10^6

해설 단위 계산
- $1[J] = 1[W \cdot s]$
- $1[kWh] = 1 \times 10^3 \times 60 \times 60 [W \cdot s] = 3,600 \times 10^3 [W \cdot s] = 3.6 \times 10^6 [J]$

24 열의 전달방법이 아닌 것은?

① 복사   ② 대류
③ 확산   ④ 전도

해설 열전달에는 대류, 전도, 복사가 있다.

25 내부저항이 0.1[Ω]인 전지 10개를 병렬연결하면, 전체 내부저항은?

① 0.01[Ω]   ② 0.05[Ω]
③ 0.1[Ω]   ④ 1[Ω]

해설 [전지의 병렬접속]

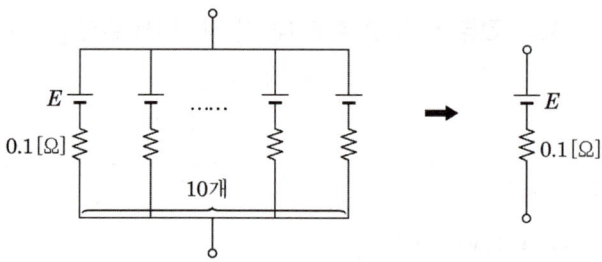

병렬로 10개 연결이므로 $r' = \dfrac{r}{n} = \dfrac{0.1}{10} = 0.01[\Omega]$

26 1차전지로 가장 많이 사용되는 것은?

① 니켈-카드뮴전지   ② 연료전지
③ 망간건전지   ④ 납축전지

해설
- **1차전지** : 망간전지, 수은전지, 태양전지, 표준전지 등
- **2차전지** : 납축전지, 알칼리 축전지 등

정답 23.① 24.③ 25.① 26.③

27 100[V], 300[W]의 전열선의 저항값은?

① 약 0.33[Ω] ② 약 3.33[Ω]
③ 약 33.3[Ω] ④ 약 333[Ω]

해설 $P = \dfrac{V^2}{R} = I^2 R = VI$[W]이므로

$R = \dfrac{V^2}{P} = \dfrac{100^2}{300} ≒ 33.3$[Ω]

27. 중요도
- [2013년 1회 기출]

28 납축전지의 전해액으로 사용되는 것은?

① H_2SO_4 ② $2H_2O$
③ PbO_2 ④ $PbSO_4$

해설 납축전지

$$PbO_2 + 2H_2SO_4 + Pb \underset{충전}{\overset{방전}{\rightleftarrows}} PbSO_4 + 2H_2O + PbSO_4$$
양극 전해액 음극   양극   물   음극

28. 중요도
- 납축전지
- [2013년 2회 기출]

29 리액턴스가 10[Ω]인 코일에 직류전압 100[V]를 가하였더니 전력 500[W]를 소비하였다. 이 코일의 저항은 얼마인가?

① 5[Ω] ② 10[Ω]
③ 20[Ω] ④ 25[Ω]

해설 직류에서의 L은 단락상태가 되므로

$P = \dfrac{V^2}{R}$ 에서 $R = \dfrac{V^2}{P} = \dfrac{100^2}{500} = 20$[Ω]이 된다.

29. 중요도
- $P = \dfrac{V^2}{R}$
- [2013년 2회 기출]

30 전선에 일정량 이상의 전류가 흘러서 온도가 높아지면 절연물이 열화하여 절연성을 극도로 악화시킨다. 그러므로 도체에는 안전하게 흘릴 수 있는 최대 전류가 있다. 이 전류를 무엇이라 하는가?

① 줄전류 ② 불평형전류
③ 평형전류 ④ 허용전류

해설 허용전류 : 도체에 안전하게 흘릴 수 있는 최대전류를 의미한다.

30. 중요도
- 전류의 종류
- [2013년 4회 기출]

정답 27.③ 28.① 29.③ 30.④

출제 POINT

31 중요도
- 납축전지
- [2013년 4회 기출]

32 중요도
- $P = I^2 \cdot R$
- [2013년 4회 기출]

33 중요도
- [2013년 5회 기출]

---

31 (㉠), (㉡)에 들어갈 내용으로 알맞은 것은?

"2차전지의 대표적인 것으로 납축전지가 있다. 전해액으로 비중 약 (㉠) 정도의 (㉡)을 사용한다."

① ㉠ 1.15~1.21 ㉡ 묽은 황산
② ㉠ 1.25~1.36 ㉡ 질산
③ ㉠ 1.01~1.15 ㉡ 질산
④ ㉠ 1.23~1.26 ㉡ 묽은 황산

[해설] 납축전지
- 양극 : PbO_2
- 음극 : Pb
- 비중 : 1.23~1.26

32 2분간에 876,000[J]의 일을 하였다. 그 전력은 얼마인가?

① 7.3[kW]　　② 29.2[kW]
③ 73[kW]　　④ 438[kW]

[해설] 전력 P[W]

$$P = I^2 \cdot R = \frac{V^2}{R} = VI = \frac{W}{t} \quad (W : 전력량)$$

$$P = \frac{W}{t} = \frac{876,000}{2 \times 60} = 7,300 [J/s][W]$$

33 같은 저항 4개를 그림과 같이 연결하여 a–b 간에 일정전압을 가했을 때 소비전력이 가장 큰 것은 어느 것인가?

①

②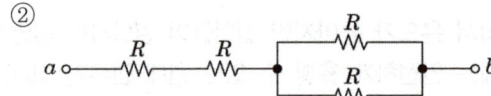

③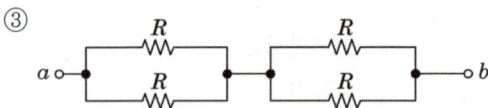

④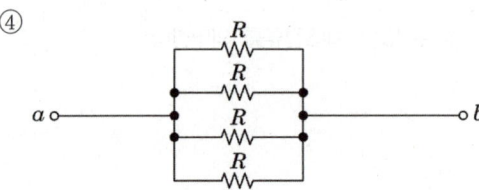

정답 31.④ 32.① 33.④

해설 소비전력 P

- $P = \dfrac{V^2}{R}$ 이므로 저항 R이 작을수록 전력 P는 커진다.
- $R_1 = R + R + R + R = 4R[\Omega]$
- $R_2 = 2R + \dfrac{R}{2} = 2.5R[\Omega]$
- $R_3 = \dfrac{R}{2} + \dfrac{R}{2} = R[\Omega]$
- $R_4 = \dfrac{R}{4}[\Omega]$

∴ R_4에서 소비되는 전력이 가장 크다.

34 10[℃], 5,000[g]의 물을 40[℃]로 올리기 위하여 1[kW]의 전열기를 쓰면 몇 분이 걸리게 되는가? (단, 여기서 효율은 80[%]라고 한다.)

① 약 13분 ② 약 15분
③ 약 25분 ④ 약 50분

해설
- 열량 H[cal]
  - $H = cm\theta$ (c : 비열, m : 무게, θ : 온도차)
  - $H = 1 \times 5,000 \times (40 - 10) = 150,000$[cal]
- 줄의 법칙 H[cal]
  - $H = 0.24P \cdot t \cdot \eta$ (η : 효율)

그러므로 $t = \dfrac{150,000}{0.24 \times 1 \times 10^3 \times 0.8} ≒ 781.25$[초] ≒ 13분

34 중요도 ★
- 열량 $H = 0.24I^2 \cdot R \cdot t$[cal]
- [2013년 5회 기출]

35 전류의 발열작용과 관계가 있는 것은?

① 줄의 법칙 ② 키르히호프의 법칙
③ 옴의 법칙 ④ 플레밍의 법칙

해설 줄의 법칙 H

$H = 0.24I^2Rt = 0.24VIt = 0.24\dfrac{V^2}{R}t = 0.24Pt$[cal]

35 중요도
- 줄의 법칙
- [2014년 1회 기출]

36 기전력 1.5[V], 내부저항 0.2[Ω]인 전지 5개를 직렬로 연결하고 이를 단락하였을 때의 단락전류[A]는?

① 1.5 ② 4.5
③ 7.5 ④ 15

36 중요도
- [2014년 1회 기출]

정답 34.① 35.① 36.③

해설 전지의 직렬연결

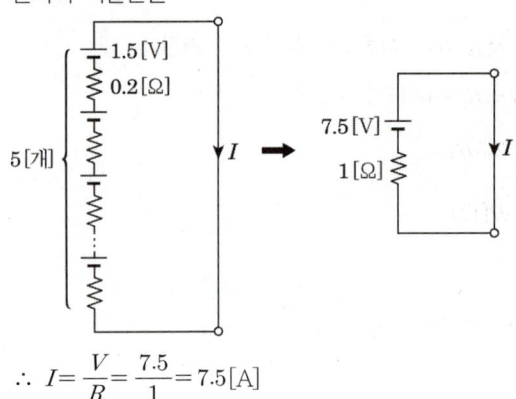

$$\therefore I = \frac{V}{R} = \frac{7.5}{1} = 7.5[A]$$

37 200[V], 500[W]의 전열기를 220[V] 전원에 사용하였다면 이때의 전력은?

① 400[W]   ② 500[W]
③ 550[W]   ④ 605[W]

해설 전력 P

$$P = I^2 R = VI = \frac{V^2}{R} [W]에서$$

$$R = \frac{V^2}{P} = \frac{200^2}{500} = 80[\Omega]$$

$$\therefore P' = \frac{(V')^2}{R} = \frac{(220)^2}{80} = 605[W]$$

38 동일 전압의 전지 3개를 접속하여 각각 다른 전압을 얻고자 한다. 접속방법에 따라 몇 가지의 전압을 얻을 수 있는가? (단, 극성은 같은 방향으로 설정한다.)

① 1가지 전압   ② 2가지 전압
③ 3가지 전압   ④ 4가지 전압

해설 [건전지 접속방법]

• 직렬접속   • 병렬접속   • 직·병렬접속

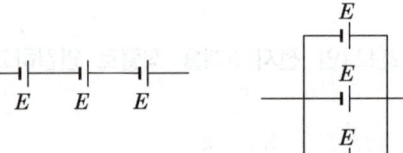
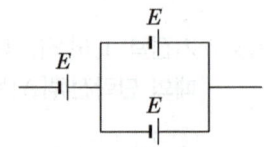

출제 POINT

37
- $P = I^2 R$
- [2014년 1회 기출]

38
- 전지의 접속방법
- [2014년 2회 기출]

정답 37.④ 38.③

39 기전력 1.5[V], 내부저항 0.1[Ω]인 전지 4개를 직렬로 연결하고 이를 단락하였을 때의 단락전류[A]는?

① 10   ② 12.5
③ 15   ④ 17.5

해설 건전지 직렬연결

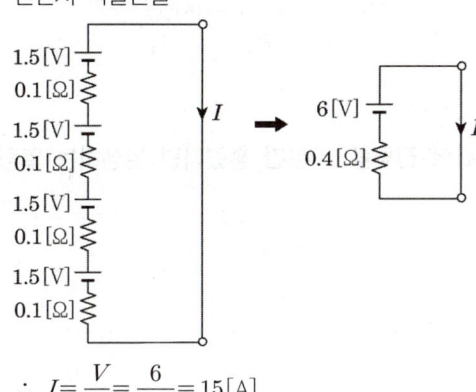

$$\therefore I = \frac{V}{R} = \frac{6}{0.4} = 15[A]$$

40 정격전압에서 1[kW]의 전력을 소비하는 저항에 정격의 90[%] 전압을 가했을 때, 전력은 몇 [W]가 되는가?

① 630[W]   ② 780[W]
③ 810[W]   ④ 900[W]

해설
- 전력 $P = \dfrac{V^2}{R} = 1 \times 10^3 [W]$ (정격전압 시)
- 전력 $P' = \dfrac{(0.9V)^2}{R} = \dfrac{0.81 V^2}{R} = 0.81 \times 1000 = 810[W]$

41 5[Wh]는 몇 [J]인가?

① 720   ② 1,800
③ 7,200   ④ 18,000

해설 $1[J] = 1[W \cdot S]$
$\therefore 5[Wh] = 5 \times 3,600[W \cdot S] = 18,000[J]$

39. 중요도
- [2014년 4회 기출]

40. 중요도
- [2014년 4회 기출]

41. 중요도
- 단위의 환산
- [2014년 5회 기출]

정답 39.③ 40.③ 41.④

출제 POINT

42 — 중요도
- [2014년 5회 기출]

43 — 중요도 ★★
- 줄의 법칙 H
  $H = 0.24I^2Rt$ [cal]
- [2015년 1회 기출]

44 — 중요도
- [2015년 1회 기출]

---

42 납축전지가 완전히 방전되면 음극과 양극은 무엇으로 변하는가?

① $PbSO_4$
② PbO_2
③ H_2SO_4
④ Pb

해설 납축전지의 충·방전 방정식

$$PbO_2 + 2H_2SO_4 + Pb \underset{충전}{\overset{방전}{\rightleftarrows}} PbSO_4 + 2H_2O + PbSO_4$$
양극   전해액   음극   양극   물   음극

43 저항이 10[Ω]인 도체에 1[A]의 전류를 10분간 흘렸다면 발생하는 열량은 몇 [kcal]인가?

① 0.62
② 1.44
③ 4.46
④ 6.24

해설 [줄의 법칙 H]

$$H = 0.24I^2Rt = 0.24VIt = 0.24\frac{V^2}{R}t = 0.24P \cdot t \text{[cal]}$$

$$H = 0.24I^2Rt = 0.24 \times 1^2 \times 10 \times 60 = 1440\text{[cal]} = 1.44\text{[kcal]}$$

44 기전력이 V_o[V], 내부저항이 r[Ω]인 n개의 전지를 직렬연결 하였다. 전체 내부저항을 옳게 나타낸 것은?

① $\dfrac{r}{n}$
② nr
③ $\dfrac{r}{n^2}$
④ nr^2

해설 [전지의 연결]
- n개 직렬연결 시

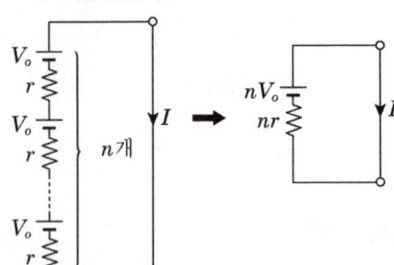

$$\therefore I = \frac{nV_o}{nr} = \frac{V_o}{r}\text{[A]}$$
전체 내부저항
$r' = nr$[Ω]

정답 42.① 43.② 44.②

• n개 병렬연결 시

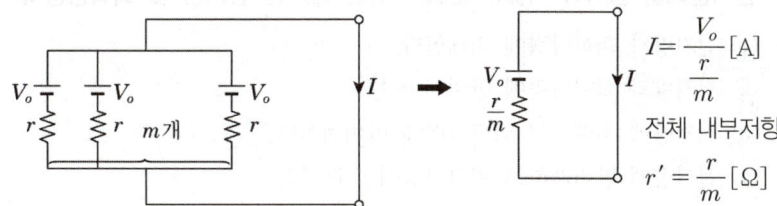

$I = \dfrac{V_o}{\dfrac{r}{m}}[A]$

전체 내부저항

$r' = \dfrac{r}{m}[\Omega]$

45
4[Ω]의 저항에 200[V]의 전압을 인가할 때 소비되는 전력은?

① 20[W]　　　　　　② 400[W]
③ 2.5[kW]　　　　　④ 10[kW]

해설 소비전력 P

- $P = I^2R = VI = \dfrac{V^2}{R} = \dfrac{\omega}{t}[W]$
- $P = \dfrac{V^2}{R} = \dfrac{200^2}{4} = 10,000[W] = 10[kW]$

45. 중요도
■ [2015년 2회 기출]

46
전지의 전압강하 원인으로 틀린 것은?

① 국부작용　　　　② 산화작용
③ 성극작용　　　　④ 자기방전

해설 전지의 전압강하 원인은 다음과 같다.
- 성극작용
- 국부작용
- 자기방전

46. 중요도
■ [2015년 2회 기출]

47
20분간에 876,000[J]의 일을 할 때 전력은 몇 [kW]인가?

① 0.73　　　　　　② 7.3
③ 73　　　　　　　④ 730

해설 전력 $P[W]$

$P = I^2 \cdot R = VI = \dfrac{V^2}{R} = \dfrac{W}{t}[W]$

$\therefore P = \dfrac{W}{t} = \dfrac{876,000}{20 \times 60} = 0.73[kW]$

47. 중요도 ★★
■ $W = I^2Rt = P \cdot t$
■ $P = \dfrac{W}{t}$
■ [2015년 4회 기출]

정답 45.④　46.②　47.①

출제 POINT

48 중요도 ★
- 석출량 $W=kQ=kIt$
- [2015년 4회 기출]

49 중요도
- [2015년 4회 기출]

50 중요도
- 줄의 법칙
- [2015년 5회 기출]

51 중요도
- [2015년 5회 기출]

---

48 전기분해를 통하여 석출된 물질의 양은 통과한 전기량 및 화학당량과 어떤 관계인가?

① 전기량과 화학당량에 비례한다.
② 전기량과 화학당량에 반비례한다.
③ 전기량에 비례하고 화학당량에 반비례한다.
④ 전기량에 반비례하고 화학당량에 비례한다.

해설 [패러데이 법칙]
$W=kQ=kIt$[g] (W : 석출된 물질의 양, Q : 전기량, k : 전기화학당량)
그러므로 물질의 양은 전기량과 화학당량에 비례한다.

49 저항이 있는 도선에 전류가 흐르면 열이 발생한다. 이와 같이 전류의 열작용과 가장 관계가 깊은 법칙은?

① 패러데이 법칙
② 키르히호프의 법칙
③ 줄의 법칙
④ 옴의 법칙

해설 줄의 법칙 : 열작용과 관련된 법칙이다.
$$H=0.24I^2Rt=0.24\frac{V^2}{R}t[\text{cal}]$$

50 3[kW]의 전열기를 정격 상태에서 20분간 사용하였을 때의 열량은 몇 [kcal]인가?

① 430
② 520
③ 610
④ 860

해설 [줄의 법칙 H]
$$H=0.24I^2Rt=0.24VIt=0.24\frac{V^2}{R}t=0.24P\cdot t[\text{cal}]$$
$\therefore H=0.24Pt=0.24\times 3,000\times 20\times 60 \fallingdotseq 860[\text{kcal}]$

51 전기분해를 하면 석출되는 물질의 양은 통과한 전기량에 관계가 있다. 이것을 나타낸 법칙은?

① 옴의 법칙
② 쿨롱의 법칙
③ 앙페르의 법칙
④ 패러데이의 법칙

해설 [석출되는 물질의 양 W]
W는 패러데이 법칙에 따라 다음과 같다.
$W=kQ=kI\cdot t$[g] (k : 전기화학당량)

정답 48.① 49.③ 50.④ 51.④

52 기전력이 120[V], 내부저항(r)이 15[Ω]인 전원이 있다. 여기에 부하저항(R)을 연결하여 얻을 수 있는 최대 전력[W]은? (단, 최대 전력 전달조건은 $r = R$이다.)

① 100 ② 140
③ 200 ④ 240

해설 건전지

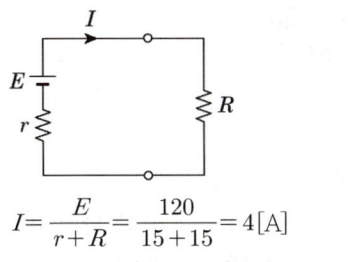

$I = \dfrac{E}{r+R} = \dfrac{120}{15+15} = 4[A]$

∴ $P_{max} = I^2 \cdot R = 4^2 \times 15 = 240[W]$

52 중요도
■ [2016년 1회 기출]

53 알칼리 축전지의 대표적인 축전지로 널리 사용되고 있는 2차전지는?

① 망간전지 ② 산화은전지
③ 페이퍼전지 ④ 니켈카드뮴전지

해설
• 1차전지 : 망간건전지, 표준전지, 수은전지
• 2차전지 : 납축전지, 알칼리 축전지(니켈카드뮴전지)

53 중요도
■ 전지의 종류
■ [2016년 1회 기출]

54 200[V], 2[kW]의 전열선 2개를 같은 전압에서 직렬로 접속한 경우의 전력은 병렬로 접속한 경우의 전력보다 어떻게 되는가?

① $\dfrac{1}{2}$로 줄어든다. ② $\dfrac{1}{4}$로 줄어든다.
③ 2배로 증가된다. ④ 4배로 증가된다.

해설 전력 $P = \dfrac{V^2}{R}$에서 $R = \dfrac{V^2}{P} = \dfrac{200^2}{2000} = 20[Ω]$

• 2개 직렬연결 시 $P_\text{직} = \dfrac{200^2}{40} = 1,000[W]$

• 2개 병렬연결 시 $P_\text{병} = \dfrac{200^2}{10} = 4,000[W]$

∴ $\dfrac{P_\text{직}}{P_\text{병}} = \dfrac{1,000}{4,000} = \dfrac{1}{4}$ 배

54 중요도 ★
■ 전력 $P = \dfrac{V^2}{R}[W]$
■ [2016년 1회 기출]

정답 52.④ 53.④ 54.②

Chapter ❷ 전류의 발열작용과 화학작용

출제 POINT

55 중요도
- 석출량 $W=kQ=kIt$
- [2016년 2회 기출]

56 중요도
- [2016년 2회 기출]

57 중요도 ★
- $P=\dfrac{V^2}{R}$[W]
- [2016년 5회 CBT]

---

55 초산은(AgNO₃) 용액에 1[A]의 전류를 2시간 동안 흘렸다. 이때 은의 석출량[g]은? (단, 은의 전기화학당량은 1.1×10^{-3}[g/C]이다.)

① 5.44 ② 6.08
③ 7.92 ④ 9.84

해설 패러데이 법칙에 의한 석출량 W[g]
$W=kQ=kI\cdot t$[g] (단, k : 전기화학당량)
$=1.1\times10^{-3}\times1\times2\times3{,}600=7.92$[g]

56 전력과 전력량에 관한 설명으로 틀린 것은?

① 전력은 전력량과 다르다. ② 전력량은 와트로 환산된다.
③ 전력량은 칼로리 단위로 환산된다. ④ 전력은 칼로리 단위로 환산할 수 없다.

해설
- 전력 P[W]
$$P=I^2R=VI=\dfrac{V^2}{R}\text{[W]}$$
- 전력량 W[W·S]
$$W=I^2Rt=VIt=\dfrac{V^2}{R}t=P\cdot t\text{[W·S]}$$

57 220[V]용 100[W] 전구와 200[W] 전구를 직렬로 연결하여 220[V]의 전원에 연결하면?

① 두 전구의 밝기가 같다. ② 100[W]의 전구가 더 밝다.
③ 200[W]의 전구가 더 밝다. ④ 두 전구 모두 안 켜진다.

해설 [전구의 밝기]

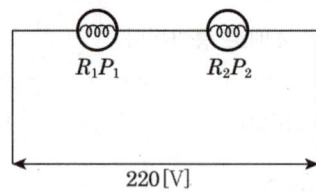

- $R_1=\dfrac{V^2}{P_1}=\dfrac{220^2}{100}=484$[Ω]
- $R_2=\dfrac{V^2}{P_2}=\dfrac{220^2}{200}=242$[Ω]

∴ 저항이 더 큰 R_1, 즉 100[W] 전구가 더 밝다.

정답 55.③ 56.② 57.②

58 묽은 황산(H_2SO_4) 용액에 구리(Cu)와 아연(Zn)판을 넣었을 때 아연판은?

① 수소 기체를 발생한다. ② 음극이 된다.
③ 양극이 된다. ④ 황산아연으로 변한다.

해설
- 아연판 : (−)극
- 구리판 : (+)극

■ [2016년 5회 CBT]

59 주위온도 0[℃]에서의 저항이 10[Ω]인 연동선이 있다. 주위 온도가 50[℃]로 되는 경우 저항은? (단, 0[℃]에서 연동선의 온도계수는 $\alpha_0 = 4 \times 10^{-3}$이다.)

① 10[Ω] ② 11[Ω]
③ 12[Ω] ④ 13[Ω]

해설 t[℃]에서의 저항 R_t
$R_t = R_0\{1+\alpha_0(t-t_0)\}$
∴ $R_{50} = 10\{1+4\times10^{-3}(50-0)\} = 12$[Ω]

■ [2016년 5회 CBT]

60 그림의 회로에서 소비되는 전력은 몇 [W]인가?

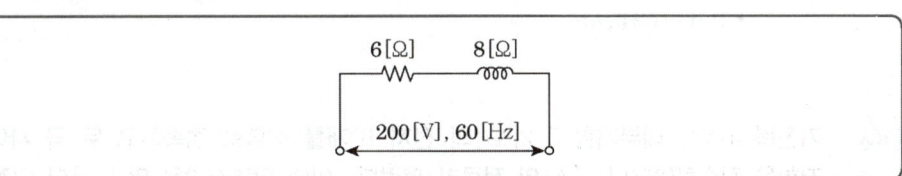

① 1,200 ② 2,400
③ 3,600 ④ 4,800

해설 [소비전력 P]
$$P = I^2 \cdot R = \left(\frac{V}{Z}\right)^2 \cdot R = \left(\frac{V}{\sqrt{R^2+X^2}}\right)^2 \cdot R$$
∴ $P = \left(\dfrac{200}{\sqrt{6^2+8^2}}\right)^2 \cdot 6 = 2,400$[W]

■ $P = I^2 \cdot R$
■ [2017년 1회 CBT]

61 100[μF]의 콘덴서에 1,000[V]의 전압을 가하여 충전한 뒤 저항을 통하여 방전시키면 저항에 발생하는 열량은 몇 [cal]인가?

① 3 ② 5
③ 12 ④ 43

■ [2017년 2회 CBT]

정답 58.② 59.③ 60.② 61.③

해설 [줄의 법칙 H]

전력량 $W = \frac{1}{2} Q \cdot V = \frac{1}{2} CV^2 = \frac{1}{2} \times 100 \times 10^{-6} \times 1{,}000^2 = 50[J]$

∴ $H = 0.24 \times 50 = 12[cal]$ (1[J]=0.24[cal])

62 1[J]은 약 몇 [cal]인가?

① 0.24 ② 0.35
③ 0.46 ④ 0.57

해설 1[J]=0.24[cal]

- 단위의 환산
- [2017년 2회 CBT]

63 전류의 발열작용에 관한 법칙으로 가장 알맞은 것은?

① 옴의 법칙 ② 패러데이의 법칙
③ 줄의 법칙 ④ 키르히호프의 법칙

해설 [줄의 법칙 H]
- $H = 0.24 I^2 Rt = 0.24 Pt [cal]$
- 열량과 관련된 법칙이다.
- 1[J]=0.24[cal]

- [2017년 3회 CBT]

64 기전력 4[V], 내부저항 0.2[Ω]의 전지 10개를 직렬로 접속하고 두 극 사이에 부하저항을 접속하였더니 4[A]의 전류가 흘렀다. 이때 외부저항은 몇 [Ω]이 되겠는가?

① 6 ② 7
③ 8 ④ 9

해설 [전지의 해석]
전지의 10개 직렬연결 시

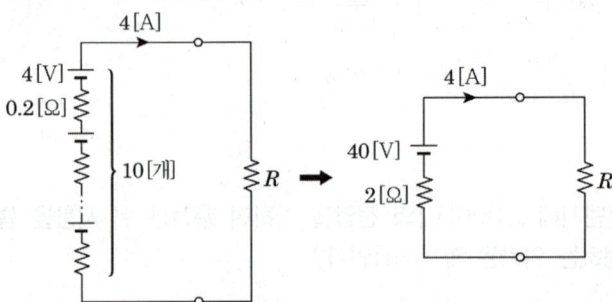

$V = IR' = 4 \times (2+R) = 40[V]$
∴ $R = 8[Ω]$

- [2017년 3회 CBT]

정답 62.① 63.③ 64.③

65 기전력 50[V], 내부저항 5[Ω]인 전원이 있다. 이 전원에 부하를 연결하여 얻을 수 있는 최대전력은?

① 125[W]
② 250[W]
③ 500[W]
④ 1,000[W]

해설 [최대전력 P_{max}]

$$P_{max} = \frac{V^2}{4R} [\text{W}]$$

$$\therefore P_{max} = \frac{50^2}{4 \times 5} = 125[\text{W}]$$

- [2017년 4회 CBT]

정답 65.①

CHAPTER 03 정전기와 콘덴서

스스로 중요내용 정리하기

1 전기와 물질

(1) 물질의 구조

① 원자 구조 : 모든 물질은 매우 작은 분자 또는 원자의 집합으로 되어 있으며 이들 원자는 원자핵과 그 주위를 둘러싸고 있는 전자들로 구성되어 있다. 원자핵은 양전기를 가진 양성자와 전기를 가지지 않는 중성자가 강한 핵력으로 결합되어 있다.

② 정상상태에서 원자를 이루는 양성자의 수와 전자의 수는 같으며, 양성자 1개의 전기량과 전자 1개의 전기량의 절댓값은 같다.
   즉, $e = 1.60219 \times 10^{-19}[C]$

③ 전자의 질량 $m = 9.10955 \times 10^{-31}[kg]$
   양성자의 질량 $m_p = 1.67261 \times 10^{-27}[kg]$

④ 원자 전체에서는 양자수와 전자수가 같으므로 전기적으로는 중성상태이다.

⑤ 자유전자 : 원자핵 주위를 돌고 있는 많은 전자들 중에서 가장 바깥쪽 궤도의 전자들은 핵과의 구속력(결합력)이 약하므로 비교적 작은 힘에 의해 구속을 벗어나 금속 내를 자유로이 이동하는 성질이 있는데, 이 전자를 '자유전자'라 한다.

2 전장의 세기

(1) 쿨롱의 법칙

① 대전 현상 : 유리막대를 옷에 마찰시키면 종이 등의 물체를 끌어당긴다. 이때 유리와 옷감은 '대전'되었다고 하며 대전된 전기의 양을 '전기량' 또는 '전하'라고 한다.

② 쿨롱의 법칙 : 전하(electric charge) 사이에는 흡인력 또는 반발력이 생기는데 이를 '정전력(electric force)'이라고 한다. 또한, 정전력은 두 전하를 연결한 일직선상에 있다.

③ 두 점전하 사이에 작용하는 정전력의 크기는 두 전하의 곱에 비례하고, 전하 사이의 거리의 제곱에 반비례한다.

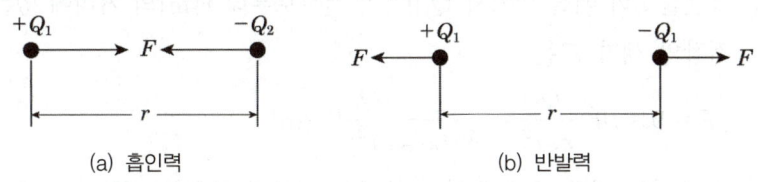

(a) 흡인력   (b) 반발력

※ 쿨롱의 법칙

$$F = \frac{1}{4\pi\varepsilon}\frac{Q_1 Q_2}{r^2}[\text{N}] = \frac{1}{4\pi\varepsilon_0 \varepsilon_s}\frac{Q_1 Q_2}{r^2}[\text{N}]$$

진공 중에서 $F = \frac{1}{4\pi\varepsilon_0}\frac{Q_1 Q_2}{r^2}[\text{N}] = 9 \times 10^9 \times \frac{Q_1 Q_2}{r^2}[\text{N}]$

(2) 전기력선

① (+)전하에서 출발하여 (-)전하에서 끝나는 선을 전기력선(line of electric field)이라고 한다.

② 전기력선의 성질

㉠ 양전하에서 나와 음전하에서 끝난다.
㉡ 전장의 방향은 전기력선의 접선방향과 일치한다.
㉢ 2개의 전기력선은 서로 교차하지 않는다.
㉣ 전기력선은 도체 표면에 수직으로 출입한다.
㉤ 전기력선은 등전위면과 수직으로 교차한다.
㉥ 전기력선 밀도와 전장의 세기는 같다.
㉦ 임의 점에서의 전계의 세기는 전기력선 밀도와 같다.
㉧ 전기력선은 그 자신만으로 폐곡선을 이루지 않는다.

(3) 전장의 세기

① 전장 : 어떤 대전체를 놓았을 때 정전력이 작용하는 공간
② 전장의 세기는 전장 중에 +1[C]의 전하를 놓을 때 여기에 작용하는 전기력의 크기와 방향으로 표시한다.

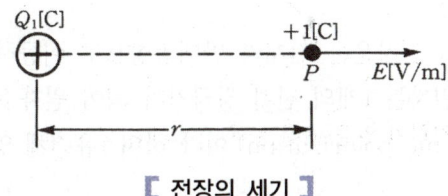

【 전장의 세기 】

③ 유전율 ε의 매질 내에서 $Q_1[C]$의 전하로부터 $r[m]$의 거리에 있는 점 P에서의 전장의 세기 E는

$$E = 9 \times 10^9 \frac{Q_1}{\varepsilon_S r^2} = \frac{1}{4\pi\varepsilon_0 \varepsilon_S} \frac{Q_1}{r^2} [V/m]$$

④ 1[V/m]는 전장 중에 놓인 +1[C]의 전하에 적용하는 힘이 1[N]인 경우의 전장의 세기를 의미한다. $E[V/m]$의 전장 중에 $Q_2[C]$의 크기를 가지는 또 하나의 전하를 놓으면, 여기에 작용하는 전기력 $F[N]$은

$$F = Q_2 E [N], \quad E = \frac{F}{Q}[V/m], \ [N/C]$$

3 전위와 등전위면

(1) 전위의 크기

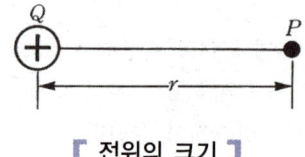

[전위의 크기]

유전율 ε의 매질에서 $Q[C]$의 점전하로부터 $r[m]$의 거리에 있는 점 P에서의 전위의 크기 V는

$$V = \frac{1}{4\pi\varepsilon_0 \varepsilon_S} \frac{Q}{r}[V] = 9 \times 10^9 \frac{Q}{\varepsilon_S r} \quad (\text{진공 중에서 } \varepsilon_S = 1 \text{이다.})$$

(2) 평행 극판 사이의 전장의 세기

전장의 세기 $E[V/m]$ = 전위의 기울기 $G[V/m]$

∴ $E = -\text{grad}\, V = -\nabla V [V/m]$ 이며, 전장의 방향은 전위가 감소하는 방향이다.

4 유전체와 전속

(1) 유전체의 분극

전계 E를 가하면 전자운은 전계와 반대방향으로 이동하여 정·부전하의 중심이 변위한다. 따라서 원자는 1개의 전기 쌍극자가 되어 원자주위에 전계를 만든다. 이것을 '전자분극(electronic polarization)'이라 하며, 유전체 양단에 전하 q가 생성되는 현상을 뜻한다.

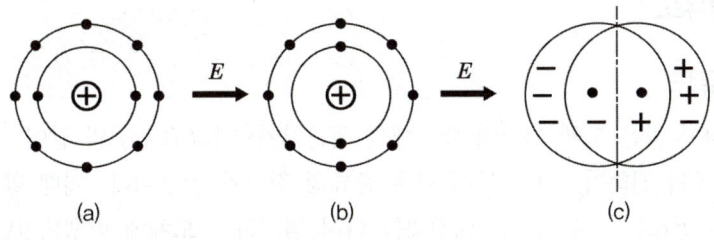

[전자의 분극]

또한 분극에서 나타나는 $+q$, $-q$의 1쌍의 전하를 가지는 분자를 '쌍극자(dipole)'라고 한다.

(2) 전속과 전속밀도

① 전속 : 유전체 내의 이와 같은 전하의 가상적인 연결선을 '전속(dielectric flux)' 또는 '유전속'이라고 하며, 전속의 단위도 전하와 같은 '쿨롱(coulomb C)'을 사용한다. 즉, 매질에 관계없이 +1[C]의 전하에서 나오는 무수한 선을 모아 1[C]의 전속이라고 하면, $+Q$[C]의 전하에서는 Q[C]의 전속이 나와서 $-Q$[C]의 전하로 들어간다. 따라서 전속수를 Ψ(psi)라고 하면 $\Psi = Q$[C]이다.

② 전속밀도 : 전장 중의 한 점 P에서 전장의 방향에 수직인 단면 $1[\text{m}^2]$을 취해서 단면을 통과하는 전속수를 점 P에서의 '전속밀도(dielectric flux density)'라고 한다. 전속밀도는 D로 표시하며, 면적 $A[\text{m}^2]$에 수직으로 지나는 전속이 $\Psi = Q$[C]이면 $D = \dfrac{\Psi}{A} = \dfrac{Q}{A}[\text{C/m}^2]$이 된다.

(3) 전장의 세기와 전속밀도와의 관계

전장의 세기 E와 전속밀도 D의 관계는
$D = \varepsilon E [\text{C/m}^2]$

(4) 정전응력(f)

단위 면적당 작용하는 힘

$$f = \frac{F}{S} = \frac{\sigma^2}{2\varepsilon_0} = \frac{D^2}{2\varepsilon_0} = \frac{1}{2}\varepsilon_0 E^2$$

$$= \frac{1}{2}ED[\text{N/m}^2][\text{J/m}^3]$$

5 정전유도

(1) 정전유도

대전하지 않은 도체 가까이 대전체를 접근시키면 [그림 (a)]와 같이 가까운 부분에 다른 종류의 전하가, 먼 부분에 같은 종류의 전하가 발생된다. 이때 발생한 정(+)·부(−)의 전하는 서로 같다. 대전체를 다시 멀리하면 도체에 발생되었던 전하가 처음의 무대전 상태가 된다. 이러한 현상을 '정전유도(electrostatic induction)'라고 한다.

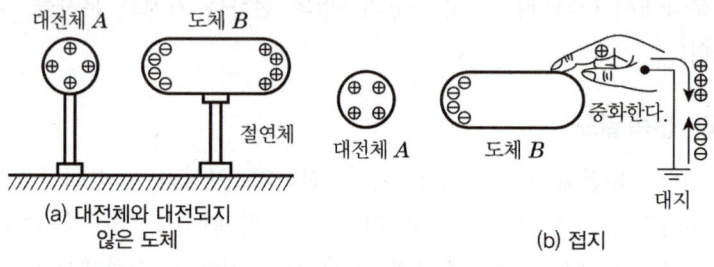

[도체의 정전유도]

6 정전용량

(1) 커패시턴스(정전용량)

① 두 장의 도체판(전극)을 그림과 같이 마주보게 하여 전원에 접속하면, 전원의 양극으로부터는 양전하가, 음극으로부터는 음전하가 각각 m, n 전극 위에 나타나게 된다. 이 양(+), 음(−)의 전하는 전극 사이에 있는 유전체를 통하여 상대방의 전하를 끌어당기는 작용을 한다.

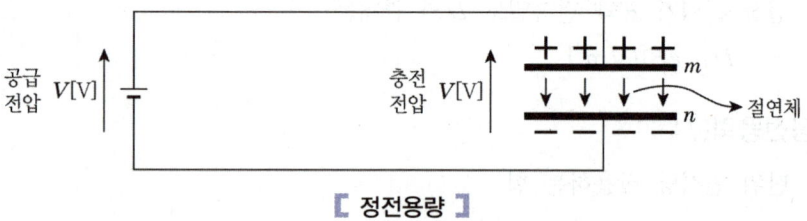

[정전용량]

② 전원전압 $V[V]$에 의해 축적된 전하를 $Q[C]$이라 하면 Q는 V에 비례하고 그 관계는 다음과 같다.
$Q = CV[C]$

(2) 콘덴서의 구조

2개의 도체 사이에 유전체를 끼워 넣어 커패시턴스 작용을 하도록 만들어진 장치를 '커패시터(Capcitor) 또는 콘덴서(Condenser)'라고 한다.

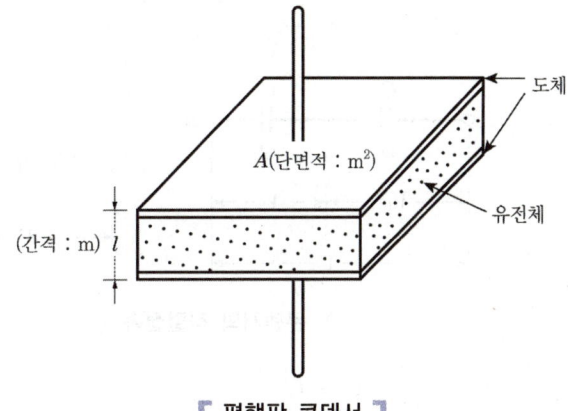

[평행판 콘덴서]

① 전극의 면적을 $A[\text{m}^2]$, 극판 사이의 간격을 $l[\text{m}]$, 유전체의 유전율을 ε이라고 하면 콘덴서의 용량 $C[\text{F}]$는

$$C = \varepsilon \frac{A}{l} [\text{F}] \ (l : 간격, \ 거리, \ 두께)$$

② 콘덴서 정전용량을 증대시키기 위한 방법
  ㉠ 극판의 면적을 넓게 한다.
  ㉡ 극판 사이의 간격을 작게 한다.
  ㉢ 극판 사이의 유전체의 비유전율이 큰 것을 사용한다.

7 콘덴서의 접속

(1) 병렬접속

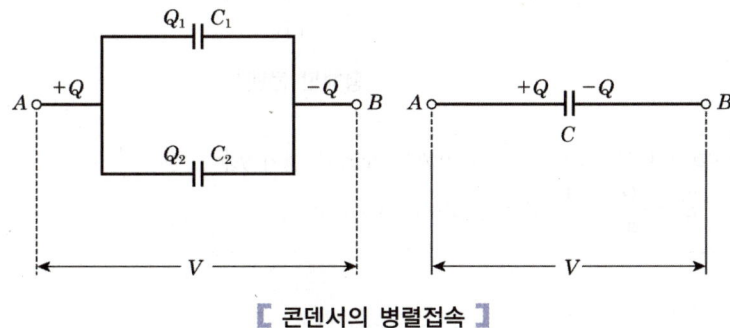

[콘덴서의 병렬접속]

① $C = C_1 + C_2 [\mathrm{F}]$

② $Q_1 = \dfrac{C_1}{C_1 + C_2} Q, \ Q_2 = \dfrac{C_2}{C_1 + C_2} Q$

(2) 직렬접속

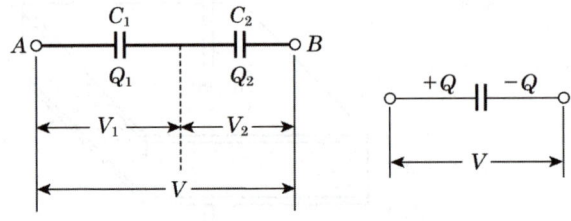

[콘덴서의 직렬접속]

① $\dfrac{1}{C} = \dfrac{1}{C_1} + \dfrac{1}{C_2}, \ C = \dfrac{C_1 \cdot C_2}{C_1 + C_2}$

② 전압분배

$V_1 = \dfrac{C_2}{C_1 + C_2} V, \ V_2 = \dfrac{C_1}{C_1 + C_2} V$

(3) 평행판 콘덴서

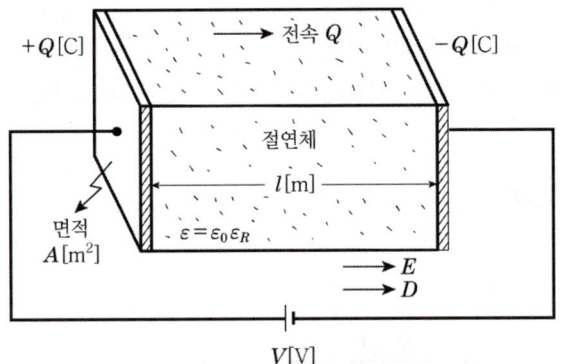

[평행판 콘덴서]

※ 평행판 콘덴서의 극판 사이에서 전장의 세기 E는
$E = \dfrac{D}{\varepsilon} = \dfrac{V}{l} [\mathrm{V/m}], \ D = \varepsilon E [\mathrm{C/m^2}]$

8 정전 에너지

(1) 콘덴서로 유입되는 에너지

$$W = \frac{1}{2}VQ = \frac{1}{2}CV^2 = \frac{1}{2}\frac{Q^2}{C} \text{[J]}$$

(2) 유전체 내의 전장의 에너지

유전체에 저장된 전체 에너지 W는

$$W = \frac{1}{2}CV^2 = \frac{1}{2}QV = \frac{1}{2}\frac{Q^2}{C} \text{[J]}$$

따라서, 유전체의 단위 체적 내의 에너지 $W_0 \text{[J/m}^3\text{]}$는

$$W_0 = \frac{W}{Al} = \frac{1}{2}DE = \frac{1}{2}\varepsilon E^2 = \frac{1}{2}\frac{D^2}{\varepsilon} \text{[J/m}^3\text{]}$$

CHAPTER 03 정전기와 콘덴서 기출문제

01 PN접합 다이오드의 대표적 응용작용은?

① 증폭작용 ② 발진작용
③ 정류작용 ④ 변조작용

해설
- 다이오드 : 정류작용
- TR : 증폭작용

02 그림에서 a-b간의 합성정전용량은 $10[\mu F]$이다. C_x의 정전용량은?

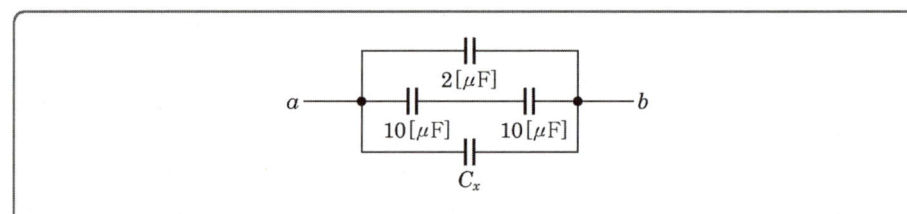

① $3[\mu F]$ ② $4[\mu F]$
③ $5[\mu F]$ ④ $6[\mu F]$

해설
- 합성정전용량 C

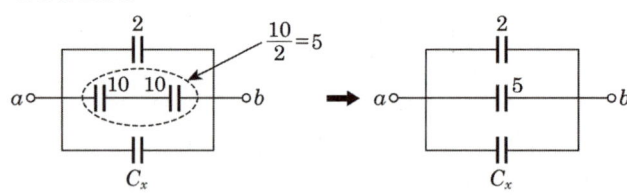

- $C_{ab} = 2 + 5 + C_x = 10[\mu F]$이므로 $C_x = 3[\mu F]$

03 $1[eV]$는 몇 $[J]$인가?

① $1.602 \times 10^{-19}[J]$ ② $1 \times 10^{-10}[J]$
③ $1[J]$ ④ $1.16 \times 10^{4}[J]$

해설 $1[eV] = 1.602 \times 10^{-19}[J]$이다.

정답 01.③ 02.① 03.①

04 주로 정전압 다이오드로 사용되는 것은?

① 터널 다이오드 ② 제너 다이오드
③ 쇼트키베리어 다이오드 ④ 바렉터 다이오드

해설
- 제너 다이오드 : 정전압 소자
- 터널 다이오드 : 증폭, 발진 소자

출제 POINT
04. 중요도
- [2010년 2회 기출]

05 2[kV]의 전압으로 충전하여 2[J]의 에너지를 축적하는 콘덴서의 정전용량은?

① 0.5[μF] ② 1[μF]
③ 2[μF] ④ 4[μF]

해설 [정전에너지 W_C]
- $W_C = \frac{1}{2} Q \cdot V = \frac{1}{2} CV^2 = \frac{1}{2} \frac{Q^2}{C}$ [W]
- $W_C = \frac{1}{2} CV^2$ 에서 $C = \frac{2W_C}{V^2} = \frac{2 \times 2}{(2 \times 10^3)^2} = 1 \times 10^{-6}$ [F] $= 1[\mu F]$

05. 중요도 ★
- $W_C = \frac{1}{2} CV^2 = \frac{1}{2} QV$
  $= \frac{1}{2} \frac{Q^2}{C}$
- [2010년 2회 기출]

06 1[μF], 3[μF], 6[μF]의 콘덴서 3개를 병렬로 연결할 때 합성정전용량은?

① 1.5[μF] ② 5[μF]
③ 10[μF] ④ 18[μF]

해설
- 직렬연결 시 합성정전용량 $\frac{1}{C} = \frac{1}{C_1} + \frac{1}{C_2} + \frac{1}{C_3}$ 에서 $C = \frac{1}{\frac{1}{C_1} + \frac{1}{C_2} + \frac{1}{C_3}}$
- 병렬연결 시 합성정전용량 $C = C_1 + C_2 + C_3 = 1 + 3 + 6 = 10[\mu F]$

06. 중요도 ★★
- 병렬연결 시 : $C = C_1 + C_2$
- 직렬연결 시 : $C = \frac{C_1 \cdot C_2}{C_1 + C_2}$
- [2010년 4회 기출]

07 진공 중에 10^{-6}[C], 10^{-4}[C]의 두 점전하가 1[m]의 간격을 두고 놓여 있다. 두 전하 사이에 작용하는 힘은?

① 9×10^{-2}[N] ② 18×10^{-2}[N]
③ 9×10^{-1}[N] ④ 18×10^{-1}[N]

해설 [두 전하 사이에 작용하는 힘 F]

$F = 9 \times 10^9 \frac{Q_1 \cdot Q_2}{r^2}$ [N]

$= 9 \times 10^9 \frac{10^{-6} \times 10^{-4}}{1^2} = 0.9 = 9 \times 10^{-1}$ [N]

07. 중요도 ★★★
- $F = 9 \times 10^9 \frac{Q_1 \cdot Q_2}{r^2}$
- [2010년 4회 기출]

정답 04.② 05.② 06.③ 07.③

Chapter ❸ 정전기와 콘덴서 ■ 69

08 [2010년 4회 기출]

08 계전기 접점의 불꽃 소거용 등으로 사용되는 것은?

① 서미스터　　　　　② 바리스터
③ 터널 다이오드　　　④ 제너 다이오드

[해설]
- 서미스터 : 온도 보상용
- 바리스터 : 불꽃 제거용, 서지전압(이상 전압)에 대한 보호용
- 제너 다이오드 : 정전압소자
- 터널 다이오드 : 발진 소자

09 [2010년 4회 기출]

09 진공 중에서 비유전율 ε_r의 값은?

① 1　　　　　　　　② 6.33×10^4
③ 8.855×10^{-12}　　④ 9×10^9

[해설] 진공 상태의 비유전율 $\varepsilon_r = 1$

10 [2010년 5회 기출]

10 등전위면과 전기력선의 교차 관계는?

① 30°로 교차한다.　　② 45°로 교차한다.
③ 직각으로 교차한다.　④ 교차하지 않는다.

[해설]
- 등전위면과 전기력선은 직각으로 교차한다.
- 등전위면끼리는 서로 교차하지 않는다.

11 ★★
$F = 9 \times 10^9 \dfrac{Q_1 \cdot Q_2}{r^2}$
[2010년 5회 기출]

11 공기 중에 3×10^{-5}[C], 8×10^{-5}[C]의 두 전하를 2[m]의 거리에 놓을 때 그 사이에 작용하는 힘은?

① 2.7[N]　　　　　② 5.4[N]
③ 10.8[N]　　　　　④ 24[N]

[해설] 두 전하 사이에 작용하는 힘 F
$$F = \frac{1}{4\pi\varepsilon_o} \frac{Q_1 \cdot Q_2}{r^2} [\text{N}]$$
$$= 9 \times 10^9 \frac{3 \times 10^{-5} \times 8 \times 10^{-5}}{2^2} \fallingdotseq 5.4[\text{N}]$$

[정답] 08.② 09.① 10.③ 11.②

12 정전용량(Electrostatic Capacity)의 단위를 나타낸 것으로 틀린 것은?

① $1[pF] = 10^{-12}[F]$
② $1[nF] = 10^{-7}[F]$
③ $1[\mu F] = 10^{-6}[F]$
④ $1[mF] = 10^{-3}[F]$

해설 단위계산
- $m = 10^{-3}$
- $\mu = 10^{-6}$
- $n = 10^{-9}$
- $p = 10^{-12}$

13 동일한 용량의 콘덴서 5개를 병렬로 접속하였을 때의 합성용량을 C_p라 하고, 5개를 직렬로 접속하였을 때의 합성용량을 C_s라 할 때 C_p와 C_s의 관계는?

① $C_p = 5C_s$
② $C_p = 10C_s$
③ $C_p = 25C_s$
④ $C_p = 50C_s$

해설
- 직렬연결 시 합성정전용량 $C_s = \dfrac{1}{5}C$
- 병렬연결 시 합성정전용량 $C_p = 5C$

∴ $\dfrac{C_p}{C_s} = \dfrac{5C}{\dfrac{1}{5}C} = 25$ 이므로 $C_p = 25C_s$ 가 된다.

14 어떤 콘덴서에 1,000[V]의 전압을 가하였더니 $5 \times 10^{-3}[C]$ 전하가 축적되었다. 이 콘덴서의 용량은?

① $2.5[\mu F]$
② $5[\mu F]$
③ $250[\mu F]$
④ $5,000[\mu F]$

해설 전하량 $Q = C \cdot V[C]$

∴ 정전용량 $C = \dfrac{Q}{V} = \dfrac{5 \times 10^{-3}}{1,000} = 5 \times 10^{-6}[F] = 5[\mu F]$

15 진성 반도체인 4가의 실리콘에 N형 반도체를 만들기 위하여 첨가하는 것은?

① 게르마늄(Ge)
② 갈륨(Ga)
③ 인듐(In)
④ 안티몬(Sb)

출제 POINT

12— 중요도
- 단위의 환산
- [2010년 5회 기출]

13— 중요도
- [2011년 1회 기출]

14— 중요도
- 전하량 $Q = C \cdot V[C]$
- [2011년 1회 기출]

15— 중요도
- [2011년 1회 기출]

정답 12.② 13.③ 14.② 15.④

해설
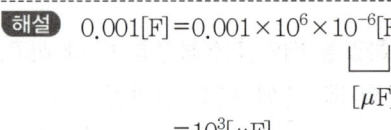

16 콘덴서 용량 0.001[F]과 같은 것은?

① 10[μF] ② 1,000[μF]
③ 10,000[μF] ④ 100,000[μF]

해설 $0.001[F] = 0.001 \times 10^6 \times 10^{-6}[F]$
　　　　　　　　　　　$[\mu F]$
　　　　$= 10^3[\mu F]$

17 3[μF], 4[μF], 5[μF]의 3개의 콘덴서를 병렬로 연결된 회로의 합성정전용량은 얼마인가?

① 1.2[μF] ② 3.6[μF]
③ 12[μF] ④ 36[μF]

해설 • 병렬연결 시 정전용량 $C = 3 + 4 + 5 = 12[\mu F]$
　　• 직렬연결 시 정전용량 C'
　　　$\dfrac{1}{C'} = \dfrac{1}{3} + \dfrac{1}{4} + \dfrac{1}{5}[\mu F]$이므로 $C' = \dfrac{1}{\dfrac{1}{3} + \dfrac{1}{4} + \dfrac{1}{5}}[\mu F]$

18 P-N 접합 정류기는 무슨 작용을 하는가?

① 증폭작용 ② 제어작용
③ 정류작용 ④ 스위치작용

해설 [PN 접합 정류기]
교류를 직류로 변환하는 소자로서 정류회로에는 반파, 전파 정류회로가 있다.

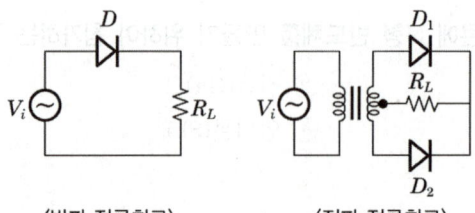

〈반파 정류회로〉　〈전파 정류회로〉

19 용량을 변화시킬 수 있는 콘덴서는?

① 바리콘   ② 마일러 콘덴서
③ 전해 콘덴서   ④ 세라믹 콘덴서

해설
- 바리콘은 회전판을 움직여서 면적의 변화를 이용한 용량 변화가 가능하다.
- 마일러 콘덴서, 전해 콘덴서, 세라믹 콘덴서는 용량이 고정되어 있다.

20 $+Q_1[\text{C}]$과 $-Q_2[\text{C}]$의 전하가 진공 중에서 $r[\text{m}]$의 거리에 있을 때 이들 사이에 작용하는 정전기력 $F[\text{N}]$는?

① $F = 0.9 \times 10^{-9} \times \dfrac{Q_1 Q_2}{r^2}$ ② $F = 9 \times 10^{-9} \times \dfrac{Q_1 Q_2}{r^2}$

③ $F = 9 \times 10^9 \times \dfrac{Q_1 Q_2}{r^2}$ ④ $F = 90 \times 10^9 \times \dfrac{Q_1 Q_2}{r^2}$

해설

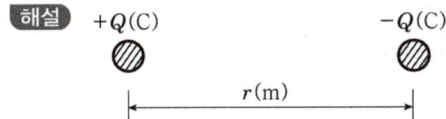

두 전하 사이에 작용하는 힘 F는 흡인력이 작용하며
$$F = \frac{1}{4\pi\varepsilon_o} \frac{Q_1 Q_2}{r^2} = 9 \times 10^9 \frac{Q_1 Q_2}{r^2} [\text{N}]$$
(진공 중의 $\varepsilon_s = 1$이다.)

21 전하의 성질에 대한 설명 중 옳지 않은 것은?

① 같은 종류의 전하는 흡인하고 다른 종류의 전하끼리는 반발한다.
② 대전체에 들어 있는 전하를 없애려면 접지시킨다.
③ 대전체의 영향으로 비대전체에 전기가 유도된다.
④ 전하는 가장 안정한 상태를 유지하려는 성질이 있다.

해설
$(+Q) \leftrightarrow (+Q)$: 반발력
$(+Q) \leftrightarrow (-Q)$: 흡인력

22 다음은 전기력선의 성질이다. 틀린 것은?

① 전기력선은 서로 교차하지 않는다.
② 전기력선은 도체의 표면에 수직이다.
③ 전기력선의 밀도는 전기장의 크기를 나타낸다.
④ 같은 전기력선은 서로 끌어당긴다.

정답 19.① 20.③ 21.① 22.④

해설 [전기력선의 성질]
- 양전하에서 나와 음전하에서 끝난다.
- 전장의 방향은 전기력선의 접선방향과 일치한다.
- 2개의 전기력선은 서로 교차하지 않는다.
- 전기력선은 도체 표면에 수직으로 출입한다.
- 전기력선은 등전위면과 수직으로 교차한다.
- 전기력선 밀도와 전장의 세기는 같다.
- 임의 점에서의 전계의 세기는 전기력선 밀도와 같다.
- 전기력선은 그 자신만으로 폐곡선을 이루지 않는다.

23 전기력선의 성질을 설명한 것으로 옳지 않은 것은?

① 전기력선의 방향은 전기장의 방향과 같으며, 전기력선의 밀도는 전기장의 크기와 같다.
② 전기력선은 도체 내부에 존재한다.
③ 전기력선은 등전위면에 수직으로 출입한다.
④ 전기력선은 양전하에서 음전하로 이동한다.

해설 [전기력선의 성질]
- 양전하에서 나와 음전하에서 끝난다.
- 전장의 방향은 전기력선의 접선방향과 일치한다.
- 2개의 전기력선은 서로 교차하지 않는다.
- 전기력선은 도체 표면에 수직으로 출입한다.
- 전기력선은 등전위면과 수직으로 교차한다.
- 전기력선 밀도와 전장의 세기는 같다.
- 임의 점에서의 전계의 세기는 전기력선 밀도와 같다.
- 전기력선은 그 자신만으로 폐곡선을 이루지 않는다.
- 도체의 내부에는 전기력선은 존재하지 않는다.

24 표면 전하밀도 $\sigma[C/m^2]$로 대전된 도체 내부의 전속밀도는 몇 $[C/m^2]$인가?

① $\varepsilon_o E$ ② 0
③ σ ④ $\dfrac{E}{\varepsilon_o}$

해설 도체 내부에는 전기력선은 존재하지 않으며 전속밀도는 "0"이 된다.

25 전장 중에 단위정전하를 놓을 때 여기에 작용하는 힘과 같은 것은?

① 전하   ② 전장의 세기
③ 전위   ④ 전속

출제 POINT

23.
- 전기력선의 성질
- [2011년 5회 기출]

24.
- [2011년 5회 기출]

25. ★
- $F = Q \cdot E$ [N]
- $E = \dfrac{F}{Q}$ [N/C]
- [2011년 5회 기출]

정답 23.② 24.② 25.②

해설
- 쿨롱의 힘 F는 두 전하 사이에 작용하는 힘으로
  $F = 9 \times 10^9 \dfrac{Q_1 \cdot Q_2}{r^2}$ [N]이며,
- 전장의 세기 E는 두 전하 중 1개가 단위정전하일 때 작용하는 힘으로
  $E = 9 \times 10^9 \dfrac{Q}{r^2}$ [V/m]이다.

그러므로 $F = E \cdot Q$ [N], $E = \dfrac{F}{Q}$ [N/C]이다.

26 콘덴서에 V [V]의 전압을 가해서 Q [C]의 전하를 충전할 때 저장되는 에너지는 몇 [J]인가?

① $2QV$ ② $2QV^2$
③ $\dfrac{1}{2}QV$ ④ $\dfrac{1}{2}QV^2$

해설 C에 충전되는 에너지 W_C

$$W_C = \dfrac{1}{2}QV = \dfrac{1}{2}CV^2 = \dfrac{1}{2}\dfrac{Q^2}{C} \text{ [J]}$$

26. 중요도
- $W_C = \dfrac{1}{2}QV$
- [2011년 5회 기출]

27 C_1, C_2를 직렬로 접속한 회로에 C_3를 병렬로 접속하였다. 이 회로의 합성정전용량 [F]은?

① $C_3 + \dfrac{1}{\dfrac{1}{C_1} + \dfrac{1}{C_2}}$ ② $C_1 + \dfrac{1}{\dfrac{1}{C_2} + \dfrac{1}{C_3}}$
③ $\dfrac{C_1 + C_2}{C_3}$ ④ $C_1 + C_2 + \dfrac{1}{C_3}$

해설 [정전용량 C의 직·병렬접속]

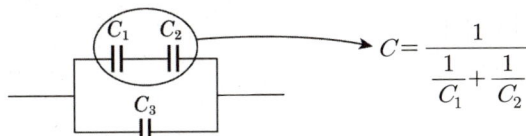

$C = \dfrac{1}{\dfrac{1}{C_1} + \dfrac{1}{C_2}}$

그러므로 합성정전용량 $C' = \dfrac{1}{\dfrac{1}{C_1} + \dfrac{1}{C_2}} + C_3$가 된다.

27. 중요도 ★★
- 직렬 시 $C = \dfrac{C_1 \times C_2}{C_1 + C_2}$
- 병렬 시 $C = C_1 + C_2$
- [2012년 1회 기출]

정답 26.③ 27.①

출제 POINT

28 [2012년 2회 기출]

28 어떤 콘덴서에 전압 20[V]를 가할 때 전하 800[μC]이 축적되었다면 이때 축적되는 에너지는?

① 0.008[J] ② 0.16[J]
③ 0.8[J] ④ 160[J]

해설 C에 축적되는 에너지 W_C

$$W_C = \frac{1}{2}CV^2 = \frac{1}{2}\frac{Q^2}{C} = \frac{1}{2}Q \cdot V = \frac{1}{2} \times 800 \times 10^{-6} \times 20 = 0.008[J]$$

29 [2012년 2회 기출]

29 "물질 중의 자유전자가 과잉된 상태"란?

① (−)대전상태 ② (+)대전상태
③ 발열상태 ④ 중성상태

해설 자유전자가 과잉되면 (−)상태가 된다.

30 콘덴서의 종류 [2012년 2회 기출]

30 용량을 변화시킬 수 있는 콘덴서는?

① 바리콘 ② 전해 콘덴서
③ 마일러 콘덴서 ④ 세라믹 콘덴서

해설 바리콘 : 반원형태의 회전판을 돌려서 용량 C를 변화시키는 콘덴서이다.

31 [2012년 4회 기출]

31 PN 접합의 순방향 저항은 (㉠), 역방향 저항은 매우 (㉡), 따라서 (㉢) 작용을 한다. ( ) 안에 들어갈 말로 옳은 것은?

① ㉠ 크고, ㉡ 크다, ㉢ 정류
② ㉠ 작고, ㉡ 크다, ㉢ 정류
③ ㉠ 작고, ㉡ 작다, ㉢ 검파
④ ㉠ 작고, ㉡ 크다, ㉢ 검파

해설 순방향과 역방향
• 순방향

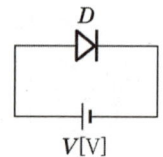

− D가 도통상태가 된다.
− 순방향 저항 R_f는 매우 작다.

정답 28.① 29.① 30.① 31.②

- 역방향

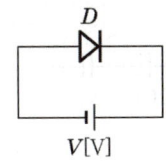

- D가 차단상태가 된다.
- 역방향 저항 R_r는 매우 크다.
- 정류 : 교류(AC)를 직류(DC)로 변환하는 것을 말한다.

32 그림은 실리콘 제어소자인 SCR을 통전시키기 위한 회로도이다. 바르게 된 회로는?

① 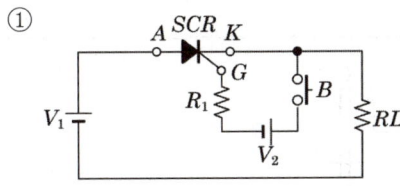 ②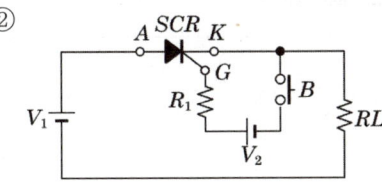

③ 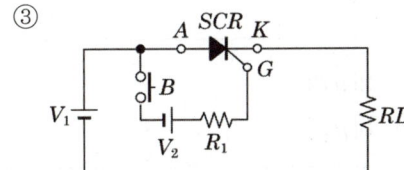 ④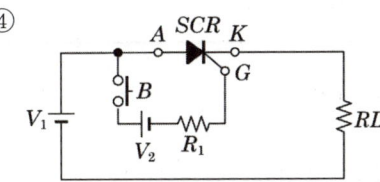

[해설] SCR의 특징
- 구조

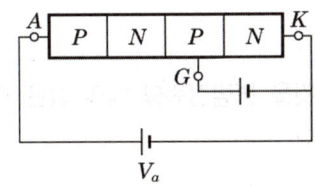

- SCR을 통전시키기 위해서 A(+), G(+), K(−) 전압을 걸어야 한다.
- 부성저항 특성이 있다.
- 역저지 3극 사이리스터이다.

33 정전용량 C_1, C_2가 병렬접속 되어있을 때의 합성정전용량은?

① $C_1 + C_2$
② $\dfrac{1}{C_1} + \dfrac{1}{C_2}$
③ $\dfrac{C_1 C_2}{C_1 + C_2}$
④ $\dfrac{1}{C_1 + C_2}$

출제 POINT

32.― 중요도
- SCR의 특징
- [2012년 4회 기출]

33.― 중요도
- [2012년 4회 기출]

정답 32.② 33.①

출제 POINT

해설 [합성정전용량 C]

- 직렬연결 시
$$C = \frac{1}{\frac{1}{C_1}+\frac{1}{C_2}} = \frac{C_1 \cdot C_2}{C_1+C_2}\,[\text{F}]$$

- 병렬연결 시
$$C = C_1 + C_2\,[\text{F}]$$

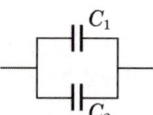

34. [2012년 5회 기출]

34 그림과 같이 $C=2[\mu\text{F}]$의 콘덴서가 연결되어 있다. A점과 B점 사이의 합성정전용량은 얼마인가?

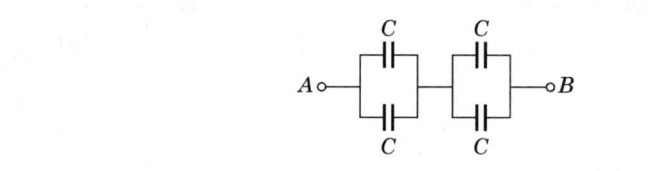

① $1[\mu\text{F}]$
② $2[\mu\text{F}]$
③ $4[\mu\text{F}]$
④ $8[\mu\text{F}]$

해설 합성정전용량 C'

$$C' = \frac{2C \cdot 2C}{2C+2C} = C = 2[\mu\text{F}]$$

35. [2013년 1회 기출]

35 정전용량이 같은 콘덴서 10개가 있다. 이것을 병렬접속할 때의 값은 직렬접속할 때의 값보다 어떻게 되는가?

① $\frac{1}{10}$로 감소한다.
② $\frac{1}{100}$로 감소한다.
③ 10배로 증가한다.
④ 100배로 증가한다.

해설 합성정전용량

- 콘덴서 10개 직렬연결 시 $C_s = \dfrac{C}{10}$
- 콘덴서 10개 병렬연결 시 $C_p = 10C$

$$\therefore \frac{C_p}{C_s} = \frac{10C}{\frac{1}{10}C} = 100\text{배가 된다.}$$

정답 34.② 35.④

36 100[V]의 교류 전원에 선풍기를 접속하고 입력과 전류를 측정하였더니 500[W], 7[A]였다. 이 선풍기의 역률은?

① 0.61
② 0.71
③ 0.81
④ 0.91

해설 역률 $\cos\theta$
$P = VI\cos\theta$[W]이므로 $\cos\theta = \dfrac{P}{VI}$가 된다.
$\cos\theta = \dfrac{500}{100 \times 7} \fallingdotseq 0.71$

37 $V = 200$[V], $C_1 = 10[\mu F]$, $C_2 = 5[\mu F]$인 2개의 콘덴서가 병렬로 접속되어 있다. 콘덴서 C_1에 축적되는 전하[μC]는?

① 100[μC]
② 200[μC]
③ 1,000[μC]
④ 2,000[μC]

해설

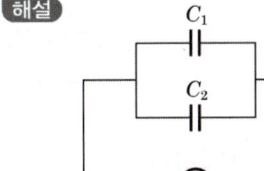

$Q = C_1 \cdot V = 10 \times 10^{-6} \times 200 = 2,000[\mu C]$

38 반도체로 만든 PN 접합은 무슨 작용을 하는가?

① 정류작용
② 발진작용
③ 증폭작용
④ 변조작용

해설 PN 접합 다이오드는 정류작업을 하는 반도체 소자이다.

39 1개의 전자 질량은 약 몇 [kg]인가?

① 1.679×10^{-31}
② 9.109×10^{-31}
③ 1.67×10^{-27}
④ 9.109×10^{-27}

출제 POINT

36 중요도 ★
- $P = VI\cos\theta$
- $\cos\theta = \dfrac{P}{VI} = \dfrac{P}{Pa}$
- [2013년 1회 기출]

37 중요도
- [2013년 1회 기출]

38 중요도
- [2013년 1회 기출]

39 중요도
- 단위의 환산
- [2013년 1회 기출]

정답 36.② 37.④ 38.① 39.②

해설
- 전자의 질량 $m = 9.109 \times 10^{-31} [kg]$
- 전자의 최소 전하량 $e = -1.602 \times 10^{-19} [C]$
- 전자의 v 속도로 운동한 후의 정지질량 m_0

$$m_0 = \frac{m}{\sqrt{1-\left(\frac{v}{C}\right)^2}} \quad (C : 광속도)$$

40 그림과 같이 공기 중에 놓은 $2 \times 10^{-8} [C]$의 전하에서 $2[m]$ 떨어진 점 P와 $1[m]$ 떨어진 점 Q의 전위차는?

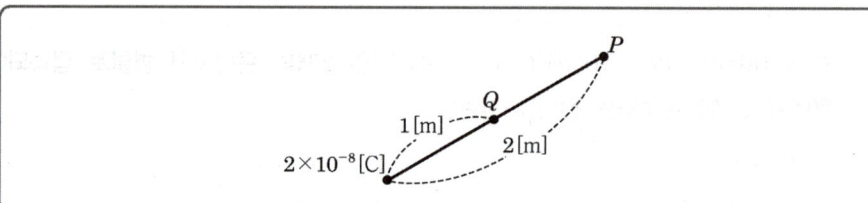

① 80[V]
② 90[V]
③ 100[V]
④ 110[V]

해설 전위차 V_{AB}

$$V_{AB} = \frac{Q}{4\pi\varepsilon_0}\left(\frac{1}{r_A} - \frac{1}{r_B}\right) = 9 \times 10^9 \times 2 \times 10^{-8}\left(\frac{1}{1} - \frac{1}{2}\right) = 90[V]$$

41 정전용량이 $10[\mu F]$인 콘덴서 2개를 병렬로 했을 때의 합성정전용량은 직렬로 했을 때의 합성정전용량보다 어떻게 되는가?

① $\frac{1}{4}$로 줄어든다.
② $\frac{1}{2}$로 줄어든다.
③ 2배로 늘어난다.
④ 4배로 늘어난다.

해설 직 · 병렬 시 합성정전용량

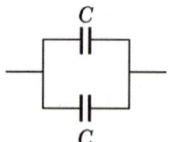

$C_s = \dfrac{C}{2} = 5[\mu F]$

$C_p = 2C = 2 \times 10 = 20[\mu F]$

$\therefore \dfrac{C_p}{C_s} = \dfrac{20}{5} = 4[배]$

[2013년 2회 기출]

정답 40.② 41.④

42 Q_1으로 대전된 용량 C_1의 콘덴서에 용량 C_2를 병렬연결할 경우 C_2가 분배받는 전기량은?

① $\dfrac{C_1+C_2}{C_2}Q_1$ ② $\dfrac{C_1}{C_1+C_2}Q_1$

③ $\dfrac{C_1+C_2}{C_1}Q_1$ ④ $\dfrac{C_2}{C_1+C_2}Q_1$

해설 전하량 Q
이 문제에서는 전체 전하량을 Q_1이라 주어졌기 때문에
$Q_2 = \dfrac{C_2}{C_1+C_2}Q_1$의 관계가 성립한다.

42 중요도
■ [2013년 2회 기출]

---

43 100[V]의 전위차로 가속된 전자의 운동 에너지는 몇 [J]인가?

① 1.6×10^{-20}[J]   ② 1.6×10^{-19}[J]
③ 1.6×10^{-18}[J]   ④ 1.6×10^{-17}[J]

해설 전자의 운동에너지 W
$W = e \cdot V = 1.602 \times 10^{-19} \times 100 = 1.602 \times 10^{-17}$[J]

43 중요도
■ $W = e \cdot V$
■ [2013년 2회 기출]

---

44 정전용량 C_1, C_2를 병렬로 접속하였을 때의 합성정전용량은?

① $C_1 + C_2$ ② $\dfrac{1}{C_1+C_2}$

③ $\dfrac{1}{C_1}+\dfrac{1}{C_2}$ ④ $\dfrac{C_1 C_2}{C_1+C_2}$

해설 합성정전용량 C
• 직렬연결 시 : $C_s = \dfrac{C_1 \cdot C_2}{C_1 + C_2}$[F]
• 병렬연결 시 : $C_p = C_1 + C_2$[F]

44 중요도
■ [2013년 4회 기출]

---

45 N형 반도체의 주반송자는 어느 것인가?

① 억셉터   ② 전자
③ 도너   ④ 정공

해설
• P형 반도체 주반송자 : 정공(hole)
• N형 반도체 주반송자 : 전자(electron)

45 중요도
■ [2013년 4회 기출]

정답 42.④ 43.④ 44.① 45.②

Chapter ❸ 정전기와 콘덴서 ■ 81

46 그림에서 a-b 간의 합성정전용량은?

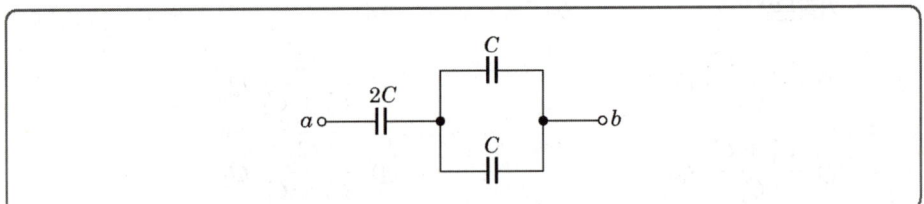

① C
② $2C$
③ $3C$
④ $4C$

해설 직·병렬 합성정전용량 C'

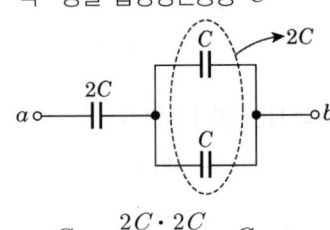

$$\therefore C_{ab} = \frac{2C \cdot 2C}{2C + 2C} = C$$

47 전기력선의 성질 중 맞지 않는 것은?

① 전기력선은 양(+)전하에서 나와 음(-)전하에서 끝난다.
② 전기력선의 접선방향이 전장의 방향이다.
③ 전기력선은 도중에 만나거나 끊어지지 않는다.
④ 전기력선은 등전위면과 교차하지 않는다.

해설 [전기력선의 성질]
- 양전하에서 나와 음전하에서 끝난다.
- 전장의 방향은 전기력선의 접선방향과 일치한다.
- 2개의 전기력선은 서로 교차하지 않는다.
- 전기력선은 도체 표면에 수직으로 출입한다.
- 전기력선은 등전위면과 수직으로 교차한다.
- 전기력선 밀도와 전장의 세기는 같다.
- 임의 점에서의 전계의 세기는 전기력선 밀도와 같다.
- 전기력선은 그 자신만으로 폐곡선을 이루지 않는다.

48 다음 중 가장 무거운 것은?

① 양성자의 질량과 중성자의 질량의 합
② 양성자의 질량과 전자의 질량의 합
③ 원자핵의 질량과 전자의 질량의 합
④ 중성자의 질량과 전자의 질량의 합

정답 46.① 47.④ 48.③

해설 양성자, 중성자, 전자, 원자핵의 질량
원자핵의 질량＝중성자 질량＋양성자 질량

입자	전하량	질량
양성자	$+1.60219 \times 10^{-19}$[C]	1.67261×10^{-27}[kg]
중성자	−	1.67261×10^{-27}[kg]
전자	-1.60219×10^{-19}[C]	9.10956×10^{-31}[kg]

49 30[μF]과 40[μF]의 콘덴서를 병렬로 접속한 후 100[V] 전압을 가했을 때 전 전하량은 몇 [C]인가?

① 17×10^{-4}
② 34×10^{-4}
③ 56×10^{-4}
④ 70×10^{-4}

해설 전하량 Q
$Q = C \cdot V$
병렬접속된 정전용량 $C = C_1 + C_2 = 30 + 40 = 70[\mu F]$
$Q = 70 \times 10^{-6} \times 100 = 70 \times 10^{-4}$[C]

49 중요도
- 전하량 $Q = C \cdot V$
- [2014년 1회 기출]

50 4×10^{-5}[C], 6×10^{-5}[C]의 두 전하가 자유공간에 2[m]의 거리에 있을 때 그 사이에 작용하는 힘은?

① 5.4[N], 흡입력이 작용한다.
② 5.4[N], 반발력이 작용한다.
③ $\frac{7}{9}$[N], 흡입력이 작용한다.
④ $\frac{7}{9}$[N], 반발력이 작용한다.

해설 [쿨롱의 법칙에서의 힘 F]

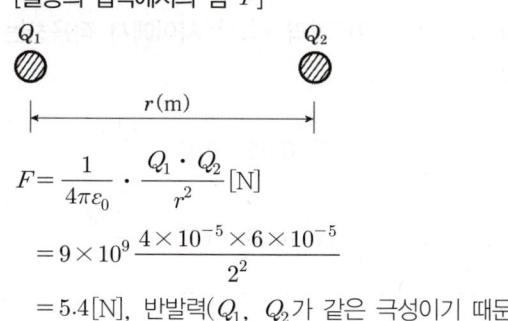

$F = \frac{1}{4\pi\varepsilon_0} \cdot \frac{Q_1 \cdot Q_2}{r^2}$[N]
$= 9 \times 10^9 \frac{4 \times 10^{-5} \times 6 \times 10^{-5}}{2^2}$
$= 5.4$[N], 반발력(Q_1, Q_2가 같은 극성이기 때문)

50 중요도
- 쿨롱의 법칙
- [2014년 1회 기출]

정답 49.④ 50.②

출제 POINT

51 중요도 ★★
- 병렬연결 시 $C = C_1 + C_2$
- 직렬연결 시 $C = \dfrac{C_1 \cdot C_2}{C_1 + C_2}$
- [2014년 1회 기출]

51 2[F], 4[F], 6[F]의 콘덴서 3개를 병렬로 접속했을 때의 합성정전용량은 몇 [F]인가?

① 1.5　　　　　② 4
③ 8　　　　　　④ 12

해설 합성정전용량 C

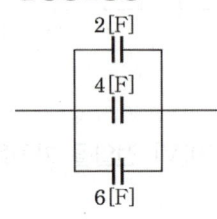

$C = 2 + 4 + 6 = 12[F]$

52 중요도
- [2014년 1회 기출]

52 도면과 같이 공기 중에 놓인 2×10^{-8}[C]의 전하에서 2[m] 떨어진 점 P와 1[m] 떨어진 점 Q와의 전위차는 몇 [V]인가?

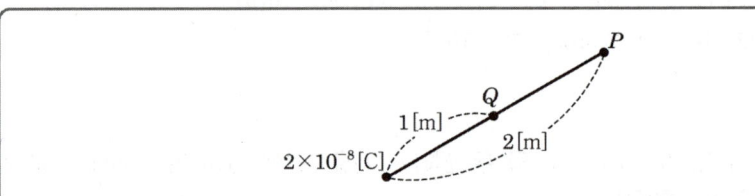

① 80[V]　　　　② 90[V]
③ 100[V]　　　　④ 110[V]

해설 전위차 V_{AB}

$$V_{AB} = \dfrac{Q}{4\pi\varepsilon_0}\left(\dfrac{1}{r_A} - \dfrac{1}{r_B}\right) = 2 \times 10^{-8} \times 9 \times 10^9 \left(\dfrac{1}{1} - \dfrac{1}{2}\right) = 90[V]$$

53 중요도
- [2014년 2회 기출]

53 진공 중의 두 점전하 Q_1[C], Q_2[C]가 거리 r[m] 사이에서 작용하는 정전력[N]의 크기를 옳게 나타낸 것은?

① $9 \times 10^9 \times \dfrac{Q_1 Q_2}{r^2}$　　　② $6.33 \times 10^4 \times \dfrac{Q_1 Q_2}{r^2}$

③ $9 \times 10^9 \times \dfrac{Q_1 Q_2}{r}$　　　④ $6.33 \times 10^4 \times \dfrac{Q_1 Q_2}{r}$

해설 쿨롱의 힘 F

$$F = \dfrac{1}{4\pi\varepsilon_0}\dfrac{Q_1 \cdot Q_2}{r^2} = 9 \times 10^9 \dfrac{Q_1 \cdot Q_2}{r^2}[N] \text{ (단, 진공 중일 때 } \varepsilon_s = 1\text{)}$$

정답 51.④ 52.② 53.①

54 정전용량이 같은 콘덴서 10개가 있다. 이것을 직렬접속할 때의 값은 병렬접속할 때의 값보다 어떻게 되는가?

① $\dfrac{1}{10}$로 감소한다.
② $\dfrac{1}{100}$로 감소한다.
③ 10배로 증가한다.
④ 100배로 증가한다.

해설 합성정전용량 C_s, C_p
- 병렬연결 시 합성용량 $C_p = 10C$
- 직렬연결 시 합성용량 $C_s = \dfrac{1}{10}C$

$\therefore \dfrac{C_p}{C_s} = \dfrac{10C}{\dfrac{1}{10}C} = 100$배

$\dfrac{C_s}{C_p} = \dfrac{\dfrac{1}{10}C}{10C} = \dfrac{1}{100}$배

54 중요도
- [2014년 2회 기출]

55 어떤 콘덴서에 V[V]의 전압을 가해서 Q[C]의 전하를 충전할 때 저장되는 에너지[J]는?

① $2QV$
② $2QV^2$
③ $\dfrac{1}{2}QV$
④ $\dfrac{1}{2}QV^2$

해설 콘덴서에 충전되는 에너지 W_C

$W_C = \dfrac{1}{2}CV^2 = \dfrac{1}{2}\dfrac{Q^2}{C} = \dfrac{1}{2}QV$ [J]

55 중요도 ★
- 충전에너지 $W_C = \dfrac{1}{2}Q \cdot V$
- [2014년 2회 기출]

56 진공 중에서 10^{-4}[C]과 10^{-8}[C]의 두 전하가 10[m]의 거리에 놓여 있을 때, 두 전하 사이에 작용하는 힘[N]은?

① 9×10^2
② 1×10^4
③ 9×10^{-5}
④ 1×10^{-8}

해설 [쿨롱의 힘 F]

$F = \dfrac{1}{4\pi\varepsilon_0} \dfrac{Q_1 \cdot Q_2}{r^2}$ [N]

$= 9 \times 10^9 \dfrac{10^{-4} \times 10^{-8}}{10^2} = 9 \times 10^{-5}$ [N]이 된다.

56 중요도 ★
- 쿨롱의 힘 $F = 9 \times 10^9 \dfrac{Q_1 \cdot Q_2}{r^2}$
- [2014년 2회 기출]

정답 54.② 55.③ 56.③

출제 POINT

57
- [2014년 4회 기출]

58
- [2014년 4회 기출]

59
- $F = Q \cdot E$
- [2014년 4회 기출]

---

57 정전용량이 같은 콘덴서 2개를 병렬로 연결하였을 때의 합성정전용량은 직렬로 접속하였을 때의 몇 배인가?

① $\dfrac{1}{4}$　　　　② $\dfrac{1}{2}$
③ 2　　　　④ 4

해설 합성정전용량 C_s, C_p

$C_s = \dfrac{C}{2}$ (직렬접속)

$C_p = 2C$ (병렬접속)

$\therefore \dfrac{C_p}{C_s} = \dfrac{2C}{\dfrac{C}{2}} = 4$배가 된다.

---

58 그림에서 $C_1 = 1[\mu F]$, $C_2 = 2[\mu F]$, $C_3 = 2[\mu F]$일 때 합성정전용량은 몇 $[\mu F]$인가?

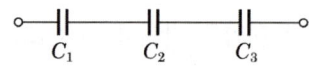

① $\dfrac{1}{2}$　　　　② $\dfrac{1}{5}$
③ 2　　　　④ 5

해설 합성정전용량 C

직렬연결 시 $C = \dfrac{1}{\dfrac{1}{C_1} + \dfrac{1}{C_2} + \dfrac{1}{C_3}} = \dfrac{1}{\dfrac{1}{1} + \dfrac{1}{2} + \dfrac{1}{2}} = \dfrac{1}{2}[\mu F]$

---

59 전기장 중에 단위 전하를 놓았을 때 그것에 작용하는 힘은 어느 값과 같은가?

① 전장의 세기
② 전하
③ 전위
④ 전위차

해설 전장의 세기 E는 전기장 중에 단위 전하를 놓았을 때 작용하는 힘을 의미한다.

$F = Q \cdot E$에서 $E = \dfrac{F}{Q}$[N/C]이다.

정답 57.④　58.①　59.①

60. 다음 회로의 합성정전용량[μF]은?

① 5
② 4
③ 3
④ 2

해설

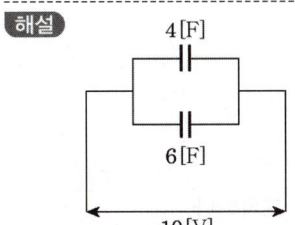

$$\therefore 합성정전용량\ C = \frac{3 \times 6}{3 + 6} = 2[\mu F]$$

61. 4[F]와 6[F]의 콘덴서를 병렬접속하고 10[V]의 전압을 가했을 때 축적되는 전하량 Q[C]는?

① 19
② 50
③ 80
④ 100

해설

합성정전용량 $C = 4 + 6 = 10[F]$
$Q = C \cdot V = 10 \times 10 = 100[C]$이다.

62. 전기장의 세기 단위로 옳은 것은?

① [H/m]
② [F/m]
③ [AT/m]
④ [V/m]

POINT

60. 중요도
- [2015년 1회 기출]

61. 중요도
- [2015년 1회 기출]

62. 중요도
- [2015년 1회 기출]

정답 60.④ 61.④ 62.④

해설 전기장 E
- $E = \dfrac{V}{d}$ [V/m]
- $E = \dfrac{F}{Q}$ [N/C]

63 콘덴서의 정전용량에 대한 설명으로 틀린 것은?

① 전압에 반비례한다. ② 이동 전하량에 비례한다.
③ 극판의 넓이에 비례한다. ④ 극판의 간격에 비례한다.

해설 콘덴서의 정전용량 C

$C = \dfrac{Q}{V}$ 이므로 $C \propto Q \propto \dfrac{1}{V}$ 이며 (Q : 전하량)

$C = \dfrac{\varepsilon \cdot S}{d}$ 이므로 $C \propto S \propto \dfrac{1}{d}$ 이다. (S : 극판 면적, d : 극판의 간격)

64 정전에너지 W[J]를 구하는 식으로 옳은 것은? (단, C는 콘덴서 용량[μF], V는 공급전압[V]이다.)

① $W = \dfrac{1}{2} CV^2$ ② $W = \dfrac{1}{2} CV$
③ $W = \dfrac{1}{2} C^2 V$ ④ $W = 2CV^2$

해설 정전에너지 W

$W = \dfrac{1}{2} CV^2 = \dfrac{1}{2} Q \cdot V = \dfrac{1}{2} \dfrac{Q^2}{C}$ [J]

65 등전위면과 전기력선의 교차관계는?

① 직각으로 교차한다. ② 30°로 교차한다.
③ 45°로 교차한다. ④ 교차하지 않는다.

해설 [전기력선의 성질]
- 양전하에서 나와 음전하에서 끝난다.
- 전장의 방향은 전기력선의 접선방향과 일치한다.
- 2개의 전기력선은 서로 교차하지 않는다.
- 전기력선은 도체 표면에 수직으로 출입한다.
- 전기력선은 등전위면과 수직으로 교차한다.
- 전기력선 밀도와 전장의 세기는 같다.
- 임의 점에서의 전계의 세기는 전기력선 밀도와 같다.
- 전기력선은 그 자신만으로 폐곡선을 이루지 않는다.

정답 63.④ 64.① 65.①

66 쿨롱의 법칙에서 2개의 점전하 사이에 작용하는 정전력의 크기는?

① 두 전하의 곱에 비례하고 거리에 반비례한다.
② 두 전하의 곱에 반비례하고 거리에 비례한다.
③ 두 전하의 곱에 비례하고 거리의 제곱에 비례한다.
④ 두 전하의 곱에 비례하고 거리의 제곱에 반비례한다.

해설 [쿨롱의 법칙에서 정전력 F]
$F = 9 \times 10^9 \dfrac{Q_1 \cdot Q_2}{r^2}$ [N]에서
F는 $Q_1 \times Q_2$에 비례하고 r^2에 반비례한다. (r : 두 전하 사이의 거리)

66. 중요도 ★★★
- 쿨롱의 힘 $F = 9 \times 10^9 \dfrac{Q_1 \cdot Q_2}{r^2}$
- [2015년 5회 기출]

67 $C_1 = 5[\mu\mathrm{F}]$, $C_2 = 10[\mu\mathrm{F}]$의 콘덴서를 직렬로 접속하고 직류 30[V]를 가했을 때 C_1의 양단의 전압[V]은?

① 5   ② 10
③ 20   ④ 30

해설 C_1의 양단전압

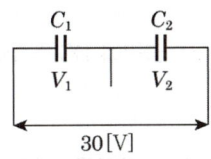

$V_1 = \dfrac{C_2}{C_1 + C_2} V = \dfrac{10}{5+10} \times 30 = 20[\mathrm{V}]$

$V_2 = \dfrac{C_1}{C_1 + C_2} V = \dfrac{5}{5+10} \times 30 = 10[\mathrm{V}]$

67. 중요도 ★
- 콘덴서 양단전압
  - $V_{c1} = \dfrac{C_2}{C_1 + C_2} V[\mathrm{V}]$
  - $V_{c2} = \dfrac{C_1}{C_1 + C_2} V[\mathrm{V}]$
- [2016년 1회 기출]

68 공기 중에서 $10[\mu\mathrm{C}]$과 $20[\mu\mathrm{C}]$를 1[m] 간격으로 놓을 때 발생되는 정전력[N]은?

① 1.8   ② 2.2
③ 4.4   ④ 6.3

해설 정전력 F
$F = 9 \times 10^9 \dfrac{Q_1 Q_2}{r^2} = 9 \times 10^9 \dfrac{10 \times 10^{-6} \times 20 \times 10^{-6}}{1^2} = 1.8[\mathrm{N}]$

68. 중요도
- [2016년 1회 기출]

정답 66.④ 67.③ 68.①

출제 POINT

69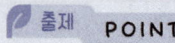
- [2016년 1회 기출]

70 중요도
- [2016년 2회 기출]

71 중요도 ★★
- 직렬연결 시 $C' = \dfrac{C_1 \cdot C_2}{C_1 + C_2}$ [F]
- 병렬연결 시 $C'' = C_1 + C_2$ [F]
- [2016년 2회 기출]

---

69 다이오드의 정특성이란 무엇을 말하는가?

① PN 접합면에서의 반송자 이동 특성
② 소신호로 동작할 때 전압과 전류의 관계
③ 다이오드를 움직이지 않고 저항률을 측정한 것
④ 직류전압을 걸었을 때 다이오드에 걸리는 전압과 전류의 관계

해설 정특성 : 다이오드(diode)에 순방향 전압을 인가 시에 나타나는 전압과 전류 특성을 뜻한다.

70 PN 접합 다이오드의 대표적인 작용으로 옳은 것은?

① 정류작용　　② 변조작용
③ 증폭작용　　④ 발진작용

해설 PN 접합 다이오드(D)

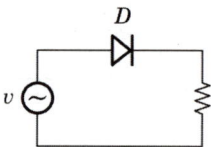

D는 정류작용을 한다. 즉 입력에 AC(교류)를 가하면 출력에 DC(직류)도 변환한다.

71 2[μF], 3[μF], 5[μF]인 3개의 콘덴서가 병렬로 접속되었을 때의 합성정전용량 [μF]은?

① 0.97　　② 3
③ 5　　④ 10

해설
- 콘덴서 병렬연결 시 합성정전용량 C_p
  $C_p = C_1 + C_2 + C_3 = 2 + 3 + 5 = 10[\mu F]$
- 콘덴서 직렬연결 시 합성정전용량 C_s
  $C_s = \dfrac{1}{C_1} + \dfrac{1}{C_2} + \dfrac{1}{C_3}$ 에서
  $C_s = \dfrac{1}{\dfrac{1}{C_1} + \dfrac{1}{C_2} + \dfrac{1}{C_3}}$

정답 69.④ 70.① 71.④

72 $+Q_1[\text{C}]$과 $-Q_2[\text{C}]$의 전하가 진공 중에서 $r[\text{m}]$의 거리에 있을 때 이들 사이에 작용하는 정전기력 $F[\text{N}]$은?

① $F = 9 \times 10^{-7} \times \dfrac{Q_1 Q_2}{r^2}$
② $F = 9 \times 10^{-9} \times \dfrac{Q_1 Q_2}{r^2}$
③ $F = 9 \times 10^{9} \times \dfrac{Q_1 Q_2}{r^2}$
④ $F = 9 \times 10^{10} \times \dfrac{Q_1 Q_2}{r^2}$

해설 쿨롱의 법칙에 의한 정전력 $F[\text{N}]$
$$F = \frac{1}{4\pi\varepsilon_0} \frac{Q_1 Q_2}{r^2} = 9 \times 10^9 \frac{Q_1 Q_2}{r^2} \quad (\varepsilon_0 : 8.855 \times 10^{-12})$$

72 중요도
- 쿨롱의 법칙
- [2016년 2회 기출]

73 진공 중의 두 점전하 $Q_1[\text{C}]$, $Q_2[\text{C}]$가 거리 $r[\text{m}]$ 사이에서 작용하는 정전력[N]의 크기를 옳게 나타낸 것은?

① $9 \times 10^9 \times \dfrac{Q_1 Q_2}{r^2}$
② $6.33 \times 10^4 \times \dfrac{Q_1 Q_2}{r^2}$
③ $9 \times 10^9 \times \dfrac{Q_1 Q_2}{r}$
④ $6.33 \times 10^4 \times \dfrac{Q_1 Q_2}{r}$

해설 정전력 $F[\text{N}]$
$$F = \frac{1}{4\pi\varepsilon} \frac{Q_1 Q_2}{r^2} = \frac{1}{4\pi\varepsilon_0} \frac{Q_1 Q_2}{\varepsilon_s r^2} = 9 \times 10^9 \frac{Q_1 Q_2}{r^2} \quad (\text{진공 중에서 } \varepsilon_s = 1)$$

73 중요도
- [2016년 5회 CBT]

74 공기 중에서 양전하 $20[\mu\text{C}]$, 음전하 $30[\mu\text{C}]$이 $1[\text{m}]$ 떨어져 있을 때 작용하는 힘의 크기[N]는?

① $5.4[\text{N}]$, 흡인력이 작용한다.
② $5.4[\text{N}]$, 반발력이 작용한다.
③ $\dfrac{7}{9}[\text{N}]$, 흡인력이 작용한다.
④ $\dfrac{7}{9}[\text{N}]$, 반발력이 작용한다.

해설 [쿨롱의 힘 F]
$$F = \frac{1}{4\pi\varepsilon_0} \frac{Q_1 Q_2}{r^2} = 9 \times 10^9 \frac{(20 \times 10^{-6})(-30 \times 10^{-6})}{1^2} = -5.4[\text{N}] \text{이므로}$$
∴ 흡인력, $5.4[\text{N}]$이 작용한다.

74 중요도
- [2017년 1회 CBT]

75 $0.02[\mu\text{F}]$, $0.03[\mu\text{F}]$ 2개의 콘덴서를 직렬로 접속할 때의 합성용량은 몇 $[\mu\text{F}]$인가?

① $0.05[\mu\text{F}]$
② $0.012[\mu\text{F}]$
③ $0.06[\mu\text{F}]$
④ $0.016[\mu\text{F}]$

75 중요도
- [2017년 1회 CBT]

정답 72.③ 73.① 74.① 75.②

해설 [합성용량]

- 직렬 시 $C' = \dfrac{C_1 \times C_2}{C_1 + C_2} = \dfrac{0.02 \times 0.03}{0.02 + 0.03} = 0.012$
- 병렬 시 $C'' = C_1 + C_2 = 0.05$

76

- 전하량 $Q = C \cdot V$
- [2017년 3회 CBT]

76 30[μF]과 40[μF]의 콘덴서를 병렬로 접속한 다음 100[V]의 전압을 가했을 때 전 전하량은 몇 [C]인가?

① 17×10^{-4}[C]
② 34×10^{-4}[C]
③ 56×10^{-4}[C]
④ 70×10^{-4}[C]

해설 [전하량 Q]

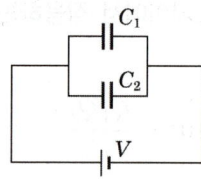

전체 $C = C_1 + C_2 = 30 + 40 = 70\,[\mu F]$

∴ $Q = C \cdot V = 70 \times 10^{-6} \times 100 = 70 \times 10^{-4}$[C]

정답 76.④

MEMO

CHAPTER 04 자기회로

  스스로 중요내용 정리하기

1 자장의 세기

(1) 쿨롱의 법칙

① 자극의 세기 : 자극의 세기는 자극의 자기량(또는 자하)의 많고 적음에 의한 것으로, 단위는 웨버(Weber, Wb)를 사용한다.

② 쿨롱의 법칙 : 2개의 자극 사이에 작용하는 자기력 또는 자력의 크기는 두 자극의 세기의 곱에 비례하고 자극 사이의 거리의 제곱에 반비례한다.

즉, 세기가 각각 m_1, m_2[Wb]인 2개의 자극이 거리 r[m]만큼 떨어져 있을 때 자극 간의 힘 F[N]는, 쿨롱의 법칙에 의해서

$$F = \frac{1}{4\pi\mu}\frac{m_1 m_2}{r^2} = \frac{1}{4\pi\mu_0}\frac{m_1 m_2}{\mu_S r^2} = K\frac{m_1 m_2}{\mu_S r^2}[\text{N}]$$

$$F \propto \frac{m_1 m_2}{r^2}$$

여기서, k는 비례상수(자기력이 작용하는 주변매질에 의해 정해짐)
진공 중에서 $k = 6.33 \times 10^4 [\text{N} \cdot \text{m}^2/\text{Wb}^2]$

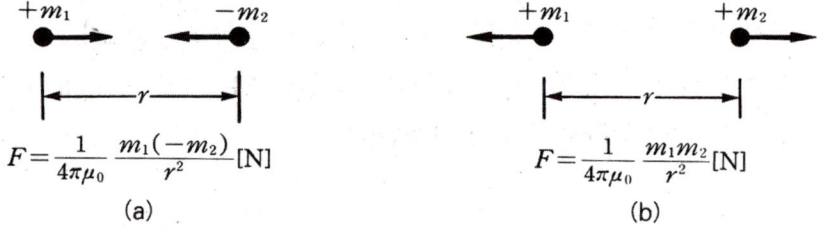

[진공상태에서의 쿨롱의 법칙]

(2) 자장

① 자장 및 자장의 세기
  ㉠ 자장(자기장 또는 자계) : 자석의 자극 근처에 다른 자극 또는 철편을 가져오면 여기에 힘, 즉 자기력이 작용하는 것을 알 수 있다. 이와 같이 자극에 대하여 자력이 작용하는 공간을 '자장(magnetic field)'이라고 한다.

ⓒ 자장의 세기 : 자장 내의 임의의 점에 +1[Wb]의 자하를 놓았을 때 이 자하에 작용하는 힘을 그 점의 '자장의 세기'라고 하며, 자하에 작용하는 힘의 방향을 자장의 방향이라 한다.

m_1[Wb]의 자하로부터 r[m]의 거리에 있는 점에서의 자장의 세기 H는,

$$H = \frac{1}{4\pi\mu_0\mu_S}\frac{m_1}{r^2}[\text{A/m}] = 6.33 \times 10^4 \frac{m_1}{\mu_S r^2}[\text{A/m}][\text{N/Wb}]$$

자장의 세기가 H인 자장 중에 m[Wb]의 자하를 놓으면 여기에 작용하는 자기력 F는

$$F = mH[\text{N}]$$

② 자기력선
 ㉠ 자기력선의 성질
  ⓐ 자석의 N극에서 나와서 S극에서 끝난다.
  ⓑ 자기력선은 서로 교차하지 않는다.
  ⓒ 자기력선에 그은 접선은 그 접점에서의 자장의 방향을 나타낸다.
  ⓓ 한 점의 자력선의 밀도는 그 점의 자장의 세기를 나타낸다.
  ⓔ 자력선은 늘어난 고무줄과 같이 그 자신이 수축하려고 하며 같은 방향으로 향하는 것은 서로 반발한다.
  ⓕ 전기력선은 등자위면과 수직으로 교차한다.
  ⓖ 2개의 등자위면은 서로 교차하지 않는다.
 ㉡ 자장의 세기 : 자기력선에 수직되는 1[m2]의 단면적을 H개의 자기력선이 지나면 그 점의 자장의 세기는 H[A/m]이다.

③ 자기 모멘트 : 자극의 세기 m[Wb]와 자극 간의 거리 l[m]인 자석의 자기 모멘트 M은

$$M = ml[\text{Wb}\cdot\text{m}]$$

④ 회전력(토크 : T)

평등 자계 중에 자극의 세기 m[Wb], 길이 l[m]인 막대자석을 자장의 방향과 각이 θ가 되게 놓으면 N극은 자계와 같은 방향으로 $f = mH$[N]의 힘을 받고 S극은 자계와 반대 방향으로 같은 힘을 받아 막대자석은 시계 방향으로 회전력을 받는다.

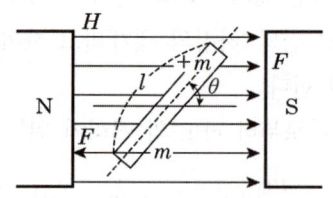

[자장 중의 자석에 작용하는 토크]

자석의 '회전 모멘트(토크)' T는

$$T = M \times H = MH\sin\theta = mlH\sin\theta [\text{N} \cdot \text{m}]$$

(3) 자기유도

① 자속 : $+m$[Wb]의 자극에서는 언제나 m개의 자기력선이 나온다고 가정하여, 이 선에 의해서 자장의 상태를 표시하는데 이와 같은 자기력선을 '자속(磁束, magnetic flux, Φ)'이라고 한다.

단위는 자극의 세기와 같은 [Wb]를 사용한다.

② 자속밀도 : 자속의 방향에 수직인 단위 면적 1[m²]을 통과하는 자속수를 말하며, B로서 나타낸다.

단면적 A[m2]를 통과하는 자속이 Φ[Wb]이면 자속밀도 B는

$$B = \frac{\Phi}{A} [\text{Wb/m}^2]$$

자속밀도의 단위는 [Wb/m2] 또는 이와 동등한 테슬라(tesla, [T])가 사용된다.

③ 자속밀도와 자장 : 자장의 크기 H[A/m]와 자속밀도 B[Wb/m²]의 사이에는 다음 관계가 성립한다.

㉠ 진공(또는 공기) 중에서 : $B = \mu_o H$

㉡ 투자율 μ_S인 매질에서 : $B = \mu H = \mu_0 \mu_S H$

④ 자기유도와 자성체 : 자장 중에 철편 등을 두면 여기에 자기가 나타나는데 이 현상을 '자기유도(magnetic induction)'라 하고, 이때 철편은 '자화'되었다고 한다. 물체가 자화되는 경우에 자석 N극 가까운 쪽에 S극이 나타나고 먼쪽에 N극이 나타나서 자화되는 것(예 텅스텐)과, 반대로 자화되는 것(예 탄소, 유황 등)이 있다.

전자를 '상자성체(paramagnetic material)', 후자를 '반자성체(diamagnetic material)'라고 한다.

※ 강자성체 특성
 ① 히스테리시스 특징
 ② 고투자율($\mu_S \gg 1$)
 ③ 포화특성이 있다.
 ④ 자구가 존재한다.

※ **강자성체** : 철, 니켈, 코발트 등과 같이 강하게 자화되는 것을 '강자성체(ferro-magnetic material)'라고 한다.
 • **상자성체** : Al, Mn, Pt, Sn, Ir, O_2, N^2 등
 • **반자성체** : C, Bi, Si, Ag, Pb, Zn, S, Cu 등
 • **강자성체** : Fe, Ni, Co 및 그 합금 등

⑤ 자화의 세기(J)
 ㉠ 막대자석과 같이 내부가 균일하게 자화되는 경우는 자극의 단위 면적당 자극의 세기로서 표시한다. 자화된 막대자석에 대해서 자극의 세기가 m[Wb]이고, 자극의 면적이 A[m²]이므로, 자화의 세기 J는 다음과 같다.

$$J = \sigma = \frac{m}{A} [\text{Wb/m}^2]$$

$$J = \chi H = \mu_0(\mu_S - 1)H = \left(1 - \frac{1}{\mu_S}\right)B [\text{Wb/m}^2]$$

자성체란 자석이 될 수 있는 물체를 말하며, 자성체가 자석이 되는 것을 자화라 한다.

 ㉡ 자화곡선

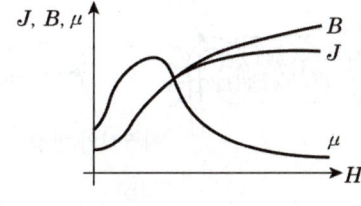

[강자성체의 자화곡선]

2 전류에 의한 자장

(1) 전류에 의한 자장의 세기

① 크기는 전류의 크기에 비례하고, 거리에 반비례하며,

② 방향은 도선을 포함하는 평면에 직각이며 오른손의 법칙을 따른다.

[자계의 세기 H]

$$H = \frac{I}{l} = \frac{I}{2\pi r}$$

(2) 원형 코일 중심 자장의 세기(H_0)

$$H_0 = -\operatorname{grad} U = \frac{a^2 I}{2(a^2+x^2)^{\frac{3}{2}}}\bigg|_{x=0}$$

$$= \frac{I}{2a}$$

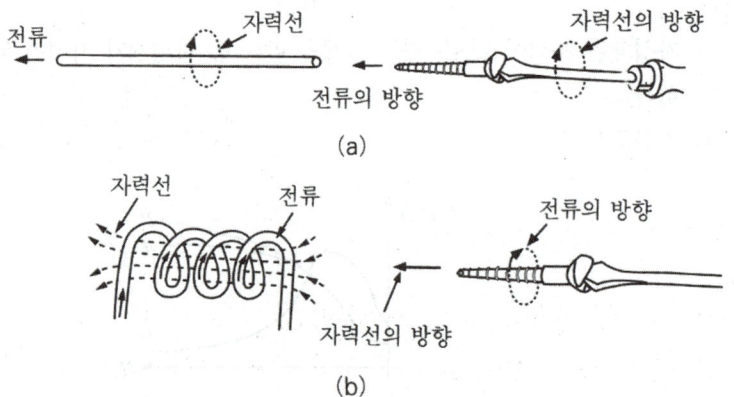

만약, 코일의 권수가 N이라면

$$H_0 = \frac{NI}{2a}[\text{AT/m}]$$

(3) 암페어의 오른나사의 법칙

전류가 오른나사의 진행방향으로 흐르면 자계는 그 나사의 회전방향으로 발생하고, 전류가 나사의 회전방향으로 흐르면 자계는 그 진행방향으로 생긴다.

【 오른나사의 법칙 】

(4) 비오-사바르의 법칙

$$\Delta H = \frac{I\Delta l}{4\pi r^2}\sin\theta[\text{A/m}]$$

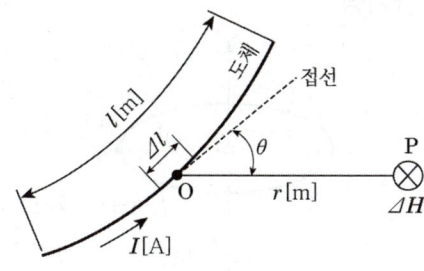

[비오-사바르의 법칙]

3 자기회로

(1) 기자력과 자기저항

자속이 주로 통하는 폐회로를 '자기회로' 또는 '자로'라고 한다. 자속 Φ는

$$\Phi = \frac{F}{R_m} = \frac{NI}{\frac{l}{\mu A}} = \frac{\mu A NI}{l}[\text{Wb}] \quad \text{단}, \ R_m = \frac{l}{\mu A}[\text{AT/Wb}]$$

따라서 $F = NI$ 에 비례하고, $R_m = \dfrac{l}{\mu A}$ 에 반비례한다. F를 '기자력'이라 하고 R_m을 '자기저항'이라고 하는데, 이것은 '옴의 법칙'과 비슷한 이유이다.

[전장과 자장의 비교]

기전력	전장의 세기	전기저항	전속밀도	도전율
$V[\text{V}]$	$E = \dfrac{V}{l}[\text{V/m}]$	$R = \dfrac{l}{\sigma S}[\text{F}]$	$D = \varepsilon E[\text{C/m}^2]$	$\sigma, \ K$
기자력	자장의 세기	자기저항	자속밀도	투자율
$F = NI[\text{AT}]$	$H = \dfrac{F}{l}[\text{A/m}]$	$R_m = \dfrac{l}{\mu A}$	$B = \mu H[\text{Wb/m}^2]$	μ

4 암페어의 주회적분의 법칙과 자장의 계산

(1) 암페어의 주회적분의 법칙

$$\sum Hl = NI[\text{AT}]$$

(2) 직선전류에 의한 자기장

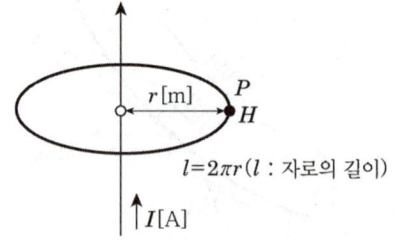

[직선도체에 의한 자장]

반지름 $r[\mathrm{m}]$이 되는 원 주위의 자장의 세기는 모두 같고, 각 점의 자장의 방향은 원주의 접선방향이다.

$$Hl = I, \quad H = \frac{I}{l} = \frac{I}{2\pi r}[\mathrm{AT/m}]$$

(3) 환상 솔레노이드 내부의 자장

$\sum Hl = H \cdot 2\pi r$ 이 되고, 자기력은 NI이므로

$$H \cdot 2\pi r = NI, \quad H = \frac{NI}{2\pi r}[\mathrm{AT/m}]$$

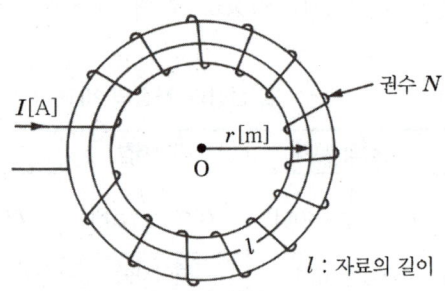

[환상 솔레노이드]

5 전자력과 전자유도

(1) 전자력의 방향과 크기

① 전자력의 방향

자장과 전류 사이에 작용하는 힘을 '전자력(electromagnetic force)'이라 하며, 전자력의 방향은 플레밍의 왼손법칙에 따른다. 즉, 왼손의 가운데손가락을 전류, 집게손가락을 자장의 방향으로 하면 엄지손가락은 힘의 방향이 된다. 즉, 회전력이 발생하며 전동기의 원리가 된다.

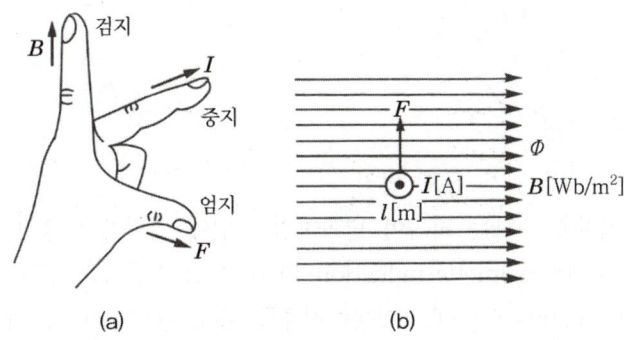

[플레밍의 왼손 법칙]

② 전자력의 크기

자속밀도가 1[Wb/m²]인 평등 자장 중에 자장과 직각방향으로 1[A]의 전류가 흐르는 도체에는 도체의 단위 길이 1[m]당 1[N]의 전자력이 작용한다. 즉, B[Wb/m²]인 평등 자장 중에서 자장과 직각방향으로 길이 l[m]인 도체에 전류 I가 흐를 때 발생되는 전자력은

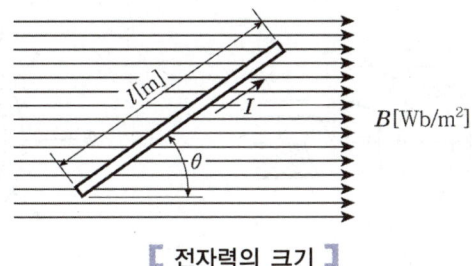

[전자력의 크기]

$$F = (I \times B)l = IBl\sin\theta\,[\text{N}]$$
$$ = IBl\,[\text{N}]\ (\text{도체와 자장이 직각인 경우})$$

(2) 평행 도체 사이에 작용하는 힘

① 동일한 방향의 전류가 흐를 때에는 흡인력이 작용하고, 전류의 방향이 반대인 경우에는 반발력이 작용한다.

② 자기장 H[AT/m]는

$$H = \frac{I_1}{2\pi r}\,[\text{AT/m}]$$

③ 자속밀도 B는

$$B = \mu_0 H = 4\pi \times 10^{-7} \times H = 4\pi \times 10^{-7} \times \frac{I_1}{2\pi r}$$

④ 힘 F는

$$F = 2\frac{I_1 I_2}{r} \times 10^{-7}$$

(3) 전자 유도 작용

① 패러데이의 전자 유도 법칙
   ㉠ 코일을 지나는 자속이 변화하면 코일에 기전력이 생기는 현상을 '전자 유도(electromagnetic induction)'라 하고 이 기전력을 '유도기전력(induced electromotive force)', 흐르는 전류를 '유도 전류(induced current)'라 한다.
   ㉡ 전자 유도에 의해 회로에 유도되는 기전력은 이 회로와 쇄교하는 자속이 증가 또는 감소하는 정도에 비례한다.

② 렌츠의 법칙
   ㉠ 유도기전력이 발생되는 방향에 대하여는 1834년에 렌츠(lenz)에 의해서 밝혀진 법칙이 있다.
   ㉡ 전자 유도에 의하여 생긴 기전력의 방향은 그 유도 전류가 만든 자속이 항상 원래 자속의 증가 또는 감소를 방해하는 방향이다.

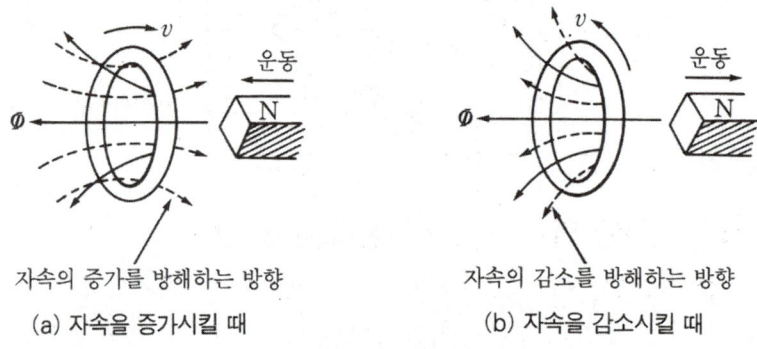

[유도기전력의 방향]

③ 자속의 변화에 의한 유도기전력의 크기
   유도기전력 e는
   e = 코일의 권수 × 매초 변화하는 자속
   $$= -N\frac{\Delta\phi}{\Delta t}[V]$$

④ 플레밍의 오른손 법칙
   자장 안에 있는 도체가 운동하면서 자장의 자속을 끊으면 도체에 기전력이 유도된다. 또한, 기전력의 발생은 발전기의 원리이다.

기전력 $e = \int (v \times B) l = vBl\sin\theta [\text{N}]$

이와 같이 도체가 이동하여 자속을 끊었을 때의 기전력의 방향은 플레밍의 오른손 법칙에 따른다.

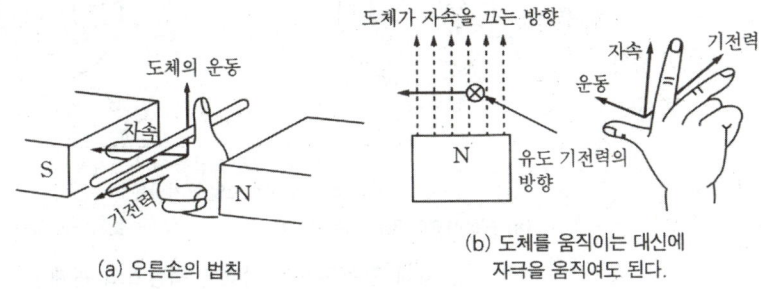

(a) 오른손의 법칙   (b) 도체를 움직이는 대신에 자극을 움직여도 된다.

⑤ 표피효과(skin-effect)
  ㉠ 도선의 내부로 들어갈수록 전류밀도가 작아지는 현상을 뜻하며 주파수, 도전율, 투자율이 클수록 침투깊이(두께)가 작아지며 반대로 표피효과는 커진다.
  ㉡ 침투깊이(δ)
  $$\delta = \sqrt{\frac{2}{w\mu\sigma}} = \frac{1}{\sqrt{\pi f \mu \sigma}} \quad (\mu : 투자율, \ \sigma : 도전율)$$

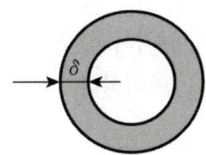

[도선]

(4) 자체 인덕턴스

① 자체 인덕턴스
  $$e = -L\frac{\Delta I}{\Delta t} [\text{V}]$$

  여기서, L을 '자체 인덕턴스(self-inductance)'라 하며, 코일의 권수와 형태 및 철심의 존재 여부에 의해 정해지는 상수이다.
  L의 단위 : [H](헨리, Henry)

② 자체 인덕턴스의 계산
  $$L = \frac{N\phi}{I} [\text{H}]$$

  또한 $L = \dfrac{N\phi}{I} = \dfrac{N^2}{R_m} = \dfrac{N^2}{\dfrac{l}{\mu s}} = \dfrac{\mu S N^2}{l} \quad \left(\because \phi = \dfrac{F}{R_m} = \dfrac{NI}{R_m} \right)$

③ 자체 인덕턴스와 상호 인덕턴스의 관계

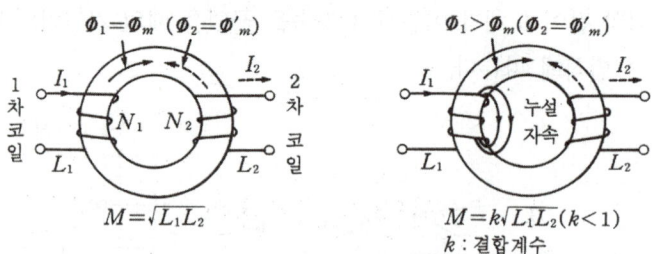

[자체 인덕턴스와 상호 인덕턴스의 관계]

$M = \sqrt{L_1 L_2}$ [H] (누설자속이 없는 경우)

누설자속이 있는 경우에는 코일을 지나는 자속이 감소하므로

$M = k\sqrt{L_1 L_2}$ [H]

④ 인덕턴스의 접속
  ㉠ 직렬접속
    ⓐ 가동결합(가극성)
      ㉮ 전류의 방향이 일치하며, 자속이 같은 방향으로 발생하여 더해지는 형태의 코일접속을 의미한다.

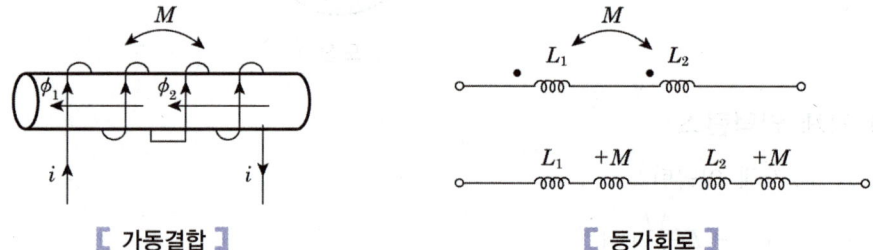

[가동결합]   [등가회로]

㉯ 합성 인덕턴스(L_a)

$L_a = L_1 + L_2 + 2M$ [H] … Ⓐ

ⓑ 차동결합(감극성)
  ㉮ 전류의 방향은 서로 반대방향이며 이때 발생하는 자속의 방향도 반대방향이 되어 서로 감해지는 형태의 코일접속을 의미한다.

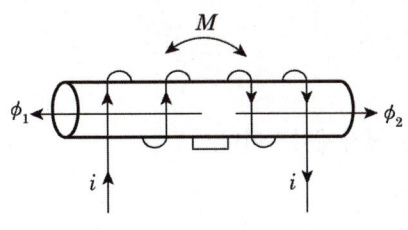

[차동결합]

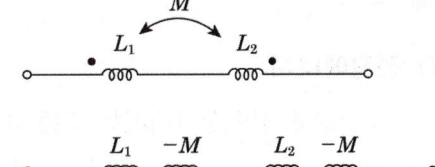

[등가회로]

㉯ 합성 인덕턴스(L_b)

$L_b = L_1 + L_2 - 2M$[H] … ⒷI

㉰ $M = \dfrac{1}{4}(L_a - L_b)$[H]

ⓛ 병렬접속

ⓐ 가동결합

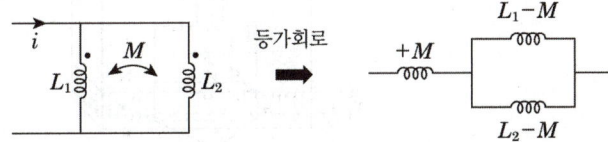

등가회로를 이용하여 합성 인덕턴스를 구하면

$$L_a = M + \dfrac{(L_1 - M)(L_2 - M)}{(L_1 - M) + (L_2 - M)} = \dfrac{L_1 L_2 - M^2}{L_1 + L_2 - 2M}[\text{H}]$$

ⓑ 차동결합

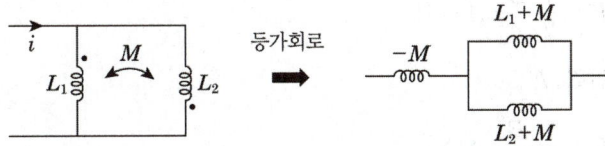

등가회로를 이용하여 합성 인덕턴스를 구하면

$$L_b = -M + \dfrac{(L_1 + M)(L_2 + M)}{(L_1 + M) + (L_2 + M)} = \dfrac{L_1 L_2 - M^2}{L_1 + L_2 + 2M}[\text{H}]$$

6 전자력

(1) 전자에너지

① 평균 전력량 $W[J]$는 L에 축적되는 전자에너지이다.

$$W = VI'T = L\frac{I}{T}\frac{I}{2}T = \frac{1}{2}LI^2 [J]$$

② 자속밀도 $B[\text{Wb/m}^2]$와 $H[\text{AT/m}]$가 비례하는 경우

$$W = \frac{1}{2}HB = \frac{1}{2}\mu H^2 = \frac{B^2}{2\mu} [J/m^3]$$

로서 이것은 자기장의 단위 체적에 축적된 에너지

(2) 자기흡인력

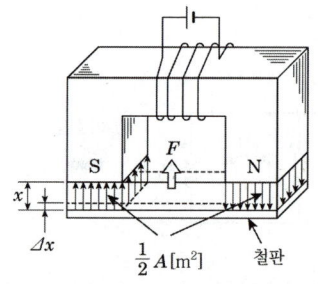

[자기흡인력]

① 자속이 없는 부분의 넓이를 $A[m^2]$, 자속밀도를 $B[\text{Wb/m}^2]$이라 하고, 자극과 철판 사이의 간격을 $x[m]$라고 하면, 축적되는 에너지 W는

$$W = \frac{1}{2}\frac{B^2}{\mu_0}Ax [J]$$

② 흡인력 F

$$F = \frac{1}{2}\frac{B^2}{\mu_0}A [N]$$

(3) 히스테리시스 곡선

철을 자화시키는 경우 B와 H 사이에는 직선적인 비례관계가 아니며, 자화의 세기가 이것에 작용하는 현재의 자계에 의해서 영향을 받으므로 현재의 자화상태에 도달하기까지의 경력에 따라서 매우 달다. 이러한 현상을 '자기이력(magnetic hysteresis)'이라고 한다.

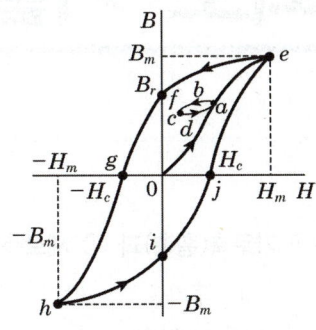

B_m : 최대 자속 밀도
B_r : 잔류자기
H_c : 보자력

[히스테리시스 곡선]

① 히스테리시스손(hysteresis loss)

히스테리시스 곡선으로 둘러싸인 면적은 1순회에서 발생되는 단위 체적당의 에너지 손실을 나타낸다. 교류로 자화할 때는 매초 교류의 주파수 배만큼 철에 열 손실이 일어나며, 이것을 '히스테리시스손(P_h)'이라고 한다. 전동기 및 변압기용 규소강판은 이러한 손실이 작게 되도록 만든 재료이다.

히스테리시스손 $P_h = \eta f B_m^{1.6 \sim 2}$

② 영구자석 재료의 조건 : 한 번 자화가 되면 자성이 오랫동안 없어지지 않고 남아 있어야 한다.

㉠ 보자력(H_c)이 매우 클 것
㉡ 잔류자기(B_r)가 매우 클 것
㉢ 히스테리시스 곡선의 면적이 매우 클 것

CHAPTER 04 자기회로 기출문제

출제 POINT

01 ★★
- Br : 잔류자기
- Hc : 보자력
- [2010년 1회 기출]

01 히스테리시스 곡선의 ㉠ 가로축(횡축)과 ㉡ 세로축(종축)은 무엇을 나타내는가?

① ㉠ 자속밀도 ㉡ 투자율
② ㉠ 자기장의 세기 ㉡ 자속밀도
③ ㉠ 자화의 세기 ㉡ 자기장의 세기
④ ㉠ 자기장의 세기 ㉡ 투자율

해설 [히스테리시스 곡선]

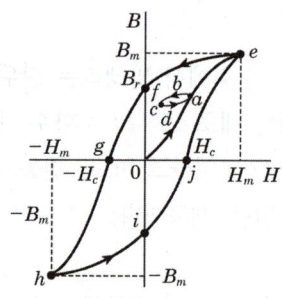

B_m : 최대 자속 밀도
B_r : 잔류자기
H_c : 보자력

02 ★
- 엄지 : 힘(F)의 방향
- [2010년 1회 기출]

02 플레밍의 왼손 법칙에서 엄지손가락이 나타내는 것은?

① 자장 ② 전류
③ 힘 ④ 기전력

해설 [플레밍의 왼손 법칙]
- 엄지 : 힘(F)의 방향
- 검지 : 자장(B)의 방향
- 중지 : 전류(I)의 방향

03
- [2010년 1회 기출]

03 길이 5[cm]의 균일한 자로에 10회의 도선을 감고 1[A]의 전류를 흘릴 때 자로의 자장의 세기[AT/m]는?

① 5[AT/m] ② 50[AT/m]
③ 200[AT/m] ④ 500[AT/m]

정답 01.③ 02.③ 03.③

해설 [자장의 세기 H]
- $H = \dfrac{NI}{l} = n_0 I$ (n_0 : m당 권수)
- $H = 20 \times 10 \times 1 = 200 [\text{AT/m}]$

04 그림과 같은 회로를 고주파 브리지로 인덕턴스를 측정하였더니 그림 (a)는 40[mH], 그림 (b)는 24[mH]이었다. 이 회로의 상호 인덕턴스 M은?

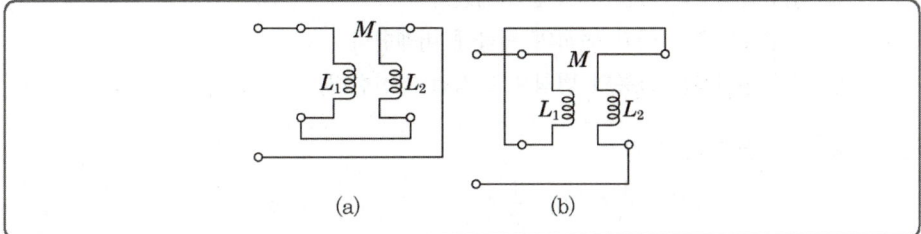

① 2[mH] ② 4[mH]
③ 6[mH] ④ 8[mH]

04 중요도 ★
- 자동접속 $L_a = L_1 + L_2 + 2M$
- 차동접속 $L_b = L_1 + L_2 - 2M$
- [2010년 1회 기출]

해설 [상호 인덕턴스 M]
- (a)회로에서 합성 인덕턴스 $L_a = L_1 + L_2 + 2M = 40[\text{mH}]$
- (b)회로에서 합성 인덕턴스 $L_b = L_1 + L_2 - 2M = 24[\text{mH}]$
∴ $M = \dfrac{1}{4}(L_a - L_b) = \dfrac{1}{4}(40 - 24) = 4[\text{mH}]$

05 공기 중에서 자속밀도 2[Wb/m²]의 평등자계 내에 5[A]의 전류가 흐르고 있는 길이 60[cm]의 직선 도체를 자계의 방향에 대하여 60°의 각을 이루도록 놓았을 때 이 도체에 작용하는 힘은?

① 약 1.7[N] ② 약 3.2[N]
③ 약 5.2[N] ④ 약 8.6[N]

05 중요도 ★★
- $F = BIl\sin\theta [\text{N}]$
- [2010년 1회 기출]

해설 [도체에 작용하는 힘 F]
$F = BIl\sin\theta = 2 \times 5 \times 0.6 \times \sin 60° \fallingdotseq 5.2[\text{N}]$

06 비투자율이 1인 환상 철심 중의 자장의 세기가 $H[\text{AT/m}]$이었다. 이때 비투자율이 10인 물질로 바꾸면 철심의 자속밀도[Wb/m²]는?

① $\dfrac{1}{10}$로 줄어든다. ② 10배 커진다.
③ 50배로 커진다. ④ 100배 커진다.

06 중요도
- [2010년 2회 기출]

정답 04.② 05.③ 06.②

해설 [자속밀도 B]
- $B = \mu H = \mu_o \mu_s H = \mu_o H (\mu_s = 1)$
- $B' = \mu H = \mu_o \mu_s H = 10\mu_o H (\mu_s = 10)$이므로 10배 커진다.

07 정전흡인력에 대한 설명 중 옳은 것은?
① 정전흡인력은 전압의 제곱에 비례한다.
② 정전흡인력은 극판 간격에 비례한다.
③ 정전흡인력은 극판 면적의 제곱에 비례한다.
④ 정전흡인력은 쿨롱의 법칙으로 직접 계산한다.

해설 [정전흡인력 f]
$$f = \frac{1}{2}\varepsilon E^2 = \frac{1}{2} E \cdot D = \frac{1}{2}\varepsilon \left(\frac{V}{l}\right)^2 \quad \left(E = \frac{V}{l} \text{이므로}\right)$$
∴ f는 V^2에 비례한다.

출제 POINT

07 — 중요도 ★
- $E = \dfrac{V}{l}$ [V/m]
- [2010년 2회 기출]

08 — 중요도
- [2010년 2회 기출]

08 비유전율 2.5의 유전체 내부의 자속밀도가 2×10^{-6}[C/m²] 되는 점의 전기장의 세기는?
① 18×10^4[V/m]
② 9×10^4[V/m]
③ 6×10^4[V/m]
④ 3.6×10^4[V/m]

해설 [전기장의 세기 E]
$$E = \frac{V}{d} = \frac{D}{\varepsilon} = \frac{D}{\varepsilon_o \cdot \varepsilon_s} \quad (\varepsilon = \varepsilon_o \cdot \varepsilon_s)$$
∴ $E = \dfrac{2 \times 10^{-6}}{8.855 \times 10^{-12} \times 2.5} \fallingdotseq 9 \times 10^4$[V/m]

09 — 중요도 ★★
- 엄지 : F 방향
- 검지 : B 방향
- 중지 : I 방향
- [2010년 2회 기출]

09 플레밍의 왼손 법칙에서 전류의 방향을 나타내는 손가락은?
① 약지
② 중지
③ 검지
④ 엄지

해설 [플레밍의 왼손 법칙]
- 엄지 : 힘(F)의 방향
- 검지 : 자장(B)의 방향
- 중지 : 전류(I)의 방향

정답 07.① 08.② 09.②

10 자체 인덕턴스 20[mH]의 코일에 30[A]의 전류를 흘릴 때 저축되는 에너지는?

① 1.5[J]   ② 3[J]
③ 9[J]   ④ 18[J]

해설 [축적에너지 W_L]
$$W_L = \frac{1}{2}LI^2 = \frac{1}{2} \times 20 \times 10^{-3} \times 30^2 = 9[J]$$

10 중요도
- $W_L = \frac{1}{2}LI^2$
- [2010년 2회 기출]

11 두 개의 자체 인덕턴스를 직렬로 접속하여 합성 인덕턴스를 측정하였더니 95[mH]이었다. 한쪽 인덕턴스를 반대로 접속하여 측정하였더니 합성 인덕턴스가 15[mH]로 되었다. 두 코일의 상호 인덕턴스는?

① 20[mH]   ② 40[mH]
③ 80[mH]   ④ 160[mH]

해설 [가동·차동접속]
$L_a = L_1 + L_2 + 2M = 95[mH]$ (가동)
$L_b = L_1 + L_2 - 2M = 15[mH]$ (차동)
$\therefore M = \frac{1}{4}(L_a - L_b) = \frac{1}{4}(95 - 15) = 20[mH]$

11 중요도
- [2010년 4회 기출]

12 단면적 4[cm²], 자기통로의 평균길이 50[cm], 코일 감은 횟수 1,000회, 비투자율 2,000인 환상 솔레노이드가 있다. 이 솔레노이드의 자체 인덕턴스는? (단, 진공 중의 투자율 μ_0는 $4\pi \times 10^{-7}$임)

① 약 2[H]   ② 약 20[H]
③ 약 200[H]   ④ 약 2,000[H]

해설 [솔레노이드의 인덕턴스 L]
$L = \frac{N\phi}{I} = \frac{\mu A N^2}{l}$ (A : 단면적, N : 권수, l : 길이)
$= \frac{4\pi \times 10^{-7} \times 2,000(4 \times 10^{-4}) \times 1,000^2}{0.5}[H]$ ($\mu = \mu_o \cdot \mu_s$ 이다.)
$\fallingdotseq 2[H]$

12 중요도
- [2010년 4회 기출]

13 도체가 운동하는 경우 유도기전력의 방향을 알고자 할 때 유용한 법칙은?

① 렌츠의 법칙   ② 플레밍의 오른손 법칙
③ 플레밍의 왼손 법칙   ④ 비오-사바르의 법칙

13 중요도
- 플레밍의 법칙
- [2010년 5회 기출]

정답 10.③ 11.① 12.① 13.②

해설 도체 운동 시 유도기전력 방향은 플레밍의 오른손 법칙에 따른다.

14 자체 인덕턴스가 40[mH]와 90[mH]인 두 개의 코일이 있다. 두 코일 사이에 누설자속이 없다고 하면 상호 인덕턴스는?

① 50[mH]　　② 60[mH]
③ 65[mH]　　④ 130[mH]

해설 [상호 인덕턴스 M]
$M = k\sqrt{L_1 \cdot L_2}$ (누설자속이 없으므로 $k=1$)
$= \sqrt{40 \times 10^{-3} \times 90 \times 10^{-3}} = 60[\text{mH}]$

15 공기 중에서 자기장의 세기 100[A/m]인 점에 8×10^{-2}[Wb]인 자극을 놓을 때 이 자극에 작용하는 기자력은?

① 8×10^{-4}[N]　　② 8[N]
③ 125[N]　　④ 1,250[N]

해설 기자력 $F = m \cdot H = 100 \times 8 \times 10^{-2} = 8[\text{N}]$

16 길이 2[m]의 균일한 자로에 8,000회의 도선을 감고 10[mA]의 전류를 흘릴 때 자로의 자장의 세기는?

① 4[AT/m]　　② 16[AT/m]
③ 40[AT/m]　　④ 160[AT/m]

해설 [자장의 세기 H]
$H = \dfrac{NI}{l} = n_o I = 4{,}000 \times 10 \times 10^{-3} = 40[\text{AT/m}]$

17 자기저항의 단위는?

① [AT/m]　　② [Wb/AT]
③ [AT/Wb]　　④ [Ω/AT]

해설 [자기저항 R_m]
$R_m = \dfrac{NI}{\phi} = \dfrac{l}{\mu A}[\text{AT/Wb}]$

출제 POINT

14. 중요도 ★
- $M = k\sqrt{L_1 \cdot L_2}$
- [2010년 5회 기출]

15. 중요도
- 기자력 $F = m \cdot H$
- [2010년 5회 기출]

16. 중요도
- [2010년 5회 기출]

17. 중요도
- [2010년 5회 기출]

정답 14.② 15.② 16.③ 17.③

18 전류에 의한 자계의 세기와 관계가 있는 법칙은?

① 옴의 법칙   ② 렌츠의 법칙
③ 키르히호프의 법칙   ④ 비오-사바르의 법칙

해설 [비오-사바르 법칙]
미소길이에 흐른 전류에 의한 자장의 세기를 구한다.
$$dH = \frac{Idl}{4\pi r^2}\sin\theta \,[\text{AT/m}]$$

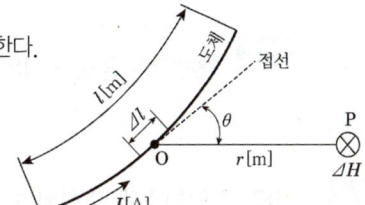

출제 POINT

18. 중요도
- 비오-사바르 법칙
- [2011년 1회 기출]

19 자체 인덕턴스 0.1[H]의 코일에 5[A]의 전류가 흐르고 있다. 축적되는 전자에너지는?

① 0.25[J]   ② 0.5[J]
③ 1.25[J]   ④ 2.5[J]

해설 축적에너지 $W = \frac{1}{2}LI^2 = \frac{1}{2}\times 0.1 \times 5^2 = 1.25[\text{J}]$

19. 중요도 ★
- $W_L = \frac{1}{2}LI^2[\text{W}]$
- [2011년 1회 기출]

20 서로 다른 종류의 안티몬과 비스무트의 두 금속을 접속하여 여기에 전류를 통하면, 그 접점에서 열의 발생 또는 흡수가 일어난다. 줄열과 달리 전류의 방향에 따라 열의 흡수와 발생이 다르게 나타나는 이 현상은?

① 펠티에 효과   ② 제벡 효과
③ 제3금속의 법칙   ④ 열전 효과

해설
- 펠티에 효과 : 서로 다른 금속을 접속하여 전류를 흘리면 두 금속의 접합면에서 열이 발생 또는 흡수하는 현상을 말하며 전자 냉동고의 원리이다.
- 제벡 효과 : 서로 다른 금속을 접속하여 두 금속에 서로 다른 온도, T_1, T_2를 가하면 한 금속에서 다른 금속으로 전류가 흐르는 현상을 뜻한다.

20. 중요도
- [2011년 1회 기출]

21 권수가 200인 코일에서 0.1초 사이에 0.4[Wb]의 자속이 변화한다면, 코일에 발생되는 기전력은?

① 8[V]   ② 200[V]
③ 800[V]   ④ 2,000[V]

해설 유기기전력 $e = N\frac{\Delta\phi}{\Delta t} = 200 \frac{0.4}{0.1} = 800[\text{V}]$

21. 중요도 ★
- $e = N\frac{\Delta\phi}{\Delta t}[\text{V}]$
- [2011년 1회 기출]

정답 18.④ 19.③ 20.① 21.③

출제 POINT

22
- $H = \dfrac{NI}{2r}$
- [2011년 1회 기출]

23 중요도
- $W_L = \dfrac{1}{2}LI^2$
- [2011년 1회 기출]

24 중요도
- 저기저항의 단위
- [2011년 2회 기출]

25 중요도
- [2011년 2회 기출]

정답 22.③ 23.③ 24.④ 25.②

---

22 평균반지름이 10[cm]이고 감은 횟수 10회의 원형코일에 20[A]의 전류를 흐르게 하면 코일 중심의 자기장의 세기는?

① 10[AT/m]
② 20[AT/m]
③ 1,000[AT/m]
④ 2,000[AT/m]

해설 원형코일 중심 자장의 세기 $H = \dfrac{NI}{2r} = \dfrac{10 \times 20}{2 \times 0.1} = 1,000$[AT/m]

23 자기 인덕턴스에 축적되는 에너지에 대한 설명으로 가장 옳은 것은?

① 자기 인덕턴스 및 전류에 비례한다.
② 자기 인덕턴스 및 전류에 반비례한다.
③ 자기 인덕턴스에 비례하고 전류의 제곱에 비례한다.
④ 자기 인덕턴스에 반비례하고 전류의 제곱에 반비례한다.

해설 [L에 축적되는 에너지(W_L)]

$W_L = \dfrac{1}{2}LI^2$[J]이므로 W_L은 L에 비례하고 I^2에 비례한다.

24 다음 중 자기저항의 단위에 해당되는 것은?

① [Ω]
② [Wb/AT]
③ [H/m]
④ [AT/Wb]

해설
- 자속 $\phi = \dfrac{F}{R_m} = \dfrac{NI}{\dfrac{l}{\mu A}} = \dfrac{\mu ANI}{l}$[Wb]
- 자기저항 $R_m = \dfrac{l}{\mu A} = \dfrac{F}{\phi} = \dfrac{NI}{\phi}$[AT/Wb]

25 다음 중 저항값이 클수록 좋은 것은?

① 접지저항
② 절연저항
③ 도체저항
④ 접촉저항

해설 접지저항과 도체저항은 작을수록 좋으며, 절연저항은 클수록 누설전류가 적어지므로 절연효과가 크다.

26 서로 가까이 나란히 있는 두 도체에 전류가 반대방향으로 흐를 때 각 도체 간에 작용하는 힘은?

① 흡인한다. ② 반발한다.
③ 흡인과 반발을 되풀이한다. ④ 처음에는 흡인하다가 나중에는 반발한다.

[해설] 나란한 두 도체 사이에 작용하는 힘 F

$$F = \frac{2I_1 \cdot I_2}{r} \times 10^{-7} [\text{N}]$$

- 전류의 방향이 같을 때는 흡인력이 작용
- 전류의 방향이 반대일 때는 반발력이 작용

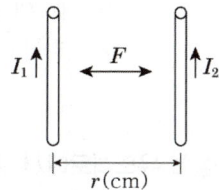

26. [2011년 2회 기출]

27 패러데이의 전자 유도 법칙에서 유도기전력의 크기는 코일을 지나는 (㉠)의 매초 변화량과 코일의 (㉡)에 비례한다. ( )안에 알맞은 것은?

① ㉠ 자속 ㉡ 굵기 ② ㉠ 자속 ㉡ 권수
③ ㉠ 전류 ㉡ 권수 ④ ㉠ 전류 ㉡ 굵기

[해설] [패러데이 법칙의 유기기전력 e]

$e = -N\frac{\Delta\phi}{\Delta t}$ 에서 유기기전력 e는 권수 N에 비례, 자속 ϕ에 비례한다.

27. [2011년 2회 기출]

28 평균반지름 $r[\text{m}]$의 환상 솔레노이드에 $I[\text{A}]$의 전류가 흐를 때, 내부자계가 H[AT/m]이었다. 권수[N]는?

① $\dfrac{HI}{2\pi r}$ ② $\dfrac{2\pi r}{HI}$
③ $\dfrac{2\pi rH}{I}$ ④ $\dfrac{I}{2\pi rH}$

[해설] [환상 솔레노이드의 자장의 세기 H]

$H = \dfrac{NI}{2\pi r}$ 에서 $N = \dfrac{2\pi rH}{I}$

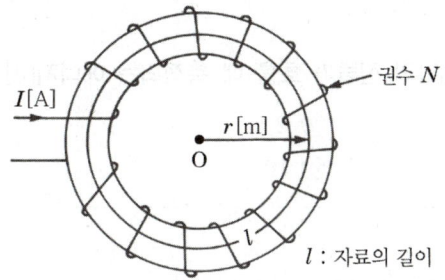

28. [2011년 2회 기출]

정답 26.② 27.② 28.③

출제 POINT

29. 중요도 ★★
- 렌츠의 법칙 : 유기기전력 방향 결정
- 패러데이의 법칙 : 유기기전력 크기 결정
- [2011년 2회 기출]

29 자속의 변화에 의한 유도기전력의 방향 결정은?

① 렌츠의 법칙 ② 패러데이의 법칙
③ 앙페르의 법칙 ④ 줄의 법칙

해설
- 렌츠의 법칙 : 유기기전력의 방향을 결정
- 패러데이의 법칙 : 유기기전력의 크기를 결정
- 줄의 법칙 : 열량과 관련된 법칙이다. ($H = 0.24I^2Rt$[cal])

30. 중요도 ★
- $k = \dfrac{M}{\sqrt{L_1 \cdot L_2}}$
- [2011년 4회 기출]

30 상호 유도회로에서 결합계수 k는? (단, M은 상호 인덕턴스, L_1, L_2는 자기 인덕턴스이다.)

① $k = M\sqrt{L_1 L_2}$ ② $k = \sqrt{M \cdot L_1 L_2}$
③ $k = \dfrac{M}{\sqrt{L_1 L_2}}$ ④ $k = \sqrt{\dfrac{L_1 L_2}{M}}$

해설
결합계수 $k = \dfrac{M}{\sqrt{L_1 \cdot L_2}}$ (M : 상호 인덕턴스)
$M = k\sqrt{L_1 \cdot L_2}$ (단, $0 < k \leq 1$)
만약, 자속의 손실이 없다면($k = 1$)
$M = \sqrt{L_1 \cdot L_2}$

31. 중요도
- [2011년 4회 기출]

31 금속 내부를 지나는 자속의 변화로 금속 내부에 생기는 맴돌이 전류를 작게 하려면 어떻게 하여야 하는가?

① 두꺼운 철판을 사용한다. ② 높은 전류를 가한다.
③ 얇은 철판을 성층하여 사용한다. ④ 철판 양면에 절연지를 부착한다.

해설
- 맴돌이 손실을 줄이기 위해 성층 철심을 이용한다.
- 히스테리시스 손실을 줄이기 위해 규소를 함유한 강판을 이용한다.
  히스테리시스 손실 $P_h = \eta f B_m^{1.6}$

32. 중요도
- [2011년 4회 기출]

32 0.2[H]인 자기 인덕턴스에 5[A]의 전류가 흐를 때 축적되는 에너지[J]는?

① 0.2 ② 2.5
③ 5 ④ 10

해설 [축적에너지 W_L]
$$W_L = \frac{1}{2}LI^2 = \frac{1}{2} \times 0.2 \times 5^2 = 2.5[J]$$

정답 29.① 30.③ 31.③ 32.②

33 누설자속이 발생되기 어려운 경우는 어느 것인가?

① 자로에 공극이 있는 경우 ② 자로의 자속밀도가 높은 경우
③ 철심이 자기 포화되어 있는 경우 ④ 자기회로의 자기저항이 작은 경우

해설 누설자속이 발생하기 쉬운 경우는 다음과 같다.
- 자로에 공극이 있을 때
- 자로에 자속 밀도가 높을 때
- 철심이 자기포화 상태 시
- 자기회로의 자기저항이 클 때

33. 중요도
- [2011년 4회 기출]

34 반지름 5[cm], 권수 100회인 원형 코일에 15[A]의 전류가 흐르면 코일중심의 자장의 세기는 몇 [AT/m]인가?

① 750 ② 3,000
③ 15,000 ④ 22,500

해설 [원형코일 중심 자장의 세기 H]
$$H = \frac{NI}{2r} = \frac{100 \times 15}{2 \times 0.05} = 15,000[\text{AT/m}]$$

34. 중요도 ★
- $H = \dfrac{NI}{2r}$
- [2011년 4회 기출]

35 자극의 세기 4[Wb], 자축의 길이 10[cm]의 막대자석이 100[AT/m]의 평등자장 내에서 20[N·m]의 회전력을 받았다면 이때 막대자석과 자장이 이루는 각도는?

① 0° ② 30°
③ 60° ④ 90°

해설 회전력(토크 : T)
$T = MH\sin\theta = mlH\sin\theta[\text{N·m}]$에서
$$\sin\theta = \frac{T}{mlH} = \frac{20}{4 \times 0.1 \times 100} = \frac{1}{2}$$
$$\therefore \theta = \sin^{-1}\frac{1}{2} = 30°$$

35. 중요도
- [2011년 5회 기출]

36 전류와 자속에 관한 설명 중 옳은 것은?

① 전류와 자속은 항상 폐회로를 이룬다.
② 전류와 자속은 항상 폐회로를 이루지 않는다.
③ 전류는 폐회로이나 자속은 아니다.
④ 자속은 폐회로이나 전류는 아니다.

36. 중요도
- [2011년 5회 기출]

정답 33.④ 34.③ 35.② 36.①

해설 전류는 (+) → (-)로, 자속은 (N극) → (S극)으로 향하여 폐회로를 되어야 흐른다.

37 다음 설명의 (㉠), (㉡)에 들어갈 내용으로 옳은 것은?

"히스테리시스 곡선에서 종축과 만나는 점은 (㉠)이고, 횡축과 만나는 점은 (㉡)이다."

① ㉠ 보자력, ㉡ 잔류자기
② ㉠ 잔류자기, ㉡ 보자력
③ ㉠ 자속밀도, ㉡ 자기저항
④ ㉠ 자기저항, ㉡ 자속밀도

해설 [히스테리시스 곡선]

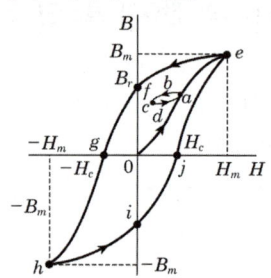

B_m : 최대 자속 밀도
B_r : 잔류자기
H_c : 보자력

38 공기 중에서 +1[Wb]의 자극에서 나오는 자력선의 수는 몇 개인가?

① 6.33×10^4
② 7.958×10^5
③ 8.855×10^3
④ 1.256×10^6

해설 가우스 법칙

- 자기력선 수 $N = \dfrac{m}{\mu}$ (μ : 투자율, $\mu = \mu_o \cdot \mu_s$)

- $N = \dfrac{m}{\mu_o \cdot \mu_s} = \dfrac{m}{\mu_o} = \dfrac{1}{4\pi \times 10^{-7}}$

  (단, $\mu_o = 4\pi \times 10^{-7}$, m : 자극, 공기 중의 $m_s = 1$이다.)

39 두 개의 서로 다른 금속의 접속점에 온도차를 주면 열기전력이 생기는 현상은?

① 홀 효과
② 줄 효과
③ 압전기 효과
④ 제벡 효과

해설
- **제벡 효과** : 서로 다른 2개의 금속을 연결하여 온도차를 주면 2개의 내부에 전류가 흘러 기전력이 발생하는 현상을 말한다.
- **펠티에 효과** : 서로 다른 2개의 금속을 연결하여 전류를 흘리면 접합면에서 전류의 방향에 따라 열을 흡수 또는 발생하는 현상을 말한다. 전자 냉동고에 이용된다.

출제 POINT

37 중요도 ★★
- 종축 : B
- 횡축 : H
- [2011년 5회 기출]

38 중요도 ★
- 가우스 법칙
  $N = \dfrac{m}{\mu} = \dfrac{m}{\mu_o \cdot \mu_s}$
- [2011년 5회 기출]

39 중요도
- [2012년 1회 기출]

정답 37.② 38.② 39.④

40 다음 중에서 자석의 일반적인 성질에 대한 설명으로 틀린 것은?

① N극과 S극이 있다.
② 자력선은 N극에서 나와 S극으로 향한다.
③ 자력이 강할수록 자기력선의 수가 많다.
④ 자석은 고온이 되면 자력이 증가한다.

해설 자석의 일반적인 성질
- 자기력선은 N극에서 S극으로 발생한다.
- N극과 S극이 있다.
- 자력이 강할수록 자기력선 수가 많아진다.
- 자석은 고온이 되면 자극이 감소한다.

출제 POINT
40. 중요도
- 자석의 성질
- [2012년 1회 기출]

41 자체 인덕턴스 2[H]의 코일에 25[J]의 에너지가 저장되어 있다면 코일에 흐르는 전류는?

① 2[A]　　　　　　② 3[A]
③ 4[A]　　　　　　④ 5[A]

해설 코일의 축적에너지 W_L
- $W_L = \dfrac{1}{2}LI^2 [J]$
- $I = \sqrt{\dfrac{2W_L}{L}} = \sqrt{\dfrac{2 \times 25}{2}} = 5[A]$ 가 된다.

41. 중요도
- $W_L = \dfrac{1}{2}LI^2$
- [2012년 1회 기출]

42 플레밍의 오른손 법칙에서 셋째 손가락의 방향은?

① 운동 방향　　　　　② 자속밀도의 방향
③ 유도기전력의 방향　　④ 자력선의 방향

해설
- 플레밍의 오른손 법칙
  - 엄지 손가락 : 힘의 운동 방향
  - 검지 손가락 : 자력선의 운동 방향
  - 중지 손가락 : 유기기전력의 방향
- 플레밍의 왼손 법칙
  - 엄지 손가락 : 힘의 운동 방향
  - 검지 손가락 : 자력선의 운동 방향
  - 중지 손가락 : 전류의 운동 방향

42. 중요도
- 플레밍의 법칙
- [2012년 1회 기출]

정답 40.④　41.④　42.③

출제 POINT

43
- 쿨롱의 힘
- [2012년 1회 기출]

43 진공 중에서 같은 크기의 두 자극을 1[m] 거리에 놓았을 때, 그 작용하는 힘은? (단, 자극의 세기는 1[Wb]이다.)

① 6.33×10^4[N]   ② 8.33×10^4[N]
③ 9.33×10^5[N]   ④ 9.09×10^9[N]

해설 쿨롱의 힘 F
- $F = \dfrac{1}{4\pi\mu_0} \dfrac{m_1 \cdot m_2}{r^2}$ [N]이고
- $F = 6.33 \times 10^4 \dfrac{1 \times 1}{1^2} = 6.33 \times 10^4$[N] (단, 진공 중의 $\mu_s = 1$이다.)

44
- $F = 6.33 \times 10^4 \dfrac{m_1 \cdot m_2}{r^2}$
- [2012년 2회 기출]

44 진공 중에 두 자극 m_1, m_2를 r[m]의 거리에 놓았을 때 작용하는 힘 F의 식으로 옳은 것은?

① $F = \dfrac{1}{4\pi\mu_0} \times \dfrac{m_1 m_2}{r}$ [N]   ② $F = \dfrac{1}{4\pi\mu_0} \times \dfrac{m_1 m_2}{r^2}$ [N]
③ $F = 4\pi\mu_0 \times \dfrac{m_1 m_2}{r}$ [N]   ④ $F = 4\pi\mu_0 \times \dfrac{m_1 m_2}{r^2}$ [N]

해설 쿨롱의 힘 F
$$F = \dfrac{1}{4\pi\mu_0} \dfrac{m_1 m_2}{r^2} = 6.33 \times 10^4 \dfrac{m_1 m_2}{r^2} \text{[N]} \quad (단, \mu_0 = 4\pi \times 10^{-7}\text{이다.})$$

45
- 코일 결합계수
$k = \dfrac{M}{\sqrt{L_1 \cdot L_2}}$
- [2012년 2회 기출]

45 자기 인덕턴스 200[mH], 450[mH]인 두 코일의 상호 인덕턴스는 60[mH]이다. 두 코일의 결합계수는?

① 0.1   ② 0.2
③ 0.3   ④ 0.4

해설 코일의 결합계수(k)
$$k = \dfrac{M}{\sqrt{L_1 \cdot L_2}} = \dfrac{60 \times 10^{-3}}{\sqrt{200 \times 10^{-3} \times 450 \times 10^{-3}}} = 0.2$$

46
- 자기력선의 성질
- [2012년 2회 기출]

46 자기력선에 대한 설명으로 옳지 않은 것은?

① 자석의 N극에서 시작하여 S극에서 끝난다.
② 자기장의 방향은 그 점을 통과하는 자기력선의 방향으로 표시한다.
③ 자기력선은 상호 간에 교차한다.
④ 자기장의 크기는 그 점에 있어서의 자기력선의 밀도를 나타낸다.

정답 43.① 44.② 45.② 46.③

해설 **자기력선의 성질**
- 자석의 N극에서 나와서 S극에서 끝난다.
- 자기력선은 서로 교차하지 않는다.
- 자기력선에 그은 접선은 그 접점에서의 자장의 방향을 나타낸다.
- 한 점의 자력선의 밀도는 그 점의 자장의 세기를 나타낸다.
- 자력선은 늘어난 고무줄과 같이 그 자신이 수축하려고 하며 같은 방향으로 향하는 것은 서로 반발한다.
- 전기력선은 등자위면과 수직으로 교차한다.
- 2개의 등자위면은 서로 교차하지 않는다.

47 플레밍의 왼손 법칙에서 전류의 방향을 나타내는 손가락은?

① 엄지
② 검지
③ 중지
④ 약지

47. **중요도**
- 플레밍의 법칙
- [2012년 2회 기출]

해설 **플레밍의 왼손 법칙**
- 엄지 : 힘(F)의 방향을 나타낸다.
- 검지 : 자속(B)의 방향을 나타낸다.
- 중지 : 전류(I)의 방향을 나타낸다.

48 자속밀도 $B=0.2[\text{Wb/m}^2]$의 자장 내에 길이 2[m], 폭 1[m] 권수 5회의 구형 코일이 자장과 30°의 각도로 놓여 있을 때 코일이 받는 회전력은? (단, 이 코일에 흐르는 전류는 2[A]이다.)

① $\sqrt{\dfrac{3}{2}}$ [N·m]
② $\dfrac{\sqrt{3}}{2}$ [N·m]
③ $2\sqrt{3}$ [N·m]
④ $\sqrt{3}$ [N·m]

48. **중요도**
- [2012년 2회 기출]

해설 회전력(토크 T)

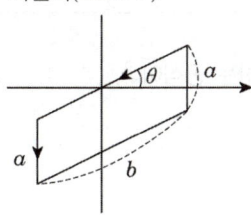

$T = NIBS\cos\theta = 5 \times 2 \times 0.2 \times 2 \times 1 \times \cos 30° = 2\sqrt{3}$ [N·m]

정답 47.③ 48.③

출제 POINT

49. 중요도
- $W = \frac{1}{2}ED$
- [2012년 4회 기출]

49 전계의 세기 50[V/m], 전속밀도 100[C/m²]인 유전체의 단위 체적에 축적되는 에너지는?

① 2[J/m³] ② 250[J/m³]
③ 2500[J/m³] ④ 5000[J/m³]

해설 유전체 내의 축적에너지 W

$$W = \frac{1}{2}ED = \frac{1}{2}\frac{D^2}{\varepsilon} = \frac{1}{2}\varepsilon E^2 [\text{J/m}^3]$$

$$D = \varepsilon \cdot E$$

그러므로 $W = \frac{1}{2}E \cdot D = \frac{1}{2} \times 50 \times 100 = 2500 [\text{J/m}^3]$

50. 중요도
- 비오-사바르 법칙
- [2012년 4회 기출]

50 그림과 같이 $I[\text{A}]$의 전류가 흐르고 있는 도체의 미소부분 Δl의 전류에 의해 이 부분이 $r[\text{m}]$ 떨어진 점 P의 자기장 $\Delta H[\text{A/m}]$는?

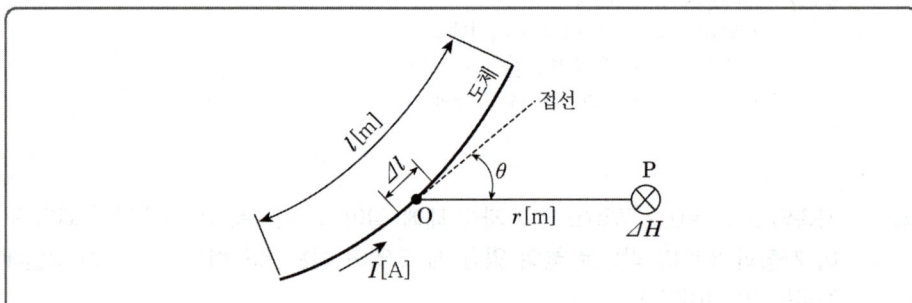

① $\Delta H = \dfrac{I^2 \Delta l \sin\theta}{4\pi r^2}$ ② $\Delta H = \dfrac{I \Delta l^2 \sin\theta}{4\pi r}$

③ $\Delta H = \dfrac{I^2 \Delta l \sin\theta}{4\pi r}$ ④ $\Delta H = \dfrac{I \Delta l \sin\theta}{4\pi r^2}$

해설 비오-사바르 법칙
- 미소길이의 전류에 의한 자장의 세기를 구하는 공식이다.
- $\Delta H = \dfrac{I\Delta l}{4\pi r^2}\sin\theta$

51. 중요도
- [2012년 4회 기출]

51 자화력(자기장의 세기)을 표시하는 식과 관계가 되는 것은?

① NI ② $\mu I l$
③ $\dfrac{NI}{\mu}$ ④ $\dfrac{NI}{l}$

정답 49.③ 50.④ 51.④

해설 자장의 세기 H

$H = \dfrac{NI}{l} = \eta_o I$ (η_o : 단위 길이당 권선수)

52 2개의 자극 사이에 작용하는 힘의 세기는 무엇에 반비례하는가?

① 전류의 크기
② 자극 간의 거리의 제곱
③ 자극의 세기
④ 전압의 크기

해설 쿨롱의 힘 F

$F = \dfrac{1}{4\pi\mu_0} \dfrac{m_1 m_2}{r^2} [\text{N}] = 6.33 \times 10^4 \dfrac{m_1 m_2}{r^2} [\text{N}]$

∴ 힘 F는 거리의 제곱에 반비례, 두 자극의 곱에 비례한다.

53 자기회로의 길이 $l[\text{m}]$, 단면적 $A[\text{m}^2]$, 투자율 $\mu[\text{H/m}]$일 때 자기저항 $R[\text{AT/Wb}]$을 나타낸 것은?

① $R = \dfrac{\mu l}{A} [\text{AT/Wb}]$
② $R = \dfrac{A}{\mu l} [\text{AT/Wb}]$
③ $R = \dfrac{\mu A}{l} [\text{AT/Wb}]$
④ $R = \dfrac{l}{\mu A} [\text{AT/Wb}]$

해설 자기저항 R_m

- $R_m = \dfrac{l}{\mu A} [\text{AT/Wb}]$
- $F_m = NI = R_m \cdot \phi$이므로 $R_m = \dfrac{NI}{\phi} [\text{AT/Wb}]$

54 $L = 0.05[\text{H}]$의 코일에 흐르는 전류가 $0.05[\text{sec}]$ 동안에 $2[\text{A}]$가 변했다. 코일에 유도되는 기전력$[\text{V}]$은?

① $0.5[\text{V}]$
② $2[\text{V}]$
③ $10[\text{V}]$
④ $25[\text{V}]$

해설 유기기전력 e

$e = L\dfrac{\Delta i}{\Delta t} = 0.05 \times \dfrac{2}{0.05} = 2[\text{V}]$

출제 POINT

52
- 쿨롱의 힘
- [2012년 4회 기출]

53
- [2012년 4회 기출]

54
- [2012년 4회 기출]

정답 52.② 53.④ 54.②

출제 POINT

55 중요도
- 앙페르의 오른나사 법칙
- [2012년 4회 기출]

56 중요도
- 쿨롱의 법칙
- [2012년 5회 기출]

57 중요도
- [2012년 5회 기출]

---

55 전류에 의해 만들어지는 자기장의 자기력선 방향을 간단하게 알아내는 방법은?

① 플레밍의 왼손 법칙 ② 렌츠의 자기유도 법칙
③ 앙페르의 오른나사 법칙 ④ 페러데이의 전자유도 법칙

해설 앙페르의 오른나사 법칙

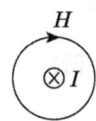 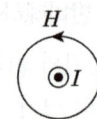

⊗ : 전류가 들어가는 방향을 나타낸다.
⊙ : 전류가 나오는 방향을 나타낸다.

56 다음 설명 중 틀린 것은?

① 앙페르의 오른나사 법칙 : 전류의 방향을 오른나사가 진행하는 방향으로 하며, 이때 발생되는 자기장의 방향은 오른나사의 회전방향이 된다.
② 렌츠의 법칙 : 유도기전력은 자신의 발생 원인이 되는 자속의 변화를 방해하려는 방향으로 발생한다.
③ 패러데이의 전자유도 법칙 : 유도기전력의 크기는 코일을 지나는 자속의 매초 변화량과 코일의 권수에 비례한다.
④ 쿨롱의 법칙 : 두 자극 사이에 작용하는 자력의 크기는 양 자극의 세기의 곱에 비례하며, 자극 간의 거리의 제곱에 비례한다.

해설 쿨롱의 법칙 F

$F = \dfrac{1}{4\pi\mu_0} \dfrac{m_1 m_2}{r^2}$ [N]에서

$F \propto m_1 m_2 \propto \dfrac{1}{r^2}$ 이므로 거리의 제곱에 반비례한다.

57 자체 인덕턴스가 각각 L_1, L_2[H]의 두 원통 코일이 서로 직교하고 있다. 두 코일 사이의 상호 인덕턴스[H]는?

① $L_1 + L_2$ ② $L_1 L_2$
③ 0 ④ $\sqrt{L_1 L_2}$

해설 상호 인덕턴스 M
$M = k\sqrt{L_1 \cdot L_2}$ [H]이며, 코일이 직교하면 $k = 0$이 된다.
∴ $M = 0$

정답 55.③ 56.④ 57.③

58 다음은 정전흡인력에 대한 설명이다. 옳은 것은?

① 정전흡인력은 전압의 제곱에 비례한다.
② 정전흡인력은 극판 간격에 비례한다.
③ 정전흡인력은 극판 면적의 제곱에 비례한다.
④ 정전흡인력은 쿨롱의 법칙으로 직접 계산한다.

해설 정전흡인력 f

$$f = \frac{1}{2}ED = \frac{1}{2}\varepsilon E^2 = \frac{1}{2}\varepsilon\left(\frac{V}{l}\right)^2 [\text{N/m}^2]$$

f는 V^2에 비례, l^2에 반비례한다.

58. 중요도 ★
■ 정전흡인력
$$f = \frac{1}{2}ED = \frac{1}{2}\varepsilon E^2 = \frac{1}{2}\varepsilon\left(\frac{V}{l}\right)^2$$
■ [2012년 5회 기출]

59 다음 중 전동기의 원리에 적용되는 법칙은?

① 렌츠의 법칙 ② 플레밍의 오른손 법칙
③ 플레밍의 왼손 법칙 ④ 옴의 법칙

해설
• 플레밍의 왼손 법칙 : 전동기 원리에 적용
• 플레밍의 오른손 법칙 : 발전기 원리에 적용

59. 중요도
■ 플레밍의 법칙
■ [2012년 5회 기출]

60 1[cm]당 권선수가 10인 무한길이 솔레노이드에 1[A]의 전류가 흐르고 있을 때 솔레노이드 외부자계의 세기[AT/m]는?

① 0 ② 10
③ 100 ④ 1,000

해설 솔레노이드의 자계의 세기
• 내부자계의 세기 $H = \dfrac{NI}{l} = \eta_0 I [\text{AT/m}]$
• 외부자계의 세기 $H = 0$

60. 중요도
■ [2012년 5회 기출]

61 환상 철심의 평균자로길이 $l[\text{m}]$, 단면적 $A[\text{m}^2]$, 비투자율 μ_s, 권수 N_1, N_2인 두 코일의 상호 인덕턴스는?

① $\dfrac{2\pi\mu_s l N_1 N_2}{A} \times 10^{-7} [\text{H}]$
② $\dfrac{A N_1 N_2}{2\pi\mu_s l} \times 10^{-7} [\text{H}]$
③ $\dfrac{4\pi\mu_s A N_1 N_2}{l} \times 10^{-7} [\text{H}]$
④ $\dfrac{4\pi^2 \mu_s N_1 N_2}{Al} \times 10^{-7} [\text{H}]$

61. 중요도
■ [2013년 1회 기출]

정답 58.① 59.③ 60.① 61.③

해설
- $R_m = \dfrac{l}{\mu_s}$
- $M_{21} = \dfrac{N_1 N_2}{R_m} = \dfrac{\mu_s N_1 N_2}{l}$ [H]
- $M_{12} = \dfrac{N_1 N_2}{R_m} = \dfrac{\mu_s N_1 N_2}{l}$

$\therefore M = M_{12} = M_{21} = \dfrac{\mu_s N_1 N_2}{l} = \dfrac{4\pi \mu_s N_1 N_2 S}{l} \times 10^{-7}$ [H]

(단, $S=A$, $\mu = \mu_o \mu_s$ 이다.)

62 전류에 의해 발생되는 자기장에서 자력선의 방향을 간단하게 알아내는 방법은?

① 오른나사의 법칙
② 플레밍의 왼손 법칙
③ 주회적분의 법칙
④ 줄의 법칙

해설 앙페르의 오른나사 법칙

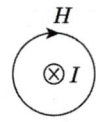 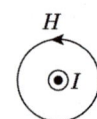

⊗ : 전류가 들어가는 방향 의미
⊙ : 전류가 나오는 방향 의미

63 다음이 설명하는 것은?

"금속 A와 B로 만든 열전쌍과 접점 사이에 임의의 금속 C를 연결해도 C의 양 끝 접점의 온도를 똑같이 유지하면 회로의 열기전력은 변화하지 않는다."

① 제벡 효과
② 톰슨 효과
③ 제3금속의 법칙
④ 펠티에 효과

해설
- **제벡 효과** : 서로 다른 두 금속을 연결하여 다른 온도차를 가하면 두 금속에 전류가 흘러서 기전력이 생기는 현상
- **펠티에 효과** : 서로 다른 두 금속을 연결하여 전류를 흘리면 두 금속의 접합면에서 열이 발생하거나 흡수하는 현상
- **톰슨 효과** : 서로 같은 두 금속을 연결하여 전류를 흘리면 두 금속의 접합면에서 열이 발생하거나 흡수하는 현상

정답 62.① 63.③

64 다음 중 자장의 세기에 대한 설명으로 잘못된 것은?

① 자속밀도에 투자율을 곱한 것과 같다.
② 단위자극에 작용하는 힘과 같다.
③ 단위 길이당 기자력과 같다.
④ 수직 단면의 자력선 밀도와 같다.

해설   자장의 세기 H, 자속밀도 B
$B = \mu H$이므로 자속밀도는 자장의 세기에 투자율을 곱한 것과 같다.

출제 POINT

64. 중요도 ★
- $B = \mu H$
- [2013년 1회 기출]

65 자석에 대한 성질을 설명한 것으로 옳지 못한 것은?

① 자극은 자석의 양 끝에서 가장 강하다.
② 자극이 가지는 자기량은 항상 N극이 강하다.
③ 자석에는 언제나 두 종류의 극성이 있다.
④ 같은 극성의 자석은 서로 반발하고, 다른 극성은 서로 흡인한다.

해설   N극과 S극의 자기량의 크기는 같다.

65. 중요도
- 자석의 성질
- [2013년 1회 기출]

66 평등자장 내에 있는 도선에 전류가 흐를 때 자장의 방향과 어떤 각도로 되어 있으면 작용하는 힘이 최대가 되는가?

① 30°
② 45°
③ 60°
④ 90°

해설   플레밍의 왼손 법칙의 힘 F
$F = BIl \sin\theta$[N]이므로 $\theta = 90°$일 때 $F = BIl$[N]이 되어 최대가 된다.

66. 중요도
- 플레밍의 왼손 법칙
- [2013년 1회 기출]

67 50회 감은 코일과 쇄교하는 자속이 0.5[sec] 동안 0.1[Wb]에서 0.2[Wb]로 변화하였다면 기전력의 크기는?

① 5[V]
② 10[V]
③ 12[V]
④ 15[V]

해설   유기기전력 e
$e = N \dfrac{\Delta \phi}{\Delta t} = 50 \dfrac{0.2 - 0.1}{0.5} = 10$[V]

67. 중요도
- [2013년 2회 기출]

정답 64.① 65.② 66.④ 67.②

출제 POINT

68 중요도 ★★
- B_r : 잔류자기
- H_c : 보자력
- [2013년 2회 기출]

68 히스테리시스 곡선에서 가로축과 만나는 점과 관계있는 것은?

① 보자력 ② 잔류자기
③ 자속밀도 ④ 기자력

해설

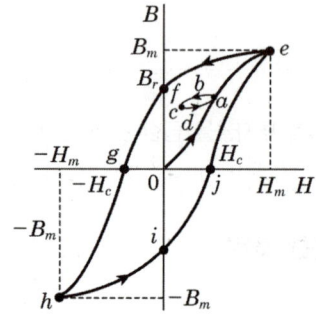

B_m : 최대 자속 밀도
B_r : 잔류자기
H_c : 보자력

69 중요도
- [2013년 2회 기출]

69 도체가 자기장에서 받는 힘의 관계 중 틀린 것은?

① 자기력선속밀도에 비례
② 도체의 길이에 반비례
③ 흐르는 전류에 비례
④ 도체가 자기장과 이루는 각도에 비례(0°~90°)

해설 플레밍의 왼손 법칙의 힘 F
$F = BIl\sin\theta$ [N]
그러므로 B, I, l, θ에 비례한다.

70 중요도
- 제백 효과
- [2013년 2회 기출]

70 제벡 효과에 대한 설명으로 틀린 것은?

① 두 종류의 금속을 접속하여 폐회로를 만들고, 두 접속점에 온도의 차이를 주면 기전력이 발생하여 전류가 흐른다.
② 열기전력의 크기와 방향은 두 금속 점의 온도차에 따라서 정해진다.
③ 열전쌍(열전대)은 두 종류의 금속을 조합한 장치이다.
④ 전자 냉동기, 전자 온풍기에 응용된다.

해설 전자 냉동기, 전자 온풍기는 펠티에 효과를 이용한다.

정답 68.① 69.② 70.④

71 반지름 50[cm], 권수 10[회]인 원형 코일에 0.1[A]의 전류가 흐를 때, 이 코일 중심의 자계 세기[H]는?

① 1[AT/m] ② 2[AT/m]
③ 3[AT/m] ④ 4[AT/m]

해설 원형 코일 중심 자장의 세기 H
$$H = \frac{NI}{2r} = \frac{10 \times 0.1}{2 \times 0.5} = 1[AT/m]$$

71 ★
- 원형코일 중심 자장의 세기 H
$H = \frac{NI}{2r}$
- [2013년 2회 기출]

72 자력선의 성질을 설명한 것이다. 옳지 않은 것은?

① 자력선은 서로 교차하지 않는다.
② 자력선은 N극에서 나와 S극으로 향한다.
③ 진공 중에서 나오는 자력선의 수는 m개이다.
④ 한 점의 자력선 밀도는 그 점의 자장 세기를 나타낸다.

해설 가우스 법칙의 자기력선수 N
$N = \frac{m}{\mu} = \frac{m}{\mu_0}$ (진공 중일 때 $\mu_s = 1$)

72 ★
- 가우스 법칙
$N = \frac{m}{\mu}[개]$
- [2013년 2회 기출]

73 비오-사바르(Biot-Savart)의 법칙과 가장 관계가 깊은 것은?

① 전류가 만드는 자장의 세기 ② 전류와 전압의 관계
③ 기전력과 자계의 세기   ④ 기전력과 자속의 변화

해설 비오-사바르 법칙
미소길이에 흐르는 전류에 의한 미소 자장의 세기 ΔH
$\Delta H = \frac{I \Delta l}{4\pi r^2} \sin\theta [AT/m]$

73
- [2013년 4회 기출]

74 다음 중 상자성체는 어느 것인가?

① 철   ② 코발트
③ 니켈   ④ 텅스텐

해설 **자성체** : 자속이 될 수 있는 물체
- 강자성체($\mu_s \gg 1$) : 철, 코발트, 니켈
- 상자성체($\mu_s = 1$) : 알루미늄, 공기, 텅스텐
- 역자성체($\mu_s < 1$) : 창연, 은, 금, 구리

74
- [2013년 4회 기출]

정답 71.① 72.③ 73.① 74.④

출제 POINT

75. [2013년 4회 기출]

76. 결합계수 k
$k = \dfrac{M}{\sqrt{L_1 \cdot L_2}}$ $(0 < k \leq 1)$
[2013년 4회 기출]

77. 플레밍의 오른손 법칙
[2013년 4회 기출]

78. [2013년 5회 기출]

---

75 단위 길이당 권수 100회인 무한장 솔레노이드에 10[A]의 전류가 흐를 때 솔레노이드 내부의 자장[AT/m]은?

① 10
② 100
③ 1,000
④ 10,000

해설 솔레노이드 내부자장의 세기 H
$H = \eta_0 I = 100 \times 10 = 1,000 \, [\text{AT/m}]$
(η_0 : m당 권선수)

76 코일이 접속되어 있을 때, 누설자속이 없는 이상적인 코일 간의 상호 인덕턴스는?

① $M = \sqrt{L_1 + L_2}$
② $M = \sqrt{L_1 - L_2}$
③ $M = \sqrt{L_1 L_2}$
④ $M = \sqrt{\dfrac{L_1}{L_2}}$

해설 결합계수 k
$k = \dfrac{M}{\sqrt{L_1 \cdot L_2}}$ $(0 < k \leq 1)$
누설자속이 없을 때는 $k = 1$이므로 $M = \sqrt{L_1 \cdot L_2}$

77 자속밀도 $B\,[\text{Wb/m}^2]$ 되는 균등한 자계 내에 길이 $l\,[\text{m}]$의 도선을 자계에 수직인 방향으로 운동시킬 때 도선에 $e\,[\text{V}]$의 기전력이 발생한다면 이 도선의 속도[m/s]는?

① $Ble\sin\theta$
② $Ble\cos\theta$
③ $\dfrac{Bl\sin\theta}{e}$
④ $\dfrac{e}{Bl\sin\theta}$

해설 플레밍 오른손 법칙의 유기기전력 e
$e = vBl\sin\theta$에서 속도 $v = \dfrac{e}{Bl\sin\theta}$

78 발전기의 유도전압의 방향을 나타내는 법칙은?

① 패러데이의 법칙
② 렌츠의 법칙
③ 오른나사의 법칙
④ 플레밍의 오른손 법칙

해설
- 플레밍의 오른손 법칙 : 발전기의 유기전압의 방향을 결정
- 오른나사 법칙 : 전류에 의한 자장의 방향을 결정
- 패러데이 법칙 : 전자유도에 의한 유기기전력의 크기를 결정
- 렌츠의 법칙 : 전자유도에 의한 유기기전력의 방향을 결정

정답 75.③ 76.③ 77.④ 78.④

79 자체 인덕턴스 L_1, L_2, 상호 인덕턴스 M인 두 코일을 같은 방향으로 직렬연결한 경우 합성 인덕턴스는?

① $L_1 + L_2 + M$
② $L_1 + L_2 - M$
③ $L_1 + L_2 + 2M$
④ $L_1 + L_2 - 2M$

해설 [합성 인덕턴스]
- 가동접속 시 합성 인덕턴스 $L_a = L_1 + L_2 + 2M$ (M : 상호 인덕턴스)
- 차동접속 시 합성 인덕턴스 $L_b = L_1 + L_2 - 2M$

79. [2013년 5회 기출]

80 반지름 0.2[m], 권수 50회의 원형 코일이 있다. 코일 중심의 자기장의 세기가 850[AT/m]이었다면 코일에 흐르는 전류의 크기는?

① 0.68[A]
② 6.8[A]
③ 10[A]
④ 20[A]

해설 [원형 코일 중심 자장의 세기 H]
$$H = \frac{NI}{2r} = \frac{50 \times I}{2 \times 0.2} = 850 [\text{AT/m}]$$
$$\therefore I = \frac{850 \times 2 \times 0.2}{50} = 6.8 [\text{A}]$$

80. ★
■ 원형 코일 중심 자장 세기 $H = \frac{NI}{2r}$
■ [2013년 5회 기출]

81 자기저항의 단위는?

① AT/m
② Wb/AT
③ AT/Wb
④ Ω/AT

해설 자기저항 R_m
$$R_m = \frac{l}{\mu s} = \frac{F}{\phi} = \frac{NI}{\phi} [\text{AT/Wb}]$$

81. [2013년 5회 기출]

82 자체 인덕턴스가 L_1, L_2인 두 코일을 직렬로 접속하였을 때 합성 인덕턴스를 나타낸 식은? (단, 두 코일 간의 상호 인덕턴스 M이다.)

① $L_1 + L_2 \pm M$
② $L_1 - L_2 \pm M$
③ $L_1 + L_2 \pm 2M$
④ $L_1 - L_2 \pm 2M$

해설 [가동, 차동접속의 인덕턴스]
$L_a = L_1 + L_2 + 2M$ (가동)
$L_b = L_1 + L_2 - 2M$ (차동)

82. [2014년 1회 기출]

정답 79.③ 80.② 81.③ 82.③

출제 POINT

83 [2014년 1회 기출]

83 공기 중에서 $+m$[Wb]의 자극으로부터 나오는 자력선의 총 수를 나타낸 것은?

① m
② $\dfrac{\mu_0}{m}$
③ $\dfrac{m}{\mu_0}$
④ $\mu_0 m$

해설 자기력선의 수 N

$N = \dfrac{m}{\mu} = \dfrac{m}{\mu_0 \mu_s} = \dfrac{m}{\mu_0}$ (공기 중의 $\mu_s = 1$)

84 [2014년 1회 기출]

84 코일의 자체 인덕턴스(L)와 권수(N)의 관계로 옳은 것은?

① $L \propto N$
② $L \propto N^2$
③ $L \propto N^3$
④ $L \propto \dfrac{1}{N}$

해설 코일의 자체 인덕턴스 L

$L = \dfrac{N\phi}{I} = \dfrac{N}{I} \times \dfrac{\mu s NI}{l} = \dfrac{\mu s N^2}{l}$ [H]

∴ L은 N^2에 비례한다.

85 자기력선의 성질
[2014년 1회 기출]

85 자기력선에 대한 설명으로 옳지 않은 것은?

① 자기장의 모양을 나타낸 선이다.
② 자기력선이 조밀할수록 자기력이 세다.
③ 자석의 N극에서 나와 S극으로 들어간다.
④ 자기력선이 교차된 곳에서 자기력이 세다.

해설 [자기력선의 성질]
- 자석의 N극에서 나와서 S극에서 끝난다.
- 자기력선은 서로 교차하지 않는다.
- 자기력선에 그은 접선은 그 접점에서의 자장의 방향을 나타낸다.
- 한 점의 자력선의 밀도는 그 점의 자장의 세기를 나타낸다.
- 자력선은 늘어난 고무줄과 같이 그 자신이 수축하려고 하며 같은 방향으로 향하는 것은 서로 반발한다.
- 전기력선은 등자위면과 수직으로 교차한다.
- 2개의 등자위면은 서로 교차하지 않는다.

정답 83.③ 84.② 85.④

86 다음 물질 중 강자성체로만 짝지어진 것은?

① 철, 니켈, 아연, 망간
② 구리, 비스무트, 코발트, 망간
③ 철, 구리, 니켈, 아연
④ 철, 니켈, 코발트

해설
- 강자성체 : Fe, Ni, Co
- 상자성체 : Al, Mn, Pt, Sn
- 반자성체 : C, Bi, Si, Pb

87 그림과 같이 자극 사이에 있는 도체에 전류(I)가 흐를 때 힘은 어느 방향으로 작용하는가?

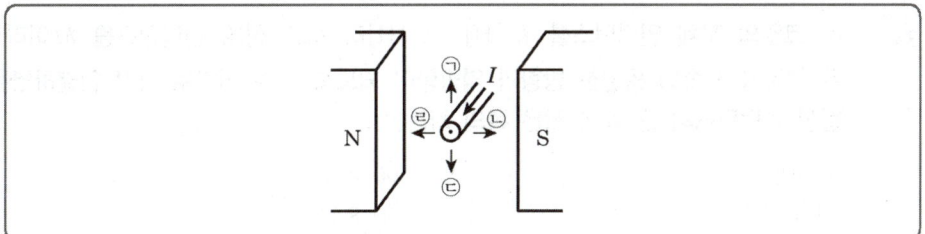

① ㉠
② ㉡
③ ㉢
④ ㉣

해설 플레밍의 왼손 법칙을 이용하여 힘 F를 구하면

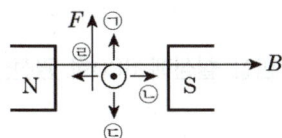

88 서로 다른 종류의 안티몬과 비스무트의 두 금속을 접속하여 여기에 전류를 통하면, 그 접점에서 열의 발생 또는 흡수가 일어난다. 줄열과 달리 전류의 방향에 따라 열의 흡수와 발생이 다르게 나타나는 이 현상은?

① 펠티에 효과
② 제벡 효과
③ 제3금속의 효과
④ 열전 효과

해설
- **펠티에 효과** : 서로 다른 두 금속에 전류를 흘리면 접합면에서 열을 흡수하거나 발생하는 현상을 말한다.
- **제벡 효과** : 서로 다른 두 금속에 다른 온도차를 주면 두 금속내에 전류가 흐르는 현상을 말한다.

89 반지름 r[m], 권수 N회의 환상 솔레노이드에 I[A]의 전류가 흐를 때, 그 내부의 자장의 세기 H[AT/m]는 얼마인가?

① $\dfrac{NI}{r^2}$ ② $\dfrac{NI}{2\pi}$

③ $\dfrac{NI}{4\pi r^2}$ ④ $\dfrac{NI}{2\pi r}$

해설 [환상 솔레노이드의 자장의 세기 H]
$$H = \dfrac{NI}{2\pi r} \text{[AT/m]}$$

90 두 코일의 자체 인덕턴스를 L_1[H], L_2[H]라 하고 상호 인덕턴스를 M이라 할 때, 두 코일을 자속이 동일한 방향과 역방향이 되도록 하여 직렬로 각각 연결하였을 경우, 합성 인덕턴스의 큰 쪽과 작은 쪽의 차는?

① M ② $2M$
③ $4M$ ④ $8M$

해설 가동접속 시 합성 인덕턴스 L_a, 차동접속 시 합성 인덕턴스 L_b
$L_a = L_1 + L_2 + 2M$, $L_b = L_1 + L_2 - 2M$
∴ $L_a - L_b = (L_1 + L_2 + 2M) - (L_1 + L_2 - 2M) = 4M$

91 단면적 5[cm²], 길이 1[m], 비투자율 10^3인 환상 철심에 600회 권선을 감고 이것에 0.5[A]의 전류를 흐르게 한 경우 기자력은?

① 100[AT]   ② 200[AT]
③ 300[AT]   ④ 400[AT]

해설 기자력 F_m
$F_m = R_m \phi = NI = 600 \times 0.5 = 300$[AT]

92 자체 인덕턴스가 100[H]가 되는 코일에 전류를 1초 동안 0.1[A]만큼 변화시켰다면 유도기전력[V]은?

① 1[V]   ② 10[V]
③ 100[V]   ④ 1000[V]

정답 89.④ 90.③ 91.③ 92.②

해설 유도기전력 e
$$e = L\frac{di}{dt} = 100\frac{0.1}{1} = 10[\text{V}]$$

93 공기 중에 5[cm] 간격을 유지하고 있는 2개의 평행 도선에 각각 10[A]의 전류가 동일한 방향으로 흐를 때 도선에 1[m]당 발생하는 힘의 크기[N]는?

① 4×10^{-4}　　　　② 2×10^{-5}
③ 4×10^{-5}　　　　④ 2×10^{-4}

해설 평행한 두 도체 사이에 작용하는 힘 F는
$$F = \frac{2I_1 \cdot I_2}{r} \times 10^{-7} = \frac{2 \times 10 \times 10}{0.05} \times 10^{-7} = 4 \times 10^{-4}[\text{N/m}]$$

93.
- [2014년 4회 기출]

94 진공 중에서 같은 크기의 두 자극을 1[m] 거리에 놓았을 때 작용하는 힘이 $6.33 \times 10^4[\text{N}]$이 되는 자극의 단위는?

① 1[N]　　　　② 1[J]
③ 1[Wb]　　　　④ 1[C]

해설 쿨롱의 힘 F
$$F = \frac{1}{4\pi\mu_0}\frac{m_1 \cdot m_2}{r^2}[\text{N}]에서$$
$$6.33 \times 10^4 = 6.33 \times 10^4 \frac{m^2}{1^2}$$
$$\therefore m = 1[\text{Wb}]$$

94. 중요도 ★★
- 쿨롱의 힘
$$F = 6.33 \times 10^4 \frac{m_1 \cdot m_2}{r^2}$$
- [2014년 5회 기출]

95 공기 중에서 $m[\text{Wb}]$의 자극으로부터 나오는 자력선의 총수는 얼마인가? (단, μ는 물체의 투자율이다.)

① m　　　　② μm
③ $\dfrac{m}{\mu}$　　　　④ $\dfrac{\mu}{m}$

해설 가우스 법칙에서 자력선수 N
$$N = \frac{m}{\mu} = \frac{m}{\mu_0 \mu_s}[\text{개}]$$

95. 중요도
- [2014년 5회 기출]

정답 93.① 94.③ 95.③

출제 POINT

96
- 비오-사바르 법칙
- [2014년 5회 기출]

97
- 자기 인덕턴스 $L = \dfrac{N\phi}{I}$
- [2014년 5회 기출]

98
- [2014년 5회 기출]

---

96 전류에 의한 자기장의 세기를 구하는 비오-사바르의 법칙을 옳게 나타낸 것은?

① $\Delta H = \dfrac{I\Delta l \sin\theta}{4\pi r^2}$ [AT/m]   ② $\Delta H = \dfrac{I\Delta l \sin\theta}{4\pi r}$ [AT/m]

③ $\Delta H = \dfrac{I\Delta l \cos\theta}{4\pi r}$ [AT/m]   ④ $\Delta H = \dfrac{I\Delta l \cos\theta}{4\pi r^2}$ [AT/m]

해설 [비오-사바르 법칙]

$\Delta H = \dfrac{I\Delta l}{4\pi r^2}\sin\theta$ [AT/m]

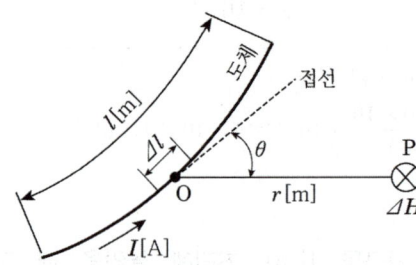

97 권선수 100회 감은 코일에 2[A]의 전류가 흘렀을 때 50×10^{-3}[Wb]의 자속이 코일에 쇄교되었다면 자기 인덕턴스는 몇 [H]인가?

① 1.0   ② 1.5
③ 2.0   ④ 2.5

해설 자기 인덕턴스 $L = \dfrac{N\phi}{I} = \dfrac{100 \times 50 \times 10^{-3}}{2} = 2.5$ [H]

98 평행한 두 도선 간의 전자력은?

① 거리 r에 비례한다.   ② 거리 r에 반비례한다.
③ 거리 r^2에 비례한다.   ④ 거리 r^2에 반비례한다.

해설 평행한 두 도선에 작용하는 힘 F

$F = \dfrac{2I_1 \cdot I_2}{r} \times 10^{-7}$ [N/m]

그러므로 F는 전류에 비례, 거리 r에 반비례한다.

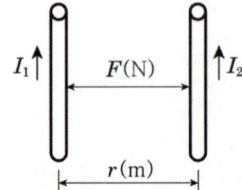

정답 96.① 97.④ 98.②

99 자속밀도 0.5[Wb/m²]의 자장 안에 자장과 직각으로 20[cm]의 도체를 놓고 이것에 10[A]의 전류를 흘릴 때 도체가 50[cm] 운동한 경우의 한 일은 몇 [J]인가?

① 0.5   ② 1
③ 1.5   ④ 5

해설 일 $W = F \cdot r$ [J]
$F = (B \times I)l = BIl \sin\theta = 0.5 \times 10 \times 0.2 \sin 90° = 1$ [W]
∴ $W = 1 \times 0.5 = 0.5$ [J]

99. 중요도
- 일 $W = F \cdot r$ [J]
- [2014년 5회 기출]

100 공기 중에서 자속밀도 3[Wb/m²]의 평등 자장 속에 길이 10[cm]의 직선 도선을 자장의 방향과 직각으로 놓고 여기에 4[A]의 전류를 흐르게 하면 이 도선이 받는 힘은 몇 [N]인가?

① 0.5   ② 1.2
③ 2.8   ④ 4.2

해설 [도선이 받는 힘 F]
$F = BIl \sin\theta = 3 \times 4 \times 0.1 \times \sin 90° = 1.2$ [N]

100. 중요도
- $F = BIl \sin\theta$
- [2015년 1회 기출]

101 자체 인덕턴스가 각각 160[mH], 250[mH]인 두 코일이 있다. 두 코일 사이의 상호 인덕턴스가 150[mH]이면 결합계수는?

① 0.5   ② 0.62
③ 0.75   ④ 0.86

해설 결합계수 k
$k = \dfrac{M}{\sqrt{L_1 \cdot L_2}} = \dfrac{150}{\sqrt{160 \times 250}} = 0.75$ (단, $0 < k \leq 1$이다.)

101. 중요도
- [2015년 1회 기출]

102 평균반지름이 r[m]이고, 감은 횟수가 N인 환상 솔레노이드에 전류 I[A]가 흐를 때 내부의 자기장의 세기 H[AT/m]는?

① $H = \dfrac{NI}{2\pi r}$ ② $H = \dfrac{NI}{2r}$
③ $H = \dfrac{2\pi r}{NI}$ ④ $H = \dfrac{2r}{NI}$

해설 환상 솔레노이드의 자장의 세기 H
$H = \dfrac{NI}{2\pi r}$

102. 중요도
- [2015년 1회 기출]

정답 99.① 100.② 101.③ 102.①

Chapter ❹ 자기회로 ■ 137

출제 POINT

103 [2015년 1회 기출]

103 히스테리시스손은 최대자속밀도 및 주파수의 각각 몇 승에 비례하는가?

① 최대자속밀도 : 1.6, 주파수 : 1.0
② 최대자속밀도 : 1.0, 주파수 : 1.6
③ 최대자속밀도 : 1.0, 주파수 : 1.0
④ 최대자속밀도 : 1.6, 주파수 : 1.6

해설 히스테리시스 손실 P_h

$P_h = \eta f B_m^{1.6}$

그러므로 $P_h \propto f^1 \propto B_m^{1.6}$

104 ★
- 힘 $F = m \cdot H[N]$
- [2015년 2회 기출]

104 공기 중 자장의 세기가 20[AT/m]인 곳에 8×10^{-3}[Wb]의 자극을 놓으면 작용하는 힘[N]은?

① 0.16
② 0.32
③ 0.43
④ 0.56

해설 쿨롱의 힘 F

- $F = \dfrac{1}{4\pi\mu_0} \dfrac{m_1 \cdot m_2}{r^2} = 6.33 \times 10^4 \times \dfrac{m_1 \cdot m_2}{r^2}$ [N]

- $H = \dfrac{1}{4\pi\mu_0} \dfrac{m}{r^2} = 6.33 \times 10^4 \dfrac{m}{r^2}$ [N/Wb]

∴ $F = m \cdot H = 20 \times 8 \times 10^{-3} = 0.16$ [N]

105 [2015년 2회 기출]

105 진공 중에서 같은 크기의 두 자극을 1[m] 거리에 놓았을 때, 그 작용하는 힘이 6.33×10^4[N]이 되는 자극 세기는?

① 1[Wb]
② 1[C]
③ 1[A]
④ 1[W]

해설 쿨롱의 힘 F

- $F = 6.33 \times 10^4 \dfrac{m_1 m_2}{r^2}$ [N]

- $6.33 \times 10^4 = 6.33 \times 10^4 \dfrac{m_1 m_2}{1^2}$

∴ $m^2 = 1$이므로 $m = 1$[Wb]가 된다.

정답 103.① 104.① 105.①

106
단면적 $A[\text{m}^2]$, 자로의 길이 $l[\text{m}]$, 투자율$[\mu]$, 권수 N 회인 환상 철심의 자체 인덕턴스[H]는?

① $\dfrac{\mu A N^2}{l}$
② $\dfrac{A l N^2}{4\pi\mu}$
③ $\dfrac{4\pi A N^2}{l}$
④ $\dfrac{\mu l N^2}{A}$

해설 자기 인덕턴스 L

$$L = \frac{N\phi}{I} = \frac{N^2}{R_m} = \frac{N^2}{\dfrac{l}{\mu s}} = \frac{\mu A N^2}{l} \quad (A : \text{단면적}, \ R_m : \text{자기 저항})$$

POINT
106. 중요도
- 자기 인덕턴스
  $L = \dfrac{N\phi}{I}$
- [2015년 2회 기출]

107
다음 ( ) 안에 들어갈 알맞은 내용은?

> 자기 인덕턴스 1[H]는 전류의 변화율 1[A/s]일 때, ( )가(이) 발생할 때의 값이다.

① 1[N]의 힘
② 1[J]의 에너지
③ 1[V]의 기전력
④ 1[Hz]의 주파수

해설 유기기전력 $e = L\dfrac{\Delta i}{\Delta t}$

$\therefore e = 1 \times 1 = 1[\text{V}]$

107. 중요도
- [2015년 2회 기출]

108
평행한 왕복도체에 흐르는 전류에 대한 작용력은?

① 흡인력
② 반발력
③ 회전력
④ 작용력이 없다.

해설 평행 왕복도체에 작용하는 힘 F

$$F = \frac{2I_1 \cdot I_2}{r} \times 10^{-7}[\text{N/m}]$$

또한 왕복도체는 전류의 방향이 반대방향이므로 반발력의 힘이 작용한다.

108. 중요도 ★
- 왕복도체=반대방향=반발력
- [2015년 2회 기출]

109
다음 중 전동기의 원리에 적용되는 법칙은?

① 렌츠의 법칙
② 플레밍의 오른손 법칙
③ 플레밍의 왼손 법칙
④ 옴의 법칙

109. 중요도
- 플레밍의 법칙
- [2015년 2회 기출]

정답 106.① 107.③ 108.② 109.③

해설
- 발전기의 원리 : 플레밍의 오른손 법칙
- 전동기의 원리 : 플레밍의 왼손 법칙

110 두 금속을 접속하여 여기에 전류를 흘리면, 줄열 외에 그 접점에서 열의 발생 또는 흡수가 일어나는 현상은?

① 줄 효과
② 홀 효과
③ 제벡 효과
④ 펠티에 효과

해설
- 펠티에 효과 : 서로 다른 두 금속을 접속하여 전류를 흘리면 접합면에서 열이 발생 또는 흡수하는 현상
- 제벡 효과 : 서로 다른 두 금속을 접속하여 서로 다른 온도 T_1, T_2를 가하면 두 금속 내부에 전류가 흘러서 기전력이 발생하는 현상

111 전류에 의해 만들어지는 자기장의 자기력선 방향을 간단하게 알아내는 방법은?

① 플레밍의 왼손 법칙
② 렌츠의 자기유도 법칙
③ 앙페르의 오른나사 법칙
④ 패러데이의 전자유도 법칙

해설 앙페르의 오른나사 법칙

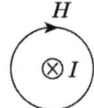 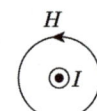

112 권수가 150인 코일에서 2초간에 1[Wb]의 자속이 변화한다면, 코일에 발생되는 유도기전력의 크기는 몇 [V]인가?

① 50
② 75
③ 10
④ 150

해설 유기기전력 e

$$e = N\frac{d\phi}{dt} = 150 \cdot \frac{1}{2} = 75[V]$$

113 자기 인덕턴스가 각각 L_1과 L_2인 2개의 코일이 직렬로 가동접속 되었을 때, 합성 인덕턴스를 나타낸 식은? (단, 자기력선에 의한 영향을 서로 받는 경우이다.)

① $L = L_1 + L_2 - M$
② $L = L_1 + L_2 - 2M$
③ $L = L_1 + L_2 + M$
④ $L = L_1 + L_2 + 2M$

정답 110.④ 111.③ 112.② 113.④

해설
- 가동접속의 합성 인덕턴스 $L_a = L_1 + L_2 + 2M$
- 차동접속의 합성 인덕턴스 $L_b = L_1 + L_2 - 2M$

114 1[cm]당 권선 수가 10인 무한길이 솔레노이드에서 1[A]의 전류가 흐르고 있을 때 솔레노이드 외부자계의 세기[AT/m]는?

① 0 ② 5
③ 1 ④ 20

해설 솔레노이드 외부자계는 "0"이다.

115 L_1, L_2 두 코일이 접속되어 있을 때, 누설자속이 없는 이상적인 코일 간의 상호 인덕턴스는?

① $M = \sqrt{L_1 + L_2}$ ② $M = \sqrt{L_1 - L_2}$
③ $M = \sqrt{L_1 L_2}$ ④ $M = \sqrt{\dfrac{L_1}{L_2}}$

해설 결합계수 k
$k = \dfrac{M}{\sqrt{L_1 L_2}}$ 에서 누설자속이 없을 때는 $k=1$이다.
∴ $M = \sqrt{L_1 \cdot L_2}$

116 자체 인덕턴스 40[mH]의 코일에 10[A]의 전류가 흐를 때 저장되는 에너지는 몇 [J]인가?

① 2 ② 3
③ 4 ④ 8

해설 코일에 축적되는 에너지 W_L
$W_L = \dfrac{1}{2}LI^2 = \dfrac{1}{2} \times 40 \times 10^{-3} \times 10^2 = 2[J]$

117 $m_1 = 4 \times 10^{-5}$[Wb], $m_2 = 6 \times 10^{-3}$[Wb], $r = 10$[cm]이면 두 자극 m_1, m_2 사이에 작용하는 힘은 약 몇 [N]인가?

① 1.52 ② 2.4
③ 24 ④ 152

출제 POINT

114 중요도
- [2015년 4회 기출]

115 중요도 ★★
- 상호 인덕턴스 $M = k\sqrt{L_1 \cdot L_2}$
- [2015년 5회 기출]

116 중요도
- $W_L = \dfrac{1}{2}LI^2$
- [2015년 5회 기출]

117 중요도
- [2015년 5회 기출]

정답 114.① 115.③ 116.① 117.①

해설 [두 자극 사이에 작용하는 힘 F]

$$F = 6.33 \times 10^4 \times \frac{m_1 m_2}{r^2}$$ 이므로

$$F = 6.33 \times 10^4 \frac{4 \times 10^{-5} \times 6 \times 10^{-3}}{0.1^2} \fallingdotseq 1.52[N]$$

118 "전류의 방향과 자장의 방향은 각각 나사의 진행방향과 회전방향에 일치한다."와 관계 있는 법칙은?

① 플레밍의 왼손 법칙 ② 앙페르의 오른나사 법칙
③ 플레밍의 오른손 법칙 ④ 키르히호프의 법칙

해설 앙페르의 오른나사 법칙

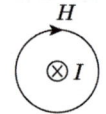 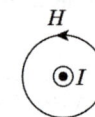

119 권수 300회의 코일에 6[A]의 전류가 흘러서 0.05[Wb]의 자속이 코일을 지난다고 하면, 이 코일의 자체 인덕턴스는 몇 [H]인가?

① 0.25 ② 0.35
③ 2.5   ④ 3.5

해설 인덕턴스 L

$$L = \frac{N\phi}{I} = \frac{300 \times 0.05}{6} = 2.5[H]$$

120 자기 인덕턴스에 축적되는 에너지에 대한 설명으로 가장 옳은 것은?

① 자기 인덕턴스 및 전류에 비례한다.
② 자기 인덕턴스 및 전류에 반비례한다.
③ 자기 인덕턴스와 전류의 제곱에 반비례한다.
④ 자기 인덕턴스에 비례하고 전류의 제곱에 비례한다.

해설 자기 인덕턴스 축적에너지 W_L

$W_L = \frac{1}{2}LI^2[J]$이므로 W_L은 L에 비례하고, I^2에 비례한다.

출제 POINT

118 중요도
- [2015년 5회 기출]

119 중요도
- 인덕턴스 $L = \frac{N\phi}{I}$
- [2016년 1회 기출]

120 중요도 ★
- $W_L = \frac{1}{2}LI^2[J]$
- [2016년 1회 기출]

정답 118.② 119.③ 120.④

121 전류에 의한 자기장과 직접적으로 관련이 없는 것은?

① 줄의 법칙
② 플레밍의 왼손 법칙
③ 비오-사바르의 법칙
④ 앙페르의 오른나사의 법칙

해설 줄의 법칙은 열과 관련된 법칙

122 자극 가까이에 물체를 두었을 때 자화되는 물체와 자석이 그림과 같은 방향으로 자화되는 자성체는?

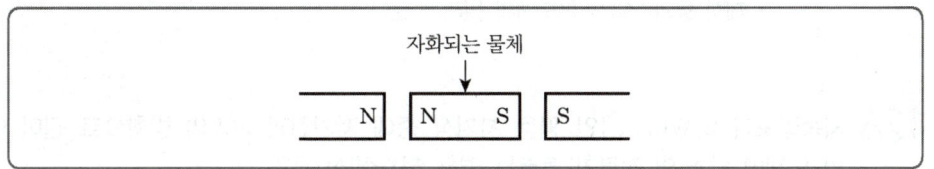

① 상자성체
② 반자성체
③ 강자성체
④ 비자성체

해설

- 강자성체
- 반자성체

123 평균반지름이 10[cm]이고 감은 횟수 10회인 원형 코일에 5[A]의 전류를 흐르게 하면 코일 중심의 자장의 세기[AT/m]는?

① 250
② 500
③ 750
④ 1,000

해설 원형 코일 중심 자장의 세기 H
$H = \dfrac{NI}{2r}$ (r : 반지름[m])
$= \dfrac{10 \times 5}{2 \times 0.1} = 250$[AT/m]

124 반자성체 물질의 특색을 나타낸 것은? (단, μ_s는 비투자율이다.)

① $\mu_s > 1$
② $\mu_s \gg 1$
③ $\mu_s = 1$
④ $\mu_s < 1$

출제 POINT

121. 중요도
- [2016년 1회 기출]

122. 중요도
- [2016년 1회 기출]

123. 중요도
- 원형 코일 중심 자장의 세기
  $H = \dfrac{NI}{2r}$
- [2016년 2회 기출]

124. 중요도
- [2016년 2회 기출]

정답 121.① 122.② 123.① 124.④

해설
- 강자성체 : $\mu_s \gg 1$
- 반자성체 : $\mu_s < 1$

125 전자 냉동기는 어떤 효과를 응용한 것인가?

① 제벡 효과　　　　　　　② 톰슨 효과
③ 펠티에 효과　　　　　　④ 줄 효과

해설
- 펠티에 효과 : 전자 냉동기의 원리가 된다.
- 제벡 효과 : 열전 온도계의 원리가 된다.

126 자속밀도가 2[Wb/m²]인 평등 자기장 중에 자기장과 30°의 방향으로 길이 0.5[m]인 도체에 8[A]의 전류가 흐르는 경우 전자력[N]은?

① 8　　　　　　　　　　② 4
③ 2　　　　　　　　　　④ 1

해설　전자력 F[N]
$F = BIl\sin\theta = 2 \times 8 \times 0.5 \times \sin30° = 4$[N]

127 다음 설명에서 나타내는 법칙은?

> 유도기전력은 자신이 발생 원인이 되는 자속의 변화를 방해하려는 방향으로 발생한다.

① 줄의 법칙　　　　　　　② 렌츠의 법칙
③ 플레밍의 법칙　　　　　④ 패러데이의 법칙

해설　[렌츠의 법칙]
유기기전력은 자속 증강의 반대방향으로 발생한다. 즉, 자속이 증가 시에는 감소방향으로, 자속이 감소 시에는 증가되는 방향으로 기전력이 유기된다.

128 환상 솔레노이드에 감겨진 코일의 권회 수를 3배로 늘리면 자체 인덕턴스는 몇 배로 되는가?

① 3　　　　　　　　　　② 9
③ $\frac{1}{3}$　　　　　　　　　　④ $\frac{1}{9}$

정답　125.③　126.②　127.②　128.②

해설 환상 솔레노이드의 인덕턴스 L

$L = \dfrac{\mu A N^2}{l}$ 에서 $L \propto N^2$이므로 $L' = (3N)^2 = 9N^2$이므로 9배가 된다.

129 진공 중에서 같은 크기의 두 자극을 1[m] 거리에 놓았을 때 작용하는 힘이 6.33×10^4[N]이 되는 자극의 단위는?

① 1[N]   ② 1[J]
③ 1[Wb] ④ 1[C]

해설 쿨롱의 힘 F

$$F = 6.33 \times 10^4 \dfrac{m_1 m_2}{r^2} [\text{N}]$$

자극 m_1, m_2의 단위는 [Wb]

130 공기 중에서 m[Wb]의 자극으로부터 나오는 자력선의 총수는 얼마인가? (단, μ는 물체의 투자율이다.)

① m ② μm
③ $\dfrac{m}{\mu_0}$ ④ $\dfrac{\mu_0}{m}$

해설 자력선수의 수 N

$N = \dfrac{m}{\mu} = \dfrac{m}{\mu_0 \cdot \mu_s}$ (진공, 공기 중일 때 $\mu_s = 1$이므로)

$= \dfrac{m}{\mu_0}$

131 자속밀도 0.5[Wb/m²]의 자장 안에 자장과 직각으로 20[cm]의 도체를 놓고 이것에 10[A]의 전류를 흘릴 때 도체가 50[cm] 운동한 경우의 한 일은 몇 [J]인가?

① 0.5   ② 1
③ 1.5   ④ 5

해설 자장안에서의 작용하는 힘 F

$F = BIl \sin\theta [\text{N}]$
$\quad = 0.5 \times 10 \times 0.2 \times \sin 90° = 1[\text{N}]$
∴ 일 $W = F \cdot r = 1 \times 50 \times 10^{-2} = 0.5[\text{J}]$

출제 POINT

129 중요도 ★★
- 쿨롱의 힘 F

$F = 6.33 \times 10^4 \dfrac{m_1 \cdot m_2}{r^2}$

- [2016년 5회 CBT]

130 중요도
- [2016년 5회 CBT]

131 중요도 ★★
- 힘 $F = (B \times I)l = BIl \sin\theta$
- [2016년 5회 CBT]

정답 129.③ 130.③ 131.①

출제 POINT

132
- 플레밍의 법칙
- [2016년 5회 CBT]

133
- [2016년 5회 CBT]

134
- [2016년 5회 CBT]

135
- [2016년 5회 CBT]

---

132 도체가 운동하여 자속을 끊었을 때 기전력의 방향을 알아내는데 편리한 법칙은?

① 렌츠의 법칙   ② 패러데이의 법칙
③ 플레밍의 왼손 법칙   ④ 플레밍의 오른손 법칙

해설
- 플레밍의 왼손 법칙 : 힘(F)의 방향을 알 수 있다(전동기 원리).
- 플레밍의 오른손 법칙 : 기전력(e)의 방향을 알 수 있다(발전기 원리).

---

133 반지름 r[m], 권수 N회의 환상 솔레노이드에 I[A]의 전류가 흐를 때, 그 내부의 자장의 세기 H[AT/m]는?

① $\dfrac{NI}{\pi r^2}$ ② $\dfrac{NI}{2\pi}$

③ $\dfrac{NI}{4\pi r^2}$ ④ $\dfrac{NI}{2\pi r}$

해설 환상 솔레노이드의 내부 자장의 세기

$H = \dfrac{NI}{2\pi r}$ [AT/m] (r : 반지름[m], N : 권선수)

---

134 자속밀도 $B = 0.2$[Wb/m²]의 자장 내에 길이 2[m], 폭 1[m], 권수 5회의 구형 코일이 자장과 30°의 각도로 놓여 있을 때 코일이 받는 회전력은? (단, 이 코일에 흐르는 전류는 2[A]이다.)

① $\sqrt{\dfrac{3}{2}}$ [N·m]   ② $\dfrac{\sqrt{3}}{2}$ [N·m]

③ $2\sqrt{3}$ [N·m]   ④ $\sqrt{3}$ [N·m]

해설 코일의 회전력 T

$T = IBSN\cos\theta = IBabN\cos\theta$
$= 2 \times 0.2 \times 2 \times 1 \times 5 \times \cos30°$
$= 4 \times \dfrac{\sqrt{3}}{2} = 2\sqrt{3}$ [N·m]

---

135 서로 다른 종류의 안티몬과 비스무트의 두 금속을 접합하여 여기에 전류를 통하면, 줄열 외에 그 접점에서 열의 발생 또는 흡수가 일어난다. 이와 같은 현상은?

① 제3금속의 법칙   ② 제벡 효과
③ 페르미 효과   ④ 펠티에 효과

정답 132.④ 133.④ 134.③ 135.④

해설
- 펠티에 효과 : 서로 다른 금속에 전류를 흘리면 접합 부분에서 열을 흡수 또는 발생하는 현상
- 제벡 효과 : 서로 다른 금속에 다른 온도를 유지하면 전류가 흘러서 기전력이 발생하는 현상

136 두 코일의 자체 인덕턴스를 직렬로 접속하여 합성 인덕턴스를 측정하였더니 95[mH]이었다. 한 쪽 인덕턴스를 반대로 접속하여 측정하였더니 합성 인덕턴스가 15[mH]로 되었다. 두 코일의 상호 인덕턴스는?

① 20[mH] ② 40[mH]
③ 80[mH] ④ 160[mH]

해설 [상호 인덕턴스 M]
- 가동 접속의 합성 인덕턴스 $L_a = L_1 + L_2 + 2M = 95[\text{mH}]$ …… ㉠
- 차동 접속의 합성 인덕턴스 $L_b = L_1 + L_2 - 2M = 15[\text{mH}]$ …… ㉡

㉠식에서 ㉡식을 빼면
$95 - 15 = 4M$ 이므로 $M = 20[\text{mH}]$ 가 된다.

136.
■ [2016년 5회 CBT]

137 자기 인덕턴스에 축적되는 에너지는 전류를 3배로 증가시키면 자기에너지는 몇 배가 되겠는가?

① 9배 ② 3배
③ $\frac{1}{3}$ ④ $\frac{1}{9}$

해설 축적에너지 $W_L = \frac{1}{2}LI^2[\text{W}]$

∴ $W_L' = \frac{1}{2}L(3I)^2 = \frac{1}{2}LI^2 \cdot 9 = 9W_L$

즉, 9배가 된다.

137.
■ $W_L = \frac{1}{2}LI^2$
■ [2017년 1회 CBT]

138 가동접속한 자기 인덕턴스 값이 $L_1 = 50[\text{mH}]$, $L_2 = 70[\text{mH}]$, 상호 인덕턴스 $M = 60[\text{mH}]$일 때 합성 인덕턴스[mH]는? (단, 누설 자속이 없는 경우이다.)

① 120 ② 240
③ 200 ④ 100

해설
- 가동접속시 합성 인덕턴스 L_a
  $L_a = L_1 + L_2 + 2M = 50 + 70 + 2 \times 60 = 240[\text{mH}]$
- 차동접속시 합성 인덕턴스 L_b
  $L_b = L_1 + L_2 - 2M$

138.
■ [2017년 1회 CBT]

정답 136.① 137.① 138.②

출제 POINT

139. 중요도
- 유기기전력 $e = L\dfrac{di}{dt}$
- [2017년 1회 CBT]

140. 중요도
- [2017년 1회 CBT]

141. 중요도
- [2017년 1회 CBT]

---

139 코일에 3[A]의 전류가 0.5초 동안 6[A] 변화했을 때 유도기전력이 60[V]가 되었다면 자기 인덕턴스는 몇 [H]인가?

① 11
② 12
③ 10
④ 20

해설 [유기기전력 e]

$e = L\dfrac{di}{dt}$ 에서

$L = \dfrac{e}{\dfrac{di}{dt}} = \dfrac{60}{\dfrac{(6-3)}{0.5}} = 10[\text{H}]$

---

140 진공의 투자율 μ_0[H/m]는?

① 6.33×10^4
② 8.855×10^{-12}
③ $4\pi \times 10^{-7}$
④ 9×10^9

해설 [진공 중의 투자율 μ_0]

- $\dfrac{1}{4\pi\mu_0} = 6.33 \times 10^4$
- $\mu_0 = 4\pi \times 10^{-7}[\text{H/m}]$

---

141 다음 설명 중 틀린 것은?

① 앙페르의 오른나사 법칙 : 전류의 방향을 오른나사가 진행하는 방향으로 하면, 이때 발생되는 자기장의 방향은 오른나사의 회전방향이 된다.
② 렌츠의 법칙 : 유도기전력은 자신의 발생 원인이 되는 자속의 변화를 방해하려는 방향으로 발생한다.
③ 패러데이의 전자유도 법칙 : 유도기전력의 크기는 코일을 지나는 자속의 매초 변화량과 코일의 권수에 비례한다.
④ 쿨롱의 법칙 : 두 자극 사이에 작용하는 자력의 크기는 양 자극의 세기의 곱에 비례하며, 자극 간의 거리의 제곱에 비례한다.

해설 [쿨롱의 법칙]

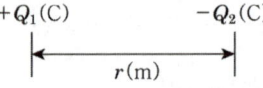

정답 139.③ 140.③ 141.④

두 전하 사이에 작용하는 힘 F는 쿨롱의 법칙에 따른다.
$$F = \frac{1}{4\pi\varepsilon_0} \frac{Q_1 \cdot Q_2}{r^2} [\text{N}] = 9 \times 10^9 \frac{Q_1 \cdot Q_2}{r^2} [\text{N}]$$이므로
∴ 두 전하 사이에 작용하는 힘은 거리의 제곱에 반비례하며 두 전하의 곱에는 비례한다.

142 다음은 전기력선의 성질이다. 틀린 것은?

① 전기력선의 밀도는 전기장의 크기를 나타낸다.
② 같은 전기력선은 서로 끌어당긴다.
③ 전기력선은 서로 교차하지 않는다.
④ 전기력선은 도체의 표면에 수직이다.

해설 [전기력선의 성질]
- 전기력선은 양(+)전하에 시작하여 음(-)전하로 끝난다.
- 전기력선은 서로 교차하지 않는다.
- 전기력선은 도체 표면에 수직이다.
- 전기력선은 전위가 높은 곳에서 낮은 곳으로 향한다.
- 전기력선의 밀도는 전기장의 크기를 나타낸다.

142 - 중요도
■ 전기력선의 성질
■ [2017년 1회 CBT]

143 서로 다른 종류의 금속 A와 B를 접속하여 접합점에 온도차를 가하면 열기전력이 발생하여 전류가 흐르게 된다. 이와 같은 것은?

① 제3금속의 법칙
② 페르미 효과
③ 열전쌍
④ 열전도대

해설 [제백 효과(열전 효과, 열전쌍)]
서로 다른 금속에 서로 다른 온도차 T_1, T_2를 가했을 때 금속 내부에 전류가 흐르는 현상을 말한다.

143 - 중요도
■ 제백 효과
■ [2017년 1회 CBT]

144 막대 자석의 자극의 세기가 10[Wb]이고 길이가 20[cm]인 경우 자기모멘트[Wb·cm]는 얼마인가?

① 20
② 100
③ 200
④ 90

해설 [자기모멘트 M]
$M = m \cdot l$ (m : 자극의 세기, l : 자극의 길이)
∴ $M = 10 \times 0.2 = 2 [\text{Wb} \cdot \text{m}]$
$M = 10 \times 20 = 200 [\text{Wb} \cdot \text{cm}]$

144 - 중요도
■ [2017년 1회 CBT]

정답 142.② 143.③ 144.③

출제 POINT

145 [2017년 1회 CBT]

145 공기 중에서 자속밀도 10[Wb/m²]의 평등자계 내에 5[A]의 전류가 흐르고 있는 길이 60[cm]의 직선도체를 자계의 방향에 대하여 30°의 각을 이루도록 놓았을 때 이 도체에 작용하는 힘은?

① 15[N]
② $15\sqrt{3}$ [N]
③ 30[N]
④ $30\sqrt{3}$ [N]

해설 [도체가 받는 힘 F]
$$F = BIl\sin\theta = 10 \times 5 \times 0.6 \times \sin 30° = 15[N]$$

146 [2017년 1회 CBT]

146 진공 속에서 1[m]의 거리를 두고 10^{-3}[Wb]와 10^{-5}[Wb]의 자극이 놓여 있다면 그 사이에 작용하는 힘[N]은?

① $4\pi \times 10^{-5}$[N]
② $4\pi \times 10^{-4}$[N]
③ 6.33×10^{-5}[N]
④ 6.33×10^{-4}[N]

해설 [힘 F]
$$F = 6.33 \times 10^4 \frac{m_1 \times m_2}{r^2} = 6.33 \times 10^4 \frac{10^{-3} \times 10^{-5}}{1^2} = 6.33 \times 10^{-4}[N]$$

147 $H = \dfrac{NI}{2\pi r}$ [2017년 1회 CBT]

147 환상 솔레노이드 내부의 자기장의 세기에 관한 설명으로 옳은 것은?

① 자장의 세기는 권수에 반비례한다.
② 자장의 세기는 권수, 전류, 평균 반지름과는 관계가 없다.
③ 자장의 세기는 평균반지름에 비례한다.
④ 자장의 세기는 전류에 비례한다.

해설 [환상 솔레노이드 자장의 세기]
$H = \dfrac{NI}{2\pi r}$ 에서
$H \propto N \propto I \propto \dfrac{1}{r}$

148 [2017년 1회 CBT]

148 비투자율이 1인 환상 철심 중의 자장의 세기가 H[AT/m]이었다. 이때 비투자율이 10인 물질로 바꾸면 철심의 자속밀도[Wb/m²]는?

① $\dfrac{1}{10}$ 로 줄어든다.
② 10배 커진다.
③ 50배 커진다.
④ 100배 커진다.

정답 145.① 146.④ 147.④ 148.②

해설 [자속밀도 B]
$B = \mu H = \mu_o \mu_s H$이므로
$B \propto \mu_s$ (10배가 된다.)

149
전장 중에 단위정전하를 놓을 때 여기에 작용하는 힘과 같은 것은?

① 전하 ② 전장의 세기
③ 전위 ④ 전속

해설 [전장의 세기 E]
- 전장 중에 단위정전하에 작용하는 힘
- $E = 9 \times 10^9 \dfrac{Q}{r^2} = \dfrac{F}{Q}$ [N/C][V/m]
- $F = Q \cdot E$ [N]

149. 중요도
- $F = Q \cdot E$ [N]
- [2017년 1회 CBT]

150
금속내부를 지나는 자속의 변화로 금속 내부에 생기는 맴돌이 전류를 작게 하려면 어떻게 하여야 하는가?

① 두꺼운 철판을 사용한다. ② 높은 전류를 가한다.
③ 얇은 철판을 성층하여 사용한다. ④ 철판 양면에 절연지를 부착한다.

해설 [철판]
- 규소 함유 : 히스테리시스손 감소
- 성층 철심 : 와류손 감소(즉, 맴돌이 전류 감소)

150. 중요도
- [2017년 1회 CBT]

151
서로 가까이 나란히 있는 두 도체에 전류가 같은 방향으로 흐를 때 각 도체 간에 작용하는 힘은?

① 흡인한다.
② 반발한다.
③ 흡인과 반발을 되풀이 한다.
④ 처음에는 흡인하다가 나중에는 반발한다.

해설 [두 도체 사이에 작용하는 힘 F]
- $F = \dfrac{2I_1 I_2}{r} \times 10^{-7}$ [N]
- 전류의 방향이 같은 방향일 때 : 흡인력
- 전류의 방향이 반대 방향일 때 : 반발력

151. 중요도
- [2017년 2회 CBT]

정답 149.② 150.③ 151.①

출제 POINT

152
- 전기력선의 성질
- [2017년 2회 CBT]

152 다음은 전기력선의 성질이다. 틀린 것은?

① 전기력선은 서로 교차하지 않는다.
② 전기력선은 도체의 표면에 수직이다.
③ 전기력선의 밀도는 전기장의 크기를 나타낸다.
④ 같은 전기력선은 서로 끌어당긴다.

해설 [전기력선]
- 같은 전기력선은 서로 밀어낸다.
- 다른 전기력선은 서로 끌어당긴다.
- 서로 교차하지 않는다.
- 도체 표면에 서로 수직이다.

153
- [2017년 2회 CBT]

153 반지름 25[cm], 권수 10의 원형 코일에 10[A]의 전류를 흘릴 때 코일 중심의 자장의 세기는 몇 [AT/m]인가?

① 32
② 65
③ 100
④ 200

해설 [원형 코일 중심 자장의 세기 H]
$$H = \frac{NI}{2r} = \frac{10 \times 10}{2 \times 25 \times 10^{-2}} = 200[\text{AT/m}]$$

154
- 인덕턴스 $L = \frac{N\phi}{I}$
- [2017년 2회 CBT]

154 다음 중 자체 인덕턴스의 크기를 변화시킬 수 있는 것은?

① 투자율
② 유전율
③ 전도율
④ 파고율

해설 [인덕턴스 L]
- 기자력 $F_m = NI = R_m \phi$에서 $I = \frac{R_m \phi}{N}$
- $L = \frac{N\phi}{I} = \frac{N\phi}{\frac{R_m \phi}{N}} = \frac{N^2}{R_m}$ $(R_m = \frac{l}{\mu s})$

$$= \frac{N^2}{\frac{l}{\mu s}} = \frac{\mu s N^2}{l}$$

(μ : 투자율, N : 권수, S : 단면적)

정답 152.④ 153.④ 154.①

155
반지름 50[cm], 권수 30의 원형 코일에 10[A]의 전류를 흘릴 때 코일 중심의 자장의 세기는 몇 [AT/m]인가?

① 30
② 150
③ 300
④ 600

해설 [원형 코일 중심 자장의 세기 H]
$$H = \frac{NI}{2r} = \frac{30 \times 10}{2 \times 50 \times 10^{-2}} = 300[\text{AT/m}]$$

155 중요도
- $H = \dfrac{NI}{2r}$
- [2017년 3회 CBT]

156
100[V]의 전위차로 가속된 전자의 운동에너지는 몇 [J]인가?

① $1.6 \times 10^{-20}[\text{J}]$
② $1.6 \times 10^{-19}[\text{J}]$
③ $1.6 \times 10^{-18}[\text{J}]$
④ $1.6 \times 10^{-17}[\text{J}]$

해설 [전자의 운동에너지 W]
1[V]의 전위차로 가속된 전자의 운동에너지
$W = 1.602 \times 10^{-19}[\text{J}]$
∴ 100[V]일 때의 에너지 W'
$W' = 100 \times 1.602 \times 10^{-19} = 1.602 \times 10^{-17}[\text{J}]$

156 중요도
- [2017년 4회 CBT]

157
자체 인덕턴스 20[mH]의 코일에 30[A]의 전류를 흘릴 때 저축되는 에너지는?

① 1.5[J]
② 3[J]
③ 9[J]
④ 18[J]

해설 [코일에 축적되는 에너지 W_L]
$$W_L = \frac{1}{2}LI^2 = \frac{1}{2} \times 20 \times 10^{-3} \times 30^2 = 9[\text{J}]$$

157 중요도
- $W_L = \dfrac{1}{2}LI^2$
- [2017년 4회 CBT]

158
자속밀도가 B인 평등한 자기장에 길이가 l인 도선이 있다. 도선이 자속과 수직방향으로 v 속도로 이동했다면 이때 유도되는 기전력은?

① Blv
② $\dfrac{Bl}{v}$
③ $\dfrac{Bv}{l}$
④ $\dfrac{lv}{B}$

해설 [유기기전력 e]
$e = Bvl \sin\theta$ (수직방향이므로)
$= Bvl \sin 90° = Blv[\text{V}]$

158 중요도
- [2017년 4회 CBT]

정답 155.③ 156.④ 157.③ 158.①

CHAPTER 05 교류회로

1 교류회로의 기초

(1) 정현파 교류

① 교류 : 크기와 방향이 시간의 변화에 따라서 변하는 전류를 '교류'라 한다. 반면에, 시간의 변화에 따라 크기 및 방향의 변화가 없는 것을 '직류'라 한다.

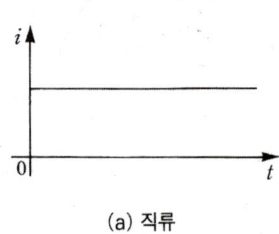
(a) 직류

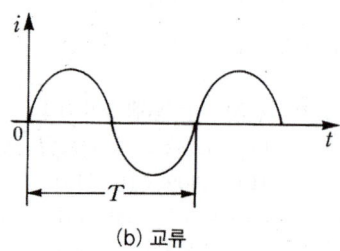
(b) 교류

[직류와 교류]

② 정현파 교류의 발생 : 자장 중에 코일을 넣고, 이것을 회전시키면 이 코일에는 기전력이 유기된다. 이때 발생되는 전압 $e[\text{V}]$는 자장 내의 코일의 유효길이를 $l[\text{m}]$, 코일의 반지름을 $r[\text{m}]$, 자속밀도를 $B[\text{Wb/m}^2]$, 자장에 직각인 자기 중심축과 코일면이 이루는 각을 θ, 코일의 운동속도를 $v[\text{m/s}]$라고 하면, 다음과 같이 구해진다.

$$e = Blv\sin\theta\,[\text{V}]$$

③ 주기와 주파수

$$T = \frac{2\pi}{\omega}[\text{s}], \ T = \frac{1}{f}[\text{s}], \ f = \frac{1}{T}[\text{Hz}]$$

$$f = \frac{1}{T} = \frac{1}{\left(\frac{2\pi}{\omega}\right)} = \frac{\omega}{2\pi}$$

④ 위상과 위상차

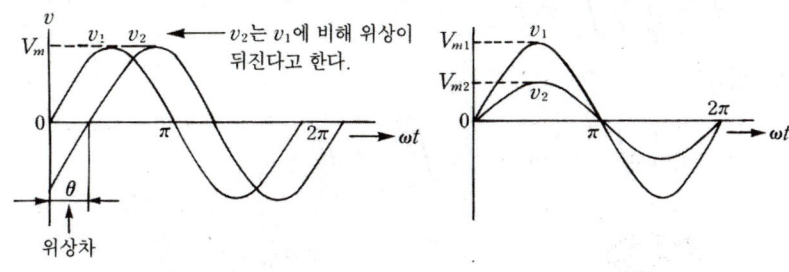

(a) 위상차가 있는 경우   (b) 위상차가 없는(동상인) 경우

[위상과 위상차]

v_1을 기준으로 (a) 표시하면,

$v_1 = V_m \sin\omega t$, $v_2 = V_m \sin(\omega t - \theta)$

v_1을 기준으로 (b) 표시하면,

$v_1 = V_{m1}\sin\omega t$, $v_2 = V_{m2}\sin\omega t$로 표시할 수 있다.

(2) 교류의 표시

① 순시값 : 정현파 교류 v는 일반적으로 표시하며 그 파형은 다음과 같다.

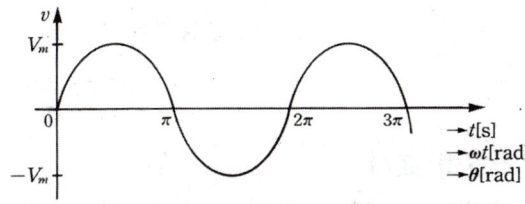

[정현파 교류]

$v = V_m \sin\omega t$

여기서 전압 v[V]는 매 순간마다 변하고 있음을 나타내는데 t 대신에 t_0(임의의 시각)를 대입하였을 때의 전압을 '순시값(instantaneous value)'이라고 하며, 일반적으로 '소문자'로 표시한다. 한편 전류의 경우라면,

$i = I_m \sin\omega t$로 표시할 수 있다.

② 최대값 : 교류의 순시값 중에서 가장 큰 값을 최대값(maximum value) 또는 진폭이라 하며, 전압의 최대값은 V_m, 전류의 최대값은 I_m으로 표시한다.

③ 실효값

$$I = \sqrt{\frac{1}{T}\int_0^T i^2 dt}$$

④ 평균값

$$I_{av} = \frac{1}{T}\int_0^T i(t)dt = \frac{1}{\frac{T}{2}}\int_0^{\frac{T}{2}} i(t)dt$$

[각 파형의 평균값, 실효값]

	평균값	실효값		평균값	실효값
정현파	$\frac{2}{\pi}V_m$	$\frac{V_m}{\sqrt{2}}$	구형반파	$\frac{V_m}{2}$	$\frac{V_m}{\sqrt{2}}$
전파	$\frac{2}{\pi}V_m$	$\frac{V_m}{\sqrt{2}}$	3각파	$\frac{V_m}{2}$	$\frac{V_m}{\sqrt{3}}$
반파	$\frac{V_m}{\pi}$	$\frac{V_m}{2}$	톱니파	$\frac{V_m}{2}$	$\frac{V_m}{\sqrt{3}}$
구형파	V_m	V_m			

※ 파형률, 파고율(일그러짐을 나타낸다.)
- 파형률 = $\frac{실효값}{평균값}$
- 파고율 = $\frac{최대값}{실효값}$

2 교류회로의 기호법 표시

(1) 복소수에 의한 벡터표시

① 복소수 : 복소수는 실수와 허수로 이루어져 있으며, 허수는 제곱하면 음수가 되는 것으로 복소수 $\dot{Z}$는 일반적으로 다음과 같이 표시된다.

$\dot{Z} = a + jb$

복소수 $\dot{Z}$의 절대값은 Z로 표시한다. 즉

$Z = \sqrt{(실수부)^2 + (허수부)^2}$
$ = \sqrt{a^2 + b^2}$

② 복소수에 의한 벡터표시

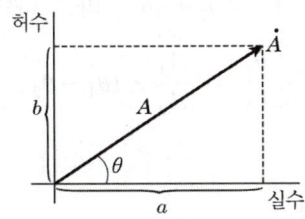

[복소수와 벡터]

임의의 복소수 $\dot{A}$는

$\dot{A} = a + jb, \quad A = \sqrt{a^2 + b^2}$

$\theta = \tan^{-1} \dfrac{b}{a}$ [rad] 로서 표시할 수 있다.

③ 벡터의 극좌표 표시

절대값 A와 편각 θ를 구하면 $a = A\cos\theta$, $b = A\sin\theta$로 표시할 수도 있으므로 다음 식과 같이 나타낸다.

$\dot{A} = a + jb = A\cos\theta + jA\sin\theta$
$\quad = A(\cos\theta + j\sin\theta)$ 이것은 크기 A이고 편각이 θ이므로,

또한 $\dot{A} = A \angle \theta$로 나타낼 수 있다.

이와 같이 표시하는 방법을 벡터의 극좌표 표시라고 한다. 따라서

$\dot{A} = a + jb = A(\cos\theta + j\sin\theta) = A \angle \theta$

(2) 복소수의 가감승제와 벡터의 관계

① 복소수의 합과 벡터의 합

$\dot{A}_1 = a_1 + jb_1, \ \dot{A}_2 = a_2 + jb_2$

로부터 이들 두 벡터의 합 $\dot{A}$는

$\dot{A} = \dot{A}_1 + \dot{A}_2 = (a_1 + jb_1) + (a_2 + jb_2)$
$\quad = (a_1 + a_2) + j(b_1 + b_2)$

② 복소수의 차와 벡터의 차 : 앞의 두 벡터 $\dot{A}_1, \dot{A}_2$의 차 $\dot{A}$를 구하면

$\dot{A} = \dot{A}_1 - \dot{A}_2 = (a_1 + jb_1) - (a_2 + jb_2)$
$\quad = (a_1 - a_2) + j(b_1 - b_2)$

③ 복소수의 곱셈 : 2개의 복소수 $\dot{A}_1$과 $\dot{A}_2$의 곱 $\dot{A}$를 구하면

$\dot{A} = \dot{A}_1 \dot{A}_2 = (A_1 \angle \theta_1) \cdot (A_2 \angle \theta_2) = A_1 A_2 \angle (\theta_1 + \theta_2)$

④ 복소수의 나눗셈과 벡터

$\dot{A}_1 = a_1 + jb_1$, $\dot{A}_2 = a_2 + jb_2$ 라고 하면,

$$\dot{A} = \frac{\dot{A}_1}{\dot{A}_2} = \frac{A_1 \angle \theta_1}{A_2 \angle \theta_2} = \frac{A_1}{A_2} \angle (\theta_1 - \theta_2)$$

3 R, L, C 소자의 특징

(1) 저항만의 회로

① 교류전압은 시간에 따라 크기와 방향이 변하지만 직류회로와 마찬가지로 옴의 법칙이 성립한다.

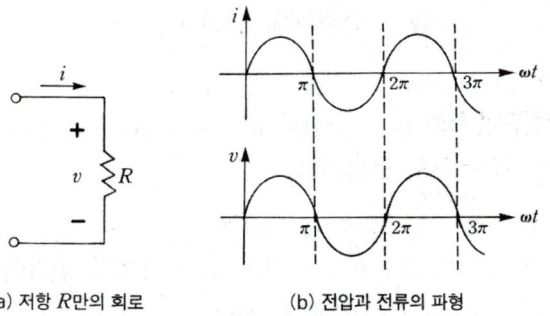

[저항 R만의 회로와 파형]

$$i = \frac{v}{R}[\text{A}], \quad v = iR[\text{V}]$$

전압 $v = V_m \sin\omega t[\text{V}]$

전류 $i = \dfrac{v}{R} = \dfrac{V_m}{R}\sin\omega t = I_m \sin\omega t[\text{A}]$

② 전압과 전류의 관계

저항 R만의 회로에서 전압과 전류는 파형과 주파수가 동일하며, 위상도 또한 동상이다. 즉, 저항은 파형, 주파수 및 위상을 변화시키는 성질이 없다.

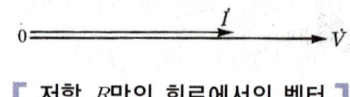

[저항 R만의 회로에서의 벡터]

(2) 인덕턴스의 동작

① 코일만의 회로

인덕턴스 L을 갖는 코일에 정현파의 전류가 흐를 때 전류의 방향으로 생기는

전압강하를 v라고 하면

$i = I_m \sin\omega t [A]$

$v = L\dfrac{di}{dt} = L\dfrac{d}{dt}(I_m \sin\omega t)$

$\quad = \omega L I_m \cos\omega t$

$\quad = V_m \cos\omega t = V_m \sin\left(\omega t + \dfrac{\pi}{2}\right)$

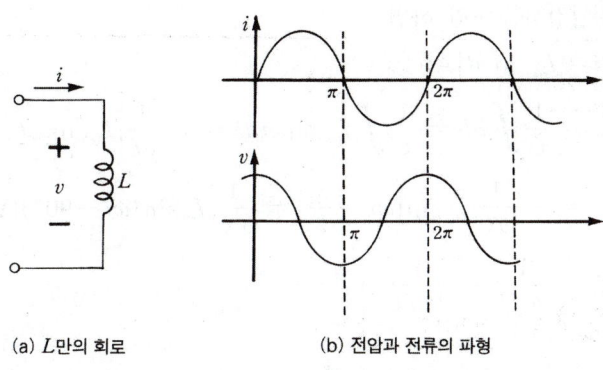

(a) L만의 회로 (b) 전압과 전류의 파형

[인덕턴스 L만의 회로와 파형]

② 전압과 전류의 관계
  ㉠ 저항과는 달리 코일에는 크기뿐만 아니라 교류의 위상까지도 바꾸는 성질이 있다. 회로에 가해진 전압 v는 전류 i보다 $\dfrac{\pi}{2}$[rad]만큼 위상이 앞선다.

  ㉡ L만의 회로에서 전압의 크기 V와 전류의 크기 I 사이의 관계의 식으로부터,
  $V = \omega L I [V]$ 또는 $I = \dfrac{V}{\omega L}[A]$

  ㉢ 여기서 ωL은 유도 리액턴스라 하며 단위는 [Ω]을 사용하고, 기호는 X_L을 사용한다.
  $X_L = \omega L = 2\pi f L [\Omega]$

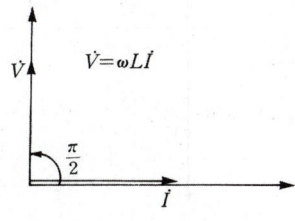

[전압과 전류의 벡터]

③ 유도 리액턴스의 주파수 특성

코일의 유도 리액턴스 $X_L = \omega L$이므로, 회로에 가해진 전압이 일정하다면, f가 높을수록, 그리고 L이 클수록 X_L이 커진다.

(3) 정전용량의 동작

① 콘덴서만의 회로

㉠ 정전용량 C를 가지는 콘덴서에 정현파 교류전류가 흐를 때 전류의 방향으로의 전압강하를 v라 하면

$$i = I_m \sin \omega t [\text{A}]$$

$$v = \frac{1}{C} \int i\, dt = \frac{1}{C} \int I_m \sin \omega t\, dt = -\frac{1}{\omega C} I_m \cos \omega t$$

$$= -\frac{1}{\omega C} I_m \sin\left(\omega t + \frac{\pi}{2}\right) = \frac{1}{\omega C} I_m \sin(\omega t - 90°)[\text{V}]$$

㉡ $X_C = \dfrac{1}{\omega C} = \dfrac{1}{2\pi f C}[\Omega]$

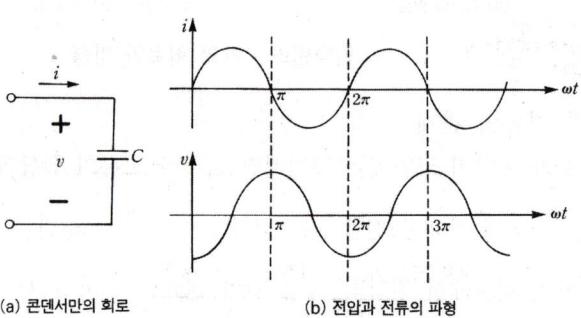

(a) 콘덴서만의 회로   (b) 전압과 전류의 파형

【 정전용량 C만의 회로와 파형 】

② 전류와 전압과의 관계

콘덴서에 흐르는 전류 i는 전압 V보다 위상이 $\dfrac{\pi}{2}$[rad]만큼 앞선다.

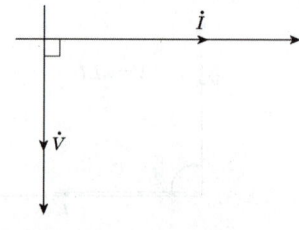

【 전압, 전류의 벡터 】

$$I = \frac{V}{X_C} = \omega CV [\text{V}], \quad X_C = \frac{1}{\omega C}[\Omega]$$

여기서, $\frac{1}{\omega C}$을 용량성 리액턴스라 하고, 기호는 X_C를 사용한다.

4 R, L, C 직병렬회로

(1) RL 직렬회로

① RL 직렬회로의 임피던스

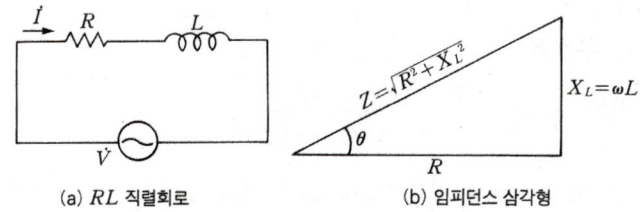

(a) RL 직렬회로   (b) 임피던스 삼각형

[직렬회로의 성질]

RL 직렬회로의 합성 임피던스 $Z[\Omega]$는

$$Z = \sqrt{(\text{저항 성분})^2 + (\text{유도리액턴스의 성분})^2}$$
$$= \sqrt{R^2 + (\omega L)^2}$$
$$= \sqrt{R^2 + (X_L)^2}$$

② 전압과 전류의 관계

$$V_R = RI [\text{V}]$$
$$V_L = X_L I = \omega LI [\text{V}]$$
$$\dot{V} = \dot{V}_R + \dot{V}_L$$

이므로, 크기 V는

$$V = \sqrt{(RI)^2 + (\omega LI)^2} = \sqrt{V_R^2 + V_L^2} [\text{V}]$$

이며,

$$I = \frac{V}{Z} = \frac{V}{\sqrt{R^2 + (\omega L)^2}} [\text{A}]$$

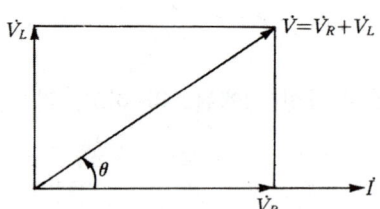

[전압·전류의 벡터]

$$\theta = \tan^{-1}\frac{X_L}{R} = \tan^{-1}\frac{\omega L}{R}\,[\text{rad}]$$

전압(v)은 전류(I)보다 θ만큼 앞선다.

③ 역률, 무효율

㉠ 역률 : $\cos\theta = \dfrac{R}{Z} = \dfrac{R}{\sqrt{R^2+(\omega L)^2}}$

㉡ 무효율 : $\sin\theta = \dfrac{X}{Z} = \dfrac{\omega L}{\sqrt{R^2+(\omega L)^2}}$

(2) RC 직렬회로

① RC 직렬회로의 임피던스

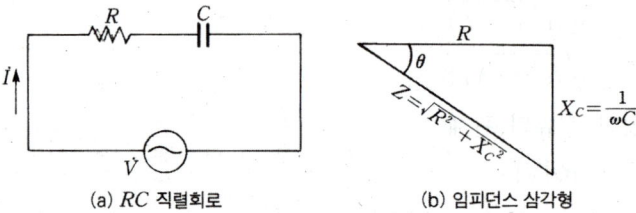

(a) RC 직렬회로   (b) 임피던스 삼각형

[RC 직렬회로의 성질]

RC 직렬회로의 합성 임피던스 $Z[\Omega]$는

$$Z = \sqrt{(\text{저항 성분})^2 + (\text{용량리액턴스 성분})^2}$$
$$= \sqrt{R^2+\left(\frac{1}{\omega C}\right)^2}\,[\Omega]$$
$$= \sqrt{R^2+(X_C)^2}\,[\Omega]$$

② 전류와 전압과의 관계

$$\dot{V}_R = \dot{I}R$$
$$\dot{V}_C = X_C\dot{I} = \frac{1}{\omega C}\dot{I}$$

$$\dot{V} = \dot{V}_R + \dot{V}_C$$

이므로, 크기 V는

$$V = \sqrt{V_R^2 + V_C^2}$$

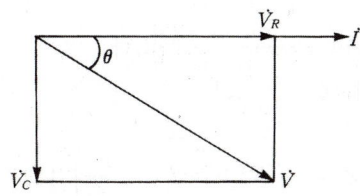

$$\theta = \tan^{-1}\frac{X_C}{R} = \tan^{-1}\frac{1}{\omega CR}$$

전압(V)은 전류(I)보다 θ만큼 뒤진다.

③ 역률, 무효율

㉠ 역률 : $\cos\theta = \dfrac{R}{Z} = \dfrac{R}{\sqrt{R^2 + \left(\dfrac{1}{\omega C}\right)^2}}$

㉡ 무효율 : $\sin\theta = \dfrac{X}{Z} = \dfrac{\dfrac{1}{\omega C}}{\sqrt{R^2 + \left(\dfrac{1}{\omega C}\right)^2}}$

(3) RLC 직렬회로

① RLC 직렬회로

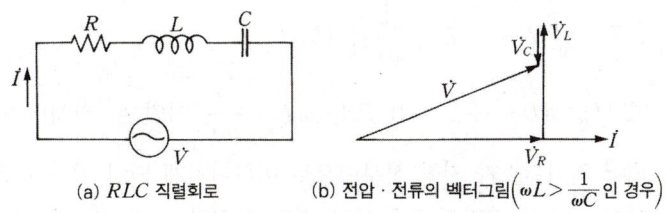

(a) RLC 직렬회로   (b) 전압·전류의 벡터그림 $\left(\omega L > \dfrac{1}{\omega C}\right.$인 경우$\left.\right)$

[RLC **직렬회로와 벡터**]

정현파 전압 $\dot{V}$[V]를 가할 때, 회로에 흐르는 전류를 $\dot{I}$[A]라 하고, R, L, C에 걸리는 전압을 각각 $\dot{V}_R$, $\dot{V}_L$, $\dot{V}_C$라고 하면

$$\dot{V} = \dot{V}_R + \dot{V}_L + \dot{V}_C \text{[V]}$$

그러므로 전압의 크기 V는

$$V = \sqrt{V_R^2 + (V_L - V_C)^2} = \sqrt{(RI)^2 + (X_L I - X_C I)^2}$$

$$= I\sqrt{R^2 + (X_L - X_C)^2} = I\sqrt{R^2 + \left(\omega L - \frac{1}{\omega C}\right)^2} \text{ [V]}$$

$$I = \frac{V}{\sqrt{R^2 + \left(\omega L - \frac{1}{\omega C}\right)^2}} \text{ [A]}$$

합성 임피던스 $Z = \sqrt{R^2 + \left(\omega L - \frac{1}{\omega C}\right)^2}$ [Ω]

$$\therefore \theta = \tan^{-1}\frac{X_L - X_C}{R} = \tan^{-1}\frac{\omega L - \frac{1}{\omega C}}{R} \text{ [rad]}$$

② 임피던스의 유도성과 용량성

앞에서 다루어진 [그림 (a) : RLC 직렬회로]와 같은 회로의 임피던스의 리액턴스 성분은 유도 리액턴스 $X_L = \omega L$와 용량 리액턴스 $X_C = \frac{1}{\omega C}$의 차로 나타난다. 즉,

$X_L > X_C$이면 유도성 임피던스

$X_L < X_C$이면 용량성 임피던스

$X_L = X_C$이면 저항만의 회로가 되며, 즉 직렬 공진회로가 된다.

③ 직렬공진

㉠ 직렬공진의 조건

합성 임피던스 Z는

$$Z = \sqrt{R^2 + \left(\omega L - \frac{1}{\omega C}\right)^2} \text{ [Ω]}$$

여기서, $\omega L - \frac{1}{\omega C} = 0$ 또는 $\omega L = \frac{1}{\omega C}$이면 두 리액턴스 성분이 서로 상쇄되어 임피던스가 저항 성분만으로 이루어지게 되어 최소가 된다. 즉, 이런 상태에서는 저항 R만으로 구성된 회로에 전압 V를 가한 것과 같고, 전류 I는

$$I = \frac{V}{Z} = \frac{V}{R} \text{ [A]}$$

로 표시되며, I와 V는 동상이다. 이와 같은 상태를 직렬공진이라 한다.

㉡ 공진주파수(f_0)

공진 조건 $\omega L - \frac{1}{\omega C} = 0$으로부터

$\omega^2 LC - 1 = 0$

$$\omega^2 = \frac{1}{LC}$$

$$\omega = \frac{1}{\sqrt{LC}} \quad \text{또는} \quad 2\pi f_0 = \frac{1}{\sqrt{LC}}$$

$$\therefore f_0 = \frac{1}{2\pi\sqrt{LC}} [\text{Hz}]$$

ⓒ 주파수 선택도, 첨예도(S)

$$\omega_0 = 2\pi f_0 = 2\pi \frac{1}{2\pi\sqrt{LC}} = \frac{1}{\sqrt{LC}}$$

$$S(=Q) = \frac{V_L}{V} = \frac{V_C}{V} = \frac{\omega_0 L}{R} = \frac{1}{\omega_0 CR} = \frac{1}{R}\sqrt{\frac{L}{C}}$$

(Q : 전압확대율, 양호도)

(4) RLC 병렬회로

① RL 병렬회로

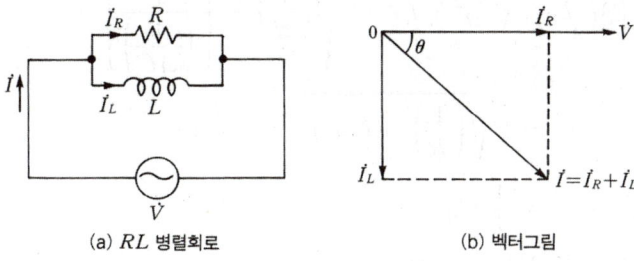

(a) RL 병렬회로 (b) 벡터그림

【 RL 병렬회로 】

$\dot{I} = \dot{I}_R + \dot{I}_L$ 이므로, 전류의 크기 I는

㉠ $I = \sqrt{I_R^2 + I_L^2}$

$$= \sqrt{\left(\frac{V}{R}\right)^2 + \left(\frac{V}{\omega L}\right)^2}$$

㉡ 합성 임피던스

$$Z = \frac{1}{\sqrt{\left(\frac{1}{R}\right)^2 + \left(\frac{1}{\omega L}\right)^2}} = \frac{1}{\sqrt{\left(\frac{1}{R}\right)^2 + \left(\frac{1}{X_L}\right)^2}} [\Omega]$$

$$= \frac{R \cdot X_L}{\sqrt{R^2 + X_L^2}}$$

ⓒ RL 병렬회로에서도 전류 $\dot{I}$는 전압 $\dot{V}$보다 위상이 θ만큼 뒤짐을 알 수 있다.

$$\theta = \tan^{-1}\frac{R}{\omega L} = \tan^{-1}\frac{R}{X_L}$$

ⓔ 역률 : $\cos\theta = \dfrac{G}{Y} = \dfrac{\frac{1}{R}}{Y} = \dfrac{X_L}{\sqrt{R^2+X_L^2}}$

② RC 병렬회로

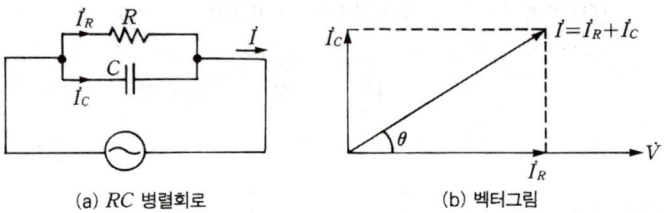

(a) RC 병렬회로   (b) 벡터그림

[RC 병렬회로]

㉠ 전류 $I = \sqrt{I_R^2 + I_C^2} = \sqrt{\left(\dfrac{V}{R}\right)^2 + \left\{\dfrac{V}{\left(\dfrac{1}{\omega C}\right)}\right\}^2}$

$\quad = V\sqrt{\left(\dfrac{1}{R}\right)^2 + (\omega C)^2} = V \cdot Y$

$\quad = \dfrac{V}{Z}$ [A]

ⓛ 합성 임피던스 $Z[\Omega]$는

$$Z = \dfrac{1}{\sqrt{\left(\dfrac{1}{R}\right)^2 + (\omega C)^2}} = \dfrac{1}{\sqrt{\left(\dfrac{1}{R}\right)^2 + \left(\dfrac{1}{X_C}\right)^2}}[\Omega]$$

ⓒ 위상각 : RC 병렬회로의 전류 $\dot{I}$는 전압 $\dot{V}$보다 위상이 θ만큼 앞선다.

$$\theta = \tan^{-1}\omega CR[\text{rad}]$$

ⓔ 역률 : $\cos\theta = \dfrac{G}{Y} = \dfrac{\frac{1}{R}}{Y} = \dfrac{X_C}{\sqrt{R^2+X_C^2}}$

③ RLC 병렬회로

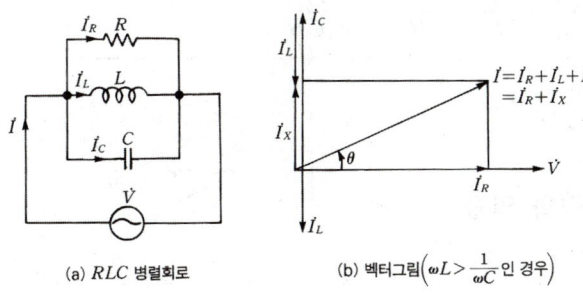

(a) RLC 병렬회로   (b) 벡터그림 ($\omega L > \frac{1}{\omega C}$ 인 경우)

[RLC 병렬회로와 벡터]

㉠ $I = \sqrt{I_R^2 + I_X^2} = \sqrt{I_R^2 + (I_C - I_L)^2}$

$= \sqrt{\left(\frac{V}{R}\right)^2 + \left(\omega CV - \frac{V}{\omega L}\right)^2} = V\sqrt{\left(\frac{1}{R}\right)^2 + \left(\omega C - \frac{1}{\omega L}\right)^2} = VY$

$= \dfrac{V}{\dfrac{1}{\sqrt{\left(\dfrac{1}{R}\right)^2 + \left(\omega C - \dfrac{1}{\omega L}\right)^2}}} = \dfrac{V}{Z}$ [A]

㉡ $Z = \dfrac{1}{\sqrt{\left(\dfrac{1}{R}\right)^2 + \left(\omega C - \dfrac{1}{\omega L}\right)^2}}$

④ 병렬공진

RLC 직렬회로에서 직렬공진이 일어나는데 병렬회로에서도 마찬가지로 공진현상이 일어난다.

㉠ 병렬공진

$\dot{I}_L = \dfrac{\dot{V}}{R + j\omega L} = \left\{\dfrac{R}{R^2 + (\omega L)^2} - j\dfrac{\omega L}{R^2 + (\omega L)^2}\right\}\dot{V}$ [A]

$\dot{I}_C = j\omega C \dot{V}$ [A]

㉡ 공진주파수

$f_0 = \dfrac{1}{2\pi}\sqrt{\dfrac{1}{LC} - \dfrac{R^2}{L^2}}$

㉢ 공진 임피던스

병렬공진 시의 임피던스 Z_0는

$Z_0 = \dfrac{\left(\dfrac{1}{LC}\right) \cdot L^2}{R} = \dfrac{L}{RC}$ [Ω] 또는 $Y_0 = \dfrac{CR}{L}$ [℧]

㉣ 전류의 증대

$$\frac{I_L}{I_0} = \frac{I_C}{I_0} = \frac{\omega_0 L}{R} = \frac{1}{\omega_0 CR}$$

5 교류전력

(1) 교류의 전력과 역률

① 저항부하의 전력

저항 R의 부하에 $v = V_m \sin\omega t = \sqrt{2}\,V\sin\omega t$[V]의 전압을 가하면, 다음과 같은 전류 i가 흐른다.

$$i = \frac{v}{R} = \frac{\sqrt{2}\,V}{R}\sin\omega t = \sqrt{2}\,I\sin\omega t = I_m \sin\omega t\,[\text{A}]\ (단, I_m : 최대값)$$

따라서 저항에서의 순시전력 p는

$$p = vi = 2VI\sin^2\omega t = VI(1 - \cos 2\omega t)\,[\text{W}]$$

순시전력 p의 1주기에 대한 평균값을 '전력' 또는 '교류전력'이라고 한다. 평균값 P[W]는

$$P = VI\,[\text{W}]$$

② 일반회로에서의 전력

$v = \sqrt{2}\,V\sin\omega t$[V], $i = \sqrt{2}\,I\sin(\omega t - \theta)$[A]이다.

이 순시전력 p의 1주기 동안의 평균값, 즉 평균전력 P는

$$P = VI\cos\theta\,[\text{W}]$$

③ 역률

$$p.f. = \cos\theta = \frac{R}{Z} = \frac{R}{\sqrt{R^2 + X^2}}$$

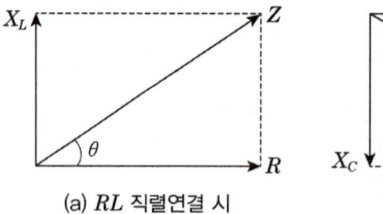 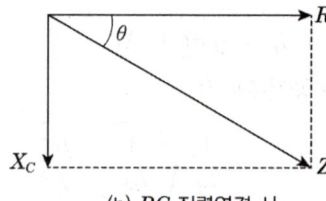

(a) RL 직렬연결 시   (b) RC 직렬연결 시

【 임피던스 삼각형 】

④ $R-X$ 직·병렬회로의 전력
  ㉠ 직렬회로의 전력
    ⓐ 유효전력(P)
    $$I = \frac{V}{Z} = \frac{V}{\sqrt{R^2+X^2}}$$
    $$\therefore P = I^2 \cdot R = \left(\frac{V}{\sqrt{R^2+X^2}}\right)^2 \cdot R = \left(\frac{V^2}{R^2+X^2}\right)R [\text{W}]$$
    ⓑ 무효전력(P_r)
    $$P_r = I^2 \cdot X = \left(\frac{V}{\sqrt{R^2+X^2}}\right)^2 \cdot X = \left(\frac{V^2}{R^2+X^2}\right) \cdot X [\text{Var}]$$
  ㉡ 병렬회로의 전력
    ⓐ 유효전력(P) : $P = \dfrac{V^2}{R}[\text{W}]$
    ⓑ 무효전력(P_r) : $P = \dfrac{V^2}{X}[\text{Var}]$

(2) 교류전력

① 피상전력, 유효전력, 무효전력, 복소전력

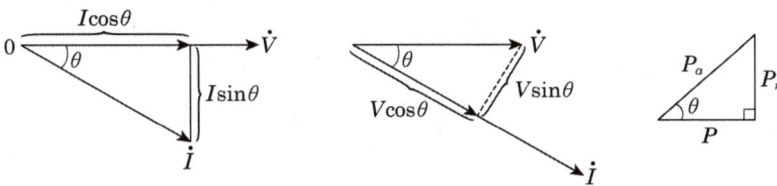

[전압·전류의 벡터]

- 유효전력(평균전력) $P = VI\cos\theta [\text{W}]$
- 무효전력 $P_r = VI\sin\theta [\text{Var}]$
- 피상전력 $P_a = VI [\text{VA}]$
- 복소전력(S) = $\overline{V} \cdot I = P \mp jP_r$

② 역률과 무효율
피상전력 중에서 유효전력으로 사용되는 비율을 또한 '역률'이라 하며 다음과 같이 표시

㉠ 역률 = $\dfrac{\text{유효전력}(P)}{\text{피상전력}(P_a)} = \dfrac{VI\cos\theta}{VI} = \cos\theta = \dfrac{P}{\sqrt{P^2+P_r^2}}$

ⓒ 무효율 $= \dfrac{\text{무효전력}(P_r)}{\text{피상전력}(P_a)} = \dfrac{VI\sin\theta}{VI} = \sin\theta = \dfrac{P_r}{\sqrt{P^2 + P_r^2}}$

ⓒ 유효전력 P[W], 무효전력 P_r[Var], 피상전력 P_a[VA] 사이의 관계가 성립한다.

$$P^2 + P_r^{\,2} = P_a^{\,2}, \quad P_a = \sqrt{P^2 + P_r^{\,2}}$$

③ 최대전력전달

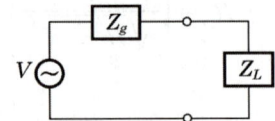

㉠ $Z_g = R$일 때, $Z_L = Z_g = R$이면 최대공급전력 $P_{\max} = \dfrac{V^2}{4R}$[W]

㉡ $Z_g = R \pm jX$일 때, $Z_L = \overline{Z_g} = R \mp jX$이면

최대공급전력 $P_{\max} = \dfrac{V^2}{4R}$[W]

CHAPTER 05 교류회로 기출문제

01 어느 회로 소자에 일정한 크기의 전압으로 주파수를 증가시키면서 흐르는 전류를 관찰하였다. 주파수를 2배로 하였더니 전류의 크기가 2배로 되었다. 이 회로 소자는?

① 저항   ② 코일
③ 콘덴서   ④ 다이오드

해설
- 저항과 다이오드는 f 증가와 I 와는 무관하다.
- $I = \dfrac{V}{X_C} = \dfrac{V}{\dfrac{1}{\omega C}} = \omega CV = 2\pi fCV \ (I \propto f)$
- $I = \dfrac{V}{X_L} = \dfrac{V}{\omega L} = \dfrac{V}{2\pi fL} \ (I \propto \dfrac{1}{f})$

01 ★
- $I = \dfrac{V}{X_L}, \ I = \dfrac{V}{X_C}$
- [2010년 1회 기출]

02 어떤 회로에 $v = 200\sin\omega t$ 의 전압을 가했더니 $i = 50\sin\left(\omega t + \dfrac{\pi}{2}\right)$ 의 전류가 흘렀다. 이 회로는?

① 저항회로   ② 유도성회로
③ 용량성회로   ④ 임피던스회로

해설
- 전압과 전류의 위상차
- I 가 V 보다 90° 앞서므로 용량성(C)의 회로이다.

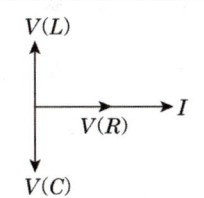

02 ★★★
- 용량성 : I 가 V 보다 90° 진상
- 유도성 : V 가 I 보다 90° 진상
- [2010년 1회 기출]

03 $R = 4[\Omega]$, $X = 3[\Omega]$ 인 $R-L-C$ 직렬회로에서 5[A]의 전류가 흘렀다면 이때의 전압은?

① 15[V]   ② 20[V]
③ 25[V]   ④ 125[V]

해설
- $Z = R + jX = 4 + j3 = \sqrt{4^2 + 3^2} = 5$
- $V = I \cdot Z = 5 \times 5 = 25[V]$

03 ★★
- $Z = R + jX = \sqrt{R^2 + X^2}$
- [2010년 1회 기출]

정답 01.③ 02.③ 03.③

출제 POINT

04 중요도
- [2010년 1회 기출]

05 중요도
- [2010년 2회 기출]

06 중요도
- [2010년 2회 기출]

---

04 $R=10[\Omega]$, $C=220[\mu F]$의 병렬회로에 $f=60[Hz]$, $V=100[V]$의 사인파 전압을 가할 때 저항 R에 흐르는 전류[A]는?

① 0.45[A]　　　　　　② 6[A]
③ 10[A]　　　　　　　④ 22[A]

해설 [RC 병렬회로]

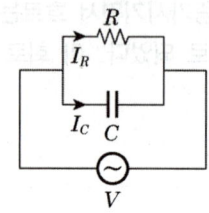

- $I_R = \dfrac{V}{R} = \dfrac{100}{10} = 10[A]$
- $I_C = \dfrac{V}{X_C} = 2\pi f CV[A]$

05 $10[\Omega]$의 저항회로에 $e = 100\sin\left(377t + \dfrac{\pi}{3}\right)[V]$의 전압을 가했을 때 $t=0$에서의 순시전류는?

① 5[A]　　　　　　② $5\sqrt{3}$[A]
③ 10[A]　　　　　　④ $10\sqrt{3}$[A]

해설 $t=0$일 때 순시전류 i

$i = \dfrac{e}{R}\bigg|_{t=0} = \dfrac{100}{10}\sin\dfrac{\pi}{3} = 10 \cdot \dfrac{\sqrt{3}}{2} = 5\sqrt{3}[A]$

06 $\dot{Z}_1 = 2+j11[\Omega]$, $\dot{Z}_2 = 4-j3[\Omega]$의 직렬회로에 교류전압 100[V]를 가할 때 합성 임피던스는?

① 6[Ω]　　　　　　② 8[Ω]
③ 10[Ω]　　　　　　④ 14[Ω]

해설 [합성 임피던스 $\dot{Z}$]

$Z = Z_1 + Z_2 = (2+j11) + (4-j3) = 6 + j8 = \sqrt{6^2 + 8^2} = 10[\Omega]$

정답 04.③ 05.② 06.③

07 $R=4[\Omega]$, $X_L=8[\Omega]$, $X_C=5[\Omega]$가 직렬로 연결된 회로에 100[V]의 교류를 가했을 때 흐르는 ㉠ 전류와 ㉡ 임피던스는?

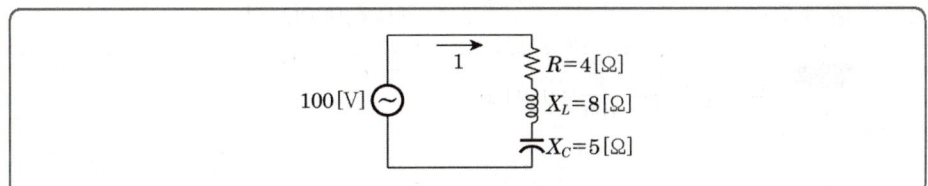

① ㉠ 5.9[A], ㉡ 용량성　　② ㉠ 5.9[A], ㉡ 유도성
③ ㉠ 20[A], ㉡ 용량성　　④ ㉠ 20[A], ㉡ 유도성

- 임피던스 $\dot{Z} = R+j(X_L-X_C) = 4+j(8-5) = 4+j3 = \sqrt{4^2+3^2} = 5[\Omega]$
  $X_L > X_C$ 이므로 유도성이며,
- $I = \dfrac{V}{Z} = \dfrac{100}{5} = 20[A]$

출제 POINT

07. 중요도 ★★★
- $\dot{Z}= R+j(X_L-X_C)$
- $|Z|=\sqrt{R^2+(X_L-X_C)^2}$
- [2010년 2회 기출]

08 전기저항 25[Ω]에 50[V]의 사인파 전압을 가할 때 전류의 순시값은? (단, 각속도 $\omega = 377[\text{rad/sec}]$임)

① $2\sin 377t[A]$
② $2\sqrt{2}\sin 377t[A]$
③ $4\sin 377t[A]$
④ $4\sqrt{2}\sin 377t[A]$

- 순시치 $i = I_m \sin\omega t$ 이며
- 최대값 $I_m = \sqrt{2} \times I$ (I : 실효값)
- $I = \dfrac{V}{R} = \dfrac{50}{25} = 2[A]$
  $\therefore i = 2\sqrt{2}\sin\omega t = 2\sqrt{2}\sin 377t[A]$

08. 중요도 ★
- 실효값 = $\dfrac{최대값}{\sqrt{2}}$
- [2010년 4회 기출]

09 각 주파수 $\omega = 100\pi[\text{rad/s}]$일 때 주파수 $f[\text{Hz}]$는?

① 50[Hz]　　② 60[Hz]
③ 300[Hz]　　④ 360[Hz]

각 주파수 $\omega = 2\pi f$ 이므로
$f = \dfrac{\omega}{2\pi} = \dfrac{100\pi}{2\pi} = 50[\text{Hz}]$

09. 중요도 ★
- $\omega = 2\pi f$
- [2010년 4회 기출]

정답 07.④ 08.② 09.①

출제 POINT

10 ★
- $T = \dfrac{1}{f}$
- [2010년 4회 기출]

11
- [2010년 5회 기출]

12 ★★★
- 평균값 $= \dfrac{2}{\pi}$ 최대값
- [2010년 5회 기출]

13
- [2010년 5회 기출]

---

10 주파수 100[Hz]의 주기는?

① 0.01[sec] ② 0.6[sec]
③ 1.7[sec] ④ 6,000[sec]

해설 주기 $T = \dfrac{1}{f} = \dfrac{1}{100} = 0.01[\text{sec}]$

11 임피던스 $\dot{Z} = 6 + j8[\Omega]$에서 컨덕턴스는?

① 0.06[℧] ② 0.08[℧]
③ 0.1[℧] ④ 1.0[℧]

해설 임피던스 $Z = 6 + j8$

어드미턴스 $Y = \dfrac{1}{Z} = G \pm jB$

∴ $Y = \dfrac{1}{6+j8} = \dfrac{6-j8}{(6+j8)(6-j8)} = \dfrac{6}{100} - j\dfrac{8}{100}$ 이므로

$G = 0.06$, $B = 0.08$이 된다.

12 최대값이 200[V]인 사인파 교류의 평균값은?

① 약 70.7[V] ② 약 100[V]
③ 약 127.3[V] ④ 약 141.4[V]

해설
- 평균값 $= \dfrac{2}{\pi} \times$ 최대값 $= \dfrac{2}{\pi} \times 200 \fallingdotseq 127.3[\text{V}]$
- 실효값 $= \dfrac{1}{\sqrt{2}} \times$ 최대값

13 교류회로에서 전압과 전류의 위상차를 $\theta[\text{rad}]$라 할 때 $\cos\theta$는?

① 전압변동률 ② 왜곡률
③ 효율 ④ 역률

해설 역률($\cos\theta$)
- $\cos\theta = \dfrac{R}{Z}$ (직렬회로)
- $\cos\theta = \dfrac{G}{Y}$ (병렬회로)

θ는 전압-전류의 위상차를 뜻한다.

정답 10.① 11.① 12.③ 13.④

14 $v = V_m \sin(\omega t + 30°)[V]$, $i = I_m \sin(\omega t - 30°)$일 때 전압을 기준으로 할 때 전류의 위상차는?

① 60° 뒤진다. ② 60° 앞선다.
③ 30° 뒤진다. ④ 30° 앞선다.

해설

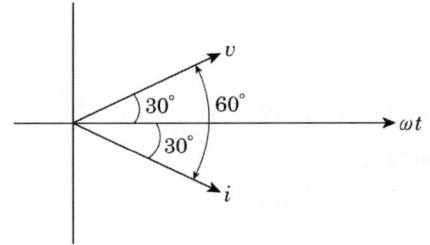

위의 전압-전류 벡터도에서 보면
전압은 전류보다 60° 진상 또는 전류는 전압보다 지상이 된다.

■ [2011년 1회 기출]

15 $R - L - C$ 직렬공진 회로에서 최소가 되는 것은?

① 저항값 ② 임피던스값
③ 전류값 ④ 전압값

해설
- 직렬공진 : 전류(최대), 임피던스(최소)
- 병렬공진 : 전류(최소), 임피던스(최대)

■ [2011년 1회 기출]

16 단상전압 220[V]에 소형 전동기를 접속하였더니 2.5[A]의 전류가 흘렀다. 이때의 역률이 75[%]이었다. 이 전동기의 소비전력[W]은?

① 187.5[W] ② 412.5[W]
③ 545.5[W] ④ 714.5[W]

해설 소비전력 $P = VI\cos\theta$[W]
$= 220 \times 2.5 \times 0.75 = 412.5$[W]

■ [2011년 2회 기출]

17 회전자가 1초에 30회전을 하면 각속도는?

① 30π[rad/s]
② 60π[rad/s]
③ 90π[rad/s]
④ 120π[rad/s]

■ $w = \dfrac{\theta'}{t}$

■ [2011년 2회 기출]

정답 14.① 15.② 16.② 17.②

해설
- $wt = \theta$에서 각속도 $w = \dfrac{\theta}{t}$이며,
- 1회전시의 $\theta = 2\pi$ → 30 회전시의 $\theta' = 2\pi \times 30 [\text{rad}]$

$\therefore w = \dfrac{\theta'}{t} = \dfrac{2\pi \times 30}{1} = 60\pi [\text{rad/s}]$

18 다음 설명 중에서 틀린 것은?

① 코일은 직렬로 연결할수록 인덕턴스가 커진다.
② 콘덴서는 직렬로 연결할수록 용량이 커진다.
③ 저항은 병렬로 연결할수록 저항치가 작아진다.
④ 리액턴스는 주파수의 함수이다.

해설
- 콘덴서는 직렬로 연결 시 용량은 작아진다.
- 콘덴서는 병렬로 연결 시 용량은 커진다.

19 저항 $R = 15[\Omega]$, 자체 인덕턴스 $L = 35[\text{mH}]$, 정전용량 $C = 300[\mu\text{F}]$의 직렬회로에서 공진주파수 f_r는 약 몇 [Hz]인가?

① 40
② 50
③ 60
④ 70

해설 [직렬 공진주파수 f_r]

$f_r = \dfrac{1}{2\pi\sqrt{LC}} = \dfrac{1}{2\pi\sqrt{35 \times 10^{-3} \times 300 \times 10^{-6}}} \fallingdotseq 50[\text{Hz}]$

20 일반적으로 교류전압계의 지시값은?

① 최대값
② 순시값
③ 평균값
④ 실효값

해설 일반적으로 지시계기의 값은 실효값으로 표시된다.

21 교류회로에서 코일과 콘덴서를 병렬로 연결한 상태에서 주파수가 증가하면 어느 쪽이 전류가 잘 흐르는가?

① 코일
② 콘덴서
③ 코일과 콘덴서에 같이 흐른다.
④ 모두 흐르지 않는다.

정답 18.② 19.② 20.④ 21.②

해설

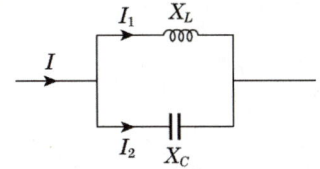

- 용량성 리액턴스 $X_C = \dfrac{1}{\omega C} = \dfrac{1}{2\pi f C}$ 이므로 $X_C \propto \dfrac{1}{f}$
- 유도성 리액턴스 $X_L = \omega L = 2\pi f L$ 이므로 $X_L \propto f$
- ∴ f가 증가하면 X_L은 증가하여 전류가 감소하며, X_C는 감소하여 전류가 증가하므로 콘덴서 쪽으로 전류가 더 흐르게 된다.

22 어떤 회로에 50[V]의 전압을 가하니 $8+j6$[A]의 전류가 흘렀다면 이 회로의 임피던스[Ω]는?

① $3-j4$ ② $3+j4$
③ $4-j3$ ④ $4+j3$

해설 임피던스 $Z = \dfrac{V}{I} = \dfrac{50}{8+j6} = \dfrac{50(8-j6)}{(8+j6)(8-j6)} = \dfrac{50}{100}(8-j6) = 4-j3$

22 — 중요도
- 임피던스 $Z = \dfrac{V}{I}$
- [2011년 4회 기출]

23 $e = 141\sin\left(120\pi t - \dfrac{\pi}{3}\right)$ 인 파형의 주파수는 몇 [Hz]인가?

① 10 ② 15
③ 30 ④ 60

해설 [순시값 e]
- $e = E_m \sin(\omega t + \theta)$ 이며
- $e = 141\sin\left(120\pi t - \dfrac{\pi}{3}\right)$ 와 같게 하려면
- 최대값 $E_m = 141$[V]
- 실효값 $E = \dfrac{E_m}{\sqrt{2}} = \dfrac{141}{\sqrt{2}} = 100$[V]
- 각 주파수 $w = 120\pi$ 이므로 $w = 2\pi f = 120\pi \rightarrow f = 60$[Hz]

23 — 중요도
- 순시값 $e = E_m \sin(\omega t + \theta)$
- [2011년 5회 기출]

24 $R = 10$[Ω], $X_L = 15$[Ω], $X_C = 15$[Ω]의 직렬회로에 100[V]의 교류전압을 인가할 때 흐르는 전류[A]는?

① 6 ② 8
③ 10 ④ 12

24 — 중요도 ★★
- $Z = R + j(X_L - X_C)$
- [2011년 5회 기출]

정답 22.③ 23.④ 24.③

해설

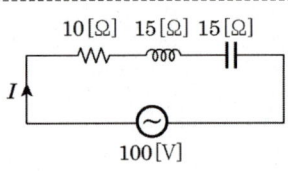

$R-L-C$ 직렬회로의 임피던스 $Z = R + j(X_L - X_C) = 10 + j(15-15) = 10$

∴ 전류 $I = \dfrac{V}{Z} = \dfrac{100}{10} = 10[A]$

25 자체 인덕턴스가 0.01[H]인 코일에 100[V], 60[Hz]의 사인파 전압을 가할 때 유도 리액턴스는 약 몇 [Ω]인가?

① 3.77
② 6.28
③ 12.28
④ 37.68

해설 유도성 리액턴스(X_L)
$X_L = \omega L = 2\pi f L = 2\pi \times 60 \times 0.01 = 3.77[\Omega]$

26 브리지 회로에서 미지의 인덕턴스 L_x를 구하면?

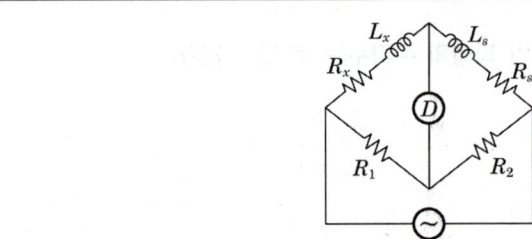

① $L_x = \dfrac{R_2}{R_1} L_s$
② $L_x = \dfrac{R_1}{R_2} L_s$
③ $L_x = \dfrac{R_s}{R_1} L_s$
④ $L_x = \dfrac{R_1}{R_s} L_s$

해설 브리지 회로의 평형조건에서
$(R_x + jwL_x)R_2 = R_1(R_s + jwL_s)$
$R_2 R_x + jwL_x R_2 = R_1 R_s + jwL_s R_1$
따라서 양변이 같기 위해서는
$R_2 R_x = R_1 R_s$ 이므로 $R_x = \dfrac{R_1}{R_2} R_s [\Omega]$

$L_x R_2 = L_s R_1$ 이므로 $L_x = \dfrac{R_1}{R_2} L_s [H]$

정답 25.① 26.②

27 감은 횟수 200회의 코일 P와 300회의 코일 S를 가까이 놓고 P에 1[A]의 전류를 흘릴 때 S와 쇄교하는 자속이 4×10^{-4}[Wb]이었다면 이들 코일 사이의 상호 인덕턴스는?

① 0.12[H]
② 0.12[mH]
③ 0.08[H]
④ 0.08[mH]

해설 상호 인덕턴스 M

$$M = \frac{N_2 \phi}{I_1} = \frac{300 \times 4 \times 10^{-4}}{1} = 1,200 \times 10^{-4}[\text{H}] = 0.12[\text{H}] = 120[\text{mH}]$$

- [2012년 1회 기출]

28 각속도 $\omega = 300$[rad/sec]인 사인파 교류의 주파수[Hz]는 얼마인가?

① $\frac{70}{\pi}$
② $\frac{150}{\pi}$
③ $\frac{180}{\pi}$
④ $\frac{360}{\pi}$

해설 각속도 $\omega = 2\pi f$이므로 $f = \frac{\omega}{2\pi} = \frac{300}{2\pi} = \frac{150}{\pi}$[Hz]

- [2012년 1회 기출]

29 $Z_1 = 5 + j3[\Omega]$과 $Z_2 = 7 - j3[\Omega]$이 직렬연결된 회로에 $V = 36$[V]를 가한 경우의 전류[A]는?

① 1[A]
② 3[A]
③ 6[A]
④ 10[A]

해설 전체 임피던스 $Z = Z_1 + Z_2 = (5+7) + j(3-3) = 12[\Omega]$

∴ 전류 $I = \frac{V}{Z} = \frac{36}{12} = 3$[A]

- [2012년 1회 기출]

30 어떤 정현파 교류의 최대값이 $V_m = 220$[V]이면 평균값 V_a는?

① 약 120.4[V]
② 약 125.4[V]
③ 약 127.3[V]
④ 약 140.1[V]

해설 정현파의 실효값(V), 평균값(V_{dc})

- $V = \frac{V_m}{\sqrt{2}} = \frac{220}{\sqrt{2}} = 110\sqrt{2}$
- $V_{dc} = \frac{2}{\pi} V_m = \frac{2}{\pi} \times 220 ≒ 140$[V]

- [2012년 2회 기출]

정답 27.① 28.② 29.② 30.④

31 그림의 브리지 회로에서 평형이 되었을 때의 C_x는?

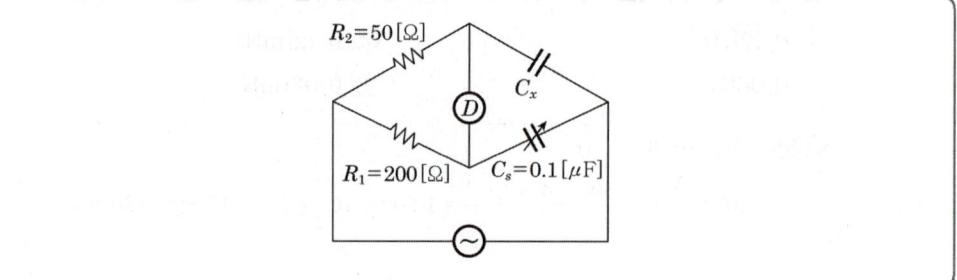

① $0.1[\mu F]$　　② $0.2[\mu F]$
③ $0.3[\mu F]$　　④ $0.4[\mu F]$

해설 브리지 회로의 평형조건

$R_2 \cdot \dfrac{1}{jwC_s} = R_1 \times \dfrac{1}{jwC_x}$ 에서

$C_x = \dfrac{R_1}{R_2}C_s = \dfrac{200}{50} \times 0.1 = 0.4[\mu F]$

32 그림의 병렬 공진회로에서 공진 임피던스 $Z_0[\Omega]$은?

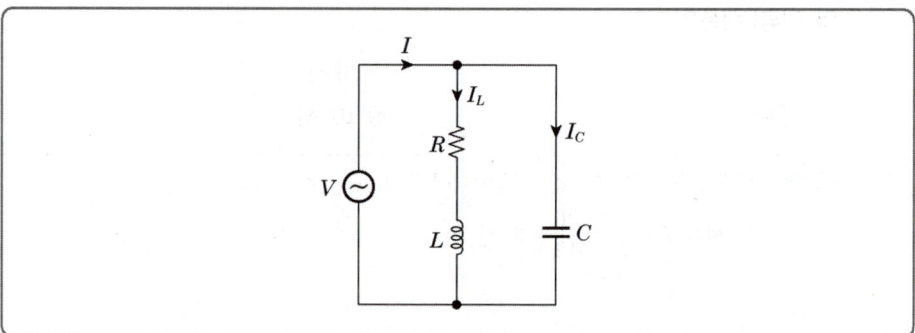

① $\dfrac{L}{CR}$　　② $\dfrac{CL}{R}$
③ $\dfrac{R}{CL}$　　④ $\dfrac{CR}{L}$

해설
- 병렬 공진 어드미턴스(Y_0) : $Y_0 = \dfrac{R}{R^2+(wL)^2} = \dfrac{CR}{L}[\mho]$
- 병렬 공진 임피던스(Z_0) : $Z_0 = \dfrac{1}{Y_0} = \dfrac{L}{CR}[\Omega]$

33 1상의 $R=12[\Omega]$, $X_L=16[\Omega]$을 직렬로 접속하여 선간전압 200[V]의 대칭 3상 교류전압을 가할 때의 역률은?

① 60[%] ② 70[%]
③ 80[%] ④ 90[%]

해설 역률 $\cos\theta$
$$\cos\theta = \frac{R}{Z}$$
$$Z = \sqrt{R^2 + X_L^2} = \sqrt{12^2 + 16^2} = 20[\Omega]$$
$$\therefore \cos\theta = \frac{12}{20} = 0.6$$

33 중요도 ★★
- 역률 $\cos\theta = \dfrac{R}{Z} = \dfrac{R}{\sqrt{R^2+X^2}}$
- [2012년 4회 기출]

34 5[mH]의 코일에 220[V], 60[Hz]의 교류를 가할 때 전류는 약 몇 [A]인가?

① 43[A]   ② 58[A]
③ 87[A]   ④ 117[A]

해설 교류전류 I
$$I = \frac{V}{Z} = \frac{V}{X_L} = \frac{V}{wL} = \frac{V}{2\pi f L}$$
$$\therefore I = \frac{220}{2\pi \times 60 \times 5 \times 10^{-3}} \fallingdotseq 117[A]$$

34 중요도 ★
- $X_L = wL = 2\pi f L [\Omega]$
- [2012년 4회 기출]

35 $e = 100\sqrt{2}\sin\left(100\pi t - \dfrac{\pi}{3}\right)$[V]인 정현파 교류전압의 주파수는 얼마인가?

① 50[Hz]   ② 60[Hz]
③ 100[Hz] ④ 314[Hz]

해설 주파수 f
$w = 2\pi f = 100\pi$이므로
$f = 50[Hz]$

35 중요도
- $w = 2\pi f$
- [2012년 4회 기출]

36 다음 중 복소수의 값이 다른 것은?

① $-1+j$ ② $-j(1+j)$
③ $(-1-j)/j$ ④ $j(1+j)$

36 중요도 ★
- 허수 j
  $j = \sqrt{-1}$, 90°
- [2012년 5회 기출]

정답 33.① 34.④ 35.① 36.②

해설 복소수 계산
- $j^2 = -1$
- $-j(1+j) = -j - j^2 = -j + 1$
- $\dfrac{(-1-j)}{j} = -\dfrac{1}{j} - 1 = -1 + j$
- $j(1+j) = j + j^2 = -1 + j$

37 200[V], 40[W]의 형광등에 정격전압이 가해졌을 때 형광등 회로에 흐르는 전류는 0.42[A]이다. 이 형광등의 역률[%]은?

① 37.5
② 47.6
③ 57.5
④ 67.5

해설 역률 $\cos\theta$

$P = VI\cos\theta$ 에서 $\cos\theta = \dfrac{P}{VI}$ 이므로

$\cos\theta = \dfrac{40}{200 \times 0.42} = 0.476 = 47.6[\%]$

38 다음 전압과 전류의 위상차는 어떻게 되는가?

$$v = \sqrt{2}\,V\sin\left(wt - \dfrac{\pi}{3}\right)[V], \quad i = \sqrt{2}\,I\sin\left(wt - \dfrac{\pi}{6}\right)[A]$$

① 전류가 $\dfrac{\pi}{3}$ 만큼 앞선다.
② 전압이 $\dfrac{\pi}{3}$ 만큼 앞선다.
③ 전압이 $\dfrac{\pi}{6}$ 만큼 앞선다.
④ 전류가 $\dfrac{\pi}{6}$ 만큼 앞선다.

해설 전류와 전압의 위상차

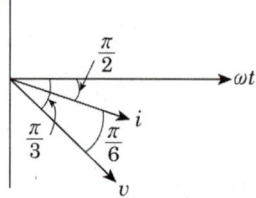

그러므로 i 는 v 보다 $\dfrac{\pi}{6}$ 앞선다. 또는 v 는 i 보다 $\dfrac{\pi}{6}$ 늦다.

[2012년 5회 기출] — 37, 38

정답 37.② 38.④

39 $R=6[\Omega]$, $X_c=8[\Omega]$이 직렬로 접속된 회로에 $I=10[A]$ 전류가 흐른다면 전압 [V]은?

① $60+j80$
② $60-j80$
③ $100+j150$
④ $100-j150$

해설 $R-C$ 직렬회로

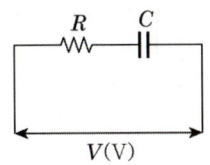

$V = I \cdot Z$
$Z = \sqrt{R^2 + X_c^2} = \sqrt{6^2 + 8^2} = 10[\Omega]$
또는
$Z = R - jX_c = 6 - j8[\Omega]$
$V = 10 \times 10 = 100[V]$
또는
$V = 10(6 - j8) = 60 - j80[V]$

출제 POINT

39. 중요도 ★★
- $Z = R + j(X_L - X_C)$
- [2012년 5회 기출]

40 저항과 코일이 직렬연결된 회로에서 직류 200[V]를 인가하면 20[A]의 전류가 흐르고, 교류 220[V]를 인가하면 10[A]의 전류가 흐른다. 이 코일의 리액턴스[Ω]는?

① 약 $19.05[\Omega]$
② 약 $16.06[\Omega]$
③ 약 $13.06[\Omega]$
④ 약 $11.04[\Omega]$

해설

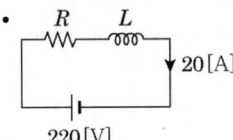

직류를 가하면 L은 단락이 되므로 $R = \dfrac{V}{I} = \dfrac{220}{20} = 11[\Omega]$이 된다.

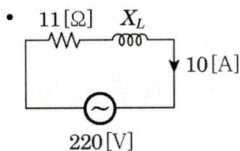

$Z = \sqrt{R^2 + X_L^2} = \sqrt{11^2 + X_L^2}$
$\therefore I = 10 = \dfrac{V}{Z} = \dfrac{220}{\sqrt{11^2 + X_L^2}}$ 에서 $X_L \fallingdotseq 19[\Omega]$

40. 중요도
- [2013년 1회 기출]

정답 39.② 40.①

출제 POINT

41 중요도
- 교류전력 $P = VI\cos\theta$ [W]
- [2013년 1회 기출]

41 그림의 회로에서 전압 100[V]의 교류전압을 가했을 때 전력은?

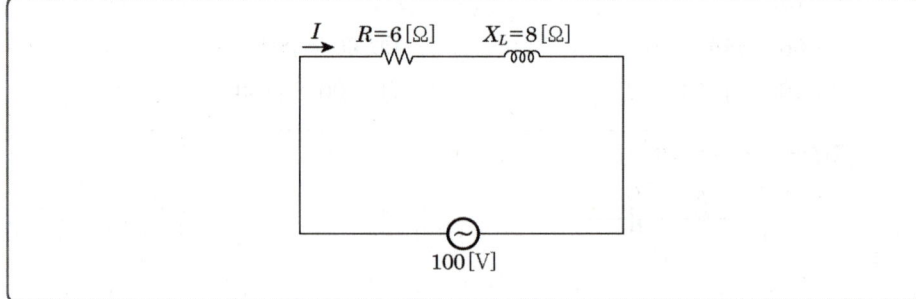

① 10[W]　　② 60[W]
③ 100[W]　　④ 600[W]

해설 교류전력 $P = VI\cos\theta$ [W]
- $Z = R + jX_L = 6 + j8 = \sqrt{6^2 + 8^2} = 10$
- $I = \dfrac{V}{Z} = \dfrac{100}{10} = 10$ [A]
- $\cos\theta = \dfrac{R}{Z} = \dfrac{6}{10} = 0.6$
∴ $P = VI\cos\theta = 100 \times 10 \times 0.6 = 600$ [W]

42 중요도 ★★
- V와 I의 동상 조건
  $\omega^2 LC = 1$, $\omega L = \dfrac{1}{\omega C}$
- [2013년 1회 기출]

42 RLC 직렬회로에서 전압과 전류가 동상이 되기 위한 조건은?

① $L = C$　　② $\omega LC = 1$
③ $\omega^2 LC = 1$　　④ $(\omega LC)^2 = 1$

해설 RLC 직렬회로

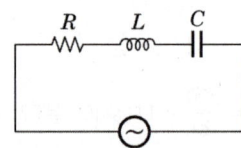

- 임피던스 $Z = R + j\left(\omega L - \dfrac{1}{\omega C}\right)$
- 공진조건(전류와 전압이 동위상)은 임피던스 Z의 허수부가 "0"이 되면 되므로
  $\omega L - \dfrac{1}{\omega C} = 0 \rightarrow \omega^2 LC = 1$

정답　41.④　42.③

43 임피던스 $Z_1 = 12 + j16[\Omega]$과 $Z_2 = 8 + j24[\Omega]$이 직렬로 접속된 회로에 전압 $V = 200[V]$를 가할 때 이 회로에 흐르는 전류[A]는?

① 2.35[A]　　　　　　　② 4.47[A]
③ 6.02[A]　　　　　　　④ 10.25[A]

해설　임피던스 $Z = Z_1 + Z_2 = (12 + j16) + (8 + j24) = 20 + j40[\Omega]$
$|Z| = \sqrt{20^2 + 40^2} \fallingdotseq 44.7$
$\therefore I = \dfrac{V}{|Z|} = \dfrac{200}{44.7} \fallingdotseq 4.47[A]$가 된다.

■ [2013년 2회 기출]

44 $i_1 = 8\sqrt{2}\sin\omega t[A]$, $i_2 = 4\sqrt{2}\sin(\omega t + 180°)[A]$과의 차에 상당한 전류의 실효값은?

① 4[A]　　　　　　　② 6[A]
③ 8[A]　　　　　　　④ 12[A]

해설
- $i_1 = 8\sqrt{2}\sin\omega t$, $I_1 = 8(\cos 0° + j\sin 0°) = 8$
- $i_2 = 4\sqrt{2}\sin(\omega t + 180°)$, $I_2 = 4(\cos 180° + j\sin 180°) = -4$
$\therefore I_1 - I_2 = 8 - (-4) = 12[A]$

■ [2013년 2회 기출]

45 어떤 사인파 교류전압의 평균값이 191[V]이면 최대값은?

① 150[V]　　　　　　　② 250[V]
③ 300[V]　　　　　　　④ 400[V]

해설　평균값 V_{ab}, 실효값 V, 최대값 V_m
$V_{ab} = \dfrac{2}{\pi}V_m$에서 $V_m = \dfrac{\pi}{2}V_{ab} = \dfrac{3.14}{2} \times 191 \fallingdotseq 300[V]$
$V = \dfrac{V_m}{\sqrt{2}}[V]$

■ [2013년 2회 기출]

46 $R = 4[\Omega]$, $X_L = 15[\Omega]$, $X_C = 12[\Omega]$의 RLC 직렬회로에 100[V]의 교류전압을 가할 때 전류와 전압의 위상차는 약 얼마인가?

① 0°　　　　　　　② 37°
③ 53°　　　　　　　④ 90°

해설　RLC 직렬회로의 위상차 θ
$\theta = \tan^{-1}\dfrac{X_L - X_C}{R} = \tan^{-1}\dfrac{15 - 12}{4} = \tan^{-1}\dfrac{3}{4} \fallingdotseq 37°$

■ [2013년 4회 기출]

정답 43.② 44.④ 45.③ 46.②

출제 POINT

47 ★★
- Y결선 시 $R_Y = \frac{1}{3} R_\Delta$
- [2013년 4회 기출]

48 ★★
- 평균값 $= \frac{2}{\pi} \times$ 최대값
- [2013년 4회 기출]

49 ★★
- R-C 회로의 Z $Z = R - jX_C$
- [2013년 5회 기출]

50 ★
- 실효값 $= \frac{\text{최대값}}{\sqrt{2}}$
- [2013년 5회 기출]

---

47 $R[\Omega]$인 저항 3개가 Δ결선으로 되어 있는 것을 Y결선으로 환산하면 1상의 저항 $[\Omega]$은?

① $\frac{1}{3}R$ ② $\frac{1}{3R}$
③ $3R$ ④ R

해설 Y, Δ결선
- Y → Δ결선 시 : $R_\Delta = 3R_Y$
- Δ → Y결선 시 : $R_Y = \frac{1}{3} R_\Delta$

---

48 최대값이 110[V]인 사인파 교류전압이 있다. 평균값은 약 몇 [V]인가?

① 30[V]   ② 70[V]
③ 100[V]   ④ 110[V]

해설 평균전압 V_{dc}, 최대전압 V_m

$$V_{dc} = \frac{2}{\pi} V_m = \frac{2}{\pi} \times 110 ≒ 70[V]$$

---

49 저항이 9[Ω]이고, 용량 리액턴스가 12[Ω]인 직렬회로의 임피던스[Ω]는?

① 3[Ω]   ② 15[Ω]
③ 21[Ω]   ④ 108[Ω]

해설 RC 직렬회로의 임피던스 Z

$$Z = R + \frac{1}{jwC} = R - j\frac{1}{wC} = R - jX_C = 9 - j12 = \sqrt{9^2 + 12^2} = 15[\Omega]$$

---

50 $i = I_m \sin \omega t$[A]인 정현파 교류에서 ωt가 몇 [°]일 때 순시값과 실효값이 같게 되는가?

① 90°   ② 60°
③ 45°   ④ 0°

해설 실효값 $I = \frac{I_m}{\sqrt{2}}$

실효값=순시값이 되려면 $i = I_m \sin\omega t = \frac{I_m}{\sqrt{2}}$ 이므로 $\sin\omega t = \frac{1}{\sqrt{2}}$ 이다.

그러므로 $\omega t = \sin^{-1}\frac{1}{\sqrt{2}} = 45°$ 가 된다.

정답 47.① 48.② 49.② 50.③

51 Y-Y평형 회로에서 상전압 V_p가 100[V], 부하 $Z = 8 + j6[\Omega]$이면 선전류 I_l의 크기는 몇 [A]인가?

① 2 ② 5
③ 7 ④ 10

해설 Y결선

$$I_l = I_p = \frac{V_p}{Z} = \frac{V_p}{\sqrt{R^2 + X_L^2}}$$

$$\therefore I_l = I_p = \frac{100}{\sqrt{8^2 + 6^2}} = 10[A] \text{가 된다.}$$

POINT 51 중요도 ★★
- Y결선 시
  - $I_l = I_p$
  - $V_l = \sqrt{3}\,V_p$
- [2013년 5회 기출]

52 $R = 15[\Omega]$인 RC 직렬회로에 60[Hz], 100[V]의 전압을 가하니 4[A]의 전류가 흘렀다면 용량 리액턴스[Ω]는?

① 10 ② 15
③ 20 ④ 25

해설 RC 직렬회로

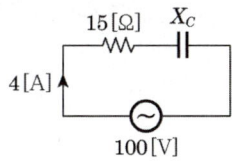

- $Z = R - jX_C = 15 - jX_C = \sqrt{15^2 + X_C^2}$
- $Z = \dfrac{V}{I} = \dfrac{100}{4} = 25[\Omega]$

$\therefore 25 = \sqrt{15^2 + X_C^2}$에서 $X_C = 20[\Omega]$

POINT 52
- [2013년 5회 기출]

53 역률 0.8, 유효전력 4,000[kW]인 부하의 역률을 100[%]로 하기 위한 콘덴서의 용량[kVA]은?

① 3,200 ② 3,000
③ 2,800 ④ 2,400

해설 역률 개선용 콘덴서 용량 Q_c

$$Q_c = P(\tan\theta_1 - \tan\theta_2) = P\left(\frac{\sin\theta_1}{\cos\theta_1} - \frac{\sin\theta_2}{\cos\theta_2}\right) = P\left(\frac{\sqrt{1-\cos^2\theta_1}}{\cos\theta_1} - \frac{\sqrt{1-\cos^2\theta_2}}{\cos\theta_2}\right)$$

$$\therefore Q_c = 4,000\left(\frac{0.6}{0.8} - \frac{0}{1}\right) = 3,000[\text{kVA}]$$

POINT 53
- [2013년 5회 기출]

정답 51.④ 52.③ 53.②

- 54 중요도
- 브리지 회로의 평형조건
- [2014년 1회 기출]

54 그림에서 평형조건이 맞는 식은?

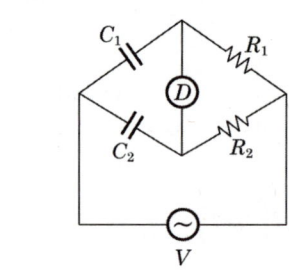

① $C_1 R_1 = C_2 R_2$ ② $C_1 R_2 = C_2 R_1$
③ $C_1 C_2 = R_1 R_2$ ④ $\dfrac{1}{C_1 C_2} = R_1 R_2$

해설 브리지 회로의 평형조건
$$R_2 \times \frac{1}{C_1} = R_1 \times \frac{1}{C_2}$$
∴ $R_1 C_1 = R_2 C_2$ 가 된다.

- 55 중요도
- 호도법
- [2014년 1회 기출]

55 $\dfrac{\pi}{6}$ [rad]은 몇 도인가?

① 30° ② 45°
③ 60° ④ 90°

해설 [호도법]
- $\pi = 180°$
- $\dfrac{\pi}{2} = 90°$
- $\dfrac{\pi}{3} = 60°$
- $\dfrac{\pi}{6} = 30°$

- 56 중요도
- [2014년 1회 기출]

56 단상 100[V], 800[W], 역률 80[%]인 회로의 리액턴스는 몇 [Ω]인가?

① 10 ② 8
③ 6   ④ 2

해설 $P = VI\cos\theta$ 에서 $I = \dfrac{P}{V\cos\theta} = \dfrac{800}{100 \times 0.8} = 10$[A]

$P_r = VI\sin\theta = I^2 \cdot X$ 에서

$X = \dfrac{VI\sin\theta}{I^2} = \dfrac{V \cdot \sin\theta}{I} = \dfrac{100 \times 0.6}{10} = 6$[Ω]

정답 54.① 55.① 56.③

57 그림의 브리지 회로에서 평형이 되었을 때의 C_x는?

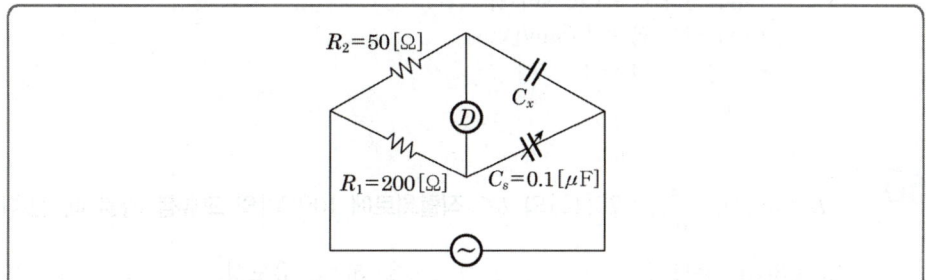

① $0.1[\mu F]$
② $0.2[\mu F]$
③ $0.3[\mu F]$
④ $0.4[\mu F]$

해설 평형상태가 되려면
$$R_2 \times \frac{1}{jwC_s} = R_1 \times \frac{1}{jwC_x} \text{ 에서 } C_x = \frac{R_1}{R_2}C_s$$
$$C_x = \frac{200}{50} \times 0.1 \times 10^{-6} = 0.4[\mu F]$$

57 중요도
- 브리지 회로의 평형조건
- [2014년 2회 기출]

58 어떤 회로의 소자에 일정한 크기의 전압으로 주파수를 2배로 증가시켰더니 흐르는 전류의 크기가 1/2로 되었다. 이 소자의 종류는?

① 저항
② 코일
③ 콘덴서
④ 다이오드

해설
- 저항과 다이오드는 주파수와 전류는 서로 무관하다.
- $I = \dfrac{V}{X_C} = \dfrac{V}{\frac{1}{wC}} = wCV = 2\pi fCV$
  $I' = 2\pi(2f)CV$ 이므로 전류는 2배가 된다.
- $I = \dfrac{V}{X_L} = \dfrac{V}{wL} = \dfrac{V}{2\pi fL}$
  $I' = \dfrac{V}{2\pi(2f)L}$ 이므로 전류는 $\dfrac{1}{2}$배로 된다.

58 중요도 ★★
- $X_C = \dfrac{1}{\omega C} = \dfrac{1}{2\pi fC}$
- $X_L = \omega L = 2\pi fL$
- [2014년 2회 기출]

59 교류회로에서 무효전력의 단위는?

① W
② VA
③ Var
④ V/m

59 중요도
- [2014년 2회 기출]

정답 57.④ 58.② 59.③

출제 POINT

해설 [교류회로의 전력]
- 유효전력 $P = VI\cos\theta$ [W]
- 무효전력 $P_r = VI\sin\theta$ [Var]
- 피상전력 $Pa = VI$ [VA]

---

60 중요도 ★★
- $\omega L > \dfrac{1}{\omega C}$: 유도성
- $\omega L < \dfrac{1}{\omega C}$: 용량성
- [2014년 4회 기출]

60 $\omega L = 5[\Omega]$, $\dfrac{1}{\omega C} = 25[\Omega]$의 LC 직렬회로에 100[V]의 교류를 가할 때 전류[A]는?

① 3.3[A], 유도성   ② 5[A], 유도성
③ 3.3[A], 용량성   ④ 5[A], 용량성

해설 LC 회로

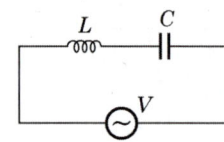

- $Z = j(X_L - X_C) = j(5-25) = -j20$ $|Z| = 20[\Omega]$
- $I = \dfrac{V}{|Z|} = \dfrac{100}{20} = 5[A]$
- $X_L < X_C \left(\omega L < \dfrac{1}{\omega C}\right)$ 이므로 용량성이다.

---

61 중요도 ★★
- $R-L$ 회로의 Z
  $Z = R + jX_L = \sqrt{R^2 + X_L^2}$
- [2014년 4회 기출]

61 RL 직렬회로에서 임피던스(Z)의 크기를 나타내는 식은?

① $R^2 + X_L^2$ ② $R^2 - X_L^2$
③ $\sqrt{R^2 + X_L^2}$ ④ $\sqrt{R^2 - X_L^2}$

해설 RL 직렬회로

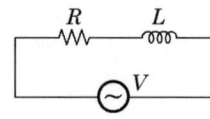

- 임피던스 $Z = R + j\omega L = \sqrt{R^2 + (\omega L)^2} = \sqrt{R^2 + X_L^2}$ [Ω]
- 역률 $\cos\theta = \dfrac{R}{Z} = \dfrac{R}{\sqrt{R^2 + X_L^2}}$

---

62 중요도
- [2014년 4회 기출]

62 $e = 200\sin(100\pi t)$[V]의 교류전압에서 $t = \dfrac{1}{600}$[초]일 때, 순시값은?

① 100[V]   ② 173[V]
③ 200[V]   ④ 346[V]

정답 60.④ 61.③ 62.①

해설 $e = 200\sin 100\pi t \Big|_{t=\frac{1}{600}} = 200\sin 100\pi \times \frac{1}{600} = 200\sin\frac{\pi}{6} = 100[V]$

63 교류전력에서 일반적으로 전기기기의 용량을 표시하는 데 쓰이는 전력은?

① 피상전력 ② 유효전력
③ 무효전력 ④ 기전력

해설 변압기 등의 용량은 피상전력[VA]으로 나타낸다.

63. 중요도
■ [2014년 5회 기출]

64 다음 전압 파형의 주파수는 약 몇 [Hz]인가?

$$e = 100\sin\left(377t - \frac{\pi}{5}\right)[V]$$

① 50 ② 60
③ 80 ④ 100

해설 $w = 2\pi f = 377$에서 $f = \frac{377}{2\pi} = 60[\text{Hz}]$

64. 중요도
■ $w = 2\pi f$
■ [2014년 5회 기출]

65 200[V]의 교류전원에 선풍기를 접속하고 전력과 전류를 측정하였더니 600[W], 5[A]이었다. 이 선풍기의 역률은?

① 0.5 ② 0.6
③ 0.7 ④ 0.8

해설 $P = VI\cos\theta[W]$에서 역률 $\cos\theta = \frac{P}{VI}$
$\cos\theta = \frac{600}{200 \times 5} = 0.6$이다.

65. 중요도
■ $P = VI\cos\theta[W]$
■ [2014년 5회 기출]

66 인덕턴스 0.5[H]에 주파수 60[Hz]이고 전압이 220[V]인 교류전압이 가해질 때 흐르는 전류는 약 몇 [A]인가?

① 0.59 ② 0.87
③ 0.97 ④ 1.17

66. 중요도
■ [2014년 5회 기출]

정답 63.① 64.② 65.② 66.④

해설 $X_L = \omega L = 2\pi f L = 2\pi \times 60 \times 0.5 = 188.4$

$\therefore I = \dfrac{V}{X_L} = \dfrac{220}{188.4} ≒ 1.17[A]$

67 유효전력의 식으로 옳은 것은? (단, E는 전압, I는 전류, θ는 위상각이다.)

① $EI\cos\theta$ ② $EI\sin\theta$
③ $EI\tan\theta$ ④ EI

해설 유효전력 P, 무효전력 P_r, 피상전력 Pa, 역률 $\cos\theta$
- $P = EI\cos\theta[W]$
- $P_r = EI\sin\theta[Var]$
- $Pa = EI[VA]$
- $\cos\theta = \dfrac{P}{Pa} = \dfrac{P}{\sqrt{P^2 + P_r^2}}$

68 정전용량 $C[\mu F]$의 콘덴서에 충전된 전하가 $q = \sqrt{2}\,Q\sin\omega t[C]$와 같이 변화하도록 하였다면 이때 콘덴서에 흘러들어가는 전류의 값은?

① $i = \sqrt{2}\,\omega Q\sin\omega t$
② $i = \sqrt{2}\,\omega Q\cos\omega t$
③ $i = \sqrt{2}\,\omega Q\sin(\omega t - 60°)$
④ $i = \sqrt{2}\,\omega Q\cos(\omega t - 60°)$

해설 $i_c = \dfrac{d}{dt}q = \dfrac{d}{dt}(\sqrt{2}\,Q\sin\omega t) = \sqrt{2}\,\omega Q\cos\omega t = \sqrt{2}\,\omega Q\sin\left(\omega t + \dfrac{\pi}{2}\right)[A]$

69 $e = 100\sin\left(314t - \dfrac{\pi}{6}\right)[V]$인 파형의 주파수는 약 몇 [Hz]인가?

① 40 ② 50
③ 60 ④ 80

해설 $w = 2\pi f = 314$에서 $f = \dfrac{314}{2\pi} = 50[Hz]$가 된다.

정답 67.① 68.② 69.②

70 그림의 병렬 공진회로에서 공진주파수 f_0[Hz]는?

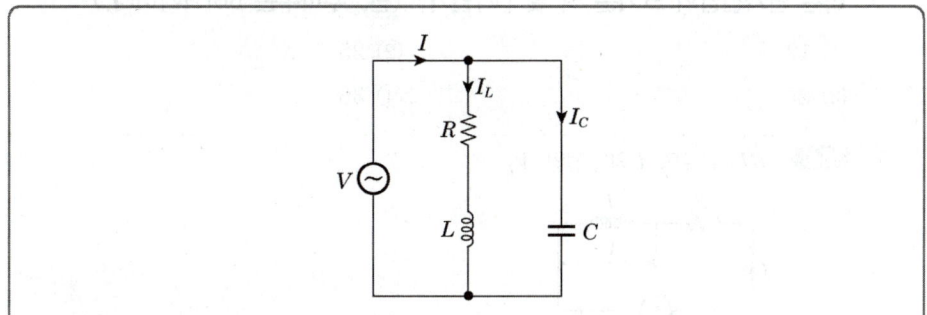

① $f_0 = \dfrac{1}{2\pi}\sqrt{\dfrac{R}{L} - \dfrac{1}{LC}}$ ② $f_0 = \dfrac{1}{2\pi}\sqrt{\dfrac{L^2}{R^2} - \dfrac{1}{LC}}$

③ $f_0 = \dfrac{1}{2\pi}\sqrt{\dfrac{1}{LC} - \dfrac{L}{R}}$ ④ $f_0 = \dfrac{1}{2\pi}\sqrt{\dfrac{1}{LC} - \dfrac{R^2}{L^2}}$

해설 병렬 공진조건 : $\omega C = \dfrac{\omega L}{R^2 + (\omega L)^2}$

공진주파수 f는

$R^2 + \omega^2 L^2 = \dfrac{L}{C}$ 이므로

$\omega^2 L^2 = \dfrac{L}{C} - R^2$

$\omega^2 = \dfrac{1}{LC} - \left(\dfrac{R}{L}\right)^2$

$\omega = \sqrt{\dfrac{1}{LC} - \left(\dfrac{R}{L}\right)^2}$

$\therefore f = \dfrac{1}{2\pi}\sqrt{\dfrac{1}{LC} - \left(\dfrac{R}{L}\right)^2}$

71 사인파 교류전압을 표시한 것으로 잘못된 것은? (단, θ는 회전각이며, ω는 각속도이다.)

① $v = V_m \sin\theta$ ② $v = V_m \sin\omega t$

③ $v = V_m \sin 2\pi t$ ④ $v = V_m \sin\dfrac{2\pi}{T}t$

해설
- 순시값 $v = \sin\omega t$[V]
- $\omega = 2\pi f$, $\omega t = \theta$, $\omega = \dfrac{2\pi}{T}$, $\omega = \dfrac{\theta}{t}$ 이다.

출제 POINT

70. 중요도
- [2015년 1회 기출]

71. 중요도
- 순시값 $v = \sin\omega t$[V]
- [2015년 2회 기출]

정답 70.④ 71.③

72 $R=8[\Omega]$, $L=19.1[\text{mH}]$의 직렬회로에 5[A]가 흐르고 있을 때 인덕턴스(L)에 걸리는 단자전압의 크기는 약 몇 [V]인가? (단, 주파수는 60[Hz]이다.)

① 12　　　　　　　　　② 25
③ 29　　　　　　　　　④ 36

해설 RL 회로의 L양단전압 V_L

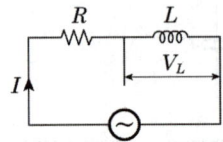

$V_L = I \cdot X_L = I \cdot 2\pi fL = 5 \times 2\pi \times 60 \times 19.1 \times 10^{-3} \fallingdotseq 36[\text{V}]$

73 실효값 5[A], 주파수 f[Hz], 위상 60°인 전류의 순시값 i[A]를 수식으로 옳게 표현한 것은?

① $i = 5\sqrt{2}\sin\left(2\pi ft + \dfrac{\pi}{2}\right)$

② $i = 5\sqrt{2}\sin\left(2\pi ft + \dfrac{\pi}{3}\right)$

③ $i = 5\sin\left(2\pi ft + \dfrac{\pi}{2}\right)$

④ $i = 5\sin\left(2\pi ft + \dfrac{\pi}{3}\right)$

해설 순시전류 $i = I_m\sin(\omega t + \theta)$
　　　I_m : 최대값, 각 주파수 $\omega = 2\pi f$
　　　$\therefore\ i = 5\sqrt{2}\sin\left(2\pi ft + \dfrac{\pi}{3}\right)$[A]가 된다.

74 무효전력에 대한 설명으로 틀린 것은?

① $P = VI\cos\theta$로 계산된다.
② 부하에서 소모되지 않는다.
③ 단위로는 [Var]를 사용한다.
④ 전원과 부하 사이를 왕복하기만 하고 부하에 유효하게 사용되지 않는 에너지이다.

해설 • 유효전력 $P = VI\cos\theta$[W]
　　　• 무효전력 $P_r = VI\sin\theta$[Var]
　　　• 피상전력 $Pa = VI$[VA]

정답 72.④　73.②　74.①

75 저항 50[Ω]인 전구에 $e = 100\sqrt{2}\sin\omega t$[V]의 전압을 가할 때 순시전류[A]값은?

① $\sqrt{2}\sin\omega t$
② $2\sqrt{2}\sin\omega t$
③ $5\sqrt{2}\sin\omega t$
④ $10\sqrt{2}\sin\omega t$

해설 순시전류 i
$$i = \frac{e}{R} = \frac{100\sqrt{2}}{50}\sin\omega t = 2\sqrt{2}\sin\omega t [A]$$

- [2015년 2회 기출]

76 6[Ω]의 저항과 8[Ω]의 유도성 리액턴스의 병렬회로가 있다. 이 병렬회로의 임피던스는 몇 [Ω]인가?

① 1.5
② 2.6
③ 3.8
④ 4.8

해설 RL 병렬회로

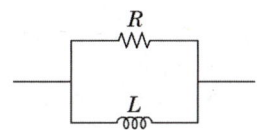

- 어드미턴스 $Y = \frac{1}{R} + \frac{1}{jX_L} = \frac{1}{R} - j\frac{1}{X_L} = \sqrt{\left(\frac{1}{R}\right)^2 + \left(\frac{1}{X_L}\right)^2} = \sqrt{\left(\frac{1}{6}\right)^2 + \left(\frac{1}{8}\right)^2}$ [℧]

- 임피던스 $Z = \frac{1}{Y} = \frac{R \cdot X_L}{\sqrt{R^2 + X_L^2}} = \frac{6 \times 8}{\sqrt{6^2 + 8^2}} = 4.8[\Omega]$

- $R-L$ 병렬회로의 Z
$$Z = \frac{R \cdot X}{\sqrt{R^2 + X^2}}$$
- [2015년 2회 기출]

77 그림과 같이 RL 병렬회로에서 $R = 25[\Omega]$, $\omega L = \frac{100}{3}[\Omega]$일 때, 200[V]의 전압을 가하면 코일에 흐르는 전류 I_L[A]은?

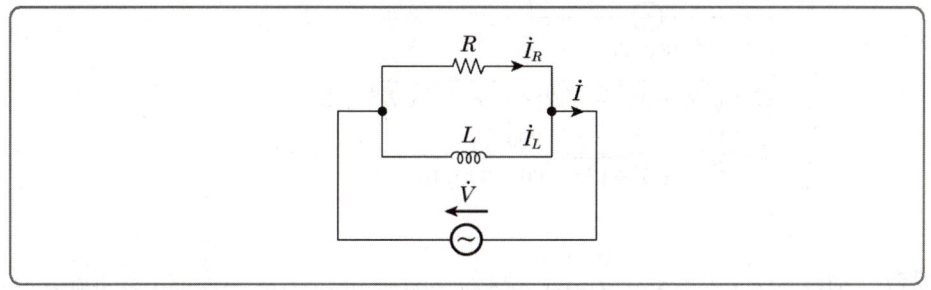

① 3.0
② 4.8
③ 6.0
④ 8.2

- [2015년 4회 기출]

정답 75.② 76.④ 77.③

Chapter ❺ 교류회로

해설 RL 병렬회로
- $I_R = \dfrac{200}{25} = 8[\text{A}]$
- $I_L = \dfrac{200}{\frac{100}{3}} = 6[\text{A}]$
- 전체 전류 $I = \sqrt{I_R^2 + I_L^2} = \sqrt{8^2 + 6^2} = 10[\text{A}]$

78 RL 직렬회로에 교류전압 $v = V_m \sin\theta[\text{V}]$를 가했을 때 회로의 위상각 θ를 나타낸 것은?

① $\theta = \tan^{-1}\dfrac{R}{\omega L}$
② $\theta = \tan^{-1}\dfrac{\omega L}{R}$
③ $\theta = \tan^{-1}\dfrac{1}{R\omega L}$
④ $\theta = \tan^{-1}\dfrac{R}{\sqrt{R^2 + (\omega L)^2}}$

해설 RL 직렬회로의 임피던스 $Z = R + j\omega L$
$\tan\theta = \dfrac{\omega L}{R}$ 이므로 위상각 $\theta = \tan^{-1}\dfrac{\omega L}{R}$ 이다.

79 $R = 5[\Omega]$, $L = 30[\text{mH}]$의 RL 직렬회로에서 $V = 200[\text{V}]$, $f = 60[\text{Hz}]$의 교류전압을 가할 때 전류의 크기는 약 몇 [A]인가?

① 8.67
② 11.42
③ 16.1
④ 21.25

해설 RL 직렬회로

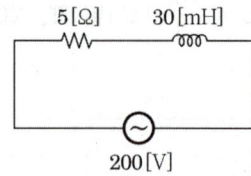

$Z = \sqrt{R^2 + X_L^2} = \sqrt{R^2 + (\omega L)^2} = \sqrt{R^2 + (2\pi f L)^2}$
$I = \dfrac{V}{Z} = \dfrac{200}{\sqrt{5^2 + (2\pi \times 60 \times 30 \times 10^{-3})^2}} \fallingdotseq 16.1[\text{A}]$

80 저항 $8[\Omega]$과 코일이 직렬로 접속된 회로에 $200[\text{V}]$의 교류전압을 가하면, $20[\text{A}]$의 전류가 흐른다. 코일의 리액턴스는 몇 $[\Omega]$인가?

① 2
② 4
③ 6
④ 8

정답 78.② 79.③ 80.③

해설

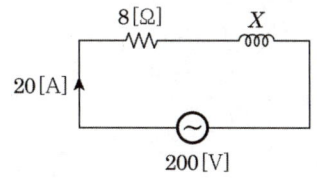

$Z = \sqrt{8^2 + X^2}$ 이고 $I = \dfrac{V}{Z}$ 에서 $Z = \dfrac{V}{I} = \dfrac{200}{20} = 10[\Omega]$ 이다.

$10 = \sqrt{8^2 + X^2}$ 에서 $X = 6[\Omega]$ 이다.

81 $I = 8 + j6[\mathrm{A}]$로 표시되는 전류의 크기 I는 몇 [A]인가?

① 6 ② 8
③ 10 ④ 12

해설 $I = 8 + j6$에서 $|I| = \sqrt{8^2 + 6^2} = 10[\mathrm{A}]$

■ [2015년 5회 기출]

82 다음 설명 중에서 틀린 것은?

① 리액턴스는 주파수의 힘이다.
② 콘덴서는 직렬로 연결할수록 용량이 커진다.
③ 저항은 병렬로 연결할수록 용량이 커진다.
④ 코일은 직렬로 연결할수록 인덕턴스가 커진다.

해설 [정전용량 C]
C는 직렬연결 시 감소하고, 병렬연결 시 증가한다.

■ 정전용량 C
■ [2015년 5회 기출]

83 가정용 전등 전압이 200[V]이다. 이 교류의 최대값은 몇 [V]인가?

① 70.7 ② 86.7
③ 141.4 ④ 282.8

해설 가정용 전압은 실효값을 의미하므로
최대값 = $\sqrt{2}$ × 실효값 = $\sqrt{2} \times 200 ≒ 282[\mathrm{V}]$

■ [2015년 5회 기출]

84 RLC 병렬 공진회로에서 공진주파수는?

① $\dfrac{1}{\pi\sqrt{LC}}$ ② $\dfrac{1}{\sqrt{LC}}$
③ $\dfrac{2\pi}{\sqrt{LC}}$ ④ $\dfrac{1}{2\pi\sqrt{LC}}$

■ [2015년 5회 기출]

정답 81.③ 82.② 83.③ 84.④

Chapter ⑤ 교류회로

해설) RLC 병렬 공진주파수 f_p
$$f_p = \frac{1}{2\pi\sqrt{LC}}[\text{Hz}]$$

85

$R=6[\Omega]$, $X_C=8[\Omega]$일 때 임피던스 $Z=6-j8[\Omega]$으로 표시되는 것은 일반적으로 어떤 회로인가?

① RC 직렬회로
② RL 병렬회로
③ RC 병렬회로
④ RL 직렬회로

해설)
- RL 직렬회로의 임피던스 $Z : Z=R+jX$
- RC 직렬회로의 임피던스 $Z : Z=R-jX$

86

$i = I_m \sin\omega t [\text{A}]$인 사인파 교류에서 ωt가 몇 도일 때 순시값과 실효값이 같게 되는가?

① $30°$
② $45°$
③ $60°$
④ $90°$

해설) [순시값, 실효값]

순시값=실효값 $= \frac{I_m}{\sqrt{2}}$ 이 되기 위해서는 $I_m\sin\omega t = \frac{I_m}{\sqrt{2}}$ 이므로 $\sin\omega t = \frac{1}{\sqrt{2}}$ 이면 된다.

∴ $\omega t = 45°$이다.

87

RL 직렬회로에서 서셉턴스는?

① $\dfrac{R}{R^2+X_L^2}$
② $\dfrac{X_L}{R^2+X_L^2}$
③ $\dfrac{-R}{R^2+X_L^2}$
④ $\dfrac{-X_L}{R^2+X_L^2}$

해설)
- 서셉턴스 B
  - $Z=R+jX$
  - $Y=\dfrac{1}{Z}=\dfrac{1}{R+jX}=\dfrac{R-jX}{(R+jX)(R-jX)}=\dfrac{R}{R^2+X^2}+j\dfrac{-X}{R^2+X^2}=G+jB$

  ∴ $B=\dfrac{-X}{R^2+X^2}$

- 컨덕턴스 G
  $G=\dfrac{R}{R^2+X^2}$ 이 된다.

정답 85.① 86.② 87.④

88 자체 인덕턴스가 1[H]인 코일에 200[V], 60[Hz]의 사인파 교류전압을 가했을 때 전류와 전압의 위상차는? (단, 저항성분은 무시한다.)

① 전류는 전압보다 위상이 $\frac{\pi}{2}$[rad]만큼 뒤진다.

② 전류는 전압보다 위상이 π[rad]만큼 뒤진다.

③ 전류는 전압보다 위상이 $\frac{\pi}{2}$[rad]만큼 앞선다.

④ 전류는 전압보다 위상이 π[rad]만큼 앞선다.

[해설] L만의 회로의 벡터도

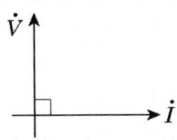

전압은 전류보다 $\frac{\pi}{2}$만큼 앞선다. 즉, 전류는 전압보다 $\frac{\pi}{2}$ 뒤진다.

88 중요도
- [2016년 1회 기출]

89 $R=2[\Omega]$, $L=10[mH]$, $C=4[\mu F]$로 구성되는 직렬 공진회로의 L과 C에서의 전압 확대율은?

① 3　　② 6
③ 16　　④ 25

[해설] 직렬 공진회로의 선택도, 충실도, 전압 확대율 Q

$Q = \dfrac{\omega L}{R} = \dfrac{1}{\omega CR} = \dfrac{1}{R}\sqrt{\dfrac{L}{C}}$ 에서

$Q = \dfrac{1}{R}\sqrt{\dfrac{L}{C}} = \dfrac{1}{2}\sqrt{\dfrac{10\times10^{-3}}{4\times10^{-6}}} = 25$

89 중요도 ★
- $Q = \dfrac{\omega L}{R} = \dfrac{1}{R}\sqrt{\dfrac{L}{C}}$
- [2016년 2회 기출]

90 임피던스 $Z=6+j8[\Omega]$에서 서셉턴스[℧]는?

① 0.06　　② 0.08
③ 0.6　　④ 0.8

[해설] 서셉턴스 B

$Y = \dfrac{1}{Z} = \dfrac{1}{6+j8} = \dfrac{(6-j8)}{(6+j8)(6-j8)}$

$= \dfrac{6}{6^2+8^2} - j\dfrac{8}{6^2+8^2} = 0.06 - j0.08 = G - jB$

∴ $G = 0.06$, $B = 0.08$

90 중요도
- [2016년 2회 기출]

정답 88.① 89.④ 90.②

출제 POINT

91 ★ 중요도

- $Z = R + jX_L = \sqrt{R^2 + X_L^2}$
  $= \sqrt{R^2 + (\omega L)^2}$
  $= \sqrt{R^2 + (2\pi f L)^2}$
- [2016년 5회 CBT]

91 $R = 10[\Omega]$, $L = 50[mH]$의 RL 직렬회로에 $V = 220[V]$, $f = 60[Hz]$의 교류전압을 가할 때 전류의 크기는 약 몇 [A]인가?

① 9.67
② 10.31
③ 12.17
④ 14.78

해설 RL 직렬회로

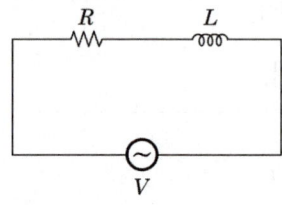

$I = \dfrac{V}{|Z|}$ 이므로

$Z = R + j\omega L = R + j2\pi f L = 10 + j2\pi \times 60 \times 50 \times 10^{-3} = 10 + j18.84$

$\therefore I = \dfrac{220}{\sqrt{10^2 + 18.84^2}} \fallingdotseq 10.31[A]$

92 중요도
- [2017년 1회 CBT]

92 콘덴서만의 회로에서 전압과 전류의 위상 관계는?

① 전류가 90도 앞선다.
② 전류가 90도 뒤진다.
③ 전압이 90도 앞선다.
④ 동상이다.

해설
- R만의 회로 : 전압과 전류는 동위상
- L만의 회로 : 전압이 전류보다 90° 앞선다.
- C만의 회로 : 전류가 전압보다 90° 앞선다.

93 중요도
- 브리지 회로의 평형조건
- [2017년 1회 CBT]

93 브리지 회로에서 미지의 인덕턴스 L_x를 구하면?

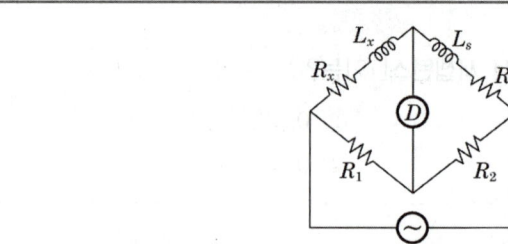

① $L_x = \dfrac{R_2}{R_1} L_s$
② $L_x = \dfrac{R_1}{R_2} L_s$
③ $L_x = \dfrac{R_s}{R_1} L_s$
④ $L_x = \dfrac{R_1}{R_s} L_s$

정답 91.② 92.① 93.②

해설 [브리지 회로의 평형조건]

$(R_x + j\omega L_x) \cdot R_2 = (R_s + j\omega L_s) \cdot R_1$ 이므로

$R_x \cdot R_2 + j\omega L_x R_2 = R_s R_1 + j\omega L_s R_1$

$R_x \cdot R_2 = R_s \cdot R_1$ 에서 $R_x = \dfrac{R_1}{R_2} R_s [\Omega]$

$L_x R_2 = L_s R_1$ 에서 $L_x = \dfrac{R_1}{R_2} L_s [H]$

94. 평균값이 100[V]일 때 실효값은 얼마인가?

① 90
② 111
③ 63.7
④ 70.7

■ [2017년 1회 CBT]

해설 [실효값]

평균값 $V_{ab} = 100 = \dfrac{2}{\pi} V_m$ (V_m : 최대값)에서 $V_m = 50\pi$

∴ 실효값 $V = \dfrac{V_m}{\sqrt{2}} = \dfrac{50\pi}{\sqrt{2}} \fallingdotseq 111 [V]$

95. $R[\Omega]$의 유도성 리액턴스 $X_L[\Omega]$이 직렬로 접속된 회로에서 유효전력은 얼마인가?

① $\dfrac{RV^2}{R^2 + X_L^2}$
② $\dfrac{X_L V^2}{R^2 + X_L^2}$
③ $\dfrac{RV^2}{\sqrt{R^2 + X_L^2}}$
④ $\dfrac{X_L V^2}{\sqrt{R^2 + X_L^2}}$

■ [2017년 1회 CBT]

해설 [유효전력 P]

- $P = I^2 \cdot R = \left(\dfrac{V}{Z}\right)^2 \cdot R = \left(\dfrac{V}{\sqrt{R^2 + X_L^2}}\right)^2 \cdot R = \dfrac{V^2}{R^2 + X_L^2} \cdot R [W]$

- $Pr = I^2 \cdot X_L = \left(\dfrac{V}{Z}\right)^2 \cdot X_L = \left(\dfrac{V}{\sqrt{R^2 + X_L^2}}\right)^2 \cdot X_L = \dfrac{V^2}{R^2 + X_L^2} X_L [Var]$

  (Pr : 무효전력)

- $Pa = I^2 \cdot Z = \left(\dfrac{V}{Z}\right)^2 \cdot Z = \left(\dfrac{V}{\sqrt{R^2 + X_L^2}}\right)^2 \cdot Z = \dfrac{V^2}{R^2 + X_L^2} Z [VA]$

  (Pa : 피상전력)

정답 94.② 95.①

96 복소수 $\dot{A} = a + jb$인 경우 절대값과 위상은 얼마인가?

① $\sqrt{a^2 - b^2}$, $\theta = \tan^{-1} \dfrac{a}{b}$

② $a^2 - b^2$, $\theta = \tan^{-1} \dfrac{a}{b}$

③ $\sqrt{a^2 + b^2}$, $\theta = \tan^{-1} \dfrac{b}{a}$

④ $a^2 + b^2$, $\theta = \tan^{-1} \dfrac{a}{b}$

해설 [복소수]
- $\dot{A} = a + jb$

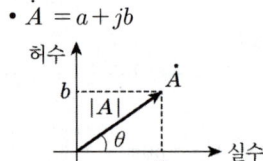

- 절대값 $|A| = \sqrt{a^2 + b^2}$
- 위상 $\theta = \tan^{-1} \dfrac{b}{a}$

97 3[Ω]의 저항과, 4[Ω]의 유도성 리액턴스의 병렬회로가 있다. 이 병렬회로의 임피던스는 몇 [Ω]인가?

① 1.7　　② 2.4
③ 3.2　　④ 5

해설 $Z = \dfrac{R \cdot X_L}{\sqrt{R^2 + X_L^2}} = \dfrac{3 \times 4}{\sqrt{3^2 + 4^2}} = 2.4[\Omega]$

98 교류회로에서 유효전력의 단위는?

① [W]　　② [VA]
③ [Var]　　④ [Wh]

해설 [전력]
- 유효전력 P[W]
- 무효전력 Pr[Var]
- 피상전력 Pa[VA]

정답 96.③　97.②　98.①

99 파형률은 어느 것인가?

① $\dfrac{\text{평균값}}{\text{실효값}}$ ② $\dfrac{\text{실효값}}{\text{최대값}}$

③ $\dfrac{\text{실효값}}{\text{평균값}}$ ④ $\dfrac{\text{최대값}}{\text{실효값}}$

해설
- 파형률 $= \dfrac{\text{실효값}}{\text{평균값}}$
- 파고율 $= \dfrac{\text{최대값}}{\text{실효값}}$

[2017년 2회 CBT]

100 2[A], 500[V]의 회로에서 역률 80[%]일 때 유효전력은 몇 [W]인가?

① 600   ② 800
③ 1,000   ④ 1,200

해설 [유효전력 P]
$P = VI\cos\theta = 500 \times 2 \times 0.8 = 800\,[\text{W}]$

[2017년 2회 CBT]

101 $i = 3\sin\omega t + 4\sin(3\omega t - \theta)$[A]로 표시되는 전류의 등가 사인파 최대값은?

① 2[A]   ② 3[A]
③ 4[A]   ④ 5[A]

해설 [전류의 최대값 I_m]
$I_m = \sqrt{3^2 + 4^2} = 5\,[\text{A}]$

[2017년 2회 CBT]

102 임피던스 $Z = 6 + j8\,[\Omega]$에서 컨덕턴스는?

① 0.06[℧]   ② 0.08[℧]
③ 0.1[℧]   ④ 1.0[℧]

해설 [컨덕턴스 G]
$Y = \dfrac{1}{Z} = \dfrac{1}{6+j8} = \dfrac{6-j8}{(6+j8)(6-j8)} = \dfrac{1}{100}(6-j8) = 0.06 - j0.08 = G - jB$

∴ $G = 0.06$, $B = 0.08$ (B : 서셉턴스)

[2017년 3회 CBT]

정답 99.③ 100.② 101.④ 102.①

출제 POINT

103 — 중요도
- [2017년 3회 CBT]

104 — 중요도
- [2017년 4회 CBT]

105 — 중요도
- $T = \dfrac{1}{f}$
- [2017년 4회 CBT]

---

103 $R=6[\Omega]$, $X_L=8[\Omega]$, $X_C=16[\Omega]$가 직렬로 연결된 회로에 $100[V]$의 교류를 가했을 때 흐르는 전류와 임피던스는?

① 7.14[A], 용량성
② 7.14[A], 유도성
③ 10[A], 용량성
④ 10[A], 유도성

해설 [$R-L-C$ 직렬회로]

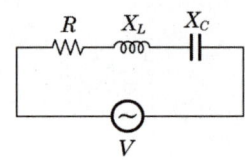

- $Z = \sqrt{R^2 + (X_L - X_C)^2} = \sqrt{6^2 + (8-16)^2} = 10[\Omega]$
- $I = \dfrac{V}{Z} = \dfrac{100}{10} = 10[A]$
- $X_L < X_C$ 이므로 용량성이다.

104 $Z_1 = 2 + j11[\Omega]$, $Z_2 = 4 - j3[\Omega]$의 직렬회로에 교류전압 $100[V]$를 가할 때 합성 임피던스는?

① 6[Ω]   ② 8[Ω]
③ 10[Ω] ④ 14[Ω]

해설 [합성 임피던스]
$Z = Z_1 + Z_2 = (2+j11) + (4-j3) = 6+j8$
$\therefore |Z| = \sqrt{6^2 + 8^2} = 10[\Omega]$

105 주파수 10[Hz]일 때 주기는?

① 0.1[sec]   ② 0.6[sec]
③ 1[sec]   ④ 6[sec]

해설 [주기 T]
$T = \dfrac{1}{f} = \dfrac{1}{10} = 0.1[\text{sec}]$

정답 103.③ 104.③ 105.①

106 RL 직렬회로에서 교류전압 $v = V_m \sin\theta \,[\text{V}]$를 가했을 때 회로의 위상각 θ를 나타낸 것은?

① $\theta = \tan^{-1} \dfrac{R}{\omega L}$

② $\theta = \tan^{-1} \dfrac{\omega L}{R}$

③ $\theta = \tan^{-1} \dfrac{1}{R\omega L}$

④ $\theta = \tan^{-1} \dfrac{R}{\sqrt{R^2 + (\omega L)^2}}$

해설 [$R-L$ 직렬회로]
- $Z = R + j\omega L$
- $\theta = \tan^{-1} \dfrac{\omega L}{R}$

106. 중요도
- [2017년 4회 CBT]

정답 106.②

CHAPTER 06 3상회로

1 3상교류의 발생

(1) 3상교류의 순시값 표시

각 코일의 전압의 실효값을 V[V], 각속도를 ω[rad/s]라고 하고, v_a를 기준으로 하며 A, B, C의 각 상의 전압(순시값)을 다음과 같이 표시할 수 있다.

$$v_a = \sqrt{2}\,V\sin\omega t\,[\text{V}]$$
$$v_b = \sqrt{2}\,V\sin\left(\omega t - \frac{2}{3}\pi\right)[\text{V}]$$
$$v_c = \sqrt{2}\,V\sin\left(\omega t - \frac{4}{3}\pi\right)[\text{V}]$$

크기가 같고 각각 $\frac{2}{3}\pi$[rad]의 위상차를 가지는 3상의 교류전압 또는 전류를 '대칭 3상교류'라고 한다.

(2) 3상교류의 벡터 표시

3상교류의 각 상의 전압은 정현파형을 가지며, 주파수가 서로 같으므로 그림과 같이 벡터로 표시할 수 있다.

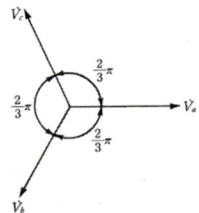

[3상교류의 벡터표시]

각 상의 전압의 벡터합은

$$\dot{V}_a + \dot{V}_b + \dot{V}_c = \dot{V}_a + a^2 V_a + a V_a = V_a(1 + a^2 + a) = 0$$

이므로, 대칭 3상교류전압의 벡터합은 0이다.

2 기호법에 의한 대칭 3상교류의 표시

(1) 기호법에 의한 표시

a상의 전압 $\dot{V}_a$를 기준으로 하면 다음과 같은 벡터그림으로 표시할 수 있다.

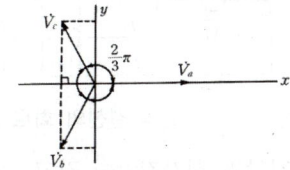

[대칭 3상교류전압의 벡터표시]

$$\dot{V}_a = V\angle 0° = V$$

$$\dot{V}_b = V\angle -\frac{2}{3}\pi = V\left(\cos\frac{2\pi}{3} - j\sin\frac{2}{3}\pi\right) = V\left(-\frac{1}{2} - j\frac{\sqrt{3}}{2}\right) = a^2 V$$

$$\dot{V}_c = V\angle -\frac{4}{3}\pi = V\left(\cos\frac{4}{3}\pi - j\sin\frac{4}{3}\pi\right) = V\left(-\frac{1}{2} + j\frac{\sqrt{3}}{2}\right) = aV$$

(2) 3상교류의 결선법

① Y결선(성형결선)

㉠ $\dot{V}_a$, $\dot{V}_b$, $\dot{V}_c$를 상전압이라 하고, $\dot{V}_{ab}$, $\dot{V}_{bc}$, $\dot{V}_{ca}$를 선간전압이라고 한다.

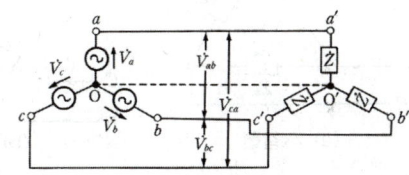

[Y결선의 회로]

상전압과 선간전압 사이에는 다음의 관계가 성립한다.

$$\dot{V}_{ab} = \dot{V}_a - \dot{V}_b$$
$$\dot{V}_{bc} = \dot{V}_b - \dot{V}_c$$
$$\dot{V}_{ca} = \dot{V}_c - \dot{V}_a$$

㉡ 그러므로, Y 결선에는 상전류와 선전류는 같고, 선간전압은 상전압의 $\sqrt{3}$ 배의 크기를 가지며, 상전압보다 위상이 $\frac{\pi}{6}$ 만큼 앞선다. 선간전압 V_l, 상전압 V_p라 하면,

$$V_l = \sqrt{3}\,V_p \angle 30°, \quad \dot{I}_l = \dot{I}_p$$

② △결선(델타결선)
㉠ 결선도

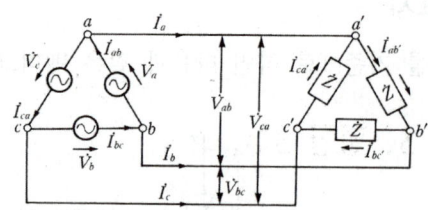

[△결선의 회로]

㉡ △결선에서는 상전압과 선간전압이 같고, 선전류는 상전류의 $\sqrt{3}$ 배의 크기를 가지며 상전류보다 위상이 $\frac{\pi}{6}$[rad]만큼 뒤진다.

즉, $V_l = V_p$, $I_l = \sqrt{3}\,I_p \angle -30°$

(V_l : 선전압, V_p : 상전압, I_l : 선전류, I_P : 상전류)

3 Y부하와 △부하의 변환

(1) Y부하와 △부하의 변환

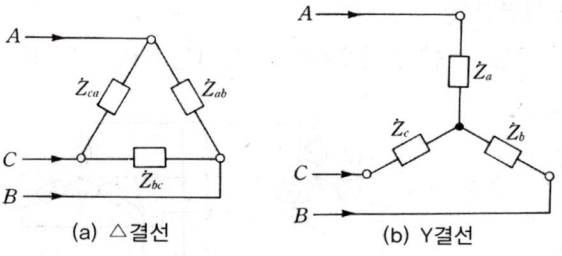

[Y결선과 △결선의 변환]

① △결선에서 Y결선으로의 변환

㉠ $\dot{Z}_a = \dfrac{\dot{Z}_{ab}\dot{Z}_{ca}}{\dot{Z}_{ab} + \dot{Z}_{bc} + \dot{Z}_{ca}}$

㉡ $\dot{Z}_b = \dfrac{\dot{Z}_{bc}\dot{Z}_{ab}}{\dot{Z}_{ab} + \dot{Z}_{bc} + \dot{Z}_{ca}}$

㉢ $\dot{Z}_c = \dfrac{\dot{Z}_{ca}\dot{Z}_{bc}}{\dot{Z}_{ab} + \dot{Z}_{bc} + \dot{Z}_{ca}}$

만약 $Z_{ab} = Z_{bc} = Z_{ca}$ 인 경우 $Z_Y = \dfrac{1}{3}Z_\triangle$

② Y결선을 △결선으로 변환

ㄱ) $\dot{Z}_{ab} = \dfrac{\dot{Z}_a\dot{Z}_b + \dot{Z}_b\dot{Z}_c + \dot{Z}_c\dot{Z}_a}{\dot{Z}_c}$

ㄴ) $\dot{Z}_{bc} = \dfrac{\dot{Z}_a\dot{Z}_b + \dot{Z}_b\dot{Z}_c + \dot{Z}_c\dot{Z}_a}{\dot{Z}_a}$

ㄷ) $\dot{Z}_{ca} = \dfrac{\dot{Z}_a\dot{Z}_b + \dot{Z}_b\dot{Z}_c + \dot{Z}_c\dot{Z}_a}{\dot{Z}_b}$

만약 $Z_a = Z_b = Z_c$이면 $Z_\triangle = 3Z_Y$

(2) V결선

△결선의 전원 중에서 1상을 제거하여 결선한 것을 V결선이라고 한다.

① 출력비

$$\dfrac{P_V}{P} = \dfrac{\sqrt{3}}{3} = \dfrac{1}{\sqrt{3}} \fallingdotseq 0.577$$

② 이용률은

$$\dfrac{P_V}{P} = \dfrac{\sqrt{3}\,V_p I_p \cos\theta}{2V_p I_p \cos\theta} = \dfrac{\sqrt{3}}{2} \fallingdotseq 0.866$$

즉, 이용률은 86.6[%]이다.

(3) 대칭 n상 교류회로

① △결선회로

ㄱ) $V_l = V_p$

ㄴ) $I_l = 2\sin\dfrac{\pi}{n} I_p \angle -\dfrac{\pi}{2}\left(1 - \dfrac{2}{n}\right)$

② Y결선회로

ㄱ) $V_l = 2\sin\dfrac{\pi}{n} V_p \angle \dfrac{\pi}{2}\left(1 - \dfrac{2}{n}\right)$

ㄴ) $I_l = I_p$

③ 전력

$$P = \dfrac{n}{2\sin\dfrac{\pi}{n}} V_l I_l \cos\theta\,[\text{W}]$$

4 3상전력

(1) 3상전력

① $P_a = 3V_p I_p = \sqrt{3}\, V_l I_l = 3I_p^2 Z\,[\text{VA}]$

② $P_r = 3V_p I_p \sin\theta = \sqrt{3}\, V_l I_l \sin\theta = 3I_p^2 X\,[\text{Var}]$

③ $P = 3V_p I_p \cos\theta = \sqrt{3}\, V_l I_l \cos\theta = 3I_p^2 R\,[\text{W}]$

(피상전력을 P_a, 무효전력 P_r 및 유효전력 P)

(2) 2전력계법

단상 전력계 2대를 그림과 같이 접속하여 전력계 W_1, W_2의 지시값을 P_1, P_2라 하면, 3상 전력 $P[\text{W}]$는

① 유효전력 : $P = P_1 + P_2 = \sqrt{3}\, V_l I_l \cos\theta\,[\text{W}]$

② 무효전력 : $P_r = \sqrt{3}\,(P_1 - P_2) = \sqrt{3}\, V_l I_l \sin\theta\,[\text{Var}]$

③ 피상전력 : $P_a = \sqrt{P^2 + P_r^2} = 2\sqrt{P_1^2 + P_2^2 - P_1 P_2}\,[\text{VA}]$

④ 역률 : $\cos\theta = \dfrac{P}{P_a} = \dfrac{P_1 + P_2}{2\sqrt{P_1^2 + P_2^2 - P_1 P_2}}$

5 대칭 좌표법

비대칭회로의 V, I를 대칭상태의 V, I로 변환하여 해석하고 결과를 분석하는 방법을 말한다.

(1) 대칭분

① 영상분 : 각상 모두 동일한 크기의 상전압의 공통성분

② 정상분 : 상회전을 a → b → c 방향으로 하며 120° 위상각을 가진 상전압 성분을 의미

③ 역상분 : 상회전을 a → c → b 방향으로 하여 120° 위상각을 가진 상전압 성분을 의미

(2) 영상, 정상, 역상전압

① 영상전압(V_0)

$V_0 = \dfrac{1}{3}(V_a + V_b + V_c)$

② 정상전압(V_1)

$$V_1 = \frac{1}{3}(V_a + aV_b + a^2V_c)$$

③ 역상전압(V_2)

$$V_2 = \frac{1}{3}(V_a + a^2V_b + aV_c) \quad (단, \ a^2 + a + 1 = 0)$$

(3) 선로의 고장계산

① 1선지락

$I_0 = I_1 = I_2$가 된다.

② 2선지락

$V_0 = V_1 = V_2$가 된다.

(4) 불평형률(비대칭의 척도)

$$불평형률 = \frac{역상분}{정상분} \times 100[\%] = \frac{V_2}{V_1} \times 100[\%] = \frac{I_2}{I_1} \times 100[\%]$$

CHAPTER 06 · 3상회로 기출문제

출제 POINT

01
- [2010년 1회 기출]

01 용량이 250[kVA] 단상변압기 3대를 △결선으로 운전 중 1대가 고장나서 V결선으로 운전하는 경우 출력은 약 몇 [kVA]인가?

① 144[kVA] ② 353[kVA]
③ 433[kVA] ④ 525[kVA]

해설 V결선 시 출력 $P_V = \sqrt{3}\,P$ (P : 변압기 1대 용량)
$P_V = \sqrt{3} \times 250 = 433\,[\text{kVA}]$

02 ★★★
- △결선 : $\begin{cases} V_l = V_p \\ I_l = \sqrt{3}\,I_p \end{cases}$
- [2010년 2회 기출]

02 △결선의 전원에서 선전류가 40[A]이고 선간전압이 220[V]일 때의 상전류는?

① 13[A] ② 23[A]
③ 69[A] ④ 120[A]

해설 △결선

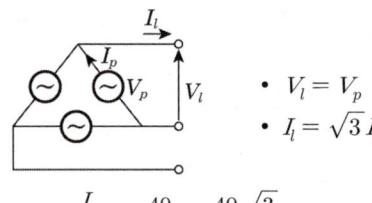

- $V_l = V_p$
- $I_l = \sqrt{3}\,I_p$

$I_p = \dfrac{I_l}{\sqrt{3}} = \dfrac{40}{\sqrt{3}} = \dfrac{40\sqrt{3}}{3} \fallingdotseq 23\,[\text{A}]$

03 ★★★
- $R_\Delta = 3R_Y$
- $R_Y = \dfrac{1}{3}R_\Delta$
- [2010년 2회 기출]

03 세 변의 저항 $R_a = R_b = R_c = 15\,[\Omega]$인 Y결선회로가 있다. 이것과 등가인 △결선 회로의 각 변의 저항은 몇 [Ω]인가?

① $\dfrac{15}{\sqrt{3}}\,[\Omega]$ ② $\dfrac{15}{3}\,[\Omega]$
③ $15\sqrt{3}\,[\Omega]$ ④ $45\,[\Omega]$

해설 Y결선 → △결선 변환 시
$R_\Delta = 3R_Y = 3 \times 15 = 45\,[\Omega]$

정답 01.③ 02.② 03.④

04 선간전압이 13,200[V], 선전류가 800[A], 역률 80[%] 부하의 소비전력은?

① 약 4,878[kW] ② 약 8,448[kW]
③ 약 14,632[kW] ④ 약 25,344[kW]

해설 3상 소비전력 $P = 3I_p V_p \cos\theta = \sqrt{3} V_l I_l \cos\theta = 3I_p^2 \cdot R$[W]
$P = \sqrt{3} V_l I_l \cos\theta = \sqrt{3} \times 13,200 \times 800 \times 0.8 ≒ 14,632$[W]

POINT
04. 중요도 ★
- $P = \sqrt{3} V_l I_l \cos\theta$[W]
- [2010년 4회 기출]

05 성형결선에서 상전압이 115[V]인 대칭 3상교류의 선간전압은?

① 약 100[V] ② 약 150[V]
③ 약 200[V] ④ 약 250[V]

해설 [성형결선(Y결선)]
- $V_l = \sqrt{3} V_p$ (V_l : 선전압, V_p : 상전압)
- $I_l = I_p$ (I_l : 선전류, I_p : 상전류)
∴ $V_l = \sqrt{3} \cdot 115 ≒ 200$[V]이다.

05. 중요도 ★★★
- Y결선 : $\begin{pmatrix} I_l = I_p \\ V_l = \sqrt{3} V_p \end{pmatrix}$
- [2010년 5회 기출]

06 어떤 3상회로에서 선간전압이 200[V], 선전류 25[A], 3상전력이 7[kW]였다. 이때의 역률은?

① 약 60% ② 약 70%
③ 약 80% ④ 약 90%

해설
- 유효전력 $P = \sqrt{3} V_l I_l \cos\theta$ (V_l : 선전압, I_l : 선전류)
- 역률 $\cos\theta = \dfrac{P}{\sqrt{3} V_l I_l} = \dfrac{7 \times 10^3}{\sqrt{3} \times 200 \times 25} = 0.8 = 80$[%]

06. 중요도
- [2011년 1회 기출]

07 교류기기나 교류전원의 용량을 나타낼 때 사용되는 것과 그 단위가 바르게 나열된 것은?

① 유효전력 - [VAh] ② 무효전력 - [W]
③ 피상전력 - [VA] ④ 최대전력 - [Wh]

해설
- 유효전력 P[W]
- 무효전력 P_r[Var]
- 피상전력 P_a[VA]
- 전력량 W[Wh]

07. 중요도
- 전력의 단위
- [2011년 1회 기출]

정답 04.③ 05.③ 06.③ 07.③

출제 POINT

08 중요도 ★★★
- $P = \sqrt{3}\, V_l I_l \cos\theta$ [W]
- [2011년 1회 기출]

09 중요도 ★
- $P = P_1 + P_2$ [W]
- [2011년 2회 기출]

10 중요도 ★★★
- $Z_\triangle = 3Z_Y$
- $Z_Y = \dfrac{1}{3} Z_\triangle$
- [2011년 2회 기출]

11 중요도
- [2011년 4회 기출]

---

08 전압 220[V], 전류 10[A], 역률 0.8인 3상 전동기 사용 시 소비전력은?

① 약 1.5[kW]   ② 약 3.0[kW]
③ 약 5.2[kW]   ④ 약 7.1[kW]

해설 소비전력, 유효전력 $P = \sqrt{3}\, VI\cos\theta = \sqrt{3} \times 220 \times 10 \times 0.8 \fallingdotseq 3$ [kW]

---

09 3상교류회로에 2개의 전력계 W_1, W_2로 측정해서 W_1의 지시값이 P_1, W_2의 지시값이 P_2라고 하면 3상전력은 어떻게 표현되는가?

① $P_1 - P_2$ ② $3(P_1 - P_2)$
③ $P_1 + P_2$ ④ $3(P_1 + P_2)$

해설
- 유효전력 $P = P_1 + P_2$ [W]
- 무효전력 $P_r = \sqrt{3}(P_1 - P_2)$ [Var]
- 피상전력 $P_a = 2\sqrt{P_1^2 + P_2^2 - P_1 P_2}$
- 역률 $\cos\theta = \dfrac{P}{P_a} = \dfrac{P_1 + P_2}{2\sqrt{P_1^2 + P_2^2 - P_1 \cdot P_2}}$

---

10 부하의 결선방식에서 Y결선에서 △결선으로 변환하였을 때의 임피던스는?

① $Z_\triangle = \sqrt{3}\, Z_Y$ ② $Z_\triangle = \dfrac{1}{\sqrt{3}} Z_Y$
③ $Z_\triangle = 3Z_Y$ ④ $Z_\triangle = \dfrac{1}{3} Z_Y$

해설
- △ → Y 변환 시
$Z_Y = \dfrac{1}{3} Z_\triangle$
- Y → △ 변환 시
$Z_\triangle = 3 Z_Y$

---

11 1대의 출력이 100[kVA]인 단상변압기 2대로 V결선하여 3상전력을 공급할 수 있는 최대전력은 몇 [kVA]인가?

① 100   ② $100\sqrt{2}$
③ $100\sqrt{3}$ ④ 200

정답 08.② 09.③ 10.③ 11.③

해설 [V결선 시 출력 P_V]
$P_V = \sqrt{3} K$ (K : 변압기 1대 용량)
∴ $P_V = \sqrt{3} \times 100 = 100\sqrt{3}$ [kVA]

12 평형 3상회로에서 1상의 소비전력이 P 라면 3상회로의 전체 소비전력은?

① P ② $2P$
③ $3P$ ④ $\sqrt{3} P$

해설 [3상회로의 소비전력 P']
$P' = 3P$ (P : 1상의 소비전력)
∴ $P' = 3P$[W]

13 대칭 3상 △ 결선에서 선전류와 상전류와의 위상 관계는?

① 상전류가 $\frac{\pi}{6}$[rad] 앞선다.   ② 상전류가 $\frac{\pi}{6}$[rad] 뒤진다.
③ 상전류가 $\frac{\pi}{3}$[rad] 앞선다.   ④ 상전류가 $\frac{\pi}{3}$[rad] 뒤진다.

해설 • Y결선
 - $I_l = I_p \underline{/0°}$
 - $V_l = \sqrt{3} V_p \underline{/\frac{\pi}{6}}$
• △결선
 - $I_l = \sqrt{3} I_p \underline{/-\frac{\pi}{6}}$
 - $V_l = V_p \underline{/0°}$

14 2전력계법으로 3상전력을 측정하였더니 전력계의 지시값이 $P_1 = 450$[W], $P_2 = 450$[W]였다. 이 부하의 전력[W]은 얼마인가?

① 450[W]   ② 900[W]
③ 1350[W]   ④ 1560[W]

해설 2전력계법
• 무효전력 $P_r = \sqrt{3}(P_1 - P_2)$
• 피상전력 $P_a = 2\sqrt{P_1^2 + P_2^2 - P_1 P_2}$
• 유효전력 $P = P_1 + P_2 = 450 + 450 = 900$[W]

12- 중요도
■ [2011년 4회 기출]

13- 중요도 ★★★
■ △결선 시
 - $V_l = I_l \underline{/0°}$
 - $I_l = \sqrt{3} I_p \underline{/-30°}$
■ [2011년 5회 기출]

14- 중요도 ★★
■ $P = P_1 + P_2$[W]
■ [2011년 5회 기출]

정답 12.③ 13.① 14.②

출제 POINT

15 중요도 ★★
- $Z_\triangle = 3Z_Y$
- $Z_Y = \dfrac{1}{3} Z_\triangle$
- [2012년 1회 기출]

15 그림과 같은 평형 3상 △회로를 등가 Y결선으로 환산하면 각상의 임피던스는 몇 [Ω]이 되는가? (단, Z는 12[Ω]이다.)

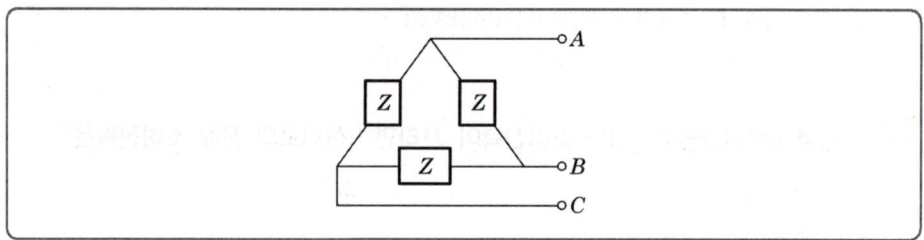

① 48[Ω] ② 36[Ω]
③ 4[Ω]   ④ 3[Ω]

해설 △ ↔ Y결선
- $Z_\triangle \rightarrow Z_Y : Z_Y = \dfrac{1}{3} Z_\triangle$
- $Z_Y \rightarrow Z_\triangle : Z_\triangle = 3Z_Y$

그러므로 $Z_Y = \dfrac{1}{3} Z_\triangle = \dfrac{1}{3} \times 12 = 4[\Omega]$

---

16 중요도 ★★★
- Y결선 시
  - $V_l = \sqrt{3}\, V_p \underline{/30°}$
  - $I_l = I_p \underline{/0°}$
- [2012년 2회 기출]

16 3상교류를 Y결선하였을 때 선간전압과 상전압, 선전류와 상전류의 관계를 바르게 나타낸 것은?

① 상전압 = $\sqrt{3}$ 선간전압
② 선간전압 = $\sqrt{3}$ 상전압
③ 선전류 = $\sqrt{3}$ 상전류
④ 상전류 = $\sqrt{3}$ 선전류

해설
- Y결선(성형결선)
  - $I_l = I_p \underline{/0°}$ (I_l : 선전류, I_p : 상전류)
  - $V_l = \sqrt{3}\, V_p \underline{/30°}$ (V_l : 선간전압, V_p : 상전압)

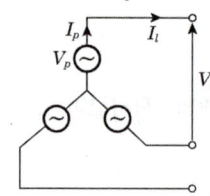

- △결선(환상결선)
  - $I_l = \sqrt{3}\, I_p \underline{/-30°}$
  - $V_l = V_p \underline{/0°}$

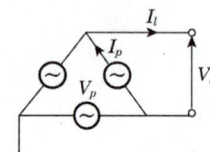

정답 15.③ 16.②

17 100[kVA] 단상변압기 2대를 V결선하여 3상전력을 공급할 때의 출력은?

① 17.3[kVA]   ② 86.6[kVA]
③ 173.2[kVA] ④ 346.8[kVA]

해설 V결선 출력 P_V
$P_V = \sqrt{3} P$ (P : 변압기 1대 용량)
$= \sqrt{3} \times 100 = 100\sqrt{3} = 173.2 [kVA]$

17. 중요도
- [2012년 2회 기출]

18 △결선인 3상 유도전동기의 상전압(V_p)과 상전류(I_p)를 측정하였더니 각각 200[V], 30[A]이었다. 이 3상 유도전동기의 선간전압(V_l)과 선전류(I_l)의 크기는 각각 얼마인가?

① $V_l = 200[V]$, $I_l = 30[A]$
② $V_l = 200\sqrt{3}[V]$, $I_l = 30[A]$
③ $V_l = 200\sqrt{3}[V]$, $I_l = 30\sqrt{3}[A]$
④ $V_l = 200[V]$, $I_l = 30\sqrt{3}[A]$

해설 △(환상)결선
- $V_l = V_p = 200[V]$
- $I_l = \sqrt{3} I_p = \sqrt{3} \times 30 = 30\sqrt{3}[A]$

18. 중요도
- △(환상)결선
$\begin{cases} V_l = V_p \\ I_l = \sqrt{3} I_p \end{cases}$
- [2012년 2회 기출]

19 평형 3상 △결선에서 선간전압 V_l과 상전압 V_p와의 관계가 옳은 것은?

① $V_l = \dfrac{1}{\sqrt{3}} V_p$ ② $V_l = \dfrac{1}{3} V_p$
③ $V_l = V_p$ ④ $V_l = \sqrt{3} V_p$

해설 △결선과 Y결선
- △결선

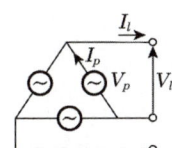

- $V_l = V_p$
- $I_l = \sqrt{3} I_p$

- Y결선

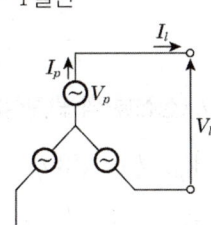

- $V_l = \sqrt{3} V_p$
- $I_l = I_p$

19. 중요도
- △결선과 Y결선
- [2012년 4회 기출]

정답 17.③ 18.④ 19.③

출제 POINT

20 - 중요도
- [2012년 5회 기출]

20 평형 3상 Y결선에서 상전류 I_p와 선전류 I_l과의 관계는?

① $I_l = 3I_p$ ② $I_l = \sqrt{3}\,I_p$

③ $I_l = I_p$ ④ $I_l = \frac{1}{3}I_p$

해설 • Y결선

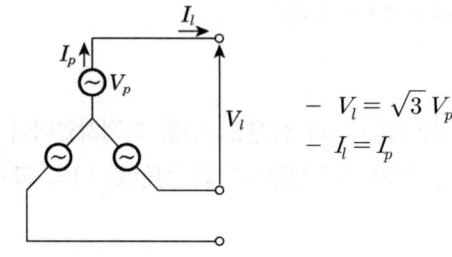

- $V_l = \sqrt{3}\,V_p$
- $I_l = I_p$

• △결선

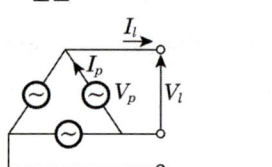

- $V_l = V_p$
- $I_l = \sqrt{3}\,I_p$

21 - 중요도 ★★
- Y결선 시
  - $V_l = \sqrt{3}\,V_p$
  - $I_l = I_p$
- [2013년 1회 기출]

21 Y-Y 결선회로에서 선간전압이 200[V]일 때 상전압은 약 몇 [V]인가?

① 100[V]   ② 115[V]

③ 120[V]   ④ 135[V]

해설 Y결선(성형결선)

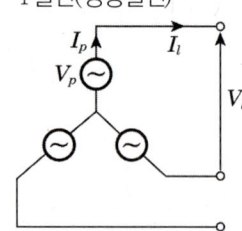

$V_l = \sqrt{3}\,V_p$
$I_l = I_p$

그러므로 상전압 $V_p = \dfrac{V_l}{\sqrt{3}} = \dfrac{200}{\sqrt{3}} \fallingdotseq 115[V]$

22 - 중요도
- [2013년 2회 기출]

22 △결선 시 V_l(선간전압), V_p(상전압), I_l(선전류), I_p(상전류)의 관계식으로 옳은 것은?

① $V_l = \sqrt{3}\,V_p,\ I_l = I_p$ ② $V_l = V_p,\ I_l = \sqrt{3}\,I_p$

③ $V_l = \dfrac{1}{\sqrt{3}}V_p,\ I_l = I_p$ ④ $V_l = V_p,\ I_l = \dfrac{1}{\sqrt{3}}I_p$

정답 20.③ 21.② 22.②

해설 Y, △결선
- Y 결선 시 : $V_l = \sqrt{3}\, V_p$, $I_l = I_p$
- △ 결선 시 : $V_l = V_p$, $I_l = \sqrt{3}\, I_p$

23. [VA]는 무엇의 단위인가?

① 피상전력　　　　② 무효전력
③ 유효전력　　　　④ 역률

해설 유효전력 P, 무효전력 P_r, 피상전력 P_a, 역률 $\cos\theta$
- $P = VI\cos\theta\,[\text{W}]$
- $P_r = VI\sin\theta\,[\text{Var}]$
- $P_a = VI\,[\text{VA}]$
- $\cos\theta = \dfrac{P}{VI} = \dfrac{P}{P_a}$

출제 POINT

23. 중요도 ★
- $P[\text{W}]$
- $P_r[\text{Var}]$
- $P_a[\text{VA}]$
- [2013년 2회 기출]

24. 변압기 2대를 V결선했을 때의 이용률은 몇 [%]인가?

① 57.7[%]　　　　② 70.7[%]
③ 86.6[%]　　　　④ 100[%]

해설
- 이용률 : 0.866(86.6[%])
- 출력비 : 0.577(57.7[%])

24. 중요도
- [2013년 2회 기출]

25. 2전력계법에 의해 평형 3상전력을 측정하였더니 전력계가 각각 800[W], 400[W]를 지시하였다면, 이 부하의 전력은 약 몇 [W]인가?

① 600[W]　　　　② 800[W]
③ 1,200[W]　　　④ 1,600[W]

해설 2전력계법
- 유효전력 $P = P_1 + P_2 = 800 + 400 = 1200\,[\text{W}]$
- 무효전력 $P_r = \sqrt{3}\,(P_1 - P_2)\,[\text{Var}]$
- 피상전력 $P_a = 2\sqrt{P_1^{\,2} + P_2^{\,2} - P_1 \cdot P_2}\,[\text{VA}]$
- 역률 $\cos\theta = \dfrac{P}{pa} = \dfrac{P_1 + P_2}{2\sqrt{P_1^{\,2} + P_2^{\,2} - P_1 \cdot P_2}}$

25. 중요도 ★★
- $P = P_1 + P_2$
- $P_r = \sqrt{3}\,(P_1 - P_2)$
- $P_a = 2\sqrt{P_1^{\,2} + P_2^{\,2} - P_1 \cdot P_2}$
- [2013년 4회 기출]

정답 23.① 24.③ 25.③

Chapter 6 3상회로

출제 POINT

26 [2014년 1회 기출]

27 $P_V = \sqrt{3}P$ [2014년 1회 기출]

28 [2014년 2회 기출]

---

26 단상전력계 2대를 사용하여 2전력계법으로 3상전력을 측정하고자 한다. 두 전력계의 지시값이 각각 P_1, P_2[W]이었다. 3상전력 P[W]를 구하는 식으로 옳은 것은?

① $P = \sqrt{3}(P_1 \times P_2)$
② $P = P_1 - P_2$
③ $P = P_1 \times P_2$
④ $P = P_1 + P_2$

해설 [2전력계법]
- 유효전력 $P = P_1 + P_2$[W]
- 무효전력 $P_r = \sqrt{3}(P_1 - P_2)$[Var]
- 피상전력 $Pa = 2\sqrt{P_1^2 + P_2^2 - P_1 \cdot P_2}$[VA]
- 역률 $= \dfrac{P}{Pa} = \dfrac{P_1 + P_2}{2\sqrt{P_1^2 + P_2^2 - P_1 \cdot P_2}}$

27 출력 P[kVA]의 단상변압기 2대를 V결선한 때의 3상출력[kVA]은?

① P
② $\sqrt{3}P$
③ $2P$
④ $3P$

해설 V결선시 출력 P_V
$P_V = \sqrt{3}P$ (P : 변압기 1대 용량)
- 이용률 : 0.866
- 출력비 : 0.577

28 선간전압 210[V], 선전류 10[A]의 Y결선회로가 있다. 상전압과 상전류는 각각 약 얼마인가?

① 121[V], 5.77[A]
② 121[V], 10[A]
③ 210[V], 5.77[A]
④ 210[V], 10[A]

해설 [Y결선회로]

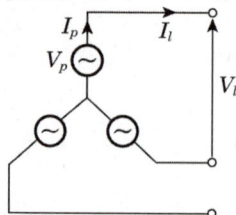

$V_l = 210 = \sqrt{3}\,V_p$ 이므로 $V_p = \dfrac{210}{\sqrt{3}} ≒ 121$[V]

$I_l = I_p = 10$[A]

정답 26.④ 27.② 28.②

29 Δ결선으로 된 부하에 각 상의 전류가 10[A]이고 각 상의 저항이 4[Ω], 리액턴스가 3[Ω]이라 하면 전체 소비전력은 몇 [W]인가?

① 2,000
② 1,800
③ 1,500
④ 1,200

해설 Δ결선 시의 소비전력 P_Δ
$P_\Delta = 3I_p^2 \cdot R = 3 \times 10^2 \times 4 = 1,200[\text{W}]$

출제 POINT
29- 중요도
- $P_\Delta = 3I_p^2 \cdot R$
- [2014년 2회 기출]

30 Y결선에서 선간전압 V_l과 상전압 V_P의 관계는?

① $V_l = V_P$
② $V_l = \frac{1}{3}V_P$
③ $V_l = \sqrt{3}\,V_P$
④ $V_l = 3V_P$

해설 Y결선 시 $V_l = \sqrt{3}\,V_P$, $I_l = I_P$
△결선 시 $V_l = V_P$, $I_l = \sqrt{3}\,I_P$

30- 중요도
- [2014년 4회 기출]

31 $R[\Omega]$인 저항 3개가 Δ결선으로 되어 있는 것을 Y결선으로 환산하면 1상의 저항 [Ω]은?

① $\frac{1}{3}R$
② $\frac{1}{3R}$
③ $3R$
④ R

해설 [Y, Δ결선]
- Y → Δ 변환 시 : $R_\Delta = 3R_Y$
- Δ → Y 변환 시 : $R_Y = \frac{1}{3}R_\Delta = \frac{1}{3}R$

31- 중요도
- [2014년 4회 기출]

32 △결선에서 선전류가 $10\sqrt{3}$이면 상전류는?

① 5[A]
② 10[A]
③ $10\sqrt{3}$[A]
④ 30[A]

해설 △결선
- $V_l = V_P$
- $I_l = \sqrt{3}\,I_P$에서 $I_P = \frac{I_l}{\sqrt{3}} = \frac{10\sqrt{3}}{\sqrt{3}} = 10[\text{A}]$

32- 중요도
- △결선
$\begin{cases} V_l = V_p \\ I_l = \sqrt{3}\,I_p \end{cases}$
- [2014년 5회 기출]

정답 29.④ 30.③ 31.① 32.②

Chapter ⑥ 3상회로

출제 POINT

33 중요도
- [2015년 1회 기출]

33 전원과 부하가 다같이 Δ 결선된 3상 평형회로가 있다. 상전압이 200[V], 부하 임피던스가 $Z = 6 + j8[\Omega]$인 경우 선전류는 몇 [A]인가?

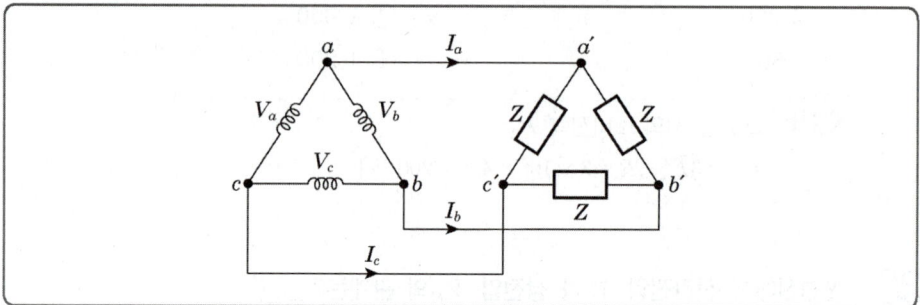

① 20
② $\dfrac{20}{\sqrt{2}}$
③ $20\sqrt{3}$
④ $10\sqrt{3}$

해설 [Δ 결선]
- $Z = 6 + j8 = \sqrt{6^2 + 8^2} = 10[\Omega]$
- $I_P(\text{상전류}) = \dfrac{V_P}{Z} = \dfrac{200}{10} = 20[A]$
- $I_l(\text{선전류}) = \sqrt{3}\, I_P = \sqrt{3} \times 20 = 20\sqrt{3}\,[A]$이다.

---

34 중요도 ★★
- $Z_Y = \dfrac{1}{3} Z_\Delta$
- [2015년 2회 기출]

34 평형 3상 교류회로에서 Δ 부하의 한 상의 임피던스가 Z_Δ일 때, 등가변환한 Y 부하의 한 상의 임피던스가 Z_Y는 얼마인가?

① $Z_Y = \sqrt{3}\, Z_\Delta$
② $Z_Y = 3 Z_\Delta$
③ $Z_Y = \dfrac{1}{\sqrt{3}} Z_\Delta$
④ $Z_Y = \dfrac{1}{3} Z_\Delta$

해설
- Y → Δ 변환 시 : $Z_\Delta = 3 Z_Y$
- Δ → Y 변환 시 : $Z_Y = \dfrac{1}{3} Z_\Delta$

---

35 중요도 ★★★
- Y결선 시
  - $I_l = I_p$
  - $V_l = \sqrt{3}\, V_p$
- [2015년 4회 기출]

35 평형 3상 교류회로에서 Y결선할 때 선간전압(V_l)과 상전압(V_p)의 관계는?

① $V_l = V_p$
② $V_l = \sqrt{2}\, V_p$
③ $V_l = \sqrt{3}\, V_p$
④ $V_l = \dfrac{1}{\sqrt{3}} V_p$

정답 33.③ 34.④ 35.③

해설 • Δ결선(환상결선)

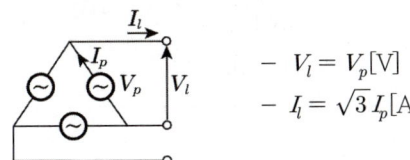

- $V_l = V_p$[V]
- $I_l = \sqrt{3}\, I_p$[A]

• Y결선(성형결선)

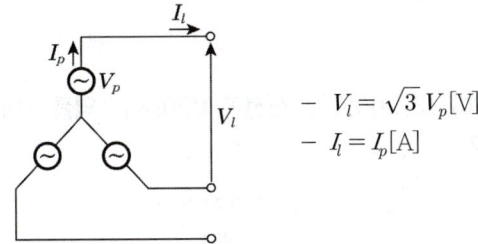

- $V_l = \sqrt{3}\, V_p$[V]
- $I_l = I_p$[A]

36 2전력계법으로 3상전력을 측정할 때 지시값이 $P_1 = 200$[W], $P_2 = 200$[W]일 때 부하전력[W]은?

① 200
② 400
③ 600
④ 800

해설 [2전력계법]
- 유효전력 $P = P_1 + P_2 = 200 + 200 = 400$[W]
- 무효전력 $P_r = \sqrt{3}\,(P_1 - P_2)$[Var]
- 피상전력 $Pa = 2\sqrt{P_1^2 + P_2^2 - P_1 \cdot P_2}$[VA]

36 중요도 ★★★
- 2전력계법
  $P = P_1 + P_2$[W]
- [2015년 4회 기출]

37 대칭 3상 Δ 결선에서 선전류와 상전류와의 위상 관계는?

① 상전류가 $\dfrac{\pi}{3}$[rad] 앞선다.
② 상전류가 $\dfrac{\pi}{3}$[rad] 뒤진다.
③ 상전류가 $\dfrac{\pi}{6}$[rad] 앞선다.
④ 상전류가 $\dfrac{\pi}{6}$[rad] 뒤진다.

해설 Δ결선(환상결선)
- $I_l = \sqrt{3}\, I_p \underline{/-30°}$ (I_l : 선전류, I_p : 상전류)
- $V_l = V_p \underline{/0°}$ (V_l : 선전압, V_p : 상전압)

37 중요도
- [2015년 5회 기출]

정답 36.② 37.③

출제 POINT

38 중요도 ★
- Y결선 시
  - $V_l = \sqrt{3}\, V_p$
  - $I_l = I_p$
- [2015년 5회 기출]

39 중요도
- [2016년 1회 기출]

40 중요도
- [2016년 2회 기출]

---

38 Y결선의 전원에서 각 상전압이 100[V]일 때 선간전압은 약 몇 [V]인가?

① 100 ② 150
③ 173 ④ 195

해설 Y결선(성형결선)
- $I_l = I_p$
- $V_l = \sqrt{3}\, V_p = \sqrt{3} \times 100 \fallingdotseq 173[\mathrm{V}]$

---

39 3상 교류회로의 선간전압이 13,200[V], 선전류 800[A], 역률 80[%] 부하의 소비전력은 약 몇 [MW]인가?

① 4.88 ② 8.45
③ 14.63 ④ 25.34

해설 3상의 유효전력 P
$$P = 3I_p V_p \cos\theta = \sqrt{3}\, I_l V_l \cos\theta = 3I_p^2 \cdot R[\mathrm{W}]\text{에서}$$
$$= \sqrt{3}\, V_l I_l \cos\theta = \sqrt{3} \times 13{,}200 \times 800 \times 0.8 = 14.63 \times 10^6[\mathrm{W}]$$
$$= 14.63[\mathrm{MW}]$$

---

40 3상 220[V], △결선에서 1상의 부하가 $Z = 8 + j6\,[\Omega]$이면 선전류[A]는?

① 11 ② $22\sqrt{3}$
③ 22 ④ $\dfrac{22}{\sqrt{3}}$

해설 △결선회로

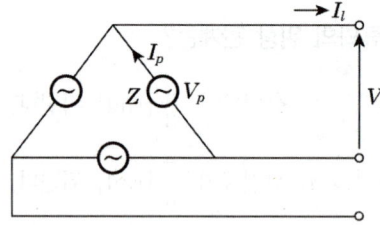

- $V_l = V_p$
- $I_l = \sqrt{3}\, I_p$
- $V_p = I_p \cdot Z$에서 $I_p = \dfrac{V_p}{Z} = \dfrac{220}{\sqrt{8^2 + 6^2}} = 22[\mathrm{A}]$

∴ $I_l = \sqrt{3}\, I_p = 22\sqrt{3}$

정답 38.③ 39.③ 40.②

41 어떤 3상회로에서 선간전압이 200[V], 선전류 25[A], 3상전력이 7[kW]이었다. 이 때의 역률은 약 얼마인가?

① 0.65
② 0.73
③ 0.81
④ 0.97

해설 3상전력 P[W]
$P = \sqrt{3}\, V_l I_l \cos\theta$ [W]에서
역률 $\cos\theta = \dfrac{P}{\sqrt{3}\, V_l I_l} = \dfrac{7{,}000}{\sqrt{3} \times 200 \times 25} \fallingdotseq 0.81$

출제 POINT

41. 중요도 ★★
- 3상전력 $P = \sqrt{3}\, V_l I_l \cos\theta$ [W]
- [2016년 2회 기출]

42 단상변압기의 정격출력이 220[V], 30[A]일 때, 이 단상변압기 2대를 V결선하며 공급할 수 있는 부하용량[VA]은?

① 8,621.24
② 9,333.82
③ 11,431.54
④ 12,200.28

해설 V결선 용량 P_V
$P_V = \sqrt{3}\, P$ (P : 변압기 1대 용량)
$= \sqrt{3} \times 220 \times 30 = 11{,}431.54$ [VA]

42. 중요도 ★
- V결선 시 용량 $P_V = \sqrt{3}\, P$
- [2016년 5회 CBT]

43 Y결선에서 상전압 V_p과 선간전압 V_l의 관계는?

① $V_p = V_l$
② $V_p = 3\, V_l$
③ $V_p = \sqrt{3}\, V_l$
④ $V_p = \dfrac{1}{\sqrt{3}}\, V_l$

해설 Y결선
- $V_l = \sqrt{3}\, V_p$
- $I_l = I_p$

43. 중요도
- [2016년 5회 CBT]

44 △결선 시 V_l(선간전압), V_p(상전압), I_l(선전류), I_p(상전류)의 관계식으로 옳은 것은?

① $V_l = \sqrt{3}\, V_p$, $I_l = I_p$
② $V_l = V_p$, $I_l = \sqrt{3}\, I_p$
③ $V_l = \dfrac{1}{\sqrt{3}}\, V_p$, $I_l = I_p$
④ $V_l = V_p$, $I_l = \dfrac{1}{\sqrt{3}}\, I_p$

44. 중요도
- [2017년 1회 CBT]

정답 41.③ 42.③ 43.④ 44.②

해설
- △결선 시 특징
  $V_l = V_p$, $I_l = \sqrt{3}\,I_p$
- Y결선 시 특징
  $V_l = \sqrt{3}\,V_p$, $I_l = I_p$

45 대칭 3상 교류회로에서 각 상 간의 위상차는 얼마인가?

① $\dfrac{\pi}{3}$ ② $\dfrac{\sqrt{3}}{2}\pi$
③ $\dfrac{2\pi}{3}$ ④ $\dfrac{2}{\sqrt{3}}\pi$

해설 [대칭 3상회로]

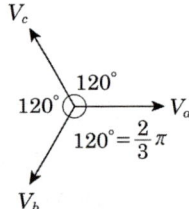

46 Y-Y 결선회로에서 선간전압이 380[V]일 때 상전압은 약 몇 [V]인가?

① 190 ② 219
③ 269 ④ 380

해설 [Y결선]
$V_l = \sqrt{3}\,V_p$ 이므로
$V_p = \dfrac{V_l}{\sqrt{3}} = \dfrac{380}{\sqrt{3}} \fallingdotseq 219[\text{V}]$
(V_l: 선전압, V_p: 상전압)

47 △-△ 평형회로에서 $E=200[\text{V}]$, 임피던스 $Z=3+j4[\Omega]$일 때 상전류 $I_p[\text{A}]$는 얼마인가?

① 30[A] ② 40[A]
③ 50[A] ④ 66.7[A]

정답 45.③ 46.② 47.②

해설 [△결선]

상전류 $I_p = \dfrac{V_p}{Z} = \dfrac{200}{\sqrt{3^2+4^2}} = 40[A]$

(△결선 시 $V_l = V_p$이다.)

48 선간전압이 $24,000[V]$, 선전류가 $900[A]$, 역률 $90[\%]$ 부하의 소비전력은?

① 약 $13,746[kW]$
② 약 $19,440[kW]$
③ 약 $27,492[kW]$
④ 약 $33,671[kW]$

해설 [3상 소비전력 P]

$P = \sqrt{3}\,VI\cos\theta = \sqrt{3} \times 24,000 \times 900 \times 0.9 ≒ 33,671[kW]$

49 대칭 3상교류의 조건에 해당하지 않는 것은?

① 기전력의 크기가 같다.
② 주파수가 같다.
③ 위상차는 각각 $60°$씩 생긴다.
④ 파형이 같다.

해설 [대칭 3상교류]

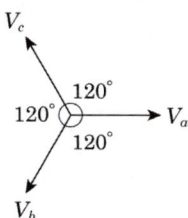

3상의 크기, 주파수는 같고 위상차는 $120°$이다.

50 평형 3상 성형결선에 있어서 선간전압(V_l)과 상전압(V_p)의 관계는?

① $V_l = V_p$
② $V_l = \dfrac{1}{\sqrt{3}} V_p$
③ $V_l = \sqrt{2}\, V_p$
④ $V_l = \sqrt{3}\, V_p$

해설 [Y결선, 성형결선]

- $V_l = \sqrt{3}\, V_p\,\underline{/30°}$
- $I_l = I_p\,\underline{/0°}$
- $I_p = \dfrac{V_p}{Z}$

출제 POINT

48
- $P = \sqrt{3}\,VI\cos\theta$
- [2017년 1회 CBT]

49
- [2017년 3회 CBT]

50
- [2017년 4회 CBT]

정답 48.④ 49.③ 50.④

출제 POINT

51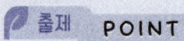
- [2017년 4회 CBT]

51 변압기 2대를 V결선했을 때의 이용률은 몇 [%]인가?

① 57.7[%]　　　　　② 70.7[%]
③ 86.6[%]　　　　　④ 100[%]

해설 [V결선]
- 이용률 : 86.6[%]
- 출력비 : 57.7[%]

정답 51.③

MEMO

CHAPTER 07 회로망

1 2단자망

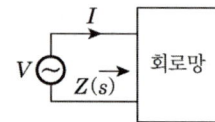

(1) 구동점 임피던스 $Z(s)$

$j\omega = S$로 변환하여 R, L, C를 표현하면

$Z(s) = R$

$Z(s) = j\omega L = LS$

$Z(s) = \dfrac{1}{j\omega C} = \dfrac{1}{SC}$

(2) 영점과 극점

① 영점 : $Z(s)$가 "0"이 되는 s 값으로 회로의 단락상태를 나타낸다(○으로 표시).
② 극점 : $Z(s)$가 "∞"가 되는 s 값으로 회로의 개방상태를 나타낸다(×으로 표시).

(3) 정저항 회로

구동점 임피던스의 허수부가 어떠한 주파수에도 "0"이 되며, 실수부는 주파수에 무관하며 일정하게 되는 회로의 저항을 말한다.

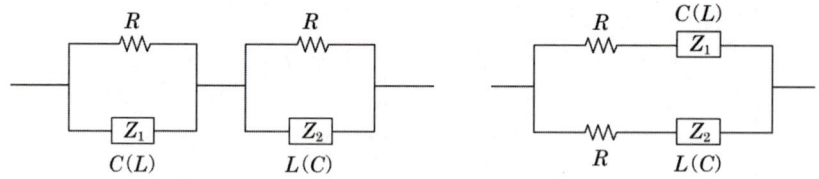

$Z_1 Z_2 = \dfrac{L}{C} = R^2$ (정저항 조건)

$\therefore R = \sqrt{\dfrac{L}{C}}\,[\Omega],\ L = CR^2\,[\text{H}],\ C = \dfrac{L}{R^2}\,[\text{F}]$

2 4단자망

(1) 임피던스(Z) 파라미터

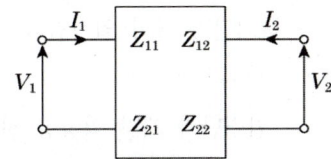

① 행렬식

$$\begin{bmatrix} V_1 \\ V_2 \end{bmatrix} = \begin{bmatrix} Z_{11} & Z_{12} \\ Z_{21} & Z_{22} \end{bmatrix} \begin{bmatrix} I_1 \\ I_2 \end{bmatrix}$$

② 임피던스 파라미터식

$V_1 = Z_{11}I_1 + Z_{12}I_2$

$V_2 = Z_{21}I_1 + Z_{22}I_2$

㉠ $Z_{11} = \dfrac{V_1}{I_1}\bigg|_{I_2 = 0}$: 출력단자 개방 구동점 임피던스

㉡ $Z_{12} = \dfrac{V_1}{I_2}\bigg|_{I_1 = 0}$: 입력단자 개방 전달 임피던스

㉢ $Z_{21} = \dfrac{V_2}{I_1}\bigg|_{I_2 = 0}$: 출력단자 개방 전달 임피던스

㉣ $Z_{22} = \dfrac{V_2}{I_2}\bigg|_{I_1 = 0}$: 입력단자 개방 구동점 임피던스

※ 선형회로일 때 $Z_{12} = Z_{21}$이며, 대칭회로일 때 $Z_{11} = Z_{22}$가 된다.

(2) h-파라미터

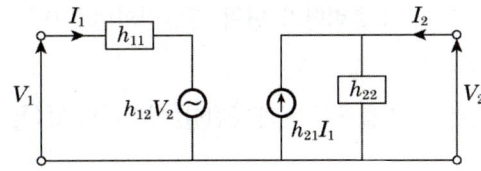

① 행렬식

$$\begin{bmatrix} V_1 \\ I_2 \end{bmatrix} = \begin{bmatrix} h_{11} & h_{12} \\ h_{21} & h_{22} \end{bmatrix} \begin{bmatrix} I_1 \\ V_2 \end{bmatrix}$$

② 파라미터식

$$V_1 = h_{11}I_1 + h_{12}V_2$$

$$I_2 = h_{21}I_1 + h_{22}V_2$$

㉠ $h_{11} = \dfrac{V_1}{I_1}\bigg|_{V_2=0}$: 출력단자 단락 입력임피던스[Ω]

㉡ $h_{12} = \dfrac{V_1}{V_2}\bigg|_{I_1=0}$: 입력단자 개방 역방향 전압이득

㉢ $h_{21} = \dfrac{I_2}{I_1}\bigg|_{V_2=0}$: 출력단자 단락 순방향 전류이득

㉣ $h_{22} = \dfrac{I_2}{V_2}\bigg|_{I_1=0}$: 입력단자 개방 출력 어드미턴스[℧]

(3) 4단자 정수(ABCD 파라미터, F파라미터)

① 행렬식

$$\begin{bmatrix} V_1 \\ I_1 \end{bmatrix} = \begin{bmatrix} A & B \\ C & D \end{bmatrix} \begin{bmatrix} V_2 \\ I_2 \end{bmatrix} \quad * \begin{cases} \text{선형조건}: AD - BC = 1 \\ \text{좌우대칭이면 } A = D \end{cases}$$

② 파라미터식

$$V_1 = AV_2 + BI_2$$

$$I_1 = CV_2 + DI_2$$

㉠ $A = \dfrac{V_1}{V_2}\bigg|_{I_2=0}$: 출력단자 개방 전압이득

㉡ $B = \dfrac{V_1}{I_2}\bigg|_{V_2=0}$: 출력단자 단락 전달임피던스[Ω]

㉢ $C = \dfrac{I_1}{V_2}\bigg|_{I_2=0}$: 출력단자 개방전달 어드미턴스[℧]

㉣ $D = \dfrac{I_1}{I_2}\bigg|_{V_2=0}$: 출력단자 단락 전류이득

③ 4단자 정수의 응용

㉠ $\begin{pmatrix} A & B \\ C & D \end{pmatrix} = \begin{pmatrix} 1 & Z \\ 0 & 1 \end{pmatrix}$

㉡ $\begin{pmatrix} A & B \\ C & D \end{pmatrix} = \begin{pmatrix} 1 & 0 \\ \dfrac{1}{Z} & 1 \end{pmatrix}$

(4) 영상 임피던스와 영상 전달함수

① 영상 임피던스

㉠ $\dot{Z}_{01} = \sqrt{\dfrac{\dot{A}\dot{B}}{\dot{C}\dot{D}}}\ [\Omega]$

㉡ $\dot{Z}_{02} = \sqrt{\dfrac{\dot{D}\dot{B}}{\dot{C}\dot{A}}}\ [\Omega]$

그리고, 대칭 4단자망의 경우는 $\dot{A} = \dot{D}$ 이므로

㉢ $\dot{Z}_{01} = \dot{Z}_{02} = \sqrt{\dfrac{\dot{B}}{\dot{C}}}\ [\Omega]$

또한 $Z_{01}Z_{02} = \dfrac{B}{C}$, $Z_{01}/Z_{02} = \dfrac{A}{D}$ 이다

② 영상 전달함수(θ)

$$\theta = \log_e(\sqrt{\dot{A}\dot{D}} + \sqrt{\dot{B}\dot{C}}) = \cosh^{-1}\sqrt{AD} = \sinh^{-1}\sqrt{AD}$$

3 비정현파

(1) 비정현파 교류의 성분

∴ 비정현파 = (직류분) + (기본파) + (고조파)

위와 같이 비정현파 교류를 급수로 나타낸 것을 '푸리에 분석(Fourier Analysis)'이라고 한다.

(2) 비정현파 교류의 전압과 전류

① 비정현파 교류의 실효값

비정현파 교류의 실효값은 직류성분 및 각 고조파의 실효값의 제곱의 합이 평균과 같다.

㉠ 전압 $V(t) = V_0 + V_{m1}\sin(\omega t + \theta_1)$
$\qquad + V_{m2}\sin(2\omega t + \theta_2) + V_{m3}\sin(3\omega t + \theta_3)$
$\qquad + \cdots + V_{mn}\sin(n\omega t + \theta_n)$

$$V = \sqrt{V_0^2 + \left(\frac{V_{m1}}{\sqrt{2}}\right)^2 + \left(\frac{V_{m2}}{\sqrt{2}}\right)^2 + \cdots + \left(\frac{V_{mn}}{\sqrt{2}}\right)^2}$$
$$= \sqrt{V_0^2 + V_1^2 + V_2^2 + \cdots V_n^2}$$

㉡ 전류 $i(t) = I_0 + I_{m1}\sin(\omega t + \theta_1)$
$\qquad + I_{m2}\sin(2\omega t + \theta_2) + I_{m3}\sin(3\omega t + \theta_3)$
$\qquad + \cdots + I_{mn}\sin(n\omega t + \theta_n)$

$$I = \sqrt{I_0^2 + \left(\frac{I_{m1}}{\sqrt{2}}\right)^2 + \left(\frac{I_{m2}}{\sqrt{2}}\right)^2 + \cdots + \left(\frac{I_{mn}}{\sqrt{2}}\right)^2}$$
$$= \sqrt{I_0^2 + I_1^2 + \cdots + I_n^2}$$

㉢ 왜율

비정현파에서 기본파에 대해 고조파 성분이 어느 정도 포함되어 있는가 하는 것을 왜율이라 한다.

$$왜율 = \frac{전\ 고조파의\ 실효치}{기본파의\ 실효치} = \frac{\sqrt{I_2^2 + I_3^2 + \cdots}}{I_1}$$

4 과도현상

(1) RC 직렬회로 과도특성

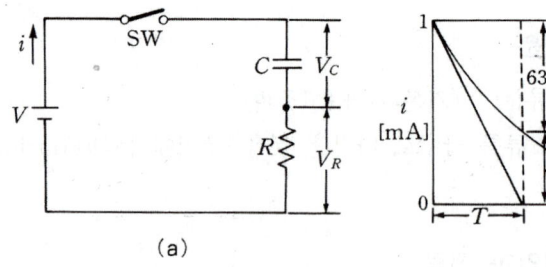

① $i = \dfrac{V}{R}e^{-\frac{1}{RC}t}$ [A] (충전전류)

② $V_R = iR = Ve^{-\frac{1}{RC}}$ [V]

③ $V_C = V - V_R = V - Ve^{-\frac{1}{RC}t}$
   $= V(1 - e^{-\frac{1}{RC}t})$ [V]

④ $T = RC$ [sec]

　여기서, T는 과도전류의 변화속도를 나타내는 상수로서 '시상수(time constant)' 또는 '시정수'라고 한다.

⑤ 특성 곡선

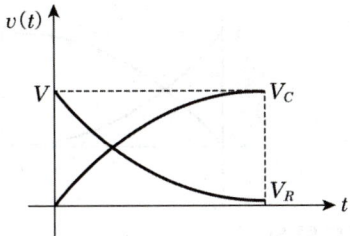

⑥ $i = -\frac{V}{R}e^{-\frac{1}{RC}t}$ [A] (방전전류)

(2) RL 직렬회로 과도특성

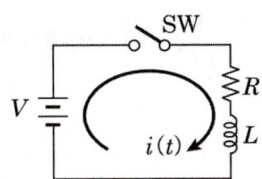

① 전류 $i(t)$: $i(t) = \frac{V}{R}(1 - e^{-\frac{R}{L}t})$ … (A)

② 시정수(T) : $t = 0$에서 과도전류에 접선을 그려서 정상전류와 만날 때까지의 시간을 의미한다.

　$T = \frac{L}{R}$ [sec]

　T가 클수록 과도현상은 오랫동안 지속되어 천천히 사라진다.

③ 시정수에서의 전류값 : $i(T)$

　$i(T) = \frac{V}{R}(1 - e^{-1}) = 0.632\frac{V}{R}$ [A]

④ R, L의 단자전압

$$V_R = Ri(t) = R\frac{V}{R}(1-e^{-\frac{R}{L}t}) = V(1-e^{-\frac{R}{L}t})[V]$$

$$V_L = L\frac{d}{dt}i(t) = L\frac{d}{dt}\frac{V}{R}(1-e^{-\frac{R}{L}t}) = Ve^{-\frac{R}{L}t}[V]$$

⑤ 특성 곡선

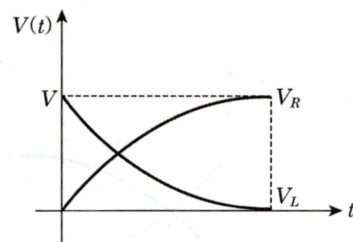

(3) RLC 직렬회로의 과도특성

① $R - 4\frac{L}{C} > 0$ $\left(\left(\frac{R}{2L}\right)^2 - \frac{1}{LC} > 0\right)$: 비진동상태

② $R - 4\frac{L}{C} < 0$ $\left(\left(\frac{R}{2L}\right)^2 - \frac{1}{LC} < 0\right)$: 진동상태

③ $R - 4\frac{L}{C} = 0$ $\left(\left(\frac{R}{2L}\right)^2 - \frac{1}{LC} = 0\right)$: 임계상태

5 회로망 정리

(1) 키르히호프 법칙

① 키르히호프의 제1법칙

회로의 접속점(mode)에서 볼 때, 접속점으로 흘러들어오는 전류의 합과 흘러나가는 전류의 합은 같다.

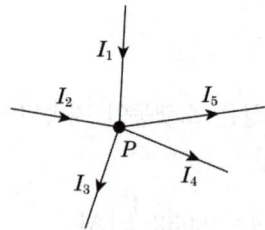

Σ유입전류 $= \Sigma$유출전류

$I_1 + I_2 = I_3 + I_4 + I_5$ 이므로

$I_1 + I_2 + (-I_3) + (-I_4) + (-I_5) = 0$

$\sum I = 0$ 이것을 키르히호프의 '전류법칙'이라고도 한다.

② 키르히호프의 제2법칙

회로망 중에서 임의의 폐회로를 따라 한 방향으로 일주하며 생기는 전압강하의 합은 그 폐회로 내에 포함되어 있는 기전력의 합과 같다.

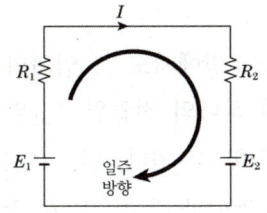

$\sum$ 기전력 = $\sum$ 전압강하

$\sum$ 기전력 = $E_1 - E_2$

$\sum$ 전압강하 = $IR_1 + IR_2 = I(R_1 + R_2)$

이므로 $E_1 - E_2 = I(R_1 + R_2)$ 이다.

(2) 중첩의 정리

2개 이상의 전원을 포함한 회로에서 어떤 점의 전위 또는 전류는 각 전원이 단독으로 존재한다고 가정한 경우, 그 점의 전위 또는 전류의 합과 같다.

> ※ 주의
> 중첩의 정리를 적용할 때, 작동하지 않는 전압원은 단락회로로, 전류원은 개방회로로 대치한다.

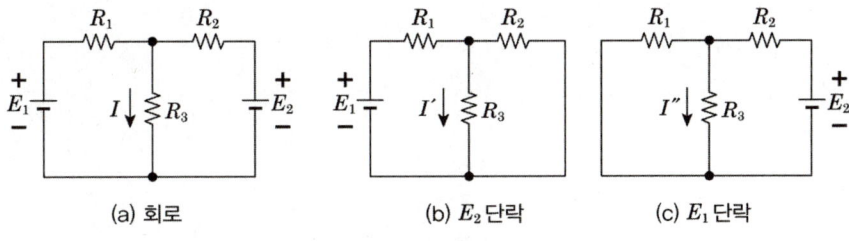

[중첩의 정리]

(3) 테브난의 정리

그림과 같이 임의의 회로에 대한 개방단자 $a-b$의 V_{ab}이고, 개방단의 저항(출력저항)이 R_{ab}인 경우 그림 (a)의 회로는 그림 (b)와 등가이다.

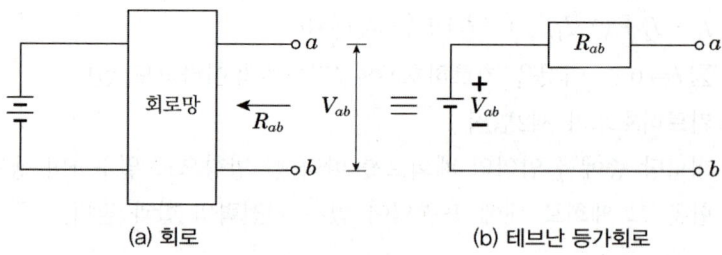

(a) 회로   (b) 테브난 등가회로

여하한 구조를 갖는 능동회로망에서도 그 임의의 두 단자 $a-b$ 외측에 대해서는, 이것을 등가적으로 변환하여 하나의 전압원 V_{ab}와 하나의 저항(또는 임피던스) R_{ab}가 직렬로 구성된 것으로 대치할 수 있다. 단, V_{ab}는 원래 회로망의 단자 $a-b$를 개방했을 때, 여기에 나타나는 전압과 같고, 또 R_{ab}는 회로망 내의 모든 전원을 제거하고 (즉, 전압원을 단락, 전류원은 개방하고), 단자 $a-b$에서 회로망 쪽을 본 임피던스와 같다.

CHAPTER 07 회로망 기출문제

01 비사인파 교류의 일반적인 구성이 아닌 것은?

① 기본파　　　　　　② 직류분
③ 고조파　　　　　　④ 삼각파

해설　비정현파(비사인파) = 직류분 + 기본파 + 고조파 성분으로 구성되어 있다.

출제 POINT

01. 중요도
- 비정현파의 구성
- [2010년 1회 기출]

02 $R-L$ 직렬회로의 시정수 T[s]는?

① $\dfrac{R}{L}$[s]　　　　　② $\dfrac{L}{R}$[s]

③ RL[s]　　　　　　④ $\dfrac{1}{RL}$[s]

해설
- $R-L$ 회로의 시정수 $T = \dfrac{L}{R}$[s]
- $R-C$ 회로의 시정수 $T = R \cdot C$[s]

02. 중요도
- [2010년 4회 기출]

03 $R-L$ 직렬회로에서 $R = 20$[Ω], $L = 10$[H]인 경우 시정수 T는?

① 0.005[s]　　　　　② 0.5[s]
③ 2[s]　　　　　　　④ 200[s]

해설　[시정수 T]
- $R-C$ 시정수 $T = R \times C$[sec]
- $R-L$ 시정수 $T = \dfrac{L}{R} = \dfrac{10}{20} = 0.5$[s]

03. 중요도
- [2010년 5회 기출]

04 기본파의 3[%]인 제3고조파와 4[%]인 제5고조파, 1[%]인 제7고조파를 포함하는 전압파의 왜율은?

① 약 2.7[%]　　　　② 약 5.1[%]
③ 약 7.7[%]　　　　④ 약 14.1[%]

04. 중요도
- [2011년 1회 기출]

정답　01.④　02.②　03.②　04.②

해설 [왜율, 외율, 일그러짐율(K)]

$$K = \frac{\text{전고조파 실효치}}{\text{기본파 실효치}} \times 100[\%]$$

$$= \frac{\sqrt{(0.03V_1)^2 + (0.04V_1)^2 + (0.01V_1)^2}}{V_1} \times 100 ≒ 5.1[\%]$$

05 정현파 교류의 왜형률(Distortion)은?

① 0
② 0.1212
③ 0.2273
④ 0.4834

해설
왜형률 = $\frac{\text{전고조파 실효치}}{\text{기본파 실효치}} \times 100 = \frac{\sqrt{V_2^2 + V_3^2 + \cdots + V_n^2}}{V_1}$

따라서, 정현파의 경우 고조파 성분은 "0"이므로 $V_2 = V_3 = \cdots = V_n = 0$
∴ 왜형률은 "0"이 된다.

06 비정현파가 발생하는 원인과 거리가 먼 것은?

① 자기포화
② 옴의 법칙
③ 히스테리시스
④ 전기자 반작용

해설 비정현파는 직류 성분, 기본파 성분, 고조파 성분으로 구성되며 자기포화 현상, 히스테리시스 현상, 전기자 반작용 등에 의해 발생한다.

07 비사인파 교류의 일반적인 구성이 아닌 것은?

① 기본파
② 직류분
③ 고조파
④ 삼각파

해설 비사인파(비정현파)
- 구성 : 직류분 + 기본파 + 고조파
- $f(t) = a_o + \sum_{n=1}^{\infty} a_n \cos n\omega t + \sum_{n=1}^{\infty} b_n \sin n\omega t$
- 프리에 급수를 이용하여 해석한다.

정답 05.① 06.② 07.④

08 비정현파의 실효값을 나타낸 것은?

① 최대파의 실효값
② 각 고조파의 실효값의 합
③ 각 고조파의 실효값의 합의 제곱근
④ 각 고조파의 실효값의 제곱의 합의 제곱근

해설 비정현파 실효값 V

- 순시치 $v = V_0 + V_{m1}\sin wt + V_{m2}\sin 2wt + V_{m3}\sin 3wt + \cdots\cdots$
- 실효값 $V = \sqrt{V_0^2 + \left(\dfrac{V_{m1}}{\sqrt{2}}\right)^2 + \left(\dfrac{V_{m2}}{\sqrt{2}}\right)^2 + \left(\dfrac{V_{m3}}{\sqrt{2}}\right)^2 + \cdots\cdots}$
  $= \sqrt{V_0^2 + V_1^2 + V_2^2 + V_3^2 + \cdots\cdots}$

08 중요도 ★
- 실효값
$V = \sqrt{V_0^2 + V_1^2 + V_2^2 + \cdots}$
$I = \sqrt{I_0^2 + I_1^2 + I_2^2 + \cdots}$
- [2012년 1회 기출]

09 다음 중 파형률을 나타낸 것은?

① $\dfrac{실효값}{평균값}$
② $\dfrac{최대값}{실효값}$
③ $\dfrac{평균값}{실효값}$
④ $\dfrac{실효값}{최대값}$

해설 파형률, 파고율

- 파형률 = $\dfrac{실효값}{평균값}$
- 파고율 = $\dfrac{최대값}{실효값}$

09 중요도
- [2012년 1회 기출]

10 $R = 4[\Omega]$, $\omega L = 3[\Omega]$의 직렬회로에 $V = 100\sqrt{2}\sin wt + 30\sqrt{2}\sin 3wt [\text{V}]$의 전압을 가할 때 전력은 약 몇 [W]인가?

① 1,170[W]
② 1,563[W]
③ 1,637[W]
④ 2,116[W]

해설 비정현파 전력 P

- $P = V_0 I_0 + V_1 I_1 \cos\theta_1 + V_2 I_2 \cos\theta_2 + V_3 I_3 \cos\theta_3 + \cdots\cdots$
- $I_1 = \dfrac{V_1}{Z_1} = \dfrac{V_1}{\sqrt{R^2 + (1wL)^2}} = \dfrac{\frac{100\sqrt{2}}{\sqrt{2}}}{\sqrt{4^2 + (1\times 3)^2}} = 20[\text{A}]$, $\cos\theta_1 = \dfrac{R}{Z_1} = \dfrac{4}{5}$
- $I_3 = \dfrac{V_3}{Z_3} = \dfrac{V_3}{\sqrt{R^2 + (3wL)^2}} = \dfrac{\frac{30\sqrt{2}}{\sqrt{2}}}{\sqrt{4^2 + (3\times 3)^2}} = \dfrac{30}{\sqrt{97}}[\text{A}]$, $\cos\theta = \dfrac{R}{Z_3} = \dfrac{4}{\sqrt{97}}$
- $\therefore P = 100 \times 20 \times \dfrac{4}{5} + 30 \times \dfrac{30}{\sqrt{97}} \times \dfrac{4}{\sqrt{97}} \fallingdotseq 1,637[\text{W}]$

10 중요도
- [2012년 2회 기출]

정답 08.④ 09.① 10.③

11 비정현파의 종류에 속하는 직사각형파의 전개식에서 기본파의 진폭[V]은? (단, $V_m = 20[V]$, $T = 10[mS]$)

① 23.27[V] ② 24.47[V]
③ 25.47[V] ④ 26.47[V]

해설 직사각형의 순시값 e
$$e = \frac{4}{\pi}V_m\left(\sin wt + \frac{1}{3}\sin 3wt + \frac{1}{5}\sin 5wt + \frac{1}{7}\sin 7wt + \cdots\right)$$
∴ 기본파 진폭 $= \frac{4}{\pi}V_m = \frac{4}{\pi} \times 20 ≒ 25.47[V]$

12 키르히호프의 법칙을 이용하여 방정식을 세우는 방법으로 잘못된 것은?

① 키르히호프의 제1법칙을 회로망의 임의의 한 점에 적용한다.
② 각 폐회로에서 키르히호프의 제2법칙을 적용한다.
③ 각 회로의 전류를 문자로 나타내고 방향을 가정한다.
④ 계산결과 전류가 +로 표시된 것은 처음에 정한 방향과 반대방향임을 나타낸다.

해설 [키르히호프 법칙]
- 전류 법칙(제1법칙)
  - 유입되는 전류의 합 = 유출되는 전류의 합
  - 계산결과 전류 I가 (−)가 된다면 설정된 전류의 방향이 반대임을 나타낸다.
- 전압 법칙(제2법칙)
  - 기전력의 합과 전압강하의 합의 크기가 같다.

13 그림과 같은 비사인파의 제3고조파 주파수는? (단, $V = 20[V]$, $T = 10[ms]$이다.)

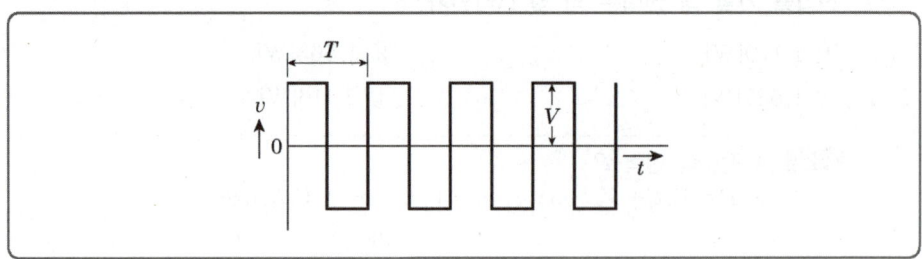

① 100[Hz] ② 200[Hz]
③ 300[Hz] ④ 400[Hz]

정답 11.③ 12.④ 13.③

해설 주파수와 주기의 관계

$$f = \frac{1}{T}$$

3고조파 주파수 f_3는 기본파 주파수 f_1의 3배가 된다.

$$\therefore f_3 = \frac{3}{T} = 3 \times \frac{1}{10 \times 10^{-3}} = 300 [\text{Hz}]$$

14 어느 회로의 전류가 다음과 같을 때, 이 회로에 대한 전류의 실효값은?

$$i = 3 + 10\sqrt{2}\sin\left(\omega t - \frac{\pi}{6}\right) - 5\sqrt{2}\sin\left(3\omega t - \frac{\pi}{3}\right) [\text{A}]$$

① 11.6[A] ② 23.2[A]
③ 32.2[A] ④ 48.3[A]

해설 실효값 I

$$I = \sqrt{I_0^2 + \left(\frac{I_{m1}}{\sqrt{2}}\right)^2 + \left(\frac{I_{m2}}{\sqrt{2}}\right)^2 + \left(\frac{I_{m3}}{\sqrt{2}}\right)^2 + \cdots}$$

$$= \sqrt{I_0^2 + I_1^2 + I_2^2 + I_3^2 + \cdots}$$

$$= \sqrt{3^2 + \left(\frac{10\sqrt{2}}{\sqrt{2}}\right)^2 + \left(\frac{5\sqrt{2}}{\sqrt{2}}\right)^2}$$

$$= \sqrt{3^2 + 10^2 + 5^2} \fallingdotseq 11.6$$

15 교류에서 파형률은?

① 파형률 = $\dfrac{최대값}{실효값}$ ② 파형률 = $\dfrac{실효값}{평균값}$

③ 파형률 = $\dfrac{평균값}{실효값}$ ④ 파형률 = $\dfrac{최대값}{평균값}$

해설
- 파형률 = $\dfrac{실효값}{평균값}$
- 파고율 = $\dfrac{최대값}{실효값}$

16 $i = 3\sin\omega t + 4\sin(3\omega t - \theta) [\text{A}]$로 표시되는 전류의 등가 사인파 최대값은?

① 2[A] ② 3[A]
③ 4[A] ④ 5[A]

■ [2013년 4회 기출]

■ [2013년 5회 기출]

■ [2014년 1회 기출]

정답 14.① 15.② 16.④

Chapter 7 회로망

해설 최대값 $= \sqrt{3^2+4^2} = 5$[A]

17 비사인파의 일반적인 구성이 아닌 것은?

① 순시파
② 고조파
③ 기본파
④ 직류분

해설 비사인파(비정현파) = 기본파 + 직류분 + 고조파

18 비사인파 교류회로의 전력성분과 거리가 먼 것은?

① 맥류 성분과 사인파의 곱
② 직류 성분과 사인파의 곱
③ 직류 성분
④ 주파수가 같은 두 사인파의 곱

해설 비사인파 $f(t) = a_0 + \sum_{n=1}^{\infty} a_n \cos nwt + \sum_{n=1}^{\infty} b_n \sin nwt$
= 직류 성분 + 기본파 성분 + 고조파 성분

19 임의의 폐회로에서 키르히호프의 제2법칙을 가장 잘 나타낸 것은?

① 기전력의 합 = 합성저항의 합
② 기전력의 합 = 전압강하의 합
③ 전압강하의 합 = 합성저항의 합
④ 합성저항의 합 = 회로전류의 합

해설 [키르히호프 법칙]
- 전류 법칙(1법칙) : 유입하는 전류의 합과 유출되는 전류의 합은 크기가 같다.
- 전압 법칙(2법칙) : 회로 내에서 기전력의 합과 전압강하의 합은 크기가 같다.

20 회로망의 임의의 접속점에 유입되는 전류는 $\Sigma I = 0$이라는 법칙은?

① 쿨롱의 법칙
② 패러데이의 법칙
③ 키르히호프의 제1법칙
④ 키르히호프의 제2법칙

해설 키르히호프 법칙(2법칙)
- 키르히호프 전압 법칙(2법칙) : 기전력의 합과 전압강하의 합은 같다($\Sigma E = \Sigma I \cdot R$).
- 키르히호프 전류 법칙(1법칙) : 임의의 1점에 유입 또는 유출되는 전류의 합은 "0"이다 ($\Sigma I = 0$).

정답 17.① 18.① 19.② 20.③

21 비정현파의 실효값을 나타낸 것은?

① 최대파의 실효값
② 각 고조파의 실효값의 값
③ 각 고조파의 실효값의 합의 제곱근
④ 각 고조파의 실효값의 제곱의 합의 제곱근

해설 실효값 $V = \sqrt{V_0^2 + V_1^2 + V_2^2 + V_3^2 + \cdots + V_n^2}$

[2015년 1회 기출]

22 그림의 단자 1-2에서 본 노튼 등가회로의 개방단 컨덕턴스는 몇 [℧]인가?

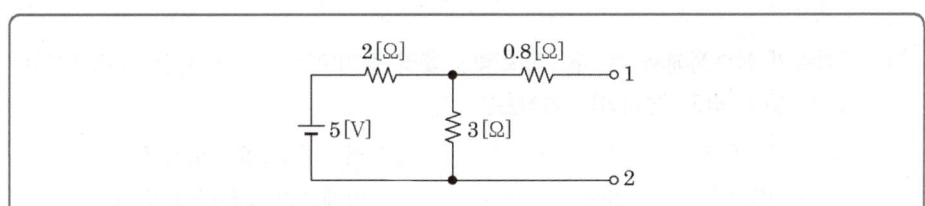

① 0.5
② 1
③ 2
④ 5.8

해설 노튼 등가회로에서 R(전압원 : 단락, 전류원 : 개방)

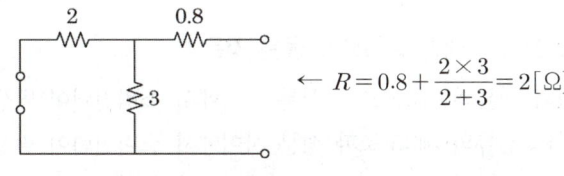

← $R = 0.8 + \dfrac{2 \times 3}{2+3} = 2\,[\Omega]$

∴ 컨덕턴스 $G = \dfrac{1}{R} = \dfrac{1}{2}\,[℧]$

[2015년 1회 기출]

23 삼각파 전압의 최대값이 V_m일 때 실효값은?

① V_m
② $\dfrac{V_m}{\sqrt{2}}$
③ $\dfrac{2V_m}{\pi}$
④ $\dfrac{V_m}{\sqrt{3}}$

해설 [3각파, 톱니파]
- 실효값 $= \dfrac{V_m}{\sqrt{3}}$
- 평균값 $= \dfrac{V_m}{2}$

[2015년 5회 기출]

정답 21.④ 22.① 23.④

출제 POINT

24 중요도 ★★
- 파고율 = 최대값/실효값
- [2016년 1회 기출]

25 중요도
- [2016년 1회 기출]

26 중요도
- [2016년 2회 기출]

27 중요도
- [2016년 5회 CBT]

---

24 파고율, 파형률이 모두 1인 파형은?

① 사인파 ② 고조파
③ 구형파 ④ 삼각파

해설 [구형파]
- 파고율 = $\dfrac{최대값}{실효값} = \dfrac{I_m}{I_m} = 1$
- 파형률 = $\dfrac{실효값}{평균값} = \dfrac{I_m}{I_m} = 1$

(단, 구형파의 최대값=실효값=평균값)

25 "회로의 접속점에서 볼 때, 접속점에 흘러 들어오는 전류의 합은 흘러 나가는 전류의 합과 같다."라고 정의되는 법칙은?

① 키르히호프의 제1법칙 ② 키르히호프의 제2법칙
③ 플레밍의 오른손 법칙 ④ 앙페르의 오른나사 법칙

해설 [키르히호프 법칙]
- 전류 법칙(1법칙) : 임의 한 점에 들어오고 나가는 전류의 합의 크기는 같다. 또는 임의의 한 점에 들어오고 나가는 모든 전류의 합은 "0"이다($\sum I = 0$).

26 비사인파 교류회로의 전력에 대한 설명으로 옳은 것은?

① 전압의 제3고조파와 전류의 제3고조파 성분 사이에서 소비전력이 발생한다.
② 전압의 제2고조파와 전류의 제3고조파 성분 사이에서 소비전력이 발생한다.
③ 전압의 제3고조파와 전류의 제5고조파 성분 사이에서 소비전력이 발생한다.
④ 전압의 제6고조파와 전류의 제7고조파 성분 사이에서 소비전력이 발생한다.

해설 비정현파에서의 전력은 전압과 전류의 고조파 성분이 같은 경우에 소비전력이 발생한다. $P = I_o V_o + \sum_{n=1}^{\infty} V_n I_n \cos\omega t [W]$로 표시된다.

27 $i = 3\sin\omega t + 4\sin(\omega t - \theta)$[A]로 표시되는 등가 사인파 최대값은?

① 2[A] ② 3[A]
③ 4[A] ④ 5[A]

해설
- 전류의 최대값 $I_{\max} = \sqrt{3^2 + 4^2} = 5$[A]
- 전류의 실효값 $I = \dfrac{5}{\sqrt{2}}$[A]

정답 24.③ 25.① 26.① 27.④

28 비사인파의 일반적인 구성이 아닌 것은?

① 삼각파 ② 고조파
③ 기본파 ④ 직류분

해설 비사인파(비정현파) 구성
- $f(t) = a_0 + \sum_{n=1}^{\infty} a_n \cos n\omega t + \sum_{n=1}^{\infty} b_n \sin n\omega t$
- 비사인파＝직류 성분＋기본파 성분＋고조파 성분으로 구성

출제 POINT
28. 중요도
- 비정현파의 구성
- [2017년 1회 CBT]

29 그림과 같은 비사인파의 제3고조파 주파수는? (단, $V=20[\text{V}]$, $T=10[\text{ms}]$이다.)

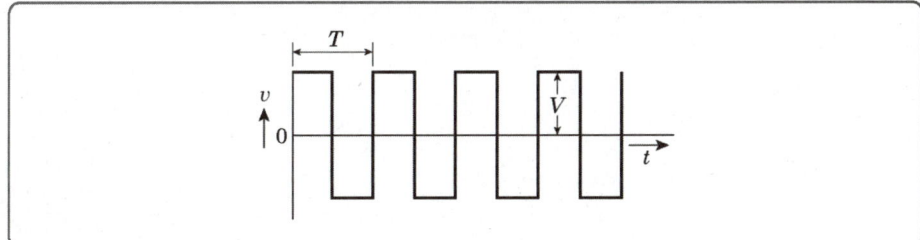

① 100[Hz] ② 200[Hz]
③ 300[Hz] ④ 400[Hz]

해설 [주파수 f]
$$f = \frac{1}{T} = \frac{1}{10 \times 10^{-3}} = 100[\text{Hz}]$$
∴ 제3고조파 주파수 $f_3 = 3 \times f = 3 \times 100 = 300[\text{Hz}]$

29. 중요도
- [2017년 1회 CBT]

30 비사인파의 일반적인 구성은?

① 직류분＋기본파＋고조파
② 직류분＋고조파＋삼각파
③ 직류분＋기본파＋삼각파
④ 직류분＋고조파＋구형파

해설 [비사인파(비정현파) 특징]
- 직류분＋기본파＋고조파 성분으로 구성
- 푸리에 분석을 이용해서 해석한다.

30. 중요도
- 비정현파의 구성
- [2017년 3회 CBT]

정답 28.① 29.③ 30.①

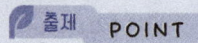

- 비정현파의 구성
- [2017년 4회 CBT]

31 비사인파의 일반적인 구성이 아닌 것은?

① 삼각파 ② 고조파
③ 기본파 ④ 직류분

해설 [비사인파]
구성=직류분+기본파+고조파로 이루어져 있다.

정답 31.①

[제 2과목] 전기기기

Chapter ❶ 직류기
Chapter ❷ 동기기
Chapter ❸ 변압기
Chapter ❹ 유도기
Chapter ❺ 정류기

CHAPTER 01 직류기

1 직류 발전기의 원리와 구조

발전기는 기계적 에너지를 전기적 에너지로 변환하며, 전동기는 전기적 에너지를 기계적 에너지로 변환한다.

(1) 원리

플레밍의 오른손 법칙은 도체가 운동을 하여 자계를 끊으면서 발생하는 유기기전력을 구하는 법칙으로 발전기의 원리가 된다.

$$\text{유기기전력 } e = (v \times B)l\sin\theta = vBl\sin\theta$$

(2) 구조

① 계자(field)
  ㉠ 자속(ϕ)을 공급하는 역할
  ㉡ 계자 철심, 계자 권선, 자극편
② 전기자(armature) : 계자에서 만든 자속으로부터 기전력을 유도하는 역할
  ㉠ 권선 : 연동선을 절연하여 배열한다.
  ㉡ 철심 : 얇은(0.35~0.5[mm]) 규소 강판을 성층하여 사용한다.
    ⓐ 규소 함유량(1~1.4[%]) : 히스테리시스손 감소
    ⓑ 성층 철심 : 와류손 감소
③ 정류자(commutator) : 교류 기전력을 직류로 변환하는 역할
④ 브러시(brush) : 회전부(정류자)로부터 전원을 인출하는 역할
  ㉠ 종류
    ⓐ 탄소질 브러시 : 저전류 저속에 사용
    ⓑ 금속 흑연질 브러시 : 저전압 대전류기에 사용
    ⓒ 전기 흑연질 브러시 : 일반적인 직류기에 사용
  ㉡ 구비조건
    ⓐ 기계적으로 튼튼할 것
    ⓑ 적당한 접촉저항이 있을 것
    ⓒ 내열성이 클 것
    ⓓ 전기저항이 작을 것

⑤ 계철(yoke) : 자속의 통로이며 기계 전체를 보호한다.

2 전기자 권선법

(1) 전기자 권선법의 종류
① 전기자에 권선을 배열하는 방법으로 배열 방법에 따라 전류, 전압의 크기를 변화 시킬 수 있으며 환상권, 고상권, 개로권, 폐로권, 단층권, 2층권, 중권, 파권 등이 있다.
② 현재는 고상권, 폐로권, 2층권과 중권, 파권이 사용된다.

(2) 중권과 파권

	파권(직렬권)	중권(병렬권)
전압, 전류	고전압, 소전류	저전압, 대전류
병렬 회로수(a)	$a=2$	$a=p$(극수)
브러시 수(b)	$b=2$개 또는 p	$b=p$(극수)
균압환	불필요	필요

3 유기기전력(E)

(1) 도체 1개의 유기기전력 e
$e = vBl[\text{V}] = p\phi n[\text{V}]$

(2) 전체 도체의 유기기전력 E
$$E = \frac{Z}{a} \cdot e = \frac{Z}{a}p\phi n = \frac{Z}{a}p\phi\frac{N}{60}[\text{V}] \quad (E \propto \phi \propto N)$$

단, p : 극수, ϕ : 자속[Wb], N : 분당회전속도[rpm]
Z : 전기자 도체수[개], a : 병렬 회로수(중권 : $a=p$, 파권 : $a=2$)

4 전기자 반작용

(1) 정의
전기자 코일에 흐르는 전류에 의해 발생한 자속이 주자속의 분포에 영향을 미쳐 주자속이 찌그러지는 현상을 말한다.

(2) 전기자 반작용이 미치는 영향

① 감자작용으로 계자자속이 감소한다.
② 전기적 중성축의 이동으로 편자(교차) 작용이 일어난다.
③ 정류자 편간전압이 높아져 불꽃 섬락이 발생한다.

(3) 반작용의 방지 대책

보상 권선과 보극을 설치한다.
① 정류 개선을 위해 주자극 중간에 보극을 전기자 권선과 직렬로 접속한다.
② 전기자 전류와 반대방향으로 보상 권선을 설치한다.
③ 자기저항 및 기자력을 크게 한다.

5 정류

(1) 정류의 정의

전기자 권선에 흐르는 교류 전류를 직류 전류로 변환하는 것을 정류라 한다.

(2) 양호한 정류를 얻기 위한 개선책

① 평균 리액턴스 전압을 작게 한다.
  리액턴스 전압 : 전기자 권선의 인덕턴스에 의해 발생하는 전압
  $$e = L\frac{2I_c}{T_c}[\text{V}]$$
② 자기 인덕턴스(L)를 작게 한다.
③ 정류 주기(T_c)를 길게 한다.
④ 주변속도(v_c)를 작게 한다.
⑤ 전압 정류를 한다.
⑥ 브러시의 접촉저항을 크게 한다.
⑦ 보상 권선을 설치한다.

6 직류 발전기의 종류

(1) 정의

① 자여자 발전기 : 내부의 기전력에 의해 여자되며 잔류자기가 있어야 하는 직류 발전기(직권, 분권, 복권 발전기)

② 타여자 발전기 : 외부 직류전원에 의해 여자되며 잔류자기가 없어도 되는 직류 발전기

(2) 자여자 발전기

① 직권 발전기
  ㉠ 계자 권선과 전기자가 직렬로 접속
  ㉡ 잔류자기가 있어야 한다.

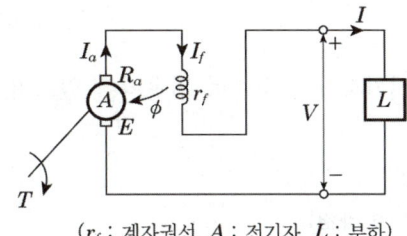

(r_f : 계자권선, A : 전기자, L : 부하)

【 직권 발전기 】

  ㉢ 정상 상태(부하시)
    ⓐ 전류 $I_a = I_f = I$
    ⓑ 유기기전력 E
      $E = V + I_a(R_a + r_f) + e_a + e_b$
        (e_a : 전기자전압강하, e_b : 브러시전압강하)
    ⓒ 단자전압 V
      $V = E - I_a R_a - I_a r_f = E - I_a(R_a + r_f)\,[\text{V}]$
  ㉣ 무부하시에는 기전력이 확립되지 않는다.

② 분권 발전기
  ㉠ 계자 권선과 전기자가 병렬로 접속
  ㉡ 잔류자기가 있어야 발전 가능

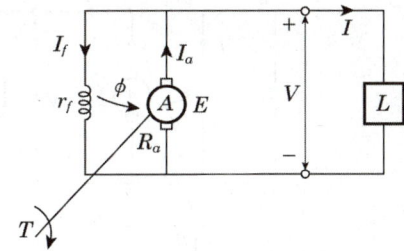

【 분권 발전기 】

ⓐ 유기기전력
$$E = \frac{Z}{a} p \phi \frac{N}{60} [\text{V}] = V + I_a R_a + e_a + e_b$$

ⓑ 단자전압 $V = E - I_a R_a = I_f r_f [\text{V}]$

ⓒ 전기자 전류 $I_a = I + I_f = \dfrac{V}{R_f} + \dfrac{P}{V} \fallingdotseq I \ (I \gg I_f) = \dfrac{E - V}{R_a} [\text{A}]$

ⓓ 부하 전류 $I = \dfrac{V}{L} [\text{A}]$

③ 복권 발전기
계자 권선과 전기자가 직병렬로 접속되어 있으며, 종류에는 내분권과 외분권이 있다.
㉠ 내분권 복권
㉡ 외분권 복권(일반적)

ⓐ 전기자 전류 $I_a = I + I_f = \dfrac{E - V}{R_a + r_s}$

ⓑ 단자전압 $V = E - I_a R_a - I_s r_s = E - I_a (R_a + r_s) [\text{V}]$

ⓒ 유기기전력 $E = V + I_a (R_a + r_s)$

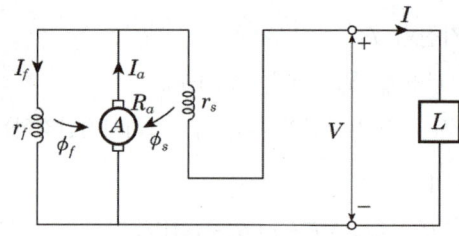

[복권 발전기]

(3) 타여자 발전기
계자와 전기자가 별개의 독립적으로 되어있는 발전기

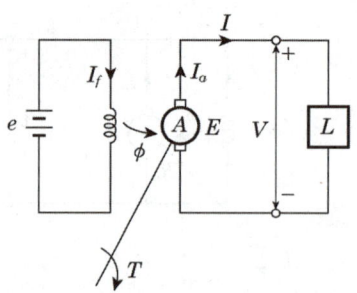

[타여자 발전기]

① 전압변동이 적다.
② 단자전압 $V = E - I_a R_a$ [V]
③ 전기자 전류 $I_a = I = \dfrac{E-V}{R_a}$ [A] (단, I는 부하 전류이다.)
④ 출력 $P = VI$ [W]
⑤ 유기기전력 $E = V + I_a R_a + e_a + e_b$
 (e_a : 전기자전압강하, e_b : 브러시전압강하)

7 전압변동률

(1) 전압변동률 : ε [%]

$$\varepsilon = \dfrac{V_o - V_n}{V_n} \times 100[\%] = \dfrac{E - V_n}{V_n} \times 100[\%] = \dfrac{I_a R_a}{V} \times 100[\%]$$

(단, V_o : 무부하 단자전압, V_n : 정격전압)

(2) 전압변동률에 따른 분류

ε값이 > 0이면 : 타여자 발전기, 분권 발전기, 차동복권 발전기, 부족복권 발전기
ε값이 = 0이면 : 평복권 발전기
ε값이 < 0이면 : 직권 발전기, 과복권 발전기

8 직류 발전기의 특성 곡선

(1) 무부하 특성 곡선(무부하 포화 곡선)

무부하($I = 0$) 시 유기기전력(E)과 계자 전류(I_f)와의 관계 곡선

① $E = \dfrac{Z}{a} p \phi \dfrac{N}{60} = K\phi N$ [V]

② $\phi \propto I_f$ 이므로 $E \propto \phi \propto I_f$

(2) 외부 특성 곡선

계자저항 일정 상태에서 단자전압(V)과 부하 전류(I)의 관계 곡선

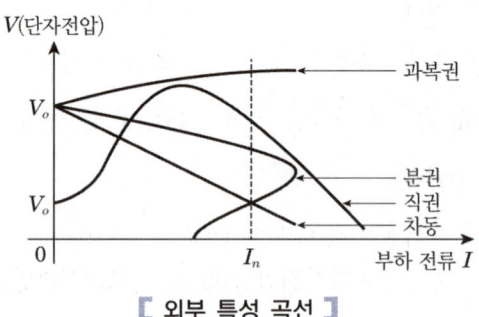

[외부 특성 곡선]

9 병렬 운전

(1) 병렬 운전의 정의

　　2대 이상의 발전기를 병렬로 연결하여 부하에 전원 공급하는 것을 말한다.

(2) 병렬 운전의 조건

　　① 단자전압이 일치할 것
　　② 극성이 일치할 것
　　③ 외부 특성 곡선이 일치할 것
　　④ 어느 정도의 수하 특성을 가질 것
　　⑤ 안정된 병렬 운전을 하기 위해 권선 끝에 균압모선을 설치할 것
　　⑥ 용량이 다른 경우 : 용량에 비례하여 부하 분담이 이루어진다.
　　⑦ 용량이 같을 경우 : 외부 특성 곡선이 일치한다.

10 직류 전동기의 원리

(1) 원리

　　플레밍의 왼손 법칙에 따른다.
$$F = (I \times B)l = IBl\sin\theta\,[\text{N}]$$

11 회전속도(N)와 회전력(T : 토크)

(1) 역기전력 E

　　단자전압과 반대로 생기는 기전력을 의미한다.
$$E = \frac{Z}{a}p\phi\frac{N}{60} = K'\phi N\,[\text{V}]$$

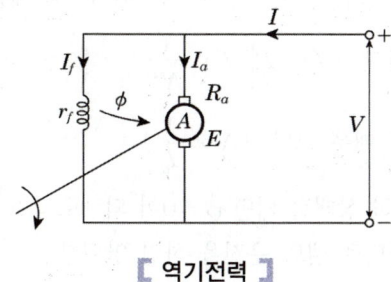

[역기전력]

(2) 회전속도 : N[rpm]

$$N = \frac{E}{K'\phi} \text{ [rpm]} (E = V - I_a R_a)$$

$$N = K\frac{V - I_a R_a}{\phi} \text{[rpm]}$$

(3) 토크(회전력) : T[N·m]

① $T = \dfrac{P(출력)}{\omega(각속도)} = \dfrac{P}{2\pi\dfrac{N}{60}} = \dfrac{E \cdot I_a}{2\pi\dfrac{N}{60}}$ [N·m]

　　(P(출력)$= E \cdot I_a$[W])

② $\tau = \dfrac{T}{9.8} = 0.975\dfrac{P}{N}$[kg·m]　(1[kg]=9.8[N])

12 직류 전동기의 종류와 특성

(1) **직권 전동기** : 가변속도 전동기로서 크레인 전기철도에 사용

　① 속도 특성 곡선

　　부하 전류(I)와 회전속도(N)의 관계 곡선

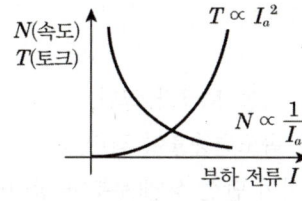

[속도 특성 곡선]

　② 특징

　　㉠ 전기자 전류(I_a)=계자 전류(I_f)=부하 전류(I)

ⓒ 기동 토크가 매우 크다. 즉, 토크는 회전수의 제곱에 반비례하고 부하 전류의 제곱에 비례한다. ($T \propto I_a^2$, $T \propto \dfrac{1}{N^2}$)

ⓒ 속도 변동이 매우 크다. ($N \propto \dfrac{1}{I_a}$)

ⓔ 운전중 무부하 상태로 되면 $\phi = 0$이 되므로 속도 $N = \infty$가 되어 위험속도에 도달한다(그러므로 벨트 운전을 하면 안된다).

(2) 분권 전동기 : 정속도 특성을 갖는다.

① 속도 특성 곡선
부하 전류(I)와 회전속도(N)의 관계 곡선

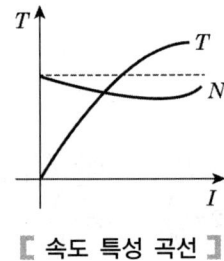

[속도 특성 곡선]

② 특징

ⓐ 토크는 전기자 전류에 비례하고 회전수에 반비례한다.($T \propto I_a$, $T \propto \dfrac{1}{N}$)

ⓑ 속도변동률이 작다.

ⓒ 경부하 운전 중 계자 권선이 단선 시(무부하 상태) 회전속도가 ∞가 되어 위험속도에 도달한다.($I_f = 0$)

(3) 복권 전동기(가동 복권 전동기)

① 복권 전동기에는 가동과 차동 복권 전동기가 있으며, 차동의 경우에는 특수한 경우에 사용한다.

② 특징

ⓐ 분권 전동기보다 기동 토크가 크다.

ⓑ 직권 전동기보다 속도변동률이 작다.

ⓒ 운전 중 계자 권선이 단선 상태(무부하 상태)로 되어도 위험 속도에 도달하지 않는다.

13 전동기의 속도 제어

$N = k \dfrac{V - I_a R_a}{\varphi}$ 에서

(1) 전압 제어 방식
① V를 이용해서 제어하는 방식이다.
② 제어 효율이 양호하다.
③ 광범위한 속도 제어가 가능하다.
④ 제어 방식으로 워드 레오나드(Ward leonard) 방식과 일그너(Illgner) 방식이 있다.
　㉠ 워드 레오나드 방식
　　ⓐ 소형부하
　　ⓑ 관성이 적은 곳에서 이용한다(엘리베이터).
　㉡ 일그너 방식
　　ⓐ 부하 변동이 큰 곳에 사용한다.
　　ⓑ 관성 모멘트가 크다(플라이 휠 효과 이용).
　　ⓒ 제철용 압연기

(2) 계자 제어 방식
① 정출력 제어 방식이라고도 한다.
② 자속(ϕ)을 이용한 제어 방식이다.

(3) 저항 제어 방식
① 손실이 크고, 운전 효율이 나쁘다.
② 거의 사용하지 않는다.

(4) 직·병렬 제어 방식
① 전동기 2대를 직·병렬 접속하여 속도를 제어하는 방식이다.
② 전기철도등에 이용한다.

14 전동기의 제동법

(1) 발전제동
회전체의 운동에너지를 전기적 에너지로 변환하여 저항에서 열로 소비하여 제동하는 방법

(2) 회생제동

전동기를 발전기로 사용하여 전동기의 역기전력을 공급 전압보다 높게 하여 전기적 에너지를 전원에 반환하여 제동하는 방법

(3) 역상제동(Plugging)

전기자의 접속을 바꾸어 회전 방향과 반대의 토크를 발생하여 급제동하는 방법이다 (전동기를 전원에 접속한다).

15 절연물의 최고 허용 온도[℃]

절연물의 종류	Y종	A종	E종	B종	F종	H종	C종
최고 허용 온도	90	105	120	130	155	180	180 초과

16 직류기의 손실 및 효율

(1) 손실(loss) : P_l [W]

① 가변손(부하손) : 동손+표유부하손
 ㉠ 동손(저항손) : $P_c = I^2 R$ [W]
 ㉡ 표유부하손
② 무부하손(고정손) : 철손+기계손
 ㉠ 철손 : $P_i = P_h + P_e$ [W]
  ⓐ 히스테리시스손(P_h)
   ㉮ $P_h = \sigma_h f B_m^{1.6}$ [W]
   ㉯ 손실을 줄이기 위해 철에 규소를 함유한 강판을 사용한다.
  ⓑ 와류손(P_e)
   ㉮ $P_e = \sigma_e (t k_f f B_m)^2$ [W]
   ㉯ 손실을 줄이기 위해 강판을 성층 결선하여 사용
 ㉡ 기계손 : 마찰손+풍손
  ⓐ 마찰손 : 축, 베어링, 브러시, 정류자등의 마찰에 의한 손실
  ⓑ 풍손 : 회전부분과 공기와의 마찰에 의해 발생

(2) 효율(efficiency) : η[%]

- 입력＝출력＋손실

- 출력=입력−손실

① 실측효율 $\eta = \dfrac{출력}{입력} \times 100\%$

② 규약효율 $\eta = \dfrac{출력}{출력+손실} \times 100[\%]$ (발전기)

$\qquad\qquad = \dfrac{입력-손실}{입력} \times 100[\%]$ (전동기)

※ **최대 효율의 조건**(무부하손=부하손)
$$\eta = \dfrac{V \cdot I}{V \cdot I + P_i + I^2 R}$$
$\therefore P_i = I^2 R$

CHAPTER 01 직류기 기출문제

출제 POINT

01 중요도 ★★
-
- [2011년 1회 기출]

01 직류분권 전동기의 계자 전류를 약하게 하면 회전수는?

① 감소한다. ② 정지한다.
③ 증가한다. ④ 변화없다.

해설 [직류분권 전동기]
- 토크 $T = \dfrac{P}{W} = \dfrac{P}{2\pi\dfrac{N}{60}} = \dfrac{PZ}{2\pi a}\phi I_a [\text{N}\cdot\text{m}]$

  $T = \dfrac{1}{9.8}\dfrac{P}{W} = 0.975\dfrac{P}{N}[\text{kg}\cdot\text{m}]$
- 회전속도 $N = k\dfrac{V - I_a R_a}{\phi}[\text{rps}]$에서

  $N \propto \dfrac{1}{I} \propto \dfrac{1}{T}$ 이므로 전류가 약하게 되면 회전속도는 증가한다.

02 중요도
- [2011년 1회 기출]

02 정속도 전동기로 공작기계 등에 주로 사용되는 전동기는?

① 직류분권 전동기 ② 직류직권 전동기
③ 직류차동복권 전동기 ④ 단상유도 전동기

해설
- 직류분권 전동기
  - 정속도 전동기(공작기계)
  - $T \propto I \propto \dfrac{1}{N}$
- 직류직권 전동기
  - 변속도 전동기(전기철도)
  - $T \propto I^2 \propto \dfrac{1}{N^2}$

03 중요도 ★
- 성층 철심 : 와류손 감소
- [2011년 1회 기출]

03 직류 발전기의 철심을 규소 강판으로 성층하여 사용하는 주된 이유는?

① 브러시에서의 불꽃방지 및 전류 개선
② 맴돌이 전류손과 히스테리시스손의 감소
③ 전기자 반작용의 감소
④ 기계적 강도 개선

정답 01.③ 02.① 03.②

해설 전기자는 코일과 철심으로 구성되어 있으며, 철심은 보통 0.35~0.5mm의 규소 강판을 성층 철심으로 사용한다.
- 규소 강판 : 히스테리시스손 감소
- 성층 철심 : 와류손(맴돌이손) 감소

04 계자 철심에 잔류자기가 없어도 발전되는 직류기는?

① 분권기 ② 직권기
③ 복권기 ④ 타여자기

04 중요도
- [2011년 1회 기출]

해설
- 타여자 발전기 : 외부에서 자속이 공급되므로 잔류자기가 없어도 발전이 된다.
- 자여자 발전기
  - 분권 발전기
  - 직권 발전기
  - 복권 발전기(가동복권 발전기, 차동복권 발전기)

05 직류직권 전동기를 사용하려고 할 때 벨트(Belt)를 걸고 운전하면 안 되는 가장 타당한 이유는?

① 벨트가 기동할 때나 또는 갑자기 중부하를 걸 때 미끄러지기 때문에
② 벨트가 벗겨지면 전동기가 갑자기 고속으로 회전하기 때문에
③ 벨트가 끊어졌을 때 전동기의 급정지 때문에
④ 부하에 대한 손실을 최대로 줄이기 위해서

05 중요도 ★★★
- $T \propto I^2 \propto \dfrac{1}{N^2}$
- [2011년 2회 기출]

해설 [직류직권 전동기]
- 벨트가 벗겨지면 무부하 상태가 되어 위험속도에 도달한다.
- 변속도 전동기
- 극성을 반대로 하여도 회전방향은 불변
- $T \propto I^2 \propto \dfrac{1}{N^2}$

06 전기자 지름 0.2[m]의 직류 발전기가 1.5[kW]의 출력에서 1,800[rpm]으로 회전하고 있을 때 전기자 주변속도는 약 몇 [m/s]인가?

① 9.42 ② 18.84
③ 21.43 ④ 42.86

06 중요도 ★
- 전기자 주변속도 $v = \pi D \times \dfrac{N}{60}$
- [2011년 2회 기출]

해설 전기자 주변속도 v

$v = \pi D n = \pi D \dfrac{N}{60}$[m/s] ($D$: 지름)

$\therefore v = \pi \times 0.2 \times \dfrac{1,800}{60} = 18.84$[m/s]

정답 04.④ 05.② 06.②

07 다음 중 직류 발전기의 전기자 반작용을 없애는 방법으로 옳지 않은 것은?

① 보상 권선 설치
② 보극 설치
③ 브러시 위치를 전기적 중성점으로 이동
④ 균압환 설치

해설 [전기자 반작용 방지책]
- 보상 권선 설치
- 보극 설치
- 계자기자력 증대
- 자기저항 증대
- 브러시 위치를 중성점 위치로 이동

08 직류분권 발전기가 있다. 전기자 총도체수 220, 매극의 자속수 0.01[Wb], 극수 6, 회전수 1,500[rpm]일 때 유기기전력은 몇 [V]인가? (단, 전기자 권선은 파권이다.)

① 60
② 120
③ 165
④ 240

해설 [직류분권 발전기의 유기기전력 E]

$E = \dfrac{Z}{a} P \phi \dfrac{N}{60}$ [V] (단, 파권 $a=2$, 중권 $a=P$)

$\therefore E = \dfrac{220}{2} \times 6 \times 0.01 \times \dfrac{1,500}{60} = 165$ [V]

09 다음 직류 전동기에 대한 설명 중 옳은 것은?

① 전기철도용 전동기는 차동복권 전동기이다.
② 분권 전동기는 계자저항기로 쉽게 회전속도를 조정할 수 있다.
③ 직권 전동기에서는 부하가 줄면 속도가 감소한다.
④ 분권 전동기는 부하에 따라 속도가 현저하게 변한다.

해설 [분권 전동기]
- 회전속도 $N = \dfrac{V - I_a R_a}{\phi}$ [rpm]
- 계자저항 r_f는 계자 전류 I_f에 영향을 주며 또한 I_f는 ϕ에 의해 쉽게 변화하므로 속도 조정이 쉽다.

정답 07.④ 08.③ 09.②

10 직류 전동기의 속도특성 곡선을 나타낸 것이다. 직권 전동기의 속도특성을 나타낸 것은?

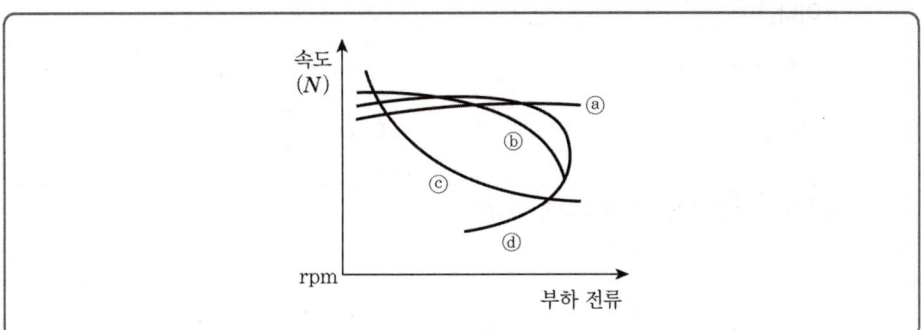

① ⓐ   ② ⓑ
③ ⓒ   ④ ⓓ

[해설] [직권 전동기 속도, 토크특성]

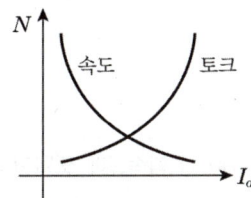

11 보극이 없는 직류기의 운전 중 중성점의 위치가 변하지 않는 경우는?

① 무부하   ② 전부하
③ 중부하   ④ 과부하

[해설] 무부하 시에는 전기자 전류가 없어서 운전 중 중성점의 위치가 불변이다.

12 직류 전동기의 속도제어법 중 전압제어법으로서 제철소의 압연기, 고속 엘리베이터의 제어에 사용되는 방법은?

① 워드 레오나드 방식   ② 정지 레오나드 방식
③ 일그너 방식   ④ 크래머 방식

[해설] [직류 전동기 속도제어법]
- 저항제어법
- 계자제어법
- 전압제어법
  - 워드 레오나드 방식 : 소형부하(저속 엘리베이터)
  - 일그너 방식 : 대형부하(압연, 제철, 고속 엘리베이터)

출제 POINT

10. 중요도
- [2011년 4회 기출]

11. 중요도
- [2011년 4회 기출]

12. 중요도
- 직류 전동기 속도제어법
- [2011년 5회 기출]

정답 10.③ 11.① 12.③

Chapter **1** 직류기 ■ **265**

출제 POINT

13
- $E = \dfrac{Z}{a} P\phi \dfrac{N}{60}$
  $E \propto P \propto \phi N$
- [2011년 5회 기출]

14
- [2011년 5회 기출]

15
- [2011년 5회 기출]

16
- 성층 철심 : 와류손 감소
- [2012년 1회 기출]

---

13 직류 발전기에서 유기기전력 E를 바르게 나타낸 것은? (단, 자속은 ϕ, 회전속도는 n이다.)

① $E \propto \phi n$ ② $E \propto \phi n^2$
③ $E \propto \dfrac{\phi}{n}$ ④ $E \propto \dfrac{n}{\phi}$

해설 [직류 발전기의 유기기전력 E]
$$E = \dfrac{Z}{a} P\phi \dfrac{N}{60} \ [\text{V}]$$
$$E \propto P \propto \phi N$$

---

14 직류직권 전동기의 벨트 운전을 금지하는 이유는?
① 벨트가 벗겨지면 위험속도에 도달한다.
② 손실이 많아진다.
③ 벨트가 마모하여 보수가 곤란하다.
④ 직결하지 않으면 속도제어가 곤란하다.

해설 직권 전동기 : 벨트가 벗겨지면 무부하 상태가 되어 위험속도에 도달한다.

---

15 정격속도에 비하여 기동회전력이 가장 큰 전동기는?
① 타여자기   ② 직권기
③ 분권기   ④ 복권기

해설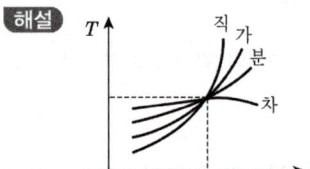
직 : 직권기
가 : 가동 복권기
분 : 분권기
차 : 차동 복권기

---

16 직류기의 전기자 철심을 규소 강판으로 성층하여 만드는 이유는?
① 가공하기 쉽다.   ② 가격이 염가이다.
③ 철손을 줄일 수 있다.   ④ 기계손을 줄일 수 있다.

해설 전기자는 코일과 철심으로 구성되어 있으며, 철심은 보통 0.35~0.5[mm]의 규소 강판을 성층 철심으로 사용한다.
- 규소 강판 : 히스테리시스손 감소
- 성층 철심 : 와류손(맴돌이손) 감소

정답 13.① 14.① 15.② 16.③

17 정격전압 250[V], 정격출력 50[kW]의 외분권 복권 발전기가 있다. 분권계자저항이 25[Ω]일 때 전기자 전류는?

① 100[A] ② 210[A]
③ 2,000[A] ④ 2,010[A]

해설 [외분권 복권 발전기]
- 회로도

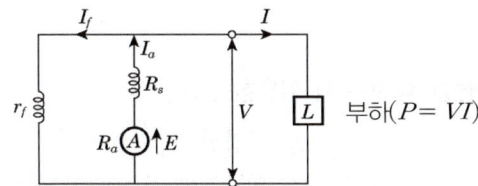

- $E = I_a(R_a + R_s) + V$
- $I_a = I_f + I = \dfrac{V}{r_f} + \dfrac{P}{V} = \dfrac{250}{25} + \dfrac{50 \times 10^3}{250} = 210[A]$

출제 POINT

17- 중요도 ★★★
- 전기자 전류
$I_a = I_f + I = \dfrac{V}{r_f} + \dfrac{P}{V}$
- [2012년 1회 기출]

---

18 직류 전동기의 속도제어 방법이 아닌 것은?

① 전압제어 ② 계자제어
③ 저항제어 ④ 플러깅제어

해설
- 직류전동기 속도제어
  - 저항제어법
  - 계자제어법
  - 전압제어법
- 제동법
  - 발전제동
  - 회생제동
  - 역전제동(플러깅)

18- 중요도 ★★★
- 속도제어
  - 저항제어
  - 계자제어
  - 전압제어
- [2012년 1회 기출]

---

19 무부하에서 119[V]되는 분권 발전기의 전압변동률이 6[%]이다. 정격 전부하전압은 약 몇 [V]인가?

① 110.2 ② 112.3
③ 122.5 ④ 125.3

해설 [전압변동률 e]
$e = \dfrac{V_o - V}{V} \times 100[\%]$ (단, V_o : 무부하전압, V : 정격전압)

그러므로 $0.06 = \dfrac{119 - V}{V}$ 에서 $V \fallingdotseq 112.3[V]$

19- 중요도
- [2012년 1회 기출]

정답 17.② 18.④ 19.②

출제 POINT

20 — 중요도
- 직류기의 손실
- [2012년 2회 기출]

21 — 중요도
- [2012년 2회 기출]

22 — 중요도
- [2012년 2회 기출]

23 — 중요도
- 전기자 반작용의 영향
- [2012년 2회 기출]

---

20 직류기의 손실 중 기계손에 속하는 것은?

① 풍손 ② 와류손
③ 히스테리시스손 ④ 표유 부하손

해설 [직류기 손실]
- 고정손 : 철손, 기계손(풍손, 마찰손)
- 가변손 : 표유부하손, 동손

21 직류복권 발전기를 병렬운전할 때 반드시 필요한 것은?

① 과부하 계전기 ② 균압선
③ 용량이 같을 것 ④ 외부특성 곡선이 일치할 것

해설 균압선 : 병렬운전 시 두 발전기의 전압 상승을 같게 하기 위하여 설치한다.

22 계자 권선이 전기자와 접속되어 있지 않은 직류기는?

① 직권기 ② 분권기
③ 복권기 ④ 타여자기

해설 타여자 발전기 : 외부에서 자속을 공급한다.

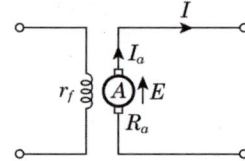

23 전기자 반작용이란 전기자 전류에 의해 발생한 기자력이 주자속에 영향을 주는 현상으로 다음 중 전기자 반작용의 영향이 아닌 것은?

① 전기적 중성축 이동에 의한 정류의 악화
② 기전력의 불균일에 의한 정류자 편간전압의 상승
③ 주자속 감소에 의한 기전력 감소
④ 자기 포화 현상에 의한 자속의 평균치 증가

해설 [전기자 반작용의 영향]
- 전기적 중성축 이동
- 섬락 발생
- 감자작용(주자속이 감소 현상)
- 교차자화작용(자속분포가 일그러지는 현상)

정답 20.① 21.② 22.④ 23.④

24 직류 발전기 전기자의 구성으로 옳은 것은?

① 전기자 철심, 정류자
② 전기자 권선, 전기자 철심
③ 전기자 권선, 계자
④ 전기자 철심, 브러시

해설 [직류기의 3요소]
- 전기자 : 권선+철심으로 구성
- 계자
- 정류자

24 중요도 ★★
- 직류기 3요소
  정류자, 전기자, 계자
- [2012년 2회 기출]

25 직류 발전기에서 브러시와 접촉하여 전기자 권선에 유도되는 교류기전력을 정류해서 직류로 만드는 부분은?

① 계자   ② 정류자
③ 슬립링   ④ 전기자

해설
- 전기자 : 유기기전력 발생
- 계자 : 자속 공급
- 정류자 : 교류를 직류로 변환

25 중요도
- [2012년 4회 기출]

26 직류 전동기의 속도제어 방법 중 속도제어가 원활하고 정토크제어가 되며 운전효율이 좋은 것은?

① 계자제어   ② 병렬 저항제어
③ 직렬 저항제어   ④ 전압제어

해설 [직류 전동기 속도제어]
$$\eta = k\frac{V - I_a R_a}{\phi}$$
- 전압제어 : 효율이 가장 좋고 속도제어 범위가 넓다.(일그너 방식, 워드 레오나드 방식)
- 계자제어 : 정출력 제어, 정류는 불량이다.
- 저항제어 : 효율이 나쁘다.

26 중요도
- [2012년 4회 기출]

27 전기자저항 0.1[Ω], 전기자전류 104[A], 유도기전력 110.4[V]인 직류분권 발전기의 단자전압[V]은?

① 110   ② 106
③ 102   ④ 100

27 중요도 ★★
- $E = V + I_a R_a$
- $I = I_f + I = \frac{V}{r_f} + \frac{P}{V}$
- [2012년 4회 기출]

정답 24.② 25.② 26.④ 27.④

해설 [직류분권 발전기]

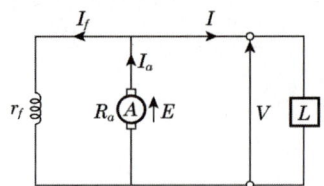

$E = I_a R_a + V$에서 $V = E - I_a R_a$ ∴ $V = 110.4 - 104 \times 0.1 = 100[V]$

28 직류직권 전동기의 공급전압의 극성을 반대로 하면 회전방향은 어떻게 되는가?

① 변하지 않는다.　　　　② 반대로 된다.
③ 회전하지 않는다.　　　④ 발전기로 된다.

해설 [직권 전동기의 공급전압 극성이 반대일 때의 현상]
- 타여자 : 회전방향이 반대
- 분권 : 회전방향이 불변
- 직권 : 회전방향이 불변

29 계자 권선이 전기자에 병렬로만 접속된 직류기는?

① 타여자기　　　　② 직권기
③ 분권기　　　　　④ 복권기

해설 • 분권기 : 계자 권선과 전기자가 병렬로 연결

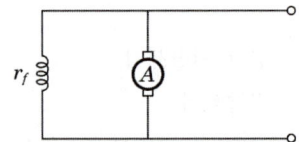

• 직권기 : 계자 권선과 전기자가 직렬로 연결

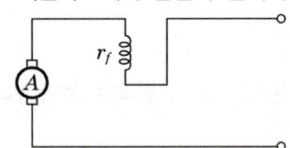

30 직류 발전기의 무부하 특성곡선은?

① 부하 전류와 무부하 단자전압과의 관계이다.
② 계자 전류와 부하 전류와의 관계이다.
③ 계자 전류와 무부하전압과의 관계이다.
④ 계자 전류와 회전력과의 관계이다.

정답 28.① 29.③ 30.③

해설
- 무부하 특성 곡선 : 유기기전력(E) - 계자 전류(I_f)의 관계 곡선
- 부하 특성 곡선 : 단자전압(V) - 계자 전류(I_f)의 관계 곡선

31 직류 발전기의 전기자 반작용에 의하여 나타나는 현상은?

① 코일이 자극의 중성축에 있을 때도 브러시 사이에 전압을 유기시켜 불꽃을 발생한다.
② 주자속 분포를 찌그러뜨려 중성축을 고정시킨다.
③ 주자속을 감소시켜 유도전압을 증가시킨다.
④ 직류전압이 증가한다.

해설 [전기자 반작용 현상]
- 감자작용
- 교차자화작용
- 중성축 이동
- 섬락(불꽃) 발생

32 직류기에서 전압변동률이 (-)값으로 표시되는 발전기는?

① 분권 발전기   ② 과복권 발전기
③ 타여자 발전기   ④ 평복권 발전기

해설 [전압변동률 ε]
- $\varepsilon > 0(+)$: 분권, 타여자
- $\varepsilon = 0$: 평복권
- $\varepsilon < 0(-)$: 과복권

33 직류 전동기의 전기적 제동법이 아닌 것은?

① 발전제동   ② 회생제동
③ 역전제동   ④ 저항제동

해설 [직류 전동기의 제동법]
- 발전제동
- 회생제동
- 역전(역상)제동

34 직류 발전기 전기자의 주된 역할은?

① 기전력을 유도한다.   ② 자속을 만든다.
③ 정류작용을 한다.   ④ 회전자와 외부회로를 접속한다.

출제 POINT

31.
- 전기자 반작용의 현상
- [2013년 1회 기출]

32.
- [2013년 1회 기출]

33.
- 직류 전동기의 제동법
- [2013년 1회 기출]

34.
- [2013년 1회 기출]

정답 31.① 32.② 33.④ 34.①

해설
- 전기자 : 유기기전력 발생
- 계자 : 자속을 공급
- 정류자 : 교류를 직류로 변환

35 직류 전동기의 전기자에 가해지는 단자전압을 변화하여 속도를 조정하는 제어법이 아닌 것은?

① 워드 레오나드 방식 ② 일그너 방식
③ 직·병렬제어 ④ 계자제어

해설
- 전압제어법
  - 단자전압을 변화하여 속도를 제어하는 방법
  - 워드 레오나드 방식
  - 일그너 방식
- 계자제어 : 계자를 조정하여 속도를 제어하는 방법

36 직류 발전기에서 전압정류의 역할을 하는 것은?

① 보극 ② 탄소 브러시
③ 전기자 ④ 리액턴스 코일

해설 [정류 개선법]
- 평균 리액턴스 전압(e)은 작게 한다.
  - $e = L\dfrac{2I_c}{T_c}$
  - 인덕턴스(L) 작게 한다.
  - 정류주기(T_c) 크게 한다.
- 보극을 사용(전압정류)
- 탄소브러시 사용(저항정류)

37 직류직권 전동기의 회전수(N)와 토크(τ)의 관계는?

① $\tau \propto \dfrac{1}{N}$ ② $\tau \propto \dfrac{1}{N^2}$
③ $\tau \propto N$ ④ $\tau \propto N^{\frac{3}{2}}$

해설 [직권 전동기]
- $\tau \propto I^2 \propto \dfrac{1}{N^2}$
- 변속도 전동기

정답 35.④ 36.① 37.②

[분권 전동기]
- $\tau \propto I \propto \dfrac{1}{N}$
- 정속도 전동기

38 직류 전동기에서 무부하가 되면 속도가 대단히 높아져서 위험하기 때문에 무부하운전이나 벨트를 연결한 운전을 해서는 안 되는 전동기는?

① 직권 전동기 ② 복권 전동기
③ 타여자 전동기 ④ 분권 전동기

해설 [직권 전동기]
- 변속도 전동기
- 회전속도 $n = k\dfrac{V - I_a R_a}{\phi}$
- 무부하 상태(벨트가 풀어지면)가 되면 위험상태에 도달하므로 벨트운전하면 안된다.

39 직류 발전기 중 무부하전압과 전부하전압이 같도록 설계된 직류 발전기는?

① 분권 발전기 ② 직권 발전기
③ 평복권 발전기 ④ 차동복권 발전기

해설 평복권 : 무부하전압과 전부하전압이 같도록 설계한다.

40 전기자저항이 $0.2[\Omega]$, 전류 $100[A]$, 전압 $120[V]$일 때 분권 전동기의 발생 동력 [kW]은?

① 5 ② 10
③ 14 ④ 20

해설 [분권 전동기]

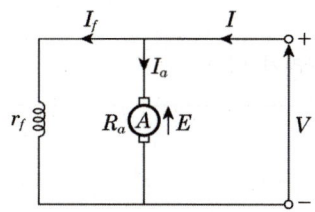

- $I = I_a + I_f \fallingdotseq I$ ($I_a \gg I_f$)
- $V = I_a R_a + E$에서 $E = V - I_a R_a = 120 - 100 \times 0.2 = 100[V]$
- 출력 $P = E \cdot I_a = 100 \times 100 = 10[kW]$

출제 POINT

41 중요도 ★★
- $N = k\dfrac{V - I_a R_a}{\phi}$
- [2013년 5회 기출]

41 직류 전동기의 속도제어에서 자속을 2배로 하면 회전수는?

① 1/2배로 줄어든다.
② 변함없다.
③ 2배로 증가한다.
④ 4배로 증가한다.

해설 직류 전동기 회전수 N

$N = k\dfrac{V - I_a R_a}{\phi}$ 에서 $N \propto \dfrac{1}{\phi}$

∴ N은 $\dfrac{1}{2}$로 감소한다.

42 중요도
- 정류 개선 방법
- [2013년 5회 기출]

42 직류 발전기의 정류를 개선하는 방법 중 틀린 것은?

① 코일의 자기 인덕턴스가 원인이므로 접촉저항이 작은 브러시를 사용한다.
② 보극을 설치하여 리액턴스 전압을 감소시킨다.
③ 보극 권선은 전기자 권선과 직렬로 접속한다.
④ 브러시를 전기적 중성축을 지나서 회전방향으로 약간 이동시킨다.

해설 [정류 개선 방법]
- 보극 설치(전압 정류)
- 접촉저항이 큰 탄소브러시 사용(저항 정류)
- 평균 리액턴스 전압 작게
- 인덕턴스 작게
- 정류주기 크게

43 중요도
- [2014년 1회 기출]

43 직류 전동기의 특성에 대한 설명으로 틀린 것은?

① 직권 전동기는 가변속도 전동기이다.
② 분권 전동기에서는 계자회로에 퓨즈를 사용하지 않는다.
③ 분권 전동기는 정속도 전동기이다.
④ 가동복권 전동기는 기동 시 역회전할 염려가 있다.

해설 [전동기 특징]
- 직권 전동기 : 변속도 전동기
- 분권 전동기 : 정속도 전동기
- 가동복권 전동기 : 역회전 염려가 없다.

정답 41.① 42.① 43.④

44 직류 발전기에서 계자의 주된 역할은?

① 기전력을 유도한다. ② 자속을 만든다.
③ 정류작용을 한다. ④ 정류자면에 접촉한다.

해설 직류기의 3요소 : 전기자, 계자, 정류자
- 전기자 : 유기기전력 발생
- 계자 : 자속을 발생
- 정류자 : 교류를 직류로 변환

출제 POINT

44 중요도 ★★
- 직류기 3요소
  정류자, 전기자, 계자
- [2014년 1회 기출]

---

45 전기기계의 철심을 규소 강판으로 성층하는 이유는?

① 동손 감소 ② 기계손 감소
③ 철손 감소 ④ 제작이 용이

해설 [철심의 형태]
- 규소 강판 : 히스테리시스손 감소
- 성층 철심 : 와류손 감소
- 철손=히스테리시스손+와류손이므로 규소 강판으로 성층함으로 인해 철손이 감소됨을 알 수 있다.

45 중요도
- [2014년 2회 기출]

---

46 직류 전동기의 출력이 50[kW], 회전수가 1,800[rpm]일 때 토크는 약 몇 [kg·m]인가?

① 12 ② 23
③ 27 ④ 31

해설 [직류 전동기의 토크 T]

$$T = \frac{P_o}{w} = \frac{P_o}{2\pi f} = \frac{P_o}{2\pi \frac{N}{60}} \,[\text{N·m}]$$

$$T = \frac{1}{9.8} \frac{P_o}{w} = 0.975 \frac{P_o}{N} \,[\text{kg·m}]$$

$$\therefore T = 0.975 \times \frac{50 \times 10^3}{1,800} \fallingdotseq 27 \,[\text{kg·m}]$$

46 중요도 ★★
- 토크 $T = \dfrac{P_o}{w} = \dfrac{P_o}{2\pi \frac{N}{60}}[\text{N·m}]$
  $= 0.975 \dfrac{P_o}{N}[\text{kg·m}]$
- [2014년 2회 기출]

---

47 다음 중 정속도 전동기에 속하는 것은?

① 유도 전동기 ② 직권 전동기
③ 교류 정류자 전동기 ④ 분권 전동기

47 중요도
- [2014년 2회 기출]

정답 44.② 45.③ 46.③ 47.④

해설 [직류 전동기]
- 분권 : 정속도 전동기, $T \propto I \propto \dfrac{1}{N}$
- 직권 : 변속도 전동기, $T \propto I^2 \propto \dfrac{1}{N^2}$

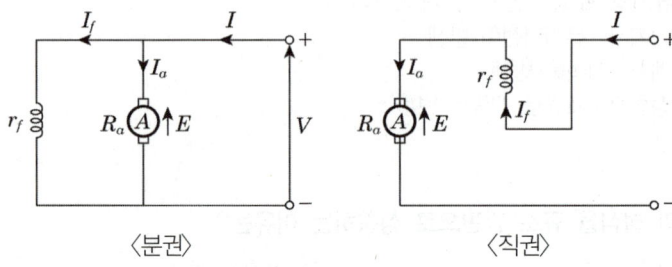

〈분권〉　　　〈직권〉

48 전동기의 제동에서 전동기가 가지는 운동에너지를 전기에너지로 변화시키고 이것을 전원에 환원시켜 전력을 회생시킴과 동시에 제동하는 방법은?

① 발전제동(Dynamic Braking)
② 역전제동(Plugging Braking)
③ 맴돌이전류제동(Eddy Current Braking)
④ 회생제동(Regenerative Braking)

해설 [전동기의 제동법]
- 발전제동
- 역전제동
- 회생제동 : 전동기가 가지고 있는 에너지를 전기에너지로 변화하여 전원에 전력을 회생시키면서 제동하는 경제적인 방식이다.

49 직류 발전기에서 자속을 만드는 부분은 어느 것인가?

① 계자 철심　　　② 정류자
③ 브러시　　　　④ 공극

해설
- 계자 : 자속을 공급
- 전기자 : 유기기전력 발생

50 전기철도에 사용하는 직류 전동기로 가장 적합한 전동기는?

① 분권 전동기　　　② 직권 전동기
③ 가동복권 전동기　④ 차동복권 전동기

정답 48.④　49.①　50.②

해설 [직류직권 전동기]
- 변속도 전동기
- 전기철도에 사용
- 극성을 반대로 해도 회전방향 불변
- 벨트가 벗겨지면 위험 상태에 도달한다.

51 직류 발전기에서 전기자 반작용을 없애는 방법으로 옳은 것은?

① 브러시 위치를 전기적 중성점이 아닌 곳으로 이동시킨다.
② 보극과 보상 권선을 설치한다.
③ 브러시의 압력을 조정한다.
④ 보극은 설치하되 보상 권선은 설치하지 않는다.

해설
- 전기자 반작용
  - 주자속이 감소하는 현상
- 반작용의 방지책
  - 보상 권선 설치
  - 보극 설치
  - 계자기자력 증대
  - 자기저항 증대

51. 중요도
- [2014년 4회 기출]

52 전기기계에 있어 와전류손(Eddy Current Loss)을 감소하기 위한 적합한 방법은?

① 규소 강판에 성층 철심을 사용한다.
② 보상 권선을 설치한다.
③ 교류전원을 사용한다.
④ 냉각 압연한다.

해설
- 와전류손 감소 → 성층 철심한다.
- 히스테리시스손 감소 → 규소 강판 사용(규소 함유량은 보통 1~1.4%)

52. 중요도
- 성층 철심 : 와류손 감소
- [2014년 4회 기출]

53 직권 발전기에 대한 설명 중 틀린 것은?

① 계자 권선과 전기자 권선이 직렬로 접속되어 있다.
② 승압기로 사용되며 수전전압을 일정하게 유지하고자 할 때
③ 단자전압을 V, 유기기전력을 E, 부하전류를 I, 전기자저항 및 직권 계자저항을 각각 r_a, r_s라 할 때 $V = E + I(r_a + r_s)$[V]이다.
④ 부하전류에 의해 여자되므로 무부하시 자기여자에 의한 전압확립은 일어나지 않는다.

53. 중요도
- [2014년 4회 기출]

정답 51.② 52.① 53.③

해설 [직권 발전기]

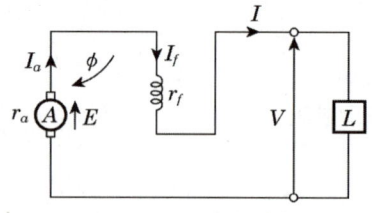

$E = I(r_a + r_f) + V$ ($I_a = I_f = I$이다.)
$V = E - I(r_a + r_f)$ [V]가 된다.

54 직류기에서 정류를 좋게 하는 방법 중 전압 정류의 역할은?

① 보극
② 탄소
③ 보상권선
④ 리액턴스 전압

해설 [정류 개선법]
- 보극 설치 : 전압 정류 역할
- 탄소브러시 : 저항 정류 역할
- 평균 리액턴스 전압 작게

55 자속밀도 0.8[Wb/m²]인 자계에서 길이 50[cm]인 도체가 30[m/s]로 회전할 때 유기되는 기전력[V]은?

① 8
② 12
③ 15
④ 24

해설 [유기기전력 e]
$e = (v \times B)l = vBl \sin\theta = vBl$
∴ $e = 30 \times 0.8 \times 0.5 = 12$[V]이다.

56 기중기, 전기 자동차, 전기 철도와 같은 곳에 가장 많이 사용되는 전동기는?

① 가동복권 전동기
② 차동복권 전동기
③ 분권 전동기
④ 직권 전동기

해설 [직권 전동기의 특징]
- 변속도 전동기
- 기중기, 전기 철도 등에 사용
- $T \propto I^2 \propto \dfrac{1}{N^2}$

정답 54.① 55.② 56.④

57 34극 60[MVA], 역률 0.8, 60[Hz], 22.9[kV] 수차발전기의 전부하 손실이 1,600[kW]이면 전부하 효율[%]은?

① 90
② 95
③ 97
④ 99

해설 [효율 η]

$$\eta = \frac{출력}{입력} \times 100 = \frac{입력-손실}{입력} \times 100 = \frac{출력}{출력+손실} \times 100[\%]$$

$$\eta = \frac{60}{60+1.6} \times 100 \fallingdotseq 97.4[\%]$$

57. 중요도
■ [2015년 1회 기출]

58 직류 발전기의 정격전압이 100[V], 무부하전압이 109[V]이다. 이 발전기의 전압변동률 ε[%]은?

① 1
② 3
③ 6
④ 9

해설 [전압변동률 ε]

$$\varepsilon = \frac{V_o - V_n}{V_n} \times 100 = \frac{109-100}{100} \times 100 = 9[\%]$$

58. 중요도
■ $\varepsilon = \frac{V_o - V_n}{V_n} \times 100$
■ [2015년 1회 기출]

59 정류자와 접촉하여 전기자 권선과 외부회로를 연결하는 역할을 하는 것은?

① 계자
② 전기자
③ 브러시
④ 계자 철심

해설 [브러시]
- 내부회로(전기자 권선)와 외부회로를 연결
- 기계적 강도가 클 것
- 전기저항이 작을 것
- 내열성이 클 것

59. 중요도
■ [2015년 1회 기출]

60 직류 전동기의 규약효율을 표시하는 식은?

① $\frac{출력}{출력+손실} \times 100[\%]$
② $\frac{출력}{입력} \times 100[\%]$
③ $\frac{입력-손실}{입력} \times 100[\%]$
④ $\frac{출력}{출력+손실} \times 100[\%]$

60. 중요도
■ [2015년 2회 기출]

정답 57.③ 58.④ 59.③ 60.③

해설 [효율 η]
- 실측효율 η
$$\eta = \frac{출력}{입력} \times 100[\%]$$
- 규약효율 η
$$\eta = \frac{출력}{출력+손실} \times 100[\%] \text{ (발전기)}$$
$$\eta = \frac{입력-손실}{입력} \times 100[\%] \text{ (전동기)}$$

■ [2015년 2회 기출]

61 8극 파권 직류 발전기의 전기자 권선의 병렬회로수 a는 얼마로 하고 있는가?
① 1 ② 2
③ 6 ④ 8

해설 [병렬회로수 a]
- 파권일 때 $a = 2$
- 중권일 때 $a = p$ (p : 극수)

■ [2015년 2회 기출]

62 직류 전동기의 속도제어법이 아닌 것은?
① 전압제어법 ② 계자제어법
③ 저항제어법 ④ 주파수제어법

해설 [속도제어]
- $\eta = k \dfrac{V - I_a R_a}{\phi}$
- 저항제어법(R_a 조정)
- 계자제어법(ϕ 조정)
- 전압제어법(V 조정)

■ [2015년 2회 기출]

63 부하의 변동에 대하여 단자전압의 변화가 가장 적은 직류 발전기는?
① 직권 ② 분권
③ 평복권 ④ 과복권

해설 부하 변동에 의한 단자전압의 변화가 가장 적은 발전기는 평복권이다.

정답 61.② 62.④ 63.③

64 부하의 저항을 어느 정도 감소시켜도 전류는 일정하게 되는 수하특성을 이용하여 정전류를 만드는 곳이나 아크용접 등에 사용되는 직류 발전기는?

① 직권 발전기
② 분권 발전기
③ 가동복권 발전기
④ 차동복권 발전기

해설 아크용접용 변압기는 수하특성을 가지며 누설 변압기가 해당된다. 또한 수하특성을 가지는 발전기로는 차동복권 발전기가 있다.

[2015년 2회 기출]

65 그림에서와 같이 ㉠, ㉡의 약자극 사이에 정류자를 가진 코일을 두고 ㉢, ㉣에 직류를 공급하여 X, X'를 축으로 하여 코일을 시계방향으로 회전시키고자 한다. ㉠, ㉡의 자극극성과 ㉢, ㉣의 전원극성을 어떻게 해야 되는가?

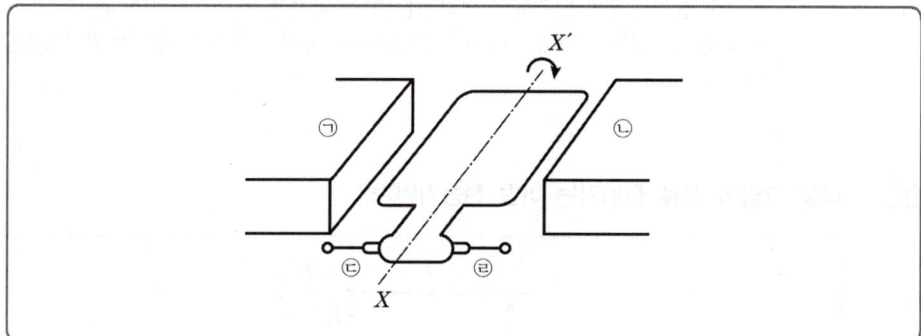

① ㉠ N ㉡ S ㉢ + ㉣ -
② ㉠ N ㉡ S ㉢ - ㉣ +
③ ㉠ S ㉡ N ㉢ + ㉣ -
④ ㉠ S ㉡ N ㉢, ㉣ 극성에 무관

[2015년 4회 기출]

해설 플레밍의 왼손 법칙이 적용된다.

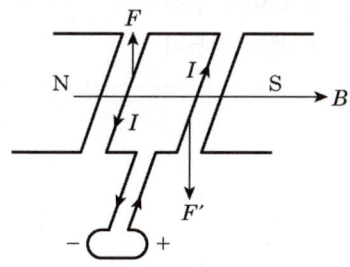

시계방향으로 회전을 하기 위해서는 F는 위로, F'는 아래로 힘이 작용한다.
㉠ (N), ㉡ (S), ㉢ (-), ㉣ (+)

66 다음 중 병렬운전 시 균압선을 설치해야 하는 직류 발전기는?

① 분권
② 차동복권
③ 평복권
④ 부족복권

[2015년 4회 기출]

정답 64.④ 65.② 66.③

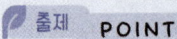

해설 평복권은 병렬운전하기 위해서는 균압선을 설치하여야 한다.

67 다음의 정류곡선 중 브러시의 후단에서 불꽃이 발생하기 쉬운 것은?

① 직선 정류
② 정현파 정류
③ 과 정류
④ 부족 정류

해설 [정류의 종류]
- 직선 정류(불꽃없는 정류) : 가장 이상적인 정류곡선
- 정현파 정류 : 브러시 전단과 후단의 불꽃발생은 방지할 수 있다.
- 부족 정류 : 정류 말기에 전류가 급격히 변화하여 불꽃이 발생한다.
- 과 정류 : 정류 초기에 브러시 전단부에서 전류가 지나치게 급히 변화되어 불꽃이 발생한다.

68 다음 그림의 직류 전동기는 어떤 전동기인가?

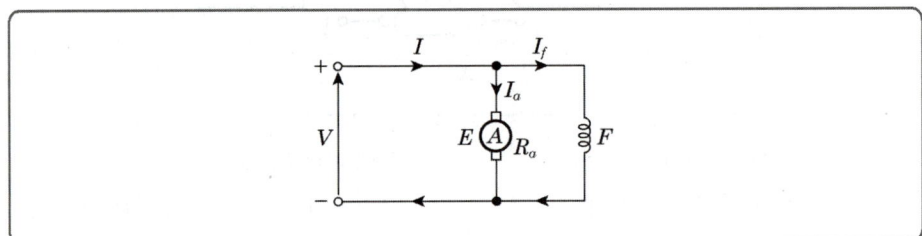

① 직권 전동기
② 타여자 전동기
③ 분권 전동기
④ 복권 전동기

해설 [분권 전동기]
$I = I_a + I_f$
$V = I_a R_a + E$에서 $E = V - I_a R_a$

69 정격속도로 운전하는 무부하 분권발전기의 계자저항이 60[Ω], 계자전류가 1[A], 전기자저항이 0.5[Ω]라 하면 유도기전력은 약 몇 [V]인가?

① 30.5
② 50.5
③ 60.5
④ 80.5

정답 67.④ 68.③ 69.③

출제 POINT

- 67. 중요도
  - 정류의 종류
  - [2015년 4회 기출]

- 68. 중요도
  - [2015년 4회 기출]

- 69. 중요도 ★★
  - 유도기전력 $E = V + I_a R_a$
    $= I_f r_f + I_a R_a$
  - [2015년 5회 기출]

해설 [분권 발전기]

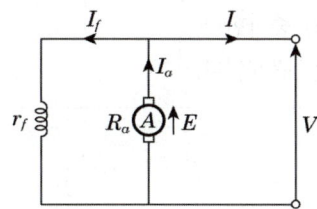

- 유도기전력 $E = I_a R_a + V$ ($V = I_f \cdot r_f$)
- 무부하이므로 $I = 0$이어야 하므로 $I_a = I_f$가 된다.
  ∴ $E = I_a R_a + I_f r_f = I_f(R_a + r_f) = 1 \times (60 + 0.5) = 60.5[V]$

70. 다음 제동방법 중 급정지하는 데 가장 좋은 제동방법은?

① 발전제동
② 회생제동
③ 역상제동
④ 단상제동

해설
- 급제동으로는 역상제동법이 가장 좋다.
- 3상 중 2상만 바꾸어서 반대 방향으로 회전하여 정지시킨다.

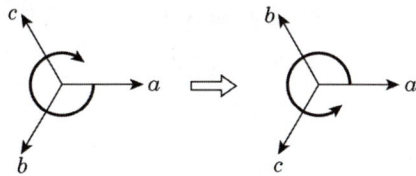

70. 중요도
- 제동방법의 종류
- [2015년 5회 기출]

71. 직류 발전기 전기자 반작용의 영향에 대한 설명으로 틀린 것은?

① 브러시 사이에 불꽃을 발생시킨다.
② 주 자속이 찌그러지거나 감소된다.
③ 전기자 전류에 의한 자속이 주 자속에 영향을 준다.
④ 회전방향과 반대방향으로 자기적 중성축이 이동된다.

해설 [전기자 반작용]
- 감자작용
- 교차자화작용
- 전기적 중성축 이동(발전기 : 회전방향, 전동기 : 회전방향과 반대방향)

71. 중요도
- [2015년 5회 기출]

정답 70.③ 71.④

출제 POINT

72. 중요도 ★★

- 회전속도 $N = k\dfrac{V-I_aR_a}{\phi}$
- [2015년 5회 기출]

73. 중요도
- [2015년 5회 기출]

---

72 직류분권 전동기에서 운전 중 계자 권선의 저항을 증가하면 회전속도의 값은?

① 감소한다.　　　　　② 증가한다.
③ 일정하다.　　　　　④ 관계없다.

해설 [속도 N]

$N = k\dfrac{V-I_aR_a}{\phi}$ [rpm]이므로

계자저항 증가 → 계자 전류 감소 → ϕ 감소 → N 증가한다.

73 다음 그림은 직류 발전기의 분류 중 어느 것에 해당되는가?

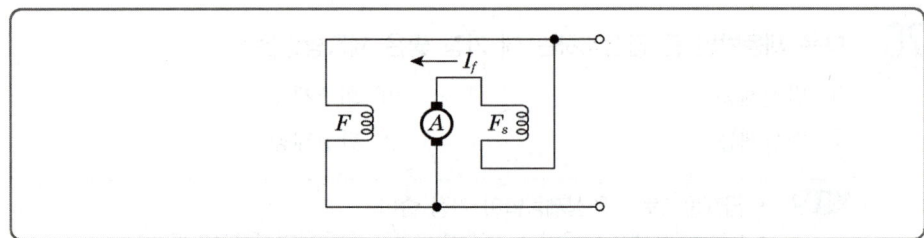

① 분권 발전기　　　　② 직권 발전기
③ 자석 발전기　　　　④ 복권 발전기

해설 [복권 발전기]

- 내분권

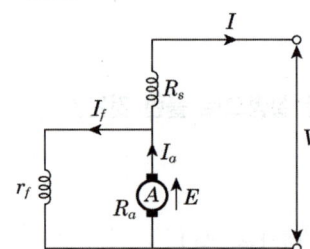

- 외분권(일반적인 기준)

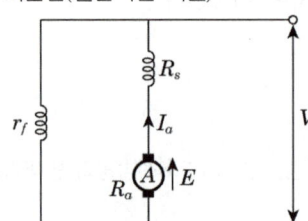

정답 72.② 73.④

74 동기 발전기의 병렬운전 중 주파수가 틀리면 어떤 현상이 나타나는가?

① 무효 전력이 생긴다.　　　② 무효 순환전류가 흐른다.
③ 유효 순환전류가 흐른다.　　④ 출력이 요동치고 권선이 가열된다.

해설 [병렬운전]
- 기전력의 크기가 다를 때 : 무효 순환전류가 흐른다.
- 기전력의 위상이 다를 때 : 유효 순환전류가 흐른다.
- 기전력의 주파수가 다를 때 : 난조가 발생한다.

74. 중요도
■ [2015년 5회 기출]

75 6극 직류파권 발전기의 전기자 도체수 300, 매극 자속 0.02[Wb], 회전수 900[rpm]일 때 유도기전력[V]은?

① 90　　　② 110
③ 220　　　④ 270

해설 [유기기전력 E]
$$E = \frac{Z}{a} P\phi \frac{N}{60} [V] \text{ (파권일 때 } a=2\text{)}$$
$$E = \frac{300}{2} \times 0.02 \times 6 \times \frac{900}{60} = 270[V]$$

75. 중요도 ★★
■ 유기기전력 $E = \frac{Z}{a} P\phi \frac{N}{60}$
■ [2016년 2회 기출]

76 전기기계의 효율 중 발전기의 규약효율 η_G는 몇 [%]인가? (단, P는 입력, Q는 출력, L은 손실이다.)

① $\eta_G = \frac{P-L}{P} \times 100$　　　② $\eta_G = \frac{P-L}{P+L} \times 100$

③ $\eta_G = \frac{Q}{P} \times 100$　　　④ $\eta_G = \frac{Q}{Q+L} \times 100$

해설 [효율 η]
- 실측효율 $\eta = \frac{출력}{입력} \times 100[\%]$
- 규약효율 $\eta = \frac{출력}{출력+손실} \times 100[\%]$ (발전기)
  $\eta = \frac{입력-손실}{입력} \times 100[\%]$ (전동기)

76. 중요도
■ [2016년 2회 기출]

정답 74.④　75.④　76.④

Chapter ❶ 직류기　285

출제 POINT

77. 중요도 ★★
- 전압변동률
$$\varepsilon = \frac{V_o - V_n}{V_n} \times 100$$
$$= \frac{E - V_n}{V_n} \times 100$$
- [2016년 2회 기출]

78. 중요도
- 성층 철심 : 와류손 감소
- 규소 강판 : 히스테리시스손 감소
- [2016년 2회 기출]

79. 중요도
- [2016년 5회 CBT]

80. 중요도
- [2016년 5회 CBT]

정답 77.① 78.④ 79.③ 80.②

---

77 발전기를 정격전압 220[V]로 전부하 운전하다가 무부하로 운전하였더니 단자전압이 242[V]가 되었다. 이 발전기의 전압변동률[%]은?

① 10　　　　　　　　② 14
③ 20　　　　　　　　④ 25

해설 [전압변동률 ε]
$$\varepsilon = \frac{V_o - V_n}{V_n} \times 100 = \frac{242 - 220}{220} \times 100 = 10[\%]$$

78 전기기기의 철심 재료로 규소 강판을 많이 사용하는 이유로 가장 적당한 것은?

① 와류손을 줄이기 위해　　② 구리손을 줄이기 위해
③ 맴돌이 전류를 없애기 위해　　④ 히스테리시스손을 줄이기 위해

해설 [전기자의 철심]
- 규소 강판 : 히스테리시스손 감소
- 성층 철심 : 와류손 감소

79 직류 전동기에서 극수가 4, 전기자 도체의 총 수가 160, 한 극의 자속수는 0.01[Wb], 부하 전류 100[A]일 때, 이 전동기의 발생토크[N·m]는? (단, 중권이다.)

① 약 17　　　　　　　② 약 20
③ 약 26　　　　　　　④ 약 30

해설 [토크 T]
$$T = \frac{P_0}{w} = \frac{PZ}{2\pi a}\phi I_a \text{ (중권이면 } a = P\text{이다.)}$$
$$= \frac{4 \times 160}{2\pi \times 4} \times 0.01 \times 100 \fallingdotseq 26$$

80 전기철도에 사용하는 직류 전동기로 가장 적합한 전동기는?

① 분권 전동기　　　　　② 직권 전동기
③ 가동복권 전동기　　　④ 차동복권 전동기

해설
- 직권 전동기 : 전기철도
- 분권 전동기 : 공작기계
- 복권 전동기 : 엘리베이터

81 전동기의 제동에서 전동기가 가지는 운동에너지를 전기에너지로 변화시키고 이것을 전원에 변환하여 전력을 회생시킴과 동시에 제동하는 방법은?

① 발전제동(Dynamic Braking)
② 역전제동(Plugging Braking)
③ 맴돌이전류제동(Eddy Current Braking)
④ 회생제동(Regenerative Braking)

해설 [제동방식]
- 회생제동 : 전동기가 가지고 있는 에너지를 전기에너지로 바꾸어 전력을 전원에 되돌려 회생시킴과 동시에 제동하는 방식이다.

81. 중요도
- 제동방법의 종류
- [2016년 5회 CBT]

82 직류 발전기의 전기자 반작용에 의하여 나타나는 현상은?

① 코일이 자극의 중성축에 있을 때도 브러시 사이에 전압을 유기시켜 불꽃을 발생한다.
② 주자속 분포를 찌그러뜨려 중성축을 고정시킨다.
③ 주자속을 감소시켜 유도전압을 증가시킨다.
④ 직류전압이 증가한다.

해설 [전기자 반작용]
- 주자속이 감소하여 전압이 감소한다.
- 전기적 중성축 이동
- 섬락 발생

82. 중요도
- [2016년 5회 CBT]

83 전기자저항 0.1[Ω], 전기자전류 104[A], 유도기전력 110.4[V]인 직류분권 발전기의 단자 전압은 몇 [V]인가?

① 98
② 100
③ 102
④ 105

해설 [분권 발전기]
- 회로도

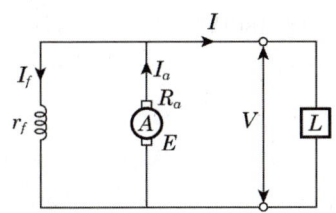

- 유기기전력 E
  $E = I_a R_a + V [\text{V}]$
  ∴ 단자전압 $V = E - I_a R_a = 110.4 - 104 \times 0.1 = 100 [\text{V}]$

83. 중요도
- [2017년 1회 CBT]

정답 81.④ 82.① 83.②

84

분권 전동기의 전기자저항 $R_a = 0.2[\Omega]$, 전기자전류 $100[A]$, 전압이 $120[V]$인 경우 소비전력[kW]은?

① 10
② 11
③ 12
④ 15

해설 [분권 전동기]
- 회로도

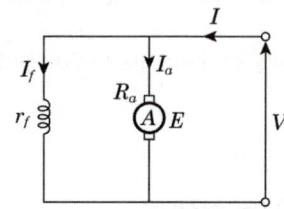

- $I = I_f + I_a$
- $V = E + I_a R_a$ 에서 $E = V - I_a R_a = 120 - 100 \times 0.2 = 100[V]$
- $\therefore P = E \cdot I_a = 100 \times 100[W] = 10[kW]$

85

다중 중권의 극수 p인 직류기에서 전기자 병렬회로수 a는 어떻게 되는가?

① $a = p$
② $a = 2$
③ $a = 2p$
④ $a = 3p$

해설 [중권과 파권]
- 중권 : 병렬회로수(a)=극수(p)
- 파권 : $a = 2$

86

직류 발전기가 있다. 자극수는 6, 전기자 총도체수 400, 매극당 자속 $0.01[Wb]$, 회전수는 $600[rpm]$일 때 전기자에 유기되는 기전력은 몇 $[V]$인가? (단, 전기자 권선은 파권이다.)

① $40[V]$
② $120[V]$
③ $160[V]$
④ $180[V]$

해설 [유기기전력 e]

$e = \dfrac{Z}{a} P\phi \dfrac{N}{60}[V]$ 이므로

$e = \dfrac{400}{2} \times 6 \times 0.01 \times \dfrac{600}{60} = 120[V]$

87 전기기기의 철심재료로 규소 강판을 많이 사용하는 이유로 가장 적당한 것은?

① 와류손을 줄이기 위해
② 맴돌이 전류를 없애기 위해
③ 히스테리시스손을 줄이기 위해
④ 구리손을 줄이기 위해

해설 [철심재료]
- 규소 강판 : 히스테리시스손실을 줄이기 위해 사용
- 성층 철심 : 와류손실을 줄이기 위해 사용

88 직류 전동기의 출력이 50[kW], 회전수가 1,800[rpm]일 때 토크는 약 몇 [kg·m]인가?

① 12
② 23
③ 27
④ 31

해설 [토크 T]
- $T = \dfrac{P}{W} = \dfrac{P}{2\pi \dfrac{N}{60}}$ [N·m]
- $T' = \dfrac{T}{9.8} = 0.975 \dfrac{P}{N}$ [kg·m]
  $= 0.975 \dfrac{50 \times 10^3}{1800} ≒ 27$ [kg·m]

89 직류 발전기에서 브러시와 접촉하여 전기자 권선에 유도되는 교류기전력을 정류해서 직류로 만드는 부분은?

① 계자
② 정류자
③ 슬립링
④ 전기자

해설 [직류기 3요소]
- 정류자 : AC → DC로 변성
- 전기자 : 기전력을 유도
- 계자 : 자속을 공급

90 직류 발전기에서 전기자 반작용을 없애는 방법으로 옳은 것은?

① 브러시 위치를 전기적 중성점이 아닌 곳으로 이동시킨다.
② 보극과 보상 권선을 설치한다.
③ 브러시의 압력을 조정한다.
④ 보극은 설치하되 보상 권선은 설치하지 않는다.

출제 POINT

87. 중요도
- [2017년 1회 CBT]

88. 중요도
- [2017년 1회 CBT]

89. 중요도
- 직류기의 3요소
- [2017년 1회 CBT]

90. 중요도
- [2017년 2회 CBT]

정답 87.③ 88.③ 89.② 90.②

Chapter ❶ 직류기

해설 [반작용 방지책]
- 보상권 설치
- 보극을 설치
- 자기저항과 기자력 증대

91 직류 전동기에 있어 무부하일 때의 회전수 n_0은 1,200[rpm], 정격부하일 때의 회전수 n_n은 1,150[rpm]이라 한다. 속도변동률은?

① 약 3.45[%] ② 약 4.16[%]
③ 약 4.35[%] ④ 약 5.0[%]

해설 [속도변동률 ε]
$$\varepsilon = \frac{n_0 - n_n}{n_n} \times 100 = \frac{1,200 - 1,150}{1,150} \times 100 \fallingdotseq 4.35[\%]$$

출제 POINT

91 속도변동률
$\varepsilon = \frac{n_0 - n_n}{n_n} \times 100$
[2017년 2회 CBT]

92 직류 전동기의 전기적 제동법이 아닌 것은?

① 발전제동 ② 회생제동
③ 역전제동 ④ 저항제동

해설 [직류 전동기의 제동법]
- 발전제동
- 회생제동
- 역전제동(플러깅)

92 직류 전동기의 제동법
[2017년 2회 CBT]

93 전기자저항 0.1[Ω], 전기자전류 104[A], 유도기전력 110.4[V]인 직류분권 발전기의 단자전압[V]은?

① 98 ② 100
③ 102 ④ 106

해설 [단자전압 V]
유기기전력 $E = I_a R_a + V$ 이므로
∴ $V = E - I_a R_a = 110.4 - 104 \times 0.1 = 100[V]$

93 [2017년 3회 CBT]

94 무부하전압과 전부하전압이 같은 값을 가지는 특성의 발전기는?

① 직권 발전기 ② 차동복권 발전기
③ 평복권 발전기 ④ 과복권 발전기

94 [2017년 3회 CBT]

정답 91.③ 92.④ 93.② 94.③

해설 [전압 변동률 ε]
- $\varepsilon : (+) \rightarrow$ 무부하 전압 > 전부하 전압 : 분권, 차동복권
- $\varepsilon : (0) \rightarrow$ 무부하 전압 = 전부하 전압 : 평복권
- $\varepsilon : (-) \rightarrow$ 무부하 전압 < 전부하 전압 : 과복권

95 발전기의 출력 10[kW], 효율 80[%]인 기기의 손실은 약 몇 [kW]인가?

① 0.6[kW] ② 1.1[kW]
③ 2.0[kW] ④ 2.5[kW]

해설 [효율 η]
$$\eta = \frac{출력}{출력 + 손실} \times 100[\%]$$
$$\therefore 0.8 = \frac{10}{10 + P_l} \text{이므로 } P_l = 2.5[\text{kW}]$$

95. 중요도
- [2017년 4회 CBT]

96 직류 발전기가 있다. 자극수는 6, 전기자 총도체수 400, 매극당 자속 0.01[Wb], 회전수는 600[rpm]일 때 전기자에 유기되는 기전력은 몇 [V]인가? (단, 전기자 권선은 파권이다.)

① 40[V] ② 120[V]
③ 160[V] ④ 180[V]

해설 [유기기전력 E]
$$E = \frac{Z}{a} P\phi \frac{N}{60}[\text{V}]$$
$$\therefore E = \frac{400}{2} \times 6 \times 0.01 \times \frac{600}{60} = 120[\text{V}]$$

96. 중요도
- 유기기전력
$E = \frac{Z}{a} P\phi \frac{N}{60}[\text{V}]$
- [2017년 4회 CBT]

97 전기기계의 효율 중 발전기의 규약효율 η_G는? (단, 입력 P, 출력 Q, 손실 L로 표현한다.)

① $\eta_G = \frac{P-L}{P} \times 100[\%]$

② $\eta_G = \frac{P-L}{P+L} \times 100[\%]$

③ $\eta_G = \frac{Q}{P} \times 100[\%]$

④ $\eta_G = \frac{Q}{Q+L} \times 100[\%]$

97. 중요도
- [2017년 4회 CBT]

정답 95.④ 96.② 97.④

해설 [규약효율 η]
- 발전기 η
$$\eta = \frac{출력}{출력+손실} \times 100[\%] = \frac{Q}{Q+L} \times 100[\%]$$
- 전동기 η
$$\eta = \frac{입력-손실}{입력} \times 100[\%] = \frac{P-L}{P} \times 100[\%]$$

98 전기기기의 철심 재료로 규소 강판을 많이 사용하는 이유로 가장 적당한 것은?
① 와류손을 줄이기 위해
② 구리손을 줄이기 위해
③ 맴돌이 전류를 없애기 위해
④ 히스테리시스손을 줄이기 위해

해설 [철심 재료]
- 규소 강판 함유 : 히스테리시스 손실 감소
- 성층 철심 : 와류손 감소

MEMO

CHAPTER 02 동기기

1 동기 발전기의 원리와 구조

(1) 동기 발전기의 원리

계자가 동기 속도로 회전하면서 플레밍(Fleming)의 오른손 법칙에 의해 기전력이 유도되는 원리이다.

① 동기 속도 Ns

$$Ns = \frac{120f}{p} [\text{rpm}]$$

② 동기 속도는 주파수에 비례하고, 극수에 반비례한다.

(2) 동기 발전기의 구조

① 고정자(전기자) : 기전력을 발생하는 부분이다.
　㉠ 전기자 철심은 규소 강판을 성층 철심한다.
　㉡ 전기자 권선은 연동선을 절연하여 배열한다.
② 회전자(계자) : 자속(ϕ)을 만드는 부분이다.
　㉠ 계자 철심은 강판을 성층한다.
　㉡ 계자 권선은 동선을 절연하여 계자 철심에 감는다.
③ 여자기 : 직류 전원 공급 장치이다.
　㉠ 타여자 방식
　㉡ 자여자 방식
　㉢ 속응여자 방식

(3) 동기 발전기의 분류

① 회전자에 따른 분류

구 분	회전 계자형	회전 전기자형
회전자	계자	전기자
고정자	전기자	계자
용 도	동기 발전기	직류 발전기

특 징	- 대출력 인출이 용이하다 - 구조가 간단하다 - 기계적으로 견고하다 - 전기자는 Y결선한다	소형 동기기에 사용

② 원동기에 의한 분류
　㉠ 수차 발전기
　　ⓐ 회전자 지름이 크다.
　　ⓑ 돌극형, 저속기
　㉡ 터빈 발전기
　　ⓐ 회전자 지름이 작다.
　　ⓑ 비돌극형(원통형), 고속기
　㉢ 엔진 발전기
③ 회전자 모양에 따른 분류
　㉠ 돌극형(철극기)
　　ⓐ 공극이 불균일하다.
　　ⓑ 저속기에 주로 사용한다.
　　ⓒ 단락비는 크다.
　　ⓓ 극수는 보통 6극 이상
　　ⓔ 수차, 엔진 발전기 등에 사용된다.
　　ⓕ 최대 출력시 부하각은 60°
　　ⓖ 철손이 크다.
　㉡ 비돌극형(원통형)
　　ⓐ 공극이 균일하다.
　　ⓑ 고속기에 주로 사용한다.
　　ⓒ 단락비는 작다.
　　ⓓ 극수는 보통 2-4극
　　ⓔ 터빈 발전기 등에 사용된다.
　　ⓕ 최대 출력시 부하각은 90°
　　ⓖ 철손은 작다.

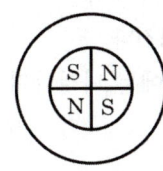 
〈비돌극형〉　〈돌극형〉

【 회전자 모양에 따른 분류 】

2 전기자 권선법

(1) 전기자 권선에 사용하는 권선법

중권, 2층권, 분포권, 단절권 이용

① 분포권
　㉠ 매극 매상의 슬롯수가 2개 이상의 경우 이다.
　㉡ 기전력의 파형을 개선
　㉢ 열분산하여 과열 방지
　㉣ 누설 리액턴스 감소
　㉤ 기전력 감소
　㉥ 분포 계수 K_d

$$K_d = \frac{\text{분포권의 유기 기전력}}{\text{집중권의 유기 기전력}} = \frac{\sin\frac{\pi}{2m}}{q\sin\frac{\pi}{2mq}}$$

② 단절권
　㉠ 코일피치(코일 간격)가 자극피치(극 간격) 보다 짧은 경우
　㉡ 고조파 제거하여 기전력의 파형을 개선
　㉢ 동량의 감소, 기계적 치수 경감
　㉣ 기전력 감소
　㉤ 단절 계수

$$K_p = \frac{\text{단절권의 유기기전력}}{\text{전절권의 유기기전력}} = \sin\frac{\beta\pi}{2}$$

(전절권 : 코일 간격과 극 간격이 같은 경우)

(2) 전기자 권선

① y 결선을 한다(Δ 결선은 하지 않는다).
② y 결선의 특징
　㉠ 중성점 접지에 따른 이상 전압 발생 방지가 용이하다.
　㉡ 이상전압 발생이 적고, 절연이 용이하다.
　㉢ 선간전압이 상전압보다 $\sqrt{3}$ 배 커진다.
　㉣ 각 상의 제3 고조파 전압이 선간에는 나타나지 않으며 순환전류가 흐르지 않는다.
　㉤ 권선의 코로나 발생이 적다.

3 동기 발전기의 유기기전력

(1) 1상의 실효값 E

$$E = \frac{E_m}{\sqrt{2}} = \frac{2\pi}{\sqrt{2}} fN\Phi k_w = 4.44 fN\Phi k_w$$

단, k_w : 권선계수(k_w =단절권계수×분포권계수)

N : 1상의 권수, Φ : 매극당 자속수[Wb], f : 주파수[Hz]

$$f = \frac{N_s P}{120}[Hz]$$

(2) 회전자의 주변속도 및 동기속도

① 주변속도 $v = \pi D \times \dfrac{N_S}{60}$

② 동기속도 $N_S = \dfrac{120f}{p}$[rpm]

4 전기자 반작용

전기자 전류에 의한 회전자계에 의한 자속이 계자의 기자력에 영향을 미쳐 전기자의 기전력 변화에 영향을 미치는 현상

전동기		발전기		부하
직축 반작용	증자작용	감자작용	- 전류가 90° 뒤진다. - 계자자속 감소	L (지상 전류)
	감자작용	증자작용	- 전류가 90° 앞선다. - 계자자속 증가	C (진상 전류)
횡축 반작용 (교차 자화 작용)		횡축 반작용 (교차 자화 작용)	- 기전력 크기 감소	R (V, I가 동상)

5 동기 임피던스

(1) 동기 임피던스($Z_s[\Omega]$)

전압은 정격이고 철심은 포화상태에서의 임피던스를 말한다.

(2) 단락전류 I_s

$$E = IZ_s + V[\text{V}]$$

$$I_s = \frac{E}{Z_s}[\text{A}]$$

6 전압변동률

(1) 전압변동률(ε)

$$\varepsilon = \frac{V_o - V}{V} \times 100 = \frac{E - V}{V} \times 100[\%]$$

7 동기 발전기의 출력

(1) 원통형(비철극기)의 출력

① $x_q = x_d$

  단, x_d : 직축 반작용 리액턴스

  x_q : 횡축 반작용 리액턴스

② 1상의 출력

$$P = VI\cos\theta = \frac{EV}{X_s}\sin\delta[\text{W}]$$

③ 최대 출력은 $\delta = 90°$

$$P_m = \frac{EV}{X_s}$$

④ 3상의 출력

$$P' = 3P = 3\frac{EV}{X_s}\sin\delta[\text{W}]$$

단, E : 1상의 기전력, V : 1상의 단자전압

(2) 돌극형(철극기)의 출력($x_d > x_q$)

① $P = \frac{EV}{x_d}\sin\delta + \frac{V^2(x_d - x_q)}{2x_d x_q}\sin 2\delta[\text{W}]$

  단, x_d : 직축 반작용 리액턴스

  x_q : 횡축 반작용 리액턴스

② 최대 출력은 $\delta = 60°$

8 단락비(K_s)

(1) 단락비를 구하기 위해 필요한 시험

① 무부하 포화 곡선 시험($E-I_f$)
② 3상 단락 곡선 시험(I_s-I_f)

(2) 단락비

$$K_s = \frac{\text{무부하 정격 전압을 유기하는데 필요한 계자 전류}}{\text{3상 단락 정격 전류를 흘리는데 필요한 계자 전류}}$$

$$= \frac{I_s}{I_n} = \frac{1}{Z_s{'}}$$

(3) 단락비(K_s)가 클 때

① 동기 임피던스가 작다.
② 안정도가 증진된다.
③ 전압변동률이 작다.
④ 전기자 반작용이 작다.
⑤ 계자 기자력이 크다.
⑥ 전기자 기자력이 작다.
⑦ 출력이 크다.
⑧ 손실이 크고 효율이 나쁘다.
⑨ 자기 여자 현상이 작다.
⑩ 충전 용량이 커진다.
⑪ 수차형(저속기)

9 동기 발전기의 병렬운전

(1) 동기 발전기의 병렬운전 조건

① 기전력의 주파수가 같아야 한다.
② 기전력의 파형이 같아야 한다.
③ 기전력의 크기가 같아야 한다.
④ 기전력의 위상이 같아야 한다.
⑤ 3상일 때 기전력의 상회전 방향이 같아야 한다.

(2) 기전력의 크기가 같지 않을 때

두 발전기의 기전력의 크기에 차가 생기면 무효횡류(무효 순환전류) I_c가 흐른다.

$$I_c = \frac{E_a - E_b}{2Z_s}[\text{A}]$$

(3) 기전력의 위상차(δ_s)가 있을 때

① 1대의 발전기의 출력이 변하면 기전력의 위상이 변하여 동기화 전류(유효횡류) I_s가 흐른다.

② $E_o = \dot{E}_a - \dot{E}_b = 2E_a \sin\frac{\delta}{2}$

동기화 전류 $I_s = \frac{\dot{E}_a - \dot{E}_b}{2Z_s} = \frac{E_a}{Z_s}\sin\frac{\delta}{2}[\text{A}]$

③ 동기화 전류가 흐르면 수수전력과 동기화력 발생
　㉠ 수수전력 : $P[\text{W}]$

$$P = \frac{E_a^2}{2Z_s}\sin\delta[\text{W}]$$

　㉡ 동기화력 : $P_s[\text{W}]$

$$P_s = \frac{E_a^2}{2Z_s}\cos\delta[\text{W}]$$

10 자기 여자 현상

(1) 원인

선로의 정전 용량에 의한 진상 전류에 의해 단자전압이 상승하여 절연이 파괴되는 현상을 말한다.

(2) 방지책

① 2대 이상의 동기 발전기를 병렬로 연결한다.
② 수전단에 병렬로 리액턴스가 큰 변압기를 연결한다.
③ 동기조상기를 설치한다(부족 여자로 운전).
④ 단락비가 큰 기기를 사용한다.

11 안정도

(1) 안정도
정상 운전을 지속할 수 있는 능력

(2) 안정도 향상책
① 정상 임피던스(리액턴스)는 작고, 역상, 영상 임피던스(리액턴스)는 클 것
② 동기 임피던스 작을 것
③ 단락비는 클 것
④ 발전기의 조속기 동작을 신속하게 할 것
⑤ 관성 모멘트가 클 것(fly wheel 설치)
⑥ 속응여자 방식 채택 할 것
⑦ 동기탈조 계전기를 사용 할 것

12 동기 전동기의 원리와 특징

(1) 원리
고정자에 전원이 인가되면 시계방향으로 회전자계가 발생하며 토크의 방향은 일정하여 전동기는 동기속도로 운전을 하게 된다.

(2) 특징
① 회전속도가 변하지 않고 일정하다.
② 역률이 가장 좋다(역률 1로 조정이 가능하다).
③ 지상, 진상 전류 공급이 가능하다.
④ 전부하 효율이 양호하다.
⑤ 기동시 토크를 얻기 어렵고 설비비가 비싸다.
⑥ 속도제어가 어렵고 구조가 복잡하다.
⑦ 직류 전원장치를 필요로 한다(직류여자 방식).
⑧ 난조 발생이 쉽다.
⑨ 용도
  ㉠ 시멘트 공장 분쇄기
  ㉡ 송풍기
  ㉢ 압축기, 압연기
  ㉣ 동기 조상기

㉤ 오실로스코프 등

(3) 회전속도와 토크

① 회전속도 N_s

$$N_s = \frac{120f}{P} \text{[rpm]}$$

② 토크 T

$$T = \frac{P_o}{\omega} = \frac{P_o}{2\pi \frac{N_s}{60}} \text{[N·m]}$$

$$= 0.975 \times \frac{P_o}{N_s} \text{[kg·m]}$$

(4) 위상 특성 곡선(V곡선)

부하가 일정(V, P가 일정)할 때 계자 전류(I_f)의 변화에 대한 전기자 전류(I_a)의 변화를 나타낸 곡선을 말한다.

① $I_f - I_a$의 관계 곡선(위상특성 곡선)

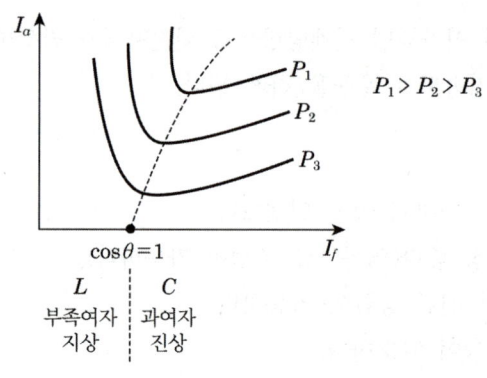

[위상 특성 곡선]

② 과 여자

I_f가 증가하면 I_a가 공급 전압보다 위상이 앞서므로 진상전류(과 여자)가 되며 콘덴서 작용을 한다.

③ 부족 여자

I_f가 감소하면 I_a가 공급 전압보다 위상이 뒤지므로 지상전류(부족 여자)가 되며 리액터 작용을 한다.

CHAPTER 02 동기기 기출문제

01 동기 전동기에 대한 설명으로 틀린 것은?

① 정속도 전동기이고, 저속도에서 특히 효율이 좋다.
② 역률을 조정할 수 있다.
③ 난조가 일어나기 쉽다.
④ 직류 여자기가 필요하지 않다.

해설 [동기 전동기 특징]
- 기동이 어렵다.
- 정속도 전동기이다.
- 역률 조정이 가능하다("1"로 조정 가능).
- 대형송풍기, 분쇄기, 압연기 등에 이용

출제 POINT
01 중요도
- 동기 전동기의 특징
- [2011년 1회 기출]

02 동기 발전기의 병렬운전 중에 기전력의 위상차가 생기면?

① 위상이 일치하는 경우보다 출력이 감소한다.
② 부하 분담이 변한다.
③ 무효 순환전류가 흘러 전기자 권선이 과열된다.
④ 동기화력이 생겨 두 기전력의 위상이 동상이 되도록 작용한다.

해설 [동기 발전기의 병렬운전 조건]
- 기전력의 크기가 같을 것(다를 때는 무효 순환전류 I_c가 흐른다.)
  $\rightarrow I_c = \dfrac{E_a - E_b}{2Z_s}$ [A]
- 기전력의 위상이 같을 것(다를 때는 동기화 전류 I_s가 흐른다.)
  $\rightarrow I_s = \dfrac{E}{Z_s} \sin \dfrac{\delta}{2}$ [A]
- 기전력의 주파수가 같을 것(다를 때는 난조가 발생한다.)

02 중요도
- [2011년 1회 기출]

03 3상 동기기에 제동 권선을 설치하는 주된 목적은?

① 출력 증가
② 효율 증가
③ 역률 개선
④ 난조 방지

03 중요도
- [2011년 2회 기출]

정답 01.④ 02.④ 03.④

해설 [난조 방지책]
- 플라이 휠 효과를 크게 한다.
- 제동 권선을 설치한다.

04 종요도 ★★★
- $N_S = \dfrac{120f}{P}$
- [2011년 2회 기출]

04 6극 1,200[rpm]의 교류 발전기로 병렬운전하는 극수 8의 동기 발전기의 회전수는?
① 1,200[rpm] ② 1,000[rpm]
③ 900[rpm] ④ 750[rpm]

해설
- 6극에서의 $N_S = \dfrac{120f}{P} \rightarrow f = \dfrac{N_S \cdot P}{120} = \dfrac{1,200 \times 6}{120} = 60[\text{Hz}]$
- 8극에서의 $N_S' = \dfrac{120 \times 60}{8} = 900[\text{rpm}]$
(단, 병렬운전이므로 주파수는 같다.)

05 종요도
- [2011년 2회 기출]

05 동기 발전기에서 전기자 전류가 무부하 유도기전력보다 $\pi/2[\text{rad}]$ 앞서 있는 경우에 나타나는 전기반작용은?
① 증자작용 ② 감자작용
③ 교차자화작용 ④ 직축반작용

해설 [증자, 감자작용]

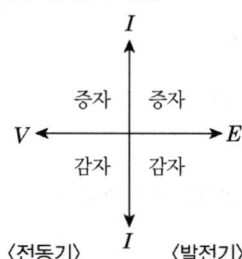

06 종요도
- [2011년 2회 기출]

06 동기 발전기의 돌발 단락 전류를 주로 제한하는 것은?
① 누설 리액턴스 ② 동기 임피던스
③ 권선 저항 ④ 동기 리액턴스

해설 [단락 전류]
- 돌발 단락 전류 제한 : 누설 리액턴스
- 지속 단락 전류 제한 : 동기 리액턴스

정답 04.③ 05.① 06.①

07 동기 발전기의 무부하 포화 곡선을 나타낸 것이다. 포화계수에 해당하는 것은?

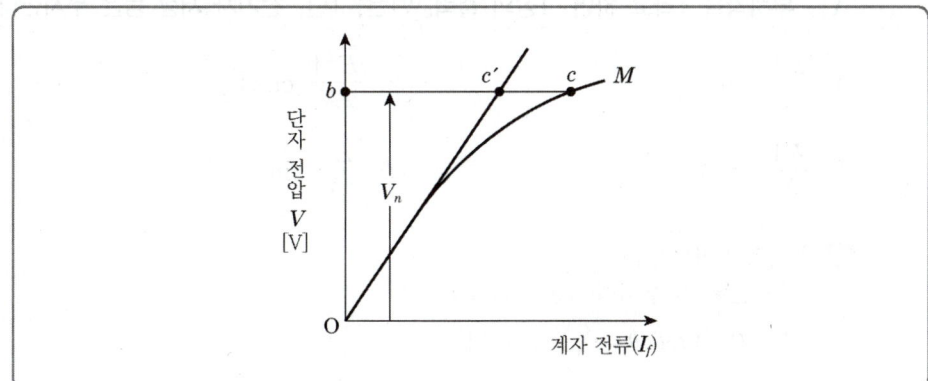

① $\dfrac{ob}{oc}$ ② $\dfrac{bc'}{bc}$

③ $\dfrac{cc'}{bc'}$ ④ $\dfrac{cc'}{bc}$

해설 [포화계수 σ]

$$\sigma = \dfrac{포화전압}{정격전압}$$

그러므로 $\sigma = \dfrac{cc'}{bc'}$ 이 된다.

08 접지 전극과 대지 사이의 저항은?

① 고유저항 ② 대지전극저항
③ 접지저항 ④ 접촉저항

해설 대지와 접지 전극 사이의 저항을 접지저항이라 한다.

출제 POINT

09. ★★
- $P = \dfrac{E \cdot V}{X_s} \sin\delta \, [\text{W}]$
- [2011년 4회 기출]

10.
- [2011년 4회 기출]

11. ★★
- $N_S = \dfrac{120f}{P} \, [\text{rpm}]$
- [2011년 4회 기출]

---

09 비돌극형 동기 발전기의 단자전압(1상)을 V, 유도기전력(1상)을 E, 동기 리액턴스를 X_s, 부하각을 δ라고 하면, 1상의 출력[W]은? (단, 전기자 저항 등은 무시한다.)

① $\dfrac{EV}{X_s} \sin\delta$
② $\dfrac{E^2 V}{2X_s} \cos\delta$
③ $\dfrac{EV}{X_s} \cos\delta$
④ $\dfrac{E^2}{2X_s} \sin\delta$

해설 [동기 발전기 출력]
- 원통형(비돌극형) 1상의 출력 P
$$P = VI\cos\theta = \dfrac{EV}{X_s} \sin\delta \, [\text{W}]$$
- 철극형의 출력 P
$$P = \dfrac{EV}{x_d} \sin\delta + \dfrac{V^2(x_d - x_q)}{2x_d x_q} \sin 2\delta \, [\text{W}]$$

---

10 3상 동기기의 제동 권선의 역할은?

① 난조 방지
② 효율 증가
③ 출력 증가
④ 역률 개선

해설 [난조 방지책]
- 제동 권선 설치
- 플라이 휠 효과를 크게 한다.

---

11 60[Hz], 20,000[kVA]의 발전기의 회전수가 900[rpm]이라면 이 발전기의 극수는 얼마인가?

① 8극
② 12극
③ 14극
④ 16극

해설 [동기속도 N_S]

$N_S = \dfrac{120f}{P} \, [\text{rpm}]$이므로 (단, P : 극수)

그러므로 극수 $P = \dfrac{120f}{N_S} = \dfrac{120 \times 60}{900} = 8 \, [\text{극}]$

정답 09.① 10.① 11.①

12 동기 전동기의 여자 전류를 변화시켜도 변하지 않는 것은? (단, 공급전압과 부하는 일정하다.)

① 역률
② 역기전력
③ 속도
④ 전기자 전류

해설 [동기 전동기]
정속도 전동기이므로 속도 조정은 할 수 없으며, 일정하다.

12. 중요도
- [2011년 5회 기출]

13 동기 발전기를 계통에 접속하여 병렬운전할 때 관계없는 것은?

① 전류
② 전압
③ 위상
④ 주파수

해설 [병렬운전 조건]
- 기전력 위상이 같을 것
- 기전력 크기가 같을 것
- 기전력의 파형이 같을 것
- 기전력의 주파수가 같을 것
- 상회전 방향이 일치할 것

13. 중요도 ★★★
- 병렬운전 조건은 꼭 외울 것
- [2011년 5회 기출]

14 동기 발전기의 병렬운전 조건이 아닌 것은?

① 기전력의 크기가 같을 것
② 기전력의 위상이 같을 것
③ 기전력의 주파수가 같을 것
④ 기전력의 용량이 같을 것

해설 [병렬운전 조건]
- 기전력의 위상이 같을 것
- 기전력의 크기가 같을 것
- 기전력의 파형이 같을 것
- 기전력의 주파수가 같을 것
- 상회전 방향이 일치할 것

14. 중요도
- [2012년 1회 기출]

15 동기 전동기의 전기자 전류가 최소일 때 역률은?

① 0.5
② 0.707
③ 0.866
④ 1.0

15. 중요도
- [2012년 1회 기출]

정답 12.③ 13.① 14.④ 15.④

해설 [위상 특성 곡선(V곡선)]

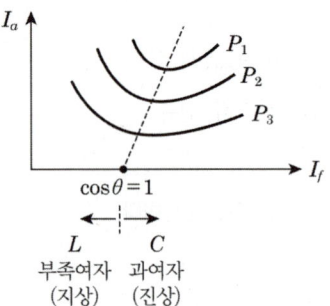

I_a : 전기자 전류
I_f : 계자 전류

$\cos\theta = 1$일 때 전기자 전류는 최소가 된다.
$P_1 > P_2 > P_3$가 된다.

16 주파수 60[Hz]를 내는 발전용 원동기인 터빈 발전기의 최고 속도는 얼마인가?

① 1,800[rpm]   ② 2,400[rpm]
③ 3,600[rpm]   ④ 4,800[rpm]

해설 속도 $N = \dfrac{120f}{P} = \dfrac{120 \times 60}{2} = 3,600$[rpm] (단, 최고 속도이므로 $P = 2$극)

17 동기 전동기를 자기 기동법으로 기동시킬 때 계자회로는 어떻게 하여야 하는가?

① 단락시킨다.   ② 개방시킨다.
③ 직류를 공급한다.   ④ 단상교류를 공급한다.

해설 동기 전동기를 자기 기동법으로 기동시킬 때는 계자회로를 단락시켜서 구동하여야 한다.

18 동기기를 병렬운전할 때 순환전류가 흐르는 원인은?

① 기전력의 저항이 다른 경우
② 기전력의 위상이 다른 경우
③ 기전력의 전류가 다른 경우
④ 기전력의 역률이 다른 경우

해설
• 병렬운전 중 기전력의 위상이 다를 때 : 유효 순환전류가 흐른다. (동기화 전류)
• 병렬운전 중 기전력의 크기가 다를 때 : 무효 순환전류가 흐른다.

출제 POINT

16 중요도
■ 속도 $N = \dfrac{120f}{P}$
■ [2012년 2회 기출]

17 중요도
■ [2012년 2회 기출]

18 중요도
■ [2012년 2회 기출]

정답 16.③ 17.① 18.②

19 2대의 동기 발전기가 병렬운전하고 있을 때 동기화 전류가 흐르는 경우는?

① 기전력의 크기에 차가 있을 때
② 기전력의 위상에 차가 있을 때
③ 부하분담에 차가 있을 때
④ 기전력의 파형에 차가 있을 때

해설
- 기전력의 위상이 다를 때 : 유효 순환전류(동기화 전류)가 흐른다.
- 기전력의 크기가 다를 때 : 무효 순환전류가 흐른다.

출제 POINT

19. 중요도 ★★
- 동기화 전류 : 위상차 있을 때
$$I_s = \frac{E_a}{Z_s} \sin\frac{\delta}{2} [A]$$
- [2012년 2회 기출]

20 동기 전동기의 특징과 용도에 대한 설명으로 잘못된 것은?

① 진상, 지상의 역률 조정이 된다.
② 속도제어가 원활하다.
③ 시멘트 공장의 분쇄기 등에 사용된다.
④ 난조가 발생하기 쉽다.

해설 [동기 전동기 특징]
- 회전속도가 변하지 않고 일정하다(정속도 전동기).
- 역률이 가장 좋다(역률 1로 조정이 가능하다).
- 지상, 진상 전류 공급이 가능하다.
- 전부하 효율이 양호하다.
- 기동 시 토크를 얻기 어렵고 설비비가 비싸다.
- 속도제어가 어렵고 구조가 복잡하다.
- 직류 전원장치를 필요로 한다(직류 여자 방식).
- 난조 발생이 쉽다.
- 용도
  - 시멘트 공장 분쇄기
  - 송풍기
  - 압축기, 압연기
  - 동기 조상기
  - 오실로스코프 등

20. 중요도
- 동기 전동기의 특징
- [2012년 4회 기출]

21 동기 발전기의 전기자 반작용 현상이 아닌 것은?

① 포화작용
② 증자작용
③ 감자작용
④ 교차자화작용

해설 [전기자 반작용]
- 횡축 반작용(교차자화작용)
- 직축 반작용(감자작용, 증자작용)

21. 중요도
- [2012년 4회 기출]

22 단락비가 큰 동기기에 대한 설명으로 옳은 것은?

① 기계가 소형이다.
② 안정도가 높다.
③ 전압 변동률이 크다.
④ 전기자 반작용이 크다.

22. 중요도
- [2012년 5회 기출]

정답 19.② 20.② 21.① 22.②

해설 [단락비(K_s)가 클 때]
- 동기 임피던스가 작다.
- 안정도가 증진된다.
- 전압변동률이 작다.
- 전기자 반작용이 작다.
- 계자 기자력이 크다.
- 전기자 기자력이 작다.
- 출력이 크다.
- 손실이 크고 효율이 나쁘다.
- 자기 여자 현상이 작다.
- 충전 용량이 커진다.

23 극수 10, 동기속도 600[rpm]인 동기 발전기에서 나오는 전압의 주파수는 몇 [Hz]인가?

① 50
② 60
③ 80
④ 120

해설 [동기속도 N_s]

$N_s = \dfrac{120f}{P}$ 에서 $f = \dfrac{N_s \cdot P}{120} = \dfrac{600 \times 10}{120} = 50[\text{Hz}]$

24 동기기에서 전기자 전류가 기전력보다 90° 만큼 위상이 앞설 때의 전기자 반작용은?

① 교차자화작용
② 감자작용
③ 편자작용
④ 증자작용

해설
- 교차자화작용 : 전기자 전류와 유기기전력이 동위상
- 감자자화작용 : 전기자 전류가 유기기전력보다 위상이 90° 늦을 때
- 증자자화작용 : 전기자 전류가 유기기전력보다 위상이 90° 빠를 때

25 동기속도 30[rps]인 교류 발전기 기전력의 주파수가 60[Hz]가 되려면 극수는?

① 2
② 4
③ 6
④ 8

해설 [동기속도 N_s]

$N_s = \dfrac{120f}{P}$ 에서 $P = \dfrac{120f}{N_s} = \dfrac{120 \times 60}{30 \times 60} = 4[\text{극}]$

(단, N_s는 분당 회전수이다.)

출제 POINT

23 ★
- 동기속도 $N_s = \dfrac{120f}{P}$ [rpm]
- [2012년 5회 기출]

24
- [2013년 1회 기출]

25
- [2013년 1회 기출]

정답 23.① 24.④ 25.②

26 동기속도 3,600[rpm], 주파수 60[Hz]의 동기 발전기의 극수는?

① 2극 ② 4극
③ 6극 ④ 8극

해설 [동기속도 N_s]

$$N_s = \frac{120f}{P} \text{에서 } P = \frac{120f}{N_s} = \frac{120 \times 60}{3,600} = 2[\text{극}]$$

- [2013년 2회 기출]

27 동기 전동기를 송전선의 전압 조정 및 역률 개선에 사용한 것을 무엇이라 하는가?

① 동기 이탈 ② 동기 조상기
③ 댐퍼 ④ 제동권선

해설 [동기 조상기]
- 송전선의 전압 조정, 역률 개선에 이용
- 진상, 지상으로 공급이 가능
- 과 여자(진상, C), 부족 여자(지상, L)의 특성을 가지고 있다.

- [2013년 2회 기출]

28 3상 66,000[kVA], 22,900[V] 터빈 발전기의 정격 전류는 약 몇 [A]인가?

① 8,764 ② 3,367
③ 2,882 ④ 1,664

해설 [3상 전력 Pa[VA]]

$$Pa = \sqrt{3}\,VI \text{에서 } I = \frac{Pa}{\sqrt{3}\,V} = \frac{66,000 \times 10^3}{\sqrt{3} \times 22,900} ≒ 1,644[\text{A}]$$

- $Pa = \sqrt{3}\,VI$
- [2013년 2회 기출]

29 6극 36슬롯 3상 동기 발전기의 매극 매상당 슬롯수는?

① 2 ② 3
③ 4 ④ 5

해설 매극 매상의 슬롯수(홈수) q

$$q = \frac{S}{P \cdot m} \ (S : \text{슬롯수}, \ P : \text{극수}, \ m : \text{상수})$$

$$\therefore q = \frac{36}{6 \times 3} = 2$$

- [2013년 2회 기출]

정답 26.① 27.② 28.④ 29.①

출제 POINT

30 ★
- 단락비 $K_s = \dfrac{1}{\%Z_s} \times 100$
- [2013년 4회 기출]

31
- [2013년 4회 기출]

32
- [2013년 4회 기출]

---

30 단락비가 1.2인 동기 발전기의 %동기 임피던스는 약 몇 [%]인가?

① 68   ② 83
③ 100 ④ 120

해설 [%동기 임피던스($\%Z_s$)]

$\%Z_s = \dfrac{1}{K_s} \times 100[\%]$ (K_s는 단락비이다.)

그러므로 $\%Z_s = \dfrac{1}{1.2} \times 100 ≒ 83.33[\%]$

31 동기 전동기의 계자 전류를 가로축에, 전기자 전류를 세로축으로 하여 나타낸 V곡선에 관한 설명으로 옳지 않은 것은?

① 위상 특성 곡선이라 한다.
② 부하가 클수록 V곡선은 아래쪽으로 이동한다.
③ 곡선의 최저점은 역률 1에 해당한다.
④ 계자 전류를 조정하여 역률을 조정할 수 있다.

해설 [위상 특성 곡선(V곡선)]

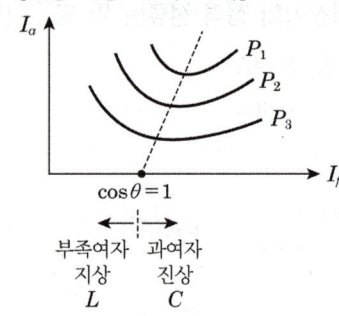

- I_a : 전기자 전류
- I_f : 계자 전류

부하 : $P_1 > P_2 > P_3$

32 동기 전동기의 부하각(Load Angle)은?

① 공급전압 V와 역기전압 E와의 위상각
② 역기전압 E와 부하 전류 I와의 위상각
③ 공급전압 V와 부하 전류 I와의 위상각
④ 3상 전압의 상전압과 선간전압과의 위상각

해설 부하각은 공급전압(V)과 역기전력(E)과의 위상차를 뜻한다.

정답 30.② 31.② 32.①

33 동기 전동기에 대한 설명으로 옳지 않은 것은?

① 정속도 전동기로 비교적 회전수가 낮고 큰 출력이 요구되는 부하에 이동된다.
② 난조가 발생하기 쉽고 속도제어가 간단하다.
③ 전력계통의 전류세기, 역률 등을 조정할 수 있는 동기조상기로 사용된다.
④ 가변 주파수에 의해 정밀속도 제어 전동기로 사용된다.

해설 [동기 전동기 특징]
- 정속도 전동기 → 속도 조정이 어렵다.
- 역률 "1"로 조정이 가능
- 난조가 발생(방지책: 제동 권선 설치)
- 대형 송풍기, 압연기, 분쇄기 등에 이용

33 중요도
- [2013년 5회 기출]

34 병렬운전 중인 동기 임피던스 5[Ω]인 2대의 3상 동기 발전기의 유도기전력에 200[V]의 전압 차이가 있다면 무효순환전류[A]는?

① 5
② 10
③ 20
④ 40

해설 [무효 순환전류 I_s]
병렬운전 중 기전력의 크기가 다르면 흐른다.
$I_s = \dfrac{200}{2 \times 5} = 20[A]$

34 중요도 ★
- 무효 순환전류 $I_s = \dfrac{E_a - E_b}{2Z_s}$
- [2014년 1회 기출]

35 병렬운전 중인 두 동기 발전기의 유도기전력이 2,000[V], 위상차 60°, 동기 리액턴스 100[Ω]이다. 유효 순환전류[A]는?

① 5
② 10
③ 15
④ 20

해설 병렬 운전 시 위상차가 발생하면 동기화 전류(유효 순환전류, 유효횡류) I_s가 흐른다.

$I_s = \dfrac{2E\sin\dfrac{\delta}{2}}{2Z_s} = \dfrac{E\sin\dfrac{\delta}{2}}{Z_s} = \dfrac{2,000\sin\dfrac{60}{2}}{100} = 10[A]$

35 중요도 ★★
- 동기화 전류 $I_s = \dfrac{E}{Z_s}\sin\dfrac{\delta}{2}$
- [2014년 1회 기출]

36 3상 동기 전동기의 토크에 대한 설명으로 옳은 것은?

① 공급전압 크기에 비례한다.
② 공급전압 크기의 제곱에 비례한다.
③ 부하각 크기에 반비례한다.
④ 부하각 크기의 제곱에 비례한다.

36 중요도
- [2014년 1회 기출]

정답 33.② 34.③ 35.② 36.①

해설 [동기 전동기 토크 T]

- 3상 출력 $P_o = 3EI\cos\theta = \dfrac{3EV}{x_s}\sin\delta$
- $T = \dfrac{P_o}{w} = \dfrac{P_o}{2\pi f} = \dfrac{1}{2\pi f}\dfrac{3EV}{x_s}\sin\delta$

∴ $T \propto V \propto \delta$

(즉, 토크는 공급전압(V), 부하각(δ)에 비례한다.)

37 3상 동기 발전기에서 전기자 전류가 무부하 유도기전력보다 $\pi/2$[rad] 앞선 경우(X_c만의 부하)의 전기자 반작용은?

① 횡축 반작용
② 증자작용
③ 감자작용
④ 편자작용

해설 [전기자 반작용]
- 횡축 반작용 : 전기자 전류와 유기기전력은 동위상
- 직축 반작용
  - 증자작용 : 전기자 전류가 유기기전력보다 $\dfrac{\pi}{2}$ 앞설 때
  - 감자작용 : 전기자 전류가 유기기전력보다 $\dfrac{\pi}{2}$ 뒤질 때

38 동기 발전기의 난조를 방지하는 가장 유효한 방법은?

① 회전자의 관성을 크게 한다.
② 제동 권선을 자극면에 설치한다.
③ X_s를 작게 하고 동기화력을 크게 한다.
④ 자극수를 적게 한다.

해설
- 난조는 부하 급변 시 부하각과 동기속도가 진동하는 현상
- 원인
  - 속도변동률이 클 때
  - 조속기 감도가 너무 예민할 때
  - 부하의 변동이 심할 때
  - 원동기 토크에 고조파가 포함될 때
  - 전기자저항이 너무 클 때
- 방지책
  - 제동 권선을 설치한다.
  - 플라이휠을 설치하여 관성모멘트를 크게 한다.

정답 37.② 38.②

39. 3상 동기 발전기의 병렬운전 조건이 아닌 것은?

① 전압의 크기가 같을 것
② 회전수가 같을 것
③ 주파수가 같을 것
④ 전압 위상이 같을 것

해설 [병렬운전 조건]
- 기전력의 위상이 같을 것
- 기전력의 크기가 같을 것
- 기전력의 주파수가 같을 것
- 기전력의 파형이 같을 것
- 상회전 방향 일치할 것

40. 동기 검정기로 알 수 있는 것은?

① 전압의 크기
② 전압의 위상
③ 전류의 크기
④ 주파수

해설 동기 검정기는 전압의 위상을 측정하여 표시

41. 동기 발전기에서 비돌극기의 출력이 최대가 되는 부하각(Power Angle)은?

① 0°
② 45°
③ 90°
④ 180°

해설 비돌극형(원통형)의 출력 P

$P = VI\cos\theta = \dfrac{E \cdot V}{x_s}\sin\delta$ [W]이므로

최대 출력 P는 δ가 90°일 때

$P = \dfrac{E \cdot V}{x_s}\sin 90° = \dfrac{E \cdot V}{x_s}$ [W]

42. 동기기에서 사용되는 절연재료로 B종 절연물의 온도상승한도는 약 몇 [℃]인가? (단, 기준온도는 공기 중에서 40[℃]이다.)

① 65
② 75
③ 90
④ 120

해설 [절연물의 최고 허용 온도(℃)]
B종 130℃이므로 온도상승한도는 130-40=90℃이다.

절연물의 종류	Y종	A종	E종	B종	F종	H종	C종
최고 허용 온도	90	105	120	130	155	180	180 초과

POINT

39. 중요도
- 병렬운전의 조건
- [2014년 2회 기출]

40. 중요도
- [2014년 2회 기출]

41. 중요도
- [2014년 2회 기출]

42. 중요도
- [2014년 4회 기출]

정답 39.② 40.② 41.③ 42.③

43 3상 동기 전동기의 출력(P)을 부하각으로 나타낸 것은? (단, V는 1상의 단자전압, E는 역기전력, x_s는 동기 리액턴스, δ는 부하각이다.)

① $P = 3VE\sin\delta$ [W]
② $P = \dfrac{3VE\sin\delta}{x_s}$ [W]
③ $P = \dfrac{3VE\cos\delta}{x_s}$ [W]
④ $P = 3VE\cos\delta$ [W]

해설
- 1상의 출력 $P = VI\cos\theta = \dfrac{EV}{x_s}\sin\delta$ [W]
- $\delta = 90°$일 때 최대 출력 $P = \dfrac{E \cdot V}{x_s}$ [W]
- 3상의 출력 $P' = \dfrac{3EV}{x_s}\sin\delta$ [W]

44 동기 발전기를 회전계자형으로 하는 이유가 아닌 것은?

① 고전압에 견딜 수 있게 전기자 권선을 절연하기가 쉽다.
② 전기자 단자에 발생한 고전압을 슬립링 없이 간단하게 외부회로에 인가할 수 있다.
③ 기계적으로 튼튼하게 만드는 데 용이하다.
④ 전기자가 고정되어 있지 않아 제작비용이 저렴하다.

해설 [회전계자형]
전기자를 고정하고 계자를 회전시키므로 제작비용이 비싸기 때문에 중대형 이외에는 사용하지 않는다.

45 동기 전동기의 여자 전류를 변화시켜도 변하지 않는 것은? (단, 공급전압과 부하는 일정하다.)

① 동기속도
② 역기전력
③ 역률
④ 전기자 전류

해설 [동기 전동기]
정속도 전동기이므로 동기속도는 변하지 않는다.

46 동기기 운전 시 안정도 증진법이 아닌 것은?

① 단락비를 크게 한다.
② 회전부의 관성을 크게 한다.
③ 속응 여자 방식을 채용한다.
④ 역상 및 영상 임피던스를 작게 한다.

정답 43.② 44.④ 45.① 46.④

해설 [안정도 향상 대책]
- 동기 임피던스를 작게 한다.
- 단락비를 크게 한다.
- 관성모멘트를 크게 한다.
- 속응 여자 방식을 채용한다.
- 조속기의 동작을 빠르게 한다.

47 동기 조상기를 과 여자로 사용하면?
① 리액터로 작용
② 저항손의 보상
③ 일반부하의 뒤진 전류 보상
④ 콘덴서로 작용

해설 [동기 조상기]
- 과 여자 → 진상 전류 → 콘덴서로 작용
- 부족 여자 → 지상 전류 → 리액터로 작용

48 동기기의 전기자 권선법이 아닌 것은?
① 전절권
② 분포권
③ 2층권
④ 중권

해설 [동기기의 전기자 권선법]
- 단절권, 분포권, 2층권, 중권 사용
- Y결선 이용
  - 코일의 유기전압이 $\frac{1}{\sqrt{3}}$로 감소(절연이 용이)
  - 중성점 접지 가능
  - 코로나 발생이 적다.

49 동기 전동기의 유기전압보다 앞선 전류는 어떤 작용을 하는가?
① 역률작용
② 교차자화작용
③ 증자작용
④ 감자작용

해설
- 유기전압보다 앞선 전류 : 감자작용
- 유기전압보다 뒤진 전류 : 증자작용

50 동기 전동기에 관한 내용으로 틀린 것은?
① 기동토크가 작다.
② 역률을 조정할 수 없다.
③ 난조가 발생하기 쉽다.
④ 여자기가 필요하다.

정답 47.④ 48.① 49.④ 50.②

해설 [동기 전동기 특징]
- 역률 "1"로 조정이 가능
- 정속도 전동기
- 속도 조정이 어렵다.
- 기동 토크가 작다.
- 난조가 발생한다.

51 [2015년 1회 기출]

51 동기 전동기의 직류 여자전류가 증가될 때의 현상으로 옳은 것은?

① 진상 역률을 만든다.　　② 지상 역률을 만든다.
③ 동상 역률을 만든다.　　④ 진상·지상 역률을 만든다.

해설
- 과 여자 : 진상, C회로가 된다.
- 부족 여자 : 지상, L회로가 된다.

52 [2015년 1회 기출]

52 동기기에 제동 권선을 설치하는 이유로 옳은 것은?

① 역률 개선　　② 출력 증가
③ 전압 조정　　④ 난조 방지

해설 [난조 방지책]
- 제동 권선을 설치한다.
- 관성 모멘트를 크게 한다.

53 [2015년 2회 기출]

53 동기 발전기의 병렬운전에서 기전력의 크기가 다를 경우 나타나는 현상은?

① 주파수가 변한다.　　② 동기화 전류가 흐른다.
③ 난조현상이 발생한다.　　④ 무효 순환전류가 흐른다.

해설
- 기전력의 크기가 다를 때 : 무효 순환전류(무효횡류)가 흐른다.
- 기전력의 위상이 다를 때 : 동기화 전류(유효횡류)가 흐른다.

54 [2015년 2회 기출]

54 동기 전동기 중 안정도 증진법으로 틀린 것은?

① 전기자 저항 감소　　② 관성효과 증대
③ 동기 임피던스 증대　　④ 속응 여자 채용

해설 [안정도 증진법]
- 동기 임피던스 작게
- 관성 모멘트 증대

정답 51.① 52.④ 53.④ 54.③

- 속응 여자 방식 채택
- 전기자 저항 감소
- 정상 임피던스 감소
- 영상, 역상 임피던스 증대

55 동기 발전기의 전기자 권선을 단절권으로 하면?

① 고조파를 제거한다.
② 절연이 잘 된다.
③ 역률이 좋아진다.
④ 기전력을 높인다.

해설 [단절권]
- 동량과 철량이 감소
- 기계의 길이가 감소
- 고조파 제거하여 파형 개선
- 단절권 계수 $K = \sin\dfrac{\beta\pi}{2}$ $\left(\beta = \dfrac{코일간격}{극간격}\right)$

56 정격이 1,000[V], 500[A], 역률 90[%]의 3상 동기 발전기의 단락전류 I_s[A]는? (단, 단락비는 1.3으로 하고, 전기자 저항은 무시한다.)

① 450 ② 550
③ 650 ④ 750

해설 단락비 $K_s = \dfrac{I_s}{I_n}$ 이므로 단락 전류 $I_s = K_s I_n$ (I_n : 정격 전류)
$I_s = 1.3 \times 500 = 650[A]$

57 2대의 동기 발전기 A, B가 병렬운전하고 있을 때, A기의 여자 전류를 증가시키면 어떻게 되는가?

① A기의 역률은 낮아지고, B기의 역률은 높아진다.
② A기의 역률은 높아지고, B기의 역률은 낮아진다.
③ A, B 양 발전기의 역률이 높아진다.
④ A, B 양 발전기의 역률이 낮아진다.

55
- [2015년 2회 기출]

56 중요도 ★★
- 단락비 $K_s = \dfrac{I_s}{I_n}$
- [2015년 4회 기출]

57 중요도
- [2015년 4회 기출]

정답 55.① 56.③ 57.①

해설 [여자 전류]

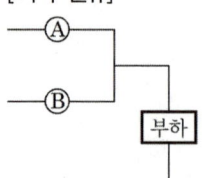

ⓐ기 여자 전류 증가 : ⓐ기 역률 저하(L회로)
　　　　　　　　　　ⓑ기 역률 높아진다(C회로).
ⓑ기 여자 전류 증가 : ⓐ기 역률 높아진다(C회로).
　　　　　　　　　　ⓑ기 역률 저하된다(L회로).

58 동기 발전기에서 역률각이 90도 늦을 때의 전기자 반작용은?

① 증자작용　　　　　　② 편자작용
③ 교차작용　　　　　　④ 감자작용

해설 [직축 반작용]
- 감자작용 : 전기자 전류가 유기기전력보다 90° 늦을 때(L부하)
- 증자작용 : 전기자 전류가 유기기전력보다 90° 빠를 때(C부하)

59 60[Hz], 20,000[kVA]의 발전기의 회전수가 1,200[rpm]이라면 이 발전기의 극수는 얼마인가?

① 6극　　　　　　　　② 8극
③ 12극　　　　　　　④ 14극

해설 회전수 $N_s = \dfrac{120f}{P}$ 에서 $P = \dfrac{120f}{N_s} = \dfrac{120 \times 60}{1,200} = 6[극]$

60 동기 전동기의 장점이 아닌 것은?

① 직류 여자가 필요하다.　　　② 전부하 효율이 양호하다.
③ 역률 1로 운전할 수 있다.　　④ 동기속도를 얻을 수 있다.

해설
- 동기 전동기의 장점
  - 역률 "1"로 조정이 가능
  - 효율이 양호하다.
  - 기계적으로 견고
- 단점
  - 기동이 어렵다.
  - 직류 여자가 필요하므로 가격이 비싸다.

정답 58.④　59.①　60.①

61 동기 전동기를 송전선의 전압 조정 및 역률 개선에 사용한 것을 무엇이라 하는가?

① 댐퍼
② 동기이탈
③ 제동권선
④ 동기 조상기

해설 [동기 조상기]
- 전압 조정 및 역률 개선에 이용
- 진상, 지상 모두 공급 가능
- 연속적 제어
- 과 여자 : 진상(C)
- 부족 여자 : 지상(L)

61. 중요도
- [2016년 1회 기출]

62 동기기의 손실에서 고정손에 해당되는 것은?

① 계자 철심의 철손
② 브러시의 전기손
③ 계자 권선의 저항손
④ 전기자 권선의 저항손

해설 [손실]
- 고정손 : 철손, 기계손
- 부하손 : 동손

62. 중요도
- [2016년 1회 기출]

63 3상 동기 발전기의 상간 접속을 Y결선으로 하는 이유 중 틀린 것은?

① 중성점을 이용할 수 있다.
② 선간전압이 상전압의 $\sqrt{3}$ 배가 된다.
③ 선간전압에 제3고조파가 나타나지 않는다.
④ 같은 선간전압의 결선에 비하여 절연이 어렵다.

해설 [Y결선하는 이유]
- 상전압이 $\frac{1}{\sqrt{3}}$ 감소(절연이 용이)
- 중성점 접지 가능
- 제3고조파 나타나지 않는다.

63. 중요도
- Y결선하는 이유
- [2016년 1회 기출]

64 동기기를 병렬운전할 때 순환전류가 흐르는 원인은?

① 기전력의 저항이 다른 경우
② 기전력의 위상이 다른 경우
③ 기전력의 전류가 다른 경우
④ 기전력의 역률이 다른 경우

64. 중요도
- [2016년 1회 기출]

정답 61.④ 62.① 63.④ 64.②

해설 [병렬운전]
- 기전력의 크기가 다를 때 : 무효 순환전류가 흐른다.
- 기전력의 위상이 다를 때 : 유효 순환전류가 흐른다.
- 기전력의 주파수가 다를 때 : 난조가 발생한다.

65 동기 조상기의 계자를 부족 여자로 하여 운전하면?
① 콘덴서로 작용
② 뒤진 역률 보상
③ 리액터로 작용
④ 저항손의 보상

해설 [동기 조상기]
- 부족 여자 : 지상, L(리액터)로 작용
- 과 여자 : 진상, C(콘덴서)로 작용

66 3상 교류 발전기의 기전력에 대하여 $\frac{\pi}{2}$[rad] 뒤진 전기자 전류가 흐르면 전기자 반작용은?
① 횡축 반작용으로 기전력을 증가시킨다.
② 증자작용을 하여 기전력을 증가시킨다.
③ 감자작용을 하여 기전력을 감소시킨다.
④ 교차 자화 작용으로 기전력을 감소시킨다.

해설 [직축반작용]
- 감자작용 : 전기자 전류가 기전력 보다 $\frac{\pi}{2}$ 뒤질 때
- 증자작용 : 전기자 전류가 기전력 보다 $\frac{\pi}{2}$ 앞설 때

67 극수 10, 동기속도 600[rpm]인 동기 발전기에서 나오는 전압의 주파수는 몇 [Hz]인가?
① 50
② 60
③ 80
④ 120

해설 동기속도 $N_s = \frac{120f}{P}$ 이므로
$f = \frac{N_s P}{120} = \frac{600 \times 10}{120} = 50$[Hz]

68 동기 발전기의 병렬운전 조건이 아닌 것은?

① 유도기전력의 크기가 같을 것
② 동기발전기의 용량이 같을 것
③ 유도기전력의 위상이 같을 것
④ 유도기전력의 주파수가 같을 것

해설 [병렬운전 조건]
- 기전력의 크기가 같을 것
- 기전력의 위상이 같을 것
- 기전력의 주파수가 같을 것
- 상회전 방향이 같을 것

68 중요도 ★★★
- 병렬운전 조건은 모두 외울 것
- [2016년 2회 기출]

69 동기기 손실 중 무부하손(No Load Loss)이 아닌 것은?

① 풍손
② 와류손
③ 전기자 동손
④ 베어링 마찰손

해설 [손실]
- 고정손(무부하손)
  - 철손(히스테리시스손, 와류손)
  - 기계손(베어링손, 마찰손, 풍손)
- 가변손(부하손)
  - 동손
  - 표유부하손

69 중요도
- [2016년 2회 기출]

70 동기기의 손실에서 고정손에 해당되는 것은?

① 계자 철심의 철손
② 브러시의 전기손
③ 계자 권선의 저항손
④ 전기자 권선의 저항손

해설 [손실]
- 고정손 : 철손, 기계손
- 가변손 : 동손, 표유부하손

70 중요도
- [2016년 5회 CBT]

71 동기 발전기에서 전기자 전류가 기전력보다 90° 만큼 위상이 앞설 때의 전기자 반작용은?

① 교차 자화 작용
② 감자작용
③ 편자작용
④ 증자작용

71 중요도
- [2016년 5회 CBT]

정답 68.② 69.③ 70.① 71.④

해설 [전기자 반작용]

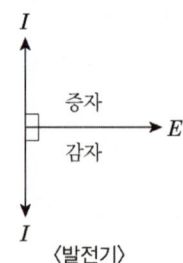
〈발전기〉

72 3상 동기 전동기의 토크에 대한 설명으로 옳은 것은?

① 공급전압 크기에 비례한다. ② 공급전압 크기의 제곱에 비례한다.
③ 부하각 크기에 반비례한다. ④ 부하각 크기의 제곱에 비례한다.

해설 [동기 전동기]
- $P_0 = \dfrac{E \cdot V}{x_s} \sin\delta$
- 토크 $T = 0.975 \dfrac{P_0}{N_S}$ [kg·m]

$\therefore\ T \propto E \propto V \propto \delta$ (δ : 부하각)

73 다음 중 동기 발전기의 병렬운전 조건이 아닌 것은?

① 유도기전력의 크기가 같을 것
② 동기 발전기의 용량이 같을 것
③ 유도기전력의 위상이 같을 것
④ 유도기전력의 주파수가 같을 것

해설 [동기 발전기 병렬운전 조건]
- 기전력의 주파수가 같아야 한다.
- 기전력의 파형이 같아야 한다.
- 기전력의 크기가 같아야 한다.
- 기전력의 위상이 같아야 한다.
- 기전력의 상회전 방향이 같아야 한다.(3상)

74 동기 발전기의 병렬운전 중에 기전력의 위상차가 생기면 흐르는 전류는?

① 무효 순환전류 ② 무효횡류
③ 동기화 전류 ④ 고조파 전류

정답 72.① 73.② 74.③

해설 [동기 발전기의 병렬 운전 시]
- 기전력의 크기가 다를 때
  - 무효횡류(무효 순환전류)가 흐른다.
- 기전력의 위상차가 있을 때
  - 동기화 전류(유효횡류)가 흐른다.

75 3상 동기발전기 병렬운전 조건이 아닌 것은?

① 전압의 크기가 같을 것 ② 회전수가 같을 것
③ 주파수가 같을 것 ④ 전압 위상이 같을 것

[2017년 1회 CBT]

해설 [병렬운전 조건]
- 유기기전력의 크기가 같을 것
- 유기기전력의 위상이 같을 것
- 유기기전력의 파형이 같을 것
- 유기기전력의 주파수가 같을 것

76 2극 3,600[rpm]인 동기 발전기와 병렬운전하려는 12극 발전기의 회전수는?

① 600[rpm] ② 3,600[rpm]
③ 7,200[rpm] ④ 21,600[rpm]

[2017년 2회 CBT]

해설 [회전수 N]
- $N_1 = \dfrac{120f_1}{P_1}$ 에서

  $f_1 = \dfrac{N_1 \times P_1}{120} = \dfrac{3,600 \times 2}{120} = 60[\text{Hz}]$

- 병렬운전 시에는 $f_1 = f_2$ 이어야 하므로

  $\therefore N_2 = \dfrac{120 f_2}{P_2} = \dfrac{120 \times 60}{12} = 600[\text{rpm}]$

77 병렬운전 중인 동기 임피던스 5[Ω]인 2대의 3상 동기 발전기의 유도기전력에 200[V]의 전압 차이가 있다면 무효 순환전류[A]는?

① 5 ② 10
③ 20 ④ 40

■ 무효 순환전류
$I_c = \dfrac{E_a - E_b}{2Z_s}$

[2017년 3회 CBT]

해설 [무효 순환전류 I_c]

$I_c = \dfrac{E_a - E_b}{2Z_s} = \dfrac{200}{2 \times 5} = 20[\text{A}]$

정답 75.② 76.① 77.③

출제 POINT

78 [2017년 3회 CBT]

78 동기 전동기를 송전선의 전압 조정 및 역률 개선에 사용한 것을 무엇이라 하는가?

① 동기 이탈 ② 동기 조상기
③ 댐퍼 ④ 제동권선

해설 [동기 조상기]
- 전압 조정 및 역률 개선용
- 진상, 지상 모두에 이용
- 부족 여자(L), 과 여자(C)로 사용이 가능하다.

79 [2017년 3회 CBT]

79 동기 발전기의 병렬운전 중에 기전력의 위상차가 생기면?

① 위상이 일치하는 경우보다 출력이 감소한다.
② 부하 분담이 변한다.
③ 무효 순환전류가 흘러 전기자 권선이 과열된다.
④ 동기화력이 생겨 두 기전력의 위상이 동상이 되도록 작용한다.

해설 [병렬운전 시 위상차 발생]
- 동기화 전류 $I_s = \dfrac{E_a}{Z_s} \sin \dfrac{\delta}{2}$[A] 흐른다.
- 수수전력, 동기화력이 발생하여 위상이 같도록 작용한다.

80 [2017년 3회 CBT]

80 단락비가 큰 동기기에 대한 설명으로 옳은 것은?

① 기계가 소형이다.
② 안정도가 높다.
③ 전압변동률이 크다.
④ 전기자 반작용이 크다.

해설 [단락비가 클 때의 특징]
- 안정도가 증진
- 전압변동률이 작다.
- 전기자 반작용이 작다.
- 동기 임피던스가 작다.
- 출력이 크다.

81 [2017년 4회 CBT]

81 동기기 손실 중 무부하손(No Load Loss)이 아닌 것은?

① 풍손 ② 와류손
③ 전기자 동손 ④ 베어링 마찰손

정답 78.② 79.④ 80.② 81.③

해설 [손실]
- 무부하손
  - 철손(히스테리시스손, 와류손)
  - 기계손(마찰손, 풍손)
- 부하손
  - 동손
  - 표유부하손

CHAPTER 03 변압기

스스로 중요내용 정리하기

1 변압기의 원리와 분류

(1) 원리

페러데이의 전자유도법칙에 따라서 권수 N[회] 감긴 코일(coil)에서 자속이 변화 할 때 자속 증감의 반대 방향으로 역기전력이 유도된다.

$$유도기전력\ e = -n\frac{d\phi}{dt}[V]$$

단, n : 코일 권수
ϕ : 자속[Wb]

(2) 권수비(a) (단, 이상변압기)

① 철손, 권선저항, 동손은 없다.
② 1차측 기자력 $F_1 = N_1 I_1$, 2차측 기자력 $F_2 = N_2 I_2$ 에서 $F_1 = F_2$ 이므로 $N_1 I_1 = N_2 I_2$ 이다.

$$a = \frac{I_2}{I_1} = \sqrt{\frac{Z_1}{Z_2}} = \frac{E_1}{E_2} = \frac{V_1}{V_2} = \sqrt{\frac{L_1}{L_2}}$$

2 변압기의 구조

(1) 철심

① 철손(히스테리시스손+와류손)이 발생한다.
② 규소의 함유량이 3~4[%]
③ 히스테리시스손 감소하기 위해 규소 강판(0.35mm)을 사용
④ 와류손을 감소하기 위해 성층 철심을 사용한다.
⑤ 철심은 투자율이 커야 한다.

(2) 권선

① 도체 부분 : 평각도선, 둥근도선, 환동선 등이 이용된다.
② 절연 부분 : 종이, 프레스 보드 등이 이용된다.
③ 종류 : 직권과 형권이 있다.

3 변압기의 절연유와 열화

(1) 절연유(oil) 구비조건
① 응고점이 낮고 인화점은 높을 것
② 고온에서 석출물이 생기지 않을 것
③ 절연내력이 클 것
④ 점도가 매우 낮을 것
⑤ 비열이 매우 커서 냉각효과가 클 것
⑥ 금속과 접촉 시 화학 작용이 없을 것

(2) 절연 열화
① 변압기의 호흡작용에 의해 생기는 현상
② 영향
　㉠ 냉각 효과 감소
　㉡ 집식작용(침전물 생기는 현상)
　㉢ 절연 내력 감소
③ 열화 방지책
　㉠ 질소가스 봉입
　㉡ 개방형 콘서베이터 설치
　㉢ 흡착제 방식 사용

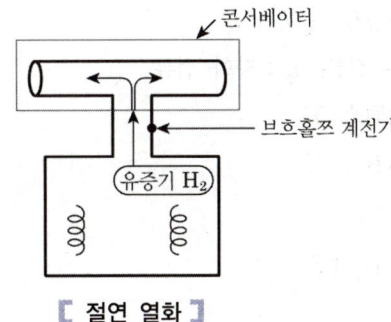

[절연 열화]

4 변압기의 등가회로

(1) 등가회로 작성시 필요한 시험
① 권선저항 측정(r_1, r_2)
② 단락 시험

㉠ 임피던스 와트(P_c)
㉡ 임피던스(Z)
㉢ 전압변동률(ϵ)
㉣ 임피던스 전압(V_s)
③ 무부하 시험(개방 시험)
㉠ 여자 전류(I_0)
㉡ 여자 어드미턴스(Y_0)
㉢ 철손(P_i)

(2) 여자 전류와 여자 어드미턴스

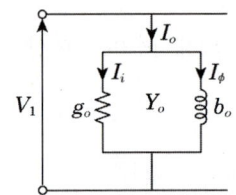

[여자 전류와 여자 어드미턴스]

① 여자 전류와 여자 어드미턴스
  ㉠ 여자 전류 I_0
   무부하시 자속을 공급하는 전류
   $$I_0 = I_i + jI_\Phi = \sqrt{I_i^2 + I_\phi^2}$$
   단, I_i : 철손 전류, I_Φ : 자화 전류
  ㉡ 여자 어드미턴스 Y_o
   $$Y_o = G_o - jB_o$$
  ㉢ 철손 P_i
   $$P_i = V_1 I_i = G_O V_1^2$$

5 전압변동률(ε[%])

(1) 전압변동률

$$\varepsilon = \frac{V_{2o} - V_{2n}}{V_{2n}} \times 100 [\%]$$
$$= p\cos\theta \pm q\sin\theta$$

단, V_{2o} : 2차 무부하 전압, V_{2n} : 2차 전부하 전압

(2) 최대 전압변동률[ε_{max}]

$$\varepsilon = p\cos\theta + q\sin\theta = \sqrt{p^2 + q^2}\cos(\alpha - \theta)$$

$$\varepsilon_{max} = \sqrt{p^2 + q^2}\,[\%]$$

(단, $\alpha = \theta$일 때)

6 퍼센트 강하율

(1) 퍼센트 저항 강하

$$p = \frac{I_{2n}r_{12}}{V_{2n}} \times 100 = \frac{I_{1n}r_{21}}{V_{1n}} = \frac{I \cdot r}{V} \times 100\,[\%]$$

(2) 퍼센트 리액턴스 강하

$$q = \frac{I_{2n}x_{12}}{V_{2n}} \times 100 = \frac{I_{1n}x_{21}}{V_{1n}} = \frac{I \cdot x}{V} \times 100\,[\%]$$

(3) 퍼센트 임피던스 강하

$$\%Z = \frac{I_{2n}Z_{12}}{V_{2n}} \times 100 = \frac{I_{1n}Z_{21}}{V_{1n}} = \frac{I \cdot Z}{V} \times 100\,[\%]$$

$$= \frac{I_n}{I_s} \times 100 = \frac{V_s}{V_n} \times 100\,[\%]$$

7 손실과 효율

(1) 손실 : P_l[W] = 고정손 + 가변손

① 부하손(가변손)

동손 $P_c = I^2 \cdot r$ [W]

② 무부하손(고정손)

철손 $P_i = P_h + P_e$

㉠ 히스테리시스손 $P_h = \sigma_h \cdot f \cdot B_m^{1.6-2}$ [W]

㉡ 와류손 $P_e = \sigma_e(t \cdot K_f \cdot f \cdot B_m)^2$ [W]

③ 주파수와 손실(전압이 일정)

유기기전력 $E = 4.44fN\phi_m = 4.44fNB_mS$에서

$B_m \propto \dfrac{E}{f}$ 이므로

히스테리시스손 $P_h = \sigma_h \cdot f \cdot B_m^2 \propto f\left(\dfrac{E}{f}\right)^2 \propto \dfrac{E^2}{f}$

그러므로 히스테리시스손은 주파수에 반비례한다.

와류손 $P_e = \sigma_e(t \cdot K_f \cdot f \cdot B_m)^2 \propto (f \cdot \dfrac{E}{f})^2 = E^2$

그러므로 와류손은 주파수와 무관하다.

∴ 철손 $P_i = P_h + P_e$ 이므로 주파수가 증가하면 철손은 감소한다.

(2) 효율(η)

① 전부하 효율 η

$$\eta = \dfrac{출력}{입력} \times 100 = \dfrac{출력}{출력 + 손실} \times 100\,[\%]$$

$$= \dfrac{출력}{출력 + 철손 + 동손} \times 100\,[\%]$$

$$= \dfrac{P_n \cdot \cos\theta}{P_n \cos\theta + P_i + P_c} \times 100$$

$$= \dfrac{VI \cdot \cos\theta}{VI\cos\theta + P_i + P_c} \times 100\,[\%]$$

단, P_n : 변압기 용량, P_i : 철손, P_c : 동손($=I^2r$)

> ※ 최대 효율 조건
> $P_i = P_c$

② $\dfrac{1}{m}$ 부하시 효율 $\eta_{\frac{1}{m}}$

$$\eta_{\frac{1}{m}} = \dfrac{\dfrac{1}{m}VI\cos\theta}{\dfrac{1}{m}VI\cos\theta + P_i + \left(\dfrac{1}{m}\right)^2 P_c} \times 100\,[\%]$$

$$= \dfrac{\dfrac{1}{m}P_n\cos\theta}{\dfrac{1}{m}P_n\cos\theta + P_i + \left(\dfrac{1}{m}\right)^2 P_c} \times 100\,[\%]$$

> ※ 최대 효율 조건
> $P_i = \left(\dfrac{1}{m}\right)^2 P_c$ 이므로 $\dfrac{1}{m} = \sqrt{\dfrac{P_i}{P_c}}$

8 변압기 결선 방식

(1) Y-Y 결선

① $V_l = \sqrt{3}\, V_p \underline{/30°}$ (V_l : 선간전압, V_p : 상전압)

② $I_l = I_p$ (I_l : 선전류, I_p : 상전류)

③ 출력 : $P_Y[\text{W}]$

$P_1 = V_p I_p \cos\theta$

$P_Y = 3P_1 = 3V_p I_p \cos\theta = \sqrt{3}\, V_l I_l \cos\theta[\text{W}]$

④ 제3고조파에 의한 유도 장해 발생

⑤ 절연이 $\dfrac{1}{\sqrt{3}}$ 배 만큼 용이하다.

⑥ 고전압 계통의 송전 선로에 유효하다.

⑦ 중성점을 접지하여 이상전압 발생을 방지한다.

⑧ 보호 계전기가 확실히 동작한다.

(2) △-△ 결선

① $V_l = V_p$ (선간전압 : V_l, 상전압 : V_p)

② $I_l = \sqrt{3}\, I_p \underline{/-30°}$ (선전류 : I_l, 상전류 : I_p)

③ 출력 : $P_\triangle[\text{W}]$

$P_1 = V_p I_p \cos\theta$

$P_\triangle = 3P_1 = \sqrt{3}\, V_l I_l \cos\theta[\text{W}]$ (P_1 : 변압기 1대 용량)

④ 이상전압에 의한 전압 상승이 발생한다.

⑤ 배전 선로에 유리하다.

⑥ 1대 고장시 V-V 결선으로 3상 공급을 계속할 수 있다.

⑦ 제3고조파에 의한 통신 장해가 없다.

⑧ 비접지방식이다.

(3) V-V 결선

① 3상 출력 $P_V = \sqrt{3}\, K$ (K : 변압기 1대 용량)

② 이용률 : 0.866

③ 출력비 : 0.577

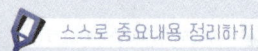

9 변압기의 병렬운전

(1) 병렬운전 조건
① 극성과 권수비가 같을 것
② 1차, 2차 정격 전압 같을 것
③ 저항, 리액턴스비가 같을 것
④ 상회전 방향 같을 것
⑤ 각 변위가 같을 것

(2) 3상 변압기의 병렬운전 조합

운전 가능한 결선 방식	운전 불가능한 결선 방식
$\triangle-\triangle$와 $\triangle-\triangle$	$\triangle-\triangle$와 $\triangle-Y$
$\triangle-Y$와 $\triangle-Y$	$Y-Y$와 $\triangle-Y$
$\triangle-\triangle$와 $Y-Y$	$\triangle-Y$와 $Y-Y$
$Y-Y$와 $Y-Y$	$Y-\triangle$와 $\triangle-\triangle$
$Y-\triangle$와 $Y-\triangle$	-
$Y-\triangle$와 $\triangle-Y$	-

10 상(相, Phase) 수 변환

(1) 3상을 2상으로 변환
① 메이어 결선
② 스코트 결선(T 결선)
③ 우드 브리지 결선

(2) 3상을 6상으로 변환
① 환상 결선
② 대각 결선
③ 2중 Y결선
④ 2중 $\triangle$결선
⑤ 포크 결선

11 특수 변압기

(1) 단권 변압기

① 결선도

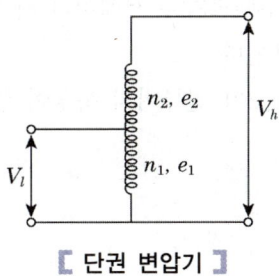

[단권 변압기]

② 누설 자속이 작다.
③ 동량이 절약되고 효율이 좋다.
④ 전압변동률이 작다.
⑤ 고압 배전선로의 승압기에 이용된다.
⑥ 1, 2차간의 절연이 어렵다.
⑦ 전압비 $\dfrac{V_h}{V_l} = \dfrac{n_1 + n_2}{n_1} = \left(1 + \dfrac{n_2}{n_1}\right) = \left(1 + \dfrac{1}{a}\right)$

⑧ 승압전압 $V_h = \left(1 + \dfrac{1}{a}\right) V_l$

⑨ $\dfrac{\text{자기 용량}}{\text{부하 용량}} = \dfrac{V_h - V_l}{V_h}$

(2) 계기용 변압기(PT)

① 고전압을 저전압으로 변성시 이용
② 점검시 2차측 개방
③ 2차측 정격 전압은 110[V]

(3) 계기용 변류기(CT)

① 대전류를 소전류로 변성시 이용
② 점검시 2차측 단락
③ 2차측 정격 전류는 5[A]

12 변압기 내부고장 보호 계전기 및 시험

(1) 변압기 내부고장 보호 계전기
① 차동 계전기 : 같은상의 단자의 전류의 차에 의해서 동작한다.
② 부흐홀츠 계전기 : 주탱크와 콘서베이터 사이에 연결하며 아크방전 및 수소가스를 검출하는데 이용된다.
③ 비율차동 계전기 : 1,2차 변류비의 특성이 일치하지 않아서 발생하는 오동작 방지용이다.

(2) 변압기의 온도 시험
① 실부하법
② 반환 부하법

CHAPTER 03 변압기 기출문제

01 3상 전원에서 2상 전원을 얻기 위한 변압기 결선방법은?

① Δ
② r
③ V
④ T

해설
- 3상 전원에서 2상 전원으로 변환
  - 스코트 결선(T 결선)
  - 메이어 결선
  - 우드브리지 결선
- 3상 전원에서 6상 전원으로 변환
  - Fork 결선
  - 2중 성형 결선
  - 2중 Δ결선
  - 대각 결선

출제 POINT

01 중요도
- [2011년 1회 기출]

02 다음 설명 중 틀린 것은?

① 3상 유도 전압조정기의 회전자 권선은 분로 권선이고, Y결선으로 되어 있다.
② 디프 슬롯형 전동기는 냉각효과가 좋아 기동정지가 빈번한 중·대형 저속기에 적당하다.
③ 누설 변압기가 네온사인이나 용접기의 전원으로 알맞은 이유는 수하특성 때문이다.
④ 계기용 변압기의 2차 표준은 110/220[V]로 되어 있다.

해설
- 계기용 변압기(PT)
  - 점검 시 2차측 개방
  - 2차 전압은 110[V]
- 계기용 변류기(CT)
  - 점검 시 2차측 단락
  - 2차 전류는 5[A]

02 중요도 ★★
- PT의 2차 전압 : 110[V]
- CT의 2차 전류 : 5[A]
- [2011년 1회 기출]

03 권수비 2, 2차 전압 100[V], 2차 전류 5[A], 2차 임피던스 20[Ω]인 변압기의 ㉠ 1차 환산전압 및 ㉡ 1차 환산 임피던스는?

① ㉠ 200[V], ㉡ 80[Ω]
② ㉠ 200[V], ㉡ 40[Ω]
③ ㉠ 50[V], ㉡ 10[Ω]
④ ㉠ 50[V], ㉡ 5[Ω]

03 중요도
- [2011년 1회 기출]

정답 01.④ 02.④ 03.①

해설
- 2차를 1차로 환산
  - $V_2' = V_1 = aV_2 = 2 \times 100 = 200[\text{V}]$
  - $Z_2' = Z_1 = a^2 Z_2 = 2^2 \times 20 = 80[\Omega]$
  - $I_2' = I_1 = \dfrac{I_2}{a}[\text{A}]$
- 1차를 2차로 환산
  - $V_1' = V_2 = \dfrac{V_1}{a}[\text{V}]$
  - $Z_1' = Z_2 = \dfrac{Z_1}{a^2}[\Omega]$
  - $I_1' = I_2 = aI_1[\text{A}]$

04 보호 계전기를 동작 원리에 따라 구분할 때 해당되지 않는 것은?

① 유도형 ② 정지형
③ 디지털형 ④ 저항형

해설 보호 계전기의 동작 원리에 따른 구분
- 디지털형
- 정지형
- 유도형

05 변압기의 손실에 해당되지 않는 것은?

① 동손 ② 와전류손
③ 히스테리시스손 ④ 기계손

해설 [변압기 손실]
- 동손(부하손)
- 철손(무부하손) : ─ 히스테리시스손 : $P_h = \eta f B_m^{1.6 \sim 2}$
  ─ 와류손 : $P_e = \sigma (t f K_f B_m)^2$

06 같은 회로의 두 점에서 전류가 같을 때에는 동작하지 않으나 고장 시에 전류의 차가 생기면 동작하는 계전기는?

① 과전류 계전기 ② 거리 계전기
③ 접지 계전기 ④ 차동 계전기

해설 [변압기 내부고장 보호용 계전기]
- 차동 계전기(단상) : 고장 시에 전류의 차가 생기면 동작한다.
- 비율차동 계전기(3상)

정답 04.④ 05.④ 06.④

07 변압기의 부하와 전압이 일정하고, 주파수만 높아지면 어떻게 되는가?

① 철손 감소
② 철손 증가
③ 동손 증가
④ 동손 감소

해설 만약 전압이 일정하면
- $\phi_m \propto \dfrac{1}{N} \propto \dfrac{1}{f}$
- $B_m \propto \dfrac{1}{N} \propto \dfrac{1}{S} \propto \dfrac{1}{f}$
- $P_h \propto \dfrac{1}{f}$

∴ 주파수 f가 증가하면 히스테리시스손 P_h가 감소하므로 철손 P_i가 감소한다.

07 중요도 ★★
- 전압 일정 시
  $f\uparrow \to P_h\downarrow \to P_i\downarrow$
- [2011년 2회 기출]

08 부흐홀츠 계전기의 설치 위치로 가장 적당한 것은?

① 변압기 주 탱크 내부
② 콘서베이터 내부
③ 변압기 고압측 부싱
④ 변압기 주 탱크와 콘서베이터 사이

해설 [부흐홀츠 계전기]
- 수소(H_2) 검출
- 변압기의 주 탱크와 콘서베이터 사이에 설치

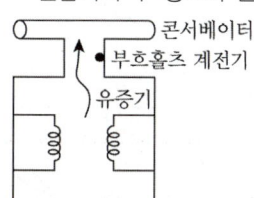

08 중요도
- 부흐홀츠 계전기
- [2011년 4회 기출]

09 다음 중 변압기에서 자속과 비례하는 것은?

① 권수
② 주파수
③ 전압
④ 전류

해설 [변압기 유도기전력 E]
- 1차 유기기전력 $E_1 = 4.44fN_1\phi_m = 4.44fN_1B_mS\,[\text{V}]$
- 2차 유기기전력 $E_2 = 4.44fN_2\phi_m = 4.44fN_2B_mS\,[\text{V}]$

∴ 자속과 비례하는 것은 유기기전력이 된다.

09 중요도
- [2011년 4회 기출]

정답 07.① 08.④ 09.③

출제 POINT

10 중요도
- [2011년 4회 기출]

11 중요도
- [2011년 5회 기출]

12 중요도 ★
- $V_s = \%Z \cdot V_n$
- [2011년 5회 기출]

13 중요도
- [2011년 5회 기출]

정답 10.③ 11.④ 12.① 13.②

---

10 출력에 대한 전부하 동손이 2[%], 철손이 1[%]인 변압기의 전부하 효율[%]은?

① 95 ② 96
③ 97 ④ 98

해설 [전부하 효율 η]

$$\eta = \frac{출력}{출력+손실} \times 100 = \frac{P_n \cos\theta}{P_n \cos\theta + P_i + P_c} \times 100[\%]$$

(P_n : 변압기 용량, P_i : 철손, P_c : 동손)

$$\therefore \eta = \frac{출력}{출력+(0.01출력)+(0.02출력)} \times 100[\%] ≒ 97[\%]$$

11 변압기 절연내력 시험과 관계없는 것은?

① 가압시험 ② 유도시험
③ 충격시험 ④ 극성시험

해설 변압기 절연내력 시험 : 충격, 유도, 가압시험

12 변압기의 임피던스 전압이란?

① 정격전류가 흐를 때 변압기 내의 전압강하
② 여자전류가 흐를 때 2차측 단자전압
③ 정격전류가 흐를 때 2차측 단자전압
④ 2차 단락전류가 흐를 때 변압기 내의 전압강하

해설 [임피던스 전압(V_{1s})]
- 정격전류가 흐를 때 변압기 내의 전압강하
- $\%Z = \frac{V_{1s}}{V_{1n}} \times 100[\%]$ (V_{1s} : 임피던스 전압)

13 변압기 내부고장 보호에 쓰이는 계전기는?

① 접지 계전기 ② 차동 계전기
③ 과전압 계전기 ④ 역상 계전기

해설 [변압기 내부고장 보호 계전기]
- 전기적 보호 계전기
  - 차동 계전기(단상)
  - 비율차동 계전기(3상)

- 기계적인 보호 계전기
  - 부흐홀츠 계전기
  - 유온계
  - 유위계

14 다음 중 절연저항을 측정하는 것은?

① 캘빈더블 비리지법 ② 전압전류계법
③ 휘트스톤 브리지법 ④ 메거

해설 메거를 이용하여 절연저항을 측정한다.

15 변압기의 규약효율은?

① $\dfrac{출력}{입력} \times 100[\%]$ ② $\dfrac{출력}{출력+손실} \times 100[\%]$

③ $\dfrac{출력}{입력-손실} \times 100[\%]$ ④ $\dfrac{입력+손실}{입력} \times 100[\%]$

해설 [효율(η)]
- 실측효율 = $\dfrac{출력}{입력} \times 100[\%]$
- 규약효율 = $\dfrac{출력}{입력} \times 100[\%] = \dfrac{출력}{출력+손실} \times 100[\%]$

16 부흐홀츠 계전기의 설치 위치는?

① 변압기 주 탱크 내부 ② 콘서베이터 내부
③ 변압기의 고압측 부싱 ④ 변압기 본체와 콘서베이터 사이

해설 [부흐홀츠 계전기]
- 수소(H_2) 검출
- 변압기의 주 탱크와 콘서베이터 사이에 설치

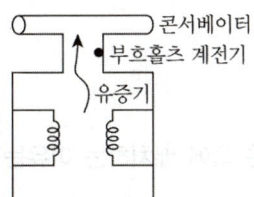

출제 POINT

14
- 절연저항의 측정
- [2012년 1회 기출]

15
- [2012년 1회 기출]

16
- 부흐홀츠 계전기
- [2012년 1회 기출]

정답 14.④ 15.② 16.④

출제 POINT

17 — 중요도
- [2012년 4회 기출]

18 — 중요도 ★★
- 권수비
  $a = \dfrac{N_1}{N_2} = \dfrac{V_1}{V_2} = \dfrac{I_2}{I_1} = \sqrt{\dfrac{R_1}{R_2}}$
- [2012년 5회 기출]

19 — 중요도
- 절연유의 구비조건
- [2013년 1회 기출]

20 — 중요도
- [2013년 2회 기출]

정답 17.④ 18.④ 19.② 20.②

---

17 변압기 V결선의 특징으로 틀린 것은?

① 고장 시 응급처치방법으로도 쓰인다.
② 단상 변압기 2대로 3상 전력을 공급한다.
③ 부하증가가 예상되는 지역에 시설한다.
④ V결선 시 출력은 Δ결선 시 출력과 그 크기가 같다.

해설 [V결선]
- 출력비 $\dfrac{P_V}{P_\Delta} = 0.577$
- 이용률은 0.866
- 3상에서 1상 고장 시 이용 가능(Δ결선 방식)

---

18 변압기의 2차 저항이 0.1[Ω]일 때 1차로 환산하면 360[Ω]이 된다. 이 변압기의 권수비는?

① 30 ② 40
③ 50 ④ 60

해설 [권수비 a]
$a = \dfrac{V_1}{V_2} = \dfrac{N_1}{N_2} = \dfrac{I_2}{I_1} = \sqrt{\dfrac{R_1}{R_2}} = \sqrt{\dfrac{360}{0.1}} = 60[\Omega]$

---

19 변압기 기름의 구비조건이 아닌 것은?

① 절연내력이 클 것 ② 인화점과 응고점이 높을 것
③ 냉각효과가 클 것 ④ 산화현상이 없을 것

해설 [절연유(oil) 구비조건]
- 응고점이 낮고 인화점은 높을 것
- 고온에서 석출물이 생기지 않을 것
- 절연내력이 클 것
- 점도가 매우 낮을 것
- 비열이 매우 커서 냉각효과가 클 것
- 금속과 접촉 시 화학 작용이 없을 것

---

20 변압기의 권선 배치에서 저압 권선을 철심 가까운 쪽에 배치하는 이유는?

① 전류 용량 ② 절연 문제
③ 냉각 문제 ④ 구조상 편의

해설 저압 권선을 철심 가까운 쪽으로 배치하는 이유는 절연의 문제이다.

21 변압기 내부고장 보호용으로 가장 많이 사용되는 것은?

① 과전류 계전기
② 차동 임피던스
③ 비율차동 계전기
④ 임피던스 계전기

해설 [변압기 내부고장 보호용 계전기]
- 차동 계전기
- 비율차동 계전기
- 부흐홀츠 계전기
- 온도 계전기(유온계)
- 압력 계전기(서든 프레서)

21 중요도
■ [2013년 2회 기출]

22 변압기의 자속에 관한 설명으로 옳은 것은?

① 전압과 주파수에 반비례한다.
② 전압과 주파수에 비례한다.
③ 전압에 반비례하고 주파수에 비례한다.
④ 전압에 비례하고 주파수에 반비례한다.

해설 [변압기 유기기전력 E]
$$E = 4.44 f N \phi_m = 4.44 f N B_m S$$
$$\phi \propto E \propto \frac{1}{f} \propto \frac{1}{N}$$

22 중요도
■ [2013년 2회 기출]

23 수전단 발전소용 변압기 결선에 주로 사용하고 있으며 한쪽은 중성점을 접지할 수 있고 다른 한쪽은 제3고조파에 의한 영향을 없애주는 장점을 가지고 있는 3상 결선방식은?

① Y-Y
② Δ-Δ
③ Y-Δ
④ V

해설
- 중성점 접지를 하기 위해서는 Y결선
- 제3고조파 성분을 제거하기 위해서는 Δ결선해야 한다.
∴ Y-Δ결선 방식을 하면 된다.

23 중요도
■ [2013년 4회 기출]

24 아크 용접용 변압기가 일반 전력용 변압기와 다른 점은?

① 권선의 저항이 크다.
② 누설 리액턴스가 크다.
③ 효율이 높다.
④ 역률이 좋다.

24 중요도
■ [2013년 4회 기출]

정답 21.③ 22.④ 23.③ 24.②

- 25. 변압기유의 구비 조건
- [2013년 4회 기출]

해설 [아크 용접용 변압기(누설 변압기)]
- 누설 리액턴스가 크다.
- 정전류 특성(수하 특성)

25 변압기유가 구비해야 할 조건으로 틀린 것은?
① 점도가 낮을 것
② 인화점이 높을 것
③ 응고점이 높을 것
④ 절연내력이 클 것

해설 [변압기유의 구비 조건]
- 점도가 낮을 것
- 절연내력이 클 것
- 인화점은 높을 것
- 응고점은 낮을 것
- 고온에서 산화하지 않고, 화학반응이 없을 것

- 26. 계전기의 종류
- [2013년 4회 기출]

26 보호를 요하는 회로의 전류가 어떤 일정한 값(정정값) 이상으로 흘렀을 때 동작하는 계전기는?
① 과전류 계전기
② 과전압 계전기
③ 차동 계전기
④ 비율차동 계전기

해설
- 과전류 계전기(OCR : Over Current Relay) : 전류가 어떤 일정값 이상으로 흐를 때 동작하는 계전기
- 과전압 계전기(OVR : Over Voltage Relay) : 전압이 어떤 일정값 이상으로 흐를 때 동작하는 계전기

- 27. [2013년 5회 기출]

27 3상 변압기의 병렬운전이 불가능한 결선 방식으로 짝지은 것은?
① Δ-Δ와 Y-Y
② Δ-Y와 Δ-Y
③ Y-Y와 Y-Y
④ Δ-Δ와 Δ-Y

해설 [결선운전 가능, 불가능 결선 방식]

운전 가능	운전 불가능
Y-Y와 Y-Y	Δ-Δ와 Δ-Y
Y-Δ와 Y-Δ	Δ-Δ와 Y-Δ
Δ-Y와 Δ-Y	Y-Y와 Y-Δ
Δ-Δ와 Δ-Δ	Y-Y와 Δ-Y
Y-Δ와 Δ-Y	
Δ-Y와 Y-Δ	

정답 25.③ 26.① 27.④

28 변압기에서 철손은 부하 전류와 어떤 관계인가?

① 부하 전류에 비례한다.
② 부하 전류의 자승에 비례한다.
③ 부하 전류에 반비례한다.
④ 부하 전류와 관계없다.

해설 철손(P_i) = 히스테리시스손(P_h) + 와류손(P_c)
$P_i = \eta f B_m^{1.6} + \sigma(t f k_f B_m)^2$ 이므로 부하 전류와는 무관하다.

출제 POINT
28. 중요도
- 철손 = 히스테리시스손 + 와류손
- [2013년 5회 기출]

29 6,600/220[V]인 변압기의 1차에 2,850[V]를 가할 경우 2차 전압[V]은?

① 90
② 95
③ 120
④ 105

해설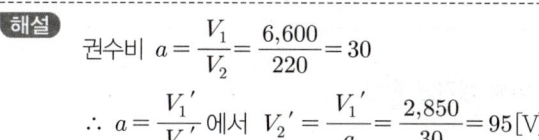

29. 중요도
- [2013년 5회 기출]

30 보호구간에 유입하는 전류와 유출하는 전류의 차에 의해 동작하는 계전기는?

① 비율차동 계전기
② 거리 계전기
③ 방향 계전기
④ 부족전압 계전기

해설 [유입·유출하는 전류의 차에 의해 동작하는 계전기]
- 차동 계전기(단상)
- 비율차동 계전기(3상)

30. 중요도
- 계전기의 종류
- [2013년 5회 기출]

31 변압기의 백분율 저항 강하가 2[%], 백분율 리액턴스 강하가 3[%]일 때 부하역률이 80[%]인 변압기의 전압변동률[%]은?

① 1.2
② 2.4
③ 3.4
④ 3.6

해설 [전압변동률 ε]
$\varepsilon = p\cos\theta + q\sin\theta$ (p : 저항 강하, q : 리액턴스 강하)
$= 2 \times 0.8 + 3 \times 0.6 = 3.4[\%]$

31. 중요도 ★
- 전압변동률 $\varepsilon = p\cos\theta + q\sin\theta$
- [2013년 5회 기출]

정답 28.④ 29.② 30.① 31.③

출제 POINT

32. 중요도
- [2014년 1회 기출]

33. 중요도
- [2014년 1회 기출]

34. 중요도
- 전압변동률
$\varepsilon = \dfrac{V_o - V_n}{V_n} \times 100$
- [2014년 1회 기출]

---

32 권수비 30인 변압기의 저압 측 전압이 8[V]인 경우 극성시험에서 가극성과 감극성의 전압 차이는 몇 [V]인가?

① 24 ② 16
③ 8   ④ 4

해설 [변압의 가극성, 감극성]
- 가극성 $V' = V_1 + V_2$
- 감극성 $V'' = V_1 - V_2$ (우리나라의 표준이다.)
- ∴ 가극성과 감극성의 전압 차이 $= V' - V'' = 2V_2 = 2 \times 8 = 16[V]$

---

33 변압기 절연물의 열화 정도를 파악하는 방법으로서 적절하지 않은 것은?

① 유전정접 ② 유중가스 분석
③ 접지저항 측정 ④ 흡수 전류나 잔류 전류 측정

해설 [절연 열화]
- 변압기의 호흡작용에 의해 생기는 현상
- 영향
  - 냉각 효과 감소
  - 침식작용(침전물 생기는 현상)
  - 절연내력 감소
- 열화 방지책
  - 질소가스 봉입
  - 개방형 콘서베이터 설치
  - 흡착제 방식 사용
- 열화 정도를 파악하는 방법
  - 유전정접, 유중가스 분석, 흡수 전류, 잔류 전류 측정

---

34 변압기의 퍼센트 저항 강하가 3[%], 퍼센트 리액턴스 강하가 4[%]이고, 역률이 80[%] 지상이다. 이 변압기의 변동률[%]은?

① 3.2 ② 4.8
③ 5.0 ④ 5.6

해설 [전압변동률 ε]
$\varepsilon = \dfrac{V_o - V_n}{V_n} \times 100 = p\cos\theta \pm q\sin\theta$ (지상 : (+), 진상 : (−)이다.)
그러므로 $\varepsilon = 3 \times 0.8 + 4 \times 0.6 = 4.8[\%]$

정답 32.② 33.③ 34.②

35 계전기가 설치된 위치에서 고장점까지의 임피던스에 비례하여 동작하는 보호 계전기는?

① 방향단락 계전기
② 거리 계전기
③ 단락회로선택 계전기
④ 과전압 계전기

해설 거리(길이)는 임피던스에 비례하므로 임피던스에 비례하여 동작하는 계전기를 거리 계전기라 한다. 또는 OHM 계전기라 하기도 한다.

35 — 중요도
■ [2014년 1회 기출]

36 변압기의 규약효율은?

① $\dfrac{출력}{입력}$
② $\dfrac{출력}{출력+손실}$
③ $\dfrac{출력}{입력+손실}$
④ $\dfrac{입력-손실}{입력}$

해설 [효율 η]
- 실측효율 η
$$\eta = \dfrac{출력}{입력} \times 100[\%]$$
- 규약효율 η
$$\eta = \dfrac{출력}{출력+손실} \times 100[\%]$$

36 — 중요도
■ [2014년 2회 기출]

37 다음 설명 중 틀린 것은?

① 3상 유도 전압조정기의 회전자 권선은 분로 권선이고, Y결선으로 되어 있다.
② 디프 슬롯형 전동기는 냉각효과가 좋아 기동 정지가 빈번한 중·대형 저속기에 적당하다.
③ 누설 변압기가 네온사인이나 용접기의 전원으로 알맞은 이유는 수하특성 때문이다.
④ 계기용 변압기의 2차 표준은 110/220[V]로 되어 있다.

해설
- 계기용 변압기(PT)
 - 점검 시 2차측 개방
 - 2차측 전압은 110[V]이다.
- 변류기(CT)
 - 점검 시 2차측 단락
 - 2차측 전류는 5[A]이다.

37 — 중요도 ★
■ CT의 2차 표준 : 5[A]
■ PT의 2차 표준 : 110[V]
■ [2014년 2회 기출]

정답 35.② 36.② 37.④

출제 POINT

38 — 중요도
- [2014년 2회 기출]

39 — 중요도
- [2014년 2회 기출]

40 — 중요도
- [2014년 2회 기출]

41 — 중요도
- 부흐홀츠 계전기
- [2014년 4회 기출]

---

38 복잡한 전기회로를 등가 임피던스를 사용하여 간단히 변화시킨 회로는?

① 유도회로 ② 전개회로
③ 등가회로 ④ 단순회로

[해설] 등가회로 : 복잡한 전기회로를 등가 임피던스를 사용하여 회로 해석이 쉽게 간단히 변화시킨 회로를 뜻한다.

39 보호 계전기 시험을 하기 위한 유의사항이 아닌 것은?

① 시험회로 결선 시 교류와 직류 확인 ② 시험회로 결선 시 교류의 극성 확인
③ 계전기 시험 장비의 오차 확인 ④ 영점의 정확성 확인

[해설]
- 보호 계전기 시험 시에 보통은 교류극성을 확인하지는 않는다.
- 회로의 직류·교류 확인, 장비의 오차 확인, 영점 등은 확인을 하여야 한다.

40 변압기 명판에 표시된 정격에 대한 설명으로 틀린 것은?

① 변압기의 정격출력 단위는 [kW]이다.
② 변압기 정격은 2차측을 기준으로 한다.
③ 변압기의 정격은 용량, 전류, 전압, 주파수 등으로 결정된다.
④ 정격이란 정해진 규정에 적합한 범위 내에서 사용할 수 있는 한도이다.

[해설] 변압기 용량 표시는 [VA]로 한다.

41 변압기 내부고장 시 급격한 유로 또는 가스의 이동이 생기면 동작하는 부흐홀츠 계전기의 설치위치는?

① 변압기 본체 ② 변압기의 고압측 부싱
③ 콘서베이터 내부 ④ 변압기 본체와 콘서베이터를 연결하는 파이프

[해설] [부흐홀츠 계전기]
- 변압기 본체와 콘서베이터 사이에 위치한다.
- 변압기 내부에서 발생한 유증기(H_2)를 검출한다.

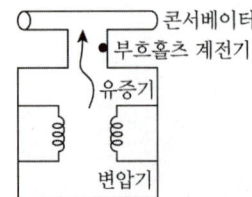

[정답] 38.③ 39.② 40.① 41.④

42 변압기의 1차 권회수 80[회], 2차 권회수 320[회]일 때 2차측의 전압이 100[V]이면 1차 전압[V]은?

① 15   ② 25
③ 50   ④ 100

해설 [권수비 a]
$a = \dfrac{V_1}{V_2} = \dfrac{N_1}{N_2}$ 이므로

$a = \dfrac{N_1}{N_2} = \dfrac{80}{320} = \dfrac{1}{4}$

∴ $\dfrac{1}{4} = \dfrac{V_1}{V_2} = \dfrac{V_1}{100}$ → $V_1 = 25[V]$이다.

출제 POINT

42. 중요도 ★
- 권선비
$a = \dfrac{N_1}{N_2} = \dfrac{V_1}{V_2} = \dfrac{I_2}{I_1} = \sqrt{\dfrac{R_1}{R_2}}$
- [2014년 4회 기출]

43 어떤 변압기에서 임피던스 강하가 5[%]인 변압기가 운전 중 단락되었을 때 그 단락 전류는 정격 전류의 몇 배인가?

① 5   ② 20
③ 50   ④ 200

해설 [단락 전류 I_s, 정격 전류 I_n]
$\%Z = \dfrac{I_n}{I_s} \times 100$ 에서 $I_s = \dfrac{I_n}{\%Z} \times 100$

그러므로 $I_s = \dfrac{100}{5} I_n = 20 I_n$ (즉, 정격 전류의 20배가 된다.)

43. 중요도 ★★
- $\%Z = \dfrac{I_n}{I_s} \times 100$
- [2014년 4회 기출]

44 다음 중 변압기의 1차측이란?

① 고압측   ② 저압측
③ 전원측   ④ 부하측

해설 변압기에서 전원(1차측), 부하(2차측)이라고 한다.

44. 중요도
- [2014년 5회 기출]

45 1차 전압 13,200[V], 2차 전압 220[V]인 단상 변압기의 1차에 6,000[V]의 전압을 가하면 2차 전압은 몇 [V]인가?

① 100   ② 200
③ 50   ④ 250

45. 중요도
- [2014년 5회 기출]

정답 42.② 43.② 44.③ 45.①

해설 [권선비 a]

$a = \dfrac{V_1}{V_2} = \dfrac{N_1}{N_2} = \dfrac{I_2}{I_1}$ 에서 $a = \dfrac{V_1}{V_2} = \dfrac{13,200}{220} = 60$

$a = \dfrac{V_1{'}}{V_2{'}}$ 에서 $60 = \dfrac{6,000}{V_2{'}}$ 이므로 $V_2{'} = 100[V]$가 된다.

46. 다음 중 변압기의 원리와 관계있는 것은?

① 전기자 반작용
② 전자 유도 작용
③ 플레밍의 오른손 법칙
④ 플레밍의 왼손 법칙

해설 변압기는 전자 유도 작용에 의해서 2차측에 기전력을 유도한다.

47. 사용 중인 변류기의 2차를 개방하면?

① 1차 전류가 감소한다.
② 2차 권선에 110[V]가 걸린다.
③ 개방단의 전압은 불변하고 안전하다.
④ 2차 권선에 고압이 유도된다.

해설
• 2차측 전류는 5[A]이다.
• 점검 시 2차측을 단락하여야 한다.
  (∵ 과전압이 걸리는 것을 방지하기 위해)

48. 낮은 전압을 높은 전압으로 승압할 때 일반적으로 사용되는 변압기의 3상 결선방식은?

① $\Delta - \Delta$
② $\Delta - Y$
③ $Y - Y$
④ $Y - \Delta$

해설
• 강압용 : $Y - \Delta$ 결선
• 승압용 : $\Delta - Y$ 결선

49. 변압기유의 구비조건으로 옳은 것은?

① 절연내력이 클 것
② 인화점이 낮을 것
③ 응고점이 높을 것
④ 비열이 작을 것

해설 [변압기유 구비조건]
• 절연내력이 클 것
• 인화점이 높을 것
• 응고점은 낮을 것
• 점도가 낮을 것

정답 46.② 47.④ 48.② 49.①

50 주상변압기의 고압측에 여러 개의 탭을 설치하는 이유는?

① 선로 고장 대비
② 선로 전압 조정
③ 선로 역률 개선
④ 선로 과부하 방지

해설 변압기의 고압측에 여러 개의 탭을 설치하여 선로의 전압 강하를 보상하여 선로 전압을 조정하기 위해서이다.

출제 POINT

50 중요도
- [2015년 1회 기출]

51 부흐홀츠 계전기로 보호되는 기기는?

① 변압기
② 유도 전동기
③ 직류 발전기
④ 교류 발전기

해설 [부흐홀츠 계전기]
주변압기와 콘서베이터 사이에 설치하여 유증기(H_2) 발생 시 동작하여 변압기 보호한다.

51 중요도 ★
- 부흐홀츠 계전기
  – H_2 검출하여 변압기 보호
- [2015년 1회 기출]

52 변압기의 효율이 가장 좋을 때의 조건은?

① 철손=동손
② 철손=1/2동손
③ 동손=1/2철손
④ 동손=2철손

해설 [전부하 시 효율 η]
$$\eta = \frac{P_n \cos\theta}{P_n \cos\theta + P_i + P_c} \times 100 [\%]$$
최대 효율 조건 : 철손(P_i)=동손(P_c)

52 중요도 ★★
- 변압기 최대효율 : $P_i = P_c$
- [2015년 2회 기출]

53 변압기, 동기기 등의 층간 단락 등의 내부고장 보호에 사용되는 계전기는?

① 차동 계전기
② 접지 계전기
③ 과전압 계전기
④ 역상 계전기

해설 [변압기 내부고장 보호에 이용되는 계전기]
- 차동 계전기(단상)
- 비율차동 계전기(3상)
- 부흐홀츠 계전기(수소 검출)
- 유온계
- 유위계

53 중요도
- [2015년 2회 기출]

정답 50.② 51.① 52.① 53.①

54 변압기에서 2차측이란?

① 부하측 ② 고압측
③ 전원측 ④ 저압측

해설 변압기는 1차측(전원), 2차측(부하)로 구성된다.

55 다음 변압기 극성에 관한 설명에서 틀린 것은?

① 우리나라는 감극성이 표준이다.
② 1차와 2차 권선에 유기되는 전압의 극성이 서로 반대이면 감극성이다.
③ 3상 결선 시 극성을 고려해야 한다.
④ 병렬운전 시 극성을 고려해야 한다.

해설 우리나라는 감극성이 표준

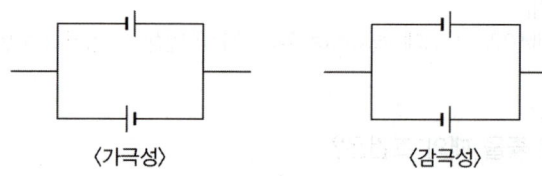

〈가극성〉 〈감극성〉

56 변압기를 Δ-Y로 연결할 때 1, 2차간의 위상차는?

① 30° ② 45°
③ 60° ④ 90°

해설 [Δ-Y 결선]
- 승압용
- 1, 2차 사이의 위상차 : 30°
- 1차(Δ결선) : 제3고조파 제거
- 2차(Y결선) : 이상전압 방지

57 변압기의 임피던스 전압이란?

① 정격전류가 흐를 때의 변압기 내의 전압강하
② 여자전류가 흐를 때의 2차측 단자전압
③ 정격전류가 흐를 때의 2차측 단자전압
④ 2차 단락전류가 흐를 때의 변압기 내의 전압강하

해설 [임피던스 전압]
정격전류가 흐를 때에 변압기 내부 전압강하

정답 54.① 55.② 56.① 57.①

58 다음 그림은 단상 변압기 결선도이다. 1, 2차는 각각 어떤 결선인가?

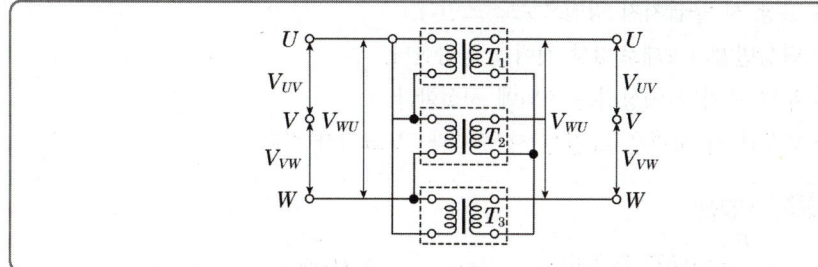

① Y-Y 결선
② Δ-Y 결선
③ Δ-Δ 결선
④ Y-Δ 결선

해설 [변압기 결선도]
- Δ 결선

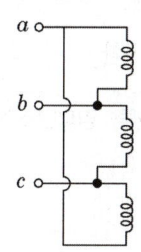

- Y 결선

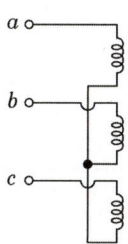

■ [2015년 4회 기출]

59 변압기에 대한 설명 중 틀린 것은?
① 전압을 변성한다.
② 전력을 발생하지 않는다.
③ 정격출력은 1차측 단자를 기준으로 한다.
④ 변압기의 정격용량은 피상전력으로 표시한다.

해설
- 변압기 정격출력은 2차측 단자를 기준으로 한다.
- 변압기 정격용량은 피상전력[VA]으로 표시한다.

■ [2015년 5회 기출]

정답 58.② 59.③

출제 POINT

60 ★★
- V결선시 출력비=0.577
- [2015년 5회 기출]

61
- [2015년 5회 기출]

62
- [2015년 5회 기출]

63 ★★
- 권수비
$$a = \frac{N_1}{N_2} = \frac{I_2}{I_1} = \frac{V_1}{V_2} = \sqrt{\frac{R_1}{R_2}}$$
- [2016년 1회 기출]

---

60 변압기 V결선의 특징으로 틀린 것은?

① 고장 시 응급처치 방법으로도 쓰인다.
② 단상변압기 2대로 3상 전력을 공급한다.
③ 부하 증가가 예상되는 지역에 시설한다.
④ V결선 시 출력은 Δ결선 시 출력과 그 크기가 같다.

해설 [V결선]
$$\frac{P_V}{P_\Delta} = 0.577 \text{ (출력비)}$$
이용률은 0.866(86.6%이다.)

61 변압기의 용도가 아닌 것은?

① 교류전압의 변환   ② 주파수의 변환
③ 임피던스의 변환   ④ 교류전류의 변환

해설 변압기는 1차측에서 2차측으로 변환하는 것은 전압, 전류, 임피던스이다.

62 부흐홀츠 계전기의 설치 위치는?

① 콘서베이터 내부
② 변압기 주 탱크 내부
③ 변압기의 고압측 부싱
④ 변압기 본체와 콘서베이터 사이

해설 [부흐홀츠 계전기]
- 변압기 본체와 콘서베이터 사이에 설치
- 유증기(H_2) 검출

63 1차 전압 6,300[V], 2차 전압 210[V], 주파수 60[Hz]의 변압기가 있다. 이 변압기의 권수비는?

① 30   ② 40
③ 50   ④ 60

해설 [권수비 a]
$$a = \frac{N_1}{N_2} = \frac{I_2}{I_1} = \sqrt{\frac{Z_1}{Z_2}} = \frac{V_1}{V_2} = \frac{6,300}{210} = 30$$

정답 60.④ 61.② 62.④ 63.①

64 퍼센트 저항강하 3[%], 리액턴스 강하 4[%]인 변압기의 최대 전압변동률(%)은?

① 1
② 5
③ 7
④ 12

해설 [최대 전압변동률 ε_{max}]
$$\varepsilon_{max} = \sqrt{p^2+q^2} = \sqrt{3^2+4^2} = 5[\%]$$

65 발전기 권선의 층간단락보호에 가장 적합한 계전기는?

① 차동 계전기
② 방향 계전기
③ 온도 계전기
④ 접지 계전기

해설 [변압기 내부고장 검출용 계전기]
- 차동 계전기
- 비율차동 계전기
- 부흐홀츠 계전기
- 유온계
- 유위계

66 다음 중 ( ) 속에 들어갈 내용은?

> 유입변압기에 많이 사용되는 목면, 명주, 종이 등의 절연재료는 내열등급 ( )으로 분류되고, 장시간 지속하여 최고 허용 온도 ( )℃를 넘어서는 안 된다.

① Y종, 90
② A종, 105
③ E종, 120
④ B종, 130

해설 [절연물의 최고 허용 온도(℃)]

종류	최고 허용 온도
Y종	90
A종	105
E종	120
B종	130
F종	155
H종	180
C종	180 초과

출제 POINT

64. 중요도
- [2016년 1회 기출]

65. 중요도
- 계전기의 종류
- [2016년 1회 기출]

66. 중요도
- [2016년 1회 기출]

정답 64.② 65.① 66.②

출제 POINT

67 [2016년 1회 기출]

68 [2016년 1회 기출]

69 ★★
- V결선 시 용량 $P_V = \sqrt{3}\,P$
- [2016년 2회 기출]

70 [2016년 2회 기출]

정답 67.③ 68.③ 69.① 70.④

---

67 변압기의 규약효율은?

① $\dfrac{출력}{입력}$ ② $\dfrac{출력}{입력-손실}$

③ $\dfrac{출력}{출력+손실}$ ④ $\dfrac{입력+손실}{입력}$

해설 [효율 η]
- 실측효율 η
$$\eta = \dfrac{출력}{입력} \times 100[\%]$$
- 규약효율 η
$$\eta = \dfrac{출력}{출력+손실} \times 100[\%]$$

68 다음 중 권선저항의 측정방법은?

① 메거   ② 전압전류계법
③ 켈빈더블 브리지법   ④ 휘트스톤 브리지법

해설 [저항 측정방법]
- 메거 : 절연저항 측정
- 휘트스톤 브리지법 : 중저항 측정
- 코울라우쉬 브리지법 : 전자의 내부저항, 전해액의 저항
- 켈빈더블 브리지법 : 저저항 측정, 권선저항 측정

69 20[kVA]의 단상 변압기 2대를 사용하여 V-V결선으로 하고 3상 전원을 얻고자 한다. 이때 여기에 접속시킬 수 있는 3상 부하의 용량은 약 몇 [kVA]인가?

① 34.6   ② 44.6
③ 54.6   ④ 66.6

해설 [V결선 시 용량 P_V]
$P_V = \sqrt{3}\,P$ (P : 변압기 1대 용량)
$P_V = \sqrt{3} \times 20 \times 10^3 = 34.6[\text{kVA}]$

70 부흐홀츠 계전기의 설치 위치로 가장 적당한 곳은?

① 콘서베이터 내부   ② 변압기 고압측 부싱
③ 변압기 주 탱크 내부   ④ 변압기 주 탱크와 콘서베이터 사이

[제2과목] 전기기기

해설 [부흐홀츠 계전기]
- 변압기 주 탱크와 콘서베이터 사이에 설치
- 유증기(H_2) 검출 계전기이다.

71 변압기의 결선에서 제3고조파를 발생시켜 통신선에 유도장해를 일으키는 3상 결선은?
① Y-Y
② Δ-Δ
③ Y-Δ
④ Δ-Y

해설 Y-Y결선은 제3고조파 발생으로 인해 통신선에 장애를 일으킨다.

[2016년 2회 기출]

72 변압기 내부고장 시 급격한 유류 또는 Gas의 이동이 생기면 동작하는 부흐홀츠 계전기의 설치 위치는?
① 변압기 본체
② 변압기의 고압측 부싱
③ 콘서베이터 내부
④ 변압기 본체와 콘서베이터를 연결하는 파이프

해설 [부흐홀츠 계전기]
- 변압기 본체와 콘서베이터 사이에 설치
- 유증기(H_2) 검출용 내부 계전기이다.

■ 부흐홀츠 계전기
■ [2016년 5회 CBT]

73 변압기의 절연유의 구비조건이 아닌 것은?
① 절연내력이 클 것
② 인화점과 응고점이 높을 것
③ 냉각효과가 클 것
④ 산화현상이 없을 것

해설 [변압기유 구비조건]
- 절연내력이 클 것
- 인화점은 높을 것
- 응고점은 낮을 것
- 산화현상이 없을 것(화학반응이 없을 것)

■ 변압기유 구비조건
■ [2016년 5회 CBT]

74 변압기의 병렬운전 조건이 아닌 것은?
① 주파수가 같을 것
② 위상이 같을 것
③ 극성이 같을 것
④ 변압기의 중량이 일치할 것

■ [2017년 1회 CBT]

정답 71.① 72.④ 73.② 74.④

해설 [변압기 병렬운전 조건]
- 주파수가 같을 것
- 위상이 같을 것
- 극성이 같을 것
- 1, 2차 정격전압이 같을 것
- %Z 강하가 같을 것

75 1차 전압 13,200[V], 2차 전압 220[V]인 단상 변압기의 1차에 6,000[V] 전압을 가하면 2차 전압은 몇 [V]인가?

① 100　　② 200
③ 50　　④ 250

[2017년 1회 CBT]

해설 [변압기의 권수비 a]
- $a = \dfrac{V_1}{V_2} = \dfrac{N_1}{N_2} = \dfrac{I_2}{I_1} = \sqrt{\dfrac{Z_1}{Z_2}}$ 에서

$a = \dfrac{13,200}{220} = 60$

∴ $V_2 = \dfrac{V_1}{a} = \dfrac{6,000}{60} = 100[\text{V}]$

76 변압기에서 V결선의 이용률은?

① 0.577　　② 0.707
③ 0.866　　④ 0.977

[2017년 1회 CBT]

해설 [V결선]
- 출력 $P_V = \sqrt{3}\,K$ (K : 변압기 1대의 용량)
- 출력비 : 0.577
- 이용률 : 0.866

77 변압기의 퍼센트 저항강하가 3[%], 퍼센트 리액턴스 강하가 4[%]이고, 역률이 80[%] 지상이다. 이 변압기의 전압변동률은?

① 3.2　　② 4.8
③ 5.0　　④ 5.6

[2017년 1회 CBT]

해설 [전압변동률]
$\varepsilon = p\cos\theta \pm q\sin\theta$ (+ : 지상, − : 진상)
$= 3 \times 0.8 + 4 \times 0.6 = 4.8[\%]$

정답 75.① 76.③ 77.②

78 부흐홀츠 계전기의 설치 위치로 가장 적당한 곳은?

① 변압기 주 탱크 내부
② 콘서베이터 내부
③ 변압기 고압측 부싱
④ 변압기 주 탱크와 콘서베이터 사이

해설 [부흐홀츠 계전기]
- 변압기에서 발생하는 유증기(H_2) 검출

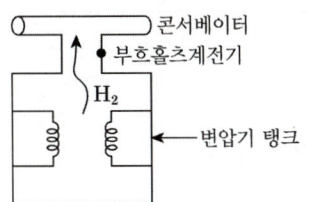

79 다음 중 변압기의 원리와 가장 관계가 있는 것은?

① 전자 유도 작용
② 표피작용
③ 전기자 반작용
④ 편자작용

해설 [변압기의 원리]
패러데이 법칙인 전자 유도에 의해 전압이 유도된다.

80 부흐홀츠 계전기로 보호되는 기기는?

① 변압기
② 유도 전동기
③ 직류 발전기
④ 교류 발전기

해설 [부흐홀츠 계전기]
- 변압기 내부고장 보호용
- 변압기 내에서 발생하는 H_2 검출용

81 일종의 전류 계전기로 보호 대상 설비에 유입되는 전류와 유출되는 전류의 차에 의해 동작하는 계전기는?

① 차동 계전기
② 전류 계전기
③ 주파수 계전기
④ 재폐로 계전기

해설 [전류의 차에 의해 동작]
- 차동 계전기 : 단상
- 비율차동 계전기 : 3상

정답 78.④ 79.① 80.① 81.①

82 일정 전압 및 일정 파형에서 주파수가 상승하면 변압기 철손은 어떻게 변하는가?

① 증가한다.
② 감소한다.
③ 불변이다.
④ 어떤 기간 동안 증가한다.

해설 [전압이 일정할 때의 철손 P_i]
- 히스테리시스손 P_h는 f와 반비례
- 와류손(P_e)은 f와 무관
∴ $P_i = P_h + P_e$ 이므로 f가 상승하면 P_i는 감소한다.

83 3상 변압기의 병렬운전이 불가능한 결선 방식으로 짝지은 것은?

① △-△와 Y-Y
② △-Y와 △-Y
③ Y-Y와 Y-Y
④ △-△와 △-Y

해설 [병렬운전이 불가능한 결선 방식]
- (△-△)와 (△-Y)
- (Y-△)와 (△-△)
- (Y-Y)와 (△-Y)
- (△-Y)와 (Y-Y)

84 전력용 변압기의 내부고장 보호용 계전 방식은?

① 역상 계전기
② 차동 계전기
③ 접지 계전기
④ 과전류 계전기

해설 [변압기 내부고장 보호용 계전기]
- 차동 계전기 : 단상
- 비율차동 계전기 : 3상

85 평형 3상회로에 대한 설명으로 옳지 않은 것은?

① 전압의 크기와 주파수가 같고 서로 120°씩 위상차가 있는 3상교류를 말한다.
② 성형결선에서 선간전압이 상전압보다 $\sqrt{3}$ 배 크고, 위상은 30° 앞선다.
③ 부하에 공급되는 유효전력 $P = \sqrt{3} \times$ 선간전압 $\times$ 선전류 $\times$ 역률이다.
④ 델타결선의 경우 상전류는 선전류보다 $\sqrt{3}$ 배 크고, 위상은 30° 앞선다.

정답 82.② 83.④ 84.② 85.④

해설 [Y-△ 결선]
- △결선
  - $V_l = V_p \underline{/0°}$
  - $I_l = \sqrt{3}\, I_p \underline{/-30°}$
- Y결선
  - $V_l = \sqrt{3}\, V_p \underline{/30°}$
  - $I_l = I_p \underline{/0°}$

86 변압기의 퍼센트 저항강하가 3[%], 퍼센트 리액턴스 강하가 4[%]이고, 역률이 80[%]이다. 이 변압기의 전압변동률[%]은?

① 3.2　　　　② 4.8
③ 5.0　　　　④ 5.6

해설 [전압변동률 ε]
$\varepsilon = p\cos\theta \pm q\sin\theta$ (+ : 지상, − : 진상)
∴ $\varepsilon = 3 \times 0.8 + 4 \times 0.6 = 4.8[\%]$

87 변압기의 자속에 관한 설명으로 옳은 것은?

① 전압과 주파수에 반비례한다.
② 전압과 주파수에 비례한다.
③ 전압에 반비례하고 주파수에 비례한다.
④ 전압에 비례하고 주파수에 반비례한다.

해설 [유기기전력 E]
$E = 4.44 fN\phi$ 이므로
∴ $\phi = \dfrac{E}{4.44 fN}$
즉, ϕ는 E에 비례, f, N에 반비례한다.

88 변압기유가 구비해야 할 조건으로 틀린 것은?

① 점도가 낮을 것
② 인화점이 높을 것
③ 응고점이 높을 것
④ 절연내력이 클 것

해설 [변압기유 구비 조건]
- 응고점이 낮을 것
- 점도가 낮을 것
- 인화점이 높을 것
- 절연내력이 클 것
- 비열이 매우 클 것

POINT

86. 중요도
- [2017년 3회 CBT]

87. 중요도
- 유기기전력 $E = 4.44 fN\phi$
- [2017년 4회 CBT]

88. 중요도
- 변압기유 구비조건
- [2017년 4회 CBT]

정답 86.② 87.④ 88.③

출제 POINT

89. 중요도
- [2017년 4회 CBT]

89 길이 10[cm], 넓이 10[cm²]인 도선으로 감싼 변압기에서 1차측에 감은 횟수가 100회일 때 전압이 120[V], 2차측 전압이 12[V]였다면 2차측의 감은 횟수는 얼마인가?

① 10
② 100
③ 1,000
④ 10,000

해설 [권선비 a]

$$a = \frac{N_1}{N_2} = \frac{V_1}{V_2} = \frac{I_2}{I_1} = \sqrt{\frac{R_1}{R_2}}$$

∴ $\frac{N_1}{N_2} = \frac{V_1}{V_2}$ 에서 $N_2 = \frac{V_2}{V_1} N_1 = \frac{12}{120} \times 100 = 10$[회]

정답 89.①

MEMO

CHAPTER 04 유도기

1 유도기의 원리와 종류

(1) 원리
아라고 원판을 이용한 말굽자석을 회전시켜서 기전력을 발생 시킨다(플레밍의 오른손 법칙). 즉, 회전 자장에 의해서 유기된 전압에 의해서 전류가 흐르며 이때 발생한 전자력에 의해서 토크가 발생한다(플레밍의 왼손 법칙).

(2) 종류
① 농형 유도 전동기
  ㉠ 회전자의 구조가 간단하다.
  ㉡ 기계적으로 튼튼하다.
  ㉢ 기동시 전류가 매우 커서 별도의 장치가 필요하다.
  ㉣ 취급이 간단하며, 효율이 좋다.
  ㉤ 속도 조정이 매우 어렵다
② 권선형 유도 전동기
  ㉠ 기동 전류를 줄일 수 있어서 기동이 쉽다.
  ㉡ 속도 조정이 용이하다.
  ㉢ 기동 저항기를 사용한다.
  ㉣ 구조가 농형에 비해 복잡하다.
  ㉤ 중대형에 주로 사용된다.

2 유도기의 속도

(1) 동기속도(N_s)
① 동기속도는 회전자계의 속도를 말한다.
② $N_s = \dfrac{120f}{P}$ [rpm] (단, P는 극수이다)

(2) 슬립과 회전자의 속도

① 슬립(slip)

㉠ 동기속도에 대한 동기속도와 회전자속도에 차와의 비를 뜻한다.

㉡ $s = \dfrac{\text{동기속도} - \text{회전자속도}}{\text{동기속도}} = \dfrac{N_s - N}{N_s} \times 100[\%]$

(N_s : 동기속도, N : 회전자속도이다.)

② 회전자속도(N)

$N = (1-s)N_s = \dfrac{120f}{P}(1-s)[\text{rpm}]$

③ 슬립의 범위

㉠ $N = 0$이면 $S = 1$이 되므로 정지 상태가 된다.

㉡ $N = N_s$이면 무부하 운전상태이며, $S = 0$이 되므로 토크가 발생하지 않는다.

㉢ 그러므로 슬립의 범위는 $0 < S < 1$

④ 역회전시의 슬립

㉠ $s = \dfrac{N_s - (-N)}{N_s} = \dfrac{N_s + N}{N_s}$ 이다.

㉡ $N = 0$이면 S는 1이 되며, $N = N_s$이면 $S = 2$가 된다.

㉢ 그러므로 역회전시의 슬립의 범위는 $1 < S < 2$

3 유도기전력

(1) 2차 입력 P_2, 2차 출력 P_0, 2차 동손 P_{C2},

① $P_2 = P_0 + P_{c2}$ 이므로

단, P_0(출력), P_{c2}(2차 동손)

② 2차 입력

$P_2 = E_2 I_2 \cos\theta = E_2 I_2 \dfrac{\dfrac{r_2}{s}}{\sqrt{\left(\dfrac{r_2}{s}\right)^2 + x^2}} = I_2^2 \dfrac{r_2}{s}[\text{W}]$

③ 2차 동손

$P_{2c} = I_2^2 \cdot r_2 = sP_2[\text{W}]$

슬립 $s = \dfrac{P_{c2}}{P_2}$

④ 2차 출력

$$P_o = P_2 - P_{C2} = P_2 - sP_2 = (1-s)P_2 [\text{W}]$$

$$P_2 = \frac{P_o}{1-s}$$

$$P_{c2} = sP_2 = \frac{s}{1-s}P_o$$

⑤ P_2, P_0, P_{c2}의 관계식

$$P_2 : P_o : P_{c2} = 1 : 1-s : s$$

⑥ $$s = \frac{\dfrac{P_{c2}}{P_2} = E_2{}'}{E_2} = \frac{N_s - N}{N_s}$$

(2) 유도 전동기의 토크(T : 회전력)

$$T = \frac{P_2}{\omega} = \frac{P_2}{2\pi\dfrac{N_s}{60}} = \frac{P_2}{\dfrac{2\pi}{60} \times \dfrac{120f}{p}}[\text{N·m}] = \frac{T}{9.8} = 0.975\frac{P_2}{N_s}[\text{kg·m}]$$

$$T = \frac{P_0}{\omega} = \frac{P_0}{2\pi\dfrac{N_s}{60}} = 0.975\frac{P_0}{N}[\text{kg·m}]$$

(3) 전압과 토크(T), 슬립(s)의 관계

$$T \propto V^2, \quad S \propto \frac{1}{V^2}$$

(4) 최대 토크를 위한 슬립(s_T)

$$s_T = \frac{r_2}{\sqrt{r_1^2 + (x_1 + x_2)^2}}$$

$$\fallingdotseq \frac{r_2}{x_2} \text{ (단, } x_1, r_1 \text{이 아주 작을 때)}$$

2차 저항이 증가 할수록 s_T는 증가한다. 즉, $s_T \propto r_2$

4 권선형 유도 전동기의 비례추이

(1) 원리

① 비례추이식

$$\frac{r_2}{s} = \frac{r_2 + R}{s'} \quad (R : \text{최대 토크 기동시 외부 삽입 저항})$$

② 외부 삽입 저항

$$R = \left(\frac{1-s}{s}\right) r_2$$

③ 비례추이 할 수 있는 것
 ㉠ 1차 전류
 ㉡ 역률
 ㉢ 2차 전류
 ㉣ 동기와트
 ㉤ 토크

④ 비례추이 할 수 없는 것
 ㉠ 효율
 ㉡ 2차 동손
 ㉢ 출력

⑤ 특징
 ㉠ 최대 토크는 항상 일정하다.
 ㉡ 2차 저항이 클수록 기동 토크는 커지고 기동 전류는 작아진다.
 ㉢ 슬립은 2차 저항에 비례한다.
 ㉣ 권선형 유도 전동기에서 사용한다.

5 하일랜드(Heyland) 원선도

(1) 원선도 작성시 필요한 시험

① 권선저항 측정
② 무부하시험(개방시험)
③ 구속시험(단락시험)

(2) 원선도에서 구할 수 있는 것

① 1차, 2차 입력
② 1차, 2차 동손

③ 철손
④ 역률
⑤ 슬립
⑥ 원선도의 지름

(3) 원선도에서 구할 수 없는 것
① 기계손
② 기계적 출력

6 유도 전동기의 기동법

기동 전류를 제한하여 기동하는 방법을 말한다.

(1) 농형 유도 전동기
① 전전압 기동법(직입 기동법)
㉠ 부하 전류의 4-6배의 기동 전류가 흐른다.
㉡ 부하출력 5[kw] 이하(소형)의 전동기에 이용된다.
② Y-△ 기동법
㉠ 기동 전류를 제한하기 위해 출력 5-15[kW]인 중형 전동기에 이용된다.
㉡ 기동 전류 $\frac{1}{3}$로 감소
㉢ 기동 전압 $\frac{1}{\sqrt{3}}$로 감소
③ 리액터 기동법 : 토크와 효율이 나빠서 사용하지 않는다.
④ 기동 보상기법
단권 변압기를 이용하며 출력 15[kW] 이상의 대형 전동기에 주로 이용한다.

(2) 권선형 유도 전동기
① 2차 저항 기동법(기동 저항기법)
비례추이를 이용하며, 회전자에 2차 저항을 넣어 기동 전류를 제한하고, 기동 토크 증가한다.

7 속도 제어

(1) 권선형 유도 전동기의 속도제어법

① 2차 저항 제어법
② 종속 접속법
③ 2차 여자법

(2) 농형 유도 전동기의 속도제어법

① 극수 제어법
극수가 다른 2개조의 권선을 설치하여 속도를 제어한다(왜냐하면 동기 속도는 극수에 반비례 하므로).
② 주파수 제어법
㉠ 속도 변동이 심한 곳에 이용된다.
㉡ 역률이 양호하다.
㉢ 선박의 추진용 전동기에 사용된다.
㉣ 인견 공장의 포트 모터에 사용된다.
③ 1차 전압 제어법

8 단상 유도 전동기

(1) 특징

① 기동시 기동 토크가 없고 보조 권선을 사용하므로 기동 장치를 필요로 한다.
② 역률이 나쁘다.
③ 중량이 매우 무겁고 효율도 좋지 않다.
④ 2차 저항 증가 시 최대 토크가 감소한다. 즉, 비례추이를 할 수 없다.
⑤ 슬립이 "0"이 되기 전에 토크가 미리 "0"이 된다.
⑥ 2차 저항값이 어느 값 이상이면 부(−)토크가 발생한다.

(2) 기동 장치에 따른 분류

① 반발 기동형
② 콘덴서 기동형
③ 분상 기동형
④ 세이딩 코일형

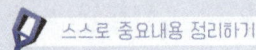

⑤ 기동 토크가 큰 순서
　반발 기동형 > 반발 유도형 > 콘덴서 기동형 > 분상 기동형 > 세이딩 코일형 > 모노사이클릭 기동형

CHAPTER 04 유도기 기출문제

01 유도 전동기에서 원선도 작성 시 필요하지 않은 시험은?

① 무부하시험
② 구속시험
③ 저항측정
④ 슬립측정

해설 [원선도]

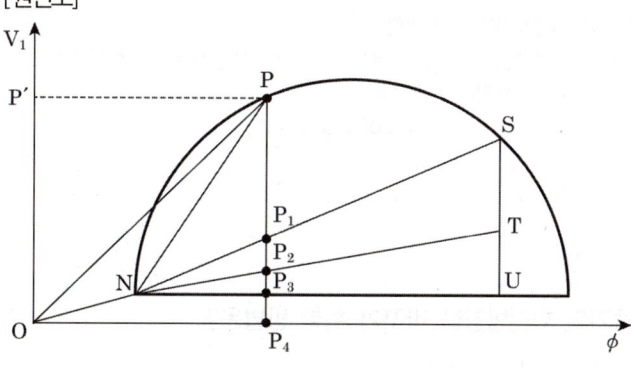

- 원선도 작성 시 필요한 시험
  - 저항측정
  - 무부하시험 : 철손, 여자전류
  - 구속시험 : 동손, 단락전류, 임피던스 전압
- 원선도에서 구할 수 있는 것
  - 1차 입력
  - 2차 입력
  - 철손
  - 1차 동손
  - 2차 동손
- 원선도에서 구할 수 없는 것
  - 기계적 출력
  - 기계손

02 기중기로 100[t]의 하중을 2[m/min]의 속도로 권상할 때 소요되는 전동기의 용량은? (단, 기계 효율은 70[%]이다.)

① 약 47[kW]
② 약 94[kW]
③ 약 143[kW]
④ 약 286[kW]

출제 POINT

01. 중요도 ★★★
- 원선도 작성 시 필요한 시험
  - 저항측정
  - 무부하시험
  - 구속시험
- [2011년 1회 기출]

02. 중요도
- [2011년 1회 기출]

정답 01.④ 02.①

해설 [권상기의 전동기 용량 P]
$$P = \frac{W \cdot V}{6.12\eta} \times C [\text{kW}] \quad (W : \text{권상기 하중[t]}, \ V : \text{권상기 속도[m/min]}, \ C : \text{평형률})$$
$$= \frac{100 \times 2}{6.12 \times 0.7} \times 1 \fallingdotseq 47 [\text{kW}] \quad (\text{단}, \ C \text{는 주어지지 않으면 "1"로 계산})$$

03 3상 권선형 유도 전동기의 기동 시 2차측에 저항을 접속하는 이유는?

① 기동토크를 크게 하기 위해
② 회전수를 감소시키기 위해
③ 기동전류를 크게 하기 위해
④ 역률을 개선하기 위해

해설 [권선형 유도 전동기의 2차 저항]
- 2차 저항이 커질수록 기동토크는 커지고, 기동전류는 작아진다.
- 슬립(s)는 2차 저항에 비례한다.
- 권선형 유도 전동기는 비례추이를 이용한다.
- 비례추이식 : $\dfrac{r_2}{S_1} = \dfrac{r_2 + R}{S_2}$

04 3상 유도 전동기의 회전방향을 바꾸기 위한 방법은?

① 3상의 3선 접속을 모두 바꾼다.
② 3상의 3선 중 2선의 접속을 바꾼다.
③ 3상의 3선 중 1선에 리액턴스를 연결한다.
④ 3상의 3선 중 2선에 같은 값의 리액턴스를 연결한다.

해설 [역상(역전)제동]
- 플러깅(plugging)이라 한다.
- 회전방향을 반대로 하여 속도를 급격히 줄이기 위한 방법
- 3상의 3선 중 2선의 접속을 바꾸는 방법

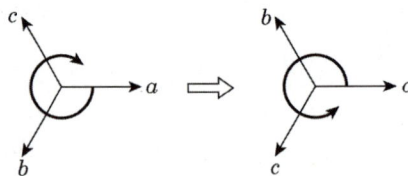

05 주파수 60[Hz]의 회로에 접속되어 슬립 3[%], 회전수 1,164[rpm]으로 회전하고 있는 유도 전동기의 극수는?

① 5극
② 6극
③ 7극
④ 10극

정답 03.① 04.② 05.②

해설 [동기 전동기의 회전수 N]
- $N = N_S(1-S) = \dfrac{120f}{P}(1-S)$

$\therefore P = \dfrac{120f}{N}(1-S) = \dfrac{120 \times 60}{1{,}164}(1-0.03) = 6[\text{극}]$

06 유도 전동기의 2차에 있어 E_2가 127[V], r_2가 0.03[Ω], x_2가 0.05[Ω], S가 5[%]로 운전하고 있다. 이 전동기의 2차 전류 I_2는? (단, S는 슬립, x_2는 2차 권선 1상의 누설 리액턴스, r_2는 2차 권선 1상의 저항, E_2는 2차 권선 1상의 유기기전력이다.)

① 약 201[A] ② 약 211[A]
③ 약 221[A] ④ 약 231[A]

해설 유도 전동기의 회전 시
- 2차 유도기전력 : $E_{2s} = sE_2$
- 2차 주파수 : $f_{2s} = sf_1$
- 2차 전류 : $I_{2s} = \dfrac{E_{2s}}{Z_{2s}} = \dfrac{sE_2}{r_2 + jsx_2} = \dfrac{sE_2}{\sqrt{(r_2)^2 + (sx_2)^2}} = \dfrac{E_2}{\sqrt{\left(\dfrac{r_2}{s}\right)^2 + x_2^2}}$ [A]

$\therefore I_{2s} = \dfrac{127}{\sqrt{\left(\dfrac{0.03}{0.05}\right)^2 + 0.05^2}} \fallingdotseq 210.9[\text{A}]$

07 단상 유도 전동기의 정회전 슬립이 s이면 역회전 슬립은 어떻게 되는가?

① $1-s$ ② $2-s$
③ $1+s$ ④ $2+s$

해설 [슬립 S]
- 회전자속도(N)와 고정자속도(N_S)의 비

$S = \dfrac{N_S - N}{N_S}$

- 유도 전동기 : $0 < S < 1$
- 유도 발전기 : $S < 0$
- 유도 전동기(역회전) : $1 < S < 2$이며

또한, 역회전 시 슬립 S

$S = \dfrac{N_S - (-N)}{N_S} = \dfrac{N_S + N}{N_S} = \dfrac{N_S + (1-S)N_S}{N_S} = 2 - S$

06. [2011년 1회 기출]

07. [2011년 2회 기출]

정답 06.② 07.②

출제 POINT

08 중요도
- [2011년 2회 기출]

09 중요도 ★
- $T \propto V^2$
- $S \propto \dfrac{1}{V^2}$
- [2011년 2회 기출]

10 중요도
- [2011년 2회 기출]

11 중요도
- 제동방법의 종류
- [2011년 4회 기출]

---

08 전동기에 접지공사를 하는 주된 이유는?
① 보안상　　　　　　　　② 미관상
③ 감전사고 방지　　　　　④ 안전운행

해설 접지공사는 감전사고 예방을 위해 한다.

09 일정한 주파수의 전원에서 운전하는 3상 유도 전동기의 전원전압이 80[%]가 되었다면 토크는 약 몇 [%]가 되는가? (단, 회전수는 변하지 않는 상태로 한다.)
① 55　　　　　　　　　② 64
③ 76　　　　　　　　　④ 82

해설
- 슬립과 전압 : $S \propto \dfrac{1}{V^2}$ (전압의 제곱에 반비례)
- 토크와 전압 : $T \propto V^2$ 이므로
  $\therefore T' = (0.8\,V)^2 = 0.64\,V^2$ 가 되어 64[%]가 된다.

10 전부하에서의 용량 10[kW] 이하의 소형 3상 유도 전동기의 슬립은?
① 0.1~0.5[%]　　　　　② 0.5~5[%]
③ 5~10[%]　　　　　　④ 25~50[%]

해설 소형 유도 전동기의 슬립 S는 5~10[%]이다.

11 전동기의 회전방향을 바꾸는 역회전의 원리를 이용한 제동방법은?
① 역상제동　　　　　　② 유도제동
③ 발전제동　　　　　　④ 회생제동

해설 [역상(역전)제동]
- 플러깅(plugging)이라 한다.
- 회전방향을 반대로 하여 속도를 급격히 줄이기 위한 방법
- 3상의 3선 중 2선의 접속을 바꾸는 방법

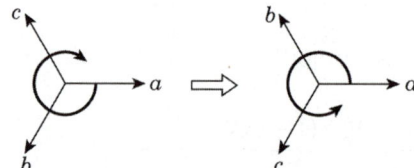

정답 08.③　09.②　10.③　11.①

12 3상 유도 전동기의 토크는?

① 2차 유도기전력의 2승에 비례한다. ② 2차 유도기전력에 비례한다.
③ 2차 유도기전력과 무관하다. ④ 2차 유도기전력의 0.5승에 비례한다.

해설 [3상 유도 전동기]
- 슬립 $S \propto \dfrac{1}{V^2}$ (V^2에 반비례)
- 토크 $T \propto V^2$ (V^2에 비례)

12 중요도 ★★
- $T \propto V^2$
- [2011년 4회 기출]

13 그림은 유도 전동기 속도제어 회로 및 트랜지스터의 컬렉터 전류 그래프이다. ⓐ와 ⓑ에 해당하는 트랜지스터는?

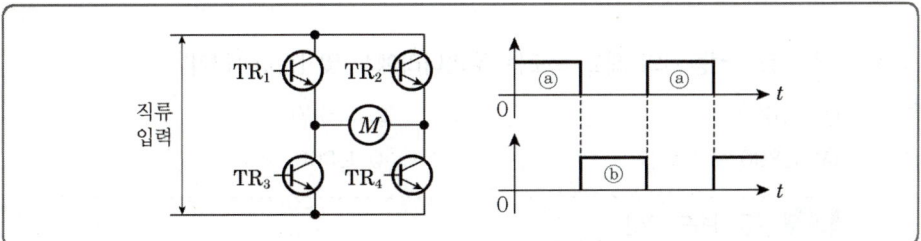

① ⓐ는 TR_1과 TR_2, ⓑ는 TR_3과 TR_4　② ⓐ는 TR_1과 TR_3, ⓑ는 TR_2와 TR_4
③ ⓐ는 TR_2와 TR_4, ⓑ는 TR_1과 TR_3　④ ⓐ는 TR_1과 TR_4, ⓑ는 TR_2와 TR_3

해설 속도제어를 하기 위해서는 Ⓜ 전동기의 회전을 주기적으로 반대 방향으로 회전함으로써 속도제어를 한다.
- ⓐ 구간에서는 TR_1과 TR_4이 동작하여 +Ⓜ−,
- ⓑ 구간에서는 TR_2와 TR_3가 동작하여 −Ⓜ+ 이렇게 전동기가 회전한다.

13 중요도
- [2011년 4회 기출]

14 단상 유도 전동기 중 ㉠ 반발 기동형, ㉡ 콘덴서 기동형, ㉢ 분상 기동형, ㉣ 셰이딩 코일형이 있을 때, 기동 토크가 큰 것부터 옳게 나열한 것은?

① ㉠ > ㉡ > ㉢ > ㉣　② ㉠ > ㉣ > ㉡ > ㉢
③ ㉠ > ㉢ > ㉣ > ㉡　④ ㉠ > ㉡ > ㉣ > ㉢

해설 [기동 토크가 큰 순서]
1. 반발 기동형
2. 반발 유도형
3. 콘덴서 기동형
4. 분상 기동형
5. 셰이딩 코일형
6. 모노사이클릭형

14 중요도
- 기동 토크가 큰 순서
- [2011년 5회 기출]

정답 12.① 13.④ 14.①

출제 POINT

15
- [2011년 5회 기출]

15 12극과 8극인 2개의 유도 전동기를 종속법에 의한 직렬 종속법으로 속도제어할 때 전원 주파수가 50[Hz]인 경우 무부하 속도 N은 몇 [rps]인가?

① 5 ② 50
③ 300 ④ 3,000

해설 [종속법의 속도 N]
- 차동 접속법의 $N = \dfrac{120}{P_1 - P_2} f$ [rpm]
- 병렬 접속법의 $N = 2\dfrac{120}{P_1 + P_2} f$ [rpm]
- 직렬 접속법의 $N = \dfrac{120}{P_1 + P_2} f = \dfrac{120 \times 50}{12 + 8}$ [rpm] $= 300$ [rpm] $= 5$ [rps]

16 중요도 ★
- 상용주파수 $f = 60$[Hz]
- [2011년 5회 기출]

16 3상 유도 전동기의 최고 속도는 우리나라에서 몇 [rpm]인가?

① 3,600 ② 3,000
③ 1,800 ④ 1,500

해설 [동기속도 N_S]
$N_S = \dfrac{120f}{P} = \dfrac{120 \times 60}{2} = 3,600$ [rpm]
(단, 우리나라에서는 상용주파수 $f = 60$[Hz], $P = 2$일 때 최고 속도이다.)

17 중요도
- [2012년 1회 기출]

17 그림과 같은 분상 기동형 단상 유도 전동기를 역회전시키기 위한 방법이 아닌 것은?

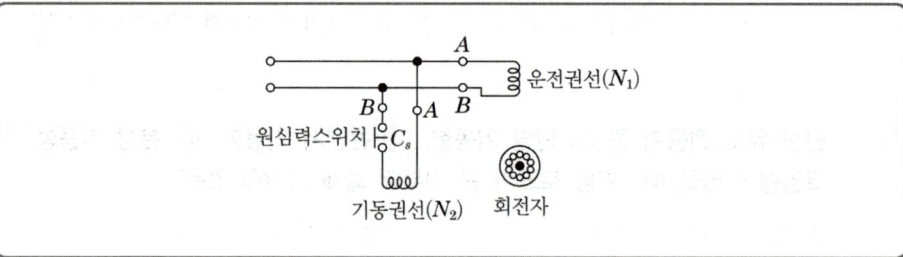

① 원심력스위치를 개로 또는 폐로한다.
② 기동권선이나 운전권선의 어느 한 권선의 단자접속을 반대로 한다.
③ 기동권선의 단자접속을 반대로 한다.
④ 운전권선의 단자접속을 반대로 한다.

해설 [분상 기동형 유도 전동기 역회전 방법]
- 기동권선의 단자접속을 반대로 한다.
- 운전권선의 단자접속을 반대로 한다.

정답 15.① 16.① 17.①

18 농형 유도 전동기의 기동법이 아닌 것은?
① 전전압기동법
② 저저항 2차권선기동법
③ 기동보상기법
④ Y-Δ 기동법

해설 [유도 전동기 기동법]
- 농형 유도 전동기
  - 전전압기동법(직입기동법)
  - 기동보상기법
  - Y-Δ기동법
- 권선형 유도 전동기
  - 기동저항기법
  - 게르게스법

19 회전자 입력을 P_2, 슬립을 s라 할 때 3상 유도 전동기의 기계적 출력의 관계식은?
① sP_2
② $(1-s)P_2$
③ s^2P_2
④ $\dfrac{P_2}{s}$

해설 2차 입력 P_2, 2차 동손 P_{c2}, 2차 출력(기계적 출력) P_o
$$P_2 : P_{c2} : P_o = P_2 : sP_2 : (1-s)P_2$$
$$= 1 : s : (1-s)$$
∴ $P_o = (1-s)P_2$

20 5.5[kW], 200[V] 유도 전동기의 전전압 기동시의 기동 전류가 150[A]이었다. 여기에 Y-Δ 기동시 기동 전류는 몇 [A]가 되는가?
① 50
② 70
③ 87
④ 95

해설 [Y-Δ 기동]
- 기동 전압 $\dfrac{1}{\sqrt{3}}$ 감소
- 기동 전류 $\dfrac{1}{3}$ 로 감소하므로 $150 \times \dfrac{1}{3} = 50$[A]가 된다.

출제 POINT

18. 중요도
- [2012년 1회 기출]

19. 중요도 ★★★
- $P_o = (1-s)P_2$
- [2012년 1회 기출]

20. 중요도
- [2012년 1회 기출]

정답 18.② 19.② 20.①

출제 POINT

21 ★★★
- 슬립
$$S = \frac{N_S - N}{N_S} = \frac{E_{2s}}{E_2} = \frac{P_{2c}}{P_2}$$
- [2012년 2회 기출]

21 유도 전동기에 대한 설명 중 옳은 것은?

① 유도 발전기일 때의 슬립은 1보다 크다.
② 유도 전동기의 회전자 회로의 주파수는 슬립에 반비례한다.
③ 전동기 슬립은 2차 동손을 2차 입력으로 나눈 것과 같다.
④ 슬립이 크면 클수록 2차 효율은 커진다.

해설 [슬립 s]
$$S = \frac{N_s - N}{N_s} = \frac{E_{2s}}{E_2} = \frac{P_{c2}}{P_2} = \frac{f_{2s}}{f_1}$$
- 유도 전동기 : $0 < s < 1$
- 유도 발전기 : $s < 0$
- 유도 제동기 : $1 < s < 2$

22
- [2012년 4회 기출]

22 권선형 유도 전동기의 회전자에 저항을 삽입하였을 경우 틀린 사항은?

① 기동 전류가 감소된다.
② 기동 전압은 증가한다.
③ 역률이 개선된다.
④ 기동 토크는 증가한다.

해설 [권선형 유도 전동기의 저항 삽입]
- 2차 저항 증가 → 슬립↑ → 기동토크↑(기동전류↓)
- 최대 토크는 불변
- 비례추이 이용

23
- [2012년 4회 기출]

23 인견 공업에 사용되는 포트 전동기의 속도제어는?

① 극수 변환에 의한 제어
② 1차 회전에 의한 제어
③ 주파수 변환에 의한 제어
④ 저항에 의한 제어

해설 [속도 제어]
- 농형 유도 전동기
  - 주파수 변환법 : 인견공업의 포트 전동기, 선박의 추진기
  - 극수 변환법 : 엘리베이터, 환풍기
  - 전압 변환법
- 권선형 유도 전동기
  - 2차 저항법
  - 2차 여자법
  - 종속 접속법

정답 21.③ 22.② 23.③

24 5.5[kW], 200[V] 유도 전동기의 전전압 기동 시의 기동 전류가 150[A]이었다. 여기에 Y-Δ 기동 시 기동 전류는 몇 [A]가 되는가?

① 50
② 70
③ 87
④ 95

해설 Y-Δ 기동 시 기동 전류 $\frac{1}{3}$, 기동 토크 $\frac{1}{3}$, 기동 전압 $\frac{1}{\sqrt{3}}$로 감소한다.

∴ 기동 전류는 $150 \times \frac{1}{3} = 50[A]$가 된다.

[2012년 5회 기출]

25 출력 12[kW], 회전수 1,140[rpm]인 유도 전동기의 동기 와트는 약 몇 [kW]인가? (단, 동기속도 N_s는 1,200[rpm]이다.)

① 10.4
② 11.5
③ 12.6
④ 13.2

해설 [동기와트 P_2]

$$T = \frac{P_o}{w_s} = \frac{P_o}{2\pi \frac{N}{60}}[N \cdot m] = \frac{12,000}{2\pi \frac{1,140}{60}} = 100[N \cdot m]$$

$$P_2 = T \cdot 2\pi \frac{N}{60} = 100 \times 2\pi \times \frac{1,200}{60} = 12,560[W] = 12.56[kW]$$

[2012년 5회 기출]

26 농형 유도 전동기의 기동법이 아닌 것은?

① Y-Δ 기동법
② 기동보상기에 의한 기동법
③ 2차 저항기법
④ 전전압 기동법

해설 [농형 유도 전동기 기동법]
- 전전압 기동법
- Y-Δ 기동법
- 기동보상기법
- 리액터 기동법

[2012년 5회 기출]

정답 24.① 25.③ 26.③

출제 POINT

27 [2013년 1회 기출]

27 그림은 교류 전동기 속도제어 회로이다. 전동기 M의 종류로 알맞은 것은?

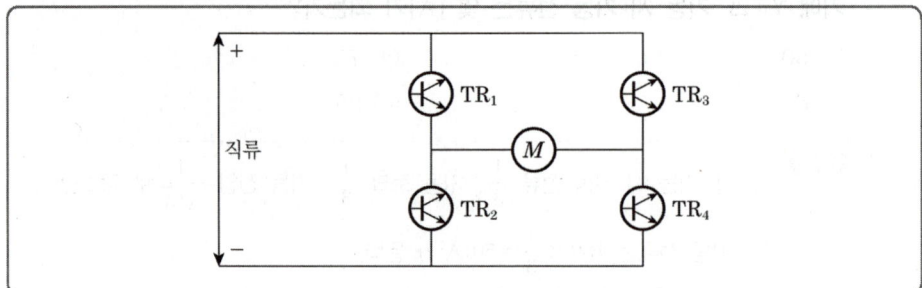

① 단상 유도 전동기
② 3상 유도 전동기
③ 3상 동기 전동기
④ 4상 스텝 전동기

해설 유도 전동기의 속도제어 회로이다.
속도제어를 하기 위해서는 ⓜ 전동기의 회전을 주기적으로 반대 방향으로 회전함으로써 속도제어를 한다.
- ⓐ 구간에서는 TR_1과 TR_4이 동작하여 +ⓜ-,
- ⓑ 구간에서는 TR_2와 TR_3가 동작하여 -ⓜ+ 이렇게 전동기가 회전한다.

28 ★★★
- 규소 강판 : 히스테리시스손↓
- 성층 철심 : 와류손↓
- [2013년 1회 기출]

28 전기기기의 철심 재료로 규소 강판을 많이 사용하는 이유로 가장 적당한 것은?
① 와류손을 줄이기 위해
② 맴돌이 전류를 없애기 위해
③ 히스테리시스손을 줄이기 위해
④ 구리손을 줄이기 위해

해설
- 철심 : 0.35~0.5[mm]의 규소 강판을 성층 철심하여 사용
  - 규소 강판 : 히스테리시스손 감소
  - 성층 철심 : 와류손 감소

29 [2013년 1회 기출]

29 3상 유도 전동기의 1차 입력 60[kW], 1차 손실 1[kW], 슬립 3[%]일 때 기계적 출력[kW]은?
① 62
② 60
③ 59
④ 57

해설 [기계적 출력 P_o]
$P_o = (1-s)P_2$
P_2 = 1차 입력-1차 손실 = 60-1 = 59[kW]
∴ $P_o = (1-0.03) \times 59 ≒ 57$[kW]

정답 27.① 28.③ 29.④

30 2차 전압 200[V], 2차 권선저항 0.03[Ω], 2차 리액턴스 0.04[Ω]인 유도 전동기가 3[%]의 슬립으로 운전 중이라면 2차 전류[A]는?

① 20
② 100
③ 200
④ 254

해설 [2차 전류 I_{2s}]

$$I_{2s} = \frac{sE_2}{\sqrt{(r_2)^2 + (sx_2)^2}} = \frac{E_2}{\sqrt{\left(\frac{r_2}{s}\right)^2 + (x_2)^2}} = \frac{200}{\sqrt{\left(\frac{0.03}{0.03}\right)^2 + (0.04)^2}} \fallingdotseq 200[A]$$

- [2013년 1회 기출]

31 단상 유도 전동기 기동장치에 의한 분류가 아닌 것은?

① 분상 기동형
② 콘덴서 기동형
③ 셰이딩 코일형
④ 회전계자형

해설 [단상 유도 전동기의 토크가 큰 순서]
1. 반발 기동형
2. 반발 유도형
3. 콘덴서 기동형
4. 분상 기동형
5. 셰이딩 코일형
6. 모노사이클릭형

- [2013년 1회 기출]

32 출력 10[kW], 슬립 4[%]로 운전되고 3상 유도 전동기의 2차 동손은 약 몇 [W]인가?

① 250
② 315
③ 417
④ 620

해설 [2차 동손 P_{2c}]

$$P_{2c} : P_o = S : (1-S) \text{에서 } P_{2c} = \frac{S}{1-S}P_o$$

$$\therefore P_{2c} = \frac{0.04}{1-0.04} \times 10 \times 10^3 = 417[W]$$

- [2013년 1회 기출]

33 15[W], 60[Hz], 4극의 3상 유도 전동기가 있다. 전부하가 걸렸을 때의 슬립이 4[%]라면 이때의 2차(회전자)측 동손은 약 몇 [kW]인가?

① 1.2
② 1.0
③ 0.8
④ 0.6

- [2013년 4회 기출]

정답 30.③ 31.④ 32.③ 33.④

해설 [2차측 동선 P_{2c}]
$$P_{2c} = \frac{S}{1-S}P_o = \frac{0.04}{1-0.04} \times 15 = 0.625[kW]$$

34 다음 중 기동 토크가 가장 큰 전동기는?

① 분상 기동형   ② 콘덴서 모터형
③ 셰이딩 코일형   ④ 반발 기동형

해설 [기동 토크가 큰 전동기 순서]
1. 반발 기동형
2. 반발 유도형
3. 콘덴서 기동형
4. 분상 기동형
5. 셰이딩 코일형

35 슬립 4[%]인 3상 유도 전동기의 2차 동손이 0.4[kW]일 때 회전자 입력[kW]은?

① 6   ② 8
③ 10   ④ 12

해설 [회전자 입력 P_2]
$$P_{2c} = sP_2 \text{에서 } P_2 = \frac{P_{2c}}{s}$$
$$\therefore P_2 = \frac{0.4 \times 10^3}{0.04} = 10[kW]$$

36 3상 유도 전동기의 회전방향을 바꾸기 위한 방법으로 가장 옳은 것은?

① Δ-Y 결선으로 결선법을 바꾸어 준다.
② 전원의 전압과 주파수를 바꾸어 준다.
③ 전동기의 1차 권선에 있는 3개의 단자 중 어느 2개의 단자를 서로 바꾸어 준다.
④ 기동보상기를 사용하여 권선을 바꾸어 준다.

해설 회전방향을 바꾸기 위해서는 3상 중 2상만 바꾸면 된다.

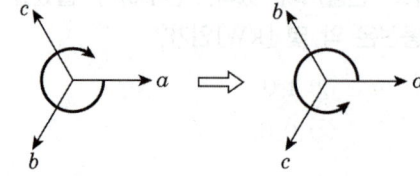

37 셰이딩 코일형 유도 전동기의 특징을 나타낸 것으로 틀린 것은?

① 역률과 효율이 좋고 구조가 간단하여 세탁기 등 가정용 기기에 많이 쓰인다.
② 회전자는 농형이고 고정자의 성층 철심은 몇 개의 돌극으로 되어 있다.
③ 기동 토크가 작고 출력이 수 10[W] 이하의 소형 전동기에 주로 사용된다.
④ 운전 중에도 셰이딩코일에 전류가 흐르고 속도변동률이 크다.

해설 콘덴서 기동형 : 역률과 효율이 좋고 구조가 간단하여 세탁기 등 가정용 기기에 주로 쓰인다.

38 유도 전동기의 동기속도가 n_s, 회전속도 n일 때 슬립은?

① $s = \dfrac{n_s - n}{n}$ ② $s = \dfrac{n - n_s}{n}$

③ $s = \dfrac{n_s - n}{n_s}$ ④ $s = \dfrac{n_s + n}{n_s}$

해설 [슬립 s]
$$s = \frac{N_s - N}{N_s} = \frac{E_{2s}}{E_2} = \frac{f_{2s}}{f_1} = \frac{P_{2c}}{P_2}$$

39 3상 유도 전동기의 1차 입력 60[kW], 1차 손실 1[kW], 슬립 3[%]일 때 기계적 출력은 약 몇 [kW]인가?

① 57   ② 75
③ 95   ④ 100

해설 [기계적 출력 P_o]
- $P_o = (1-s)P_2$
- $P_2 : P_{2c} : P_o = 1 : s : (1-s)$
- P_2는 2차 입력, 즉 1차 출력으로 볼 수 있으므로 P_2 = 1차 입력 − 1차 손실이 된다.
  즉, $P_2 = 60 - 1 = 59[kW]$
- $\therefore P_o = (1 - 0.03) \times 59 ≒ 57[kW]$

40 다음 중 유도 전동기에서 슬립이 가장 큰 경우는?

① 무부하 운전 시   ② 경부하 운전 시
③ 정격부하 운전 시   ④ 기동 시

POINT

37. 중요도
■ [2013년 5회 기출]

38. 중요도
■ 슬립 $s = \dfrac{N_s - N}{N_s}$
■ [2013년 5회 기출]

39. 중요도
■ [2014년 2회 기출]

40. 중요도
■ [2014년 2회 기출]

정답 37.① 38.③ 39.① 40.④

출제 POINT

41. 중요도 ★
- 슬립
$s = \dfrac{N_s - N}{N_s} = \dfrac{E_{2s}}{E_2} = \dfrac{f_{2s}}{f_1}$
- [2014년 4회 기출]

42. 중요도
- [2014년 4회 기출]

43. 중요도 ★
- 슬립
$s = \dfrac{N_s - N}{N_s} = \dfrac{E_{2s}}{E_2} = \dfrac{f_{2s}}{f_1}$
- [2014년 4회 기출]

해설 [슬립의 크기(s)]
- 기동 시 $s = 1$
- 부하 운전 시 $0 < s < 1$
- 무부하 운전 시 $s = 0$

41
슬립이 0.05이고 전원 주파수가 60[Hz]인 유도 전동기의 회전자 회로의 주파수[Hz]는?

① 1 ② 2
③ 3 ④ 4

해설 [회전자 주파수 f_{s2}]

슬립 $s = \dfrac{f_{s2}}{f_1}$ 에서 $f_{s2} = sf_1 = 0.05 \times 60 = 3[\text{Hz}]$

42
다음 중 유도 전동기에서 비례추이를 할 수 있는 것은?

① 출력 ② 2차 동손
③ 효율 ④ 역률

해설 [비례추이]
- 권선형 유도 전동기에서만 이용한다.
- 최대 토크는 불변
- 기동 토크는 증가
- 기동 전류는 감소
- 비례추이 가능한 것 : 역률, 동기와트, 1차 전류, 2차 전류, …
- 비례추이 불가능한 것 : 출력, 효율, 2차 동손, …

43
50[Hz], 6극인 3상 유도 전동기의 전 부하에서 회전수가 955[rpm]일 때 슬립[%]은?

① 4 ② 4.5
③ 5 ④ 5.5

해설 [슬립 s]

$s = \dfrac{N_s - N}{N_s} = \dfrac{E_{2s}}{E_2} = \dfrac{f_{2s}}{f_1} = \dfrac{P_{2c}}{P_2}$

동기속도 $N_s = \dfrac{120f}{P} = \dfrac{120 \times 50}{6} = 1{,}000[\text{rpm}]$

$\therefore s = \dfrac{N_s - N}{N_s} \times 100 = \dfrac{1{,}000 - 955}{1{,}000} \times 100 = 4.5[\%]$

정답 41.③ 42.④ 43.②

44 회전수 1,728[rpm]인 유도 전동기의 슬립[%]은? (단, 동기속도는 1,800[rpm]이다.)

① 2
② 3
③ 4
④ 5

해설 [슬립 s]
$$s = \frac{N_s - N}{N_s} = \frac{1,800 - 1,728}{1,800} = 0.04 = 4[\%]$$

[2014년 4회 기출]

45 3상 380[V], 60[Hz], 4P, 슬립 5[%], 55[kW]인 유도 전동기가 있다. 회전자 속도는 몇 [rpm]인가?

① 1,200
② 1,526
③ 1,710
④ 2,280

해설 [슬립 s]
$$s = \frac{N_s - N}{N_s}, \quad N_s = \frac{120f}{P} = \frac{120 \times 60}{4} = 1,800[\text{rpm}]$$
$$\therefore N = N_s - sN_s = N_s(1-s) = 1,800(1-0.05) = 1,710[\text{rpm}]$$

[2014년 4회 기출]

46 50[kW]의 농형 유도 전동기를 기동하려고 할 때 다음 중 가장 적당한 기동방법은?

① 분상 기동법
② 기동보상기법
③ 권선형 기동법
④ 2차 저항기동법

해설 [농형 유도 전동기의 기동법]
- 전전압 기동법 : 보통 5[kW] 이하
- Y-Δ 기동법 : 5~15[kW]
- 기동보상기법 : 15[kW] 이상

[2014년 5회 기출]

47 역률이 좋아 가정용 선풍기, 세탁기, 냉장고 등에 주로 사용되는 것은?

① 분상 기동형
② 콘덴서 기동형
③ 반발 기동형
④ 세이딩 코일형

해설 [콘덴서 기동형]
- 역률이 매우 좋다.
- 보통 가정용 선풍기, 세탁기, 냉장고 등에 쓰인다.

■ 콘덴서 기동형 유도전동기
  – 가정용 가전제품에 주로 이용
■ [2014년 5회 기출]

정답 44.③ 45.③ 46.② 47.②

출제 POINT

48
- 슬립 $s = \dfrac{N_s - N}{N_s}$
- [2014년 5회 기출]

49
- [2014년 5회 기출]

50 ★★
- $T \propto V^2$
- $S \propto \dfrac{1}{V^2}$
- [2014년 5회 기출]

51
- [2015년 1회 기출]

---

48 회전수 540[rpm], 12극, 3상 유도 전동기의 슬립(%)은? (단, 주파수는 60[Hz]이다.)

① 1 ② 4
③ 6 ④ 10

해설 [슬립 s]

$$s = \frac{N_s - N}{N_s} = \frac{E_{2s}}{E_2} = \frac{f_{2s}}{f_1} = \frac{P_{2c}}{P_2}$$

동기속도 $N_s = \dfrac{120f}{P} = \dfrac{120 \times 60}{12} = 600[\text{rpm}]$

$\therefore s = \dfrac{N_s - N}{N_s} = \dfrac{600 - 540}{600} = 0.1 = 10[\%]$

49 농형 유도 전동기의 기동법이 아닌 것은?

① 전전압 기동 ② $\Delta - \Delta$ 기동
③ 기동보상기에 의한 기동 ④ 리액터 기동

해설 [농형 유도 전동기의 기동법]
- 기동보상기법
- 리액터 기동법
- 전전압 기동법(직입기동법)
- Y-Δ 기동법
- 콘도르퍼 기동법

50 3상 유도 전동기의 토크는?

① 2차 유도기전력의 2승에 비례한다. ② 2차 유도기전력에 비례한다.
③ 2차 유도기전력과 무관하다. ④ 2차 유도기전력의 0.5승에 비례한다.

해설 [유도 전동기]
- 토크 $T \propto V^2$
- 슬립 $S \propto \dfrac{1}{V^2}$

51 슬립 4[%]인 유도 전동기에서 동기속도가 1,200[rpm]일 때 전동기의 회전속도[rpm]는?

① 697 ② 1,051
③ 1,152 ④ 1,321

정답 48.④ 49.② 50.① 51.③

해설 [슬립 s]

$$s = \frac{N_s - N}{N_s} = \frac{E_{2s}}{E_2} = \frac{f_{2s}}{f_1}$$

$s = \frac{N_s - N}{N_s}$ 에서 $N = N_s(1-s) = 1,200(1-0.04) = 1,152$ [회]

52 3상 유도 전동기의 회전방향을 바꾸려면?

① 전원의 극수를 바꾼다.
② 전원의 주파수를 바꾼다.
③ 3상 전원 3선 중 두 선의 접속을 바꾼다.
④ 기동 보상기를 이용한다.

해설 3상 유도 전동기는 3상 중 2상을 바꾸면 회전방향이 반대가 된다.

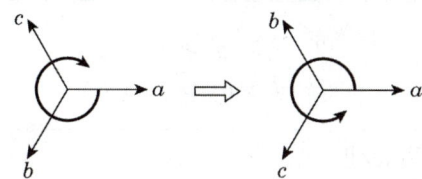

53 3상 농형 유도 전동기의 Y-Δ 기동 시의 기동 전류를 전전압 기동 시와 비교하면?

① 전전압 기동 전류의 1/3로 된다.
② 전전압 기동 전류의 $\sqrt{3}$ 배로 된다.
③ 전전압 기동 전류의 3배로 된다.
④ 전전압 기동 전류의 9배로 된다.

해설 [Y-Δ 기동 시 특징(전전압 기동시와 비교할 때)]

- 기동 전류가 $\frac{1}{3}$ 배
- 기동 전압이 $\frac{1}{\sqrt{3}}$ 배
- 기동 토크가 $\frac{1}{3}$ 배

54 회전자 입력 10[kW], 슬립 3[%]인 3상 유도 전동기의 2차 동손[W]은?

① 300
② 400
③ 500
④ 700

해설 [2차 동손 P_{2c}]

$$P_{2c} = sP_2 = 0.03 \times 10 \times 10^3 = 300 [\text{W}]$$

출제 POINT

52. 중요도
■ [2015년 1회 기출]

53. 중요도
■ [2015년 1회 기출]

54. 중요도 ★★★
■ $P_{2c} = sP_2$
■ [2015년 2회 기출]

정답 52.③ 53.① 54.①

출제 POINT

55. 중요도
- [2015년 2회 기출]

55 유도 전동기의 제동법이 아닌 것은?

① 3상제동　　　　② 발전제동
③ 회생제동　　　　④ 역상제동

해설 [유도 전동기의 제동법]
- 발전제동
- 회생제동
- 역상제동(역전제동)

56. 중요도
- 기동 토크가 큰 순서
- [2015년 2회 기출]

56 다음 단상 유도 전동기 중 기동 토크가 큰 것부터 옳게 나열한 것은?

┌─────────────────────────────┐
│ ㉠ 반발 기동형　　㉡ 콘덴서 기동형 │
│ ㉢ 분상 기동형　　㉣ 셰이딩 코일형 │
└─────────────────────────────┘

① ㉠ > ㉡ > ㉢ > ㉣　　② ㉠ > ㉣ > ㉡ > ㉢
③ ㉠ > ㉢ > ㉣ > ㉡　　④ ㉠ > ㉡ > ㉣ > ㉢

해설 [유도 전동기의 기동 토크가 큰 순서]
1. 반발 기동형
2. 반발 유도형
3. 콘덴서 기동형
4. 분상 기동형
5. 셰이딩 코일형

57. 중요도 ★★★
- $T \propto V^2$
- $S \propto \dfrac{1}{V^2}$
- [2015년 4회 기출]

57 슬립이 일정한 경우 유도 전동기의 공급 전압이 $\dfrac{1}{2}$로 감소되면 토크는 처음에 비해 어떻게 되는가?

① 2배가 된다.　　　　② 1배가 된다.
③ $\dfrac{1}{2}$로 줄어든다.　　④ $\dfrac{1}{4}$로 줄어든다.

해설 [유도 전동기]
- 토크와 전압 : $T \propto V^2$이므로 $T' = \left(\dfrac{1}{2}V\right)^2 = \dfrac{1}{4}V^2$이 된다. 즉, 토크는 $\dfrac{1}{4}$배로 감소
- 슬립과 전압 : $S \propto \dfrac{1}{V^2}$

정답 55.① 56.① 57.④

58 권선형에서 비례추이를 이용한 기동법은?

① 리액터 기동법
② 기동 보상기법
③ 2차 저항기동법
④ Y-Δ 기동법

해설 [권선형 유도 전동기]
- 비례추이를 이용
- 게르게스법
- 2차 저항법

58. 중요도
- [2015년 4회 기출]

59 유도 전동기가 회전하고 있을 때 생기는 손실 중에서 구리손이란?

① 브러시의 마찰손
② 베어링의 마찰손
③ 표유부하손
④ 1차, 2차 권선의 저항손

해설 구리손은 저항손이라고도 한다.

59. 중요도
- [2015년 4회 기출]

60 농형 유도 전동기의 기동법이 아닌 것은?

① 2차 저항기법
② Y-Δ 기동법
③ 전전압 기동법
④ 기동보상기에 의한 기동법

해설 [농형 유도 전동기 기동법]
- 전전압 기동법(직입 기동법)
- Y-Δ 기동법
- 기동보상기에 의한 기동법
- 리액터 기동법

60. 중요도
- [2015년 5회 기출]

61 슬립 $S=5[\%]$, 2차 저항 $r_2=0.1[\Omega]$인 유도 전동기의 등가저항 $R[\Omega]$은 얼마인가?

① 0.4
② 0.5
③ 1.9
④ 2.0

해설 [비례추이식]

$$\frac{r_2}{S} = \frac{r_2+R}{S} \text{ 에서 } R = \frac{1-S}{S}r_2$$

$$\therefore R = \frac{1-0.05}{0.05} \times 0.1 = 1.9[\Omega]$$

61. 중요도 ★
- 비례추이식 $\frac{r_2}{S} = \frac{r_2+R}{S}$
- [2015년 5회 기출]

정답 58.③ 59.④ 60.① 61.③

Chapter ❹ 유도기

출제 POINT

62 — 중요도
- [2015년 5회 기출]

62 3상 유도 전동기의 2차 저항을 2배로 하면 그 값이 2배로 되는 것은?
① 슬립 ② 토크
③ 전류 ④ 역률

해설 [유도 전동기의 비례추이]
- 권선형 유도 전동기에서 사용
- 2차 r_2와 슬립은 비례한다($r_2 \propto S$). ∴ 2차 저항이 2배가 되면 슬립도 2배가 된다.
- 최대 토크는 불변

63 — 중요도
- [2016년 1회 기출]

63 60[Hz], 4극 유도 전동기가 1,700[rpm]으로 회전하고 있다. 이 전동기의 슬립은 약 얼마인가?
① 3.42[%] ② 4.56[%]
③ 5.56[%] ④ 6.64[%]

해설 [유도 전동기]

동기속도 $N_s = \dfrac{120f}{P} = \dfrac{120 \times 60}{4} = 1,800\,[\text{rpm}]$

∴ 슬립 $S = \dfrac{N_s - N}{N_s} \times 100 = \dfrac{1,800 - 1,700}{1,800} \times 100 ≒ 5.56\,[\%]$

64 — 중요도
- 속도제어법의 종류
- [2016년 1회 기출]

64 3상 유도 전동기의 속도제어방법 중 인버터(Inverter)를 이용한 속도제어법은?
① 극수변환법 ② 전압제어법
③ 초퍼제어법 ④ 주파수제어법

해설 주파수제어법 : 인버터를 이용한 속도제어법이다.

65 — 중요도
- [2016년 1회 기출]

65 역률과 효율이 좋아서 가정용 선풍기, 전기세탁기, 냉장고 등에 주로 사용되는 것은?
① 분상 기동형 전동기
② 반발 기동형 전동기
③ 콘덴서 기동형 전동기
④ 셰이딩 코일형 전동기

해설 [콘덴서 기동형 전동기]
- 역률이 좋다.
- 가정용 선풍기, 세탁기, 냉장고 등에 이용

정답 62.① 63.③ 64.④ 65.③

66 3상 유도 전동기의 회전방향을 바꾸기 위한 방법으로 옳은 것은?

① 전원의 전압과 주파수를 바꾸어 준다.
② Δ-Y결선으로 결선법을 바꾸어 준다.
③ 기동보상기를 사용하여 권선을 바꾸어 준다.
④ 전동기의 1차 권선에 있는 3개의 단자 중 어느 2개의 단자를 서로 바꾸어 준다.

해설 [역상제동]
3상 중 2상의 위치만 바꾸어서 회전방향을 반대로 하여 제동한다.

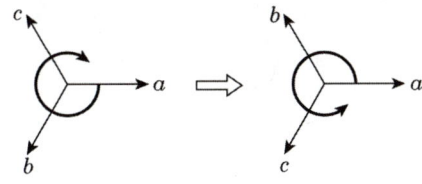

66 중요도
■ [2016년 2회 기출]

67 슬립 4[%]인 유도 전동기의 등가 부하저항은 2차 저항의 몇 배인가?

① 5   ② 19
③ 20 ④ 24

해설 등가저항 $R = \left(\dfrac{1-S}{S}\right)r_2 = \dfrac{1-0.04}{0.04}r_2 = 24r_2$ (24배가 된다.)

67 중요도
■ 등가저항
$R = \left(\dfrac{1-S}{S}\right)r_2$
■ [2016년 2회 기출]

68 3상 유도 전동기의 운전 중 급속 정지가 필요할 때 사용하는 제동방식은?

① 단상제동   ② 회생제동
③ 발전제동   ④ 역상제동

해설 급정지를 하고자 할 때 3단자 중 2단자만 위치를 바꿔서 결선하는 역상제동 방식을 이용한다.

68 중요도
■ [2016년 2회 기출]

69 동기와트 P_2, 출력 P_0, 슬립 s, 동기속도 N_S, 회전속도 N, 2차 동손 P_{2c}일 때 2차 효율 표기로 틀린 것은?

① $1-s$ ② $\dfrac{P_{2c}}{P_2}$
③ $\dfrac{P_0}{P_2}$ ④ $\dfrac{N}{N_S}$

69 중요도
■ [2016년 2회 기출]

정답 66.④ 67.④ 68.④ 69.②

해설 2차 효율 $\eta_2 = \dfrac{P_0}{P_2} = \dfrac{(1-s)P_2}{P_2} = (1-s) = \dfrac{N}{N_S}$

70 동기와트 P_2, 출력 P_0, 슬립 s, 동기속도 N_S, 회전속도 N, 2차 동손 P_{c2}일 때 2차 효율 표기로 틀린 것은?

① $1-s$
② $\dfrac{P_{c2}}{P_2}$
③ $\dfrac{P_0}{P_2}$
④ $\dfrac{N}{N_S}$

해설 [유도 전동기의 2차 효율 η_2]
$\eta_2 = \dfrac{P_0}{P_2} = (1-s) = \dfrac{W}{Ws} = \dfrac{N}{N_S}$

71 3상 유도 전동기의 2차 저항을 2배로 하면 그 값이 2배로 되는 것은?

① 슬립
② 토크
③ 전류
④ 역률

해설 [비례추이]
- 2차 저항(r_2) ∝ 슬립(S)
∴ 2차 저항 2배이면 슬립도 2배가 된다.

72 3상 유도 전동기의 1차 입력 60[kW], 1차 손실 1[kW], 슬립 3[%]일 때 기계적 출력[kW]은?

① 57
② 75
③ 95
④ 100

해설 [기계적 출력 P_0]
- $P_0 = (1-s)P_2$ (P_2 : 2차 입력)
- $P_2 = 60 - 1 = 59[\text{kW}]$
∴ $P_0 = (1-0.03) \times 59 ≒ 57.23[\text{kW}]$

정답 70.② 71.① 72.①

73 3상 380[V], 60[Hz], 4P, 슬립 5[%], 55[kW] 유도 전동기가 있다. 회전자속도는 몇 [rpm]인가?

① 1,200
② 1,526
③ 1,710
④ 2,280

해설 [회전자속도 N]
$N = (1-S)N_S$ (N_S : 동기속도)
$N_S = \dfrac{120f}{P} = \dfrac{120 \times 60}{4} = 1,800$[rpm]
∴ $N = (1-0.05) \times 1,800 = 1,710$[rpm]

73. 중요도 ★★
- 회전자속도 $N = (1-S)N_S$
- [2016년 5회 CBT]

74 유도 전동기의 Y-△ 기동시 기동 토크와 기동 전류는 전전압 기동시의 몇 배가 되는가?

① $\dfrac{1}{\sqrt{3}}$
② $\sqrt{3}$
③ $\dfrac{1}{3}$
④ 3

해설 [Y-△기동]
- 기동 전류는 $\dfrac{1}{3}$배(전전압 기동시와 비교)
- 기동 토크는 $\dfrac{1}{3}$배(전전압 기동시와 비교)
- 기동 전압은 $\dfrac{1}{\sqrt{3}}$배(전전압 기동시와 비교)

74. 중요도
- [2017년 1회 CBT]

75 가정용 선풍기나 세탁기 등에 많이 사용되는 단상 유도 전동기는?

① 분상 기동형
② 콘덴서 기동형
③ 세이딩 코일형
④ 반발 기동형

해설 [기동 토크가 큰 순서]
1. 반발 기동형
2. 반발 유도형
3. 콘덴서 기동형
4. 분상 기동형
5. 세이딩 코일형

※ 콘덴서 기동형
 1. 역률이 가장 좋다.
 2. 기동 토크가 크다.
 3. 가정용 세탁기나 선풍기에 사용

75. 중요도
- 기동 토크가 큰 순서
- [2017년 1회 CBT]

정답 73.③ 74.③ 75.②

- 76 [2017년 1회 CBT]
- 77 [2017년 1회 CBT]
- 78 [2017년 1회 CBT]
- 79 [2017년 1회 CBT]

76 입력 10[kW], 슬립 3[%]로 운전되고 있는 3상 유도 전동기의 2차 동손은 약 몇 [W]인가?

① 300
② 400
③ 500
④ 600

해설 [슬립 S]

$$S = \frac{E_{2s}}{E_2} = \frac{f_{2s}}{f_2} = \frac{P_{2c}}{P_c}$$

∴ 2차 동손 $P_{2c} = S \cdot P_2 = 0.03 \times 10 \times 10^3 = 300[W]$

77 다음 중 3상 유도 전동기는?

① 분상형
② 콘덴서형
③ 셰이딩 코일형
④ 권선형

해설 [3상 유도 전동기]
- 농형 유도 전동기
- 권선형 유도 전동기
  - 비례추이를 이용

78 5.5[kW], 200[V] 유도 전동기의 전전압 기동 시의 기동 전류가 150[A]이었다. 여기에 Y-△ 기동 시 기동 전류는 몇 [A]가 되는가?

① 50
② 70
③ 87
④ 95

해설 [Y-△ 기동]
- 기동 전류 $\frac{1}{3}$로 감소 (∴ $150 \times \frac{1}{3} = 50[A]$)
- 기동 토크 $\frac{1}{3}$로 감소
- 기동 전압 $\frac{1}{\sqrt{3}}$로 감소

79 3상 유도 전동기의 2차 저항을 2배로 하면 그 값이 2배로 되는 것은?

① 슬립
② 토크
③ 전류
④ 역률

정답 76.① 77.④ 78.① 79.①

해설 [비례추이]
비례추이 원리에서 슬립(s)은 2차 저항 r_2에 비례한다.

80 3상 유도 전동기 슬립의 범위는?

① $0 < s < 1$ ② $-1 < s < 0$
③ $1 < s < 2$ ④ $0 < s < 2$

해설 [슬립 s]
- 유도 전동기 : $0 < s < 1$
- 제동기(역회전 시) : $1 < s < 2$

81 슬립이 4[%]인 유도 전동기에서 동기속도가 1,200[rpm]일 때 전동기의 회전속도 [rpm]는?

① 697 ② 1,051
③ 1,152 ④ 1,321

해설 [회전속도 N]
$S = \dfrac{N_S - N}{N_S}$ 에서 $N = N_S(1-S)$
∴ $N = 1,200 \times (1 - 0.04) = 1,152[\text{rpm}]$

82 농형 유도 전동기를 많이 사용하는 이유가 아닌 것은?

① 구조가 간단하다. ② 보수가 용이하다.
③ 효율이 좋다. ④ 속도조정이 쉽다.

해설 농형 유도 전동기는 속도조정이 어렵다.

83 회전자 입력 10[kW], 슬립 4[%]인 3상 유도 전동기의 2차 동손은 약 몇 [kW]인가?

① 0.4[kW] ② 1.8[kW]
③ 4.0[kW] ④ 9.6[kW]

해설 [2차 동손 P_{c2}]
$P_{c2} = sP_1 = 0.04 \times 10 \times 10^3 = 0.4[\text{kW}]$

출제 POINT

80. 중요도
■ [2017년 1회 CBT]

81. 중요도
■ [2017년 2회 CBT]

82. 중요도
■ [2017년 2회 CBT]

83. 중요도
■ [2017년 3회 CBT]

정답 80.① 81.③ 82.④ 83.①

출제 POINT

84 [2017년 3회 CBT]

84 3상 유도 전동기의 1차 입력 60[kW], 1차 손실 1[kW], 슬립 3[%]일 때 기계적 출력[kW]은?

① 62[kW] ② 60[kW]
③ 59[kW] ④ 57[kW]

해설 [기계적 출력, 2차 출력 P_0]
$$P_0 = P_2 - P_{c2} = P_2 - sP_2 = P_2(1-s)$$
$$\therefore P_0 = 59(1-0.03) ≒ 57.23[kW]$$
$$(P_2 = P_1 - P_{c1} = 60 - 1 = 59[kW])$$

85
- 기동 토크가 큰 순서
- [2017년 3회 CBT]

85 다음 중 기동토크가 가장 큰 전동기는?

① 분상 기동형 ② 콘덴서 모터형
③ 셰이딩 코일형 ④ 반발 기동형

해설 [기동 토크가 큰 순서]
- 반발 기동형 > 반발 유도형 > 콘덴서 기동형 > 분상 기동형
- 콘덴서 기동형 : 역률이 가장 좋다.

86
- 입력(P_i)=출력(P_o)+손실(P_l)
- [2017년 3회 CBT]

86 입력이 12.5[kW], 출력 10[kW]일 때 기기의 손실은 몇 [kW]인가?

① 2.5 ② 3
③ 4 ④ 5.5

해설 [손실 P_l]
입력(P_i)=출력(P_o)+손실(P_l)
$$\therefore P_l = P_i - P_o = 12.5 - 10 = 2.5[kW]$$

87 [2017년 4회 CBT]

87 유도 전동기에서 원선도 작성 시 필요하지 않은 시험은?

① 무부하시험 ② 구속시험
③ 저항측정 ④ 슬립측정

해설 [원선도]
- 필요한 시험
  - 구속시험
  - 저항측정(권선저항)
  - 무부하시험

정답 84.④ 85.④ 86.① 87.④

MEMO

CHAPTER 05 정류기

1 반도체와 정류회로

(1) 반도체
① 진성 반도체
  원자번호 4가인 Ge, Si으로 만든 반도체이다.
② 불순물 반도체
  ㉠ P형 반도체
    ⓐ 원자번호 4가인 Ge, Si에 3가의 불순불(B, Al, In)을 첨가하여 만든 반도체이다.
    ⓑ 또한 3가의 불순물을 억셉터 불순물이라 한다.
  ㉡ N형 반도체
    ⓐ 원자번호 4가인 Ge, Si에 5가의 불순불(P, Pb, As)을 첨가하여 만든 반도체이다.
    ⓑ 또한 5가의 불순물을 도우너 불순물이라 한다.

(2) 다이오드 응용
① PN접합 다이오드

【 PN접합 다이오드 심볼 】

정류작용(교류를 직류로 변환)

② 제너 다이오드

【 제너 다이오드 심볼 】

정전압 소자

③ 터널 다이오드

[터널 다이오드 심볼]

　㉠ 부성저항 특성
　㉡ 발진작용
　㉢ 증폭작용과 스위칭 특성
④ 서미스터
　㉠ 온도 보상용
　㉡ 부(−)의 온도계수
　㉢ 온도가 증가하면 저항은 감소한다.
⑤ 바리스터
　㉠ 전압에 따라 저항이 변하는 소자
　㉡ 서지(serge)전압에 대한 회로 보호용

2 정류회로

(1) 단상 반파 정류회로

① 회로도

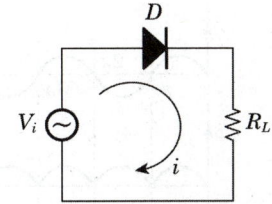

[단상 반파 정류회로 회로도]

② 출력파형

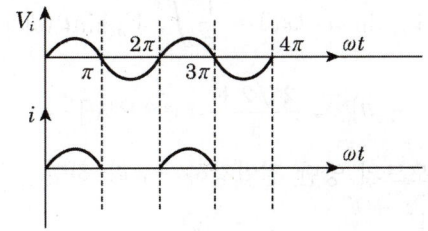

③ 평균전압

$$V_d = \frac{1}{2\pi}\int_0^\pi V_m \sin\omega t\,(d\omega t) = \frac{1}{2\pi}\int_0^\pi V_m \sin\theta\,(d\theta)$$

$$= \frac{V_m}{2\pi}[-\cos\theta]_0^\pi = \frac{\sqrt{2}\,V}{\pi} = 0.45\,V\,[\text{V}]$$

④ 만약에 다이오드의 양단 전압강하가 e 라 하면

$$V_d = \frac{\sqrt{2}\,V}{\pi} - e = 0.45\,V - e\,[\text{V}]$$

⑤ 최대 역전압(PIV)은 V_m 이다.

(2) 단상 전파 정류회로

① 회로도

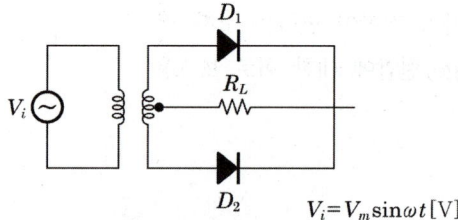

[단상 전파 정류회로 회로도]

② 출력파형

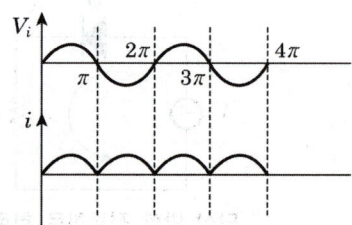

③ 평균전압

$$V_d = \frac{1}{\pi}\int_0^\pi V_m \sin\omega t\,(d\omega t) = \frac{1}{\pi}\int_0^\pi V_m \sin\theta\,(d\theta)$$

$$= \frac{V_m}{\pi}[-\cos\theta]_0^\pi = \frac{2\sqrt{2}\,V}{\pi} = 0.9\,V\,[\text{V}]$$

④ 만약에 다이오드의 양단 전압강하가 e 라 하면

$$V_d = \frac{2\sqrt{2}\,V}{\pi} - e = 0.9\,V - e\,[\text{V}]$$

⑤ 최대 역전압(PIV)은 $2V_m$이다.

※ 브리지 전파 정류회로
① $PIV = V_m$이다.
② 회로도

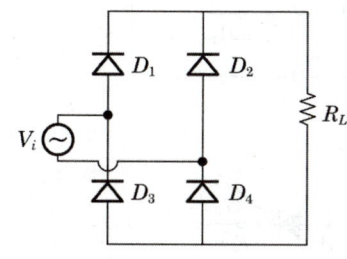 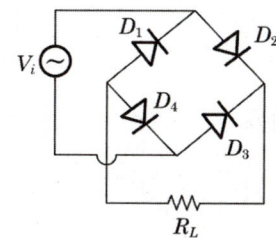

[브리지 전파 정류회로 회로도]

(3) 3상 반파 정류회로

평균전압 $V_d = \dfrac{1}{\frac{2\pi}{3}} \int_{-\frac{\pi}{3}}^{\frac{\pi}{3}} V_m \sin\omega t\,(d\omega t) = \dfrac{1}{\frac{2\pi}{3}} \int_{-\frac{\pi}{3}}^{\frac{\pi}{3}} V_m \sin\theta\,(d\theta)$

$= 1.17\,V\,[\mathrm{V}]$

(4) 3상 전파 정류회로

평균전압 $V_d = 1.35\,V\,[\mathrm{V}]$

※ 과전압에 대한 회로를 보호하기 위해서는 다이오드를 직렬로 연결하며, 과전류에 대한 회로를 보호하기 위해서는 다이오드를 병렬로 연결하면 된다.

※ 각 정류회로의 특징 비교

종류	단상 반파 정류회로	단상 전파 정류회로	3상 반파 정류회로	3상 전파 정류회로
효율(%)	40.6	81.2	96.7	99.8
맥동율	1.21	0.482	0.177	0.04
맥동주파수[Hz]	f	2f	3f	6f

3 사이리스터(Thyrister)

PNPN의 4층 구조를 가진 반도체들로서 대표적으로는 SCR(실리콘 제어정류소자)가 있다.

(1) SCR(silicon controlled rectifier)

① 구조

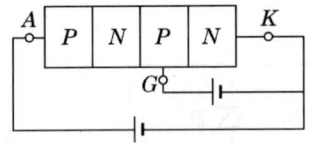

② 심볼

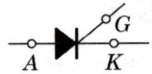

③ 특징
㉠ 부성저항 특성
㉡ 역저지 3극 사이리스터
㉢ 게이트에 일정 전류(turn-on)를 흘려서 동작 시키며 일단 도통이 되고난 후에 전류를 제어하기 위해서는 애노드 전압을 역방향 또는 "0"으로 하면 된다.
㉣ 소형이며 고속이다.

(2) TRIAC

① 심볼

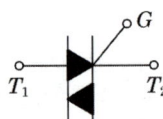

② 쌍방향 3단자 사이리스터
③ 교류 제어용

(3) SSS(silicon symmetrical sw)

① 심볼

② 양방향성 2단자 스위치
③ 교류 제어용

(4) SCS(sillicon controlled SW)
① 심볼

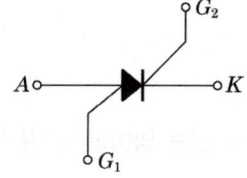

② 역저지 4단자 사이리스터
③ 광에 의한 스위치 제어

(5) DIAC(diode AC switch)
① 심볼

② 양방향성 소자
③ 부성저항 특성

※ 반도체 소자의 비교

단자수	2단자	DIAC, SSS
	3단자	SCR, LASCR, GTO, TRIAC
	4단자	SCS
방향성	양방향성(쌍방향성)	DIAC, SSS, TRIAC
	단방향성(역저지)	SCR, GTO, SCS

CHAPTER 05 정류기 기출문제

출제 POINT

01 중요도 ★★
- 쌍방향소자
  DIAC, SSS, TRIAC
- [2011년 1회 기출]

01 양방향으로 전류를 흘릴 수 있는 양방향 소자는?
① SCR ② GTO
③ TRIAC ④ MOSFET

해설 [반도체 소자의 비교]

단자수	2단자	DIAC, SSS
	3단자	SCR, LASCR, GTO, TRIAC
	4단자	SCS
방향성	양방향성(쌍방향성)	DIAC, SSS, TRIAC
	단방향성(역저지)	SCR, GTO, SCS

02 중요도
- [2011년 1회 기출]

02 3상 제어정류 회로에서 점호각의 최대값은?
① 30[°] ② 150[°]
③ 180[°] ④ 210[°]

해설 점호각의 범위는 30~150[°]이므로 최대는 150[°]이다.

03 중요도
- [2011년 1회 기출]

03 트라이악(TRIAC)의 기호는?

① 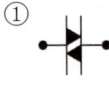 ②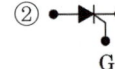

③ 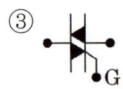 ④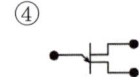

해설 [반도체 소자의 심볼]

다이오드	─▶|─	SCR	─▶|─ G
제너 다이오드	─▶|◁─	TRIAC	─▶|◀─ G

정답 01.③ 02.② 03.③

터널 다이오드	▶︎	UJT	(symbol)
다이액(DIAC)	▶◀		

04 3상 전파 정류회로에서 출력 전압의 평균전압값은? (단, V는 선간전압의 실효값)

① $0.45\,V[\text{V}]$ ② $0.9\,V[\text{V}]$
③ $1.17\,V[\text{V}]$ ④ $1.35\,V[\text{V}]$

[2011년 2회 기출]

해설 [각 정류회로의 특징 비교]

종 류	단상 반파 정류회로	단상 전파 정류회로	3상 반파 정류회로	3상 전파 정류회로
효율(%)	40.6	81.2	96.7	99.8
맥동율	1.21	0.482	0.177	0.04
맥동 주파수[Hz]	f	$2f$	$3f$	$6f$
직류전압	$0.45\,V[\text{V}]$	$0.9\,V[\text{V}]$	$1.17\,V[\text{V}]$	$1.35\,V[\text{V}]$

05 다음 회로도에 대한 설명으로 옳지 않은 것은?

[2011년 4회 기출]

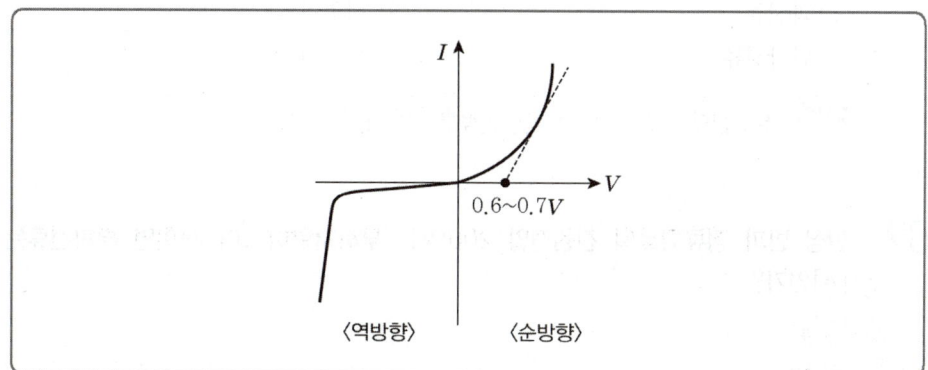

① 다이오드의 양극의 전압이 음극에 비하여 높을 때를 순방향 도통상태라 한다.
② 다이오드의 양극의 전압이 음극에 비하여 낮을 때를 역방향 저지상태라 한다.
③ 실제의 다이오드는 순방향 도통 시 양단자 간의 전압강하가 발생하지 않는다.
④ 역방향 저지상태에서는 역방향으로(음극에서 양극으로) 약간의 전류가 흐르는데 이를 누설전류라고 한다.

해설 [다이오드(diode)]
실제로는 순방향이어도 보통 Si 다이오드의 경우 약 $0.7[\text{V}]$의 전압강하가 있다.

정답 04.④ 05.③

출제 POINT

06 중요도
- [2011년 4회 기출]

07 중요도
- [2011년 5회 기출]

08 중요도
- 전류의 종류
- [2011년 5회 기출]

09 중요도 ★
- 반파일 때
  $V_{dc} = \dfrac{V_m}{\pi}$ (V_m : 최대값)
- [2011년 5회 기출]

---

06 일반적으로 반도체의 저항값과 온도와의 관계가 바른 것은?

① 저항값은 온도에 비례한다.
② 저항값은 온도에 반비례한다.
③ 저항값은 온도의 제곱에 반비례한다.
④ 저항값은 온도의 제곱에 비례한다.

해설 일반적으로 반도체의 저항과 온도는 반비례한다.

07 직류를 교류로 변환하는 장치는?

① 컨버터　　　　② 초퍼
③ 인버터　　　　④ 정류기

해설 [변환 장치]
- 인버터 : 직류를 교류로 변환하는 장치
- 초퍼 : 직류를 직류로 변환하는 장치
- 컨버터 : 교류를 직류로 변환하는 장치
- 사이클로 컨버터 : 교류를 다른 크기의 교류로 변환하는 장치

08 절연물을 전극 사이에 삽입하고 전압을 가하면 전류가 흐르는데 이 전류는?

① 과전류　　　　② 접촉전류
③ 단락전류　　　④ 누설전류

해설 누설전류 : 절연체에 흐르는 전류를 말한다.

09 단상 반파 정류회로의 전원전압 200[V], 부하저항이 10[Ω]이면 부하전류는 약 몇 [A]인가?

① 4　　　　② 9
③ 13　　　 ④ 18

해설 [반파 정류회로]
- 회로도

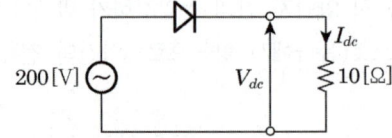

정답 06.② 07.③ 08.④ 09.②

- $I_{dc} = \dfrac{V_{dc}}{10}$
- $V_{dc} = \dfrac{V_m}{\pi} = \dfrac{200\sqrt{2}}{\pi}$

$\therefore I_{dc} = \dfrac{\dfrac{200\sqrt{2}}{\pi}}{10} \fallingdotseq 9[A]$

10 그림과 같은 회로에서 사인파 교류입력 12[V](실효값)를 가했을 때, 저항 R 양단에 나타나는 전압[V]은?

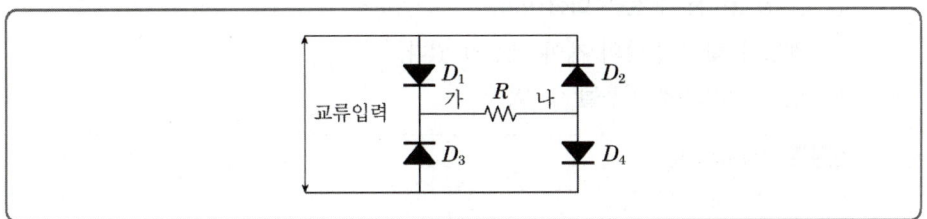

① 5.4[V]   ② 6[V]
③ 10.8[V]   ④ 12[V]

[해설] [브리지 전파 정류회로]

R 양단전압 $V_{dc} = \dfrac{2}{\pi} V_m = \dfrac{2}{\pi}\sqrt{2} \cdot 12 \fallingdotseq 10.8[V]$

11 반파 정류회로에서 변압기 2차 전압의 실효치를 $E[V]$라 하면 직류 전류 평균치는? (단, 정류기의 전압강하는 무시한다.)

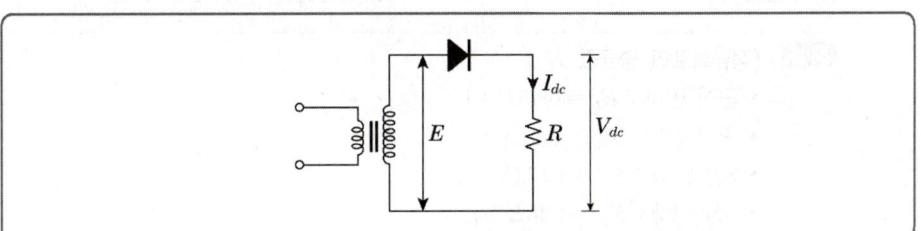

① $\dfrac{E}{R}$ ② $\dfrac{1}{2} \cdot \dfrac{E}{R}$

③ $\dfrac{2\sqrt{2}}{\pi} \cdot \dfrac{E}{R}$ ④ $\dfrac{\sqrt{2}}{\pi} \cdot \dfrac{E}{R}$

출제 POINT

10- 중요도 ★★★
- 전파 정류회로의 V_{dc}
  $V_{dc} = \dfrac{2}{\pi} V_m = \dfrac{2}{\pi}\sqrt{2}\,V$
- [2011년 5회 기출]

11- 중요도
- [2012년 1회 기출]

정답 10.③ 11.④

해설 [반파 정류회로]
- $V_{dc} = \dfrac{V_m}{\pi} = \dfrac{\sqrt{2}\,E}{\pi}$ [V] (단, V_m : 최대값)
- $I_{dc} = \dfrac{V_{dc}}{R} = \dfrac{\frac{\sqrt{2}\,E}{\pi}}{R} = \dfrac{\sqrt{2}}{\pi}\dfrac{E}{R}$ [A]

12
실리콘 제어 정류기(SCR)에 대한 설명으로 적합하지 않은 것은?

① 정류 작용을 할 수 있다.
② P-N-P-N 구조로 되어 있다.
③ 정방향 및 역방향의 제어 특성이 있다.
④ 인버터 회로에 이용될 수 있다.

해설 [SCR의 특징]
- 부성 저항 특성
- 역저지 3극 사이리스터(순방향일 때만 전류가 흐른다.)
- 게이트에 일정 전류(turn-on)를 흘려서 동작시키며 일단 도통이 되고 난 후에 전류를 제어하기 위해서는 애노드 전압을 역방향 또는 "0"으로 하면 된다.
- 인버터 회로에 이용
- 소형이며 고속이다.

13
단상 전파 정류회로에서 직류전압의 평균값으로 가장 적당한 것은? (단, E는 교류 전압의 실효값)

① $1.35E$[V]　　② $1.17E$[V]
③ $0.9E$[V]　　④ $0.45E$[V]

해설 [정류회로의 평균값 E_{dc}]
- 단상 반파 : $E_{dc} = 0.45E$[V]
- 단상 전파 : $E_{dc} = 0.9E$[V]
- 3상 반파 : $E_{dc} = 1.17E$[V]
- 3상 전파 : $E_{dc} = 1.35E$[V]

14
단상 전파 정류회로에서 교류 입력이 100[V]이면 직류 출력은 약 몇 [V]인가?

① 45　　② 67.5
③ 90　　④ 135

출제 POINT

12 중요도 ★
- SCR : 단방향 소자
- [2012년 1회 기출]

13 중요도
- [2012년 2회 기출]

14 중요도
- [2012년 4회 기출]

정답 12.③ 13.③ 14.③

해설 [단상 전파 정류회로의 직류 출력 E_{dc}]
$E_{dc} = 0.9E = 0.9 \times 100 = 90[\text{V}]$

15 60[Hz] 3상 반파 정류회로의 맥동주파수는?

① 60[Hz]   ② 120[Hz]
③ 180[Hz]   ④ 360[Hz]

해설 [맥동주파수]

정류방식	직류전압	맥동주파수
단상 반파	$0.45E$	f
단상 전파	$0.9E$	$2f$
3상 반파	$1.17E$	$3f$
3상 전파	$1.35E$	$6f$

16 단상 반파 정류회로의 전원전압 200[V], 부하저항이 20[Ω]이면 부하전류는 약 몇 [A]인가?

① 4   ② 4.5
③ 6   ④ 6.5

해설 [단상 반파 정류회로]
- 회로도

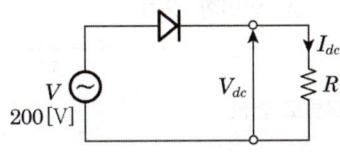

- 부하전류 $I_{dc} = \dfrac{V_{dc}}{R} = \dfrac{\frac{200\sqrt{2}}{\pi}}{20} \fallingdotseq 4.5[\text{V}]$

  또는 $V_{dc} = 0.45E = 0.45 \times 200 = 90[\text{V}]$
  $I_{dc} = \dfrac{V_{dc}}{R} = \dfrac{90}{20} = 4.5[\text{V}]$

출제 POINT

15. 중요도
- [2012년 4회 기출]

16. 중요도
- [2012년 4회 기출]

정답 15.③ 16.②

17

반파 정류회로에서 변압기 2차 전압의 실효치를 $E[\text{V}]$라 하면 직류 전류 평균치는? (단, 정류기의 전압강하는 무시한다.)

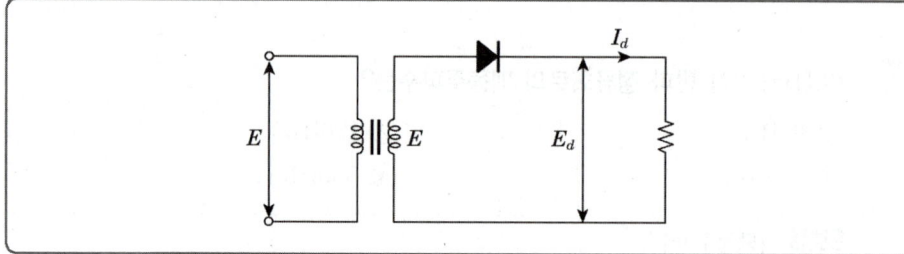

① $\dfrac{E}{R}$ 　　　　② $\dfrac{1}{2} \cdot \dfrac{E}{R}$

③ $\dfrac{2\sqrt{2}}{\pi} \cdot \dfrac{E}{R}$ 　　　　④ $\dfrac{\sqrt{2}}{\pi} \cdot \dfrac{E}{R}$

해설
$E_d = 0.45E$ 이므로 $I_d = \dfrac{E_d}{R} = \dfrac{0.45E}{R}[\text{A}]$

$E_d = \dfrac{\sqrt{2}E}{\pi}$ 이므로 $I_d = \dfrac{E_d}{R} = \dfrac{\frac{\sqrt{2}}{\pi}E}{R} = \dfrac{\sqrt{2}}{\pi}\dfrac{E}{R}[\text{A}]$

18

직류를 교류로 변환하는 장치는?

① 정류기　　　　② 충전기
③ 순변환 장치　　④ 역변환 장치

해설
- 컨버터 : 교류 → 직류로 변환
- 인버터(역변환 장치) : 직류 → 교류로 변환

19

전압을 일정하게 유지하기 위해서 이용되는 다이오드는?

① 발광 다이오드
② 포토 다이오드
③ 제너 다이오드
④ 바리스터 다이오드

해설
- 제너 다이오드 : 전압을 일정하게 유지하는 정전압 소자로 이용
- 바리스터 : 전압에 의해서 저항이 변하는 소자
- 더미스터 : 온도에 의해서 저항이 변하는 소자

정답 17.④ 18.④ 19.③

20 다음 중 2단자 사이리스터가 아닌 것은?

① SCR ② DIAC
③ SSS ④ Diode

해설
- 2단자 소자 : SSS, DIAC
- 3단자 소자 : TRIAC, SCR, GTO
- 4단자 소자 : SCS

[2013년 2회 기출]

21 다음 중 전력 제어용 반도체 소자가 아닌 것은?

① LED ② TRIAC
③ GTO ④ IGBT

해설 LED(Light Emitting Diode) : 발광 다이오드라고 하며 전력 제어용 반도체와는 무관하다.

[2013년 4회 기출]

22 그림과 같은 전동기 제어회로에서 전동기 M의 전류방향으로 올바른 것은? (단, 전동기의 역률은 $100[\%]$이고, 사이리스터의 점호각은 $0°$라고 본다.)

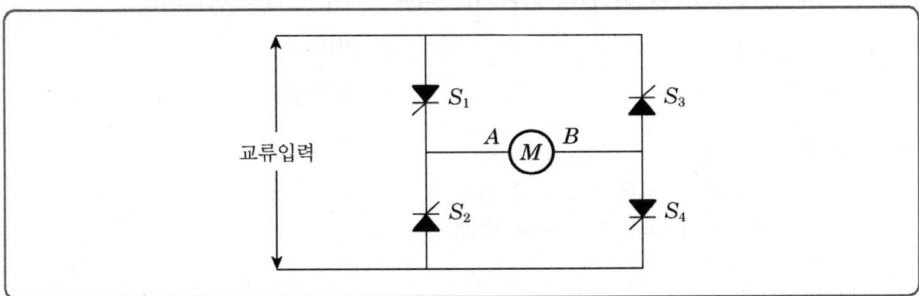

① 항상 "A"에서 "B"의 방향
② 항상 "B"에서 "A"의 방향
③ 입력의 반주기마다 "A"에서 "B"의 방향, "B"에서 "A"의 방향
④ S_1과 S_4, S_2와 S_3의 동작 상태에 따라 "A"에서 "B"의 방향, "B"에서 "A"의 방향

해설
- (+)반주기의 회로 구성도
- (−)반주기의 회로 구성도

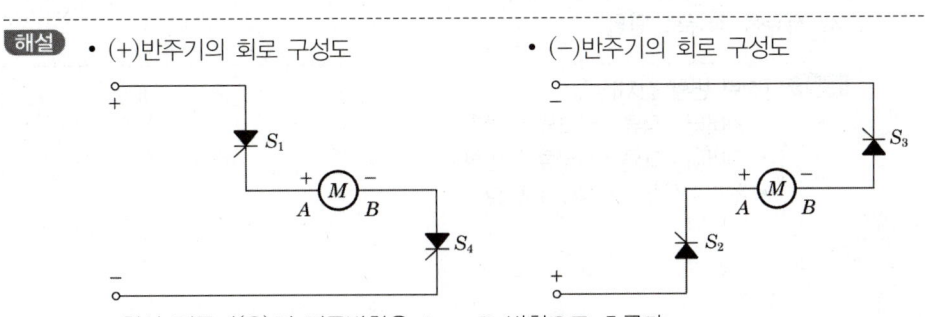

∴ 항상 전동기(Ⓜ)의 전류방향은 A → B 방향으로 흐른다.

[2013년 4회 기출]

정답 20.① 21.① 22.①

출제 POINT

23. 중요도
- [2013년 4회 기출]

24. 중요도
- [2013년 4회 기출]

25. 중요도
- [2013년 5회 기출]

26. 중요도
- 전력 변환 장치
- [2014년 1회 기출]

---

23 상전압 300[V]의 3상 반파 정류회로의 직류전압은 약 몇 [V]인가?

① 520[V]
② 350[V]
③ 260[V]
④ 50[V]

해설
- 3상 반파 정류회로의 직류전압 E_{dc}
  $E_{dc} = 1.17E = 1.17 \times 300 ≒ 350[V]$
- 3상 전파 정류회로의 직류전압 E_{dc}
  $E_{dc} ≒ 1.35E$

24 P형 반도체의 전기 전도의 주된 역할을 하는 반송자는?

① 전자
② 정공
③ 가전자
④ 5가 불순물

해설
- P형 반도체의 다수 캐리어 : 정공(hole)
- N형 반도체의 다수 캐리어 : 전자(electron)

25 직류 전동기의 제어에 널리 응용되는 직류-직류 전압 제어장치는?

① 인버터
② 컨버터
③ 초퍼
④ 전파정류

해설
- 초퍼 : 직류 → 직류로 변환
- 인버터 : 직류 → 교류로 변환
- 컨버터 : 교류 → 직류로 변환

26 인버터(inverter)란?

① 교류를 직류로 변환
② 직류를 교류로 변환
③ 교류를 교류로 변환
④ 직류를 직류로 변환

해설 [전력 변환 장치]
- 인버터 : 직류 → 교류로 변환
- 컨버터 : 교류 → 직류로 변환
- 초퍼 : 직류 → 직류로 변환

정답 23.② 24.② 25.③ 26.②

27 다음 중 턴오프(소호)가 가능한 소자는?

① GTO
② TRIAC
③ SCR
④ LASCR

해설 GTO(Gate turn off Thyrister)
- AC, DC 제어용 소자
- 역저지 3극 사이리스터
- 자기 소호 기능

28 다음 사이리스터 중 3단자 형식이 아닌 것은?

① SCR
② GTO
③ DIAC
④ TRIAC

해설 [반도체 소자]
- 2단자 : SSS, DIAC
- 3단자 : GTO, SCR, TRIAC, LASCR

29 그림의 전동기 제어회로에 대한 설명으로 잘못된 것은?

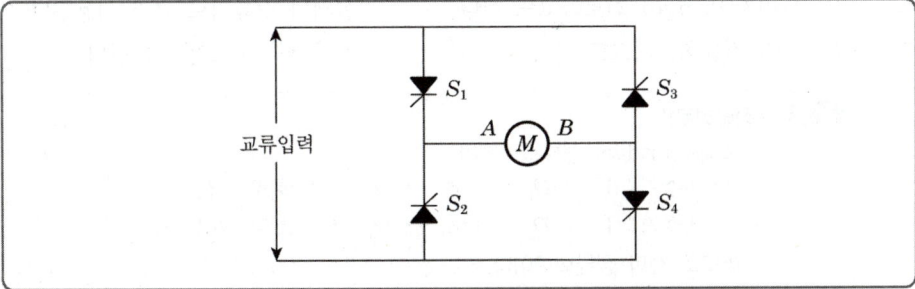

① 교류를 직류로 변환한다.
② 사이리스터 위상 제어회로이다.
③ 전파 정류회로이다.
④ 주파수를 변환하는 회로이다.

해설 [전동기 제어회로]
- (+)반주기 : S_1과 S_4가 동작하여 전동기 +Ⓜ- 형태로 전류가 흐른다.
- (-)반주기 : S_2과 S_3가 동작하여 전동기 +Ⓜ- 형태로 전류가 흐른다.
- 사이리스터 SCR(S_1, S_2, S_3, S_4)을 이용하여 위상제어도 가능하다.
즉, 전파 정류회로로서 교류를 직류로 변환한다.

27. [2014년 1회 기출]

28. 단자별 사이리스터 종류
[2014년 2회 기출]

29. [2014년 2회 기출]

정답 27.① 28.③ 29.④

30 통전 중인 사이리스터를 턴 오프(Turn off)하려면?

① 순방향 Anode 전류를 유지전류 이하로 한다.
② 순방향 Anode 전류를 증가시킨다.
③ 게이트 전압을 0으로 또는 −로 한다.
④ 역방향 Anode 전류를 통전한다.

해설 통전 중인 사이리스터를 Turn-off 하려면 순방향 전류를 유지전류 미만으로 감소시키면 된다. 또는 역방향 전압을 A(Anode), C(Cathode)에 가하면 Turn-off가 가능하다.

31 다음 그림에 대한 설명으로 틀린 것은?

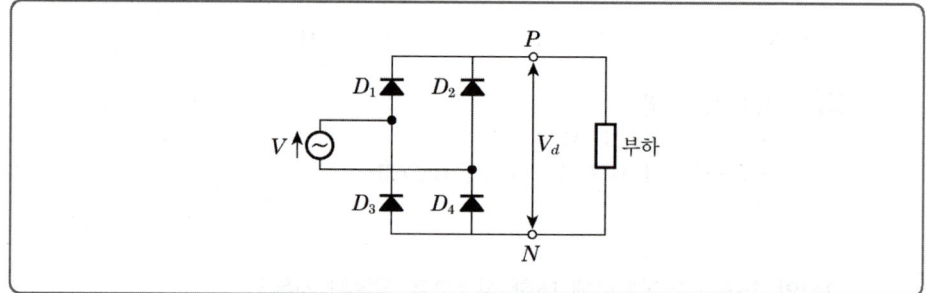

① 브리지(Bridge) 회로라고도 한다.
② 실제의 정류기로 널리 사용된다.
③ 반파 정류회로라고도 한다.
④ 전파 정류회로라고도 한다.

해설 [정류회로]
- 브리지(Bridge) 정류회로이다.
- (+)반주기 : $V \to D_1 \to$ 부하 $\to D_4 \to V$ 회로 구성
- (−)반주기 : $V \to D_2 \to$ 부하 $\to D_3 \to V$ 회로 구성

그러므로 전파 정류회로이다.

32 직류를 교류로 변환하는 기기는?

① 변류기
② 정류기
③ 초퍼
④ 인버터

해설 [변환 장치]
- 인버터 : 직류 → 교류로 변환
- 컨버터 : 교류 → 직류로 변환
- 초퍼 : 직류 → 직류로 변환

정답 30.① 31.③ 32.④

33 그림의 정류회로에서 다이오드의 전압강하를 무시할 때 콘덴서 양단의 최대전압은 약 몇 [V]까지 충전되는가?

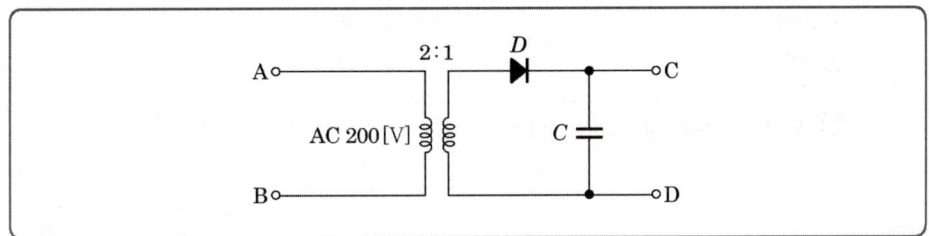

① 70
② 141
③ 280
④ 352

해설 [정류회로]
- 권선비가 2 : 1이므로 2차측 유도전압은 AC 100[V]이다.

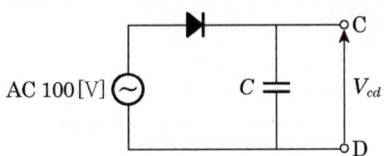

- 콘덴서 C에는 최대값 V_m이 충전되므로 C 양단 전압 $V_{cd} = V_m = 100\sqrt{2} = 141[V]$가 된다.

33. 중요도
- [2014년 5회 기출]

34 3상 전파 정류회로에서 전원 250[V]일 때 부하에 나타나는 전압[V]의 최대값은?

① 약 177
② 약 292
③ 약 354
④ 약 433

해설 최대값 $V_m = \sqrt{2} \times$ 실효값
$V_m = \sqrt{2} \times 250 ≒ 354[V]$

34. 중요도
- [2015년 1회 기출]

35 3단자 사이리스터가 아닌 것은?

① SCS
② SCR
③ TRIAC
④ GTO

해설
- 2단자 : DIAC, SSS
- 3단자 : SCR, TRIAC, GTO, LASCR
- 4단자 : SCS

35. 중요도 ★★★
- 단자별 사이리스터 종류 꼭 외울 것(2, 3, 4단자)
- [2015년 1회 기출]

정답 33.② 34.③ 35.①

출제 POINT

36. 중요도 ★★★
- 단상 반파 $V_{dc}=0.45V$
- 단상 전파 $V_{dc}=0.9V$
- [2015년 2회 기출]

36 단상 전파 정류회로에서 전원이 220[V]이면 부하에 나타나는 전압의 평균값은 약 몇 [V]인가?

① 99
② 198
③ 257.4
④ 297

해설 단상 전파 정류회로 전압의 평균값 $V_{dc}=0.9V=0.9\times220\fallingdotseq198[V]$

37. 중요도
- [2016년 1회 기출]

37 반파 정류회로에서 변압기 2차 전압의 실효치를 $E[V]$라 하면 직류 전류 평균치는? (단, 정류기의 전압강하는 무시한다.)

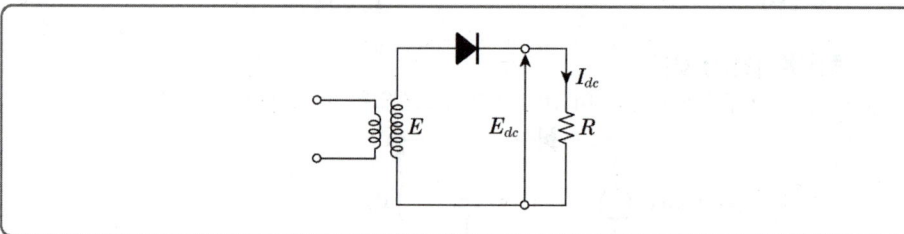

① $\dfrac{E}{R}$
② $\dfrac{1}{2}\dfrac{E}{R}$
③ $\dfrac{2\sqrt{2}}{\pi}\dfrac{E}{R}$
④ $\dfrac{\sqrt{2}}{\pi}\dfrac{E}{R}$

해설 [반파 정류회로]
- 직류 전압 평균치 $E_{dc}=\dfrac{V_m}{\pi}=\dfrac{\sqrt{2}E}{\pi}$
- 직류 전류 평균치 $I_{dc}=\dfrac{E_{dc}}{R}=\dfrac{\frac{\sqrt{2}E}{\pi}}{R}=\dfrac{\sqrt{2}}{\pi}\dfrac{E}{R}$

38. 중요도
- [2016년 1회 기출]

38 다음 중 자기 소호기능이 가장 좋은 소자는?

① SCR
② GTO
③ TRIAC
④ LASCR

해설 [GTO]
- 자기 소호기능
- 단방향성 소자
- 3단자 소자

정답 36.② 37.④ 38.②

39 직류전압을 직접 제어하는 것은?

① 브리지형 인버터 ② 단상 인버터
③ 3상 인버터 ④ 초퍼형 인버터

해설 [초퍼]
직류전압을 직접 제어하여 직류를 다른 크기의 직류로 변환하는 장치

40 역병렬 결합의 SCR의 특성과 같은 반도체 소자는?

① PUT ② UJT
③ DIAC ④ TRIAC

해설 [TRIAC]
SCR 2개가 역병렬 결합 형태로 되어 있으며 3단자, 양방향 소자이다.

41 직류 전동기의 제어에 널리 응용되는 직류-직류 전압 제어장치는?

① 초퍼 ② 인버터
③ 전파정류회로 ④ 사이클로 컨버터

해설 [변환 제어장치]
- 컨버터 : 교류 → 직류로 변환
- 인버터 : 직류 → 교류로 변환
- 초퍼 : 직류 → 직류로 변환
- 사이클로 컨버터 : 교류 → 교류로 변환

42 다음 중 턴오프(소호)가 가능한 소자는?

① GTO ② TRIAC
③ SCR ④ LASCR

해설 [반도체 특징]
- GTO : 게이트 신호로 반도체를 on/off 시킬 수 있는 소자
- TRIAC : 쌍방향성 소자로써 3단자이다.
- SCR : 단방향성 소자로써 3단자이며 부성저항특성이 있다.

출제 POINT

39. 중요도
[2016년 1회 기출]

40. 중요도
[2016년 2회 기출]

41. 중요도
[2016년 2회 기출]

42. 중요도
[2016년 5회 CBT]

정답 39.④ 40.④ 41.① 42.①

43 - 중요도
■ [2017년 1회 CBT]

43 그림과 같은 전동기 제어회로에서 전동기 M의 전류방향으로 올바른 것은? (단, 전동기의 역률은 100[%]이고, 사이리스터의 점호각은 0°라고 본다.)

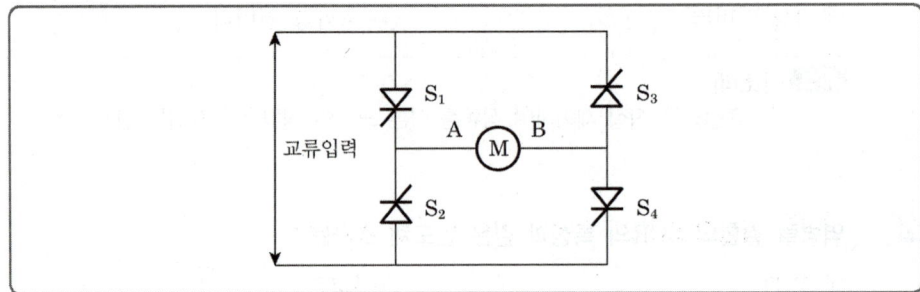

① 항상 "A"에서 "B"의 방향
② 항상 "B"에서 "A"의 방향
③ 입력의 반주기마다 "A"에서 "B"의 방향, "B"에서 "A"의 방향
④ S_1과 S_4, S_2와 S_3의 동작 상태에 따라 "A"에서 "B"의 방향, "B"에서 "A"의 방향

해설 [사이리스터를 이용한 정류회로]

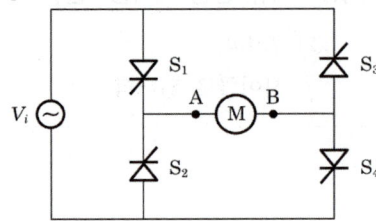

• 동작원리
 - V_i가 (+)반주기에는 V_i → S_1 → $\overrightarrow{AMB}$ → S_4 → V_i의 회로가 구성
 - V_i가 (-)반주기에는 V_i → S_2 → $\overrightarrow{AMB}$ → S_3 → V_i의 회로가 구성
∴ (+)반주기, (-)반주기 상관없이 전동기 Ⓜ은 A에서 B방향으로 구성된다.

44 - 중요도
■ [2017년 1회 CBT]

44 3상 반파 정류회로의 인가해 준 전압이 E[V]라면 직류 전압은 약 몇 [V]인가?

① $1.17E$　　　② $1.35E$
③ $0.9E$　　　④ $0.45E$

해설 [정류회로]

종류	직류전압[V]	효율[%]
단상 반파	$0.45E$	40.6
단상 전파	$0.9E$	81.2
3상 반파	$1.17E$	96.5
3상 전파	$1.35E$	99.8

정답 43.① 44.①

45 단상 반파 정류회로의 전원전압 200[V], 부하저항이 10[Ω]이면 부하전류는 약 몇 [A]인가?

① 4 ② 9
③ 13 ④ 18

해설 [단상 반파 정류회로]
- 회로도

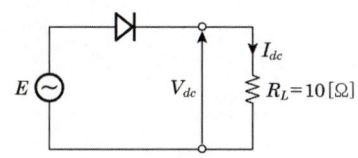

- $V_{dc} = 0.45E = 0.45 \times 200 = 90[V]$

∴ 부하전류는 $I_{dc} = \dfrac{V_{dc}}{R_L} = \dfrac{90}{10} = 9[A]$

46 60[Hz] 3상 반파 정류회로의 맥동주파수는?

① 60[Hz] ② 120[Hz]
③ 180[Hz] ④ 360[Hz]

해설 [맥동주파수 f]
- 단상 반파 정류회로 : f
- 단상 전파 정류회로 : $2f$
- 3상 반파 정류회로 : $3f$
- 3상 전파 정류회로 : $6f$

∴ $3f = 3 \times 60 = 180[Hz]$

47 SCR 2개를 역병렬로 접속한 그림과 같은 기호의 명칭은?

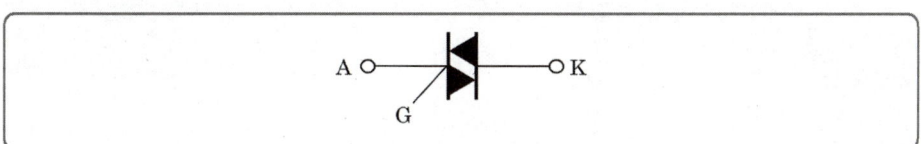

① SCR ② TRIAC
③ GTO ④ UJT

해설 [반도체 소자]
- TRIAC
- 쌍방향성 소자, 3단자 소자
- SCR 2개를 역병렬 접속한 것과 같다.

출제 POINT

45. 중요도
- [2017년 1회 CBT]

46. 중요도
- 맥동 주파수 f
- [2017년 1회 CBT]

47. 중요도
- 반도체 소자의 심볼
- [2017년 4회 CBT]

정답 45.② 46.③ 47.②

MEMO

[제3과목]

전기설비

Chapter ❶ 배선재료와 공구
Chapter ❷ 전선의 접속
Chapter ❸ 가공 인입선/배전선 공사
Chapter ❹ 배선반 공사
Chapter ❺ 옥내 배선공사
Chapter ❻ 특수 장소 공사
Chapter ❼ 조명 시설 공사

CHAPTER 01 배선재료와 공구

스스로 중요내용 정리하기

1 가공전선

(1) 전선의 구비조건
① 도전율이 클 것
② 가선공사가 쉬울 것
③ 기계적 강도가 클 것
④ 가요성(유연성)이 좋을 것
⑤ 내구성이 클 것
⑥ 비중이 작을 것
⑦ 고유 저항이 작을 것
⑧ 가격이 저렴할 것

(2) 경제적인 전선의 굵기 선정(켈빈의 법칙)
① 허용전류
② 전압강하
③ 기계적강도

(3) 전선의 구성
① 단선
  ㉠ [mm] : 1.6, 2.0, 2.6, 3.2, ……
  ㉡ 전선의 도체가 한 가닥으로 구성
② 연선
  전선의 도체가 여러 가닥의 소선으로 구성
  • 총 소선수 : $N = 3n(n+1) + 1$ (n : 층수)
    n=1이면 N=7
    n=2이면 N=19
    n=3이면 N=37
  • 연선의 바깥지름 : $D = (2n+1)d$

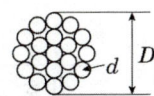

(단, n : 층수, d : 소선의 지름)

③ 연선의 접속

층수	1층	2층	3층	4층
총 가닥수	7	19	37	61
접속 가닥수	6	12	18	24

※ 연선의 종류
 ① 단일연선
  ㉠ 동일 재질의 단선을 여러 개 꼬아서 만든 연선
  ㉡ 경동연선(HDCC)이 대표적이다.
 ② 합성연선
  ㉠ 두 개 이상의 금속을 꼬아서 만든 연선
  ㉡ 강심알루미늄연선(ACSR)이 대표적이다.

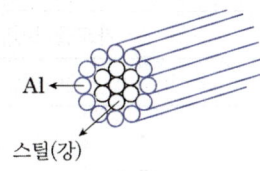

③ ACSR(강심알루미늄연선)의 특징
  ㉠ 알루미늄과 강선을 꼬아서 만든다.
  ㉡ 기계적 강도가 매우 크다.
  ㉢ 비중이 작아 진동 발생이 우려된다.
  ㉣ 송전 선로에 주로 이용된다.
④ HDCC와 ACSR의 비교

종류	직경	비중	도전율(%)	기계적 강도
HDCC	1	1	97	1
ACSR	1.4~1.6	0.8	61	1.5~2.0

2 전선의 종류 및 용도

(1) 나전선

도체에 피복이 없는 전선(즉, 절연을 하지 않은 전선)

(2) 절연전선 종류

명 칭	기 호	용 도
옥외용 비닐 절연전선	OW	배전 선로에 이용
비닐 절연전선	IV	600[V] 이하의 옥내배선에 이용
내열용 비닐 절연전선	HIV	600[V] 이하의 옥내배선 중 내열성 요구시 이용
인입용 비닐 절연전선	DV	가공 인입선에 이용

(3) 케이블 종류

약 호	명 칭
RV	고무절연 비닐시스 케이블
VV	비닐절연 비닐시스 케이블
BV	부틸고무절연 비닐시스 케이블
EV	폴리에틸렌절연 비닐시스 케이블
CV	가교폴리에틸렌절연 비닐시스 케이블
CVV	제어비닐절연 비닐시스 케이블

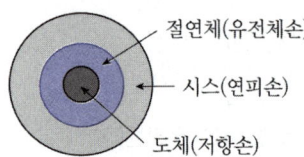

(4) 케이블 손실

① 저항손 : 도체에 발생하는 손실

② 유전체손 : 절연체에 발생하는 손실

③ 연피손 : 전자유도 작용에 의한 와전류에 의한 손실

※ 캡타이어 케이블
① 순고무 30[%] 이상을 함유한 고무 혼합무로 외부 절연재료로 이용한다.
② 공장, 광산 등에 이용
③ 심선수에 따른 색 구분

심선수	색	심선수	색
2심	흑, 백	4심	흑, 백, 적, 녹
3심	흑, 백, 적	5심	흑, 백, 적, 녹, 황

3 코드

(1) 용도
① 전기기구에 접속하여 사용하는 이동용 전선이다.
② 가요성이 커야 한다.
③ 연동선을 여러 가닥을 꼬아서 만든다.

(2) 종류
① 전열기용 코드
② 고무 코드
③ 극장용 코드
④ 캡타이어 코드
⑤ 금사(실) 코드

4 배선재료

(1) 개폐기
유지, 보수 등의 편리함 때문에 시설한다.
① 나이프 스위치
  ㉠ 취급자만 출입하는 배전반이나 분전반에 사용한다.
  ㉡ 전선의 수에 따라서 단극, 2극, 3극 등으로 나눈다.
② 3로 스위치
  ㉠ 하나의 전등을 2개 이상의 장소에서 온/오프 시에 사용된다.
  ㉡ Symbol

  ㉢ 1개의 전등을 2곳에서 점멸하기 위한 배선이다.
  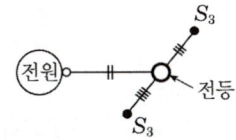
③ 커버 나이프 스위치
  ㉠ 전열, 전등의 인입, 분기 개폐기로 사용한다.
  ㉡ 스위치 앞면의 충전부를 커버로 덮고 격벽을 설치하여 수동으로 개폐를 한다.
④ 텀블러 스위치
  노브를 움직여 점멸하며, 노출형과 매입형, 단극형과 3로, 4로 스위치 등이 있다.

⑤ 로터리 스위치
　㉠ 보통 노출형으로 시설한다.
　㉡ 회전 스위치라고도 한다.
⑥ 푸시 버튼 스위치
　㉠ 매입형으로 사용된다.
　㉡ a접점, b접점이 있으며, 스위치를 누르면 a접점은 온 상태가 되며, b접점은 오프 상태가 된다.
⑦ 풀 스위치
　늘어져 있는 끈을 당기면 한 번은 개로 다음은 폐로로 되어 전등이 온, 오프가 되는 것을 말한다.
⑧ 코드 스위치
　㉠ 중간 스위치라고 한다.
　㉡ 선풍기나 전기스탠드 등에 사용한다.
⑨ 팬던트 스위치
　㉠ 전등을 하나씩 따로 점멸하는 곳에 사용한다.
　㉡ 버튼식 점멸을 한다.

(2) 소켓 : 전구를 끼우는 용도로 사용

① 200[w] 이하 백열전구
　㉠ 키리스 소켓
　㉡ 키 소켓
　㉢ 분기 소켓
② 200[w] 이하 백열전구
　모걸 소켓
③ 리셉터클
　㉠ 코드 없이 천장이나 벽에 붙이는 일종의 소켓
　㉡ 문, 화장실 등의 글로브 안에 사용된다.

(3) 플러그와 콘센트

① 테이블 탭
　㉠ 코드의 길이가 짧을 때 연장하여 사용한다.
　㉡ 익스텐션 코드라고도 한다.
② 멀티 탭
　하나의 콘센트에 2 또는 3개의 기구를 사용할 때 이용한다.

③ 아이언 플러그
  ㉠ 전기다리미, 온탕기 등에 사용한다.
  ㉡ 코드의 한쪽은 아이언 플러그가 달려서 전원 콘덴서에 끼우고, 한쪽은 꽂음. 플러그로 되어 있어서 전기 기구용 콘센트에 연결한다.
④ 콘센트
  ㉠ 접지극 붙이 ⊙E
  ㉡ 누전차단기 붙이 ⊙EL
  ㉢ 방수형 ⊙WP
  ㉣ 의료형 ⊙H
  ㉤ 용량 표시
    ⓐ 20[A] 이상은 표시 ⊙20A
    ⓑ 15[A]일 때는 표시하지 않는다. ⊙

(4) 과전류 차단기

과전류가 흐르면 퓨즈, 배선용 차단기, 열동계전기 등이 동작하여 자동으로 차단하여 회로와 기기를 보호한다.
① 퓨즈
  ㉠ 고압 퓨즈
    ⓐ 비포장 퓨즈 : 정격전류의 1.25배에 견디고 또한 2배의 전류로 2분 안에 용단
    ⓑ 포장 퓨즈 : 정격전류의 1.3배에 견디고 또한 2배의 전류로 120분 안에 용단

5 전기 공사용 공구 및 측정기구

(1) 전기 공사용 공구 및 부품

① 펜치
  ㉠ 전선의 절단, 접속 등에 사용한다.
  ㉡ 크기 : 200, 175, 150[mm]
② 새들
  금속관을 조영재에 고정 시키는데 사용한다.
③ 로크너트
  박스(box)와 관을 연결시에 사용한다.

④ 클리퍼

　절단하기 힘든 굵은 전선을 절단할 때 사용한다.

⑤ 부싱

　전선의 피복을 보호하기 위해 전선관단에 끼워서 사용한다.

⑥ 노멀 밴드

　배관의 직각 굴곡에 사용한다.

⑦ 벤더 또는 히키

　금속관을 구부릴 때 사용한다.

⑧ 파이프 바이스

　전선관 공사시에 파이프를 고정시킬 때 사용한다.

⑨ 오스터

　나사를 만드는데 사용한다.

⑩ 리머

　절단한 전선관을 매끄럽게 다듬는데 이용된다.

⑪ 녹아웃 펀치

　㉠ 설치되어 있는 캐비닛에 구멍을 뚫을 때 사용한다.

　㉡ 크기 : 15, 19, 25[mm]

⑫ 홀소

　설치되어 있는 캐비닛에 구멍을 뚫을 때 사용한다.

⑬ 와이어 스트리퍼

　전선의 피복 절연물을 벗길 때에 사용한다.

⑭ 쇠톱

　전선관 및 굵은 전선을 끊을 때 사용한다.

⑮ 커플링

　금속관 상호 접속시 사용한다.

⑯ 토치램프

　합성수지관(경질비닐관, PVC)을 구부릴 때 사용한다.

(2) 측정기구

① 와이어 게이지

　전선의 굵기를 측정하는데 이용된다.

② 마이크로미터

　㉠ 전선의 굵기, 철판 등의 두께를 측정한다.

　㉡ 원형 눈금과 축 눈금을 활용하여 측정한다.

③ 회로시험기
  ㉠ 전압, 전류, 저항 측정, 도통 시험할 때 이용된다.
  ㉡ 종류는 아날로그형과 디지털형이 있다.
④ 접지저항계(earth-tester)
  접지저항 측정시 사용한다.
⑤ 절연저항계(megger)
  ㉠ 절연저항 측정시 사용한다.
  ㉡ 종류
    ⓐ 고압용 : 1,000[V]
    ⓑ 저압용 : 500[V]가 있다.

CHAPTER 01 배선재료와 공구 기출문제

출제 POINT

01 중요도
- [2011년 1회 기출]

01 녹아웃 펀치와 같은 용도로 배전반이나 분전반 등에 구멍을 뚫을 때 사용하는 것은?
① 클리퍼(Clipper)
② 홀소(Hole Saw)
③ 프레스 툴(Pressure Tool)
④ 드라이브이트 툴(Driveit Tool)

[해설] 녹아웃 펀치, 홀소 : 구멍을 뚫을 때 사용한다.

02 중요도
- [2011년 1회 기출]

02 절연전선으로 가선된 배전 선로에서 활선상태인 경우 전선의 피복을 벗기는 것은 매우 곤란한 작업이다. 이런 경우 활선상태에서 전선의 피복을 벗기는 공구는?
① 전선피박기
② 애자커버
③ 와이어 통
④ 데드 앤드 커브

[해설] 활선상태라 함은 전류가 흐르는 상태를 말하며 이런 위험한 상태에서의 전선의 피복을 벗기기 위해서 이용되는 공구는 전선피박기가 있다.

03 중요도
- [2011년 2회 기출]

03 금속전선관 공사에서 금속관과 접속함을 접속하는 경우 녹아웃 구멍이 금속관보다 클 때 사용하는 부품은?
① 록너트(로크너트)
② 부싱
③ 새들
④ 링 리듀서

[해설] [금속관 공사의 접속기구]
- 부싱 : 전선의 피복을 보호하기 위해 사용
- 새들 : 금속관을 조영재에 고정 시에 사용
- 링 리듀서 : 녹아웃 구멍이 금속관보다 클 때 사용

04 중요도
- 스위치의 기호
- [2011년 4회 기출]

04 다음 중 3로 스위치를 나타내는 그림 기호는?
① ●EX
② ●3
③ ●2P
④ ●15A

[정답] 01.② 02.① 03.④ 04.②

해설 [스위치(switch)]
- ●EX : 방폭형
- ●3 : 3로 스위치
- ●15A : 전류값을 표시
- ●2P : 극수를 표시

05 전기공사에서 접지저항을 측정할 때 사용하는 측정기는 무엇인가?
① 검류기 ② 변류기
③ 메거 ④ 어스테스터

해설 전기공사에서 접지저항은 어스테스터(earth tester)를 이용한다.

05 중요도
- [2011년 4회 기출]

06 옥외용 비닐 절연전선의 약호(기호)는?
① VV ② DV
③ OW ④ NR

해설 [전선의 약호]
- OW : 옥외용 비닐 절연전선
- DV : 인입용 비닐 절연전선
- NR : 일반용 단심 비닐 절연전선
- VV : 비닐 절연 비닐시스 케이블
- RV : 고무 절연 비닐시스 케이블

06 중요도
- 전선의 약호
- [2012년 1회 기출]

07 금속관에 나사를 내기 위한 공구는?
① 오스터 ② 토치램프
③ 펜치 ④ 유압식 벤더

해설
- 오스터 : 나사를 만드는 데 이용
- 리머 : 전선관을 매끄럽게 하는 데 이용
- 클리퍼 : 굵은전선 절단 시 이용
- 홀소 : 캐비닛 등의 구멍을 뚫는 데 이용

07 중요도 ★★
- 오스터 : 금속관에 나사를 내는 데 이용
- [2012년 1회 기출]

정답 05.④ 06.③ 07.①

출제 POINT

08 [2012년 2회 기출]

08 굵은전선을 절단할 때 사용하는 전기공사용 공구는?

① 프레셔 툴　　② 녹아웃 펀치
③ 파이프 커터　④ 클리퍼

해설 [전기사용 공구]
- 클리퍼 : 굵은전선 절단 시 사용
- 녹아웃 펀치(홀소) : 캐비닛 등의 구멍을 뚫을 때 사용

09 [2012년 2회 기출]

09 전선 약호가 CN-CV-W인 케이블의 품명은?

① 동심중성선 수밀형 전력케이블
② 동심중성선 차수형 전력케이블
③ 동심중성선 수밀형 저독성 난연 전력케이블
④ 동심중성선 차수형 저독성 난연 전력케이블

해설
- CN-CV 케이블
  - 동심중성선 케이블
  - 22.9[kV-y]용
- CN-CV-W 케이블
  - 동심중성선 수밀형(방수) 케이블

10 [2012년 4회 기출]

10 폴리에틸렌절연 비닐시스 케이블의 약호는?

① DV　　② EE
③ EV　　④ OW

해설 [케이블 종류]
- DV : 인입용 비닐 절연전선
- OW : 옥외용 비닐 절연전선
- EV : 폴리에틸렌절연 비닐시스 케이블
- VV : 비닐절연 비닐시스 케이블
- RV : 고무절연 비닐시스 케이블

11 콘센트의 심볼
[2012년 4회 기출]

11 다음 중 방수형 콘센트의 심벌은?

① ⬤E　　② ⬤
③ WP　　④

정답 08.④　09.①　10.③　11.③

해설 [콘센트 심볼]

- ◐ : 일반적인 콘센트
- ◐E : 접지극 붙이 콘센트
- ◐WP : 방수형 콘센트
- ◐H : 의료용 콘센트

12 정션박스 내에서 전선을 접속할 수 있는 것은?

① S형 슬리브 ② 꽂음형 커넥터
③ 와이어 커넥터 ④ 매킹타이어

해설 box 내에서 와이어 커넥터를 이용해서 전선과 전선의 접속이 이루어진다.

13 전등 한 개를 2개소에서 점멸하고자 할 때 옳은 배선은?

①  ②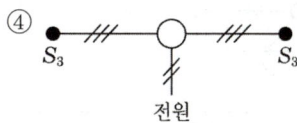

③  ④

해설 [3로 스위치 S_3]

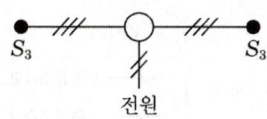

- 전원은 2가닥으로 구성 ——//——
- 3로 스위치 S_3는 3가닥 구성 ——///——

14 손작업 쇠톱날의 크기(치수 : mm)가 아닌 것은?

① 200 ② 250
③ 300 ④ 550

해설 [쇠톱날의 치수(mm)]
200, 250, 300

POINT

12. 중요도
- [2012년 5회 기출]

13. 중요도 ★★
- 3로 스위치 도면 표시 방법
- [2012년 5회 기출]

14. 중요도
- [2012년 5회 기출]

정답 12.③ 13.④ 14.④

출제 POINT

15 중요도
- [2013년 1회 기출]

15 220[V] 옥내 배선에서 백열전구를 노출로 설치할 때 사용하는 기구는?
① 리셉터클 ② 테이블 탭
③ 콘센트 ④ 코드 커넥터

해설 백열전구를 설치할 때 이용되는 기구를 리셉터클이라 한다.

16 중요도
- [2013년 2회 기출]

16 전등 1개를 2개소에서 점멸하고자 할 때 필요한 3로 스위치는 몇 개인가?
① 1개 ② 2개
③ 3개 ④ 4개

해설 전등 1개를 2개소에서 점멸하고자 할 때 2개의 3로 스위치가 필요하다.

17 중요도 ★★
- 3로 스위치 도면 표시 방법
- [2013년 4회 기출]

17 한 개의 전등을 두 곳에서 점멸할 수 있는 배선으로 옳은 것은?

①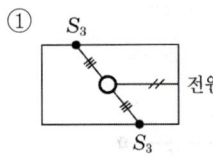
②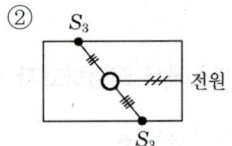
③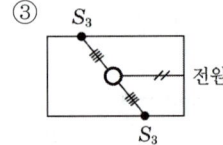
④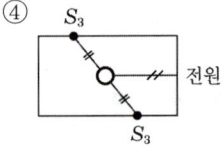

해설 [3로 스위치]

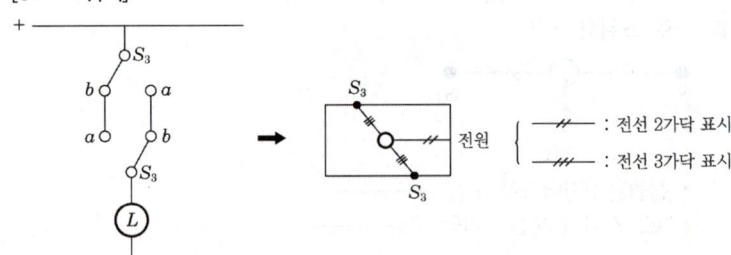

18 중요도
- [2013년 4회 기출]

18 물체의 두께, 높이, 안지름 및 바깥지름 등을 모두 측정할 수 있는 공구의 명칭은?
① 버니어 캘리퍼스 ② 마이크로미터
③ 다이얼 게이지 ④ 와이어 게이지

해설 버니어 캘리퍼스를 이용하면 물체의 두께, 깊이, 안지름, 바깥지름 등을 측정 가능하다.

정답 15.① 16.② 17.① 18.①

19 옥외용 비닐 절연전선의 약호는?

① OW   ② DV
③ NR   ④ FTC

해설 [전선의 약호]
- DV : 인입용 비닐 절연전선
- OW : 옥외용 비닐 절연전선
- NR : 일반용 단심비닐 절연전선
- NRI : 배선용 단심비닐 절연전선

19. 중요도 ★★
- 옥외용 비닐전선 약호 : OW
- [2014년 1회 기출]

20 연선 결정에 있어서 중심 소선을 뺀 층수가 2층이다. 소선의 총수 N은 얼마인가?

① 45   ② 39
③ 19   ④ 9

해설 [소선의 총수 N]
$N = 3n(n+1) + 1$ (n : 층수)
∴ $N = 3 \times 2(2+1) + 1 = 19$(개)

〈소선수 총 19개로 구성〉

20. 중요도 ★★
- 소선의 총수 $N = 3n(n+1) + 1$
- [2014년 1회 기출]

21 펜치로 절단하기 힘든 굵은 전선의 절단에 사용되는 공구는?

① 파이프 렌치   ② 파이프 커터
③ 클리퍼   ④ 와이어 게이지

해설
- 클리퍼 : 굵은 전선 절단시 사용
- 오스터 : 나사 만드는데 이용
- 리머 : 절단한 전선관을 다듬는데 이용

21. 중요도 ★
- [2014년 1회 기출]

22 전기 배선용 도면을 작성할 때 사용하는 콘센트 도면기호는?

①    ② ●
③ ○   ④ ▢

22. 중요도 ★
- 콘센트 symbol
- [2014년 2회 기출]

정답 19.① 20.③ 21.③ 22.①

해설 [심볼(symbol)]
-  : 콘센트
- ●)WP : 방수형 콘센트

23 인입용 비닐 절연전선의 공칭단면적이 8[mm²] 되는 연선의 구성은 소선의 지름이 1.2[mm]일 때 소선 수는 몇 가닥으로 되어 있는가?

① 3 ② 4
③ 6 ④ 7

해설 [소선]

소선 1가닥의 단면적 $S = \pi r^2 = \pi \left(\dfrac{d}{2}\right)^2$ (r : 반지름, d : 지름)

$\therefore S = \pi \left(\dfrac{1.2}{2}\right)^2 ≒ 1.13 [\text{mm}^2]$

소선 수 $N = \dfrac{8}{1.13} ≒ 7$ 가닥

24 전기공사 시공에 필요한 공구 사용법 설명 중 잘못된 것은?

① 콘크리트의 구멍을 뚫기 위한 공구로 타격용 임팩트 전기드릴을 사용한다.
② 스위치박스에 전선관용 구멍을 뚫기 위해 녹아웃 펀치를 사용한다.
③ 합성수지 가요전선관의 굽힘 작업을 위해 토치램프를 사용한다.
④ 금속 전선관의 굽힘 작업을 위해 파이프 밴더를 사용한다.

해설 [공구 사용]
토치램프 : 합성수지관을 굽히거나 할 때 사용한다.

25 배전반 및 분전반과 연결된 배관을 변경하거나 이미 설치되어 있는 캐비닛에 구멍을 뚫을 때 필요한 공구는?

① 오스터 ② 클리퍼
③ 토치램프 ④ 녹아웃 펀치

해설 [금속관 공사용 부품]
- 녹아웃 펀치 : 캐비닛에 구멍 뚫을 때 사용
- 오스터 : 금속관에 나사 만들 때 사용

정답 23.④ 24.③ 25.④

26 하나의 콘센트에 두 개 이상의 플러그를 꽂아 사용할 수 있는 기구는?

① 코드 접속기　　② 멀티 탭
③ 테이블 탭　　　④ 아이어 플러그

해설 멀티 탭 : 하나의 콘센트에 2개 이상의 플러그를 꽂아 사용하는 기구

27 금속관을 절단할 때 사용되는 공구는?

① 오스터　　　② 녹아웃 펀치
③ 파이프 커터　④ 파이프 렌치

해설
- 파이프 커터 : 금속관 절단 시 사용
- 녹아웃 펀치 : 캐비닛 등에 구멍을 뚫을 때 사용
- 오스터 : 금속관에 나사를 만들 때 사용

28 인입용 비닐 절연전선을 나타내는 약호는?

① OW　　② EV
③ DV　　④ NV

해설 [전선의 약호]
- OW : 옥외용 비닐 절연전선
- DV : 인입용 비닐 절연전선
- NV : 비닐 절연 네온전선
- NRI : 배선용 단심 비닐 절연전선
- HR : 내열성 고무 절연전선

29 전선 약호가 VV인 케이블의 종류로 옳은 것은?

① 0.6/1[kV] 비닐절연 비닐시스 케이블
② 0.6/1[kV] EP 고무절연 클로로프렌시스 케이블
③ 0.6/1[kV] EP 고무절연 비닐시스 케이블
④ 0.6/1[kV] 비닐절연 비닐캡타이어 케이블

해설 [전선의 약호]
- VV : 비닐절연 비닐시스 케이블
- RV : 고무절연 비닐시스 케이블
- CV : 가교폴리에틸렌절연 비닐시스 케이블
- EV : 폴리에틸렌절연 비닐시스 케이블

출제 POINT

26. 중요도
- [2014년 5회 기출]

27. 중요도 ★★
- 파이프 커터 : 금속관 절단 시 사용
- [2015년 1회 기출]

28. 중요도
- 전선의 약호
- [2015년 1회 기출]

29. 중요도
- 전선의 약호
- [2015년 2회 기출]

정답 26.② 27.③ 28.③ 29.①

출제 POINT

30 — 중요도
- 전선의 구비 조건
- [2015년 2회 기출]

31 — 중요도
- [2015년 2회 기출]

32 — 중요도
- [2015년 2회 기출]

---

30 전선의 재료로서 구비해야 할 조건이 아닌 것은?

① 기계적 강도가 클 것
② 가요성이 풍부할 것
③ 고유저항이 클 것
④ 비중이 작을 것

해설 [전선의 구비 조건]
- 기계적 강도가 클 것
- 가요성이 클 것
- 도전율이 클 것
- 비중이 작을 것
- 가선공사가 쉬울 것

31 화재 시 소방대가 조명기구나 파괴용 기구, 배연기 등 소화활동 및 인명구조활동에 필요한 전원으로 사용하기 위해 설치하는 것은?

① 상용전원장치
② 유도등
③ 비상용 콘센트
④ 비상등

해설 화재 시 소방대가 소화활동 및 인명구조활동에 필요한 전원으로 사용하기 위해 비상용 콘센트를 설치한다.

32 전등 1개를 2개소에서 점멸하고자 할 때 3로 스위치는 최소 몇 개 필요한가?

① 4개
② 3개
③ 2개
④ 1개

해설 [3로 스위치 2개]

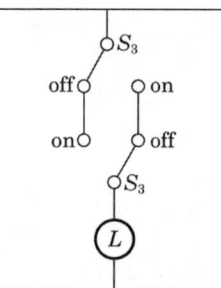

정답 30.③ 31.③ 32.③

33 전기난방기구인 전기담요나 전기장판의 보호용으로 사용되는 퓨즈는?

① 플러그 퓨즈
② 온도 퓨즈
③ 절연 퓨즈
④ 유리관 퓨즈

해설 전기담요나 전기장판은 어느 일정 온도 이상이 되면 회로가 차단되어야 하므로 온도 fuse를 보호용으로 사용한다.

34 전자접촉기 2개를 이용하여 유도전동기 1대를 정·역운전하고 있는 시설에서 전자접촉기 2대가 동시에 여자되어 상간 단락되는 것을 방지하기 위하여 구성하는 회로는?

① 자기유지 회로
② 순차제어 회로
③ Y-Δ 기동 회로
④ 인터록 회로

해설 [인터록 회로]
- 동시 동작 방지 회로
- 정·역전회로나 Y-Δ 기동 회로에는 반드시 있어야 한다.

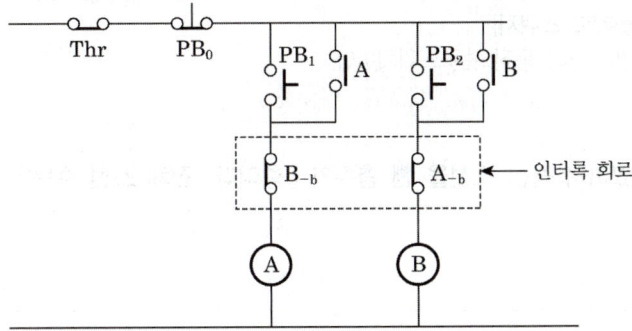

35 하나의 콘센트에 둘 또는 세 가지의 기계기구를 끼워서 사용할 때 사용되는 것은?

① 노출형 콘센트
② 키리스 소켓
③ 멀티탭
④ 아이어 플러그

해설 [멀티탭]
1개의 콘센트에 2개 이상의 기계기구를 사용 시 사용된다.

36 ACSR 약호의 품명은?

① 경동연선
② 중공연선
③ 알루미늄선
④ 강심알루미늄연선

정답 33.② 34.④ 35.③ 36.④

해설 [ACSR]
- 강심알루미늄연선
- 2종 이상의 금속선을 꼬아서 만든 연선(스틸(강)+알루미늄)

37 굵은 전선이나 케이블을 절단할 때 사용되는 공구는?
① 클리퍼 ② 펜치
③ 나이프 ④ 플라이어

해설 클리퍼 : 케이블 절단 시 사용한다.

38 물탱크의 물의 양에 따라 동작하는 자동 스위치는?
① 부동 스위치 ② 압력 스위치
③ 타임 스위치 ④ 3로 스위치

해설 [부동(플로트) 스위치]
물의 양에 따라 동작하는 스위치이다.

39 연선 결정에 있어서 중심 소선을 뺀 층수가 3층이다. 전체 소선 수는?
① 91 ② 61
③ 37 ④ 19

해설 [소선 수 N]
$N = 3n(n+1) + 1$ (n : 층수)
$= 3 \times 3(3+1) + 1$
$= 37$개

40 자동화재탐지설비의 구성요소가 아닌 것은?
① 비상콘센트 ② 발신기
③ 수신기 ④ 감지기

해설 [자동화재탐지설비 구성요소]
- 발신기
- 수신기
- 감지기
- 중계기
- 표시등

정답 37.① 38.① 39.③ 40.①

41 펜치로 절단하기 힘든 굵은 전선의 절단에 사용되는 공구는?

① 파이프 렌치 ② 파이프 커터
③ 클리퍼 ④ 와이어 게이지

해설 클리퍼 : 굵은 전선 절단 시 사용한다.

출제 POINT
41. 중요도
- 공구의 종류
- [2016년 5회 CBT]

42 전기 배선용 도면을 작성할 때 사용하는 콘센트 도면 기호는?

① ② ③ 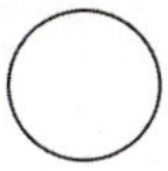 ④

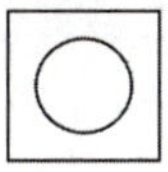

해설
- ◐ : 콘센트
- ● : 비상용 백열등
- ○ : 백열등

42. 중요도
- 콘센트의 심볼
- [2016년 5회 CBT]

43 다음 그림 기호 중 천장은폐배선은?

① ─────── ② ─ ─ ─ ─ ─
③ ·············· ④ ───●───

해설 [배선의 종류]
- ─────── : 천장은폐배선
- ─ ─ ─ ─ ─ : 바닥은폐배선
- ·············· : 노출배선

43. 중요도
- [2016년 5회 CBT]

44 옥외용 비닐 절연전선의 약호(기호)는?

① VV ② DV
③ OW ④ NR

해설 [전선의 약호]
- 옥외용 비닐 절연전선 : OW
- 인입용 비닐 절연전선 : DV
- 일반용 단심 비닐 절연전선 : NR
- 비닐절연 비닐시스 케이블 : VV

44. 중요도 ★★
- OW : 옥외용 비닐 절연전선
- DV : 인입용 비닐 절연전선
- [2016년 5회 CBT]

정답 41.③ 42.① 43.① 44.③

Chapter ❶ 배선재료와 공구 ■ **441**

출제 POINT

45. 중요도
- [2017년 1회 CBT]

46. 중요도
- 케이블의 명칭
- [2017년 1회 CBT]

47. 중요도
- [2017년 1회 CBT]

48. 중요도
- [2017년 2회 CBT]

---

45 OW 전선의 명칭은 무엇인가?

① 450/750[V] 일반용 단심 비닐 절연전선
② 배선용 단심 비닐 절연전선
③ 인입용 비닐 절연전선
④ 옥외용 비닐 절연전선

해설 [전선의 약호]
- DV : 인입용 비닐 절연전선
- OW : 옥외용 비닐 절연전선
- NR : 450/750[V] 일반용 단심 비닐 절연전선
- NRI : 배선용 단심 비닐 절연전선

46 전력 케이블로 많이 사용되는 CV 케이블의 정확한 명칭은?

① 비닐절연 비닐시스 케이블
② 가교폴리에틸렌절연 비닐시스 케이블
③ 폴리에틸렌절연 비닐시스 케이블
④ 고무절연 클로로프렌시스 케이블

해설 [케이블 명칭]
- VV : 비닐절연 비닐시스 케이블
- RV : 고무절연 비닐시스 케이블
- EV : 폴리에틸렌절연 비닐시스 케이블
- CV : 가교폴리에틸렌절연 비닐시스 케이블

47 기구 단자에 전선 접속 시 진동 등으로 헐거워지는 염려가 있는 곳에 사용되는 것은?

① 스프링와셔   ② 2중 볼트
③ 삼각 볼트   ④ 접속기

해설 [스프링와셔]
진동 시 헐거워질 우려가 있는 곳에 사용

48 다음 중 전선의 굵기를 측정하는 것은?

① 프레셔 툴   ② 스패너
③ 파이어 포트   ④ 와이어 게이지

정답 45.④ 46.② 47.① 48.④

해설
- 와이어 게이지 : 전선의 굵기를 측정
- 스패너 : 볼트나 너트를 조이거나 풀 때 사용

49 굵은 전선을 절단할 때 사용하는 전기공사용 공구는?
① 프레셔 툴 ② 녹아웃 펀치
③ 파이프 커터 ④ 클리퍼

해설 [공구]
- 클리퍼 : 굵은 전선 절단 시 사용
- 녹아웃 펀치 : 캐비닛 등에 구멍 뚫을 때 사용
- 오스터 : 전선관에 나사 만들 때 사용

49. 중요도
- 공구의 종류
- [2017년 3회 CBT]

50 전선 약호가 VV인 케이블의 종류로 옳은 것은?
① 0.6/1[kV] 비닐절연 비닐시스 케이블
② 0.6/1[kV] EP 고무절연 클로로프렌시스 케이블
③ 0.6/1[kV] EP 고무절연 비닐시스 케이블
④ 0.6/1[kV] 비닐절연 비닐캡타이어 케이블

해설 [케이블 명칭]
- VV : 비닐절연 비닐시스 케이블
- EV : 폴리에틸렌절연 비닐시스 케이블
- RV : 고무절연 비닐시스 케이블

50. 중요도
- 케이블의 명칭
- [2017년 3회 CBT]

51 다음 중 옥내에 시설하는 저압전로와 대지 사이의 절연저항 측정에 사용되는 계기는?
① 멀티테스터 ② 메거
③ 어스테스터 ④ 훅 온 미터

해설
- 메거 : 절연저항 측정에 사용
- 멀티테스터 : 전압, 전류, 저항 측정에 사용

51. 중요도
- [2017년 3회 CBT]

정답 49.④ 50.① 51.②

CHAPTER 02 전선의 접속

스스로 중요내용 정리하기

1 전선 접속 시 유의사항

① 인장 하중(전선의 세기)은 80[%] 이상 유지할 것(20% 이상 감소시키지 않을 것)
② 전기저항을 증가시키지 않을 것
③ 충분한 절연내력이 있을 것
④ 접속부분에 전기적 부식이 생기지 아니하여야 한다.
⑤ 접속기구를 이용한다.

2 전선의 접속방법

(1) 단선의 직선 접속

① 트위스트 접속
  ㉠ 6[mm^2] 이하의 가는 단선인 경우에 적용된다.
  ㉡ 벗긴 두 전선을 서로 120° 교차 시킨다.
② 브리타니아 접속
  10[mm^2] 이상의 굵은 단선인 경우에 적용된다.

(2) 단선의 분기 접속

① 트위스트 접속
  6[mm^2] 이하의 가는 단선인 경우에 적용된다.
② 브리타니아 접속
  10[mm^2] 이상의 굵은 단선인 경우에 적용된다.

(3) 쥐꼬리 접속

박스 안에서 가는 전선을 접속할 때 사용한다.

(4) 와이어 커넥터 접속

박스 안에서 쥐꼬리 접속에 사용되며, 납땜과 테이프 감기가 필요 없다.

3 절연 테이프

① 자기융착 테이프
② 고무 테이프
③ 비닐 테이프
④ 면 테이프
⑤ 리노 테이프
    ㉠ 면 테이프의 양면에 바니스를 발라 건조 시킨 테이프
    ㉡ 절연성, 내온성 및 내유성이 우수한 절연 테이프

CHAPTER 02 전선의 접속 기출문제

출제 POINT

01 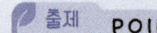 ★★★
- 전선의 접속
  - 전선의 세기 80% 이상 유지
- [2011년 1회 기출]

01 나전선 상호를 접속하는 경우 일반적으로 전선의 세기를 몇 [%] 이상 감소시키지 아니하여야 하는가?

① 2[%]   ② 3[%]
③ 20[%] ④ 80[%]

해설 [전선의 접속]
전선의 세기를 80[%] 이상 유지(20[%] 이상 감소시키지 말아야 한다.)

02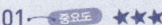
- [2011년 2회 기출]

02 옥내배선에서 전선 접속에 관한 사항으로 옳지 않은 것은?

① 전기저항을 증가시킨다.
② 전선의 강도를 20[%] 이상 감소시키지 않는다.
③ 접속슬리브, 전선접속기를 사용하여 접속한다.
④ 접속부분의 온도상승값이 접속부 이외의 온도상승값을 넘지 않도록 한다.

해설 [전선의 접속]
- 전기저항 증가시키지 말 것
- 전선의 강도는 80[%] 이상 유지
- 접속기를 사용한다.

03
- [2011년 5회 기출]

03 단면적 6[mm²] 이하의 가는 단선(동전선)의 트위스트 조인트에 해당되는 전선접속법은?

① 직선 접속
② 분기 접속
③ 슬리브 접속
④ 종단 접속

해설 [전선의 직선 접속]
- 트위스트 접속 : 단면적 6[mm²] 이하의 단선 접속 시
- 브리타니아 접속 : 직경 3.2[mm] 이상의 단선 접속 시

정답 01.③ 02.① 03.①

446 ■ [제3과목] 전기설비

04 전선을 접속하는 방법으로 틀린 것은?

① 전기저항이 증가되지 않아야 한다.
② 전선의 세기는 30[%] 이상 감소시키지 않아야 한다.
③ 접속부분은 와이어 커넥터 등 접속기구를 사용하거나 납땜을 한다.
④ 알루미늄을 접속할 때는 고시된 규격에 맞는 접속관 등의 접속기구를 사용한다.

해설 [전선의 접속방법]
- 전기저항이 증가하지 말 것
- 전선의 세기는 20[%] 이상 감소시키지 말 것

04 중요도
- 전선의 접속방법
- [2012년 2회 기출]

05 전선 접속방법 중 트위스트 직선 접속의 설명으로 옳은 것은?

① 6[mm²] 이하의 가는 단선인 경우에 적용된다.
② 6[mm²] 이상의 굵은 단선인 경우에 적용된다.
③ 연선의 직선 접속에 적용된다.
④ 연선의 분기 접속에 적용된다.

해설
- 트위스트 접속 : 단면적 6[mm²] 이하의 단선 접속에 이용
- 브리타이나 접속 : 직경 3.2[mm] 이상의 단선 접속에 이용

05 중요도
- [2012년 4회 기출]

06 기구 단자에 전선 접속 시 진동 등으로 헐거워질 염려가 있는 곳에 사용되는 것은?

① 스프링와셔   ② 2중 볼트
③ 삼각 볼트   ④ 접속기

해설 진동 등으로 헐거워질 염려가 있는 곳에는 스프링와셔를 사용하여 꽉 조여질 수 있도록 한다.

06 중요도
- [2012년 5회 기출]

07 단선의 굵기가 6[mm²] 이하인 전선을 직선 접속할 때 주로 사용하는 접속법은?

① 트위스트 접속
② 브리타니아 접속
③ 쥐꼬리 접속
④ T형 커넥터 접속

해설 [접속법]
- 트위스트 접속 : 굵기가 6[mm²] 이하의 전선 접속
- 브리타니아 접속 : 굵기가 3.2[mm] 이상의 전선 접속

07 중요도
- [2013년 1회 기출]

정답 04.② 05.① 06.① 07.①

출제 POINT

08 [2013년 1회 기출]

08 절연전선을 서로 접속할 때 사용하는 방법이 아닌 것은?
① 커플링에 의한 접속
② 와이어 커넥터에 의한 접속
③ 슬리브에 의한 접속
④ 압축 슬리브에 의한 접속

해설 [절연전선과 전선 접속 시]
- 슬리브에 의한 접속
- 압축 슬리브에 의한 접속
- 와이어 커넥터에 의한 접속

09 [2013년 2회 기출]

09 단면적 6[mm²]의 가는 단선의 직선 접속방법은?
① 트위스트 접속
② 종단 접속
③ 종단 겹침용 슬리브 접속
④ 꽂음형 커넥터 접속

해설
- 트위스트 접속 : 단면적 6[mm²] 이하의 단선의 직선 접속
- 브리타니아 접속 : 직경 3.2[mm] 이상의 단선의 직선 접속

10
- 테이프의 종류
- [2013년 2회 기출]

10 접착력은 떨어지나 절연성, 내온성, 내유성이 좋아 연피케이블의 접속에 사용되는 테이프는?
① 고무 테이프
② 리노 테이프
③ 비닐 테이프
④ 자기 융착 테이프

해설 [리노 테이프]
- 절연 테이프
- 절연성, 내온성, 내유성 우수
- 면 테이프 양면에 바니스를 칠해서 건조시켜 만든 것

11 [2013년 5회 기출]

11 단선의 직선 접속방법 중에서 트위스트 직선 접속을 할 수 있는 최대 단면적은 몇 [mm²] 이하인가?
① 2.5
② 4
③ 6
④ 10

해설 트위스트 직선 접속은 6[mm²] 이하 단선 접속에 사용한다.

정답 08.① 09.① 10.② 11.③

12 동전선의 직선 접속(트위스트 조인트)은 몇 [mm²] 이하의 전선이어야 하는가?

① 2.5
② 6
③ 10
④ 16

해설 [단선의 직선 접속]
- 트위스트 접속 : 6[mm²] 이하의 단선에 사용
- 브리타니아 접속 : 3.2[mm] 이상에 사용

13 전선 접속 시 사용되는 슬리브(Sleeve)의 종류가 아닌 것은?

① D형
② S형
③ E형
④ P형

해설 [슬리브의 종류]
- S형 : 직선 접속
- E형
- P형 : 종단 접속

14 전선 접속 시 S형 슬리브 사용에 대한 설명으로 틀린 것은?

① 전선의 끝은 슬리브의 끝에서 조금 나오는 것이 바람직하다.
② 슬리브는 전선의 굵기에 적합한 것을 선정한다.
③ 열린 쪽 홈의 측면을 고르게 눌러서 밀착시킨다.
④ 단선은 사용 가능하나 연선 접속 시에는 사용 안한다.

해설 S형 슬리브는 단선, 연선 모두 사용 가능하다.

15 단선의 직선 접속 시 트위스트 접속을 할 경우 적합하지 않은 전선규격[mm²]은?

① 2.5
② 4.0
③ 6.0
④ 10

해설 [단선의 직선 접속]
- 트위스트 접속 : 6[mm²] 이하의 단선에 사용
- 브리타니아 접속 : 직경 3.2[mm] 이상의 단선에 사용

16 전선의 접속이 불완전하여 발생할 수 있는 사고로 볼 수 없는 것은?

① 감전
② 누전
③ 화재
④ 절전

출제 POINT

12. 중요도
- [2014년 1회 기출]

13. 중요도
- 슬리브의 종류
- [2014년 2회 기출]

14. 중요도
- [2014년 4회 기출]

15. 중요도
- [2014년 4회 기출]

16. 중요도
- [2014년 5회 기출]

정답 12.② 13.① 14.④ 15.④ 16.④

> **해설** [전선 접속이 불완전하여 발생]
> - 감전사고 발생
> - 누전사고 발생
> - 화재사고 발생

17 전선을 접속하는 경우 전선의 강도는 몇 % 이상 감소시키지 않아야 하는가?

① 10　　　　　　　　② 20
③ 40　　　　　　　　④ 80

> **해설** [전선의 접속 시 전선의 강도]
> 전선의 강도는 20[%] 이상 감소시키지 말아야 한다. 즉, 80[%] 이상 항상 유지하여야 한다.

18 옥내 배선의 접속함이나 박스 내에서 접속할 때 주로 사용하는 접속법은?

① 슬리브 접속　　　　② 쥐꼬리 접속
③ 트위스트 접속　　　④ 브리타니아 접속

> **해설** 쥐꼬리 접속 : 옥내 배선의 접속함이나 박스 내에서 접속 시 이용한다(종단 접속이다).

19 전선의 접속에 대한 설명으로 틀린 것은?

① 접속부분의 전기저항을 20[%] 이상 증가되도록 한다.
② 접속부분의 인장강도를 80[%] 이상 유지되도록 한다.
③ 접속부분에 전기접속기구를 사용한다.
④ 알루미늄 전선과 구리선의 접속 시 전기적인 부식이 생기지 않도록 한다.

> **해설** [전선의 접속]
> - 접속부분의 전기저항은 증가하면 안 된다.
> - 접속부분의 인장강도를 80[%] 이상 유지
> - 접속부분은 접속기구를 사용한다.

20 전선을 접속할 경우의 설명으로 틀린 것은?

① 접속부분의 전기저항이 증가되지 않아야 한다.
② 전선의 세기를 80[%] 이상 감소시키지 않아야 한다.
③ 접속부분은 접속기구를 사용하거나 납땜을 하여야 한다.
④ 알루미늄 전선과 동선을 접속하는 경우, 전기적 부식이 생기지 않도록 해야 한다.

정답 17.② 18.② 19.① 20.②

> **해설** [전선의 접속]
> - 접속부분의 전기저항 증가하지 말 것
> - 전선의 세기를 20[%] 이상 감소시키지 말 것(80[%] 이상 유지)
> - 전기적 부식이 생기지 않아야 한다.
> - 접속기구를 사용하여야 한다.

21 전선 접속방법 중 트위스트 직선 접속의 설명으로 옳은 것은?

① 연선의 직선 접속에 적용된다.
② 연선의 분기 접속에 적용된다.
③ 6[mm²] 이하의 가는 단선인 경우에 적용된다.
④ 6[mm²] 초과의 굵은 단선인 경우에 적용된다.

> **해설** [전선의 직선 접속]
> - 트위스트 직선 접속 : 6[mm²] 이하의 단선인 경우에 적용
> - 브리타니아 직선 접속 : 10[mm²] 이상의 단선인 경우에 적용

21 중요도
■ [2016년 2회 기출]

22 전선을 접속할 때 전기저항은 증가되지 않아야 하고 전선의 세기를 몇 [%] 이상 감소시키지 않아야 하는가?

① 10[%]   ② 15[%]
③ 20[%]   ④ 25[%]

> **해설** [전선의 접속]
> - 전선의 세기를 20[%] 이상 감소시키지 말 것
> - 접속기를 사용하여 접속할 것

22 중요도
■ [2017년 1회 CBT]

23 단선의 굵기가 6[mm²] 이하인 전선을 직선 접속할 때 주로 사용하는 접속법은?

① 트위스트 접속   ② 브리타니아 접속
③ 쥐꼬리 접속   ④ T형 커넥터 접속

> **해설** [단선의 접속]
> - 트위스트 직선 접속 : 6[mm²] 이하의 단선에 사용
> - 브리타니아 직선 접속 : 10[mm²] 이상의 단선에 사용

23 중요도
■ [2017년 2회 CBT]

정답 21.③ 22.③ 23.①

CHAPTER 03 가공 인입선 / 배전선 공사

 스스로 중요내용 정리하기

1 가공 인입선

가공전선로의 지지물에서 분기하여 다른 지지물을 거치지 아니하고 수용 장소 인입구에 이르는 전선을 말한다.

(1) 전선의 종류
① 옥외용 비닐전선(OW)
② 인입용 절연전선(DV)
③ 케이블

(2) 선로 길이 50[m] 이하

(3) 전선의 굵기
① 저압 : 2.6[mm]
② 고압 : 5.0[mm]
③ 특고압 : 22[mm^2]

(4) 전선의 높이

구 분	철도 횡단[m]	도로 횡단[m]
저 압	6.5	5
고 압		6

2 연접 인입선

한 수용 장소 인입선에서 분기하여 다른 지지물을 거치지 아니하고 다른 수용장소 인입구에 이르는 전선을 말한다.
① 분기하는 점에서 100[m]를 넘지말 것
② 폭 5[m]를 넘는 도로를 횡단 금지
③ 옥내를 관통 금지
④ 저압만 이용

⑤ 굵기는 2.6[mm] 이상의 경도선 사용

3 지지물(전주)

(1) 종류
① 목주
② 철주 : 주로 송전용에 사용
③ 철근콘크리트주
  ㉠ 16[m], 700[kg]이하 : A종 철근콘크리트주
  ㉡ 기타 : B종 철근콘크리트주
  ㉢ 주로 배전용에 사용
④ 철탑 : 지선이 필요 없으며 송전용에 이용
  ㉠ 각도형
  ㉡ 직선형
  ㉢ 인류형
  ㉣ 내장형(경간의 차가 큰 곳에 사용한다)

(2) 지지물
① 안전율 : 2.0 이상
② 지지물의 근입 깊이
  ㉠ 전주의 길이 16[m] 이하, 하중 6.8[kN] 이하
    ⓐ 전주의 길이 15[m] 이하 : 전주 길이의 1/6 이상
    ⓑ 전주의 길이 15[m] 초과 : 2.5[m] 이상
  ㉡ 전주의 길이 16[m] 초과 20[m] 이하, 하중 6.8[kN] 이하
    ⓐ 2.8[m] 이상

4 지선

(1) 목적
① 지지물의 강도 보강
② 불평형 장력 감소
③ 전주가 기우는 것을 방지
④ 안전성 증가

(2) 지선의 특징

① 안전율 2.5 이상
② 소선 3가닥 이상의 연선
③ 소선은 지름 2.6[mm] 이상의 금속선
④ 허용 인장 하중 4.31[KN]
⑤ 철탑은 지선 사용 금지
⑥ 도로 횡단시 지선의 높이는 5[m] 이상
⑦ 지중부분, 지표상 30[cm]까지는 아연도금 철봉으로 시설

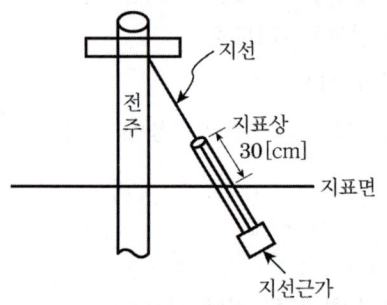

5 장주와 건주

(1) 건주

지지물을 땅에 세우는 것을 뜻한다.

(2) 장주

지지물에 전선 그 밖의 기구를 고정시키기 위하여 애자, 지선, 완금, 완목, 변압기 등을 설치하는 공정을 뜻한다.

6 근가

(1) 전주가 이동하거나 빠지지 않도록 설치하는 것을 뜻한다.

(2) 근가의 길이

전주의 길이[m]	근가의 길이[m]	근가의 깊이[m]
7	1	1.2
8	1	1.4
9	1.2	1.5
10	1.2	1.7
12	1.5	2.0

7 완금(완철)

(1) 전주에 애자와 전선을 설치하기 위하여 사용한다.

(2) 표준 길이

전선의 수	2	3
저압	900	1400
고압	1400	1800
특고압	1800	2400

※ 밴드의 종류
① 행거 밴드 : 전주에 변압기를 고정하기 위해 사용
② 완금 밴드 : 전주에 완금을 고정 시키기 위해 사용
③ 암타이 밴드 : 완금에 암타이를 고정하기 위해 사용

8 주상 변압기

(1) 변압기의 보호
① 1차측 : 컷아웃 스위치(cos) 시설하여 변압기를 보호한다.
② 2차측 : 캐치홀더(catch holder)를 설치하여 변압기를 보호하는 퓨즈이다.

(2) 행거 밴드 : 주상 변압기를 지지물에 고정시 사용한다.

(3) 변압기 높이(고압용일 때)
① 시가지 : 4.5[m] 이상
② 시가지 외 : 4[m] 이상

9 이도(Dip)

(1) 전선의 장력에 대하여 어느 정도 아래로 처지는 정도를 나타낸다.

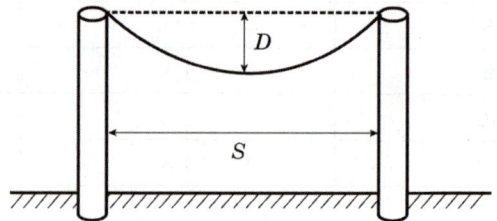

(2) 이도 D

$$D = \frac{WS^2}{8T} \ [\text{m}]$$

여기서, W : 전선무게[kg/m], S : 경간, T : 장력

(3) 전선의 실제 길이 L

$$L = S + \frac{8D^2}{3S} [m]$$

(4) 전선의 평균 높이 h

$$h = H - \frac{2}{3}D$$

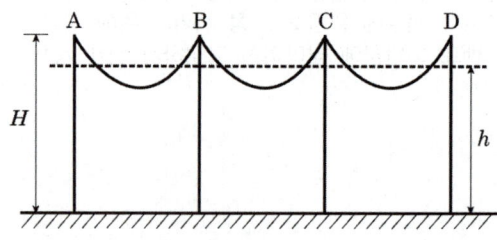

H : 전선지지점의 높이, h : 평균높이

10 지중전선로

(1) 매설 방법

① 직접매설식
   ㉠ 압력을 받을 우려가 있는 장소 : 1.2m 이상 매설
   ㉡ 기타 장소 : 0.6m 이상 매설

② 관로식
　㉠ 부하의 변경이 예상되는 장소(증설 및 교체 예상)
　㉡ 보수, 점검이 용이
　㉢ 100~300[m] 간격으로 맨홀 설치
③ 암거식
　㉠ 보통 대규모 시설에 이용된다.
　㉡ 주로 신도시에 시설한다.
　㉢ 공동구를 이용한다.

(2) 지중전선로 전선은 케이블을 사용한다.

① 케이블 종류

약 호	케이블 명칭
VV	비닐절연 비닐시스 케이블
RV	고무절연 비닐시스 케이블
CV	가교폴리에틸렌절연 비닐시스 케이블
EV	폴리에틸렌절연 비닐시스 케이블
BV	부틸고무절연 비닐시스 케이블
CVV	제어비닐절연 비닐시스 케이블

※ 특고압용 케이블
① OF-cable
② POF-cable
③ CV-cable
④ CN-CV-cable
　㉠ 동심중성선 케이블
　㉡ 배전용
　㉢ 22.9[kv-Y]에 이용

(3) 고장 위치 검출법
① 정전 용량법
② 머레이법
③ 음향법
④ 수색 코일법

CHAPTER 03 가공 인입선 / 배전선 공사 기출문제

출제 POINT

01 ★★★
- 연접 인입선의 특징
- [2011년 1회 기출]

02 ★
- 발판 볼트의 높이 – 지표상 1.8m
- [2011년 1회 기출]

03
- [2011년 1회 기출]

---

01 저압 연접 인입선의 시설과 관련된 설명으로 틀린 것은?

① 옥내를 통과하지 아니할 것
② 전선의 굵기는 1.5[mm²] 이하일 것
③ 폭 5[m]를 넘는 도로를 횡단하지 아니할 것
④ 인입선에서 분기하는 점으로부터 100[m]를 넘는 지역에 미치지 아니할 것

해설 [연접 인입선]
- 옥내는 관통하지 말 것
- 저압만 이용
- 전선의 굵기 : 2.6[mm] 이상의 경동선
- 폭 5[m] 넘는 도로는 횡단하지 말 것
- 분기점으로부터 100[m] 넘지 말 것

02 가공전선의 지지물에 승탑 또는 승강용으로 사용하는 발판 볼트 등은 지표상 몇 [m] 미만에 시설하여서는 안 되는가?

① 1.2[m]
② 1.5[m]
③ 1.6[m]
④ 1.8[m]

해설 [발판 못(볼트) 시설]
지표상 1.8[m] 미만에 시설하여서는 안 된다.

03 전선과 기구단자 접속 시 누름나사를 덜 죌 때 발생할 수 있는 현상과 거리가 먼 것은?

① 과열
② 화재
③ 절전
④ 전파잡음

해설 [누름나사가 덜 조였을 때 생길 수 있는 현상]
- 과열
- 화재
- 전파잡음
- 누전

정답 01.② 02.④ 03.③

04 가공전선로의 지지물에 지선으로 보강하여서는 안 되는 곳은?

① 목주
② A종 철근콘크리트주
③ B종 철근콘크리트주
④ 철탑

해설 철탑에는 지선을 사용하면 안된다.

출제 POINT
04 중요도
- [2011년 2회 기출]

05 전주의 길이가 15[m] 이하인 경우 땅에 묻히는 깊이는 전장의 얼마 이상인가?

① 1/8 이상
② 1/6 이상
③ 1/4 이상
④ 1/3 이상

해설 [전주의 근입 깊이]
전주의 길이 15[m] 이하일 때
$15[m] \times \frac{1}{6}$ 이상 $= 2.5[m]$ 이상

05 중요도 ★★
- 전주의 근입 깊이
  - 15m 이하일 때 $\times \frac{1}{6}$ 이상
- [2011년 2회 기출]

06 다음 중 옥내에 시설하는 저압전로와 대지 사이의 절연저항 측정에 사용되는 계기는?

① 멀티테스터
② 메거
③ 어스테스터
④ 훅 온 미터

해설 저압전로와 대지 사이의 절연저항 측정에는 메거(Megger)를 사용한다.

06 중요도
- [2011년 2회 기출]

07 가공 인입선 중 수용장소의 인입선에서 분기하여 다른 수용장소의 인입구에 이르는 전선을 무엇이라 하는가?

① 소주 인입선
② 연접 인입선
③ 본주 인입선
④ 인입 간선

해설
- 수용장소의 인입선에서 분기하여 다른 수용장소의 인입구에 이르는 전선을 연접 인입선이라 한다.
- 저압에만 사용한다.

07 중요도
- [2011년 2회 기출]

08 전선과 기구단자 접속 시 나사를 덜 죄었을 경우 발생할 수 있는 위험과 거리가 먼 것은?

① 누전
② 화재 위험
③ 과열 발생
④ 저항 감소

08 중요도
- [2011년 2회 기출]

정답 04.④ 05.② 06.② 07.② 08.④

Chapter ❸ 가공 인입선 / 배전선 공사

출제 POINT

09 [2011년 4회 기출]

해설 [전선과 기구단자 접속 시 나사를 덜 죄었을 때 발생하는 위험]
- 저항 증가
- 누전
- 화재 위험
- 과열 발생 등

09 최대사용전압이 70[kV]인 중성점 직접접지식 전로의 절연내력 시험전압은 몇 [V]인가?

① 35,000[V]   ② 42,000[V]
③ 44,800[V]   ④ 50,400[V]

해설 [절연내력 시험전압(중성점 접지식)]
- 7[kV] 초과 25[kV] 이하 : 배율 0.92배
- 25[kV] 초과 60[kV] 이하 : 배율 1.25배
- 60[kV] 초과 170[kV] 이하 : 배율 1.1배
- 60[kV] 초과 170[kV] 이하(직접접지식) : 0.72배
- 170[kV] 초과 : 0.64배
- ∴ 시험전압=70[kV]×0.72=50,400[V]=50.4[kV]

10 전선로의 매설 깊이
[2011년 4회 기출]

10 지중전선로를 직접 매설식에 의하여 시설하는 경우 차량의 압력을 받을 우려가 있는 장소의 매설 깊이는?

① 0.6[m] 이상   ② 0.8[m] 이상
③ 1.0[m] 이상   ④ 1.2[m] 이상

해설 [전선로의 매설 깊이]
- 차량의 압력을 받을 우려가 있는 경우 : 1.2[m] 이상
- 차량의 압력을 받을 우려가 없는 경우 : 0.6[m] 이상

11 [2011년 4회 기출]

11 전주의 길이가 16[m]인 지지물을 건주하는 경우 땅에 묻히는 최소 깊이는 몇 [m]인가? (단, 설계하중이 6.8[kN] 이하이다.)

① 1.5   ② 2
③ 2.5   ④ 3

해설 [전주의 근입 깊이 h]
- 전주의 길이가 15[m] 이하 : 전주 길이의 $\frac{1}{6}$ 이상(설계 하중이 6.8[kN] 이하)
- 전주의 길이가 15[m] 초과 : 2.5[m] 이상(설계 하중이 6.8[kN] 이하)

정답 09.④ 10.④ 11.③

12 하나의 수용장소의 인입선 접속점에서 분기하여 지지물을 거치지 아니하고 다른 수용장소의 인입선 접속점에 이르는 전선은?

① 가공 인입선
② 구내 인입선
③ 연접 인입선
④ 옥측 배선

해설 [연접 인입선]
- 저압만 이용
- 도로 폭 5[m] 이상 횡단 금지
- 옥내 관통 금지
- 분기점으로부터 거리가 100[m] 넘지 말 것

12 중요도
- [2011년 4회 기출]

13 전주의 길이가 15[m] 이하인 경우 땅에 묻히는 깊이는 전주 길이의 얼마 이상으로 하여야 하는가?

① 1/2
② 1/3
③ 1/5
④ 1/6

해설 [전주의 근입 깊이 h]
전주의 길이가 15[m] 이하, 하중이 6.8[kN] 이하 : 전주 길이의 $\frac{1}{6}$ 이상
$$h = 15 \times \frac{1}{6} = 2.5[m]$$

13 중요도
- [2011년 5회 기출]

14 연접 인입선 시설 제한규정에 대한 설명으로 잘못된 것은?

① 분기하는 점에서 100[m]를 넘지 않아야 한다.
② 폭 5[m]를 넘는 도로를 횡단하지 않아야 한다.
③ 옥내를 통과해서는 안 된다.
④ 분기하는 점에서 고압의 경우에는 200[m]를 넘지 않아야 한다.

해설 [연접 인입선]
- 저압만 사용
- 분기점에서 100[m] 넘지 말 것
- 폭 5[m] 넘는 도로 횡단 금지
- 옥내 관통 금지

14 중요도
- [2011년 5회 기출]

15 480[V] 가공 인입선이 철도를 횡단할 때 레일면상의 최저 높이는 몇 [m]인가?

① 4[m]
② 4.5[m]
③ 5.5[m]
④ 6.5[m]

15 중요도 ★★
- 철도 횡단 시 최저 높이 : 6.5m
- [2012년 1회 기출]

정답 12.③ 13.④ 14.④ 15.④

해설 [가공 인입선 높이]
480[V]는 저압

구분	도로 횡단	철도 궤도 횡단
저압	5[m]	6.5[m]
고압	6[m]	6.5[m]

16 저압 연접 인입선은 인입선에서 분기하는 점으로부터 몇 [m]를 넘지 않는 지역에서 시설하고 폭 몇 [m]를 넘는 도로를 횡단하지 않아야 하는가?

① 50[m], 4[m]
② 100[m], 5[m]
③ 150[m], 6[m]
④ 200[m], 8[m]

해설 [연접 인입선]
- 저압일 것
- 폭이 5[m] 이상 도로 관통 금지
- 분기점으로부터 100[m] 넘지 말 것
- 옥내 관통 금지

17 도로를 횡단하여 시설하는 지선의 높이는 지표상 몇 [m] 이상이어야 하는가?

① 5[m]
② 6[m]
③ 8[m]
④ 10[m]

해설 [지선]
- 안전율 2.5 이상
- 소선 3가닥 이상의 연선
- 소선의 지름 2.6[mm] 이상
- 도로 횡단 시 지선의 높이는 5[m] 이상

18 배전용 전기기계기구인 COS(컷아웃 스위치)의 용도로 알맞은 것은?

① 배전용 변압기의 1차측에 시설하여 변압기의 단락보호용으로 쓰인다.
② 배전용 변압기의 2차측에 시설하여 변압기의 단락보호용으로 쓰인다.
③ 배전용 변압기의 1차측에 시설하여 배전 구역 전환용으로 쓰인다.
④ 배전용 변압기의 2차측에 시설하여 배전 구역 전환용으로 쓰인다.

해설
- COS(cut out switch)
  - 변압기 1차측에 시설하여 변압기 보호용으로 쓰인다.
- 캐치홀더(catch holder)
  - 변압기 2차측에 시설하는 fuse이며 변압기 보호용으로 쓰인다.

정답 16.② 17.① 18.①

19 고압 가공 인입선이 일반적인 도로 횡단 시 설치 높이는?

① 3[m] 이상   ② 3.5[m] 이상
③ 5[m] 이상   ④ 6[m] 이상

해설 [가공 인입선 높이]

	저압	고압
도로 횡단	5[m]	6[m]
철도 횡단	6.5[m]	6.5[m]

19. ★★
- 고압의 가공 인입선의 도로 횡단 시 높이－6[m] 이상
- [2012년 4회 기출]

20 고압 보안공사 시 고압 가공전선로의 경간은 철탑의 경우 얼마 이하이어야 하는가?

① 100[m]   ② 150[m]
③ 400[m]   ④ 600[m]

해설 [경간]

종류	표준경간	저·고압(보안공사)
A종·목주	150[m]	100[m]
B종	250[m]	150[m]
철탑	600[m]	400[m]

20.
- [2012년 5회 기출]

21 저압 가공전선 또는 고압 가공전선이 도로를 횡단하는 경우 전선의 지표상 최소 높이는?

① 2[m]   ② 3[m]
③ 5[m]   ④ 6[m]

해설 [가공전선로(저·고압)]
- 도로 횡단 : 6[m] 이상
- 철도, 궤도 횡단 : 6.5[m] 이상
- 기타 : 5[m] 이상
- 횡단보도교
  - 저압 : 3.5[m] 이상
  - 고압 : 4[m] 이상

21. ★★
- 저·고압 가공전선의 도로 횡단 － 6[m] 이상
- [2012년 5회 기출]

정답 19.④ 20.③ 21.④

Chapter ❸ 가공 인입선 / 배전선 공사 ■ 463

출제 POINT

22 [2012년 5회 기출]

22 A종 철근콘크리트주의 전장이 15[m]인 경우에 땅에 묻히는 깊이는 최소 몇 [m] 이상으로 해야 하는가? (단, 설계하중은 6.8[kN] 이하)

① 2.5　　② 3.0
③ 3.5　　④ 4.7

해설 [전주의 근입 깊이]
전주의 길이 15[m] 이하일 때 전주길이의 $\frac{1}{6}$이므로
근입 깊이 $= 15 \times \frac{1}{6} = 2.5[m]$

23 [2013년 1회 기출]

23 저압 연접 인입선의 시설 방법으로 틀린 것은?

① 인입선에서 분기되는 점에서 150[m]를 넘지 않도록 할 것
② 일반적으로 인입선 접속점에서 인입구 장치까지의 배선은 중도에 접속점을 두지 않도록 할 것
③ 폭 5[m]를 넘는 도로를 횡단하지 않도록 할 것
④ 옥내를 통과하지 않도록 할 것

해설 [연접 인입선]
- 분기점으로부터 100[m] 이내
- 도로 폭 5[m] 이상일 때 횡단 금지
- 옥내 관통 금지
- 저압에서만 사용

24 ★
- 가공전선로의 지지물 종류
- [2013년 1회 기출]

24 가공전선로의 지지물이 아닌 것은?

① 목주　　② 지선
③ 철근콘크리트주　　④ 철탑

해설 [지지물의 종류]
- 목주
- 철주 : 강관주, 강관조립주
- 철근콘크리트주
- 철탑

정답 22.①　23.①　24.②

25 사용전압이 35[kV] 이하인 특고압 가공전선과 220[V] 가공전선을 병가할 때, 가공전선로 간의 이격거리는 몇 [m] 이상이어야 하는가?

① 0.5   ② 0.75
③ 1.2   ④ 1.5

해설 [병가]
- 전력선과 전력선을 동일 지지물에 시설한다.
- 35[kV] 이하 - 고·저압 : 1.2[m] 이상
- 60[kV] 이하 - 고·저압 : 2[m] 이상

■ [2013년 1회 기출]

26 다음의 그림기호가 나타내는 것은?

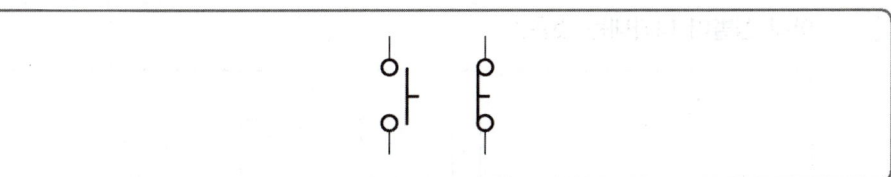

① 한시계전기 접점   ② 전자접촉기 접점
③ 수동 조작 접점   ④ 조작개폐기 잔류 접점

해설 [PB(push button switch)]
- 수동 동작 자동 복귀

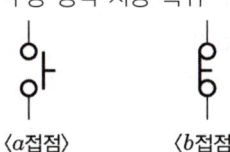

⟨a접점⟩   ⟨b접점⟩

■ [2013년 1회 기출]

27 저압 가공 인입선의 인입구에 사용하며 금속관 공사에서 끝 부분의 빗물 침입을 방지하는 데 적당한 것은?

① 플로어 박스   ② 엔트런스 캡
③ 부싱   ④ 터미널 캡

해설 [공사용품]
- 엔트런스 캡(우에사 캡) : 인입선의 인입구에 사용하며 빗물 침입 방지용으로 사용
- 부싱 : 전선의 피복을 보호하기 위해 사용
- 플로어 박스 : 바닥 밑으로 배선 시 사용
- 로트너트 : 관과 박스를 접속 시 사용

■ [2013년 2회 기출]

정답 25.③ 26.③ 27.②

Chapter ❸ 가공 인입선 / 배전선 공사

출제 POINT

28. 중요도
- 전주의 근입 깊이
  - 15m 이하일 때 $\times \frac{1}{6}$ 이상
- [2013년 4회 기출]

29. 중요도
- [2013년 5회 기출]

30. 중요도
- [2013년 5회 기출]

---

28 설계하중 6.8[kN] 이하의 철근콘크리트 전주의 길이가 7[m]인 지지물을 건주하는 경우 땅에 묻히는 깊이로 가장 옳은 것은?

① 1.2[m] ② 1.0[m]
③ 0.8[m] ④ 0.6[m]

해설 [전주의 근입 깊이]
- 전주의 길이 15[m] 이하, 설계하중 6.8[kN] 이하 : 전주 길이의 $\frac{1}{6}$ 이상
- 전주의 길이 15[m] 초과, 설계하중 6.8[kN] 이하 : 2.5[m] 이상

∴ 전주 근입 깊이 $= 7 \times \frac{1}{6} \fallingdotseq 1.17[m]$

29 아래 심벌이 나타내는 것은?

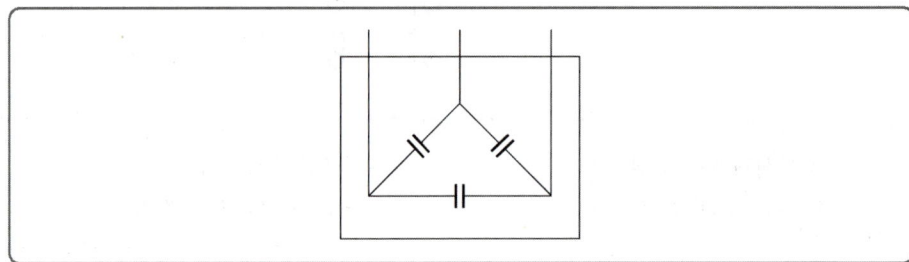

① 저항 ② 진상용 콘덴서
③ 유입개폐기 ④ 변압기

해설 [역률 개선용 콘덴서]
- 진상용 콘덴서
- $V-I$의 위상차를 줄여서 역률($\cos\theta$)을 감소시키는 데 이용된다.

30 전주의 길이가 16[m]인 지지물을 건주하는 경우 땅에 묻히는 최소 길이는 몇 [m]인가? (단, 설계하중이 6.8[kN] 이하이다.)

① 1.5 ② 2.0
③ 2.5 ④ 3.5

해설 [전주의 근입 깊이]
- 전주의 길이 15[m] 이하, 설계하중 6.8[kN] 이하 : 전주길이의 $\frac{1}{6}$ 이상
- 전주의 길이 15[m] 초과, 설계하중 6.8[kN] 이하 : 2.5[m] 이상

정답 28.① 29.② 30.③

31 가공전선로의 지지물에서 다른 지지물을 거치지 아니하고 수용장소의 인입선 접속점에 이르는 가공전선을 무엇이라 하는가?

① 옥외 전선
② 연접 인입선
③ 가공 인입선
④ 관등회로

해설 [가공 인입선]
- 가공전선로의 지지물에서 다른 지지물을 거치지 않고 수용장소의 인입선 접속점에 이르는 가공전선
- 굵기
  - 저압 : 2.6[mm]
  - 고압 : 5.0[mm]
  - 특고압 : 22[mm^2]

31. [2014년 1회 기출]

32 자가용 전기설비의 보호 계전기의 종류가 아닌 것은?

① 과전류 계전기
② 과전압 계전기
③ 부족전압 계전기
④ 부족전류 계전기

해설 [보호 계전기 종류]
- OCR : 과전류 계전기
- OVR : 과전압 계전기
- UVR : 부족전압 계전기
- DfR : 차동 계전기
- RDfR : 비율차동 계전기
- 거리 계전기

32.
- 보호 계전기의 종류
- [2014년 1회 기출]

33 차량, 기타 중량물의 압력을 받을 우려가 있는 장소에 지중전선로를 직접 매설식으로 매설하는 경우 매설 깊이는?

① 60[cm] 미만
② 60[cm] 이상
③ 120[cm] 미만
④ 120[cm] 이상

해설 [매설 깊이]
- 압력을 받을 우려가 있을 경우 : 120[cm] 이상
- 압력을 받을 우려가 없는 경우 : 60[cm] 이상

33. [2014년 1회 기출]

정답 31.③ 32.④ 33.④

34 [2014년 2회 기출]

34 일반적으로 저압 가공 인입선이 도로를 횡단하는 경우 노면상 시설하여야 할 높이는?

① 4[m] 이상 ② 5[m] 이상
③ 6[m] 이상 ④ 6.5[m] 이상

해설 [저압 가공 인입선의 설치 높이]

구분	도로 횡단	철도 궤도 횡단
저압	5[m]	6.5[m]
고압	6[m]	6.5[m]

35 [2014년 2회 기출]

35 가공전선로의 지지물에 시설하는 지선은 지표상 몇 [cm]까지의 부분에 내식성이 있는 것 또는 아연도금을 한 철봉을 사용하여야 하는가?

① 15 ② 20
③ 30 ④ 50

해설 [지선]
- 안전율은 2.5 이상
- 소선의 지름 2.6[mm] 이상의 금속선 사용
- 소선 3가닥 이상의 연선
- 지중 및 지표상 30[cm]까지는 내식성 또는 아연도금한 철봉 사용

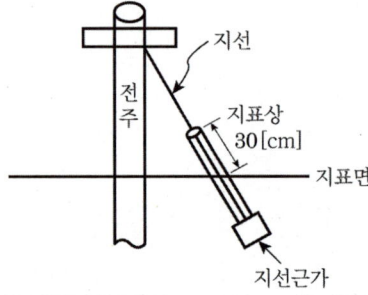

36 [2014년 4회 기출]

36 저압 옥내용 기기에 접지공사를 하는 주된 목적은?

① 이상전류에 의한 기기의 손상 방지
② 과전류에 의한 감전 방지
③ 누전에 의한 감전 방지
④ 누전에 의한 기기의 손상 방지

해설 [접지공사의 목적]
누전에 의한 감전사고 방지를 위해

정답 34.② 35.③ 36.③

37 지지물의 지선에 연선을 사용하는 경우 소선 몇 가닥 이상의 연선을 사용하는가?

① 1   ② 2
③ 3   ④ 4

해설 [지선]
- 지지물의 강도 보강
- 안전율은 2.5 이상
- 소선 3가닥 이상의 연선으로 구성
- 소선의 지름이 2.6[mm] 이상의 금속선

37. 중요도 ★
- 소선의 가닥수 : 3가닥
- [2014년 4회 기출]

38 고압 가공전선로의 지지물 중 지선을 사용해서는 안 되는 것은?

① 목주
② 철탑
③ A종 철주
④ A종 철근콘크리트주

해설 철탑에는 지선을 사용하지 않는다.

38. 중요도
- [2014년 4회 기출]

39 저압 연접 인입선의 시설과 관련된 설명으로 잘못된 것은?

① 옥내를 통과하지 아니할 것
② 전선의 굵기는 1.5[mm²] 이하일 것
③ 폭 5[m]를 넘는 도로를 횡단하지 아니할 것
④ 인입선에서 분기하는 점으로부터 100[m]를 넘는 지역에 미치지 아니할 것

해설 [연접 인입선]
- 저압에서만 사용
- 옥내 관통 금지
- 분기점에서 100[m] 넘지 말 것
- 폭 5[m] 넘는 도로 횡단하지 말 것

39. 중요도
- [2014년 4회 기출]

정답 37.③ 38.② 39.②

출제 POINT

40 [2014년 5회 기출]

40 저압 인입선 공사 시 저압 가공 인입선의 철도 또는 궤도를 횡단하는 경우 레일면상에서 몇 [m] 이상 시설하여야 하는가?

① 3
② 4
③ 5.5
④ 6.5

해설 [인입선 공사 시 높이(저압)]
- 도로 횡단 시 : 5[m]
- 철도 또는 궤도 횡단 시 : 6.5[m]
- 기타 : 4[m]

41
- 전주의 근입 깊이
- [2014년 5회 기출]

41 전주의 길이가 16[m]이고, 설계하중이 6.8[kN] 이하인 철근콘크리트주를 시설할 때 땅에 묻히는 깊이는 몇 [m] 이상이어야 하는가?

① 1.2
② 1.4
③ 2.0
④ 2.5

해설 [전주의 근입 깊이(m)]
- 전주길이 15[m] 이하 : 전주길이 $\frac{1}{6}$ 이상(단, 하중이 6.8[kN] 이하)
- 전주길이 15[m] 초과 : 2.5[m] 이상(단, 하중이 6.8[kN] 이하)
- 전주길이 16[m] 초과 ~ 20[m] 이하 : 2.8[m] 이상(단, 하중이 6.8[kN] 이하)

42 [2015년 1회 기출]

42 지중전선로 시설 방식이 아닌 것은?

① 직접매설식
② 관로식
③ 트리이식
④ 암거식

해설 [지중전선로 방식]
- 직접매설식 : - 압력을 받는 경우 : 1.2[m]
  - 압력을 받지 않는 경우 : 0.6[m]
- 관로식
- 암거식(대규모)

43 [2015년 1회 기출]

43 저압 가공전선이 철도 또는 궤도를 횡단하는 경우에는 레일면상 몇 [m] 이상이어야 하는가?

① 3.5
② 4.5
③ 5.5
④ 6.5

정답 40.④ 41.④ 42.③ 43.④

해설 [저압 가공선의 높이]
- 철도, 궤도 횡단 : 6.5[m] 이상
- 도로 횡단 : 6[m] 이상
- 기타 : 5[m] 이상

44 저압 2조의 전선을 설치 시, 크로스 완금의 표준길이[mm]는?

① 900
② 1,400
③ 1,800
④ 2,400

해설 [완금의 표준길이(mm)]

전선의 조수	저압	고압	특고압
2	900	1,400	1,800
3	1,400	1,800	2,400

44. 중요도 ★
- 완금의 표준길이 (저압, 고압, 특고압)
- [2015년 2회 기출]

45 가공전선 지지물의 기초 강도는 주체(主體)에 가하여지는 곡하중(曲荷重)에 대하여 안전율은 얼마 이상으로 하여야 하는가?

① 1.0
② 1.5
③ 1.8
④ 2.0

해설 기초 안전율은 2.0 이상이어야 한다.

45. 중요도
- [2015년 2회 기출]

46 접지저항값에 가장 큰 영향을 주는 것은?

① 접지선 굵기
② 접지전극 크기
③ 온도
④ 대지저항

해설 대지저항은 접지저항에 큰 영향을 미친다.

46. 중요도
- [2015년 2회 기출]

47 가공전선로의 지지물에서 다른 지지물을 거치지 아니하고 수용장소의 인입선 접속점에 이르는 가공전선을 무엇이라 하는가?

① 연접 인입선
② 가공 인입선
③ 구내 전선로
④ 구내 인입선

47. 중요도
- [2015년 4회 기출]

정답 44.① 45.④ 46.④ 47.②

해설
- 가공 인입선 : 가공전선로의 지지물에서 다른 지지물을 거치지 아니하고 수용장소의 인입선의 접속점에 이르는 가공전선
- 연접 인입선
  - 한 수용장소의 인입선에서 분기하여 다른 수용장소의 인입선의 접속점에 이르는 전선
  - 내부 통과 금지
  - 폭 5[m] 도로 횡단 금지
  - 길이 100[m] 이하일 것

48 저압 연접 인입선의 시설규정으로 적합한 것은?

① 분기점으로부터 90[m] 지점에 시설
② 6[m] 도로를 횡단하여 시설
③ 수용가 옥내를 관통하여 시설
④ 지름 1.5[mm] 인입용 비닐 절연전선을 사용

해설 [연접 인입선]
- 옥내를 관통하지 말 것
- 5[m] 도로 횡단 금지
- 분기점으로부터 100[m] 이내일 것
- 저압일 것

49 지중전선을 직접매설식에 의하여 시설하는 경우 차량, 기타 중량물의 압력을 받을 우려가 있는 장소의 매설 깊이[m]는?

① 0.6[m] 이상
② 1.2[m] 이상
③ 1.5[m] 이상
④ 2.0[m] 이상

해설 [지중전선의 매설 깊이]
- 중량물의 압력을 받을 우려가 있는 경우 : 1.2[m] 이상
- 중량물의 압력을 받을 우려가 없는 경우 : 0.6[m] 이상

50 화약류 저장소에서 백열전등이나 형광등 또는 이들에 전기를 공급하기 위한 전기설비를 시설하는 경우 전로의 대지전압[V]은?

① 100[V] 이하
② 150[V] 이하
③ 220[V] 이하
④ 300[V] 이하

해설 백열등, 형광등의 대지전압 : 300[V] 이하

정답 48.① 49.② 50.④

51 접지저항 측정방법으로 가장 적당한 것은?

① 절연저항계
② 전력계
③ 교류의 전압, 전류계
④ 콜라우시 브리지

해설 [콜라우시-브리지 회로]
- 접지저항 측정
- 건전지 내부저항 측정
- 전해액의 내부저항 측정

출제 POINT

51. 중요도
- 콜라우시-브리지 회로
- [2015년 4회 기출]

52 주상변압기의 1차측 보호장치로 사용하는 것은?

① 컷아웃 스위치
② 자동구분개폐기
③ 캐치홀더
④ 리클로저

해설 [주상변압기의 보호장치]
- 컷아웃 스위치(COS : cut out switch) : 변압기 1차측에 시설한다.
- 캐치 홀더 : 변압기 2차측에 시설한다.

52. 중요도
- COS : 변압기 1차측에 시설
- [2015년 5회 기출]

53 변압기 중성점에 접지공사를 하는 이유는?

① 전류 변동의 방지
② 전압 변동의 방지
③ 전력 변동의 방지
④ 고저압 혼촉 방지

해설 [변압기 중성점 접지공사]
- 접지공사 : 고저압 혼촉 방지
- 전선은 케이블 사용

53. 중요도
- [2016년 1회 기출]

54 고압 가공전선로의 지지물로 철탑을 사용하는 경우 경간은 몇 [m] 이하로 제한하는가?

① 150
② 300
③ 500
④ 600

해설 [경간]

종류	경간
A종, 목주	150[m] 이하
B종	250[m] 이하
철탑	600[m] 이하

54. 중요도
- [2016년 1회 기출]

정답 51.④ 52.① 53.④ 54.④

55
A종 철근콘크리트주의 길이가 9[m]이고, 설계하중이 6.8[kN]인 경우 땅에 묻히는 깊이는 최소 몇 [m] 이상이어야 하는가?

① 1.2
② 1.5
③ 1.8
④ 2.0

해설 [지지물 근입 깊이]
- 전주의 길이 15[m] 이하 : 전주 길이의 $\frac{1}{6}$ 이상(단, 하중이 6.8[kN] 이하)

  $\therefore 9 \times \frac{1}{6} = 1.5[m]$

- 전주의 길이 15[m] 초과 : 2.5[m] 이상(단, 하중이 6.8[kN] 이하)

56
일반적으로 저압 가공 인입선이 도로를 횡단하는 경우 노면상 시설하여야 할 높이는?

① 4[m] 이상
② 5[m] 이상
③ 6[m] 이상
④ 6.5[m] 이상

해설 [가공 인입선]

	도로 횡단	철도 횡단
저압	5[m]	6.5[m]
고압	6[m]	6.5[m]

57
지선의 중간에 넣는 애자의 명칭은?

① 구형애자
② 곡핀애자
③ 현수애자
④ 핀애자

해설 [지선애자]

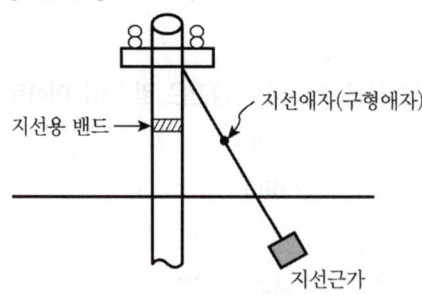

정답 55.② 56.② 57.①

58 다음 중 접지의 목적으로 알맞지 않은 것은?

① 감전의 방지 ② 전로의 대지전압 상승
③ 보호 계전기의 동작 확보 ④ 이상전압의 억제

해설 [접지의 목적]
- 감전 방지
- 지락시 대지전압 상승 억제
- 계전기 동작 확보
- 이상전압 방지

59 접지공사에서 접지극에 동봉을 사용할 때 최소 길이는?

① 1[m] ② 1.2[m]
③ 0.9[m] ④ 0.6[m]

해설 [접지전극 시설]
- 동봉 : 지름 8[mm], 길이 0.9[m] 이상
- 동판 : 두께 0.7[mm] 이상, 면적 900[cm²] 이상
- 강봉 : 지름 12[mm], 길이 0.9[m] 이상

60 가공전선로의 지지물에 하중이 가하여지는 경우에 그 하중을 받는 지지물의 기초안전율은 일반적으로 얼마 이상이어야 하는가?

① 1.5 ② 2.0
③ 2.5 ④ 4.0

해설 [안전율]
- 지지율 기초 안전율 : 2.0
- 이상 시 목주
  - 저압 : 1.2 이상
  - 고압 : 1.3 이상
  - 특고압 : 1.5 이상
- 철탑 : 1.33 이상

61 전주를 건주할 경우에 A종 철근콘크리트주의 길이가 10[m]이면 땅에 묻는 표준 깊이는 최저 약 몇 [m]인가? (단, 설계하중이 6.8[kN] 이하이다.)

① 2.5 ② 3.0
③ 1.7 ④ 2.4

정답 58.② 59.③ 60.② 61.③

해설 [전주의 땅의 근입 깊이]
- 전주의 길이 15[m] 이하 : 전주 길이의 $\frac{1}{6}$ 이상
  ∴ 깊이 $= 10 \times \frac{1}{6} = 1.66$[m]이므로 최저 1.7[m]
- 전주 길이 15[m] 초과 : 2.5[m] 이상

62 [2017년 1회 CBT]

62 저압 연접 인입선의 시설과 관련된 설명으로 알맞은 것은?
① 옥내를 통과하지 아니할 것
② 전선의 굵기는 1.5[mm²] 이하일 것
③ 폭 6[m]를 넘는 도로를 횡단하지 아니할 것
④ 인입선에서 분기하는 점으로부터 150[m]를 넘는 지역에 미치지 아니할 것

해설 [저압 연접 인입선]
- 옥내 관통 금지
- 저압만 이용
- 도로폭 5[m] 이상 횡단 금지
- 굵기 2.6[mm] 이상의 경동선
- 분기점으로부터 100[m] 이하

63 [2017년 2회 CBT]

63 가공전선로 지지물의 승탑 및 승주방지에서 가공전선로의 지지물에 취급자가 오르고 내리는데 사용하는 발판 볼트 등은 지표상 몇 [m] 미만에 시설하여서는 아니되는가?
① 1.2　　② 1.8
③ 2.4　　④ 3.0

해설 [발판 못, 발판 볼트 높이]
1.8[m] 이상에 시설

64 [2017년 3회 CBT]

64 가공전선로의 지지물이 아닌 것은?
① 목주　　② 지선
③ 철근콘크리트주　　④ 철탑

해설 [지지물]
- 목주
- 철주
- 철근콘크리트주
- 철탑

정답 62.① 63.② 64.②

65 변압기의 보호 및 개폐를 위해 사용되는 특고압 컷아웃 스위치는 변압기 용량의 몇 [kVA] 이하에 사용되는가?

① 100[kVA] ② 200[kVA]
③ 300[kVA] ④ 400[kVA]

해설 [COS]
- 변압기 1차측에 시설하여 변압기 보호에 이용된다.
- 변압기 용량이 300[kVA] 이하에서 사용

65
- [2017년 3회 CBT]

66 저압 가공전선과 고압 가공전선을 동일 지지물에 시설하는 경우 상호 이격거리는 몇 [cm] 이상이어야 하는가?

① 20[cm] ② 30[cm]
③ 40[cm] ④ 50[cm]

해설 [병가]
- 전력선과 전력선을 같은 지지물에 시설
- 저·고압 병가 : 0.5[m] 이상
- 35[kV] 이하 : 1.2[m] 이상

66
- [2017년 3회 CBT]

67 설계하중 6.8[kN] 이하인 철근콘크리트 전주의 길이가 7[m]인 지지물을 건주하는 경우 땅에 묻히는 깊이로 가장 옳은 것은?

① 1.2[m] ② 1.0[m]
③ 0.8[m] ④ 0.6[m]

해설 [전주의 근입 깊이 h]
$$h = 7 \times \frac{1}{6} ≒ 1.2[m]$$

67
- 전주의 근입 깊이
- [2017년 3회 CBT]

정답 65.③ 66.④ 67.①

CHAPTER 04 배선반 공사

1 전압의 종별

구 분	직류	교류
저압	1,500[v] 이하	1,000[v] 이하
고압	7,000[v] 이하	
특고압	7,000[v] 초과	

2 전원 공급 방식

(1) 단상 2선식

① 회로도

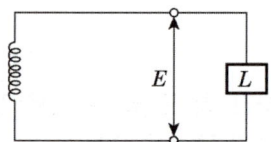

② 특징
  ㉠ 구성이 간단하다.
  ㉡ 부하의 불평형이 없다.
  ㉢ 전력손실이 크다.
  ㉣ 공급 전력 $P = VI\cos\theta$
  ㉤ 1선당 공급 전력 $P' = \dfrac{P}{2} = 0.5VI$

(2) 단상 3선식

① 회로도

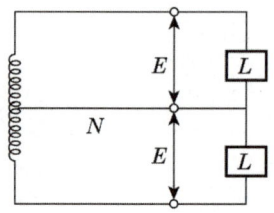

② 특징
- ㉠ 부하를 110/220[V] 동시 사용
- ㉡ 부하의 불평형이 있다.
- ㉢ 공급 전력 $P = 2VI\cos\theta$
- ㉣ 1선당 공급 전력 $P' = \dfrac{P}{3} = 0.67VI$
- ㉤ 전선 소요량이 적다.
- ㉥ 전압강하, 전력손실이 적다.
- ㉦ 설비 불평형률
  - ⓐ 부하 불평형으로 인한 전력손실이 커진다.
  - ⓑ 설비불평형률 = $\dfrac{\text{중성선과 각 전압측전선 간에 접속되는 부하설비용량[kVA]의 차}}{\text{총부하설비용량[kVA]의 1/2}}$

(3) 3상 3선식

① 회로도

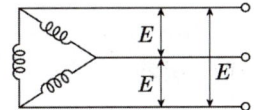

② 특징
- ㉠ 2선식에 비해 동량이 적다.
- ㉡ 공급 전력 $P = \sqrt{3}\,VI\cos\theta$
- ㉢ 1선당 공급 전력 $P' = \dfrac{P}{3} = 0.57VI$

(4) 3상 4선식

① 회로도

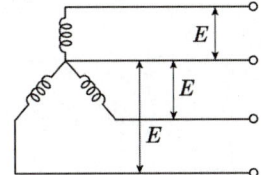

② 특징
- ㉠ 부하의 불평형이 발생한다.
- ㉡ 공급 전력 $P = 3VI\cos\theta$
- ㉢ 1선당 공급 전력 $P' = \dfrac{P}{4} = 0.75VI$

(5) 중량비 비교

① 전선의 중량 W

W = 비중(일정) × 길이(일정) × 전선 가닥수 × 단면적

② 중량 비교

방 식	중량비
단상 2선식	1
단상 3선식	0.375
3상 3선식	0.75
3상 4선식	0.33

3 배전 선로의 손실(전력)

(1) 손실 경감 대책

① 승압
② 부하의 불평형 방지
③ 역률 개선(전력용 콘덴서 설치)

(2) 역률 개선의 효과

① 전기요금 절약
② 전압강하 감소
③ 전력손실 감소

(3) 전력용 콘덴서 용량

$$Q_C = P(\tan\theta_1 - \tan\theta_2) = P\left(\frac{\sin\theta_1}{\cos\theta_1} - \frac{\sin\theta_2}{\cos\theta_2}\right)$$

4 수전 설비 용량

(1) **부하율** $= \dfrac{평균전력}{최대전력} \times 100 [\%]$

(2) **수용률** $= \dfrac{최대수용전력}{설비용량} \times 100 [\%]$

(3) **부등률** $= \dfrac{각개별수용가최대수용전력의합}{합성최대전력} \geq 1$

5 간선

(1) 굵기의 결정
허용전류, 전압강하, 기계적 강도를 고려

(2) 분기회로
① 간선으로부터 분기하여 개폐기와 과전류 차단기를 시설하여 각 부하에 전력을 공급하는 배선을 말한다.
② 분기점으로부터 3[m] 이내에 개폐기, 과전류 차단기 설치
③ 허용전류가 과전류 차단기 정격전류의 33[%]~55[%] 미만 : 8[m] 이하
④ 허용전류가 과전류 차단기 정격전류의 55[%] 이상 : 제한이 없다.

6 표준부하밀도

부하	건물 종류	표준부하밀도[VA/m²]
표준부하	공장, 사원, 교회, 공회장	10
	기숙사, 병원, 음식점, 여관, 호텔	20
	주택, 은행, 백화점, 아파트	30
부분부하	계단, 창고, 복도, 세면장	5
	강당, 관람	10

※ 분전함의 규격
① 목재
 ㉠ 최소 두께 1.2[cm] 이상
 ㉡ 불연성 물질을 발라야 한다.
② 난연성 합성 수지
 ㉠ 최소 두께 1.5[mm] 이상
 ㉡ 내아크성일 것
③ 강판제
 ㉠ 최소 두께 1.2[mm] 이상

7 차단기

(1) 가스 차단기(GCB)
① 밀폐 구조로 소음이 적다.
② 절연내력 우수
③ 소호 매질 : SF_6(육불화 유황)

※ SF_6의 특징
　① 무색, 무취
　② 소호능력 : 공기의 약 100~200배
　③ 절연내력 : 공기의 약 2~3배
　④ 불활성 가스

(2) 공기 차단기(ABB)
　① 차단시 소음이 크다.
　② 소호 매질 : 압축 공기

(3) 기중 차단기(ACB)
　① 저압용
　② 소호 매질 : 대기(공기)

(4) 유입 차단기
　① 화재 우려
　② 옥내 사용 금지
　③ 소호 매질 : 절연유

8 보호 계전기

(1) 부흐홀츠 계전기
　① 변압기 탱크와 콘서베이터 사이에 설치
　② 절연유 아크시 발생하는 수소가스 검출

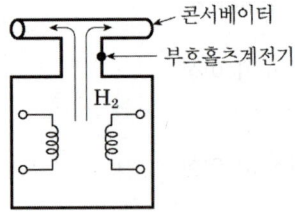

(2) 과전류 계전기(OCR)
　일정 전류 이상이 되면 동작하여 트립코일이 여자되어 회로를 차단한다.

(3) 과전압 계전기(OVR)
　일정 전류 이상이 되면 동작하여 트립코일이 여자되어 회로를 차단한다.

(4) 차동 계전기(DfR)
양쪽 전류의 차에 의해서 계전기가 동작하여 회로를 차단한다.

(5) 비율 차동 계전기(RDfR)
발전기, 변압기의 층간 보호용으로 이용된다.

9 전로의 절연

(1) 절연저항 R
① $R \geq \dfrac{\text{전압}}{\text{누설 전류}(I_g)}$

② $I_g \leq \text{최대공급전류} \times \dfrac{1}{2,000}$

(2) 절연내력 시험전압
10분간 연속적으로 가하여 견디어야 한다.

	구분	배율
중성점 직접 접지식	7[kv] 초과 25[kv] 이하(다중 접지식)	0.92
	60[kv] 초과 170[kv]까지	0.72
	170[kv] 초과	0.64

10 접지공사

(1) 접지의 목적
① 이상전압 방지
② 보호 계전기의 동작을 확실하게 하기 위해
③ 기기 및 선로의 보호
④ 감전사고 방지

(2) 접지선 공사
① 접지극은 지하 75[cm] 이상의 깊이에 매설
② 접지극을 지중에서 금속체로부터 1m 이상 떨어질 것
③ 접지선의 지하 75[cm]로부터 지표상 2m까지의 부분을 합성수지관등으로 덮을 것

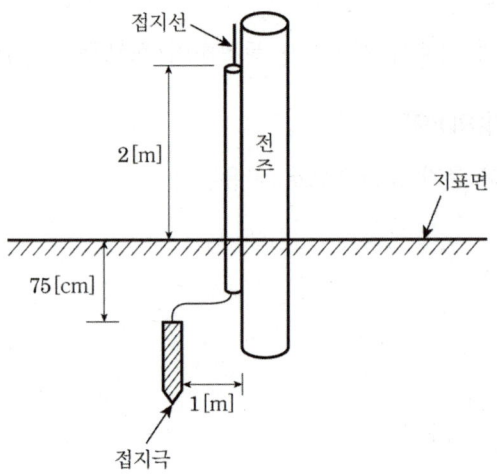

(3) 수도관 등의 접지

① 금속제 수도관로 : 3Ω 이하의 접지저항일 때 사용 가능
② 건물의 철골 등 금속체를 접지극 사용시에는 2Ω 이하의 접지저항일 때

(4) 피뢰기 시설

① 설치 장소
    ㉠ 가공전선과 지중전선의 접속점
    ㉡ 발·변전소 또는 이에 준하는 장소의 인입구 및 인출구
    ㉢ 배전용 변압기의 고압 및 특고압측
② 구성
    ㉠ 직렬 갭
    ㉡ 특성 요소
    ㉢ 쉴드링
    ㉣ 아크 가이드
③ 목적
    ㉠ 변압기 보호
    ㉡ 이상전압 내습시 이상전압을 대지로 방전하기 위함이다.

※ Symbol

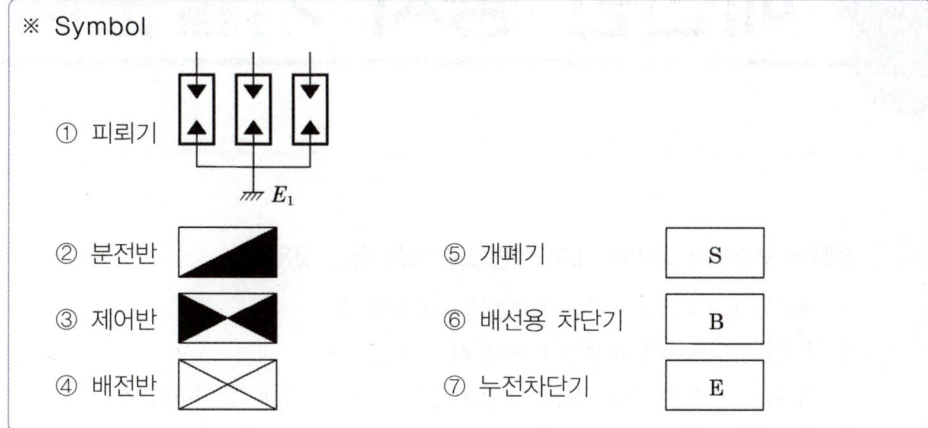

CHAPTER 04 배선반 공사 기출문제

출제 POINT

01 중요도 ★★
- 저압, 고압, 특고압의 구분
- [2011년 1회 기출]

01 전압의 구분에서 고압에 대한 설명으로 가장 옳은 것은?
① 직류는 1,500[V] 교류는 1,000[V] 이하인 것
② 직류는 1,500[V] 교류는 1,000[V] 이상인 것
③ 직류는 1,500[V]를, 교류는 1,000[V] 초과하고, 7[kV] 이하인 것
④ 7[kV]를 초과하는 것

해설 [전압의 구분]

구분	직류	교류
저압	1,500[V] 이하	1,000[V] 이하
고압	7,000[V] 이하	
특고압	7,000[V] 초과	

02 중요도
- [2011년 1회 기출]

02 일반적으로 분기회로의 개폐기 및 과전류 차단기는 저압 옥내간선과의 분기점에서 전선의 길이가 몇 [m] 이하인 곳에 시설하여야 하는가?
① 3[m] ② 4[m]
③ 5[m] ④ 8[m]

해설 [차단기 설치지점]
일반적으로 분기점에서부터의 거리가 3[m] 이하인 곳에 시설

03 중요도
- [2011년 2회 기출]

03 주택, 아파트, 사무실, 은행, 상점, 이발소, 미장원에서 사용하는 표준부하[VA/m²]는?
① 5 ② 10
③ 20 ④ 30

해설 [표준부하(VA/m2)]
- 10 : 공장, 교회, 극장
- 20 : 기숙사, 여관, 호텔
- 30 : 주택, 아파트, 은행

정답 01.③ 02.① 03.④

486 ■ [제3과목] 전기설비

04 접지하는 목적이 아닌 것은?

① 이상전압의 발생
② 전로의 대지전압의 저하
③ 보호 계전기의 동작 확보
④ 감전의 방지

해설 [접지 목적]
- 이상전압 방지
- 전로의 대지전압 저하
- 보호 계전기의 동작 확보
- 감전 방지

출제 POINT
04- 중요도 ★
- 접지의 목적
- [2011년 4회 기출]

05 분전반 및 배전반은 어떤 장소에 설치하는 것이 바람직한가?

① 전기회로를 쉽게 조작할 수 있는 장소
② 개폐기를 쉽개 개폐할 수 없는 장소
③ 은폐된 장소
④ 이동이 심한 장소

해설 [분전반 설치 장소]
전기회로를 쉽게 조작할 수 있는 장소

05- 중요도
- [2011년 4회 기출]

06 수변전 설비에서 차단기의 종류 중 가스 차단기에 들어가는 가스의 종류는?

① CO_2
② LPG
③ SF_6
④ LNG

해설
- 가스차단기(GCB) : - 소음이 적다.
  - 소호 매질 : SF_6(육불화 유황)
- SF_6의 특징 : - 무색, 무취, 무독
  - 소호능력이 공기의 약 100~200배 정도
  - 절연능력이 공기의 약 2~3배 정도

06- 중요도 ★★
- 가스 차단기의 가스의 특징
  - SF_6
- [2011년 5회 기출]

07 배전반 및 분전반을 넣은 강판제로 만든 함의 최소 두께는?

① 1.2[mm] 이상
② 1.5[mm] 이상
③ 2.0[mm] 이상
④ 2.5[mm] 이상

해설 [배전반, 분전반 시설]
- 목재함 : 최소 두께 1.2[cm] 이상
- 합성수지 : 최소 두께 1.5[mm] 이상
- 강판제 : 최소 두께 1.2[mm] 이상

07- 중요도
- [2011년 5회 기출]

정답 04.① 05.① 06.③ 07.①

Chapter ❹ 배선반 공사 ■ 487

08 배전 선로 기기설치 공사에서 전주에 승주 시 발판 못 볼트는 지상 몇 [m] 지점에서 180° 방향에 몇 [m]씩 양쪽으로 설치하여야 하는가?

① 1.5[m], 0.3[m] ② 1.5[m], 0.45[m]
③ 1.8[m], 0.3[m] ④ 1.8[m], 0.45[m]

해설 [발판 못(볼트)]
- 지상 1.8[m] 지점부터 설치
- 180° 양쪽으로 0.45[m]씩 설치한다.

09 각 수용가의 최대 수용전력이 각각 5[kW], 10[kW], 15[kW], 22[kW]이고, 합성 최대 수용전력이 50[kW]이다. 수용가 상호 간의 부등률은 얼마인가?

① 1.04 ② 2.34
③ 4.25 ④ 6.94

해설 [부등률]
전력기기를 동시에 사용하는 정도를 나타낸다.

$$부등률 = \frac{각\ 수용가\ 최대\ 수용\ 전력의\ 합}{합성\ 최대\ 전력} \geq 1$$

$$= \frac{(5+10+15+22) \times 10^3}{50 \times 10^3} = 1.04$$

10 지중에 매설되어 있는 금속제 수도관로는 접지공사의 접지극으로 사용할 수 있다. 이 때 수도관로는 대지와의 전기저항치가 얼마 이하여야 하는가?

① 1[Ω] ② 2[Ω]
③ 3[Ω] ④ 4[Ω]

해설 금속제 수도관로의 저항은 3[Ω] 이하이어야 접지공사의 접지극으로 사용이 가능하다.

11 엘리베이터장치를 시설할 때 승강기 내에서 사용하는 전등 및 전기기계 기구에 사용할 수 있는 최대 전압은?

① 110[V] 미만 ② 220[V] 미만
③ 400[V] 미만 ④ 440[V] 미만

해설 승강기와 관련한 시설의 사용전압은 400[V] 미만이다.

정답 08.④ 09.① 10.③ 11.③

12 사람이 접촉될 우려가 있는 곳에 시설하는 경우 접지극은 지하 몇 [cm] 이상의 깊이에 매설하여야 하는가?

① 30　　② 45
③ 50　　④ 75

해설 [접지공사]
접지극은 지하 75[cm] 이상 깊이에 매설

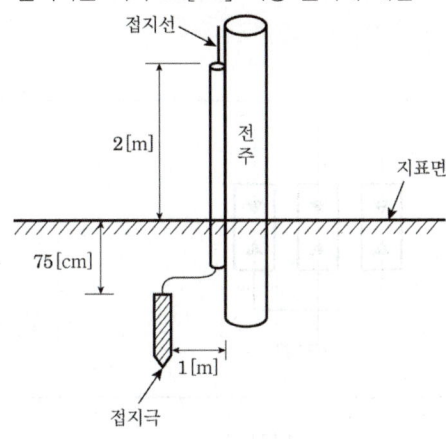

13 설비용량 600[kW], 부등률 1.2, 수용률 0.6일 때 합성최대전력[kW]은?

① 240[kW]　　② 300[kW]
③ 432[kW]　　④ 833[kW]

해설 [부등률]
- 전력기기를 동시에 사용하는 정도를 나타낸다.
- 부등률 = 각 개별 수용가 최대 수용 전력의 합 / 합성 최대 전력
- 수용률 = 최대 수용 전력 / 설비 용량
- 최대 수용 전력 = 수용률 × 설비용량 = 0.6 × 600 = 360[kW]
- ∴ 합성 최대 전력 = $\frac{360}{1.2}$ = 300[kW]

14 500[kW]의 설비용량을 갖춘 공장에서 정격전압 3상 25[kV], 역률 80[%]일 때의 차단기 정격전류는 약 몇 [A]인가?

① 8[A]　　② 15[A]
③ 25[A]　　④ 30[A]

■ [2012년 1회 기출]

■ [2012년 1회 기출]

■ [2012년 2회 기출]

정답 12.④ 13.② 14.②

해설 [3상 차단기 정격용량 Q]
$Q = \sqrt{3} \times 정격전압 \times 정격차단전류 \times 10^{-6}$ [MVA]
$Q = \dfrac{500 \times 10^3}{0.8} = 625$ [kVA]
∴ 정격차단전류 $I_n = \dfrac{625 \times 10^3}{\sqrt{3} \times 25 \times 10^3} = 15$ [A]

15 다음의 심벌 명칭은 무엇인가?

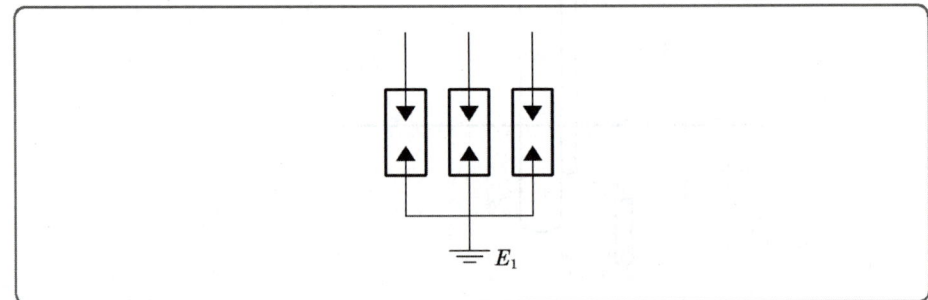

① 파워퓨즈 ② 단로기
③ 피뢰기 ④ 고압 컷아웃 스위치

해설 [피뢰기]
- 이상전압에 대한 변압기 보호
- 직렬갭, 특성요소로 구성

16 수·변전 설비에서 전력 퓨즈의 용단 시 결상을 방지하는 목적으로 사용하는 것은?
① 자동고장구분개폐기
② 선로개폐기
③ 부하개폐기
④ 기중부하개폐기

해설 [개폐기의 종류]
- 자동고장구분개폐기(ASS)
- 선로개폐기(LS)
- 부하개폐기(LBS) : 결상 방지용
- 기중부하개폐기(IS)

17 배전반을 나타내는 그림 기호는?

①  ②

③  ④ ┌─────┐
                          │ S │
                          └─────┘

해설 [배전반, 분전반, 제어반 심볼]
① : 분전반
② : 배전반
③ : 제어반
④ : 개폐기
* CT : 변류기
  WH : 전력량계

18 케이블을 조영재에 지지하는 경우에 이용되는 것이 아닌 것은?
① 터미널 캡　　② 클리트(Cleat)
③ 스테이플　　 ④ 새들

해설 [케이블을 조영재에 지지하는 부품]
- 스테이플
- 클리트
- 새들

19 사용전압 415[V]의 3상 3선식 전선로의 1선과 대지 간에 필요한 절연저항값의 최소값은? (단, 최대 공급전류는 500[A]이다.)
① 2,560[Ω]　　② 1,660[Ω]
③ 3,210[Ω]　　④ 4,512[Ω]

해설 [절연저항 R_g]
- $R_g = \dfrac{전압}{누설전류(I_g)}$
- 누설전류 $I_g \leq \dfrac{최대\ 공급전류}{2,000} = \dfrac{500}{2,000} = 0.25[A]$

∴ $R_g = \dfrac{415}{0.25} = 1,660[Ω]$

정답 17.② 18.① 19.②

출제 POINT

20 [2013년 2회 기출]

20 간선에서 분기하여 분기 과전류 차단기를 거쳐서 부하에 이르는 사이의 배선을 무엇이라 하는가?

① 간선
② 인입선
③ 중성선
④ 분기회로

해설 [분기회로]
급전선 → 간선 → 분기회로 → 부하
　　　　　|← 분기회로 →|

21 [2013년 2회 기출]

21 저압 옥내간선으로부터 분기하는 곳에 설치해야 하는 것은?

① 지락 차단기
② 과전류 차단기
③ 누전 차단기
④ 과전압 차단기

해설 [과전류 차단기]
분기점에서부터 거리가 3[m] 이내의 곳에 설치한다.

22 ★★
- 표준부하밀도
  - 10, 20, 30
- [2013년 2회 기출]

22 배선설계를 위한 전동 및 소형 전기기계기구의 부하용량 산정 시 건축물의 종류에 대응한 표준부하에서 원칙적으로 표준부하를 20[VA/m²]으로 적용하여야 하는 건축물은?

① 교회, 극장
② 학교, 음식점
③ 은행, 상점
④ 아파트, 미용원

해설 [표준부하밀도(VA/m²)]
- 공장, 교회, 극장 : 10
- 여관, 호텔, 병원, 학교 : 20
- 주택, 은행, 백화점 : 30

23 [2013년 2회 기출]

23 옥내 분전반의 설치에 관한 내용 중 틀린 것은?

① 분전반에서 분기회로를 위한 배관의 상승 또는 하강이 용이한 곳에 설치한다.
② 분전반에 넣는 금속제의 함 및 이를 지지하는 구조물은 접지를 하여야 한다.
③ 각 층마다 하나 이상을 설치하나, 회로 수가 6 이하인 경우 2개 층을 담당할 수 있다.
④ 분전반에서 최종 부하까지의 거리는 40[m] 이내로 하는 것이 좋다.

해설 분전반에서 최종 부하까지의 길이는 30[m] 이내이어야 한다.

정답 20.④ 21.② 22.② 23.④

24 저압 옥내 분기회로에 개폐기 및 과전류 차단기를 시설하는 경우 원칙적으로 분기점에서 몇 [m] 이하에 시설하여야 하는가?

① 3
② 5
③ 8
④ 12

해설 원칙적으로 분기점에서 3[m] 이하에 시설한다.

24. 중요도
- [2013년 4회 기출]

25 가스 차단기에 사용되는 가스인 SF_6의 성질이 아닌 것은?

① 같은 압력에서 공기의 2.5~3.5배의 절연내력이 있다.
② 무색, 무취, 무해 가스이다.
③ 가스 압력 3~4[kgf/cm²]에서 절연내력은 절연유 이상이다.
④ 소호능력은 공기보다 2.5배 정도 낮다.

해설 [SF_6의 특징]
- 무색, 무취, 무해가스
- 절연내력이 공기의 약 2~3배
- 소호능력은 공기의 약 100~200배
- 가스 차단기(GCB)에 이용

25. 중요도
- SF_6의 특징
- [2013년 4회 기출]

26 저압 가공 인입선이 횡단보도교 위에 시설되는 경우 노면상 몇 [m] 이상의 높이에 설치되어야 하는가?

① 3
② 4
③ 5
④ 6

해설 [저압 가공 인입선 높이]

분류	높이(m)
철도횡단	6.5
도로횡단	5
횡단보도교	3

26. 중요도
- [2013년 4회 기출]

27 380[V] 전기세탁기의 금속제 외함에 시공한 접지공사의 접지저항값 기준으로 옳은 것은?

① 10[Ω] 이하
② 75[Ω] 이하
③ 100[Ω] 이하
④ 150[Ω] 이하

해설 세탁기의 금속제 외함의 접지저항은 100[Ω] 이하이다.

27. 중요도
- [2013년 4회 기출]

정답 24.① 25.④ 26.① 27.③

출제 POINT

28
- 배전반, 분전반의 설치 장소
- [2013년 5회 기출]

29
- [2014년 1회 기출]

30 ★★
- 변류기 : CT
- 계기용 변압기 : PT
- [2014년 1회 기출]

---

28 다음 중 배전반 및 분전반의 설치 장소로 적합하지 않은 곳은?

① 전기 회로를 쉽게 조작할 수 있는 장소
② 개폐기를 쉽게 개폐할 수 있는 장소
③ 노출된 장소
④ 사람이 쉽게 조작할 수 없는 장소

해설 [배전반, 분전반의 설치 장소]
- 노출된 장소
- 전기회로 쉽게 조작이 가능한 장소
- 개폐기를 쉽게 조작이 가능한 장소

29 교류 차단기에 포함되지 않는 것은?

① GCB ② HSCB
③ VCB ④ ABB

해설 [차단기 종류]
- 차단기 용량 = $\sqrt{3} \times$ 정격전압 $\times$ 정격차단전류 $\times 10^{-6}$[MVA]
- OCB(유입 차단기)
- ABB(공기 차단기)
- GCB(가스 차단기)
- VCB(진공 차단기)
- MBB(자기 차단기)
- ACB(기중 차단기)

30 계기용 변류기의 약호는?

① CT ② WH
③ CB ④ DS

해설 [약호]
- CT : 변류기
- PT : 계기용 변압기
- PF : 전력용 퓨즈
- CB : 차단기
- DS : 단로기
- WH : 전력량계
- ZCT : 영상 변류기

정답 28.④ 29.② 30.①

31 일반적으로 학교 건물이나 은행 건물 등의 간선 수용률은 얼마인가?

① 50[%]
② 60[%]
③ 70[%]
④ 80[%]

해설 [수용률]
- 수용률 = $\dfrac{\text{최대 수용 전력}}{\text{설비용량}} \times 100[\%]$
- 수전설비 용량(변압기 용량) 계산 시 사용
- 학교, 은행의 수용률은 70[%] (단, 10[kVA] 이하일 때는 100[%]이다.)

31 중요도 ★★
- 학교, 은행건물의 수용률 : 70[%]
- [2014년 1회 기출]

32 지중에 매설되어 있는 금속제 수도관로는 대지와의 전기저항값이 얼마 이하로 유지되어야 접지극으로 사용할 수 있는가?

① 1[Ω]
② 3[Ω]
③ 4[Ω]
④ 5[Ω]

해설 [수도관 접지]
- 금속제 수도관로는 대지와의 저항값은 3[Ω] 이하이어야 한다.
- 분기한 수도관의 반지름이 75[mm] 미만일 때는 분기점으로부터 5[m] 이내이어야 한다.

32 중요도 ★
- 금속제 수도관로의 저항 : 3[Ω] 이하
- [2014년 2회 기출]

33 수변전설비 중에서 동력설비 회로의 역률을 개선할 목적으로 사용되는 것은?

① 전력 퓨즈
② MDF
③ 지락 계전기
④ 진상용 콘덴서

해설 [역률 개선]
진상용 콘덴서를 사용하여 V와 I의 위상차를 줄여서 역률($\cos\theta$)값을 줄이는 데 이용한다.

33 중요도
- [2014년 2회 기출]

34 접지저항 저감대책이 아닌 것은?

① 접지봉의 연결개수를 증가시킨다.
② 접지판의 면적을 감소시킨다.
③ 접지극을 깊게 매설한다.
④ 토양의 고유저항을 화학적으로 저감시킨다.

해설 [접지저항의 저감대책]
- 접지봉의 연결개수 증가
- 접지판의 면적 증가
- 접지극을 깊게 매설
- 토양의 고유저항 저감

34 중요도
- 접지저항의 저감대책
- [2014년 2회 기출]

정답 31.③ 32.② 33.④ 34.②

출제 POINT

35 [2014년 2회 기출]

36 [2014년 4회 기출]

37 용량 $Q_c = P(\tan\theta_1 - \tan\theta_2)$
$= P\left(\dfrac{\sin\theta_1}{\cos\theta_1} - \dfrac{\sin\theta_2}{\cos\theta_2}\right)$

[2014년 5회 기출]

38 [2014년 5회 기출]

---

35 가공케이블 시설 시 조가용선에 금속테이프 등을 사용하여 케이블 외장을 견고하게 붙여 조가하는 경우 나선형으로 금속테이프를 감는 간격은 몇 [cm] 이하를 확보하여 감아야 하는가?

① 50 ② 30 ③ 20 ④ 10

해설 [조가용선]
- $22[mm^2]$의 아연 도금 철연선
- 조가선에 금속테이프를 감아서 견고하게 하고자 할 때 감는 간격은 20[cm] 이하

36 고압전로에 지락사고가 생겼을 때 지락전류를 검출하는 데 사용하는 것은?

① CT ② ZCT
③ MOF ④ PT

해설 [계기류]
- ZCT(영상변류기) : 지락영상전류 검출
- CT(변류기) : 대전류를 소전류로 변성
- PT(계기용 변압기) : 고전압을 저전압으로 변성
- MOF(계기용 변성기) : PT와 CT를 한 탱크에 넣은 변성기

37 150[kW]의 수전설비에서 역률을 80[%]에서 95[%]로 개선하려고 한다. 이때 전력용 콘덴서의 용량은 약 몇 [kVA]인가?

① 63.2 ② 126.4
③ 133.5 ④ 157.6

해설 [역률 개선용 콘덴서의 용량 Q_c]

$$Q_c = P(\tan\theta_1 - \tan\theta_2) = P\left(\dfrac{\sin\theta_1}{\cos\theta_1} - \dfrac{\sin\theta_2}{\cos\theta_2}\right)$$

$$= P\left(\dfrac{\sqrt{1-\cos^2\theta_1}}{\cos\theta_1} - \dfrac{\sqrt{1-\cos^2\theta_2}}{\cos\theta_2}\right)$$

$$\therefore Q_c = 150\left(\dfrac{0.6}{0.8} - \dfrac{\sqrt{1-0.95^2}}{0.95}\right) \fallingdotseq 63.197[kVA]$$

38 배선용 차단기의 심벌은?

① B ② E
③ BE ④ S

정답 35.③ 36.② 37.① 38.①

해설 [심볼(symbol)]
- B : 배선용 차단기
- ◐ : 콘센트
- E : 누전 차단기
- CT : 변류기
- S : 개폐기
- ◣ : 분전반

39 가공전선의 지지물에 승탑 또는 승강용으로 사용하는 발판 볼트 등은 지표상 몇 [m] 미만에 시설하여서는 안 되는가?

① 1.2 ② 1.5
③ 1.6 ④ 1.8

해설 [발판 볼트(못)의 높이]
1.8[m] 이상이어야 한다.

39. 중요도 ★
- 발판 볼트의 높이 : 1.8[m]
- [2015년 1회 기출]

40 배전반 및 분전반을 넣은 강판제로 만든 함의 두께는 몇 [mm] 이상인가? (단, 가로, 세로의 길이가 30[cm] 초과한 경우이다.)

① 0.8 ② 1.2
③ 1.5 ④ 2.0

해설 [분전반]
- 목재함 : 두께 1.2[cm] 이상
- 난연성 합성수지 : 두께 1.5[mm] 이상
- 강판제 : 두께 1.2[mm] 이상

40. 중요도
- [2015년 1회 기출]

41 정격전압 3상 24[kV], 정격차단전류 300[A]인 수전설비의 차단용량은 몇 [MVA]인가?

① 17.26 ② 28.34
③ 12.47 ④ 24.94

해설 [3상 차단기 용량]
$$P_s = \sqrt{3} \times 정격차단전류 \times 정격전압 \times 10^{-6}[MVA]$$
$$= \sqrt{3} \times 300 \times 24 \times 10^3 \times 10^{-6}[MVA]$$
$$= 12.47[MVA]$$

41. 중요도
- [2015년 1회 기출]

정답 39.④ 40.② 41.③

출제 POINT

42 [2015년 2회 기출]

42 수변전설비 구성기기의 계기용 변압기(PT) 설명으로 맞는 것은?

① 높은 전압을 낮은 전압으로 변성하는 기기이다.
② 높은 전류를 낮은 전류로 변성하는 기기이다.
③ 회로에 병렬로 접속하여 사용하는 기기이다.
④ 부족전압 트립코일의 전원으로 사용된다.

해설
- 계기용 변압기(PT)
  - 고전압을 저전압으로 변성
  - 2차 전압은 110[V]
  - 점검 시 2차측은 개방할 것
- 변류기(CT)
  - 대전류를 소전류로 변성
  - 2차 전류는 5[A]
  - 점검 시 2차측은 단락할 것

43
- 공구의 종류
- [2015년 2회 기출]

43 금속관 배관공사를 할 때 금속관을 구부리는 데 사용하는 공구는?

① 히키(Hickey)
② 파이프렌치(Pipe Wrench)
③ 오스터(Oster)
④ 파이프 커터(Pipe Cutter)

해설
- 히키 : 금속관을 구부리는 데 사용
- 오스터 : 금속관의 나사를 만드는 데 사용
- 파이프 커터 : 금속관을 절단 시 사용

44 [2015년 2회 기출]

44 금속관을 구부릴 때 금속관의 단면이 심하게 변형되지 아니하도록 구부려야 하는데, 그 안쪽의 반지름은 관 안지름의 몇 배 이상이 되어야 하는가?

① 6
② 8
③ 10
④ 12

해설 금속관을 변형되지 않게 구부리기 위해서는 안쪽의 반지름은 6배 이상이 되어야 한다.

45 [2015년 2회 기출]

45 접지공사에서 접지선을 철주, 기타 금속체를 따라 시설하는 경우 접지극은 지중에서 그 금속체로부터 몇 [cm] 이상 띄어 매설하나?

① 30
② 60
③ 75
④ 100

정답 42.① 43.① 44.① 45.④

해설 [접지극]

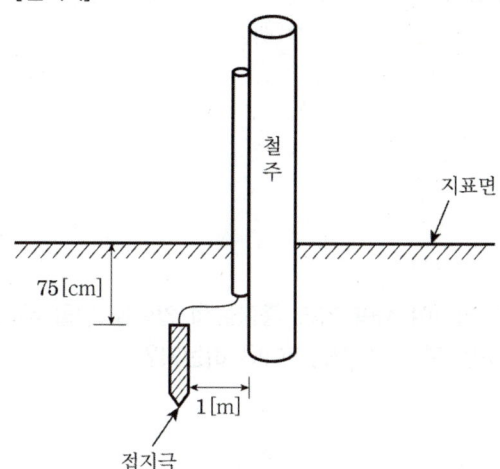

46 배선설계를 위한 전등 및 소형 전기기계기구의 부하용량 산정 시 건축물의 종류에 대응한 표준부하에서 원칙적으로 표준부하를 $20[VA/m^2]$으로 적용하여야 하는 건축물은?

① 교회, 극장
② 호텔, 병원
③ 은행, 상점
④ 아파트, 미용원

해설 [표준부하밀도(VA/m^2)]
- 표준부하밀도 10 : 교회, 극장, 공장
- 표준부하밀도 20 : 여관, 호텔, 병원
- 표준부하밀도 30 : 주택, 아파트, 은행

46. 중요도
- 표준부하밀도 10, 20, 30
- [2015년 4회 기출]

47 큰 건물의 공사에서 콘크리트 구멍을 뚫어 드라이브 핀을 경제적으로 고정하는 공구는?

① 스패너
② 드라이브이트 툴
③ 오스터
④ 녹아웃 펀치

해설 [드라이브이트 툴]
- 철근이나 콘크리트 등에 구멍을 뚫어서 핀을 고정할 때 사용
- 녹아웃 펀치 : 캐비닛 등에 구멍을 뚫을 때 사용

47. 중요도
- 공구의 종류
- [2015년 4회 기출]

48 저고압 가공전선이 철도 또는 궤도를 횡단하는 경우 높이는 궤도면상 몇 [m] 이상이어야 하는가?

① 10
② 8.5
③ 7.5
④ 6.5

48. 중요도
- [2015년 5회 기출]

정답 46.② 47.② 48.④

해설 [저·고압 가공전선의 높이]
- 도로 횡단 : 6[m]
- 철도 횡단 : 6.5[m]
- 횡단보도교
  - 저압 : 3.5[m]
  - 고압 : 4[m]
- 기타 : 5[m]

49 연피케이블을 직접매설식에 의하여 차량 기타 중량물의 압력을 받을 우려가 있는 장소에 시설하는 경우 매설 깊이는 몇 [m] 이상이어야 하는가?

① 0.6 ② 1.0
③ 1.2 ④ 1.6

해설 [지중전선로의 매설 깊이]
- 압력받을 우려가 있는 경우 : 1.2[m] 이상 깊이
- 압력받을 우려가 없는 경우 : 0.6[m] 이상 깊이

50 다음 중 특별고압은?

① 600[V] 이하 ② 750[V] 이하
③ 600[V] 초과 7,000[V] 이하 ④ 7,000[V] 초과

해설 [전압의 종류]

	직류	교류
저압	1,500[V] 이하	1,000[V] 이하
고압	7,000[V] 이하	
특고압	7,000[V] 초과	

51 배전반 및 분전반의 설치장소로 적합하지 않은 곳은?

① 안정된 장소
② 밀폐된 장소
③ 개폐기를 쉽게 개폐할 수 있는 장소
④ 전기회로를 쉽게 조작할 수 있는 장소

해설 [배전반, 분전반 설치장소]
- 스위치 조작을 용이하게 할 수 있는 곳
- 밀폐되지 않은 안정된 곳

정답 49.③ 50.④ 51.②

52 3상 4선식 380/220[V] 전로에서 전원의 중성극에 접속된 전선을 무엇이라 하는가?

① 접지선 ② 중성선
③ 전원선 ④ 접지측선

해설
• 3상 3선식

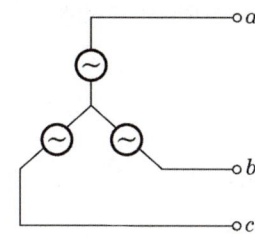

• 3상 4선식

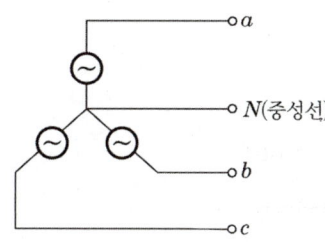

53 금속관 공사를 할 경우 케이블 손상 방지용으로 사용하는 부품은?

① 부싱 ② 엘보
③ 커플링 ④ 로크너트

해설
• 부싱 : 전선을 넣고 빼고할 때 전선을 보호하기 위해서 사용
• 커플링 : 금속관 상호 접속을 위해 사용

54 금속관 절단구의 다듬기에 쓰이는 공구는?

① 리머 ② 홀소
③ 프레셔 툴 ④ 파이프 렌치

해설
• 리머 : 절단한 전선관을 매끄럽게 하는데 이용
• 홀소, 녹아웃 펀치 : 구멍을 뚫을 때 이용

출제 POINT

52. 중요도
■ [2016년 1회 기출]

53. 중요도
■ [2016년 1회 기출]

54. 중요도
■ 공구의 종류
■ [2016년 1회 기출]

정답 52.② 53.① 54.①

출제 POINT

55 [2016년 1회 기출]

56 ★★
- 접지전극의 매설 깊이 : 75[cm]
- [2016년 1회 기출]

57
- [2016년 1회 기출]

---

55 부하의 역률이 규정값 이하인 경우 역률 개선을 위하여 설치하는 것은?

① 저항　　　　　　　　② 리액터
③ 컨덕턴스　　　　　　④ 진상용 콘덴서

해설 [역률 개선]
진상용 콘덴서 이용하여 역률 $\cos\theta = 1$이 될 수 있도록 조정한다.

56 접지전극의 매설 깊이는 몇 [m] 이상인가?

① 0.6　　　　　　　　② 0.65
③ 0.7　　　　　　　　④ 0.75

해설

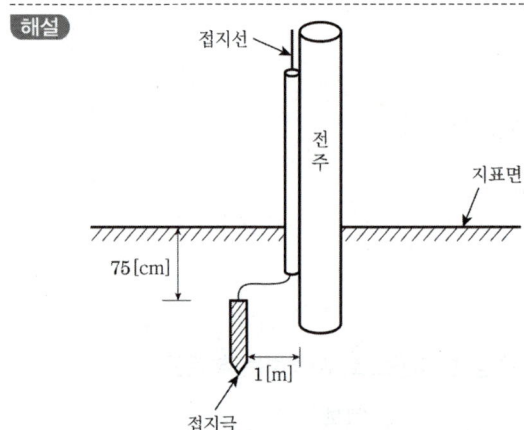

57 어느 가정집이 40[W] LED등 10개, 1[kW] 전자레인지 1개, 100[W] 컴퓨터 세트 2대, 1[kW] 세탁기 1대를 사용하고, 하루 평균 사용 시간이 LED등은 5시간, 전자레인지 30분, 컴퓨터 5시간, 세탁기 1시간이라면 1개월(30일)간의 사용 전력량[kWh]은?

① 115　　　　　　　　② 135
③ 155　　　　　　　　④ 175

해설 [전력량 W]

$W_1 = 40 \times 10 \times 5 \times 30 = 60 \times 10^3 [\text{Wh}]$ (LED등)

$W_2 = 1,000 \times 1 \times \dfrac{1}{2} \times 30 = 15 \times 10^3 [\text{Wh}]$ (전자레인지)

$W_3 = 100 \times 2 \times 5 \times 30 = 30 \times 10^3 [\text{Wh}]$ (컴퓨터세트)

$W_4 = 1,000 \times 1 \times 30 = 30 \times 10^3 [\text{Wh}]$ (세탁기)

∴ $W = W_1 + W_2 + W_3 + W_4 = 60 + 15 + 30 + 30 [\text{kWh}] = 135 [\text{kWh}]$

정답 55.④　56.④　57.②

58 금속전선관 공사에서 금속관에 나사를 내기 위해 사용하는 공구는?

① 리머 ② 오스터
③ 프레서 툴 ④ 파이프 벤더

해설
- 리더 : 절단한 금속관을 다듬는데 이용
- 오스터 : 금속관에 나사를 만드는데 이용
- 녹아웃 펀치 : 구멍을 뚫을 때 이용

58 중요도
- 공구의 종류
- [2016년 2회 기출]

59 옥내 배선 공사에서 절연전선의 피복을 벗길 때 사용하면 편리한 공구는?

① 드라이버
② 플라이어
③ 압착펜치
④ 와이어 스트리퍼

해설
- 와이어 스트리퍼 : 전선의 피복을 벗길 때 사용
- 클리퍼 : 굵은 전선 절단 시 사용

59 중요도
- 공구의 종류
- [2016년 2회 기출]

60 역률 개선의 효과로 볼 수 없는 것은?

① 전력손실 감소 ② 전압강하 감소
③ 감전사고 감소 ④ 설비용량의 이용률 증가

해설 [역률 개선의 효과]
- 전력손실 감소
- 전압강하 감소
- 설비용량의 이용률 증가
- 선로손실의 감소

60 중요도
- [2016년 2회 기출]

61 콘크리트 조영재에 볼트를 시설할 때 필요한 공구는?

① 파이프 렌치
② 볼트 클리퍼
③ 녹아웃 펀치
④ 드라이브이트

해설
- 녹아웃 펀치, 홀소 : 구멍을 뚫을 때 이용
- 드라이브이트 : 단단한 조영재에 볼트를 시설 시 이용(철근, 콘크리트 등에 이용)

61 중요도
- 공구의 종류
- [2016년 2회 기출]

정답 58.② 59.④ 60.③ 61.④

62
전기설비기술기준의 판단기준에 의한 고압 가공전선로 철탑의 경간은 몇 [m] 이하로 제한하고 있는가?

① 150
② 250
③ 500
④ 600

해설 [경간]

지지물 종류	표준경간
A종, 목주	150[m]
B종	250[m]
철탑	600[m]

63
전기설비기술기준의 판단기준에 의하여 가공전선에 케이블을 사용하는 경우 케이블은 조가용선에 행거로 시설하여야 한다. 이 경우 사용전압이 고압인 때에는 그 행거의 간격은 몇 [cm] 이하로 시설하여야 하는가?

① 50
② 60
③ 70
④ 80

해설 [조가용선]
- 간격 : 50[cm] 이하
- 22[mm^2] 아연도금 철선

64
옥내배선 공사 작업 중 전선관 끝부분 작업 시에 전선의 피복을 보호하기 위해 사용하는 것은?

① 커플링
② 와이어 커넥터
③ 로크너트
④ 절연부싱

해설 [금속관 공사]
- 부싱 : 전선의 피복을 보호하기 위해 사용
- 로크너트 : 관과 box를 연결 시 사용
- 커플링 : 금속관 상호 접속 시 사용

65
배전반 및 분전반과 연결된 배관을 변경하거나 이미 설치되어 있는 캐비닛에 구멍을 뚫을 때 필요한 공구는?

① 오스터
② 클리퍼
③ 토치램프
④ 녹아웃 펀치

정답 62.④ 63.① 64.④ 65.④

해설
- 오스터 : 나사 만드는데 이용
- 리머 : 절단한 전선관을 매끄럽게 하는데 사용
- 녹아웃 펀치, 홀소 : 캐비닛 등에 구멍을 뚫을 때 사용

66 보호를 요하는 회로의 전류가 어떤 일정한 값(정정값) 이상으로 흘렀을 때 동작하는 계전기는?

① 과전류 계전기
② 과전압 계전기
③ 차동 계전기
④ 비율차동 계전기

해설
- 과전류 계전기(OCR) : 어떤 일정값 이상으로 전류가 흐르면 동작하는 계전기
- 과전압 계전기(OVR) : 어떤 일정값 이상으로 전압이 걸리면 동작하는 계전기
- 차동 계전기(DfR)
- 비율차동 계전기(RDfR)

66. 중요도
- 계전기의 종류
- [2016년 5회 CBT]

67 금속전선관 작업에서 나사를 낼 때, 필요한 공구는 어느 것인가?

① 파이프 벤더
② 볼트 클리퍼
③ 오스터
④ 파이프 렌치

해설
- 오스터 : 나사를 만들 때 사용
- 리머 : 전선관을 매끄럽게 하는데 사용
- 클리퍼 : 굵은전선 절단 시 사용

67. 중요도
- [2016년 5회 CBT]

68 일반적으로 학교 건물이나 은행 건물 등의 간선의 수용률은 얼마인가?

① 50[%]
② 60[%]
③ 70[%]
④ 80[%]

해설 [수용률]
- 학교, 은행 : 70[%]
- 주택, 기숙사 : 50[%]

68. 중요도 ★★★
- 수용률
  - 학교, 은행 : 70[%]
  - 주택, 기숙사 : 50[%]
- [2016년 5회 CBT]

69 분기선의 허용전류가 간선 보호용 과전류 차단기 정격전류의 55[%] 미만인 경우는 분기한 곳으로부터 몇 [m] 이내에 시설하여야 하는가?

① 3
② 5
③ 8
④ 9

69. 중요도
- [2017년 1회 CBT]

정답 66.① 67.③ 68.③ 69.③

Chapter ❹ 배선반 공사 ■ 505

해설 [과전류 차단기 설치]
- 원칙 : 3[m] 이하
- 정격전류의 35~55[%] 미만 : 8[m] 이하
- 정격전류의 55[%] 이상 시 : 임의 거리

출제 POINT

■ 접지의 목적
■ [2017년 1회 CBT]

70 접지를 하는 목적이 아닌 것은?
① 이상전압의 발생
② 전로의 대지전압의 저하
③ 보호계전기의 동작 확보
④ 감전의 방지

해설 [접지의 목적]
- 이상전압 발생을 억제
- 감전 방지
- 보호계전기의 동작 확보접지

■ [2017년 2회 CBT]

71 접지공사의 접지선은 특별한 경우를 제외하고는 어떤 색으로 표시하여야 하는가?
① 적색
② 황색
③ 녹색
④ 흑색

해설 접지선은 기본적으로 녹색선을 사용한다.

■ [2017년 3회 CBT]

72 배전반 및 분전반을 넣은 강판제로 만든 함의 최소 두께는?
① 1.2[mm] 이상
② 1.5[mm] 이상
③ 2.0[mm] 이상
④ 2.5[mm] 이상

해설 [배전반/분전반의 최소 두께]
- 목재함 : 1.2[cm] 이상
- 난연성 합성수지 : 1.5[mm] 이상
- 강판제 : 1.2[mm] 이상

■ [2017년 3회 CBT]

73 고압전로에 지락사고가 생겼을 때, 지락전류를 검출하는데 사용하는 것은?
① CT
② ZCT
③ MOF
④ PT

정답 70.① 71.③ 72.① 73.②

해설 [영상변류기]
- ZCT라 한다.
- 영상(지락) 전류 검출
* PT(계기용 변압기), CT(변류기)

74 일반적으로 학교 건물이나 은행 건물 등의 간선의 수용률은 얼마인가?

① 50[%]   ② 60[%]
③ 70[%]   ④ 80[%]

해설 [수용률]
- 학교, 은행 등의 건물 수용률은 70[%]이다.
- 수용률 = $\dfrac{최대수용전력}{설비용량} \times 100[\%]$

74. 중요도
■ [2017년 3회 CBT]

정답 74.③

CHAPTER 05 옥내 배선공사

1 전기 사용 장소의 시설

(1) 점멸장치
① 가정용 : 등기구마다 점멸
② 공장, 학교, 병원 : 6개 등마다 1개 스위치로 점멸

(2) 타임 스위치
① 호텔, 여관 : 1분 이내 소등
② APT, 주택 : 3분 이내 소등

(3) 간선의 시설
① 간선의 굵기
  ㉠ 전동기 정격전류의 합 ≤ 50[A] : 1.25배
  ㉡ 전동기 정격전류의 합 > 50[A] : 1.1배
② 간선 보호용 과전류 차단기 시설
  ㉠ 전동기 정격전류의 합 × 3배
  ㉡ 간선의 허용전류 × 2.5배

2 저압 애자사용 공사

① 전선은 절연전선일 것
② 지지점간의 거리
  ㉠ 조영재 윗면, 옆면 : 2[m] 이하
  ㉡ 조영재 면을 따르지 않을 경우 : 6[m] 이하
③ 시공전선의 이격거리

구 분	전선~전선 사이의 거리	전선~조영재 사이의 거리
400[v] 미만	6[cm] 이상	2.5[cm] 이상
400[v] 이상 (건조한 곳)	6[cm] 이상	4.5[cm] 이상 (2.5[cm] 이상)
점검할 수 없는 은폐장소 (400[v] 이상)	12[cm] 이상	4.5[cm] 이상

3 금속관 공사

(1) 금속관 공사의 특징
① 방폭공사를 할 수 있다.
② 화재의 우려가 적다.
③ 완전히 접지공사를 할 수가 있으므로 감전의 우려가 적다.

(2) 금속전선관의 종류 및 규격
① 박강전선관: 외경 크기에 가까운 홀수로 표시(C)
   (19, 25, 31, 39, 51, 63, 75)
② 후강전선관: 내경 크기에 가까운 짝수로 표시(G)
   (16, 22, 28, 36, 42, 54, 70, 82, 92, 104)

(3) 금속관 공사의 규정
① 전선은 금속관 안에서는 접속점이 없어야 한다.
② 전선은 절연전선일 것
③ 옥외용 비닐전선(OW)은 제외
④ 전선은 연선일 것
⑤ 동일 굵기의 절연전선을 동일관 내에 넣을 경우 전선관 내 단면적의 48% 이하로 한다.
⑥ 굵기가 다른 절연전선을 동일관 내에 넣을 경우 전선관 내 단면적의 32% 이하로 한다.

(4) 금속관 1본의 길이 : 3.66[m]

(5) 관의 두께
① 콘크리트에 매설할 경우 : 1.2[mm] 이상
② 기타 : 1.0[mm] 이상

(6) 금속관의 시공
① 구부러지는 관의 안쪽 반지름은 관 안지름의 6배 이상
② 지지점간의 거리는 2[m] 이하로 고정

(7) 금속관 공사용 부품
① 커플링 : 금속관 상호 접속에 사용
② 유니언 커플링 : 금속관을 돌릴 수 없을 때
③ 로크너트 : 전선관과 박스를 접속할 때

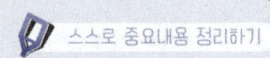

④ 오스터 : 나사 만드는데 사용
⑤ 링 리듀서 : 아웃렛 박스의 녹아웃 구멍이 관 구멍보다 클 때 사용
⑥ 새들 : 금속관을 조영재에 부착할 때 사용
⑦ 히키(벤더) : 금속관 구부릴 때 사용
⑧ 부싱 : 전선의 절연 피복을 보호하기 위해 사용
⑨ 엔트러스 캡 : 인출구, 인입구에 빗물 침투방지를 위해 사용
⑩ 리머 : 절단한 전선관을 매끄럽게 하는 데 사용
⑪ 노멀 밴드 : 매입 배관의 직각 굴곡 부분에 사용

4 몰드사용 공사

(1) 몰드 공사 규정
① 몰드 안에서의 전선은 접속할 수 없다.
② 전선은 절연전선이어야 한다.
③ 전선은 몰드 내 단면적의 20% 이하이다.
  (단, 출퇴표시, 제어 회로일 때는 50% 이하이다)
④ 몰드에 넣는 전선수는 10본 이하로 한다.

(2) 합성수지몰드 공사
① 노출 배선
② 사용전압은 400[V] 미만이다.
③ 폭 : 5[cm] 이하
④ 두께 : 2.0[mm] 이상

(3) 금속몰드 공사
① 콘크리트 건물 등의 노출 공사용
② 사용전압은 400[V] 미만이다.
③ 폭 : 5[cm] 이하
④ 두께 : 0.5[mm] 이상

5 가요전선관 공사

① 절연전선을 사용하며 관내에 접속점을 만들어서는 안 된다.
② 관의 지지점간의 거리는 1[m] 이하마다 새들로 고정 시킨다.
③ 구부러지는 쪽의 안쪽반지름은 가요전선관 안지름의 6배 이상
④ 가요전선관 상호 접속은 스플릿 커플링을 사용한다.

6 합성수지관 공사

(1) 특징

① 절연성과 내부식성이 우수하다.
② 재료가 가볍기 때문에 시공이 편리하다.
③ 접지할 필요가 없다.
④ 열에 약하다.
⑤ 충격에 약하다.

(2) 합성수지관의 시공

① 합성수지관 배선은 절연전선을 사용한다.
② 관내에 접속점을 만들어서는 안 된다.
③ 관의 지지점간의 거리는 1.5[m] 이하
④ 직각으로 구부릴 때 곡률 반지름은 관 안지름의 6배 이상
⑤ 커플링에 삽입하는 관의 깊이는 관 바깥지름의 1.2배 이상
   (단, 접착제를 사용할 때는 0.8배 이상)

(3) 합성수지관의 종류

① 경질비닐(PVC) 전선관
   ㉠ 구부리거나 하는 가공방법은 토치램프를 사용
   ㉡ 관의 굵기는 안지름의 크기에 가까운 짝수로 표시
      (14, 16, 22, 28, 36, 42, 54, 70, 82mm)
   ㉢ 한 본의 길이는 4[m]로 제작
② 폴리에틸렌 전선관(PF관)
   ㉠ 구부리거나 하는 가공방법은 스프링벤더를 사용
   ㉡ 관의 굵기는 안지름의 크기에 가까운 짝수로 표시(14, 16, 22, 28, 36, 42mm)

③ 합성수지제 가요전선관(CD관)
　　㉠ 가요성이 뛰어남
　　㉡ 굴곡이 많은 배관 공사에 전선의 인입이 용이
　　㉢ 관의 굵기를 안지름의 크기에 가까운 짝수로써 표시(14, 16, 22, 28, 36, 42mm)

(4) 합성수지관의 굵기 선정
① 동일 굵기의 절연전선을 동일관 내에 넣을 경우 전선관 내 단면적의 48% 이하
② 굵기가 다른 절연전선을 동일관 내에 넣을 경우 전선관 내 단면적의 32% 이하

7 덕트 공사

(1) 금속덕트 공사
① 지지점간의 거리는 3[m] 이하 (수직일 때는 6[m])
② 접속점을 만들어서는 안 된다.
③ 덕트의 끝 부분은 막을 것
④ 절연전선 사용(옥외용전선 제외)
⑤ 금속덕트에 수용하는 전선은 절연물을 포함하는 단면적의 총합이 금속덕트 내 단면적의 20% 이하
⑥ 전광사인 장치, 출퇴 표시등, 제어회로 등의 배선에 사용하는 전선만을 넣는 경우에는 50% 이하

(2) 버스덕트 공사
① 지지점간의 거리는 3[m] 이하
② 내부에는 접속점을 만들어서는 안 된다.

(3) 라이팅덕트 공사
① 지지점간의 거리는 2[m] 이하
② 개구부는 아래로 향하게 할 것

(4) 플로어덕트 공사
① 전선은 절연전선을 사용
② 옥외용전선(OW)은 제외
③ 전선은 덕트 총 단면적의 20[%] 이하
④ 출퇴 표시, 형광 표시는 50[%] 이하

8 케이블 공사

(1) 전기 울타리
- ① 전선과 수목과의 이격거리 : 0.3[m] 이상
- ② 전선의 지지 기둥과 이격거리 : 2.5[m] 이상

(2) 네온 방전등
- ① 누설 변압기 사용
- ② 지지점간의 거리 : 1[m] 이하

(3) 푸울용 수중 조명등
- ① 2차측 전로 사용전압 30[v] 이하시 금속 혼촉 방지판 설치
- ② 등기구 외함 접지

(4) 전기 욕기의 시설
- ① 금속제 외함
- ② 욕탕안의 전극간 간격 : 1[m] 이상

CHAPTER 05 옥내 배선공사 기출문제

출제 POINT

01
- [2011년 1회 기출]

01 금속제 케이블 트레이의 종류가 아닌 것은?
① 통풍채널형　　　② 사다리형
③ 바닥밀폐형　　　④ 크로스형

해설 [금속제 케이블 트레이 종류]
- 통풍채널형
- 사다리형
- 바닥밀폐형

02
- [2011년 1회 기출]

02 사람이 접촉될 우려가 있는 것으로서 가요전선관을 새들 등으로 지지하는 경우 지지점 간의 거리는 얼마 이하이어야 하는가?
① 0.3[m] 이하　　② 0.5[m] 이하
③ 1[m] 이하　　　④ 1.5[m] 이하

해설 [지지점간의 거리]
- 가요전선관 : 1[m] 이하
- 합성수지관 : 1.5[m] 이하
- 금속전선관 : 2[m] 이하

03  ★★★
- 허용전류
  - 50A 이하 : 1.25배
  - 50A 초과 : 1.1배
- [2011년 1회 기출]

03 전동기에 공급하는 간선의 굵기는 그 간선에 접속하는 전동기의 정격정류의 합계가 50[A]를 초과하는 경우 그 정격전류 합계의 몇 배 이상의 허용전류를 갖는 전선을 사용하여야 하는가?
① 1.1배　　　　　② 1.25배
③ 1.3배　　　　　④ 2배

해설 [허용전류]
- 전동기 정격전류가 50[A] 이하 : 허용전류는 정격전류 합계의 1.25배
- 전동기 정격전류가 50[A] 초과 : 허용전류는 정격전류 합계의 1.1배

정답 01.④　02.③　03.①

04 금속관 공사에서 금속관을 콘크리트에 매설할 경우 관의 두께는 몇 [mm] 이상의 것이어야 하는가?

① 0.8[mm] ② 1.0[mm]
③ 1.2[mm] ④ 1.5[mm]

해설 [금속관 공사]
- 관의 두께
  - 콘크리트 매설 : 1.2[mm]
  - 그 외 : 1.0[mm]

05 다음 중 금속관 공사의 설명으로 잘못된 것은?

① 교류회로는 1회로의 전선 전부를 동일관 내에 넣는 것을 원칙으로 한다.
② 교류회로에서 전선을 병렬로 사용하는 경우에는 관내에 전자적 불평형이 생기지 않도록 시설한다.
③ 금속관 내에서는 절대로 전선접속점을 만들지 않아야 한다.
④ 관의 두께는 콘크리트에 매입하는 경우 1[mm] 이상이어야 한다.

해설 [금속관 공사]
- 콘크리트 매설 시 두께 : 1.2[mm]
- 그 외 : 1.0[mm]
- 옥외용 비닐전선(OW) 제외

06 플로어덕트 공사에서 금속제 박스는 강판이 몇 [mm] 이상되는 것을 사용하여야 하는가?

① 2.0 ② 1.5
③ 1.2 ④ 1.0

해설 [플로어덕트 공사]
- 금속제 박스는 강판이 2.0[mm] 이상을 사용
- 전선은 덕트 면적의 20[%] 이하
- 출·퇴 표시등 : 50[%] 이하
- 절연전선 사용

07 접착제를 사용하여 합성수지관을 삽입해 접속할 경우 관의 깊이는 합성수지관 외경의 최소 몇 배인가?

① 0.8배 ② 1.2배
③ 1.5배 ④ 1.8배

정답 04.③ 05.④ 06.① 07.①

해설 [합성수지관 접속 시 관의 깊이]
- 일반적인 관의 깊이는 외경의 1.2배 이상
- 접착제를 사용 시에는 외경의 0.8배 이상

08 가연성 가스가 존재하는 저압 옥내전기설비 공사방법으로 옳은 것은?
① 가요전선관 공사
② 합성수지관 공사
③ 금속관 공사
④ 금속 몰드 공사

해설 [가연성 가스가 존재하는 곳의 공사]
- 금속관 공사
- 케이블 공사

09 합성수지몰드 공사는 사용전압이 몇 [V] 미만의 배선에 사용되는가?
① 200[V]
② 400[V]
③ 600[V]
④ 800[V]

해설 [합성수지몰드 공사]
- 폭 : 5[cm] 이하
- 두께 : 2.0[mm] 이상
- 사용전압 : 400[V] 미만

10 라이팅덕트 공사에 의한 저압 옥내 배선 시 덕트의 지지점 간의 거리는 몇 [m] 이하로 해야 하는가?
① 1.0
② 1.2
③ 2.0
④ 3.0

해설 [라이팅덕트 공사]
- 지지점 간의 거리 : 2[m] 이하
- 개구부는 아래로 한다.

11 가요전선관 공사에 다음의 전선을 사용하였다. 맞게 사용한 것은?
① 알루미늄 35[mm²]의 단선
② 절연전선 16[mm²]의 단선
③ 절연전선 10[mm²]의 연선
④ 알루미늄 25[mm²]의 단선

해설 [가요전선관 공사]
- 절연전선 사용
- 옥외용 비닐 절연전선 제외
- 10[mm²] 연선 사용

정답 08.③ 09.② 10.③ 11.③

12 철근콘크리트 건물에 노출 금속관 공사를 할 때 직각으로 굽히는 곳에 사용되는 금속관 재료는?

① 엔트런스 캡
② 유니버설 엘보
③ 4각 박스
④ 터미널 캡

해설 [금속관 공사 시 사용되는 재료]
- 유니버설 엘보 : 관을 직각으로 굽히는 곳에 사용
- 엔트런스 캡 : 옥외의 빗물을 막는데 이용

13 옥내의 저압전로와 대지 사이의 절연저항 측정에 알맞은 계기는?

① 회로시험기
② 접지측정기
③ 네온검전기
④ 메거측정기

해설 메거(Megger) 측정기에는 절연저항 측정기이다.

14 버스덕트 공사에서 덕트를 조영재에 붙이는 경우에는 덕트의 지지점 간의 거리를 몇 [m] 이하로 하여야 하는가?

① 3
② 4.5
③ 6
④ 9

해설 [버스덕트 공사]
- 지지점 간의 거리 : 3[m] 이하(수직인 경우 6[m] 이하)

15 애자사용 공사에서 전선의 지지점 간의 거리는 전선을 조영재의 윗면 또는 옆면에 따라 붙이는 경우에는 몇 [m] 이하인가?

① 1
② 1.5
③ 2
④ 3

해설 [애자사용 공사의 지지점 간의 거리]
- 조영재의 윗면, 옆면 시설 : 2[m] 이하
- 조영재를 따르지 않을 시 : 6[m] 이하

출제 POINT

12. 중요도
- [2011년 4회 기출]

13. 중요도
- [2011년 5회 기출]

14. 중요도
- 버스덕트 공사
- [2011년 5회 기출]

15. 중요도
- [2011년 5회 기출]

정답 12.② 13.④ 14.① 15.③

출제 POINT

16 중요도
- [2011년 5회 기출]

17 중요도 ★★
- 가요전선관 상호접속
  – 스플릿 커플링
- [2011년 5회 기출]

18 중요도
- [2012년 1회 기출]

19 중요도
- [2012년 1회 기출]

---

16 경질비닐 전선관의 설명으로 틀린 것은?

① 1본의 길이는 3.6[m]가 표준이다.
② 굵기는 관 안지름의 크기에 가까운 짝수[mm]로 나타낸다.
③ 금속관에 비해 절연성이 우수하다.
④ 금속관에 비해 내식성이 우수하다.

해설
- 경질비닐 전선관의 1본의 길이 : 4[m]
- 금속관의 1본의 길이 : 3.6[m]

17 가요전선관의 상호접속은 무엇을 사용하는가?

① 컴비네이션 커플링   ② 스플릿 커플링
③ 더블 커넥터   ④ 앵글 커넥터

해설 [전선관 접속]
- 스플릿 커플링 : 가요전선관－가요전선관 접속에 이용
- 컴비네이션 커플링 : 가요전선관－금속관 접속에 이용
- 앵글 박스 커넥터 : 가요전선관－박스 접속에 이용

18 애자사용 공사의 저압 옥내 배선에서 전선 상호 간의 간격은 얼마 이상으로 하여야 하는가?

① 2[cm]   ② 4[cm]
③ 6[cm]   ④ 8[cm]

해설 [애자사용 공사]

구분	전선 상호간 거리	전선과 조영재 사이의 거리
400[V] 미만	6[cm] 이상	2.5[cm] 이상
400[V] 이상 (건조한 장소)	6[cm] 이상	4.5[cm] 이상 (2.5[cm] 이상)

19 경질비닐전선관 1본의 표준 길이는?

① 3[m]   ② 3.6[m]
③ 4[m]   ④ 4.6[m]

해설
- 경질비닐전선관 1본의 길이 : 4[m]
- 금속전선관 1본의 길이 : 3.6[m]

정답 16.① 17.② 18.③ 19.③

20 케이블을 구부리는 경우는 피복이 손상되지 않도록 하고 그 굴곡부의 곡률반경은 원칙적으로 케이블이 단심인 경우 완성품 외경의 몇 배 이상이어야 하는가?

① 4
② 6
③ 8
④ 10

해설
- 곡률반경은 원칙적으로 외경의 6배 이상이다.
- 단, 단심인 경우에는 8배 이상이다.

[2012년 1회 기출]

21 절연전선을 동일 금속덕트 내에 넣을 경우 금속덕트의 크기는 전선의 피복절연물을 포함한 단면적의 총합계가 금속덕트 내 단면적의 몇 [%] 이하가 되도록 선정하여야 하는가? (단, 제어회로 등의 배선에 사용하는 전선만을 넣는 경우이다.)

① 30[%]
② 40[%]
③ 50[%]
④ 60[%]

해설 [금속덕트 공사]
- 절연전선 총단면적은 금속덕트 내 단면적의 20[%] 이하가 되도록 한다.
- 단, 출퇴 표시등, 제어회로일 때는 단면적의 50[%] 이하가 되도록 한다.
- 지지점 간의 거리 3[m] 이내
- 절연전선 사용(옥외용전선 제외)

- 금속덕트 공사
- [2012년 1회 기출]

22 금속몰드 배선의 사용전압은 몇 [V] 미만이어야 하는가?

① 150
② 220
③ 400
④ 600

해설 [금속몰드 공사]
- 폭 : 5[cm] 이하
- 두께 : 0.5[mm] 이상
- 사용전압 : 400[V] 미만
- 관단은 폐쇄할 것
- 전선은 절연전선일 것

- 금속몰드 공사
- [2012년 2회 기출]

23 합성수지관 상호 및 관과 박스는 접속 시에 삽입하는 깊이를 관 바깥지름의 몇 배 이상으로 하여야 하는가? (단, 접착제를 사용하지 않은 경우이다.)

① 0.2
② 0.5
③ 1
④ 1.2

[2012년 2회 기출]

정답 20.③ 21.③ 22.③ 23.④

해설 [합성수지관 상호, 관과 박스의 접속 방법]
- 삽입하는 관의 깊이는 바깥지름의 1.2배 이상으로 한다.
- 단, 접착제 사용 시에는 0.8배 이상이다.

24 [2012년 2회 기출]

24 무대, 무대 밑, 오케스트라 박스, 영사실, 기타 사람이나 무대 도구가 접촉할 우려가 있는 장소에 시설하는 저압 옥내 배선, 전구선 또는 이동전선은 사용 전압이 몇 [V] 미만이어야 하는가?

① 60[V]   ② 110[V]
③ 220[V] ④ 400[V]

해설 흥행장소(무대, 오케스트라, 영사실)나 이동전선은 사용전압 400[V] 미만이어야 한다.

25 [2012년 4회 기출]

25 합성수지관 공사에서 관의 지지점 간의 거리는 최대 몇 [m]인가?

① 1   ② 1.2
③ 1.5   ④ 2

해설 [지지점 간의 거리]
- 합성수지관 공사 : 1.5[m] 이하
- 금속제 가요전선관 공사 : 1[m] 이하

26 커플링의 종류
[2012년 4회 기출]

26 가요전선관 공사에서 가요전선관의 상호 접속에 사용하는 것은?

① 유니언 커플링   ② 2호 커플링
③ 컴비네이션 커플링 ④ 스플릿 커플링

해설 [커플링 종류]
- 커플링(coupling) : 금속관 상호 접속 시 이용
- 스플릿 커플링 : 가요전선관 상호 접속 시 이용
- 컴비네이션 커플링 : 가요전선관과 금속관 접속 시 이용

27 [2012년 4회 기출]

27 가공전선에 케이블을 사용하는 경우에는 케이블은 조가용선에 행거를 사용하여 조가한다. 사용전압이 고압일 경우 그 행거의 간격은?

① 50[cm] 이하   ② 50[cm] 이상
③ 75[cm] 이하   ④ 75[cm] 이상

해설 [조가용선]
- 행거 간격 : 50[cm] 이하
- 굵기 : 22[mm^2]

정답 24.④ 25.③ 26.④ 27.①

28 금속전선관과 비교한 합성수지전선관 공사의 특징으로 거리가 먼 것은?

① 내식성이 우수하다.
② 배관작업이 용이하다.
③ 열에 강하다.
④ 절연성이 우수하다.

해설 [합성수지전선관 특징]
- 내식성 우수
- 배관작업 용이
- 절연성 우수
- 열에 약하다.

28. 중요도
- 합성수지전선관
- [2012년 4회 기출]

29 가요전선관에 대한 설명으로 잘못된 것은?

① 가요전선관 상호접속은 커플링으로 하여야 한다.
② 가요전선관과 금속관 배선 등과 연결하는 경우 적당한 구조의 커플링으로 완벽하게 접속하여야 한다.
③ 가요전선관을 조영재의 측면에 새들로 지지하는 경우 지지점 간 거리는 1[m] 이하이어야 한다.
④ 1종 가요전선관을 구부리는 경우의 곡률반지름은 관 안지름의 10배 이상으로 하여야 한다.

해설 [가요전선관]
구부리고자 할 때 곡률반지름은 관 안지름 6배 이상이면 된다.

29. 중요도
- 가요전선관
- [2012년 5회 기출]

30 흥행장의 저압공사에서 잘못된 것은?

① 무대, 무대 밑, 오케스트라 박스 및 영사실의 전로에는 전용개폐기 및 과전류 차단기를 시설할 필요가 없다.
② 무대용의 콘센트, 박스, 플라이 덕트 및 보더 라이트의 금속제 외함에는 접지를 하여야 한다.
③ 플라이 덕트는 조영재 등에 견고하게 시설하여야 한다.
④ 사용전압 400[V] 미만의 이동전선은 0.6/1[kV] EP 고무절연 클로로프렌 캡타이어 케이블을 사용한다.

해설 흥행장소에는 반드시 저압개폐기 및 과전류 차단기를 설치하여야 한다.

30. 중요도
- [2012년 5회 기출]

31 금속관을 구부리는 경우 굴곡의 안측 반지름은?

① 전선관 안지름의 3배 이상
② 전선관 안지름의 6배 이상
③ 전선관 안지름의 8배 이상
④ 전선관 안지름의 12배 이상

31. 중요도
- [2012년 5회 기출]

정답 28.③ 29.④ 30.① 31.②

Chapter ❺ 옥내 배선공사 ■ 521

> **해설** 금속관을 구부릴 때는 전선관 안측 반지름 6배 이상으로 구부려야 크게 변형이 생기지 않는다.

32 금속전선관 공사 시 녹아웃 구멍이 금속관보다 클 때 사용되는 접속 기구는?

① 부싱
② 링 리듀서
③ 로크너트
④ 엔트런스 캡

> **해설** [금속관 공사 부품]
> - 부싱 : 전선의 피복 보호를 위해 사용
> - 링 리듀서 : 녹아웃 구멍이 관의 구멍보다 클 때 사용
> - 엔트런스 캡 : 인입구와 인출구에 옥외의 빗물이나 먼지를 막는데 사용

33 애자사용 공사에 대한 설명 중 틀린 것은?

① 사용전압이 400[V] 미만이면 전선과 조영재의 간격은 2.5[cm] 이상일 것
② 사용전압이 400[V] 미만이면 전선 상호 간의 간격은 6[cm] 이상일 것
③ 사용전압이 220[V]이면 전선과 조영재의 이격거리는 2.5[cm] 이상일 것
④ 전선을 조영재의 옆면을 따라 붙일 경우 전선 지지점 간의 거리는 3[m] 이하일 것

> **해설** [애자사용 공사]
> - 400[V] 미만
>   - 전선 상호간 거리 : 6[cm] 이상
>   - 전선과 조영재 사이의 거리 : 2.5[cm] 이상
> - 400[V] 이상
>   - 전선 상호간 거리 : 6[cm] 이상
>   - 전선과 조영재 사이의 거리 : 4.5[cm] 이상(건조한 곳은 2.5[cm] 이상)
> - 전선을 조영재의 윗면, 옆면 따라 붙일 경우 지지점 간의 거리 : 2[m] 이하

34 금속관 배선에 대한 설명으로 잘못된 것은?

① 금속관 두께는 콘크리트에 매입하는 경우 1.2[mm] 이상일 것
② 교류회로에서 전선을 병렬로 사용하는 경우 관내에 전자적 불평형이 생기지 않도록 시설할 것
③ 굵기가 다른 절연전선을 동일 관내에 넣은 경우 피복 절연물을 포함한 단면적이 관내 단면적의 48[%] 이하일 것
④ 관의 호칭에서 후강전선관은 짝수, 박강전선관은 홀수로 표시할 것

정답 32.② 33.④ 34.③

해설 [금속관 공사]
- 옥외용 비닐 전선(OW) 제외
- 콘크리트 매설 시 관의 두께 : 1.2[mm] 이상
- 그 외 : 1.0[mm]
- 굵기가 다른 절연전선을 동일 관내에 넣은 경우 피복 절연물을 포함한 단면적이 관내 단면적의 32[%] 이하일 것
- 굵기가 같은 절연전선을 동일 관내에 넣은 경우 피복 절연물을 포함한 단면적이 관내 단면적의 48[%] 이하일 것

35 금속덕트 배선에 사용하는 금속덕트의 철판 두께는 몇 [mm] 이상이어야 하는가?
① 0.8　　② 1.2
③ 1.5　　④ 1.8

해설 [금속덕트 공사]
- 두께 : 1.2[mm] 이상
- 폭 : 5[cm] 초과
- 지지점 간의 거리 : 3[m]

35. 중요도
- 금속덕트 공사
- [2013년 1회 기출]

36 합성수지관 공사의 특징 중 옳은 것은?
① 내열성　　② 내한성
③ 내부식성　　④ 내충격성

해설 [합성수지관 공사]
- 관의 지지점 간의 거리는 1.5[m] 이하
- 전선은 절연전선일 것
- 부식성에 강하고, 열에는 약하다.

36. 중요도
- 합성수지관 공사
- [2013년 1회 기출]

37 합성수지제 전선관의 호칭은 관 굵기의 무엇으로 표시하는가?
① 홀수인 안지름　　② 짝수인 바깥지름
③ 짝수인 안지름　　④ 홀수인 바깥지름

해설 [합성수지관]
- 호칭 : 짝수인 안지름으로 표시
- 지지점 간의 거리 : 1.5[m] 이하

37. 중요도
- [2013년 2회 기출]

정답 35.② 35.③ 37.③

출제 POINT

38
- 금속덕트 공사
- [2013년 2회 기출]

39
- [2013년 4회 기출]

40
- [2013년 4회 기출]

---

38 금속덕트 공사에 있어서 전광표시장치, 출퇴표시장치 등 제어회로용 배선만을 공사할 때 절연전선의 단면적은 금속덕트 내 몇 [%] 이하이어야 하는가?

① 80
② 70
③ 60
④ 50

[해설] [금속덕트 공사]
- 전선은 절연전선일 것
- 금속덕트 안에서 접속점은 없을 것
- 금속덕트 안의 전선의 단면적은 덕트의 내 단면적의 20[%] 이하(단, 전광표시장치, 출퇴표시 등의 제어회로용 공사 시에는 금속덕트 내 단면적의 50[%] 이하)

39 금속전선관 공사에서 사용되는 후강전선관의 규격이 아닌 것은?

① 16
② 28
③ 36
④ 50

[해설]
- 후강전선관
  - 짝수, 내경
  - 16, 22, 28, 36, 42, 54, 70 ······[mm]
- 박강전선관
  - 홀수, 외경
  - 19, 25, 31, 39, 51, 63, 75 ······[mm]

40 다음 [보기] 중 금속관, 애자, 합성수지 및 케이블 공사가 모두 가능한 특수 장소를 옳게 나열한 것은?

┤ 보기 ├
㉠ 화약고 등의 위험 장소　　㉡ 부식성 가스가 있는 장소
㉢ 위험물 등이 존재하는 장소　㉣ 불연성 먼지가 많은 장소
㉤ 습기가 많은 장소

① ㉠, ㉡, ㉢
② ㉡, ㉢, ㉣
③ ㉡, ㉣, ㉤
④ ㉠, ㉣, ㉤

[해설]
- 금속관 공사, 애자 공사, 합성수지 및 케이블 공사가 모두 가능한 공사
  - 부식성 가스가 있는 장소
  - 불연성 먼지가 많은 장소
  - 습기가 많은 장소
- 화약고 등의 위험물 장소 : 금속관 공사, 케이블 공사

정답 38.④　39.④　40.③

41 옥내 배선에서 주로 사용하는 직선 접속 및 분기 접속방법은 어떤 것을 사용하여 접속하는가?

① 동선압착단자
② 슬리브
③ 와이어 커넥터
④ 꽂음형 커넥터

해설 S형 슬리브 접속 : 직선, 분기 접속에 이용된다.

[2013년 4회 기출]

42 금속몰드 배선시공 시 사용전압은 몇 [V] 미만이어야 하는가?

① 100
② 200
③ 300
④ 400

해설 [금속몰드 공사]
- 사용전압 400[V] 미만
- 폭 5[cm] 이하
- 두께 0.5[mm] 이상
- 전선은 절연전선 사용
- 은폐장소에서는 사용 불가

■ 금속몰드 공사
■ [2013년 5회 기출]

43 금속관 내의 같은 굵기의 전선을 넣을 때는 절연전선의 피복을 포함한 총 단면적이 금속관 내부 단면적의 몇 [%] 이하이어야 하는가?

① 16
② 24
③ 32
④ 48

해설 [금속관 공사]
- 1본의 길이 : 3.66[m]
- 절연전선 사용
- 옥외용 비닐절연전선(OW) 제외
- 금속관 내부에는 접속점이 없을 것
- 금속관 내에 같은 굵기의 전선을 넣을 때 : 절연전선 피복 포함한 총단면적이 금속관 단면적의 48[%] 이하
- 금속관 내에 다른 굵기의 전선을 넣을 때 : 절연전선 피복 포함한 총단면적이 금속관 단면적의 32[%] 이하

■ 금속관 공사
■ [2013년 5회 기출]

44 무대·무대 밑·오케스트라 박스·영사실 기타 사람이나 무대 도구가 접촉될 우려가 있는 장소에 시설하는 저압 옥내 배선·전구선 또는 이동전선은 사용전압이 몇 [V] 미만이어야 하는가?

① 400
② 500
③ 600
④ 700

해설 흥행장소나 이동전선의 사용전압은 400[V] 미만이어야 한다.

■ [2013년 5회 기출]

정답 41.② 42.④ 43.④ 44.①

출제 POINT

45 중요도 ★★
- 교통신호등의 시설 사용전압 : 300[V] 미만
- [2013년 5회 기출]

46 중요도
- [2013년 5회 기출]

47 중요도
- 공구의 종류
- [2013년 5회 기출]

48 중요도
- [2014년 1회 기출]

---

45 교통신호등의 제어장치로부터 신호등의 전구까지의 전로에 사용하는 전압은 몇 [V] 이하인가?

① 60
② 100
③ 300
④ 440

해설 [교통신호등의 시설]
- 사용전압은 300[V] 미만
- 전선의 지표상 높이는 2.5[m] 이상

46 가로등, 경기장, 공장, 아파트 단지 등의 일반조명을 위하여 시설하는 고압방전등의 효율은 몇 [lm/W] 이상의 것이어야 하는가?

① 30
② 70
③ 90
④ 120

해설 가로등, 경기장, 공장, 아파트 단지 등에 시설하는 고압방전등의 효율은 70[lm/W]이상일 것

47 옥내 배선공사 중 금속관 공사에 사용되는 공구의 설명 중 잘못된 것은?

① 전선관의 굽힘 작업에 사용하는 공구는 토치램프나 스프링 벤더를 사용한다.
② 전선관의 나사를 내는 작업에 오스터를 사용한다.
③ 전선관을 절단하는 공구에는 쇠톱 또는 파이프 커터를 사용한다.
④ 아우트렛 박스의 천공작업에 사용되는 공구는 녹아웃 펀치를 사용한다.

해설
- 오스터 : 나사를 내는데 사용
- 파이프 커터 : 전선관을 절단 시 사용
- 토치램프 : 금속관이 아닌 PVC 전선관에서 이용된다.

48 옥내 배선공사 작업 중 접속함에서 쥐꼬리 접속을 할 때 필요한 것은?

① 커플링
② 와이어 커넥터
③ 로크너트
④ 부싱

해설 와이어 커넥터 : 쥐꼬리 접속 시 접속함에서 이용한다.

정답 45.③ 46.② 47.① 48.②

49 애자사용 공사에서 전선의 지지점 간의 거리는 전선을 조영재의 윗면 또는 옆면에 따라 붙이는 경우에는 몇 [m] 이하인가?

① 1
② 2
③ 2.5
④ 3

해설 [애자사용 공사]
- 지지점 간의 거리
  - 조영재 윗면, 옆면 : 2[m] 이하
  - 그외 : 6[m] 이하
- 전선은 절연전선 사용

49. 중요도
- [2014년 1회 기출]

50 금속전선관의 종류에서 후강전선관의 규격[mm]이 아닌 것은?

① 16
② 19
③ 28
④ 36

해설 [전선관의 규격]
- 후강전선관
  - 짝수, 내경
  - 16, 22, 28, 36, 42 …… [mm]
- 박강전선관
  - 홀수, 외경
  - 19, 25, 31, 39, 51 …… [mm]

50. 중요도 ★★
- 후강, 박강전선관의 규격
- [2014년 2회 기출]

51 저압 옥내 배선에서 애자사용 공사를 할 때의 내용으로 올바른 것은?

① 전선 상호 간의 간격은 6[cm] 이상
② 400[V]를 초과하는 경우 전선과 조영재 사이의 이격거리는 2.5[cm] 미만
③ 전선의 지지점 간의 거리는 조영재의 윗면 또는 옆면에 따라 붙일 경우에는 3[m] 이상
④ 애자사용 공사에 사용되는 애자는 절연성·난연성 및 내수성과 무관

해설 [저압 애자사용 공사]

구분	전선 상호간 거리	전선과 조영재와의 거리
400[V] 미만	6[cm] 이상	2.5[cm] 이상
400[V] 이상	6[cm] 이상	4.5[cm] 이상
400[V] 이상, 건조한 곳		2.5[cm] 이상

51. 중요도
- [2014년 2회 기출]

정답 49.② 50.② 51.①

출제 POINT

52 [2014년 2회 기출]

53 중요도 ★★
- 오스터 : 나사를 만들 때 사용
- [2014년 4회 기출]

54 [2014년 4회 기출]

55 중요도 ★★
- 라이팅덕트 공사 시 지지점 간의 거리 : 2[m] 이하
- [2014년 4회 기출]

---

52 다음 ( ) 안에 들어갈 내용으로 알맞은 것은?

"사람의 접촉 우려가 있는 합성수지제 몰드는 홈의 폭 및 깊이가 (㉠)[cm] 이하로 두께는 (㉡)[mm] 이상의 것이어야 한다."

① ㉠ 3.5, ㉡ 1 ② ㉠ 5, ㉡ 1
③ ㉠ 3.5, ㉡ 2 ④ ㉠ 5, ㉡ 2

해설 [합성수지몰드 공사]
- 전선은 반드시 절연전선
- 관단은 폐쇄할 것
- 몰드 안에는 접속점이 없을 것
- 두께 2.0[mm] 이상
- 폭 5[cm] 이하(단, 사람접촉 우려가 없는 경우이다.)
- 폭 3.5[cm] 이하(단, 사람접촉 우려가 있는 경우이다.)

53 금속전선관 작업에서 나사를 낼 때 필요한 공구는 어느 것인가?

① 파이프 벤더 ② 볼트클리퍼
③ 오스터 ④ 파이프 렌치

해설 [공구]
- 오스터 : 나사를 만들 때 사용한다.
- 리머 : 절단한 전선관 매끄럽게 하는데 이용
- 녹아웃 펀치 : 캐비닛 등에 구멍을 뚫을 때 이용
- 파이프 밴더 : 전선관리 굽힘 작업을 할 때 이용

54 무대, 오케스트라박스 등 흥행장의 저압 옥내 배선공사의 사용전압은 몇 [V] 미만인가?

① 200 ② 300
③ 400 ④ 600

해설 흥행장의 옥내 배선공사의 사용전압은 400[V] 미만이다(무대, 오케스트라박스 등).

55 라이팅덕트 공사에 의한 저압 옥내 배선 시 덕트의 지지점 간의 거리는 몇 [m] 이하로 해야 하는가?

① 1.0 ② 1.2
③ 1.5 ④ 2.0

정답 52.③ 53.③ 54.③ 55.④

해설 [라이팅덕트 공사]
- 끝부분은 막고, 개구부는 아래로 향하게 공사
- 지지점 간의 거리는 2.0[m] 이하

56 금속관 공사에 의한 저압 옥내 배선에서 잘못된 것은?
① 전선은 절연전선일 것
② 금속관 안에서는 전선의 접속점이 없도록 할 것
③ 알루미늄 전선은 단면적 16[mm^2] 초과 시 연선을 사용할 것
④ 옥외용 비닐절연전선을 사용할 것

해설 [금속관 공사]
- 절연전선 사용
- 옥외용 비닐전선(OW) 제외
- 금속관 내부에는 접속점이 없어야 한다.

56. 중요도
- 금속관 공사
- [2014년 5회 기출]

57 금속몰드의 지지점 간의 거리는 몇 [m] 이하로 하는 것이 가장 바람직한가?
① 1   ② 1.5
③ 2   ④ 3

해설 [금속몰드 공사]
- 지지점 간의 거리 : 1.5[m] 이하
- 폭 : 5[cm] 이하
- 두께 : 0.5[mm] 이상

57. 중요도
- 금속몰드 공사
- [2015년 1회 기출]

58 애자사용 공사에서 전선 상호 간의 간격은 몇 [cm] 이상으로 하는 것이 가장 바람직한가?
① 4   ② 5
③ 6   ④ 8

해설 [애자사용 공사]

구분	전선 상호간 거리	전선과 조영재의 거리
400[V] 미만	6[cm] 이상	2.5[cm] 이상
400[V] 이상	6[cm] 이상	4.5[cm] 이상

단, 400[V] 이상이며 건조한 경우 : 전선 상호간 거리(6[cm] 이상, 전선과 조명재 (2.5[cm] 이상)

58. 중요도
- [2015년 1회 기출]

정답 56.④ 57.② 58.③

출제 POINT

59. [2015년 1회 기출]

59 합성수지몰드 공사에서 틀린 것은?

① 전선은 절연전선일 것
② 합성수지몰드 안에는 접속점이 없도록 할 것
③ 합성수지몰드는 홈의 폭 및 깊이가 6.5[cm] 이하일 것
④ 합성수지몰드와 박스, 기타의 부속품과는 전선이 노출되지 않도록 할 것

해설 [합성수지몰드 공사]
- 폭 : 5[cm] 이하
- 두께 : 2.0[mm] 이상
- 전선은 절연전선일 것
- 몰드 안에는 접속점이 없어야 한다.

60. [2015년 2회 기출]

60 금속관 공사에서 녹아웃의 지름이 금속판의 지름보다 큰 경우에 사용되는 재료는?

① 로크너트
② 부싱
③ 콘넥터
④ 링 리듀서

해설
- 링 리듀서 : 녹아웃의 지름이 금속관의 지름보다 큰 경우에 사용
- 로크너트 : 관과 박스들 접속 시 사용
- 부싱 : 전선의 피복을 보호하기 위해 사용

61. [2015년 2회 기출]

61 애자사용 배선공사 시 사용할 수 없는 전선은?

① 고무 절연전선
② 폴리에틸렌 절연전선
③ 플루오르 수지 절연전선
④ 인입용 비닐 절연전선

해설 애자사용 공사를 할 때는 인입용 비닐전선은 제외한다.

62. [2015년 4회 기출]

62 다음 중 버스 덕트가 아닌 것은?

① 플로어 버스 덕트
② 피더 버스 덕트
③ 트롤리 버스 덕트
④ 플러그인 버스 덕트

해설 [버스 덕트의 종류]
- 플러그인 버스 덕트
- 피더 버스 덕트
- 트롤리 버스 덕트

정답 59.③ 60.④ 61.④ 62.①

63 후강전선관의 관 호칭은 (㉠) 크기로 정하여 (㉡)로 표시하는데, ㉠과 ㉡에 들어갈 내용으로 옳은 것은?

① ㉠ 안지름 ㉡ 홀수
② ㉠ 안지름 ㉡ 짝수
③ ㉠ 바깥지름 ㉡ 홀수
④ ㉠ 바깥지름 ㉡ 짝수

해설
- 후강전선관 호칭
  - 짝수, 내경(안지름)으로 표시
  - 16, 22, 28, 36, 42 …… [mm]
- 박강전선관 호칭
  - 홀수, 외경(바깥지름)
  - 19, 25, 31, 39, 51 …… [mm]

63 중요도
- [2015년 5회 기출]

64 합성수지관을 새들 등으로 지지하는 경우 지지점 간의 거리는 몇 [m] 이하인가?

① 1.5
② 2.0
③ 2.5
④ 3.0

해설 [지지점 간의 거리(새들)]

관의 종류	지지점 간의 거리(m)
합성수지관	1.5[m] 이하
금속전선관	2[m] 이하
가요전선관	1[m] 이하

64 중요도 ★★
- 새들을 이용한 공사 시 지지점 간의 거리
  - PVC : 1.5[m] 이하
  - 금속관 : 2[m] 이하
  - 가요전선관 : 1[m] 이하
- [2016년 1회 기출]

65 플로어덕트 배선의 사용전압은 몇 [V] 미만으로 제한되는가?

① 220
② 400
③ 600
④ 700

해설 [플로어덕트 공사]
- 사용전압 400[V] 미만

65 중요도
- 플로어덕트 공사
- [2016년 1회 기출]

66 합성수지관 상호 접속 시에 관을 삽입하는 깊이는 관 바깥지름의 몇 배 이상으로 하여야 하는가?

① 0.6
② 0.8
③ 1.0
④ 1.2

해설 [관의 삽입 깊이]
- 일반적 : 관의 바깥지름의 1.2배 이상
- 접착제 사용 시 : 관의 바깥지름의 0.8배 이상

66 중요도
- [2016년 1회 기출]

정답 63.② 64.① 65.② 66.④

출제 POINT

67 [2016년 1회 기출]

67 옥내 배선공사를 할 때 연동선을 사용할 경우 전선의 최소 굵기[mm²]는?

① 1.5
② 2.5
③ 4
④ 6

해설 [전선의 최소 굵기]
최소 굵기, 단면적이 2.5[mm²] 이상의 연동선

68 [2016년 2회 기출]

68 전기설비기술기준의 판단기준에 의하여 애자사용 공사를 건조한 장소에 시설하고자 한다. 사용전압이 400[V] 미만인 경우 전선과 조영재 사이의 이격거리는 최소 몇 [cm] 이상이어야 하는가?

① 2.5
② 4.5
③ 6.0
④ 12

해설 [애자사용 공사]

	전선 상호간 이격거리	전선과 조영재의 이격거리
400[V] 미만	6[cm] 이상	2.5[cm] 이상
400[V] 이상	6[cm] 이상	4.5[cm] 이상
400[V] 이상이고 건조한 곳	6[cm] 이상	2.5[cm] 이상
400[V] 이상이고 점검이 어려운 것	12[cm] 이상	4.5[cm] 이상

69 [2016년 2회 기출]

69 라이팅덕트 공사에 의한 저압 옥내 배선의 시설기준으로 틀린 것은?

① 덕트의 끝부분은 막을 것
② 덕트는 조영재에 견고하게 붙일 것
③ 덕트의 개구부는 위로 향하여 시설할 것
④ 덕트는 조영재를 관통하여 시설하지 아니할 것

해설 [라이팅덕트]
- 지지점 간의 거리 : 2[m] 이하
- 덕트의 끝부분은 막는다.
- 덕트의 개구부는 아래로 향하게 시설

70 금속관 공사
[2016년 2회 기출]

70 서로 다른 굵기의 절연전선을 동일 관내에 넣는 경우 금속관의 굵기는 전선의 피복절연물을 포함한 단면적의 총 합계가 관의 내 단면적의 몇 [%] 이하가 되도록 선정하여야 하는가?

① 32
② 38
③ 45
④ 48

정답 67.② 68.① 69.③ 70.①

해설 [금속관 공사]
- 내부에 접속점이 없어야 한다.
- 전선은 절연전선일 것
- 굵기가 다른 전선관을 동일 전선관에 넣을 때 절연물을 포함한 단면적의 합계가 금속관 단면적의 32% 이하
- 굵기가 동일한 전선관을 동일 전선관에 넣을 때 절연물을 포함한 단면적의 합계가 금속관 단면적의 48% 이하로 할 것

71 무대, 오케스트라박스 등 흥행장의 저압 옥내 배선공사의 사용전압은 몇 [V] 미만인가?
① 200
② 300
③ 400
④ 600

해설 흥행장(무대, 오케스트라 등)의 사용전압은 400[V] 미만이다.

72 저압 옥내 배선에서 애자사용 공사를 할 때 올바른 것은?
① 전선 상호간의 간격은 6[cm] 이상
② 400[V] 초과하는 경우 전선과 조영재 사이의 이격거리는 2.5[m] 미만
③ 전선의 지지점 간의 거리는 조영재의 윗면 또는 옆면에 따라 붙일 경우에는 3[m] 이상
④ 애자사용 공사에 사용되는 애자는 절연성·난연성 및 내수성과 무관

해설 [애자사용 공사]

구분	전선 상호간 거리	전선과 조영재와의 거리
400[V] 미만	6[cm] 이상	2.5[cm] 이상
400[V] 이상 (건조한 장소)	6[cm] 이상	4.5[cm] 이상 (2.5[cm] 이상)

73 후강전선관의 종류는 몇 종인가?
① 20종
② 10종
③ 5종
④ 3종

해설 [금속관의 종류]
- 후강전선관
  - 짝수, 내경
  - 16, 22, 28, 36, 42, 54, 70, 82, 92, 104[mm]
- 박강전선관
  - 홀수, 외경
  - 19, 25, 31, 39, 51, 63, 75[mm]

정답 71.③ 72.① 73.②

74
합성수지관 상호 및 관과 박스는 접속시에 삽입하는 깊이를 관 바깥 지름의 몇 배 이상으로 하여야 하는가? (단, 접착제를 사용하는 경우이다.)

① 0.6배 ② 0.8배
③ 1.2배 ④ 1.6배

해설 [합성수지관 상호 및 관과 박스 접속시 삽입 깊이]
- 관 바깥 지름의 1.2배
- 단, 접착제 사용시는 0.8배

75
합성수지관의 규격이 아닌 것은?

① 14 ② 16
③ 18 ④ 22

해설 [합성수지관]
- 경질 비닐 전선관
  - 14, 16, 22, 28, 36, 42, 54, 70, 82[mm]
- 폴리에틸렌 전선관
  - 14, 16, 22, 28, 36, 42[mm]

76
1종 금속몰드 배선 공사를 할 때 동일 몰드 내에 넣는 전선수는 최대 몇 본 이하로 하여야 하는가?

① 3   ② 5
③ 10 ④ 12

해설 [금속몰드 공사]
- 사용전압 400[V] 미만
- 몰드에 삽입하는 전선수는 10본 이하
- 조영재에 부착시 1.5[m]마다 고정

77
금속제 가요전선관 공사 방법에 대한 설명으로 옳은 것은?

① 가요전선관과 박스와의 직각 부분에 연결하는 부속품은 앵글 박스 커넥터이다.
② 가요전선관과 금속관과의 접속에 사용하는 부속품은 스트레이트 박스 커넥터이다.
③ 가요전선관 상호 접속에 사용하는 부속품은 콤비네이션 커플링이다.
④ 스위치 박스에는 콤비네이션 커플링을 사용하여 가요전선관과 접속한다.

정답 74.② 75.③ 76.③ 77.①

해설 [금속제 가요전선관]
- 관의 지지점 간의 거리는 1[m]
- 가요전선관-박스 접속 : 앵글 박스 커넥터 이용
- 가요전선관-금속관 접속 : 컴비네이션 커플링 이용
- 가요전선관-가요전선관 접속 : 스플릿 커넥터 이용

78 사용전압 400[V] 이상, 건조한 장소에서 사용할 수 없는 공사 방법은?
① 애자사용 공사
② 금속덕트 공사
③ 금속몰드 공사
④ 버스덕트 공사

해설 [금속몰드 공사]
- 건조한 노출 장소
- 점검 가능한 은폐 장소
- 사용전압은 300[V] 미만
- 몰드 안의 전선수는 10본 이하

79 합성수지관의 표준 규격품 1본의 길이는 몇 [m]인가?
① 3.0[m]
② 3.6[m]
③ 4.0[m]
④ 4.5[m]

해설
- 금속관 1본의 길이 : 3.6[m]
- 합성수지관 1본의 길이 : 4[m]

80 합성수지관 공사에서 지지점 간의 거리는 몇 [m] 이하로 하여야 하는가?
① 0.6
② 1.0
③ 1.2
④ 1.5

해설 [합성수지관 공사의 지지점 간의 거리]
1500[mm], 즉 1.5[m] 이하

81 후강전선관의 관 호칭은 (㉠) 크기로 정하여 (㉡)로 표시하는데, ㉠과 ㉡에 들어갈 내용으로 옳은 것은?
① ㉠ 안지름 ㉡ 홀수
② ㉠ 안지름 ㉡ 짝수
③ ㉠ 바깥지름 ㉡ 홀수
④ ㉠ 바깥지름 ㉡ 짝수

출제 POINT

78. 중요도
- 금속몰드 공사
- [2017년 1회 CBT]

79. 중요도
- [2017년 1회 CBT]

80. 중요도
- [2017년 1회 CBT]

81. 중요도
- 후강, 박강전선관의 규격
- [2017년 1회 CBT]

정답 78.③ 79.③ 80.④ 81.②

해설 [금속관]
- 후강전선관
  짝수, 내경(16, 22, 28, 36mm ……)
- 박강전선관
  홀수, 외경(19, 25, 31, 39mm ……)

82 금속덕트 공사에 관한 사항이다. 다음 중 금속덕트의 시설로서 옳지 않은 것은?
① 덕트의 끝부분은 열어 놓을 것
② 덕트를 조영재에 붙이는 경우에는 덕트의 지지점 간의 거리를 3[m] 이하로 하고 견고하게 붙일 것
③ 덕트의 뚜껑은 쉽게 열리지 않도록 시설할 것
④ 덕트 상호 간은 견고하고 또한 전기적으로 완전하게 접속할 것

해설 [금속덕트 공사]
- 절연전선 사용(옥외용 전선 제외)
- 덕트의 끝부분은 밀폐할 것
- 지지점 간의 거리 3[m], 수직은 6[m] 이하

83 다음 중 금속관 공사의 설명으로 잘못된 것은?
① 교류회로는 1회로의 전선 전부를 동일관 내에 넣는 것을 원칙으로 한다.
② 교류회로에서 전선을 병렬로 사용하는 경우에는 관 내에 전자적 불평형이 생기지 않도록 시설한다.
③ 금속관 내에서는 절대로 전선접속점을 만들지 않아야 한다.
④ 관의 두께는 콘크리트에 매입하는 경우 1[mm] 이상이어야 한다.

해설 [금속관 공사]
- 관의 두께
  - 콘크리트에 매입 시 1.2[mm] 이상
  - 그 외에는 1.0[mm] 이상

84 합성수지관 공사에 대한 설명 중 옳지 않은 것은?
① 습기가 많은 장소 또는 물기가 있는 장소에 시설하는 경우에는 방습장치를 한다.
② 관 상호 간 및 박스와는 관을 삽입하는 깊이를 관의 바깥지름의 1.2배 이상으로 한다.
③ 관의 지지점 간의 거리는 3[m] 이상으로 한다.
④ 합성수지관 안에는 전선의 접속점이 없도록 한다.

정답 82.① 83.④ 84.③

해설 [합성수지관 공사]
- 관의 지지점 간의 거리 : 1.5[m] 이하
- 절연전선 사용
- 관의 삽입 깊이 : 관 바깥지름의 1.2배

85. 다음 중 애자사용 공사에 사용되는 애자의 구비조건과 거리가 먼 것은?

① 광택성　　　　　　② 절연성
③ 난연성　　　　　　④ 내수성

해설 [애자의 구비조건]
- 절연내력이 클 것
- 내수성이 클 것
- 난연성이 클 것
- 기계적 강도가 클 것

85. 중요도
- 애자의 구비조건
- [2017년 2회 CBT]

86. 금속전선관 공사에서 사용되는 후강전선관의 규격이 아닌 것은?

① 16　　　　　　② 28
③ 36　　　　　　④ 50

해설 [후강전선관]
- 짝수이며, 내경
- 16, 22, 28, 36, 42, 70, ……

86. 중요도
- [2017년 3회 CBT]

87. 박스에 금속관을 고정할 때 사용하는 것은?

① 유니언 커플링　　　② 로크너트
③ 부싱　　　　　　　④ C형 엘보

해설 [공사용품]
- 로크너트 : 박스에 금속관 고정 시 사용
- 부싱 : 전선의 피복을 보호하기 위해 사용
- 엘보우 : 관을 직각으로 굽혀야 하는 곳의 관 상호관 접속 시 사용

87. 중요도
- [2017년 3회 CBT]

정답 85.① 86.④ 87.②

CHAPTER 06 특수 장소 공사

1 먼지가 많은 곳의 공사

(1) 폭연성 분진 또는 화학류 분말이 존재
① 금속관 공사
② 케이블 공사(CD 케이블, 캡타이어 케이블은 제외)
③ 관 상호간 또는 관과 박스는 5턱 이상의 나사로 죄어야 한다.
④ 마그네슘, 알미늄 등의 먼지가 있는 곳

(2) 가연성 분진
① 합성수지관 공사
② 금속관 공사
③ 케이블 공사(CD 케이블은 제외)
④ 관 상호간 또는 관과 박스는 5턱 이상의 나사로 죄어야 한다.
⑤ 소맥분, 전분등 기타 가연성 먼지가 있는 곳

2 위험물이 있는 곳의 공사

① 셀룰로이드, 성냥, 석유등 위험 물질 저장 및 제조
② 금속관 공사
③ 케이블 공사
④ 합성수지관 공사
⑤ 금속관은 후광, 박광전선관을 사용

3 가연성 가스가 있는 곳의 공사

① 가연성 가스, 인화성 물질 저장 및 제조
② 금속관 공사
③ 케이블 공사
④ 관 상호간 또는 관과 박스는 5턱 이상의 나사로 죄어야 한다.

4 화약류가 있는 곳의 공사

① 화약류 저장소는 전기 시설을 하지 않는 것이 원칙
② 형광등, 백열전등 등의 전기 공급을 위한 공사
  ㉠ 금속관 공사
  ㉡ 케이블 공사

CHAPTER 06 특수 장소 공사 기출문제

출제 POINT

01 중요도 ★★★
- 가연성 분진의 공사 방법
- [2011년 1회 기출]

02 중요도
- [2011년 2회 기출]

03 중요도
- 공사방법의 종류
- [2011년 4회 기출]

04 중요도
- [2012년 4회 기출]

정답 01.① 02.① 03.③ 04.④

---

01 소맥분, 전분 기타 가연성의 분진이 존재하는 곳의 저압 옥내 배선공사방법 중 적당하지 않은 것은?

① 애자사용 공사
② 합성수지관 공사
③ 케이블 공사
④ 금속관 공사

해설 [가연성 분진이 있는 곳의 공사 방법]
- 금속관 공사
- 케이블 공사
- 합성수지관 공사

02 화약고 등의 위험장소의 배선공사에서 전로의 대지전압은 몇 V 이하이어야 하는가?

① 300
② 400
③ 500
④ 600

해설 화약고 등의 위험장소의 배선공사의 대지전압은 300[V] 이하로 한다.

03 소맥분, 전분 기타 가연성의 분진이 존재하는 곳의 저압 옥내 배선공사방법에 해당되지 않는 것은?

① 케이블 공사
② 금속관 공사
③ 애자사용 공사
④ 합성수지관 공사

해설 [가연성 분진이 있는 곳의 공사]
- 소맥분, 전분 등
- 금속관 공사
- 케이블 공사
- 합성수지관 공사

04 가연성 가스가 새거나 체류하여 전기설비가 발화원이 되어 폭발할 우려가 있는 곳에 있는 저압옥내전기설비의 시설방법으로 가장 적합한 것은?

① 애자사용 공사
② 가요전선관 공사
③ 셀룰러덕트 공사
④ 금속관 공사

[제3과목] 전기설비

해설 [가연성 가스가 존재하는 곳의 공사]
- 금속관 공사
- 케이블 공사(CD케이블 공사는 제외)
- 합성수지관 공사

05 티탄을 제조하는 공장으로 먼지가 쌓인 상태에서 착화된 때에 폭발할 우려가 있는 곳에 저압 옥내배선을 설치하고자 한다. 알맞은 공사방법은?
① 합성수지몰드 공사   ② 라이팅덕트 공사
③ 금속몰드 공사   ④ 금속관 공사

해설 [폭연성 분진]
- 금속관 공사
- 케이블 공사
- 화학류, 마그네슘, 티탄 등

05 중요도 ★★★
- 폭연성 분진의 사용공사
  - 금속관 공사
  - 케이블 공사
- [2012년 5회 기출]

06 가연성 가스가 존재하는 저압 옥내전기설비 공사방법으로 옳은 것은?
① 가요전선관 공사   ② 애자사용 공사
③ 금속관 공사   ④ 금속몰드 공사

해설 [가연성 가스가 존재하는 곳의 공사]
- 금속관 공사
- 케이블 공사(CD케이블은 제외)
- 합성수지관 공사

06 중요도
- [2012년 5회 기출]

07 폭발성 분진이 존재하는 곳의 금속관 공사에 있어서 관 상호 및 관과 박스 기타의 부속품이나 풀박스 또는 전기기계기구와의 접속은 몇 턱 이상의 나사 조임으로 접속하여야 하는가?
① 2턱   ② 3턱
③ 4턱   ④ 5턱

해설 폭연성 분진이 존재할 시에 전기기계기구의 접속 시 5턱 이상의 나사조임을 하여야 한다.

07 중요도
- [2013년 1회 기출]

08 성냥을 제조하는 공장의 공사 방법으로 적당하지 않은 것은?
① 금속관 공사   ② 케이블 공사
③ 합성수지관 공사   ④ 금속몰드 공사

08 중요도 ★★
- 성냥 제조 공장의 제조 방법
- [2013년 2회 기출]

정답 05.④ 06.③ 07.④ 08.④

Chapter ❻ 특수 장소 공사

출제 POINT

09 중요도 ★
- 석유류 저장 공사 방법
  - 케이블 공사
  - 금속관 공사
- [2013년 5회 기출]

10 중요도
- [2014년 2회 기출]

11 중요도
- [2014년 5회 기출]

12 중요도
- [2015년 1회 기출]

정답 09.② 10.② 11.③ 12.④

해설 [위험물이 있는 곳의 공사(성냥 제조)]
- 금속관 공사
- 케이블 공사
- 합성수지관 공사

09 석유류를 저장하는 장소의 공사 방법 중 틀린 것은?
① 케이블 공사   ② 애자사용 공사
③ 금속관 공사   ④ 합성수지관 공사

해설 [위험물 있는(석유류 등) 곳의 시설공사 방법]
- 케이블 공사
- 금속관 공사
- 합성수지관 공사

10 폭연성 분진이 존재하는 곳의 금속관 공사에 있어서 관 상호 및 관과 박스의 접속은 몇 턱 이상의 죔 나사로 시공하여야 하는가?
① 6턱   ② 5턱
③ 4턱   ④ 3턱

해설 [나사턱]
폭연성 분진이 존재하는 곳은 폭발 시 진동으로 인해 헐거워지는 것을 방지하기 위해 5턱 이상의 죔 나사로 시공하여야 한다.

11 가연성 분진에 전기설비가 발화원이 되어 폭발의 우려가 있는 곳에 시설하는 저압 옥내배선공사 방법이 아닌 것은?
① 금속관 공사   ② 케이블 공사
③ 애자사용 공사   ④ 합성수지관 공사

해설 [가연성 분진에 대한 폭발우려가 있는 시설의 공사 방법]
- 금속관 공사
- 케이블 공사
- 합성수지관 공사

12 위험물 등이 있는 곳에서의 저압 옥내 배선공사방법이 아닌 것은?
① 케이블 공사   ② 합성수지관 공사
③ 금속관 공사   ④ 애자사용 공사

해설 [위험물이 있는 곳의 저압 옥내 배선공사]
- 금속관 공사
- 케이블 공사
- 합성수지관 공사

13 화약류의 분말이 전기설비가 발화원이 되어 폭발할 우려가 있는 곳에 시설하는 저압 옥내배선의 공사방법으로 가장 알맞은 것은?

① 금속관 공사
② 애자사용 공사
③ 버스덕트 공사
④ 합성수지몰드 공사

해설 [화약류 분말로 폭발할 우려가 있는 곳의 저압 옥내배선공사]
- 금속관 공사
- 케이블 공사

13 중요도
■ [2015년 1회 기출]

14 폭연성 분진이 존재하는 곳의 저압 옥내 배선공사 시 공사방법으로 짝지어진 것은?

① 금속관 공사, MI케이블 공사, 개장된 케이블 공사
② CD케이블 공사, MI케이블 공사, 금속관 공사
③ CD케이블 공사, MI케이블 공사, 제1종 캡타이어 케이블 공사
④ 개장된 케이블 공사, CD케이블 공사, 제1종 캡타이어 케이블 공사

해설 [폭연성 분진이 존재하는 곳의 공사 방법]
- 금속관 공사
- 케이블 공사(CD-케이블 공사, 캡타이어-케이블 공사는 제외)

14 중요도
■ [2015년 2회 기출]

15 소맥분, 전분 기타 가연성 분진이 존재하는 곳의 저압 옥내 배선공사 방법에 해당되는 것으로 짝지어진 것은?

① 케이블 공사, 애자사용 공사
② 금속관 공사, 콤바인 덕트관, 애자사용 공사
③ 케이블 공사, 금속관 공사, 애자사용 공사
④ 케이블 공사, 금속관 공사, 합성수지관 공사

해설
- 폭연성 분진
  - 금속관 공사, 케이블 공사
  - 마그네슘, 알루미늄 등의 먼지가 쌓여있어 폭발할 우려가 있을 때
- 가연성 분진
  - 금속관 공사, 케이블 공사, 합성수지관 공사
  - 소맥분, 전분 등의 먼지가 쌓여서 폭발할 우려가 있을 때

15 중요도 ★★
■ 가연성 분진의 공사 방법
  - 금속관 공사
  - 케이블 공사
  - 합성수지관 공사
■ [2015년 5회 기출]

정답 13.① 14.① 15.④

Chapter ❻ 특수 장소 공사 ■ 543

16 셀룰로이드, 성냥, 석유류 등 기타 가연성 위험물질을 제조 또는 저장하는 장소의 배선으로 틀린 것은?

① 금속관 배선
② 케이블 배선
③ 플로어덕트 배선
④ 합성수지관(CD관 제외) 배선

해설 [가연성 위험물질 제조 또는 저장장소]
- 금속관 배선
- 케이블 배선
- 합성수지관 배선
- 셀룰로이드, 성냥, 석유류

17 성냥을 제조하는 공장의 공사방법으로 틀린 것은?

① 금속관 공사
② 케이블 공사
③ 금속몰드 공사
④ 합성수지관 공사(두께 2[mm] 미만 및 난연성이 없는 것은 제외)

해설 [특수한 곳의 공사]
- 폭연성 분진 : 금속관 공사, 케이블 공사(CD케이블 공사 제외)
- 가연성 분진 : 금속관 공사, 케이블 공사(CD케이블 공사 제외), 합성수지관 공사
- 위험물 있는 곳
  – 금속관 공사, 케이블 공사, 합성수지관 공사
  – 성냥, 석유 등을 제조하거나 저장하는 곳
- 가연성 가스 있는 곳 : 금속관 공사, 케이블 공사

18 화약류 저장소에서 백열전등이나 형광등 또는 이들에게 전기를 공급하기 위한 전기 설비를 시설하는 경우 전로의 대지전압[V]은?

① 100[V] 이하 ② 150[V] 이하
③ 220[V] 이하 ④ 300[V] 이하

해설 [화약류 저장소]
- 금속관 공사, 케이블 공사
- 대지전압 300[V] 이하

정답 16.③ 17.③ 18.④

19 화약류 저장 장소의 배선 공사시 전용 개폐기에서 화약류 저장소의 인입구까지는 어떤 공사를 하여야 하는가?

① 케이블을 사용한 옥측전선로
② 금속관을 사용한 지중전선로
③ 케이블을 사용한 지중전선로
④ 금속관을 사용한 옥측전선로

해설 전용개폐기 또는 과전류 차단기에서 화약류 저장소의 위험장소의 인입구까지는 케이블 사용한 지중전선로 공사를 한다.

19. 중요도
■ [2017년 1회 CBT]

20 화약고에 시설하는 전기설비에서 전로의 대지전압은 몇 [V] 이하로 하여야 하는가?

① 100[V] ② 150[V]
③ 300[V] ④ 400[V]

해설 [화약류 저장소]
- 전로의 대지전압은 300[V]이다.
- 누전차단기 시설

20. 중요도
■ [2017년 1회 CBT]

21 폭연성 분진이 존재하는 곳의 저압 옥내 배선공사 시 공사방법으로 짝지어진 것은?

① 금속관 공사, MI 케이블 공사, 개장된 케이블 공사
② CD 케이블 공사, MI 케이블 공사, 금속관 공사
③ CD 케이블 공사, MI 케이블 공사, 제1종 캡타이어 케이블 공사
④ 개장된 케이블 공사, CD 케이블 공사, 제1종 캡타이어 케이블 공사

해설 [특별한 장소의 공사]
- 폭연성 분진 : 금속관 공사, 케이블 공사
- 가연성 분진 : 금속관 공사, 케이블 공사, 합성수지관 공사

21. 중요도
■ [2017년 2회 CBT]

22 폭발성 분진이 있는 위험장소의 금속관 공사에 있어서 관 상호 및 관과 박스 기타의 부속품이나 풀박스 또는 전기기계기구는 몇 턱 이상의 나사 조임으로 시공하여야 하는가?

① 2턱 ② 3턱
③ 4턱 ④ 5턱

해설 폭발성 분진이 있는 곳의 금속관 공사 시에는 5턱 이상의 나사조임으로 시공하여 헐거워 짐을 방지하여야 한다.

22. 중요도
■ [2017년 3회 CBT]

정답 19.③ 20.③ 21.① 22.④

출제 POINT

23 — 중요도
■ [2017년 3회 CBT]

23 셀룰로이드, 성냥, 석유류 등 기타 가연성 위험물질을 제조 또는 저장하는 장소의 배선으로 잘못된 배선은?

① 금속관 배선
② 합성수지관 배선
③ 플로어덕트 배선
④ 케이블 배선

해설 [성냥, 석유류 등의 배선]
- 금속관 배선
- 케이블 배선
- 합성수지관 배선

정답 23.③

MEMO

CHAPTER 07 조명 시설 공사

  스스로 중요내용 정리하기

1 조명

(1) 광속 F

① 단위 : $F[\text{lm}]$
② 구광원 : $F = 4\pi I [\text{lm}]$
③ 원통광원 : $F = \pi^2 I [\text{lm}]$
④ 평판광원 : $F = \pi I [\text{lm}]$

(2) 광도 I

① 점광원에서 입체각에 포함되는 광속 수
② 단위 : $I[\text{cd}]$
③ $I = \dfrac{F}{\omega} [\text{cd}]$

(3) 조도 E

① 어떤 면에 입사되는 광속의 밀도
② 단위 $E[\text{lx}]$
③ 거리 제곱의 법칙

$$E = \dfrac{F}{S} = \dfrac{I}{r^2} [\text{lx}]$$

④ 법선, 수평면, 수직면 조도

   ㉠ 법선 조도 $E_n = \dfrac{I}{r^2} [\text{lx}]$

   ㉡ 수직면 조도 $E_v = \dfrac{I}{r^2} \sin\theta [\text{lx}]$

   ㉢ 수평면 조도 $E_h = \dfrac{I}{r^2} \cos\theta [\text{lx}]$

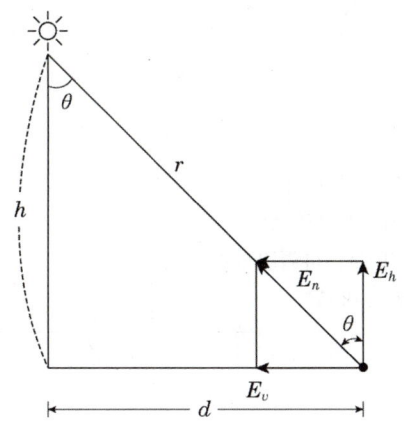

(4) 효율 η

① 전등 효율 $\eta = \dfrac{F}{P}$[lm/W] (단, P : 소비 전력, F : 광속)

② 글로브 효율 $\eta = \dfrac{\tau}{1-\rho} \times 100$[%]

③ $\alpha + \tau + \rho = 0$ (단, τ : 투과율, ρ : 반사율, α : 흡수율)

2 조명 방식

(1) 종류

① 전반조명 : 작업면 전체가 균일한 조도를 갖도록 한다.
② 국부조명 : 작업면에만 맞는 조도를 갖도록 한다.
③ 전반국부조명 : 작업면 전체는 보통 낮은 조도를 가지며 필요한 작업면에만 높은 조도를 갖도록 한다.

(2) 조명 방식

조명 방식	상향 광속[%]	하향 광속[%]
직접조명	0~10	100~90
반직접조명	10~40	90~60
반간접조명	60~90	40~10
간접조명	90~100	10~0

3 실지수 K

$$K = \frac{XY}{H(X+Y)}$$

단, X : 방의 폭(가로)
Y : 방의 길이(세로)
H : 광원에서 작업면까지의 높이
$(H = H' - 0.85)$

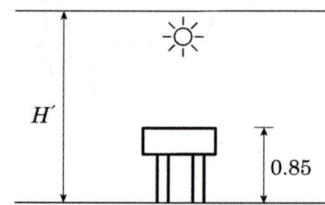

4 조명 설계

① FUN=ESD

② $E = \dfrac{FUN}{SD}$ [lx]

(단, F : 광속, N : 등수, S : 면적, E : 조도, U : 조명률, D 감광보상률)

CHAPTER 07 조명 시설 공사 기출문제

01 조명용 백열전등을 호텔 또는 여관 객실의 입구에 설치할 때나 일반 주택 및 아파트 각 실의 현관에 설치할 때 사용되는 스위치는?

① 타임 스위치
② 누름버튼 스위치
③ 토클 스위치
④ 로터리 스위치

해설
- 점멸 스위치
  - 가정용 : 등기구마다
  - 학교, 공장, 사무실 : 1개 스위치로 6개 이하 on/off
- 타임 스위치
  - 호텔, 여관의 객실 입구 : 1분 이내 소등
  - 주택, APT 현관 : 3분 이내 소등

01. 중요도
- 스위치의 종류
- [2011년 1회 기출]

02 천장에 작은 구멍을 뚫어 그 속에 등기구를 매입시키는 방식으로 건축의 공간을 유효하게 하는 조명 방식은?

① 코브 방식
② 코퍼 방식
③ 밸런스 방식
④ 다운라이트 방식

해설 다운라이트 방식 : 건축공간을 유효하게 하기 위해 등기구를 천장에 매입하는 방식이다.

02. 중요도
- 조명 방식의 종류
- [2011년 4회 기출]

03 실내 전체를 균일하게 조명하는 방식으로 광원을 일정한 간격으로 배치하며 공장, 학교, 사무실 등에서 채용되는 조명 방식은?

① 국부조명
② 전반조명
③ 직접조명
④ 간접조명

해설 [조명 방식]
- 전반조명 : 전반적으로 균일한 밝기를 갖는 방식(공장, 학교, 사무실)
- 국부조명 : 작업면의 필요한 부분만 조도를 높이는 방식
- 전반국부조명 : (전반+국부)조명 방식이다.

03. 중요도
- [2012년 2회 기출]

정답 01.① 02.④ 03.②

출제 POINT

04 중요도 ★
- 조도 $E = \dfrac{I}{r^2}\cos\theta$
- [2013년 1회 기출]

04 60[cd]의 점광원으로부터 2[m]의 거리에서 그 방향과 직각인 면과 30° 기울어진 평면 위의 조도[lx]는?

① 11 ② 13
③ 15 ④ 19

해설 [수평면 조도 E_h]

$$E_h = \dfrac{I}{r^2}\cos\theta = \dfrac{60}{2^2} \times \cos 30° ≒ 12.99[\text{lx}]$$

05 중요도
- [2013년 4회 기출]

05 60[cd]의 점광원으로부터 2[m]의 거리에서 그 방향과 직각인 면과 30° 기울어진 평면 위의 조도[lx]는?

① 7.5 ② 10.8
③ 13.0 ④ 13.8

해설 [조도]

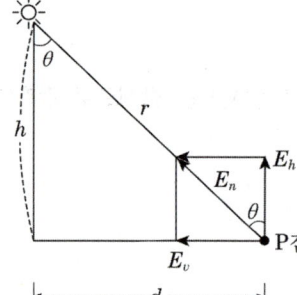

- $r = \sqrt{h^2 + d^2}$
- 수평면 조도 $E_h = \dfrac{I}{r^2}\cos\theta$
- 수직면 조도 $E_v = \dfrac{I}{r^2}\sin\theta$

$\therefore E_h = \dfrac{I}{r^2}\cos\theta = \dfrac{60}{2^2}\cos 30° ≒ 12.99[\text{lx}]$

06 중요도
- [2013년 4회 기출]

06 하향 광속으로 직접 작업 면에 직사하고 상부방향으로 향한 빛이 천장과 상부의 벽을 반사하여 작업 면에 조도를 증가시키는 조명 방식은?

① 직접조명
② 반직접조명
③ 반간접조명
④ 전반확산조명

해설 [전반확산조명]
- 고급사무실, 상점, 주택 등에 이용
- 하향 광속 : 60~40[%]
- 상향 광속 : 40~60[%]

정답 04.② 05.③ 06.④

07 조명설계 시 고려해야 할 사항 중 틀린 것은?

① 적당한 조도일 것
② 휘도 대비가 높을 것
③ 균등한 광속발산도 분포일 것
④ 적당한 그림자가 있을 것

해설 [조명설계 시 고려사항]
- 적당한 조도
- 적당한 그림자가 있을 것
- 균등한 광속발산도 분포
- 눈부심(휘도)이 없어야 한다.
- 명시 조명과 분위기 조명에 따라 알맞은 조명을 설계할 것

07. 중요도
■ [2014년 2회 기출]

08 조명기구를 반간접 조명 방식으로 설치하였을 때 위(상방향)로 향하는 광속의 양(%)은?

① 0~10
② 10~40
③ 40~60
④ 60~90

해설 [조명 방식에 따른 광속]

종류	하향 광속	상향 광속
직접조명	90~100[%]	0~10[%]
반직접조명	60~90[%]	10~40[%]
전반확산조명	40~60[%]	40~60[%]
반간접조명	10~40[%]	60~90[%]
간접조명	0~10[%]	90~100[%]

08. 중요도
■ 조명 방식에 따른 광속
■ [2014년 5회 기출]

09 조명기구를 배광에 따라 분류하는 경우 특정한 장소만을 고조도로 하기 위한 조명기구는?

① 직접 조명기구
② 전반확산 조명기구
③ 광천장 조명기구
④ 반직접 조명기구

해설 [직접 조명기구]
- 특정 장소만을 고조도로 하는 조명기구
- 상향 광속 : 0~10[%]
- 하향 광속 : 100~90[%]

09. 중요도
■ [2015년 1회 기출]

10 전주 외등 설치 시 백열전등 및 형광등의 조명기구를 전주에 부착하는 경우 부착한 점으로부터 돌출되는 수평거리는 몇 [m] 이내로 하여야 하는가?

① 0.5
② 0.8
③ 1.0
④ 1.2

10. 중요도
■ [2015년 2회 기출]

정답 07.② 08.④ 09.① 10.③

해설 [전주의 외등 설치]
- 돌출 수평거리 : 1[m] 이내
- 부착 높이 : 4.5[m] 이상

11 가로 20[m], 세로 18[m], 천장의 높이 3.85[m], 작업면의 높이 0.85[m], 간접조명 방식인 호텔연회장의 실지수는 약 얼마인가?

① 1.16
② 2.16
③ 3.16
④ 4.16

해설 [실지수 K]

$$K = \frac{X \cdot Y}{H(X+Y)}$$

- H : 작업면에서의 광원의 높이
- X : 방의 세로 길이
- Y : 방의 가로 길이

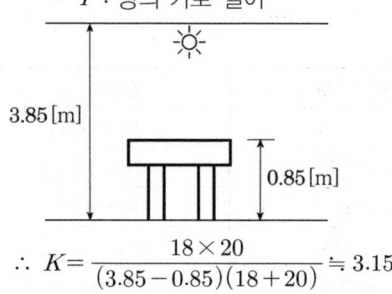

$$\therefore K = \frac{18 \times 20}{(3.85 - 0.85)(18 + 20)} ≒ 3.158$$

12 실내 면적 100[m²]인 교실에 전광속이 2,500[lm]인 40[W] 형광등을 설치하여 평균조도를 150[lx]로 하려면 몇 개의 등을 설치하면 되겠는가? (단, 조명률은 50[%], 감광 보상률은 1.25로 한다.)

① 15개
② 20개
③ 25개
④ 30개

해설 [조명]
$FUN = EAD$
단, F[lm] : 광속, U : 조명률, E(lx) : 조도, N : 등수, A[m²] : 면적
D : 감광보상률 $\left(D = \dfrac{1}{보수율}\right)$

$$\therefore N = \frac{EAD}{F \cdot U} = \frac{150 \times 100 \times 1.25}{2,500 \times 0.5} = 15 (개)$$

출제 POINT

11 중요도 ★★
- 실지수 $= \dfrac{X \cdot Y}{H(X+Y)}$
- [2015년 5회 기출]

12 중요도 ★★
- $FUN = EAD$
- [2016년 2회 기출]

정답 11.③ 12.①

13 구의 형태를 지닌 광원에서 나오는 광속 F[lm]의 계산식으로 옳은 것은?

① $F = 4\pi I$[lm]
② $F = \dfrac{1}{4}\pi I$[lm]
③ $F = \pi I$[lm]
④ $F = \pi^2 I$[lm]

해설 [광속 F(lm)]
- 구광원 $F = 4\pi I$[lm]
- 원통광원 $F = \pi^2 I$[lm]
- 평판광원 $F = \pi I$[lm]

[2016년 5회 CBT]

14 다음 조명 방식에서 발산 광속 중 하향 광속이 60~90[%] 정도로 하여 하향 광속은 작업면에 직사시키고, 상향 광속은 천장, 벽면 등에 반사되고 있는 반사광으로 작업면의 조도를 증가시키는 방식을 무엇이라 하는가?

① 직접조명
② 전반확산조명
③ 반직접조명
④ 반간접조명

해설 [조명 방식]

종류	하향 광속(%)	상향 광속(%)
직접조명	90~100	10~0
반직접조명	60~90	40~10
전반조명	40~60	60~40
반간접조명	10~40	90~60
간접조명	0~10	100~90

[2017년 1회 CBT]

15 조명공학에서 사용되는 칸델라[cd]는 무엇의 단위인가?

① 광도
② 조도
③ 광속
④ 휘도

해설 [단위]
- 광도[cd]
- 조도[lx]
- 광도[lm]
- 휘도[nt]

[2017년 3회 CBT]

정답 13.① 14.③ 15.①

MEMO

[부록] 연습문제

제1회 연습문제

01 어떤 전지에서 5[A]의 전류가 10분간 흘렀다면 이 전지에서 나온 전기량은?

① 0.83[C]   ② 50[C]
③ 250[C]   ④ 3,000[C]

해설 [전기량 Q]
- $Q = I \cdot t$ [A·S][C]
  $= 5 \times 10 \times 60 = 3,000$ [C]

02 저항 2[Ω]과 2[Ω]을 직렬로 접속했을 때의 합성 컨덕턴스는?

① 0.25[℧]   ② 1.5[℧]
③ 5[℧]   ④ 6[℧]

해설 저항접속

2[Ω] 2[Ω]

합성저항 $R = 2 + 2 + 4$ [Ω]

∴ 합성 컨덕턴스 $G = \dfrac{1}{R} = \dfrac{1}{4} = 0.25$ [℧]

03 그림과 같은 회로에서 4[Ω]에 흐르는 전류[A]값은?

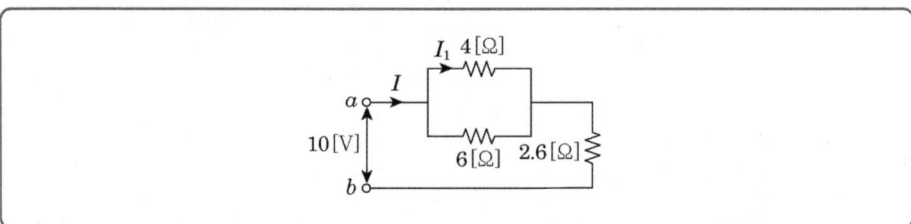

① 0.6   ② 0.8
③ 1.0   ④ 1.2

해설 4[Ω]에 흐르는 전류 I_1을 구하려면 먼저 전체저항 R을 구하여 전류 I를 구하여야 한다.

$R = 2.6 + \dfrac{4 \times 6}{4 + 6} = 5$ [Ω]

정답 01.④ 02.① 03.④

전류 $I = \dfrac{V}{R} = \dfrac{10}{5} = 2[A]$

$\therefore I_1 = \dfrac{6}{4+6} \times 2 = 1.2[A]$

04 1[AH]는 몇 [C]인가?

① 7,200 ② 3,600
③ 1,200 ④ 60

해설 전하량 $Q[C]$
$Q = I \cdot t[A \cdot s]$이므로 $1[AH] = 1 \times 3,600 = 3,600[C]$

05 직류 250[V]의 전압에 두 개의 150[V]용 전압계를 직렬로 접속하여 측정하면 각 계기의 지시값 V_1, V_2는 각 몇 [V]인가? (단, 전압계의 내부저항은 $V_1 = 15[k\Omega]$, $V_2 = 10[k\Omega]$이다.)

① $V_1 = 250$, $V_2 = 150$ ② $V_1 = 150$, $V_2 = 100$
③ $V_1 = 100$, $V_2 = 150$ ④ $V_1 = 150$, $V_2 = 250$

해설 전압계 지시값 V_1, V_2

$V_1 = \dfrac{15}{15+10} \times 250 = 150[V]$

$V_2 = \dfrac{10}{15+10} \times 250 = 100[V]$

06 전압계의 측정 범위를 넓히는 데 사용되는 기기는?

① 배율기 ② 분류기
③ 정압기 ④ 정류기

해설 [배율기, 분류기]
- 배율기 : 전압계의 측정범위를 확대하기 위해 전압계와 직렬로 연결되는 저항을 말한다.
- 분류기 : 전류계의 측정범위를 확대하기 위해 전류계와 병렬로 연결되는 저항을 말한다.

정답 04.② 05.② 06.①

07 회로에서 a-b 단자 간의 합성저항[Ω] 값은?

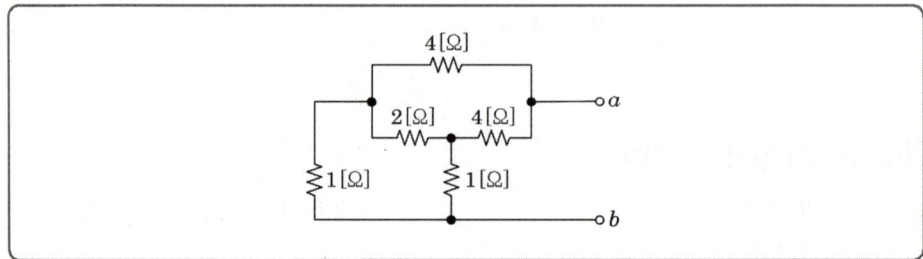

① 1.5
② 2
③ 2.5
④ 4

해설 [브리지 회로의 평형상태]
• 위의 회로를 변형하면 다음과 같다.

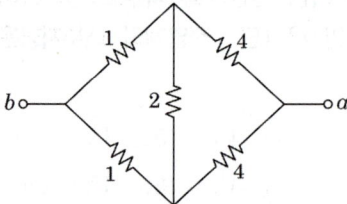

• 평형조건을 만족하므로 2[Ω]을 생략할 수 있다.

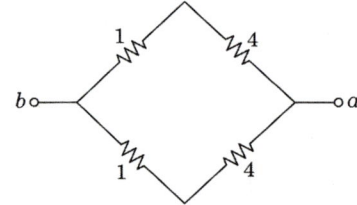

그러므로 합성저항 $R_{ab} = \dfrac{5}{2} = 2.5[\Omega]$이다.

08 그림에서 단자 A-B 사이의 전압은 몇 [V]인가?

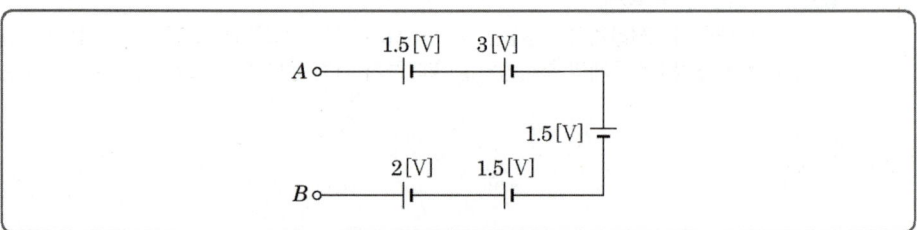

① 1.5
② 2.5
③ 6.5
④ 9.5

해설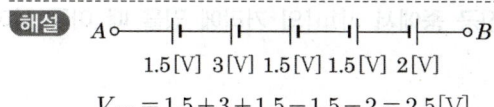

$V_{AB} = 1.5 + 3 + 1.5 - 1.5 - 2 = 2.5 [\text{V}]$

09 내부저항이 $0.1[\Omega]$인 전지 10개를 병렬연결하면, 전체 내부저항은?

① $0.01[\Omega]$ ② $0.05[\Omega]$
③ $0.1[\Omega]$ ④ $1[\Omega]$

해설 • 전지의 직렬접속($r = 0.1[\Omega]$)

• 전지의 병렬접속($r = 0.1$)

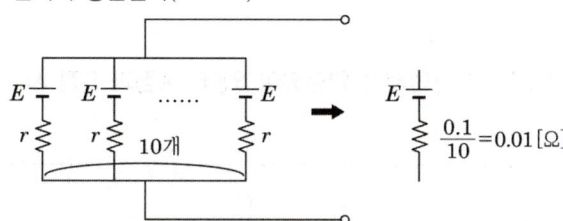

10 등전위면과 전기력선의 교차 관계는?

① 30°로 교차한다.   ② 45°로 교차한다.
③ 직각으로 교차한다.   ④ 교차하지 않는다.

해설 • 등전위면과 전기력선은 직각으로 교차한다.
• 등전위면끼리는 서로 교차하지 않는다.

정답 09.① 10.③

11 $+Q_1[C]$과 $-Q_2[C]$의 전하가 진공 중에서 $r[m]$의 거리에 있을 때 이들 사이에 작용하는 정전기력 $F[N]$는?

① $F = 0.9 \times 10^{-9} \times \dfrac{Q_1 Q_2}{r^2}$

② $F = 9 \times 10^{-9} \times \dfrac{Q_1 Q_2}{r^2}$

③ $F = 9 \times 10^{9} \times \dfrac{Q_1 Q_2}{r^2}$

④ $F = 90 \times 10^{9} \times \dfrac{Q_1 Q_2}{r^2}$

해설

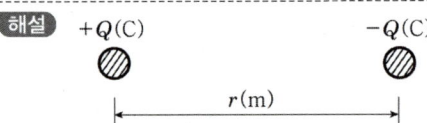

두 전하 사이에 작용하는 힘 F는 흡인력이 작용하며
$F = \dfrac{1}{4\pi\varepsilon_o} \dfrac{Q_1 Q_2}{r^2} = 9 \times 10^9 \dfrac{Q_1 Q_2}{r^2} [N]$
(진공 중의 $\varepsilon_s = 1$이다.)

12 그림과 같이 $C = 2[\mu F]$의 콘덴서가 연결되어 있다. A점과 B점 사이의 합성정전용량은 얼마인가?

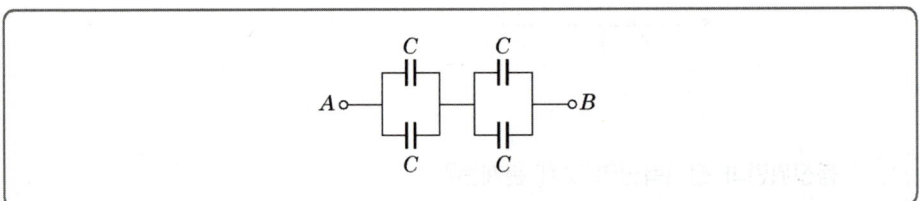

① $1[\mu F]$
② $2[\mu F]$
③ $4[\mu F]$
④ $8[\mu F]$

해설 합성정전용량 C'

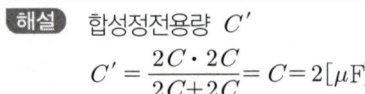

정답 11.③ 12.②

13 다음 회로의 합성정전용량[μF]은?

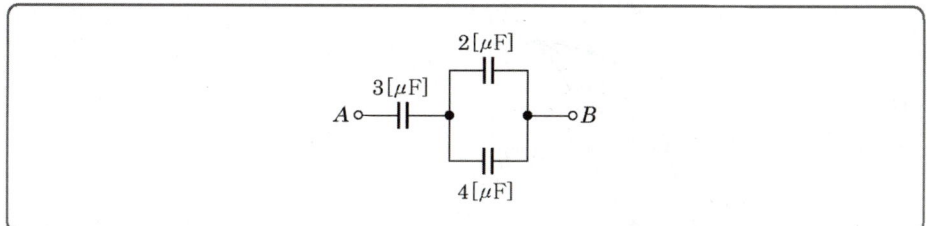

① 5
③ 3
② 4
④ 2

해설

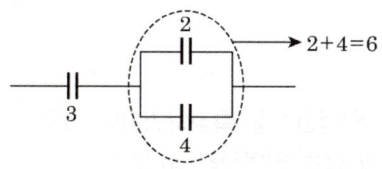

∴ 합성정전용량 $C = \dfrac{3 \times 6}{3 + 6} = 2[\mu F]$

14 쿨롱의 법칙에서 2개의 점전하 사이에 작용하는 정전력의 크기는?

① 두 전하의 곱에 비례하고 거리에 반비례한다.
② 두 전하의 곱에 반비례하고 거리에 비례한다.
③ 두 전하의 곱에 비례하고 거리의 제곱에 비례한다.
④ 두 전하의 곱에 비례하고 거리의 제곱에 반비례한다.

해설 [쿨롱의 법칙에서 정전력 F]

$F = 9 \times 10^9 \dfrac{Q_1 \cdot Q_2}{r^2}$ [N]에서

F는 $Q_1 \times Q_2$에 비례하고 r^2에 반비례한다. (r : 두 전하 사이의 거리)

15 히스테리시스 곡선의 ㉠ 가로축(횡축)과 ㉡ 세로축(종축)은 무엇을 나타내는가?

① ㉠ 자속밀도 ㉡ 투자율
② ㉠ 자기장의 세기 ㉡ 자속밀도
③ ㉠ 자화의 세기 ㉡ 자기장의 세기
④ ㉠ 자기장의 세기 ㉡ 투자율

정답 13.④ 14.④ 15.③

해설 [히스테리시스 곡선]

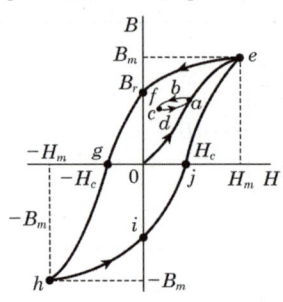

B_m : 최대 자속 밀도
B_r : 잔류자기
H_c : 보자력

16 그림과 같은 회로를 고주파 브리지로 인덕턴스를 측정하였더니 그림 (a)는 40[mH], 그림 (b)는 24[mH]이었다. 이 회로의 상호 인덕턴스 M은?

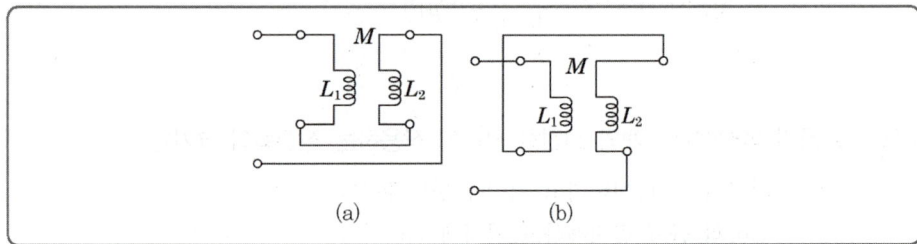

① 2[mH] ② 4[mH]
③ 6[mH] ④ 8[mH]

해설 [상호 인덕턴스 M]
- (a)회로에서 합성 인덕턴스 $L_a = L_1 + L_2 + 2M = 40[\text{mH}]$
- (b)회로에서 합성 인덕턴스 $L_b = L_1 + L_2 - 2M = 24[\text{mH}]$

$$\therefore M = \frac{1}{4}(L_a - L_b) = \frac{1}{4}(40 - 24) = 4[\text{mH}]$$

17 권수가 200인 코일에서 0.1초 사이에 0.4[Wb]의 자속이 변화한다면, 코일에 발생되는 기전력은?

① 8[V] ② 200[V]
③ 800[V] ④ 2,000[V]

해설 유기기전력 $e = N\dfrac{\Delta\phi}{\Delta t} = 200 \cdot \dfrac{0.4}{0.1} = 800[\text{V}]$

정답 16.② 17.③

18 서로 가까이 나란히 있는 두 도체에 전류가 반대방향으로 흐를 때 각 도체 간에 작용하는 힘은?

① 흡인한다. ② 반발한다.
③ 흡인과 반발을 되풀이한다. ④ 처음에는 흡인하다가 나중에는 반발한다.

해설 나란한 두 도체 사이에 작용하는 힘 F
$$F = \frac{2I_1 \cdot I_2}{r} \times 10^{-7} [N]$$
- 전류의 방향이 같을 때는 흡인력이 작용
- 전류의 방향이 반대일 때는 반발력이 작용

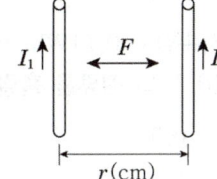

19 두 개의 서로 다른 금속의 접속점에 온도차를 주면 열기전력이 생기는 현상은?

① 홀 효과 ② 줄 효과
③ 압전기 효과 ④ 제벡 효과

해설
- **제벡 효과** : 서로 다른 2개의 금속을 연결하여 온도차를 주면 2개의 내부에 전류가 흘러 기전력이 발생하는 현상을 말한다.
- **펠티에 효과** : 서로 다른 2개의 금속을 연결하여 전류를 흘리면 접합면에서 전류의 방향에 따라 열을 흡수 또는 발생하는 현상을 말한다. 전자 냉동고에 이용된다.

20 진공 중에 두 자극 m_1, m_2를 $r[m]$의 거리에 놓았을 때 작용하는 힘 F의 식으로 옳은 것은?

① $F = \dfrac{1}{4\pi\mu_0} \times \dfrac{m_1 m_2}{r} [N]$ ② $F = \dfrac{1}{4\pi\mu_0} \times \dfrac{m_1 m_2}{r^2} [N]$

③ $F = 4\pi\mu_0 \times \dfrac{m_1 m_2}{r} [N]$ ④ $F = 4\pi\mu_0 \times \dfrac{m_1 m_2}{r^2} [N]$

해설 쿨롱의 힘 F
$$F = \frac{1}{4\pi\mu_0} \frac{m_1 m_2}{r^2} = 6.33 \times 10^4 \frac{m_1 m_2}{r^2} [N] \quad (단, \mu_0 = 4\pi \times 10^{-7}이다.)$$

21 진공 중에서 같은 크기의 두 자극을 1[m] 거리에 놓았을 때 작용하는 힘이 $6.33 \times 10^4 [N]$이 되는 자극의 단위는?

① 1[N] ② 1[J]
③ 1[Wb] ④ 1[C]

해설 쿨롱의 힘 F

$$F = 6.33 \times 10^4 \frac{m_1 m_2}{r^2} [N]$$

자극 m_1, m_2의 단위는 [Wb]

22 자속밀도 $0.5[\text{Wb/m}^2]$의 자장 안에 자장과 직각으로 20[cm]의 도체를 놓고 이것에 10[A]의 전류를 흘릴 때 도체가 50[cm] 운동한 경우의 한 일은 몇 [J]인가?

① 0.5　　　　　　　　② 1
③ 1.5　　　　　　　　④ 5

해설 자장안에서의 작용하는 힘 F
$F = BIl \sin\theta [N]$
　$= 0.5 \times 10 \times 0.2 \times \sin 90° = 1[N]$
∴ 일 $W = F \cdot r = 1 \times 50 \times 10^{-2} = 0.5[J]$

23 다음은 전기력선의 성질이다. 틀린 것은?

① 전기력선의 밀도는 전기장의 크기를 나타낸다.
② 같은 전기력선은 서로 끌어당긴다.
③ 전기력선은 서로 교차하지 않는다.
④ 전기력선은 도체의 표면에 수직이다.

해설 [전기력선의 성질]
　• 전기력선은 양(+)전하에 시작하여 음(-)전하로 끝난다.
　• 전기력선은 서로 교차하지 않는다.
　• 전기력선은 도체 표면에 수직이다.
　• 전기력선은 전위가 높은 곳에서 낮은 곳으로 향한다.
　• 전기력선의 밀도는 전기장의 크기를 나타낸다.

24 서로 다른 종류의 금속 A와 B를 접속하여 접합점에 온도차를 가하면 열기전력이 발생하여 전류가 흐르게 된다. 이와 같은 것은?

① 제3금속의 법칙　　　　② 페르미 효과
③ 열전쌍　　　　　　　　④ 열전도대

해설 [제백 효과(열전 효과, 열전쌍)]
　서로 다른 금속에 서로 다른 온도차 T_1, T_2를 가했을 때 금속 내부에 전류가 흐르는 현상을 말한다.

정답 22.① 23.② 24.③

25 일반적으로 교류전압계의 지시값은?

① 최대값 ② 순시값
③ 평균값 ④ 실효값

해설 일반적으로 지시계기의 값은 실효값으로 표시된다.

26 교류회로에서 코일과 콘덴서를 병렬로 연결한 상태에서 주파수가 증가하면 어느 쪽이 전류가 잘 흐르는가?

① 코일 ② 콘덴서
③ 코일과 콘덴서에 같이 흐른다. ④ 모두 흐르지 않는다.

해설

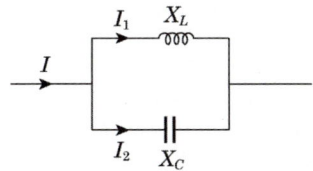

- 용량성 리액턴스 $X_C = \dfrac{1}{\omega C} = \dfrac{1}{2\pi f C}$ 이므로 $X_C \propto \dfrac{1}{f}$
- 유도성 리액턴스 $X_L = \omega L = 2\pi f L$ 이므로 $X_L \propto f$

∴ f가 증가하면 X_L은 증가하여 전류가 감소하며, X_C는 감소하여 전류가 증가하므로 콘덴서 쪽으로 전류가 더 흐르게 된다.

27 $R = 10[\Omega]$, $X_L = 15[\Omega]$, $X_C = 15[\Omega]$의 직렬회로에 $100[V]$의 교류전압을 인가할 때 흐르는 전류[A]는?

① 6 ② 8
③ 10 ④ 12

해설

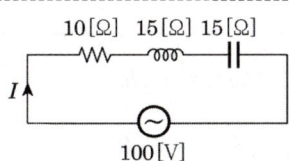

$R-L-C$ 직렬회로의 임피던스 $Z = R + j(X_L - X_C) = 10 + j(15-15) = 10$

∴ 전류 $I = \dfrac{V}{Z} = \dfrac{100}{10} = 10[A]$

정답 25.④ 26.② 27.③

28 저항과 코일이 직렬연결된 회로에서 직류 200[V]를 인가하면 20[A]의 전류가 흐르고, 교류 220[V]를 인가하면 10[A]의 전류가 흐른다. 이 코일의 리액턴스[Ω]는?

① 약 19.05[Ω] ② 약 16.06[Ω]
③ 약 13.06[Ω] ④ 약 11.04[Ω]

해설

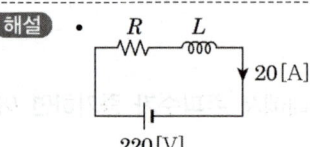

직류를 가하면 L은 단락이 되므로 $R = \dfrac{V}{I} = \dfrac{220}{20} = 11[\Omega]$이 된다.

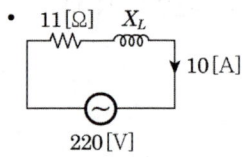

$Z = \sqrt{R^2 + X_L^2} = \sqrt{11^2 + X_L^2}$

$\therefore I = 10 = \dfrac{V}{Z} = \dfrac{220}{\sqrt{11^2 + X_L^2}}$ 에서 $X_L \fallingdotseq 19[\Omega]$

29 그림에서 평형조건이 맞는 식은?

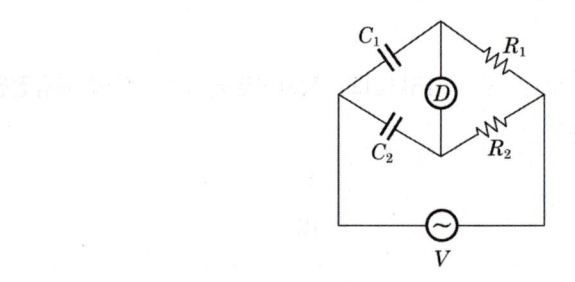

① $C_1 R_1 = C_2 R_2$ ② $C_1 R_2 = C_2 R_1$
③ $C_1 C_2 = R_1 R_2$ ④ $\dfrac{1}{C_1 C_2} = R_1 R_2$

해설 브리지 회로의 평형조건

$R_2 \times \dfrac{1}{C_1} = R_1 \times \dfrac{1}{C_2}$

$\therefore R_1 C_1 = R_2 C_2$ 가 된다.

정답 28.① 29.①

30 어떤 사인파 교류전압의 평균값이 191[V]이면 최대값은?

① 150[V]   ② 250[V]
③ 300[V]   ④ 400[V]

해설 평균값 V_{ab}, 실효값 V, 최대값 V_m

$$V_{ab} = \frac{2}{\pi} V_m \text{에서 } V_m = \frac{\pi}{2} V_{ab} = \frac{3.14}{2} \times 191 \fallingdotseq 300[V]$$

$$V = \frac{V_m}{\sqrt{2}}[V]$$

31 $\frac{\pi}{6}$[rad]은 몇 도인가?

① 30°   ② 45°
③ 60°   ④ 90°

해설 [호도법]
- $\pi = 180°$
- $\frac{\pi}{2} = 90°$
- $\frac{\pi}{3} = 60°$
- $\frac{\pi}{6} = 30°$

32 용량이 250[kVA] 단상변압기 3대를 △결선으로 운전 중 1대가 고장나서 V결선으로 운전하는 경우 출력은 약 몇 [kVA]인가?

① 144[kVA]   ② 353[kVA]
③ 433[kVA]   ④ 525[kVA]

해설 V결선 시 출력 $P_V = \sqrt{3}\,P$ (P : 변압기 1대 용량)

$P_V = \sqrt{3} \times 250 = 433[kVA]$

33 △결선의 전원에서 선전류가 40[A]이고 선간전압이 220[V]일 때의 상전류는?

① 13[A]   ② 23[A]
③ 69[A]   ④ 120[A]

정답 30.③ 31.① 32.③ 33.②

해설 △결선

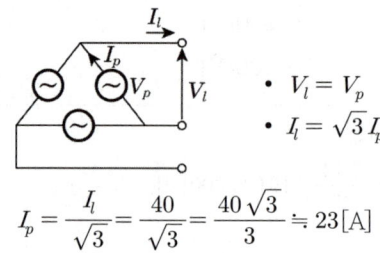

- $V_l = V_p$
- $I_l = \sqrt{3}\, I_p$

$I_p = \dfrac{I_l}{\sqrt{3}} = \dfrac{40}{\sqrt{3}} = \dfrac{40\sqrt{3}}{3} \fallingdotseq 23[\mathrm{A}]$

34 3상교류를 Y결선하였을 때 선간전압과 상전압, 선전류와 상전류의 관계를 바르게 나타낸 것은?

① 상전압= $\sqrt{3}$ 선간전압
② 선간전압= $\sqrt{3}$ 상전압
③ 선전류= $\sqrt{3}$ 상전류
④ 상전류= $\sqrt{3}$ 선전류

해설
- Y결선(성형결선)
  - $I_l = I_p \underline{/0°}$ (I_l : 선전류, I_p : 상전류)
  - $V_l = \sqrt{3}\, V_p \underline{/30°}$ (V_l : 선전압, V_p : 상전압)

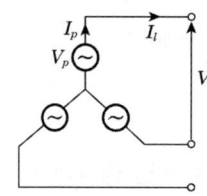

- △결선(환상결선)
  - $I_l = \sqrt{3}\, I_p \underline{/-30°}$
  - $V_l = V_p \underline{/0°}$

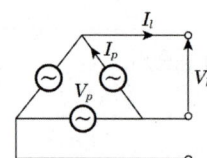

35 평형 3상 △결선에서 선간전압 V_l과 상전압 V_p와의 관계가 옳은 것은?

① $V_l = \dfrac{1}{\sqrt{3}} V_p$
② $V_l = \dfrac{1}{3} V_p$
③ $V_l = V_p$
④ $V_l = \sqrt{3}\, V_p$

정답 34.② 35.③

해설 △결선과 Y결선
- △결선

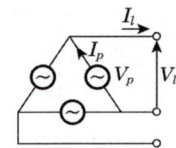

- $V_l = V_p$
- $I_l = \sqrt{3}\, I_p$

- Y결선

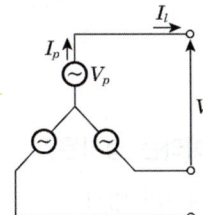

- $V_l = \sqrt{3}\, V_p$
- $I_l = I_p$

36 변압기 2대를 V결선했을 때의 이용률은 몇 [%]인가?

① 57.7[%]   ② 70.7[%]
③ 86.6[%]   ④ 100[%]

- 이용률 : 0.866(86.6[%])
- 출력비 : 0.577(57.7[%])

37 △결선에서 선전류가 $10\sqrt{3}$ 이면 상전류는?

① 5[A]   ② 10[A]
③ $10\sqrt{3}$[A]   ④ 30[A]

해설 △결선
- $V_l = V_P$
- $I_l = \sqrt{3}\, I_P$에서 $I_P = \dfrac{I_l}{\sqrt{3}} = \dfrac{10\sqrt{3}}{\sqrt{3}} = 10$[A]

38 비사인파 교류의 일반적인 구성이 아닌 것은?

① 기본파   ② 직류분
③ 고조파   ④ 삼각파

해설 비정현파(비사인파) = 직류분 + 기본파 + 고조파 성분으로 구성되어 있다.

정답 36.③ 37.② 38.④

39 $R-L$ 직렬회로의 시정수 $T[s]$는?

① $\dfrac{R}{L}[s]$ ② $\dfrac{L}{R}[s]$

③ $RL[s]$ ④ $\dfrac{1}{RL}[s]$

해설
- $R-L$ 회로의 시정수 $T=\dfrac{L}{R}[s]$
- $R-C$ 회로의 시정수 $T=R\cdot C[s]$

40 회로망의 임의의 접속점에 유입되는 전류는 $\Sigma I=0$이라는 법칙은?

① 쿨롱의 법칙 ② 패러데이의 법칙
③ 키르히호프의 제1법칙 ④ 키르히호프의 제2법칙

해설 키르히호프 법칙(2법칙)
- 키르히호프 전압 법칙(2법칙) : 기전력의 합과 전압강하의 합은 같다($\Sigma E=\Sigma I\cdot R$).
- 키르히호프 전류 법칙(1법칙) : 임의의 1점에 유입 또는 유출되는 전류의 합은 "0"이다 ($\Sigma I=0$).

41 계자 철심에 잔류자기가 없어도 발전되는 직류기는?

① 분권기 ② 직권기
③ 복권기 ④ 타여자기

해설
- 타여자 발전기 : 외부에서 자속이 공급되므로 잔류자기가 없어도 발전이 된다.
- 자여자 발전기
  - 분권 발전기
  - 직권 발전기
  - 복권 발전기(가동복권 발전기, 차동복권 발전기)

42 직류직권 전동기의 벨트 운전을 금지하는 이유는?

① 벨트가 벗겨지면 위험속도에 도달한다.
② 손실이 많아진다.
③ 벨트가 마모하여 보수가 곤란하다.
④ 직결하지 않으면 속도제어가 곤란하다.

해설 직권 전동기 : 벨트가 벗겨지면 무부하 상태가 되어 위험속도에 도달한다.

정답 39.② 40.③ 41.④ 42.①

43 직류 전동기의 속도제어 방법이 아닌 것은?

① 전압제어 ② 계자제어
③ 저항제어 ④ 플러깅제어

해설
- 직류전동기 속도제어
  - 저항제어법
  - 계자제어법
  - 전압제어법
- 제동법
  - 발전제동
  - 회생제동
  - 역전제동(플러깅)

44 전기자저항 0.1[Ω], 전기자전류 104[A], 유도기전력 110.4[V]인 직류분권 발전기의 단자전압[V]은?

① 110 ② 106
③ 102 ④ 100

해설 [직류분권 발전기]

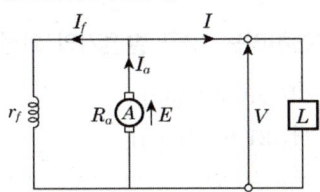

$E = I_a R_a + V$ 에서 $V = E - I_a R_a$ ∴ $V = 110.4 - 104 \times 0.1 = 100[V]$

45 직류 발전기 전기자의 주된 역할은?

① 기전력을 유도한다. ② 자속을 만든다.
③ 정류작용을 한다. ④ 회전자와 외부회로를 접속한다.

해설
- 전기자 : 유기기전력 발생
- 계자 : 자속을 공급
- 정류자 : 교류를 직류로 변환

46 다음 제동방법 중 급정지하는 데 가장 좋은 제동방법은?

① 발전제동 ② 회생제동
③ 역상제동 ④ 단상제동

정답 43.④ 44.④ 45.① 46.③

해설
- 급제동으로는 역상제동법이 가장 좋다.
- 3상 중 2상만 바꾸어서 반대 방향으로 회전하여 정지시킨다.

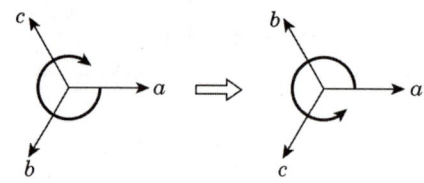

47 3상 동기발전기 병렬운전 조건이 아닌 것은?

① 전압의 크기가 같을 것 ② 회전수가 같을 것
③ 주파수가 같을 것 ④ 전압 위상이 같을 것

해설 [병렬운전 조건]
- 유기기전력의 크기가 같을 것
- 유기기전력의 위상이 같을 것
- 유기기전력의 파형이 같을 것
- 유기기전력의 주파수가 같을 것

48 2극 3,600[rpm]인 동기 발전기와 병렬운전하려는 12극 발전기의 회전수는?

① 600[rpm] ② 3,600[rpm]
③ 7,200[rpm] ④ 21,600[rpm]

해설 [회전수 N]
- $N_1 = \dfrac{120 f_1}{P_1}$ 에서

$$f_1 = \dfrac{N_1 \times P_1}{120} = \dfrac{3,600 \times 2}{120} = 60[\text{Hz}]$$

- 병렬운전 시에는 $f_1 = f_2$ 이어야 하므로

$$\therefore N_2 = \dfrac{120 f_2}{P_2} = \dfrac{120 \times 60}{12} = 600[\text{rpm}]$$

49 출력에 대한 전부하 동손이 2[%], 철손이 1[%]인 변압기의 전부하 효율[%]은?

① 95 ② 96
③ 97 ④ 98

정답 47.② 48.① 49.③

해설 [전부하 효율 η]

$$\eta = \frac{출력}{출력 + 손실} \times 100 = \frac{P_n \cos\theta}{P_n \cos\theta + P_i + P_c} \times 100 [\%]$$

(P_n : 변압기 용량, P_i : 철손, P_c : 동손)

$$\therefore \eta = \frac{출력}{출력 + (0.01 출력) + (0.02 출력)} \times 100 [\%] ≒ 97 [\%]$$

50 부흐홀츠 계전기의 설치 위치는?

① 변압기 주 탱크 내부
② 콘서베이터 내부
③ 변압기의 고압측 부싱
④ 변압기 본체와 콘서베이터 사이

해설 [부흐홀츠 계전기]
- 수소(H_2) 검출
- 변압기의 주 탱크와 콘서베이터 사이에 설치

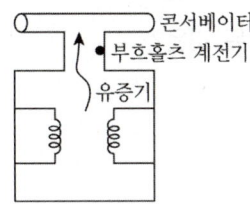

51 다음 사이리스터 중 3단자 형식이 아닌 것은?

① SCR
② GTO
③ DIAC
④ TRIAC

해설 [반도체 소자]
- 2단자 : SSS, DIAC
- 3단자 : GTO, SCR, TRIAC, LASCR

52 전선을 접속하는 방법으로 틀린 것은?

① 전기저항이 증가되지 않아야 한다.
② 전선의 세기는 30[%] 이상 감소시키지 않아야 한다.
③ 접속부분은 와이어 커넥터 등 접속기구를 사용하거나 납땜을 한다.
④ 알루미늄을 접속할 때는 고시된 규격에 맞는 접속관 등의 접속기구를 사용한다.

정답 50.④ 51.③ 52.②

해설 [전선의 접속방법]
- 전기저항이 증가하지 말 것
- 전선의 세기는 20[%] 이상 감소시키지 말 것

53 전주의 길이가 16[m]인 지지물을 건주하는 경우 땅에 묻히는 최소 깊이는 몇 [m]인가? (단, 설계하중이 6.8[kN] 이하이다.)

① 1.5　　　　　　　　　② 2
③ 2.5　　　　　　　　　④ 3

해설 [전주의 근입 깊이 h]
- 전주의 길이가 15[m] 이하 : 전주 길이의 $\frac{1}{6}$ 이상(설계 하중이 6.8[kN] 이하)
- 전주의 길이가 15[m] 초과 : 2.5[m] 이상(설계 하중이 6.8[kN] 이하)

54 연접 인입선 시설 제한규정에 대한 설명으로 잘못된 것은?

① 분기하는 점에서 100[m]를 넘지 않아야 한다.
② 폭 5[m]를 넘는 도로를 횡단하지 않아야 한다.
③ 옥내를 통과해서는 안 된다.
④ 분기하는 점에서 고압의 경우에는 200[m]를 넘지 않아야 한다.

해설 [연접 인입선]
- 저압만 사용
- 분기점에서 100[m] 넘지 말 것
- 폭 5[m] 넘는 도로 횡단 금지
- 옥내 관통 금지

55 가공전선로의 지지물에 시설하는 지선은 지표상 몇 [cm]까지의 부분에 내식성이 있는 것 또는 아연도금을 한 철봉을 사용하여야 하는가?

① 15　　　　　　　　　② 20
③ 30　　　　　　　　　④ 50

해설 [지선]
- 안전율은 2.5 이상
- 소선의 지름 2.6[mm] 이상의 금속선 사용
- 소선 3가닥 이상의 연선
- 지중 및 지표상 30[cm]까지는 내식성 또는 아연도금한 철봉 사용

정답 53.③　54.④　55.③

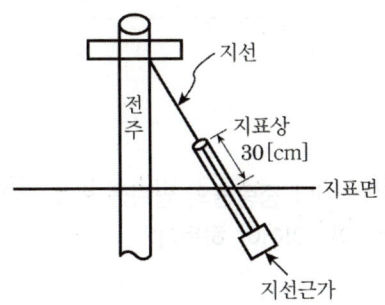

56 저압 연접 인입선의 시설과 관련된 설명으로 잘못된 것은?

① 옥내를 통과하지 아니할 것
② 전선의 굵기는 1.5[mm²] 이하일 것
③ 폭 5[m]를 넘는 도로를 횡단하지 아니할 것
④ 인입선에서 분기하는 점으로부터 100[m]를 넘는 지역에 미치지 아니할 것

해설 [연접 인입선]
- 저압에서만 사용
- 옥내 관통 금지
- 분기점에서 100[m] 넘지 말 것
- 폭 5[m] 넘는 도로 횡단하지 말 것

57 일반적으로 저압 가공 인입선이 도로를 횡단하는 경우 노면상 시설하여야 할 높이는?

① 4[m] 이상   ② 5[m] 이상
③ 6[m] 이상   ④ 6.5[m] 이상

해설 [가공 인입선]

	도로 횡단	철도 횡단
저압	5[m]	6.5[m]
고압	6[m]	6.5[m]

58 가공전선로 지지물의 승탑 및 승주방지에서 가공전선로의 지지물에 취급자가 오르고 내리는데 사용하는 발판 볼트 등은 지표상 몇 [m] 미만에 시설하여서는 아니되는가?

① 1.2   ② 1.8
③ 2.4   ④ 3.0

정답 56.② 57.② 58.②

해설 [발판 못, 발판 볼트 높이]
1.8[m] 이상에 시설

59 연피케이블을 직접매설식에 의하여 차량 기타 중량물의 압력을 받을 우려가 있는 장소에 시설하는 경우 매설 깊이는 몇 [m] 이상이어야 하는가?

① 0.6
② 1.0
③ 1.2
④ 1.6

해설 [지중전선로의 매설 깊이]
- 압력받을 우려가 있는 경우 : 1.2[m] 이상 깊이
- 압력받을 우려가 없는 경우 : 0.6[m] 이상 깊이

60 금속전선관 공사에서 금속관에 나사를 내기 위해 사용하는 공구는?

① 리머
② 오스터
③ 프레서 툴
④ 파이프 벤더

해설
- 리더 : 절단한 금속관을 다듬는데 이용
- 오스터 : 금속관에 나사를 만드는데 이용
- 녹아웃 펀치 : 구멍을 뚫을 때 이용

부록 제2회 연습문제

01 1.5[V]의 전위차로 3[A]의 전류가 3분 동안 흘렀을 때 한 일은?

① 1.5[J]   ② 13.5[J]
③ 810[J]   ④ 2,430[J]

해설 $V = \dfrac{W}{Q}$[V], $W = V \cdot Q$[J]

∴ $W = V \cdot Q = VIt = 1.5 \times 3 \times 3 \times 60 = 810$[J]

02 동선의 길이를 2배로 늘리면 저항은 처음의 몇 배가 되는가? (단, 동선의 체적은 일정함)

① 2배   ② 4배
③ 8배   ④ 16배

해설 [도체의 저항 R]

$R = \rho \dfrac{l}{A}$ (l : 길이, A : 단면적)

$R' = \rho \dfrac{2l}{\frac{1}{2}A} = \rho \dfrac{l}{A} \cdot 4 = 4R$ (4배가 된다)

(단, 체적이 일정하기 때문에 길이가 2배가 되면 단면적은 $\dfrac{1}{2}$ 배가 된다)

03 어떤 도체에 1[A]의 전류가 1분간 흐를 때 도체를 통과하는 전기량은?

① 1[C]   ② 60[C]
③ 1,000[C]   ④ 3,600[C]

해설 전기량 $Q = I \cdot t = 1 \times 1 \times 60 = 60$[C]

정답 01.③ 02.② 03.②

04 R_1, R_2, R_3의 저항 3개를 직렬접속 했을 때의 합성저항값은?

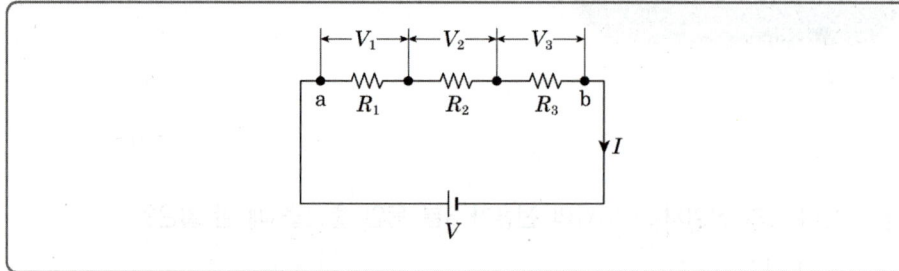

① $R = R_1 + R_2 \cdot R_3$
② $R = R_1 \cdot R_2 + R_3$
③ $R = R_1 \cdot R_2 \cdot R_3$
④ $R = R_1 + R_2 + R_3$

해설
- 직렬 합성저항 : $R = R_1 + R_2 + R_3$
- 병렬 합성저항 : $\dfrac{1}{R} = \dfrac{1}{R_1} + \dfrac{1}{R_2} + \dfrac{1}{R_3}$

그러므로 $R = \dfrac{1}{\dfrac{1}{R_1} + \dfrac{1}{R_2} + \dfrac{1}{R_3}}$

05 "회로에 흐르는 전류의 크기는 저항에 (㉠)하고, 가해진 전압에 (㉡)한다." ( ) 에 알맞은 내용을 바르게 나열한 것은?

① ㉠ 비례, ㉡ 비례
② ㉠ 비례, ㉡ 반비례
③ ㉠ 반비례, ㉡ 비례
④ ㉠ 반비례, ㉡ 반비례

해설 [옴의 법칙]
- $V = IR[\text{V}]$
- $R = \dfrac{V}{I}[\Omega]$
- $I = \dfrac{V}{R} = G \cdot V[\text{A}]$

∴ 전류는 저항에 반비례하고, 전압에 비례한다.

정답 04.④ 05.③

06 회로에서 검류계의 지시가 0일 때 저항 X는 몇 [Ω]인가?

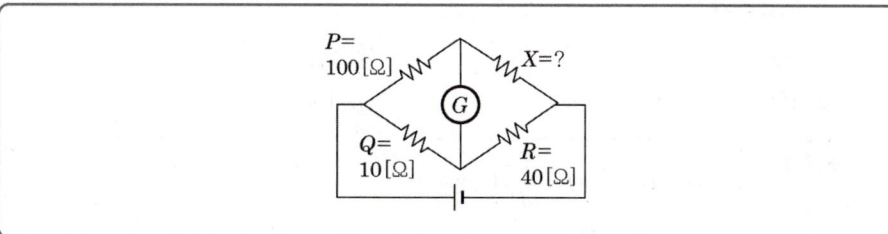

① 10[Ω] ② 40[Ω]
③ 100[Ω] ④ 400[Ω]

해설 [브리지 회로의 평형상태]
- 검류계의 지시값이 "0" 의미는 평형상태를 나타낸다.
- 평형조건은 $P \times R = Q \times X$
∴ $100 \times 40 = 10 \times X$이므로 $X = 400$[Ω]

07 어떤 도체의 길이를 2배로 하고 단면적을 $\frac{1}{3}$로 했을 때의 저항은 원래 저항의 몇 배가 되는가?

① 3배 ② 4배
③ 6배 ④ 9배

해설 도체의 저항 R
- $R = \rho \dfrac{l}{S}$
- $R' = \rho \dfrac{2l}{\frac{1}{3}S} = \rho \dfrac{l}{S} 6 = 6R$ (그러므로 6배가 된다.)

08 3분 동안에 180,000[J]의 일을 하였다면 전력은?

① 1[kW] ② 30[kW]
③ 1,000[kW] ④ 3,240[kW]

해설
- 전력 $P = I^2 R = VI = \dfrac{V^2}{R}$ [W]
- 전력량 $W = I^2 Rt = P \cdot t$ [J]
∴ $P = \dfrac{W}{t} = \dfrac{180,000}{3 \times 60} = 1,000$[W] $= 1$[kW]

정답 06.④ 07.③ 08.①

09 20[A]의 전류를 흘렸을 때 전력이 60[W]인 저항에 30[A]를 흘리면 전력은 몇 [W]가 되겠는가?

① 80
② 90
③ 120
④ 135

해설 전력 $P = I^2R = VI = \dfrac{V^2}{R}$ [W]에서

저항 $R = \dfrac{P}{I^2} = \dfrac{60}{20^2} = 0.15[\Omega]$ 되며

∴ 30[A]에서의 전력 $P' = (I')^2 \cdot R = (30)^2 \times 0.15 = 135[W]$

---

10 동일한 용량의 콘덴서 5개를 병렬로 접속하였을 때의 합성용량을 C_p라 하고, 5개를 직렬로 접속하였을 때의 합성용량을 C_s라 할 때 C_p와 C_s의 관계는?

① $C_p = 5C_s$
② $C_p = 10C_s$
③ $C_p = 25C_s$
④ $C_p = 50C_s$

해설
- 직렬연결 시 합성정전용량 $C_s = \dfrac{1}{5}C$
- 병렬연결 시 합성정전용량 $C_p = 5C$

∴ $\dfrac{C_p}{C_s} = \dfrac{5C}{\dfrac{1}{5}C} = 25$ 이므로 $C_p = 25C_s$가 된다.

---

11 진성 반도체인 4가의 실리콘에 N형 반도체를 만들기 위하여 첨가하는 것은?

① 게르마늄(Ge)
② 갈륨(Ga)
③ 인듐(In)
④ 안티몬(Sb)

해설
반도체
- 진성 반도체 : 4가 원소로 이루어진 반도체
- 불순물 반도체
  - P형 반도체 : Ge, Si + B, Al, In, Ga
  - N형 반도체 : Ge, Si + P, Sb

---

12 $V = 200[V]$, $C_1 = 10[\mu F]$, $C_2 = 5[\mu F]$인 2개의 콘덴서가 병렬로 접속되어 있다. 콘덴서 C_1에 축적되는 전하[μC]는?

① 100[μC]
② 200[μC]
③ 1,000[μC]
④ 2,000[μC]

정답 09.④ 10.③ 11.④ 12.④

해설

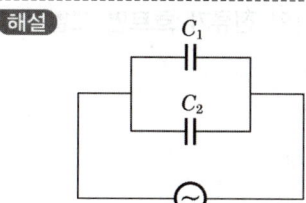

$$Q = C_1 \cdot V = 10 \times 10^{-6} \times 200 = 2,000 [\mu C]$$

13 공기 중에서 양전하 $20[\mu C]$, 음전하 $30[\mu C]$이 $1[m]$ 떨어져 있을 때 작용하는 힘의 크기$[N]$는?

① $5.4[N]$, 흡인력이 작용한다.
② $5.4[N]$, 반발력이 작용한다.
③ $\frac{7}{9}[N]$, 흡인력이 작용한다.
④ $\frac{7}{9}[N]$, 반발력이 작용한다.

해설 [쿨롱의 힘 F]

$$F = \frac{1}{4\pi\varepsilon_0} \frac{Q_1 Q_2}{r^2} = 9 \times 10^9 \frac{(20 \times 10^{-6})(-30 \times 10^{-6})}{1^2} = -5.4[N] 이므로$$

∴ 흡인력, $5.4[N]$이 작용한다.

14 두 개의 자체 인덕턴스를 직렬로 접속하여 합성 인덕턴스를 측정하였더니 $95[mH]$이었다. 한쪽 인덕턴스를 반대로 접속하여 측정하였더니 합성 인덕턴스가 $15[mH]$로 되었다. 두 코일의 상호 인덕턴스는?

① $20[mH]$
② $40[mH]$
③ $80[mH]$
④ $160[mH]$

해설 [가동·차동접속]

$L_a = L_1 + L_2 + 2M = 95[mH]$ (가동)
$L_b = L_1 + L_2 - 2M = 15[mH]$ (차동)

∴ $M = \frac{1}{4}(L_a - L_b) = \frac{1}{4}(95 - 15) = 20[mH]$

15 도체가 운동하는 경우 유도기전력의 방향을 알고자 할 때 유용한 법칙은?

① 렌츠의 법칙
② 플레밍의 오른손 법칙
③ 플레밍의 왼손 법칙
④ 비오-사바르의 법칙

해설 도체 운동 시 유도기전력 방향은 플레밍의 오른손 법칙에 따른다.

정답 13.① 14.① 15.②

16 반지름 5[cm], 권수 100회인 원형 코일에 15[A]의 전류가 흐르면 코일중심의 자장의 세기는 몇 [AT/m]인가?

① 750
② 3,000
③ 15,000
④ 22,500

해설 [원형코일 중심 자장의 세기 H]
$$H = \frac{NI}{2r} = \frac{100 \times 15}{2 \times 0.05} = 15,000 [\text{AT/m}]$$

17 플레밍의 오른손 법칙에서 셋째 손가락의 방향은?

① 운동 방향
② 자속밀도의 방향
③ 유도기전력의 방향
④ 자력선의 방향

해설
- 플레밍의 오른손 법칙
  - 엄지 손가락 : 힘의 운동 방향
  - 검지 손가락 : 자력선의 운동 방향
  - 중지 손가락 : 유기기전력의 방향
- 플레밍의 왼손 법칙
  - 엄지 손가락 : 힘의 운동 방향
  - 검지 손가락 : 자력선의 운동 방향
  - 중지 손가락 : 전류의 운동 방향

18 플레밍의 왼손 법칙에서 전류의 방향을 나타내는 손가락은?

① 엄지
② 검지
③ 중지
④ 약지

해설 플레밍의 왼손 법칙
- 엄지 : 힘(F)의 방향을 나타낸다.
- 검지 : 자속(B)의 방향을 나타낸다.
- 중지 : 전류(I)의 방향을 나타낸다.

19 전류에 의해 발생되는 자기장에서 자력선의 방향을 간단하게 알아내는 방법은?

① 오른나사의 법칙
② 플레밍의 왼손 법칙
③ 주회적분의 법칙
④ 줄의 법칙

정답 16.③ 17.③ 18.③ 19.①

해설 앙페르의 오른나사 법칙

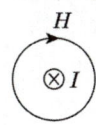 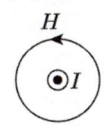

⊗ : 전류가 들어가는 방향 의미
⊙ : 전류가 나오는 방향 의미

20 평등자장 내에 있는 도선에 전류가 흐를 때 자장의 방향과 어떤 각도로 되어 있으면 작용하는 힘이 최대가 되는가?

① 30° ② 45°
③ 60° ④ 90°

해설 플레밍의 왼손 법칙의 힘 F
$F = BIl \sin\theta$ [N]이므로 $\theta = 90°$일 때 $F = BIl$ [N]이 되어 최대가 된다.

21 다음 설명 중 틀린 것은?

① 앙페르의 오른나사 법칙 : 전류의 방향을 오른나사가 진행하는 방향으로 하면, 이때 발생되는 자기장의 방향은 오른나사의 회전방향이 된다.
② 렌츠의 법칙 : 유도기전력은 자신의 발생 원인이 되는 자속의 변화를 방해하려는 방향으로 발생한다.
③ 패러데이의 전자유도 법칙 : 유도기전력의 크기는 코일을 지나는 자속의 매초 변화량과 코일의 권수에 비례한다.
④ 쿨롱의 법칙 : 두 자극 사이에 작용하는 자력의 크기는 양 자극의 세기의 곱에 비례하며, 자극 간의 거리의 제곱에 비례한다.

해설 [쿨롱의 법칙]

$+Q_1$(C) $-Q_2$(C)
r(m)

두 전하 사이에 작용하는 힘 F는 쿨롱의 법칙에 따른다.
$F = \dfrac{1}{4\pi\varepsilon_0} \dfrac{Q_1 \cdot Q_2}{r^2}$ [N] $= 9 \times 10^9 \dfrac{Q_1 \cdot Q_2}{r^2}$ [N]이므로

∴ 두 전하 사이에 작용하는 힘은 거리의 제곱에 반비례하며 두 전하의 곱에는 비례한다.

정답 20.④ 21.④

22 서로 가까이 나란히 있는 두 도체에 전류가 같은 방향으로 흐를 때 각 도체 간에 작용하는 힘은?

① 흡인한다.
② 반발한다.
③ 흡인과 반발을 되풀이 한다.
④ 처음에는 흡인하다가 나중에는 반발한다.

해설 [두 도체 사이에 작용하는 힘 F]
- $F = \dfrac{2I_1 I_2}{r} \times 10^{-7}$[N]
- 전류의 방향이 같은 방향일 때 : 흡인력
- 전류의 방향이 반대 방향일 때 : 반발력

23 다음은 전기력선의 성질이다. 틀린 것은?

① 전기력선은 서로 교차하지 않는다.
② 전기력선은 도체의 표면에 수직이다.
③ 전기력선의 밀도는 전기장의 크기를 나타낸다.
④ 같은 전기력선은 서로 끌어당긴다.

해설 [전기력선]
- 같은 전기력선은 서로 밀어낸다.
- 다른 전기력선은 서로 끌어당긴다.
- 서로 교차하지 않는다.
- 도체 표면에 서로 수직이다.

24 반지름 25[cm], 권수 10의 원형 코일에 10[A]의 전류를 흘릴 때 코일 중심의 자장의 세기는 몇 [AT/m]인가?

① 32 ② 65
③ 100 ④ 200

해설 [원형 코일 중심 자장의 세기 H]
$$H = \dfrac{NI}{2r} = \dfrac{10 \times 10}{2 \times 25 \times 10^{-2}} = 200[\text{AT/m}]$$

25 $e = 100\sqrt{2} \sin\left(100\pi t - \dfrac{\pi}{3}\right)$[V]인 정현파 교류전압의 주파수는 얼마인가?

① 50[Hz]   ② 60[Hz]
③ 100[Hz] ④ 314[Hz]

정답 22.① 23.④ 24.④ 25.①

해설 주파수 f
$w = 2\pi f = 100\pi$ 이므로
$f = 50[\text{Hz}]$

26 다음 전압과 전류의 위상차는 어떻게 되는가?

$$v = \sqrt{2}\,V\sin\left(wt - \frac{\pi}{3}\right)[\text{V}], \quad i = \sqrt{2}\,I\sin\left(wt - \frac{\pi}{6}\right)[\text{A}]$$

① 전류가 $\frac{\pi}{3}$ 만큼 앞선다. ② 전압이 $\frac{\pi}{3}$ 만큼 앞선다.

③ 전압이 $\frac{\pi}{6}$ 만큼 앞선다. ④ 전류가 $\frac{\pi}{6}$ 만큼 앞선다.

해설 전류와 전압의 위상차

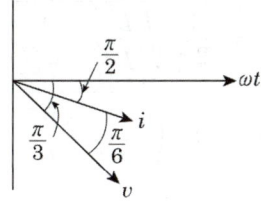

그러므로 i는 v보다 $\frac{\pi}{6}$ 앞선다. 또는 v는 i보다 $\frac{\pi}{6}$ 늦다.

27 교류회로에서 무효전력의 단위는?

① W ② VA
③ Var ④ V/m

해설 [교류회로의 전력]
- 유효전력 $P = VI\cos\theta[\text{W}]$
- 무효전력 $P_r = VI\sin\theta[\text{Var}]$
- 피상전력 $Pa = VI[\text{VA}]$

28 사인파 교류전압을 표시한 것으로 잘못된 것은? (단, θ는 회전각이며, ω는 각속도이다.)

① $v = V_m \sin\theta$ ② $v = V_m \sin\omega t$

③ $v = V_m \sin 2\pi t$ ④ $v = V_m \sin\frac{2\pi}{T}t$

정답 26.④ 27.③ 28.③

해설
- 순시값 $v = \sin\omega t [V]$
- $\omega = 2\pi f$, $\omega t = \theta$, $\omega = \dfrac{2\pi}{T}$, $\omega = \dfrac{\theta}{t}$ 이다.

29 그림의 병렬 공진회로에서 공진주파수 f_0[Hz]는?

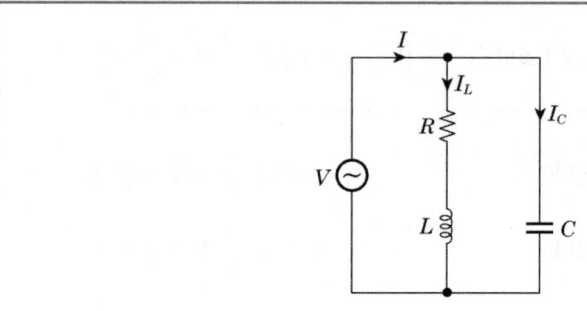

① $f_0 = \dfrac{1}{2\pi}\sqrt{\dfrac{R}{L} - \dfrac{1}{LC}}$ ② $f_0 = \dfrac{1}{2\pi}\sqrt{\dfrac{L^2}{R^2} - \dfrac{1}{LC}}$

③ $f_0 = \dfrac{1}{2\pi}\sqrt{\dfrac{1}{LC} - \dfrac{L}{R}}$ ④ $f_0 = \dfrac{1}{2\pi}\sqrt{\dfrac{1}{LC} - \dfrac{R^2}{L^2}}$

해설
병렬 공진조건 : $\omega C = \dfrac{\omega L}{R^2 + (\omega L)^2}$

공진주파수 f는
$R^2 + \omega^2 L^2 = \dfrac{L}{C}$ 이므로
$\omega^2 L^2 = \dfrac{L}{C} - R^2$
$\omega^2 = \dfrac{1}{LC} - \left(\dfrac{R}{L}\right)^2$
$\omega = \sqrt{\dfrac{1}{LC} - \left(\dfrac{R}{L}\right)^2}$
$\therefore f = \dfrac{1}{2\pi}\sqrt{\dfrac{1}{LC} - \left(\dfrac{R}{L}\right)^2}$

30 성형결선에서 상전압이 115[V]인 대칭 3상교류의 선간전압은?

① 약 100[V]   ② 약 150[V]
③ 약 200[V]   ④ 약 250[V]

정답 29.④ 30.③

해설 [성형결선(Y결선)]
- $V_l = \sqrt{3}\, V_p$ (V_l : 선전압, V_p : 상전압)
- $I_l = I_p$ (I_l : 선전류, I_p : 상전류)
- ∴ $V_l = \sqrt{3} \cdot 115 ≒ 200[V]$이다.

31 교류기기나 교류전원의 용량을 나타낼 때 사용되는 것과 그 단위가 바르게 나열된 것은?

① 유효전력 – [VAh]　　② 무효전력 – [W]
③ 피상전력 – [VA]　　④ 최대전력 – [Wh]

해설
- 유효전력 $P[W]$
- 무효전력 $P_r[Var]$
- 피상전력 $P_a[VA]$
- 전력량 $W[Wh]$

32 2전력계법에 의해 평형 3상전력을 측정하였더니 전력계가 각각 800[W], 400[W]를 지시하였다면, 이 부하의 전력은 약 몇 [W]인가?

① 600[W]　　② 800[W]
③ 1,200[W]　　④ 1,600[W]

해설 2전력계법
- 유효전력 $P = P_1 + P_2 = 800 + 400 = 1200[W]$
- 무효전력 $P_r = \sqrt{3}(P_1 - P_2)[Var]$
- 피상전력 $P_a = 2\sqrt{P_1^2 + P_2^2 - P_1 \cdot P_2}\,[VA]$
- 역률 $\cos\theta = \dfrac{P}{pa} = \dfrac{P_1 + P_2}{2\sqrt{P_1^2 + P_2^2 - P_1 \cdot P_2}}$

33 기본파의 3[%]인 제3고조파와 4[%]인 제5고조파, 1[%]인 제7고조파를 포함하는 전압파의 왜율은?

① 약 2.7[%]　　② 약 5.1[%]
③ 약 7.7[%]　　④ 약 14.1[%]

해설 [왜율, 의율, 일그러짐율(K)]

$K = \dfrac{\text{전고조파 실효치}}{\text{기본파 실효치}} \times 100[\%]$

$= \dfrac{\sqrt{(0.03V_1)^2 + (0.04V_1)^2 + (0.01V_1)^2}}{V_1} \times 100 ≒ 5.1[\%]$

정답 31.③　32.③　33.②

34 R−L 직렬회로에서 $R=20[\Omega]$, $L=10[H]$인 경우 시정수 T는?

① 0.005[s] ② 0.5[s]
③ 2[s] ④ 200[s]

해설 [시정수 T]
- $R-C$ 시정수 $T = R \times C [\sec]$
- $R-L$ 시정수 $T = \dfrac{L}{R} = \dfrac{10}{20} = 0.5[s]$

35 비정현파의 실효값을 나타낸 것은?

① 최대파의 실효값
② 각 고조파의 실효값의 값
③ 각 고조파의 실효값의 합의 제곱근
④ 각 고조파의 실효값의 제곱의 합의 제곱근

해설 실효값 $V = \sqrt{V_0^2 + V_1^2 + V_2^2 + V_3^2 + \cdots + V_n^2}$

36 삼각파 전압의 최대값이 V_m일 때 실효값은?

① V_m ② $\dfrac{V_m}{\sqrt{2}}$
③ $\dfrac{2V_m}{\pi}$ ④ $\dfrac{V_m}{\sqrt{3}}$

해설 [3각파, 톱니파]
- 실효값 $= \dfrac{V_m}{\sqrt{3}}$
- 평균값 $= \dfrac{V_m}{2}$

37 무부하에서 119[V]되는 분권 발전기의 전압변동률이 6[%]이다. 정격 전부하전압은 약 몇 [V]인가?

① 110.2 ② 112.3
③ 122.5 ④ 125.3

해설 [전압변동률 e]
$e = \dfrac{V_o - V}{V} \times 100[\%]$ (단, V_o : 무부하전압, V : 정격전압)

그러므로 $0.06 = \dfrac{119-V}{V}$ 에서 $V ≒ 112.3[V]$

정답 34.② 35.④ 36.④ 37.②

38 직류 발전기 전기자의 구성으로 옳은 것은?

① 전기자 철심, 정류자
② 전기자 권선, 전기자 철심
③ 전기자 권선, 계자
④ 전기자 철심, 브러시

해설 [직류기의 3요소]
- 전기자 : 권선＋철심으로 구성
- 계자
- 정류자

39 직류 발전기 전기자 반작용의 영향에 대한 설명으로 틀린 것은?

① 브러시 사이에 불꽃을 발생시킨다.
② 주 자속이 찌그러지거나 감소된다.
③ 전기자 전류에 의한 자속이 주 자속에 영향을 준다.
④ 회전방향과 반대방향으로 자기적 중성축이 이동된다.

해설 [전기자 반작용]
- 감자작용
- 교차자화작용
- 전기적 중성축 이동(발전기 : 회전방향, 전동기 : 회전방향과 반대방향)

40 직류 전동기의 출력이 50[kW], 회전수가 1,800[rpm]일 때 토크는 약 몇 [kg·m]인가?

① 12
② 23
③ 27
④ 31

해설 [토크 T]

- $T = \dfrac{P}{W} = \dfrac{P}{2\pi \dfrac{N}{60}}[\text{N·m}]$

- $T' = \dfrac{T}{9.8} = 0.975\dfrac{P}{N}[\text{kg·m}]$
  $= 0.975\dfrac{50 \times 10^3}{1800} ≒ 27[\text{kg·m}]$

41 동기기를 병렬운전할 때 순환전류가 흐르는 원인은?

① 기전력의 저항이 다른 경우
② 기전력의 위상이 다른 경우
③ 기전력의 전류가 다른 경우
④ 기전력의 역률이 다른 경우

정답 38.② 39.④ 40.③ 41.②

해설 [병렬운전]
- 기전력의 크기가 다를 때 : 무효 순환전류가 흐른다.
- 기전력의 위상이 다를 때 : 유효 순환전류가 흐른다.
- 기전력의 주파수가 다를 때 : 난조가 발생한다.

42 동기기의 손실에서 고정손에 해당되는 것은?
① 계자 철심의 철손
② 브러시의 전기손
③ 계자 권선의 저항손
④ 전기자 권선의 저항손

해설 [손실]
- 고정손 : 철손, 기계손
- 부하손 : 동손

43 3상 유도 전동기의 회전방향을 바꾸기 위한 방법은?
① 3상의 3선 접속을 모두 바꾼다.
② 3상의 3선 중 2선의 접속을 바꾼다.
③ 3상의 3선 중 1선에 리액턴스를 연결한다.
④ 3상의 3선 중 2선에 같은 값의 리액턴스를 연결한다.

해설 [역상(역전)제동]
- 플러깅(plugging)이라 한다.
- 회전방향을 반대로 하여 속도를 급격히 줄이기 위한 방법
- 3상의 3선 중 2선의 접속을 바꾸는 방법

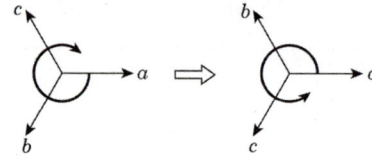

44 회전자 입력을 P_2, 슬립을 s라 할 때 3상 유도 전동기의 기계적 출력의 관계식은?
① sP_2
② $(1-s)P_2$
③ $s^2 P_2$
④ $\dfrac{P_2}{s}$

해설 2차 입력 P_2, 2차 동손 P_{c2}, 2차 출력(기계적 출력) P_o
$$P_2 : P_{c2} : P_o = P_2 : sP_2 : (1-s)P_2$$
$$= 1 : s : (1-s)$$
$$\therefore P_o = (1-s)P_2$$

정답 42.① 43.② 44.②

45 다음 중 기동 토크가 가장 큰 전동기는?

① 분상 기동형
② 콘덴서 모터형
③ 셰이딩 코일형
④ 반발 기동형

해설 [기동 토크가 큰 전동기 순서]
1. 반발 기동형
2. 반발 유도형
3. 콘덴서 기동형
4. 분상 기동형
5. 셰이딩 코일형

46 유도 전동기의 Y-△ 기동시 기동 토크와 기동 전류는 전전압 기동시의 몇 배가 되는가?

① $\dfrac{1}{\sqrt{3}}$
② $\sqrt{3}$
③ $\dfrac{1}{3}$
④ 3

해설 [Y-△기동]
- 기동 전류는 $\dfrac{1}{3}$ 배(전전압 기동시와 비교)
- 기동 토크는 $\dfrac{1}{3}$ 배(전전압 기동시와 비교)
- 기동 전압은 $\dfrac{1}{\sqrt{3}}$ 배(전전압 기동시와 비교)

47 60[Hz] 3상 반파 정류회로의 맥동주파수는?

① 60[Hz]
② 120[Hz]
③ 180[Hz]
④ 360[Hz]

해설 [맥동주파수]

정류방식	직류전압	맥동주파수
단상 반파	$0.45E$	f
단상 전파	$0.9E$	$2f$
3상 반파	$1.17E$	$3f$
3상 전파	$1.35E$	$6f$

정답 45.④ 46.③ 47.③

48 단상 반파 정류회로의 전원전압 200[V], 부하저항이 20[Ω]이면 부하전류는 약 몇 [A]인가?

① 4
② 4.5
③ 6
④ 6.5

해설 [단상 반파 정류회로]
- 회로도

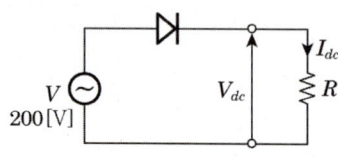

- 부하전류 $I_{dc} = \dfrac{V_{dc}}{R} = \dfrac{\dfrac{200\sqrt{2}}{\pi}}{20} ≒ 4.5[V]$

또는 $V_{dc} = 0.45E = 0.45 \times 200 = 90[V]$

$I_{dc} = \dfrac{V_{dc}}{R} = \dfrac{90}{20} = 4.5[V]$

49 인버터(inverter)란?

① 교류를 직류로 변환
② 직류를 교류로 변환
③ 교류를 교류로 변환
④ 직류를 직류로 변환

해설 [전력 변환 장치]
- 인버터 : 직류 → 교류로 변환
- 컨버터 : 교류 → 직류로 변환
- 초퍼 : 직류 → 직류로 변환

50 3상 전파 정류회로에서 전원 250[V]일 때 부하에 나타나는 전압[V]의 최대값은?

① 약 177
② 약 292
③ 약 354
④ 약 433

해설 최대값 $V_m = \sqrt{2} \times$ 실효값
$V_m = \sqrt{2} \times 250 ≒ 354[V]$

51 하나의 수용장소의 인입선 접속점에서 분기하여 지지물을 거치지 아니하고 다른 수용장소의 인입선 접속점에 이르는 전선은?

① 가공 인입선
② 구내 인입선
③ 연접 인입선
④ 옥측 배선

정답 48.② 49.② 50.③ 51.③

해설 [연접 인입선]
- 저압만 이용
- 도로 폭 5[m] 이상 횡단 금지
- 옥내 관통 금지
- 분기점으로부터 거리가 100[m] 넘지 말 것

52 전주의 길이가 15[m] 이하인 경우 땅에 묻히는 깊이는 전주 길이의 얼마 이상으로 하여야 하는가?

① 1/2
② 1/3
③ 1/5
④ 1/6

해설 [전주의 근입 깊이 h]

전주의 길이가 15[m] 이하, 하중이 6.8[kN] 이하 : 전주 길이의 $\frac{1}{6}$ 이상

$h = 15 \times \frac{1}{6} = 2.5[m]$

53 저압 연접 인입선의 시설규정으로 적합한 것은?

① 분기점으로부터 90[m] 지점에 시설
② 6[m] 도로를 횡단하여 시설
③ 수용가 옥내를 관통하여 시설
④ 지름 1.5[mm] 인입용 비닐 절연전선을 사용

해설 [연접 인입선]
- 옥내를 관통하지 말 것
- 5[m] 도로 횡단 금지
- 분기점으로부터 100[m] 이내일 것
- 저압일 것

54 주상변압기의 1차측 보호장치로 사용하는 것은?

① 컷아웃 스위치
② 자동구분개폐기
③ 캐치홀더
④ 리클로저

해설 [주상변압기의 보호장치]
- 컷아웃 스위치(COS : cut out switch) : 변압기 1차측에 시설한다.
- 캐치 홀더 : 변압기 2차측에 시설한다.

정답 52.④ 53.① 54.①

55 설비용량 600[kW], 부등률 1.2, 수용률 0.6일 때 합성최대전력[kW]은?

① 240[kW]   ② 300[kW]
③ 432[kW]   ④ 833[kW]

해설 [부등률]
- 전력기기를 동시에 사용하는 정도를 나타낸다.
- 부등률 = $\dfrac{\text{각 개별 수용가 최대 수용 전력의 합}}{\text{합성 최대 전력}}$
- 수용률 = $\dfrac{\text{최대 수용 전력}}{\text{설비 용량}}$
- 최대 수용 전력 = 수용률 × 설비용량 = 0.6 × 600 = 360[kW]
- ∴ 합성 최대 전력 = $\dfrac{360}{1.2}$ = 300[kW]

56 계기용 변류기의 약호는?

① CT   ② WH
③ CB   ④ DS

해설 [약호]
- CT : 변류기
- PF : 전력용 퓨즈
- DS : 단로기
- ZCT : 영상 변류기
- PT : 계기용 변압기
- CB : 차단기
- WH : 전력량계

57 150[kW]의 수전설비에서 역률을 80[%]에서 95[%]로 개선하려고 한다. 이때 전력용 콘덴서의 용량은 약 몇 [kVA]인가?

① 63.2   ② 126.4
③ 133.5   ④ 157.6

해설 [역률 개선용 콘덴서의 용량 Q_c]

$$Q_c = P(\tan\theta_1 - \tan\theta_2) = P\left(\dfrac{\sin\theta_1}{\cos\theta_1} - \dfrac{\sin\theta_2}{\cos\theta_2}\right)$$

$$= P\left(\dfrac{\sqrt{1-\cos^2\theta_1}}{\cos\theta_1} - \dfrac{\sqrt{1-\cos^2\theta_2}}{\cos\theta_2}\right)$$

$$\therefore Q_c = 150\left(\dfrac{0.6}{0.8} - \dfrac{\sqrt{1-0.95^2}}{0.95}\right) \fallingdotseq 63.197[\text{kVA}]$$

정답 55.② 56.① 57.①

58 배전반 및 분전반과 연결된 배관을 변경하거나 이미 설치되어 있는 캐비닛에 구멍을 뚫을 때 필요한 공구는?

① 오스터
② 클리퍼
③ 토치램프
④ 녹아웃 펀치

해설
- 오스터 : 나사 만드는데 이용
- 리머 : 절단한 전선관을 매끄럽게 하는데 사용
- 녹아웃 펀치, 홀소 : 캐비닛 등에 구멍을 뚫을 때 사용

59 금속전선관 공사에서 사용되는 후강전선관의 규격이 아닌 것은?

① 16
② 28
③ 36
④ 50

해설
- 후강전선관
  - 짝수, 내경
  - 16, 22, 28, 36, 42, 54, 70 ……[mm]
- 박강전선관
  - 홀수, 외경
  - 19, 25, 31, 39, 51, 63, 75 ……[mm]

60 폭발성 분진이 존재하는 곳의 금속관 공사에 있어서 관 상호 및 관과 박스 기타의 부속품이나 풀박스 또는 전기기계기구와의 접속은 몇 턱 이상의 나사 조임으로 접속하여야 하는가?

① 2턱
② 3턱
③ 4턱
④ 5턱

해설 폭연성 분진이 존재할 시에 전기기계기구의 접속 시 5턱 이상의 나사조임을 하여야 한다.

정답 58.④ 59.④ 60.④

MEMO

편저자 약력

김영복
- (현) 에듀마켓 전기직 대표강사
  ㈜에듀윌 전기직 대표강사
- (전) EBS 교육방송 강의
  강남공무원학원 강의
  제일고시학원 강의
  수도기술학원 강의
  신화정보통신학원 원장
  충북대학교, 청주대학교, 군산대학교, 교통대학교, 성심대학교 등 강의
- 저서 : 전기 기능사(서울고시각, 2019)
  승강기 기능사(서울고시각 / 근간)
  초스피드 전기기능장(성안당, 2017)
  디지털 전자회로 - 정보통신 설비 유무선 설비기사(삼선, 2003)
  전자계산기 일반(세화, 1994)
  통신직) 전자공학개론 기출문제집(서울고시각, 2019)

2주 완성
전기기능사 [필기]

인쇄일 2021년 4월 15일
발행일 2021년 4월 20일

편저자 김영복
발행인 김용관
발행처 ㈜서울고시각
주 소 서울시 영등포구 양평로 157 투웨니퍼스트밸리 10층 1008호
대표전화 02.706.2261
상담전화 02.706.2262~6 | FAX 02.711.9921
인터넷서점·동영상강의 www.edu-market.co.kr
E-mail gosigak@gosigak.co.kr
표지디자인 이세정
편집디자인 플러스
편집·교정 김상범

ISBN 978-89-526-3806-9
정 가 19,000원

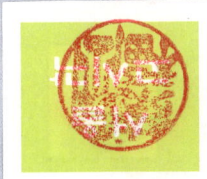

- 이 책에 실린 내용에 대한 저작권은 서울고시각에 있으므로 함부로 복사·복제할 수 없습니다.

시험 직전 꼭! 점리해야 하는 알짜 꿀TIP

[제1과목]
전기이론

전기기능사(Craftsman Electricity) 필기시험 대비

[제1과목] 전기이론

수험장에서 보는 핵심 Point

1 저항회로

(1) 옴의 법칙(Ohm's Law) : 전류는 저항에 반비례하고 전압에 비례한다.

① $V = R \times I [V]$

② $R = \dfrac{V}{I} [\Omega]$

③ $I = \dfrac{V}{R} [A]$

(2) 전압(Electric Voltage) 또는 전위차(기호 : V, 단위 : 볼트[V]) : 전하를 이동했을 때 한 일

(3) 전류((Electric Current)(기호 : I, 단위 : 암페어[A]) : 전하가 이동하는 현상

$I = \dfrac{Q}{t} [C/\sec = A]$

(4) 저항(Resistance)(기호 : R, 단위 : 옴[Ω]) : 전류의 흐름을 방해하는 것

전기저항(Electric Resistance) 또는 도체의 저항 : $R = \rho \dfrac{\ell}{S} [\Omega]$

2 저항의 접속

(1) 직렬접속(전류 일정) : 합성저항 $R_0 = R_1 + R_2 [\Omega]$

(2) 병렬접속(전압 일정) : 합성저항 $R_0 = \dfrac{1}{\dfrac{1}{R_1} + \dfrac{1}{R_2}} [\Omega]$

3 전압분배 법칙

$E_1 = E \dfrac{R_1}{R_1 + R_2} [V]$, $E_2 = E \dfrac{R_2}{R_1 + R_2} [V]$

전기기능사(Craftsman Electricity) 필기시험 대비

[제1과목] 전기이론

4 전류분배 법칙

$$I_1 = I \frac{R_2}{R_1 + R_2} [A], \quad I_2 = I \frac{R_1}{R_1 + R_2} [A]$$

5 전력과 전력량

(1) 전력(Electric Power) $P = VI = I^2 R = \dfrac{V^2}{R} [W]$

(2) 전력량 $W = P \cdot t \, [W \cdot \sec = J]$

6 줄의 법칙(Joule's Law)

도체에 전류가 흐르면 열이 발생하는데 이때 발생한 열을 줄열이라 한다.

$$H = 0.24 Pt = 0.24 I^2 Rt = 0.24 \frac{V^2}{R} t \, [cal]$$

7 전기화학의 패러데이 법칙(Faraday's Law)

전기분해에 의하여 전극에 석출되는 물질의 양은 물질의 화학당량에 비례하고, 또 전해액을 통과하는 총 전기량에 비례한다.

∴ 석출량 $W = KIt = KQ \, [g]$

8 열전 효과

(1) **펠티에 효과(Peltier Effect)** : 서로 다른 두 종류의 금속을 접속하고 접속점에 전류를 흘리면 열의 발생 또는 열의 흡수가 일어나는 현상

(2) **제백 효과(Seebeck Effect)** : 서로 다른 두 종류의 금속을 접속하여 두 접속점에 온도차를 주면 열기전력이 생겨 전류가 흐르는 현상

(3) **톰슨 효과** : 동일 금속을 접합하여 접속점에 전류를 흘리면 열의 흡수 또는 발생이 일어나는 현상

전기기능사(Craftsman Electricity) 필기시험 대비

[제1과목] 전기이론

9 주기와 주파수

(1) 주기(period) : 정현파가 1파형을 반복하는 데 걸리는 시간 $T = \dfrac{2\pi}{\omega}$ [sec]

$$w = \dfrac{2\pi}{T} = 2\pi f \text{ [rad/sec]}$$

(2) 주파수(frepuency) : 주파수 f와 주기 T 사이에는 서로 역수관계

$$f = \dfrac{1}{T}\text{[Hz]} \text{ 또는 } T = \dfrac{1}{f}\text{[sec]}$$

10 평균값(average value)

$$I_{av} = \dfrac{1}{T}\int_0^T i\, dt$$

11 실효값(effective value)

$$I = \sqrt{\dfrac{1}{T}\int_0^T i^2\, dt}$$

12 파고율과 파형률

(1) 파고율 : $\dfrac{\text{최대값}}{\text{실효값}} = \dfrac{I_m}{I} = \dfrac{I_m}{I_m/\sqrt{2}} = \sqrt{2} = 1.414$

(2) 파형률 : $\dfrac{\text{실효값}}{\text{평균값}} = \dfrac{I}{I_{av}} = \dfrac{\dfrac{1}{\sqrt{2}}I_m}{\dfrac{2}{\pi}I_m} = \dfrac{\pi}{2\sqrt{2}} = 1.11$

13 복소수에 의한 벡터의 표시

(1) 허수의 단위 $j = \sqrt{-1}$ 또는 $j^2 = -1$

(2) 직각좌표 형식
① $A = a + jb$

전기기능사(Craftsman Electricity) 필기시험 대비

[제1과목] 전기이론

② 크기 $\dot{A} = |A| = \sqrt{a^2 + b^2}$

(3) 극좌표 형식 $A = A \angle \theta$

(4) 삼각함수좌표 형식
$$\dot{A} = a + jb = A\cos\theta + Aj\sin\theta = A(\cos\theta + j\sin\theta)$$

14 기본교류 회로

(1) R만의 회로 : 전압과 전류는 위상이 같다.(동위상)

(2) L만의 회로 : 전압은 전류보다 위상이 90°만큼 앞선다.

15 C만의 회로

전압은 전류보다 위상이 90°만큼 뒤진다.

16 R - L 직렬회로

(1) $V = V_R + V_L$[V], $V = \sqrt{V_R^2 + V_L^2}$ [V]

(2) 임피던스 $Z = \dfrac{V}{I} = R + j\omega L = \sqrt{R^2 + (\omega L)^2}$ [V]

(3) 역률 $\cos\theta = \dfrac{R}{Z} = \dfrac{R}{\sqrt{R^2 + (\omega L)^2}}$

17 R - C 직렬회로

(1) $V = V_R + V_C$, $V = \sqrt{V_R^2 + V_C^2} = I\sqrt{R^2 + \left(\dfrac{1}{\omega C}\right)^2}$ [V]

(2) 임피던스 $Z = R + \dfrac{1}{j\omega C} = R - j\dfrac{1}{\omega C} = \sqrt{R^2 + \left(\dfrac{1}{\omega C}\right)^2}$ [Ω]

(3) 역률 $\cos\theta = \dfrac{R}{Z} = \dfrac{R}{\sqrt{R^2 + \left(\dfrac{1}{\omega L}\right)^2}}$

전기기능사(Craftsman Electricity) 필기시험 대비

[제1과목] 전기이론

18 R-L-C 직렬회로

(1) 전류 $I = \dfrac{V}{Z} = \dfrac{V}{\sqrt{R^2 + \left(\omega L - \dfrac{1}{\omega C}\right)^2}}$ [A]

(2) 임피던스 $Z = \sqrt{R^2 + \left(\omega L - \dfrac{1}{\omega C}\right)^2}$ [Ω]

19 R-L 병렬회로

임피던스 $Z = \dfrac{V}{I} = \dfrac{1}{\sqrt{\left(\dfrac{1}{R}\right)^2 + \left(\dfrac{1}{\omega L}\right)^2}} = \dfrac{R\omega L}{\sqrt{R^2 + (\omega L)^2}}$ [Ω]

20 R-C 병렬회로

임피던스 $Z = \dfrac{V}{I} = \dfrac{R}{\sqrt{1 + (\omega CR)^2}}$ [Ω]

21 R-L-C 병렬회로

합성 임피던스 $Z = \dfrac{V}{I} = \dfrac{1}{\sqrt{\left(\dfrac{1}{R}\right)^2 + \left(\omega C - \dfrac{1}{\omega L}\right)^2}}$ [Ω]

22 교류전력

(1) 유효전력=평균전력 $P = VI = I^2 R = \dfrac{V^2}{R} = VI\cos\theta$ [W]

(2) 무효전력 $P_r = VI\sin\theta$ [Var]

(3) 피상전력 $P_a = VI$ [VA]

(4) 역률 $\cos\theta = \dfrac{P}{VI} = \dfrac{P}{P_a} = \dfrac{\text{유효전력}}{\text{피상전력}}$

전기기능사(Craftsman Electricity) 필기시험 대비

[제1과목] 전기이론

23 대칭 3상 교류회로

크기는 같고, 위상은 $\frac{2\pi}{3}$[rad]만큼씩의 위상차가 있는 교류를 대칭 3상 교류회로라 한다.

(1) Y결선
  ① 선간전압 = $\sqrt{3}$ × 상전압
  ② 선전류 = 상전류
  ③ 선간전압은 상전압보다 위상이 30°만큼 앞선다.

(2) △결선
  ① 선전류 = $\sqrt{3}$ × 상전류
  ② 선간전압 = 상전압
  ③ 선전류는 상전류보다 위상이 30°만큼 뒤진다.

(3) V결선
  ① 이용률 = $\frac{\sqrt{3}\,VI}{\sqrt{2}\,VI} = \frac{\sqrt{3}}{2} = 0.866 = 86.6\%$
  ② 출력비 = $\frac{\text{고장후}(V)}{\text{고장전}(\triangle)} = \frac{\sqrt{3}}{3VI} = \frac{\sqrt{3}}{3} = 0.577 = 57.7\%$

24 무손실 선로

(1) 조건 $R = 0,\ G = 0$

(2) 특성 임피던스 $Z_0 = \sqrt{\frac{Z}{Y}} = \sqrt{\frac{R + j\omega L}{G + j\omega C}} = \sqrt{\frac{L}{C}}$

(3) 전파 정수 $r = \sqrt{ZY} = \sqrt{(R + j\omega L)(G + j\omega C)} = j\omega\sqrt{LC}$

25 무왜형 선로(파형의 일그러짐이 없는 선로)

(1) 조건 $\frac{R}{L} = \frac{G}{C}$ 또는 $LG = RC$

전기기능사(Craftsman Electricity) 필기시험 대비

[제1과목] 전기이론

핵심 Point

(2) 특성 임피던스

$$Z_0 = \sqrt{\frac{Z}{Y}} = \sqrt{\frac{R+j\omega L}{G+j\omega C}} = \sqrt{\frac{R+j\omega L}{\frac{RC}{L}+j\omega C}} = \sqrt{\frac{L}{C}\left(\frac{R+j\omega L}{R+j\omega L}\right)} = \sqrt{\frac{L}{C}}\,[\Omega]$$

(3) 전파 정수 $r = \sqrt{ZY} = \sqrt{(R+j\omega L)(G+j\omega C)} = \sqrt{RG} + j\omega\sqrt{LC}$

26 과도현상

(1) R-L 회로

① 전류 $i(t) = \frac{E}{R}(1-e^{-\frac{R}{L}t})\,[A]$

② 시정수(τ) $\tau = \frac{L}{R}\,[\sec]$

(2) R-C 회로

① 전류 $i(t) = \frac{E}{R}e^{-\frac{1}{RC}t}\,[A]$

② 시정수(τ) $\tau = RC\,[\sec]$

27 진동과 비진동 조건

(1) $R^2 - 4\frac{L}{C} = \left(\frac{R}{2L}\right)^2 - \frac{1}{LC} = 0$ (임계진동)

(2) $R^2 - 4\frac{L}{C} = \left(\frac{R}{2L}\right)^2 - \frac{1}{LC} > 0$인 경우 (비진동)

(3) $R^2 - 4\frac{L}{C} = \left(\frac{R}{2L}\right)^2 - \frac{1}{LC} < 0$인 경우 (진동)

28 전기력선의 기본 성질

전기적인 힘을 가상적인 선으로 나타낸 것

(1) 전기력선은 양전하에서 나와 음전하에서 끝난다.

전기기능사(Craftsman Electricity) 필기시험 대비

[제1과목] 전기이론

  (2) 두 개의 전기력선은 서로 교차하지 않는다.
  (3) 전기력선은 전위가 높은 점에서 낮은 점으로 향한다.
  (4) 전기력선은 전하가 없는 곳에서 발생하며 소멸이 없다.
  (5) 전기력선의 밀도는 전계의 세기와 같다.
  (6) 전기력선의 접선방향이 전계의 세기방향과 같다.
  (7) 전기력선은 그 자신만으로 폐곡선이 되지 않는다.

29 전기력선의 총수(진공상태)

$$N = \frac{Q}{\varepsilon} = \frac{Q}{\varepsilon_0 \cdot \varepsilon_s} = \frac{Q}{\varepsilon_0} [\text{개}] \quad (\text{단, 공기 중에서 } \varepsilon_s = 1)$$

30 쿨롱의 법칙(두 점전하 사이에 작용하는 힘)

$$F = \frac{1}{4\pi\varepsilon_0} \cdot \frac{Q_1 \cdot Q_2}{r^2} = 9 \times 10^9 \cdot \frac{Q_1 \cdot Q_2}{r^2} [\text{N}] \quad (\text{진공 또는 공기 중일 때})$$

31 전계(전장 또는 전기장)의 세기

  (1) 진공 또는 공기 중에서 전계의 세기

  $$- E = \frac{1}{4\pi\varepsilon_0} \cdot \frac{Q}{r^2} [\text{V/m} = \text{N/C}]$$

  (2) 전기장 내에 단위정전하 $Q[C]$를 놓으면 전하에 작용하는 힘

  $$- F = Q \cdot E [\text{N}]$$

32 정전용량(Electrostatic Capacity)

  (1) 콘덴서 양 단자에 걸리는 전압 $V = \frac{1}{C} \int i\, dt$

  (2) 충전된 전기량 $Q = CV[\text{C}]$

  (3) C에 축적된 에너지 $W_c = \frac{1}{2}CV^2 = \frac{1}{2}QV = \frac{Q^2}{2C} [\text{J} = \text{W·sec}]$

전기기능사(Craftsman Electricity) 필기시험 대비

[제1과목] 전기이론

33 콘덴서 접속

(1) 직렬접속(전하 일정)

합성정전용량 $C_0 = \dfrac{1}{\dfrac{1}{C_1}+\dfrac{1}{C_2}} = \dfrac{C_1 \cdot C_2}{C_1 + C_2}$ [F]

(2) 병렬접속(전압 일정)

합성정전용량 $C_0 = C_1 + C_2 + C_3$ [F]

34 평행판 콘덴서의 정전용량

(1) 정전용량 $C = \dfrac{\varepsilon S}{d}$ [F]

(2) 내부전계의 세기 $E = \dfrac{V}{l}$ [V/m]

35 자기력선의 성질

(1) 자기력선은 N극에서 나와 S극에서 끝난다.
(2) 두 개의 자기력선은 서로 교차하지 않는다.
(3) 같은 자극끼리는 반발하고 다른 자극끼리는 흡인한다.
(4) 자기력선의 밀도는 자기장의 세기와 같다.
(5) 자기력선의 접선 방향은 자기장의 방향과 같다.

36 자기력선의 총수

$N = \dfrac{m}{\mu} = \dfrac{m}{\mu_0 \mu_s}$ [개]

37 쿨롱의 법칙(두 점자극에 작용하는 힘)

(1) 진공 또는 공기 중에서 두 점자극 사이에 작용하는 힘

$F = \dfrac{1}{4\pi\mu_0} \cdot \dfrac{m_1 \cdot m_2}{r^2} = 6.33 \times 10^4 \times \dfrac{m_1 \cdot m_2}{r^2}$ [N]

전기기능사(Craftsman Electricity) 필기시험 대비

[제1과목] 전기이론

38 자계(자장 또는 자기장)의 세기

(1) 진공 또는 공기 중에서 자계의 세기

$$H = \frac{1}{4\pi\mu_0} \cdot \frac{m}{r^2} \text{ [AT/m]}$$

(2) 자기장 내에 단위 자극 m[wb]을 놓으면 자극에 작용하는 힘

$$F = m \cdot H \text{ [N]}$$

39 미소 막대 자석에 작용하는 회전력(토크)

$$T = MH\sin\theta = mlH\sin\theta \text{ [N·m]}$$

40 전류에 의한 자기현상

(1) 비오–사바르의 법칙

$$dH = \frac{Idl}{4\pi r^2}\sin\theta \text{ [AT/m]}$$

(2) 앙페르의 오른나사의 법칙 : 전류에 의하여 생기는 자기장의 방향을 결정

(3) 무한장 직선(도체)에 의한 자계의 세기

$$H = \frac{I}{2\pi r} \text{ [AT/m]}$$

(4) 원형 코일 중심의 자장의 세기

$$H = \frac{NI}{2r} \text{ [AT/m]}$$

(5) 환상 솔레노이드에 의한 자장의 세기

① 내부의 자장의 세기 $H = \dfrac{NI}{l} = \dfrac{NI}{2\pi r}$ [AT/m]

② 외부의 자장의 세기 $H = 0$

(6) 무한장 솔레노이드에 의한 자장의 세기

① 내부의 자장의 세기 $H = \dfrac{NI}{l} = n_o I$ [AT/m]

전기기능사(Craftsman Electricity) 필기시험 대비

[제1과목] 전기이론

② 외부의 자장의 세기 $H = 0$

41 전자력과 전자유도

(1) 전자력의 크기
$$F = BIl\sin\theta \text{[N]}$$

(2) 플레밍의 왼손 법칙 : 플레밍의 왼손 법칙은 전동기의 회전방향을 결정
  ① 엄지 손가락 : 힘의 방향(F)
  ② 집게 손가락 : 자장의 방향(B)
  ③ 중지 손가락 : 전류의 방향(I)

(3) 평행도체 사이에 작용하는 힘
  ① 힘의 방향
   - 전류의 방향이 같으면 흡인력이 작용한다.
   - 전류의 방향이 다르면 반발력이 작용한다.
   - 왕복도체에 작용하는 힘의 방향은 반발력이 작용한다.
  ② 힘의 크기
$$F = BIl\sin\theta = \frac{2I_1 I_2}{r} \times 10^{-7} \text{[N/m]}$$

(4) 플레밍의 오른손 법칙(Fleming's Right-hand Rule)
  ① 도체에서 발생되는 유도기전력 $e = Blv\sin\theta$ [V]
   (B : 자속밀도[Wb/m^2], l : 도체길이[m], v : 운동속도[m/s], θ : 도체와 자장이 이루는 각)

42 인덕턴스 회로

(1) 인덕턴스에 축적되는 에너지 $W_L = \frac{1}{2}LI^2$ [J = W·sec]

(2) 결합계수 $k = \dfrac{M}{\sqrt{L_1 \times L_2}}$

전기기능사(Craftsman Electricity) 필기시험 대비

[제1과목] 전기이론

(3) 인덕턴스 접속
① **직렬 가동접속** : 합성 인덕턴스 $L_0 = L_1 + L_2 + 2M$
② **직렬 차동접속** : 합성 인덕턴스 $L_0 = L_1 + L_2 - 2M$
③ **병렬 가동접속** : 합성 인덕턴스 $L_0 = \dfrac{L_1 \times L_2 - M^2}{L_1 + L_2 - 2M}$
④ **병렬 차동접속** : 합성 인덕턴스 $L_0 = \dfrac{L_1 \times L_2 - M^2}{L_1 + L_2 + 2M}$

43 히스테리시스 곡선
(1) **가로축** : 자계의 세기(H), **세로축** : 자속밀도(B)
(2) $H = 0$인 경우 Br : 잔류자기
   $B = 0$인 경우 Hc : 보자력

44 표피효과
(1) 도선의 중심부로 갈수록 전류밀도가 적어지는 현상
(2) **침투깊이** δ

$$\delta = \sqrt{\dfrac{2}{\omega \mu K}}$$

(3) 주파수, 투자율, 도전율이 클수록 침투 깊이가 작아지며 즉, 표피효과가 커진다.

MEMO

[제2과목]
전기기기

전기기능사(Craftsman Electricity) 필기시험 대비

[제2과목] 전기기기

1 직류 발전기의 구조

(1) 계자(field)

(2) 전기자(armature)
  ① 규소 함유 : 히스테리시스손 감소(히스테리시스손 $P_h = \eta f B_m^{1.6}$)
  ② 성층 철심 : 와류손 감소

(3) 정류자(commutator)

2 중권과 파권

	파권(직렬권)	중권(병렬권)
전압, 전류	고전압, 소전류	저전압, 대전류
병렬 회로수(a)	$a = 2$	$a = p$(극수)
브러시 수(b)	$b = 2$개 또는 p	$b = p$(극수)
균압환	불필요	필요

3 유기기전력(E)

$$E = \frac{Z}{a} \cdot e = \frac{Z}{a} p\phi n = \frac{Z}{a} p\phi \frac{N}{60} \, [\text{V}]$$

4 전기자 반작용

(1) 전기자 코일에 흐르는 전류에 의해 발생한 자속이 주자속의 분포에 영향을 미쳐 주자속이 찌그러지는 현상을 말한다.

(2) 방지 대책

  보상 권선과 보극을 설치한다.
  ① 정류 개선을 위해 주자극 중간에 보극을 전기자 권선과 직렬로 접속한다.
  ② 전기자 전류와 반대방향으로 보상 권선을 설치한다.
  ③ 자기저항 및 기자력을 크게 한다.

전기기능사(Craftsman Electricity) 필기시험 대비

[제2과목] 전기기기

5 직권 발전기

(1) 유기기전력 $E = V + I_a(R_a + r_f) + e_a + e_b$

(2) 단자전압 $V = E - I_a R_a - I_a r_f = E - I_a(R_a + r_f)[\text{V}]$

6 분권 발전기

(1) 유기기전력 $E = \dfrac{Z}{a} p\phi \dfrac{N}{60}[\text{V}] = V + I_a R_a + e_a + e_b$

(2) 단자전압 $V = E - I_a R_a = I_f r_f [\text{V}]$

7 전압변동률

(1) 전압변동률 : $\varepsilon[\%]$

$$\varepsilon = \dfrac{V_o - V_n}{V_n} \times 100[\%] = \dfrac{E - V_n}{V_n} \times 100[\%] = \dfrac{I_a R_a}{V} \times 100[\%]$$

(2) 전압변동률에 따른 분류
　　ε값이 > 0이면 : 타여자 발전기, 분권 발전기, 차동복권 발전기, 부족복권
　　　　　　　　　　　발전기
　　ε값이 = 0이면 : 평복권 발전기
　　ε값이 < 0이면 : 직권 발전기, 과복권 발전기

8 직류 발전기의 특성 곡선

(1) 무부하 특성 곡선 : 유기기전력(E)과 계자 전류(I_f)와의 관계 곡선

(2) 외부 특성 곡선 : 단자전압(V)과 부하 전류(I)의 관계 곡선

9 병렬운전조건

(1) 단자전압이 일치할 것

(2) 극성이 일치할 것

(3) 외부 특성 곡선이 일치할 것

전기기능사(Craftsman Electricity) 필기시험 대비

[제2과목] 전기기기

(4) 어느 정도의 수하 특성을 가질 것
(5) 안정된 병렬 운전을 하기 위해 권선 끝에 균압모선을 설치할 것
(6) 용량이 다른 경우 : 용량에 비례하여 부하 분담이 이루어진다.
(7) 용량이 같을 경우 : 외부 특성 곡선이 일치한다.

10 직류 전동기

(1) 회전속도 $N = K\dfrac{V - I_a R_a}{\phi}$ [rpm]

(2) 토크(회전력) : $T = \dfrac{P(출력)}{\omega(각속도)} = \dfrac{P}{2\pi\dfrac{N}{60}} = \dfrac{E \cdot I_a}{2\pi\dfrac{N}{60}}$ [N·m]

* $\tau = \dfrac{T}{9.8} = 0.975\dfrac{P}{N}$ [kg·m]

11 전동기의 속도 제어

(1) 전압 제어 방식(워드 레오나드 방식과 일그너 방식)
(2) 계자 제어 방식
(3) 저항 제어 방식
(4) 직·병렬 제어 방식

12 전동기의 제동법

(1) 발전제동
(2) 회생제동
(3) 역상제동(Plugging)

13 동기 발전기

(1) 동기속도 $Ns = \dfrac{120f}{p}$ [rpm]

(2) 동기속도는 주파수에 비례하고, 극수에 반비례한다.

전기기능사(Craftsman Electricity) 필기시험 대비

[제2과목] 전기기기

14 동기 발전기의 구조

(1) 고정자(전기자) : 기전력을 발생하는 부분이다.

(2) 회전자(계자) : 자속(ϕ)을 만드는 부분이다.

(3) 여자기 : 직류 전원 공급 장치이다.

15 동기 발전기의 분류

(1) 원동기에 의한 분류
  ① 수차 발전기
  ② 터빈 발전기
  ③ 엔진 발전기

(2) 회전자 모양에 따른 분류
  ① 돌극형(철극기)
  ② 비돌극형(원통형)

16 단락비

(1) 단락비를 구하기 위해 필요한 시험
  ① 무부하 포화 곡선 시험($E - I_f$)
  ② 3상 단락 곡선 시험($I_s - I_f$)

(2) 단락비(K_s)가 클 때
  ① 동기 임피던스가 작다.
  ② 안정도가 증진된다.
  ③ 전압변동률이 작다.
  ④ 전기자 반작용이 작다.
  ⑤ 계자 기자력이 크다.
  ⑥ 전기자 기자력이 작다.
  ⑦ 출력이 크다.
  ⑧ 손실이 크고 효율이 나쁘다.

전기기능사(Craftsman Electricity) 필기시험 대비

수험장에서 보는 핵심 Point

[제2과목] 전기기기

17 동기 발전기의 병렬운전

(1) 동기 발전기의 병렬운전 조건
  ① 기전력의 주파수가 같아야 한다.
  ② 기전력의 파형이 같아야 한다.
  ③ 기전력의 크기가 같아야 한다.
  ④ 기전력의 위상이 같아야 한다.
  ⑤ 3상일 때 기전력의 상회전 방향이 같아야 한다.

(2) 기전력의 크기가 같지 않을 때 : 무효횡류(무효 순환전류) $I_c = \dfrac{E_a - E_b}{2Z_s}$ [A]

(3) 기전력의 위상차(δ_s)가 있을 때 : 동기화 전류 $I_s = \dfrac{\dot{E}_a - \dot{E}_b}{2Z_s} = \dfrac{E_a}{Z_s} \sin \dfrac{\delta}{2}$ [A]

18 동기 조상기

(1) 무부하로 운전중인 동기 전동기로 역률을 개선한다.
(2) 연속적인(진상, 지상) 조정이 가능하다.
(3) 과 여자로 운전시 콘덴서로 작용(진상으로 동작)
(4) 부족 여자로 운전시 리액터로 작용(지상으로 동작)

19 변압기 권수비(a)

$a = \dfrac{I_2}{I_1} = \sqrt{\dfrac{Z_1}{Z_2}} = \dfrac{E_1}{E_2} = \dfrac{V_1}{V_2} = \sqrt{\dfrac{L_1}{L_2}}$

20 변압기의 철심

(1) 철손(히스테리시스손+와류손)이 발생한다.
(2) 철심은 투자율이 커야 한다.
(3) 히스테리시스손 감소하기 위해 규소 강판(0.35mm)을 사용
(4) 와류손을 감소하기 위해 성층 철심을 사용한다.

전기기능사(Craftsman Electricity) 필기시험 대비

[제2과목] 전기기기

21 변압기의 절연유 구비조건
(1) 응고점이 낮고 인화점은 높을 것
(2) 고온에서 석출물이 생기지 않을 것
(3) 절연내력이 클 것
(4) 점도가 매우 낮을 것
(5) 비열이 매우 커서 냉각효과가 클 것

22 변압기의 등가회로 작성시 필요한 시험
(1) 권선저항 측정(r_1, r_2)
(2) 단락 시험
(3) 무부하 시험(개방 시험)

23 전압변동률(ε[%])

$$\varepsilon = \frac{V_{2o} - V_{2n}}{V_{2n}} \times 100[\%] = p\cos\theta \pm q\sin\theta$$

24 퍼센트 강하율
(1) 퍼센트 저항 강하 $p = \dfrac{I_{2n}r_{12}}{V_{2n}} \times 100 = \dfrac{I_{1n}r_{21}}{V_{1n}} = \dfrac{I \cdot r}{V} \times 100[\%]$

(2) 퍼센트 리액턴스 강하 $q = \dfrac{I_{2n}x_{12}}{V_{2n}} \times 100 = \dfrac{I_{1n}x_{21}}{V_{1n}} = \dfrac{I \cdot x}{V} \times 100[\%]$

(3) 퍼센트 임피던스 강하 $\%Z = \dfrac{I_{2n}Z_{12}}{V_{2n}} \times 100 = \dfrac{I_{1n}Z_{21}}{V_{1n}} = \dfrac{I \cdot Z}{V} \times 100[\%]$

25 손실과 효율
(1) 손실 : P_l[W] = 고정손 + 가변손

철손 $P_i = P_h + P_e$ 이므로
주파수가 증가하면 철손은 감소한다(전압이 일정).

전기기능사(Craftsman Electricity) 필기시험 대비

[제2과목] 전기기기

(2) 효율(η)

$$\eta = \frac{출력}{입력} \times 100 = \frac{출력}{출력 + 손실} \times 100 [\%] = \frac{VI \cdot \cos\theta}{VI\cos\theta + P_i + P_c} \times 100 [\%]$$

26 3상 변압기의 병렬운전 조합

운전 가능한 결선 방식	운전 불가능한 결선 방식
$\triangle - \triangle$와 $\triangle - \triangle$	$\triangle - \triangle$와 $\triangle - Y$
$\triangle - Y$와 $\triangle - Y$	$Y - Y$와 $\triangle - Y$
$\triangle - \triangle$와 $Y - Y$	$\triangle - Y$와 $Y - Y$
$Y - Y$와 $Y - Y$	$Y - \triangle$와 $\triangle - \triangle$
$Y - \triangle$와 $Y - \triangle$	−
$Y - \triangle$와 $\triangle - Y$	−

27 변압기 내부고장 보호 계전기

(1) 차동 계전기
(2) 부흐홀츠 계전기
(3) 비율차동 계전기

28 유도기의 종류

농형 유도 전동기와 권선형 유도 전동기

29 유도기의 속도

(1) 동기속도(N_s)

① 동기속도는 회전자계의 속도를 말한다.
② $N_s = \dfrac{120f}{P}$ [rpm] (단, P는 극수이다.)

전기기능사(Craftsman Electricity) 필기시험 대비

[제2과목] 전기기기

(2) 슬립과 회전자의 속도

① 슬립(slip) $s = \dfrac{\text{동기속도} - \text{회전자속도}}{\text{동기속도}} = \dfrac{N_s - N}{N_s} \times 100[\%]$

② 회전자속도(N) : $N = (1-s)N_s = \dfrac{120f}{P}(1-s)[\text{rpm}]$

③ 슬립의 범위 : $0 < S < 1$

④ 역회전시의 슬립의 범위 : $1 < S < 2$

30 유도기전력

(1) 2차 입력 P_2, 2차 출력 P_0, 2차 동손 P_{C2},

① $P_2 = P_0 + P_{c2}$ 이므로

② $P_{2c} = I_2^2 \cdot r_2 = sP_2[\text{W}]$, 슬립 $s = \dfrac{P_{c2}}{P_2}$

③ 2차 출력 $P_o = P_2 - P_{C2} = P_2 - sP_2 = (1-s)P_2[\text{W}]$

(2) 전압과 토크(T), 슬립(s)의 관계 : $T \propto V^2$, $S \propto \dfrac{1}{V^2}$

31 비례추이

(1) 최대 토크는 항상 일정하다.
(2) 2차 저항이 클수록 기동 토크는 커지고 기동 전류는 작아진다.
(3) 슬립은 2차 저항에 비례한다.
(4) 권선형 유도 전동기에서 사용한다.

32 하일랜드(Heyland) 원선도

(1) 원선도 작성시 필요한 시험

권선저항 측정, 무부하시험(개방시험), 구속시험(단락시험)

[제2과목] 전기기기

(2) 원선도에서 구할 수 있는 것
 ① 1차, 2차 입력 및 동손
 ② 철손, 역률, 슬립, 원선도의 지름

(3) 원선도에서 구할 수 없는 것
 기계손, 기계적 출력

33 유도 전동기의 기동법

(1) 농형 유도 전동기
 ① 전전압 기동법(직입 기동법)
 ② Y-△ 기동법
 ③ 리액터 기동법
 ④ 기동 보상기법

(2) 권선형 유도 전동기
 2차 저항 기동법(기동 저항기법)

34 속도 제어

(1) 권선형 유도 전동기의 속도제어법
 ① 2차 저항 제어법
 ② 종속 접속법
 ③ 2차 여자법

(2) 농형 유도 전동기의 속도제어법
 ① 극수 제어법
 ② 주파수 제어법
 ③ 1차 전압 제어법

※ 기동 토크가 큰 순서
반발 기동형 > 반발 유도형 > 콘덴서 기동형 > 분상 기동형 > 세이딩 코일형

전기기능사(Craftsman Electricity) 필기시험 대비

[제2과목] 전기기기

35 반도체

(1) P형 반도체
  원자번호 4가인 Ge, Si에 3가의 불순물(B, Al, In)을 첨가하여 만든 반도체

(2) N형 반도체
  원자번호 4가인 Ge, Si에 5가의 불순물(P, Pb, As)을 첨가하여 만든 반도체

36 다이오드 응용

(1) PN접합 다이오드
  정류작용(교류를 직류로 변환)

(2) 제너 다이오드
  정전압 소자

37 정류회로

(1) 단상 반파 정류회로

  ① 평균전압 $V_d = \dfrac{V_m}{2\pi}[-\cos\theta]_0^\pi = \dfrac{\sqrt{2}\,V}{\pi} = 0.45\,V\,[\text{V}]$

  ② 최대 역전압(PIV)은 V_m 이다.

(2) 단상 전파 정류회로

  ① 평균전압 $V_d = \dfrac{V_m}{\pi}[-\cos\theta]_0^\pi = \dfrac{2\sqrt{2}\,V}{\pi} = 0.9\,V\,[\text{V}]$

  ② 최대 역전압(PIV)은 $2V_m$ 이다.

(3) 3상 반파 정류회로

  평균전압 $V_d = \dfrac{1}{\frac{2\pi}{3}} \displaystyle\int_{-\frac{\pi}{3}}^{\frac{\pi}{3}} V_m \sin\omega t \,(d\omega t)$

  $= \dfrac{1}{\frac{2\pi}{3}} \displaystyle\int_{-\frac{\pi}{3}}^{\frac{\pi}{3}} V_m \sin\theta \,(d\theta) = 1.17\,V\,[\text{V}]$

[제2과목] 전기기기

(4) 3상 전파 정류회로

평균전압 $V_d = 1.35\,V$ [V]

※ 각 정류회로의 특징 비교

종류	단상 반파 정류회로	단상 전파 정류회로	3상 반파 정류회로	3상 전파 정류회로
효율(%)	40.6	81.2	96.7	99.8
맥동율	1.21	0.482	0.177	0.04
맥동주파수[Hz]	f	2f	3f	6f

38 사이리스터(Thyrister)

(1) SCR(sillicon controlled rectifier) 특징
 ① 부성저항 특성
 ② 역저지 3극 사이리스터
 ③ 게이트에 일정 전류(turn-on)를 흘려서 동작 시키며 일단 도통이 되고난 후에 전류를 제어하기 위해서는 애노드 전압을 역방향 또는 "0"으로 하면 된다.
 ④ 소형이며 고속이다.

(2) TRIAC
 ① 쌍방향 3단자 사이리스터
 ② 교류 제어용

[제3과목]
전기설비

전기기능사(Craftsman Electricity) 필기시험 대비

[제3과목] 전기설비

1 가공전선의 구비조건
(1) 도전율이 클 것
(2) 가선공사가 쉬울 것
(3) 기계적 강도가 클 것
(4) 가요성(유연성)이 좋을 것
(5) 내구성이 클 것
(6) 비중이 작을 것

2 전선의 종류 및 용도
(1) 나전선 : 도체에 피복이 없는 전선(즉, 절연을 하지 않은 전선)
(2) 케이블 종류

약 호	명 칭
RV	고무절연 비닐시스 케이블
VV	비닐절연 비닐시스 케이블
BV	부틸고무절연 비닐시스 케이블
EV	폴리에틸렌절연 비닐시스 케이블
CV	가교폴리에틸렌절연 비닐시스 케이블
CVV	제어비닐절연 비닐시스 케이블

3 과전류 차단기
(1) 퓨즈
  ① 고압퓨즈
    ㉠ 비포장 퓨즈 : 정격전류의 1.25배에 견디고 또한 2배의 전류로 2분 안에 용단
    ㉡ 포장 퓨즈 : 정격전류의 1.3배에 견디고 또한 2배의 전류로 120분 안에 용단

전기기능사(Craftsman Electricity) 필기시험 대비

[제3과목] 전기설비

4 전선 접속 시 유의사항
(1) 인장 하중(전선의 세기)은 80[%] 이상 유지할 것(20% 이상 감소시키지 않을 것)
(2) 전기저항을 증가시키지 않을 것
(3) 충분한 절연내력이 있을 것
(4) 접속부분에 전기적 부식이 생기지 아니하여야 한다.
(5) 접속기구를 이용한다.

5 전선의 접속방법
(1) 단선의 직선 접속
   ① 트위스트 접속 : $6[mm^2]$ 이하의 가는 단선인 경우에 적용된다.
   ② 브리타니아 접속 : $10[mm^2]$ 이상의 굵은 단선인 경우에 적용된다.

(2) 단선의 분기접속
   ① 트위스트 접속 : $6[mm^2]$ 이하의 가는 단선인 경우에 적용된다.
   ② 브리타니아 접속 : $10[mm^2]$ 이상의 굵은 단선인 경우에 적용된다.

(3) 쥐꼬리 접속
   박스 안에서 가는 전선을 접속할 때 사용한다.

6 가공 인입선
가공전선로의 지지물에서 분기하여 다른 지지물을 거치지 아니하고 수용 장소 인입구에 이르는 전선을 말한다.

7 연접 인입선
한 수용 장소 인입선에서 분기하여 다른 지지물을 거치지 아니하고 다른 수용장소 인입구에 이르는 전선
(1) 분기하는 점에서 100[m]를 넘지 말 것
(2) 폭 5[m]를 넘는 도로를 횡단 금지

전기기능사(Craftsman Electricity) 필기시험 대비

[제3과목] 전기설비

(3) 옥내를 관통 금지
(4) 저압만 이용
(5) 굵기는 2.6[mm] 이상의 전선 사용

8 지지물(전주)

(1) 종류
　　목주, 철주, 철근콘크리트주, 철탑

(2) 지지물
　　① 안전율 : 2.0 이상
　　② 지지물의 근입 깊이(전주의 길이 16[m] 이하, 하중 6.8[kN] 이하)
　　　㉠ 전주의 길이 15[m] 이하 : 전주 길이의 1/6 이상
　　　㉡ 전주의 길이 15[m] 초과 : 2.5[m] 이상

9 완금(완철)

(1) 전주에 애자와 전선을 설치하기 위하여 사용한다.
(2) 표준 길이

전선의 수	2	3
저압	900	1400
고압	1400	1800
특고압	1800	2400

10 주상 변압기

(1) 변압기의 보호
　　① 1차측 : 컷아웃 스위치(cos) 시설하여 변압기를 보호한다.
　　② 2차측 : 캐치홀더(catch holder)를 설치하여 변압기를 보호하는 퓨즈이다.
(2) 행거 밴드 : 주상 변압기를 지지물에 고정 시 사용한다.

전기기능사(Craftsman Electricity) 필기시험 대비

[제3과목] 전기설비

11 전압의 종별

구 분	직류	교류
저압	1,500[v] 이하	1,000[v] 이하
고압	7,000[v] 이하	
특고압	7,000[v] 초과	

12 전력용 콘덴서 용량

$$Q_C = P(\tan\theta_1 - \tan\theta_2) = P\left(\frac{\sin\theta_1}{\cos\theta_1} - \frac{\sin\theta_2}{\cos\theta_2}\right)$$

13 분전함의 규격

(1) 목재 : 최소 두께 1.2[cm] 이상
(2) 난연성 합성 수지 : 최소 두께 1.5[mm] 이상
(3) 강판제 : 최소 두께 1.2[mm] 이상

14 보호 계전기

(1) 부흐홀츠 계전기 : 절연유 아크시 발생하는 수소가스 검출
(2) 과전류 계전기(OCR)
(3) 과전압 계전기(OVR)
(4) 차동 계전기(DfR)
(5) 비율 차동 계전기(RDfR)

15 접지공사

(1) 목적
    ① 이상전압 방지
    ② 보호 계전기의 동작을 확실하게 하기 위해
    ③ 기기 및 선로의 보호
    ④ 감전사고 방지

전기기능사(Craftsman Electricity) 필기시험 대비

[제3과목] 전기설비

(2) 접지선 공사
① 접지극은 지하 75[cm] 이상의 깊이에 매설
② 접지극을 지중에서 금속체로부터 1m 이상 떨어질 것
③ 접지선의 지하 75[cm]로부터 지표상 2m까지의 부분을 합성수지관등으로 덮을 것

(3) 피뢰기 시설
① 설치 장소
 ㉠ 가공전선과 지중전선의 접속점
 ㉡ 발·변전소 또는 이에 준하는 장소의 인입구 및 인출구
 ㉢ 배전용 변압기의 고압 및 특고압측

16 간선의 시설

(1) 간선의 굵기
① 전동기 정격전류의 합 ≤ 50[A] : 1.25배
② 전동기 정격전류의 합 > 50[A] : 1.1배

(2) 간선 보호용 과전류 차단기 시설
① 전동기 정격전류의 합×3배
② 간선의 허용전류×2.5배

17 저압 애자사용 공사

(1) 전선은 절연전선일 것

(2) 지지점 간의 거리
① 조영재 윗면, 옆면 : 2[m] 이하
② 조영재 면을 따르지 않을 경우 : 6[m] 이하

전기기능사(Craftsman Electricity) 필기시험 대비

[제3과목] 전기설비

18 금속관 공사

(1) 금속관 공사의 특징
   ① 방폭공사를 할 수 있다.
   ② 화재의 우려가 적다.
   ③ 완전히 접지공사를 할 수가 있으므로 감전의 우려가 적다.

(2) 금속전선관의 종류 및 규격
   ① 박강전선관 : 외경 크기에 가까운 홀수로 표시(C)
      (19, 25, 31, 39, 51, 63, 75)
   ② 후강전선관 : 내경 크기에 가까운 짝수로 표시(G)
      (16, 22, 28, 36, 42, 54, 70, 82, 92, 104)

(3) 금속관 공사의 규정
   ① 전선은 금속관 안에서는 접속점이 없어야 한다.
   ② 전선은 절연전선일 것
   ③ 옥외용 비닐전선(OW)은 제외
   ④ 전선은 연선일 것
   ⑤ 동일 굵기의 절연전선을 동일관 내에 넣을 경우 전선관 내 단면적의 48% 이하로 한다.
   ⑥ 굵기가 다른 절연전선을 동일관 내에 넣을 경우 전선관 내 단면적의 32% 이하로 한다.

(4) 금속관 1본의 길이 : 3.66[m]

(5) 관의 두께 - 콘크리트에 매설할 경우 : 1.2[mm] 이상, 기타 : 1.0[mm] 이상

(6) 금속관의 시공
   ① 구부러지는 관의 안쪽 반지름은 관 안지름의 6배 이상
   ② 지지점간의 거리는 2[m] 이하로 고정

전기기능사(Craftsman Electricity) 필기시험 대비

[제3과목] 전기설비

수험장에서 보는 핵심 Point

19 몰드사용 공사

(1) 몰드 공사 규정
  ① 몰드 안에서의 전선은 접속할 수 없다.
  ② 전선은 절연전선 이어야 한다.
  ③ 전선은 몰드 내 단면적의 20% 이하이다.
  ④ 몰드에 넣는 전선수는 10본 이하로 한다.

(2) 합성수지몰드 공사
  ① 노출 배선
  ② 사용전압은 400[V] 미만이다.
  ③ 폭 : 5[cm]이하, 두께 : 2.0[mm] 이상

(3) 금속몰드 공사
  ① 콘크리트 건물 등의 노출 공사용
  ② 사용전압은 400[V] 미만이다.
  ③ 폭 : 5[cm]이하, 두께 : 0.5[mm] 이상

20 가요전선관 공사

(1) 절연전선을 사용하며 관내에 접속점을 만들어서는 안 된다.
(2) 관의 지지점간의 거리는 1[m] 이하마다 새들로 고정 시킨다.
(3) 구부러지는 쪽의 안쪽반지름은 가요전선관 안지름의 6배 이상
(4) 가요전선관 상호 접속은 스플릿 커플링을 사용한다.

21 합성수지관 공사

(1) 특징
  ① 절연성과 내부식성이 우수
  ② 재료가 가볍기 때문에 시공이 편리
  ③ 접지할 필요가 없다.
  ④ 열, 충격에 약하다.

전기기능사(Craftsman Electricity) 필기시험 대비

[제3과목] 전기설비

(2) 합성수지관의 시공
① 합성수지관 배선은 절연전선을 사용
② 관내에 접속점을 만들어서는 안 된다.
③ 관의 지지점간의 거리는 1.5[m] 이하
④ 직각으로 구부릴 때 곡률 반지름은 관 안지름의 6배 이상
⑤ 커플링에 삽입하는 관의 깊이는 관 바깥지름의 1.2배 이상

(3) 합성수지관의 굵기 선정
① 동일 굵기의 절연전선을 동일관 내에 넣을 경우 : 전선관 내 단면적의 48% 이하
② 굵기가 다른 절연전선을 동일관 내에 넣을 경우 : 전선관 내 단면적의 32% 이하

22 덕트 공사

(1) 금속덕트 공사
① 지지점간의 거리는 3[m] 이하(수직일 때는 6[m])
② 접속점을 만들어서는 안 된다.
③ 덕트의 끝 부분은 막을 것
④ 절연전선 사용(옥외용전선 제외)
⑤ 금속덕트에 수용하는 전선은 절연물을 포함하는 단면적의 총합이 금속덕트 내 단면적의 20% 이하
⑥ 전광사인 장치, 출퇴 표시등, 제어회로 등의 배선에 사용하는 전선만을 넣는 경우에는 50% 이하

(2) 버스덕트 공사
① 지지점간의 거리는 3[m] 이하
② 내부에는 접속점을 만들어서는 안 된다.

전기기능사(Craftsman Electricity) 필기시험 대비

[제3과목] 전기설비

(3) 라이팅덕트 공사
　① 지지점간의 거리는 2[m] 이하
　② 개구부는 아래로 향하게 할 것

(4) 플로어덕트 공사
　① 전선은 절연전선을 사용
　② 옥외용전선(OW)은 제외
　③ 전선은 덕트 총 단면적의 20[%] 이하
　④ 출퇴 표시, 형광 표시는 50[%] 이하

23 먼지가 많은 곳의 공사

(1) 폭연성 분진 또는 화학류 분말이 존재
　① 금속관 공사
　② 케이블 공사(CD 케이블, 캡타이어 케이블은 제외)
　③ 관 상호간 또는 관과 박스는 5턱 이상의 나사로 죄어야 한다.
　④ 마그네슘, 알미늄 등의 먼지가 있는 곳

(2) 가연성 분진
　① 합성수지관 공사
　② 금속관 공사
　③ 케이블 공사(CD 케이블은 제외)
　④ 관 상호간 또는 관과 박스는 5턱 이상의 나사로 죄어야 한다.
　⑤ 소맥분, 전분등 기타 가연성 먼지가 있는 곳

24 위험물이 있는 곳의 공사

(1) 셀룰로이드, 성냥, 석유등 위험 물질 저장 및 제조
(2) 금속관 공사
(3) 케이블 공사
(4) 합성수지관 공사
(5) 금속관은 후광, 박광전선관을 사용

[제3과목] 전기설비

25 가연성 가스가 있는 곳의 공사
(1) 가연성 가스, 인화성 물질 저장 및 제조
(2) 금속관 공사
(3) 케이블 공사
(4) 관 상호간 또는 관과 박스는 5턱 이상의 나사로 죄어야 한다.

26 화약류가 있는 곳의 공사
(1) 화약류 저장소는 전기 시설을 하지 않는 것이 원칙
(2) 형광등, 백열전등 등의 전기 공급을 위한 공사
    ① 금속관 공사
    ② 케이블 공사

27 조명
(1) 광속 F
    ① 단위 : F[lm]
    ② 구광원 : $F = 4\pi I$[lm]
    ③ 원통광원 : $F = \pi^2 I$[lm]
    ④ 평판광원 : $F = \pi I$[lm]

(2) 광도 I
    ① 점광원에서 입체각에 포함되는 광속수
    ② 단위 : I[cd], $I = \dfrac{F}{\omega}$[cd]

(3) 조도 E
    ① 어떤 면에 입사되는 광속의 밀도
    ② 단위 E[lx]
    ③ 거리 제곱의 법칙 $E = \dfrac{F}{S} = \dfrac{I}{r^2}$[lx]

전기기능사(Craftsman Electricity) 필기시험 대비

[제3과목] 전기설비

④ 법선, 수평면, 수직면 조도

㉠ 법선 조도 $E_n = \dfrac{I}{r^2}$ [lx]

㉡ 수직면 조도 $E_v = \dfrac{I}{r^2} cos\theta$ [lx]

㉢ 수평면 조도 $E_h = \dfrac{I}{r^2} cos\theta$ [lx]

28 조명 방식

(1) **전반조명** : 작업면 전체가 균일한 조도를 갖도록 한다.
(2) **국부조명** : 작업면에만 맞는 조도를 갖도록 한다.
(3) **전반국부조명** : 작업면 전체는 보통 낮은 조도를 가지며 필요한 작업면에만 높은 조도를 갖도록 한다.

29 실지수

$$K = \dfrac{XY}{H(X+Y)}$$

30 조명 설계 : FUN=ESD

MEMO

MEMO

2주 완성
전기 기능사